Die Verbrennungskraftmaschine

Herausgegeben von

Hans List und Anton Pischinger

3

Wärmeübergang in der Verbrennungskraftmaschine

Walter Pflaum
Klaus Mollenhauer

Springer-Verlag
Wien New York

Dr.-Ing. Walter Pflaum
em. o. Professor an der Technischen Universität Berlin
ehem. Direktor des Instituts für Verbrennungskraftmaschinen (IVKM)

Dr.-Ing. Klaus Mollenhauer
Professor an der Technischen Universität Berlin
Institut für Konstruktionslehre und Thermische Maschinen
Fachgebiet Verbrennungskraftmaschinen

Softcover reprint of the hardcover 1st edition 1977

Library of Congress Cataloging in Publication Data. Pflaum, Walter, 1896– . Wärmeübergang in der Verbrennungskraftmaschine. (Die Verbrennungskraftmaschine; Bd. 3.) 1. Internal combustion engines. 2. Heat-Transmission. I. Mollenhauer, Klaus, 1931– , joint author. II. Title. III. Series. TJ755.V45. Bd. 3 [TJ759]. 621.43'08s [621.43'01'5362]. 77-5804

Mit 204 Abbildungen

ISBN-13: 978-3-7091-8454-7 e-ISBN-13: 978-3-7091-8453-0
DOI: 10.1007/978-3-7091-8453-0

Vorwort

Als der Herausgeber dieser Buchreihe über die Verbrennungskraftmaschine, Herr Professor Dr. Hans List, die Bandfolge im Jahre 1938 entwarf, war folgerichtig unter den ersten Bänden mit den grundlegenden Themen des Motorenbaus auch der hier jetzt vorgelegte Band 3 über den Wärmeübergang in der Verbrennungskraftmaschine eingeplant. Die bis zu jenem Zeitpunkt erzielten und verbreiteten allgemeinen Kenntnisse über den Wärmeübergang genügten nicht für die Vorgänge im Verbrennungsmotor. Beim näheren Zusehen zeigte sich, daß nur Nußelt im Jahre 1923 und Eichelberg im Jahre 1937 wegweisende Arbeiten auf diesem Sondergebiet veröffentlicht hatten. Zu jener Zeit würde sich aus heutiger Sicht für die Buchreihe nur ein schmaler Band ergeben haben, weil die weiteren und notwendigen Erkenntnisse in Verbindung mit der allgemeinen Entwicklung des Motors erst in den Jahren ab 1950 im In- und Ausland gewonnen wurden.

Der erstgenannte der Verfasser hat bei seinen früheren Berechnungen um das Jahr 1932 über die Hochaufladung die spärlichen Erkenntnisse über den Wärmeübergang in der Verbrennungskraftmaschine zu spüren bekommen und daher durch eigene Arbeiten versucht, klärend zu wirken. Als vor mehreren Jahren Prof. List anfragte, ob er — Pflaum — bereit sei, den Band 3 zu verfassen, konnte zugestimmt werden. Da bekannt war, daß damals noch keine zusammenfassende Darstellung dieses Sondergebietes vorlag und möglichst viele der verstreuten Einzeldarstellungen zu erfassen und zu verarbeiten waren, konnte leicht dem Wunsche des Verlags nach einem zweiten und jüngeren Verfasser entsprochen werden. Der erstgenannte Verfasser fand ihn in seinem langjährigen früheren Mitarbeiter auf diesem Gebiet.

Die beiden Verfasser kamen zu der Überzeugung, daß es am besten sein würde, die einzelnen, nach einem gemeinsamen Plan aufgestellten Abschnitte jeweils selbständig zu bearbeiten und sie durch ständige Fühlungnahme aufeinander abzustimmen. Von den sechs Hauptabschnitten sind die Abschnitte 1, 2 und 6 sowie die Unterabschnitte 3.3.4 und 4.2.3 von Pflaum und die übrigen Abschnitte 3, 4 und 5 von Mollenhauer erarbeitet.

Von den bisher bekanntgewordenen Wärmeübergangsgleichungen für die Seite des Arbeitsgases sowie der des Kühlmittels werden die als maßgeblich angesehenen eingehend und kritisch behandelt, um dem Leser ein neuerliches Nachschlagen bei den früheren und verstreuten Einzeldarstellungen zu ersparen und trotzdem im Bedarfsfall eine geeignete Wahl für den Berechnungsgang treffen zu können. Deshalb sind auch Grundlagen, Herkunft und Versuchsverhältnisse bei den einzelnen Gleichungen kurzgefaßt angegeben. Die verschiedenen Einflußgrößen auf den Wärmeübergang und ihre Bedeutung werden dargelegt. Die Beeinflussung der Bauteile durch den Wärmeeinfall wie auch die Meßtechnik werden in einem Umfange behandelt, der es ermöglicht, konstruktive und meßtechnische Elemente weiter zu verfolgen.

Der Allgemeingültigkeit wegen werden die mathematisch gebundenen Zusammenhänge als Größengleichungen dargestellt. Da aber der Ingenieur täglich mit Zahlenwerten rechnen muß, wurden wegen der gegenwärtigen Umstellung auf die international vereinbarten SI-Einheiten diese und die auf dem Gebiet der Wärmeübertragung bisher benutzten Einheiten mit ihren Umrechnungsfaktoren in der vorangestellten Übersicht zusammengetragen. Diese Gegenüberstellung ist ebenfalls mit Rücksicht auf die bisher gewonnenen und in Diagrammform vorliegenden Werte notwendig. Wegen dieser Umstellung werden auch die im Laufe der Zeit entwickelten und mit Erfahrungskoeffizienten behafteten Wärmeübergangsgleichungen für die Arbeitsgasseite in ihrer ursprünglichen Form im Anhang zusammengefaßt. Im Text werden jedoch diese und andere Gleichungen sowie sonstige Angaben für den zahlenmäßigen Gebrauch durchweg nur noch mit den neuen Einheiten verwendet.

Den Verfassern ist es ein selbstverständliches Anliegen, allen den Mitarbeitern zu danken, die durch Hinweise, Berechnungen, Zeichen-, Photo- und Schreibarbeiten dazu beigetragen haben, daß dieses Werk durchgeführt und beendet werden konnte. Stellvertretend für alle seien von der wissenschaftlichen Seite die Herren Dr.-Ing. Ahmed Abohappsa, Dr.-Ing. Gerd-Rüdiger Klette und Dipl.-Ing. Damrong Photien genannt. Wir danken ferner den von uns angesprochenen oder angeschriebenen Fachkollegen und den Firmen, die unsere Wünsche nach Unterlagen und Auskünften bereitwillig erfüllt haben. Nicht zuletzt möchten wir dem bisherigen Alleinherausgeber, Herrn Professor Dr. Hans List, und dem neu hinzugetretenen Herausgeber, Herrn Professor Dr. Anton Pischinger, für ihre richtungweisenden Anregungen und aufmerksamen Hinweise vielmals danken.

Über das gegenseitige Korrekturlesen hinaus haben wir für weiteres mühevolles und stetiges Mitdenken erforderndes Korrekturlesen außer Herrn Klette auch Herrn Dr.-Ing. Rainer G. Pütter zu danken. Wir haben uns alle bemüht, die möglichen Fehler verschiedener Art auszumerzen. Wir wissen aber, daß es ein vergebliches Unterfangen ist, solche Werke als Druckschrift völlig fehlerfrei zu halten. Wir bitten daher den Leser um Nachsicht und gegebenenfalls um einen entsprechenden Hinweis.

Schließlich danken wir dem Verlag für seine bekannte Sorgfalt in der Herstellung wissenschaftlicher Buchwerke, deren drucktechnischer Schwierigkeitsgrad mit Zahl und Art der Gleichungen, Abbildungen und Zahlentafeln zunimmt.

Berlin, im März 1977 W. Pflaum und K. Mollenhauer

Inhaltsverzeichnis

Übersicht der Formelgrößen

Größe 1	Bedeutung 2	SI-Einheit 3	frühere Einheit 4	Umrechnungsfaktor β^* $5 \triangleq 4:3$	Bemerkung 6
Q	Wärme(menge)	Ws	kcal	$4186{,}\underline{8} \approx 4200$[1])	beachte:
		kWh	kcal	$1{,}16\underline{3} \cdot 10^{-3}$	$1\ \mathrm{Nm} = 1\ \mathrm{J} = 1\ \mathrm{Ws}$ $\frac{10^{+3}}{1{,}16\underline{3}} = 859{,}845 \approx 860$
Φ	Wärmestrom	W	kcal/h	$1{,}16\underline{3} \approx 1{,}2$	
q	Wärmestromdichte	W/m^2	$kcal/m^2h$	$1{,}16\underline{3}$	
λ	Wärmeleitfähigkeit	W/m K	kcal/mh °C	$1{,}16\underline{3}$	
α	Wärmeübergangskoeffizient	W/m^2 K	$kcal/m^2h$ °C	$1{,}16\underline{3}$	
k	Wärmedurchgangskoeffizient	W/m^2 K	$kcal/m^2h$ °C	$1{,}16\underline{3}$	
c	spez. Wärmekapazität	Ws/kg K	kcal/kg °C	$4186{,}\underline{8}$	mit Index p od. v für konst. Druck od. Vol.
C	spez. Wärmekapazität	$Ws/m^3 \left(\begin{matrix}273{,}15\ K\\ 1{,}0132\underline{5}\ bar\end{matrix}\right) K$	$kcal/Nm^3$ °C[2])	$4186{,}\underline{8}$	
		$Ws/m^3 \left(\begin{matrix}0\,°C\\ 1\ bar\end{matrix}\right) K$	$kcal/Nm^3$) °C[2])	$413\underline{2}$[3])	
p	Druck	bar	kp/cm^2	$\begin{cases}0{,}98066\underline{5} \triangleq g \cdot 10^{-1}\\ \approx 0{,}981\end{cases}$	$1\ \mathrm{bar} = 10^5\ \mathrm{N/m^2} = 10^5\ \mathrm{Pa}$ $\frac{10}{g} = 1{,}019716 \approx 1{,}02;\ g \approx 9{,}81\ \mathrm{m/s^2}$
U	Umfang	m	m	1	
A	Fläche	m^2	m^2	1	
V	Volumen	m^3	m^3	1	
v	spez. Volumen	m^3/kg	m^3/kg	1	
ϱ	Dichte	kg/m^3	kg/m^3	1	
W	Arbeit	Nm, Ws	kp m	$9{,}8066\underline{5}$	
P	Leistung	kW	PS	$0{,}7355$[4])	
T, Θ	Temperatur (Kelvin-Temp.)	K	°K	1	
t, ϑ	Temperatur (Celsius-Temp.)	°C	°C	1	
Δ	Differenz	—	—	—	
s, δ	Strecke (Wandstärke, Hub)	m	m	1	s. auch andere Bedeutung weiter unten!
r, d	Radius, Durchmesser	m	m	1	
l, b, h	Länge, Breite, Höhe	m	m	1	auch L für Länge
τ	Zeit	s, h	s, h	1	
n	Drehzahl oder Drehfrequenz	min^{-1} bzw. s^{-1}	U/min	1	
w	Geschwindigkeit	m/s	m/s	1	
c_m	mittl. Kolbengeschwindigkeit	m/s	m/s	1	

Fortsetzung zu Seite X

Größe 1	Bedeutung 2	SI-Einheit 3	frühere Einheit 4	Umrechnungsfaktor β* 5 $\triangleq$ 4:3	Bemerkung 6
λ*	Luftverhältnis	—	—	—	auch ohne * im früheren Schrifttum
v*	Luftgehalt	—	—	—	
M	molare Massen	kg/mol	kg/mol	1	
m	Masse	kg	kg	1	
C_{str}	Strahlungs(intensität)konstante	W/m²K⁴	kcal/m²hK⁴	1,16$\underline{3}$	$C_s = 5{,}77$ W/m²K⁴ schwarzer Körper
η	dynamische Viskosität	Ns/m²	kp s/m²	9,8066$\underline{5}$	$1\,\frac{Ns}{m^2} = 1\,\frac{kg}{s\,m}$; $1\,kg = \frac{1}{9{,}80665}\,\frac{kp\,s^2}{m}$
ν	kinematische Viskosität	m²/s	m²/s	1	$\nu = \frac{\eta}{\varrho}$
a	Temperaturleitfähigkeit	m²/s	m²/h	1/3600	$a = \frac{\lambda}{c_p \cdot \varrho}$
H, (I)	Enthalpie	Ws	kcal	4186,$\underline{8}$	ΔH Enthalpiegefälle
h, (i)	spez. Enthalpie	Ws/m³ $\binom{0\,°C}{1\,bar}$	kcal/Nm³	413$\underline{2}$	Δh spez. Enthalpiegefälle
s/d	Hubverhältnis s = Hub, d = Zylinderdurchm.	—	—	—	auch mit D = Zylinderdurchm.
ε	Verdichtungsverhältnis und Emissionsvermögen	—	—	—	(bei dem Emissionsvermögen oder der Strahlungsaustauschzahl i. d. Regel mit Index des oder der strahlenden Körper)
φ	Winkel, insbes. Kurbelwinkel	°	°KW	—	
β	Ausdehnungskoeffizient	1/°C	1/°C	1	
ψ	Widerstandszahl	—	—	—	
S	Entropie	Ws/K	kcal/°C	4186,$\underline{8}$	
S_{vol}[5])	spez. Entropie bez. auf Volumen	Ws/m³ $\binom{0\,°C}{1\,bar}$ K	kcal/Nm³ °C	413$\underline{2}$	für kWh: $\beta = 1{,}1478 \cdot 10^{-3}$
S_{kg}, s	spez. Entropie bez. auf Masse	Ws/kg K	kcal/kg °C	4186,$\underline{8}$	für kWh: $\beta = 1{,}16\underline{3} \cdot 10^{-3}$

* z. B.: 1 kcal = β und Ws

1) unterstrichene Endzahl heißt: genau! (es folgt mindestens eine Null)
hier aus: 426,935 × 9,8066$\underline{5}$ = 4186,80211 oder in zweiter Zeile: $\frac{4186{,}\underline{8}}{3600} = 1{,}16\underline{3}$

2) 1 Nm³ $\triangleq$ 1 m³ bei 0 °C und 760 mm Hg (Torr) = 1013,2$\underline{5}$ mbar
3) hier aus: 4186,$\underline{8}$:1,0132$\underline{5}$ = 4132,05033
4) hier aus: 7$\underline{5}$ · 9,8066$\underline{5}$ · 10^{-3} = 0,735498 ≈ 0,7355 (reziprok: 1,35962 ≈ 1,36)
5) In Anlehnung an DIN 1345 mit S_m in Ws/mol K

Übersicht der Indizes und Abkürzungen

Indizes

ohne Index:	Gaswerte (Luft, Verbrennungsgas usw.)
0, 1, 2, ...	bestimmte Zustände oder Orte
i, *a*,	innen, außen (auch: innere, z. B. Temperatur *im* Körper)
w	Wand
k	Kühlseite, Kühlmittel
b oder konv	Konvektion (Mitführung, Berührung)
s oder str	Strahlung („*s*" i. d. Regel schwarze Strahlung) („str" allg. (graue) Strahlung)
z	Zylinder
L oder *a*	*L*adedruck eines *a*ufgeladenen Verbrennungsmotors oder im allg. *A*nfangsdruck
D	Zylinder*d*eckel
K	*K*olben
B	Zylinderlauf*b*uchse
G	*G*as
F	*F*lamme

Abkürzungen

ATL	*A*bgas*t*urbo*l*ader
m. A.	*m*it *A*ufladung
o. A.	*o*hne *A*ufladung
Br	*Br*ennstoff (Kraftstoff)
C, K	allgemeine Konstante in Gleichungen (auch p, k, a, b, c)
EDV	*E*lektronische *D*aten*v*erarbeitung(sanlage)
IVKM-TUB	Institut für Verbrennungskraftmaschinen der Technischen Universität Berlin*
Lu	*Lu*ft
VG	*V*erbrennungs*g*as
VKM	*V*erbrennungs*k*raft*m*aschine
VP	*V*ergleichs*p*rozeß
OT	*o*berer *T*otpunkt
UT	*u*nterer *T*otpunkt
VR	*V*erbrennungs*r*aum
V_c	*V*erdichtungs*v*olumen (*C*ompressionsvolumen)
V_h	*H*ub*v*olumen
DS	*D*ämm*s*chicht

* inzwischen umbenannt in: Institut für Konstruktionslehre und Thermische Maschinen, Lehr- und Forschungsbereich Verbrennungskraftmaschinen (IKTM-VKM).

1. Einführung

1.1 Vorbemerkung

Die grundlegenden Zusammenhänge und mathematischen Beziehungen der Wärmeübertragung bei stationären und instationären Vorgängen werden als bekannt vorausgesetzt. Dahingehende und teilweise umfassende Buchwerke sind mit mehr oder weniger Beachtung von ingenieurmäßigen Problemen in ausreichender Zahl vorhanden, z. B. [1, 2, 3, 4]. Ferner gibt es Buchwerke, die sich dieser Frage für bestimmte technische Anwendungsgebiete insbesondere oder ausschließlich zuwenden, z. B. für Wärmeaustauscher [5], Feuerungen [6] oder für Heiz- und Klimatechnik [7].

Während man sich bemüht, in diesen Schriften die bis dahin in Einzeldarstellungen erschienenen Arbeiten nach ihren Erkenntnissen und Zahlenangaben auszuwerten, zusammenzufassen und in eine für den Ingenieur handliche Form zu bringen, kann man dies für das Gebiet der Wärmeübertragung in der Verbrennungskraftmaschine noch nicht feststellen. Diese Lücke soll nun geschlossen werden, was insofern schwierig ist, als es trotz redlichen Bemühens und einiger jahrelanger produktiver Arbeit der Verfasser auf diesem Gebiete nicht ausgeschlossen ist, daß die eine oder andere Veröffentlichung wegen der Vielzahl und Streuung solcher Einzelarbeiten unbeachtet bleibt. Das schließt aber nicht aus, daß wegen der bei bestimmter Zielsetzung notwendigerweise zu treffenden Auswahl die eine oder andere Arbeit absichtlich zurückgestellt worden ist*. Dazu gehören auch die Arbeiten, die die Frage des Wärmeübergangs in der Kolbenverbrennungskraftmaschine ausschließlich mit der Grenzschichttheorie angehen. So bedeutsam diese Darlegungen auch sind, so führen sie doch zu keiner praktischen Nutzanwendung, weil sich die Grenzschicht unter den instationären Betriebsbedingungen nicht einheitlich ausbilden kann. Dahin gehören der Ladungswechsel mit seinen verschiedenen Geschwindigkeitskomponenten, die schleifende Kolbenbewegung auf der mit einem Ölfilm bedeckten Zylinderlaufbuchse und der Verbrennungsvorgang mit seinen heftigen Einflüssen durch Flamme und Geschwindigkeitsspitzen auf die Böden von Zylinderdeckel und Kolben. Trotzdem tragen diese Arbeiten zum tieferen Verständnis des Wärmeübergangs bei, von denen genannt seien: Mader, Herzfeld, Pfriem und Eberle [195, 196, 197, 198]. Auf die dahingehenden weiteren Ausführungen in Abschn. 5 sei verwiesen.

Zunächst werden in diesem Einführungsabschnitt die allgemeinen und besonderen Umstände für den Wärmeübergang in einer Kolbenverbrennungskraftmaschine behandelt (abgekürzter Name: Kolbenmotor oder Verbrennungsmotor oder bei besonderer Kennzeichnung mit Vorsatz wie Viertakt-, Zweitakt- oder Auflademotor u. a.). Dies erfordert, die betreffenden konstruktiven und betrieblichen Verhältnisse und die für die mathematische Behandlung des Problems in Frage kommenden physikalischen, thermodynamischen und technischen Zusammenhänge kurz darzulegen.

---

* Auf die umfassende Literaturrecherche „Wärmeübergang in hochbelasteten Dieselmotoren" von Woschni und Wu-jen Chen sei verwiesen. Forschungsbericht H 135 (1972) der Forschungsvereinigung Verbrennungskraftmaschinen e. V., Frankfurt/Main.

Im Anfang der Entwicklung der Verbrennungskraftmaschine ging es zunächst darum, das erdachte Arbeitsverfahren mit Gemischbildung und Verbrennung störungsfrei zu bekommen und die Maschine infolge der unmittelbaren mechanischen Beanspruchung der einzelnen Konstruktionsteile durch die Arbeitskräfte betriebssicher zu machen. Mit zunehmender Leistungsausbeute stellten sich jedoch nach mehr oder weniger langer Betriebszeit Schäden in Form von Rissen insbesondere in den Wandteilen ein, die den hohen und wechselnden Temperaturen des Arbeitsprozesses ausgesetzt waren. Deshalb haben anfänglich *Otto* und *Diesel* über solche Vorkommnisse nicht zu klagen gehabt. Aber bereits Sass* berichtet in seiner Entwicklungsgeschichte der Verbrennungskraftmaschine im Zusammenhang mit dem Bau von Großgas- und Großdieselmaschinen über Wärmerisse an den Arbeitszylindern. Nach mühevoll und kostspielig erworbener Erfahrung verstand man, wie sie zu vermeiden waren. Die Maschinenteile mußten sich entsprechend ihren steigenden Wandtemperaturen frei dehnen können oder die Wandtemperaturen waren durch zusätzliche Kühlung niedrig zu halten. Da der Wärmeeinfall vom heißen Verbrennungsgas her infolge des unvermeidbaren Wärmeübergangs nicht zu verhindern ist, mußte gleichzeitig durch die Formgebung der Wandteile dafür gesorgt werden, daß keine allzu großen Temperaturunterschiede in den Wandteilen selbst auftreten.

Welchem Konstrukteur und Versuchsingenieur sind nicht die besonders gefährdeten Stellen bekannt, wie z. B. zwischen den Ein- und Auslaßventilen in dem Zylinderdeckel von Viertaktmotoren oder bei den Böden ungeteilter Zylinderdeckel und den Auslaßstegen bei größeren Zweitaktmotoren oder in der Umgebung der Flansche der Zylinderlaufbuchsen. Um den Wärmeeinfall zu verhindern oder zerstörend wirkende Temperaturspitzen in der obersten Wandschicht zu verkleinern, wurden ungekühlte Wandschirme vor die Kräfte aufnehmenden Flächen gesetzt oder werden beim vom Brennstoff unmittelbar getroffenen Kolbenboden neuzeitlicher schnellaufender Dieselmaschinen Schutzschichten aus Metalloxiden wegen ihrer sehr geringen Wärmeleitfähigkeit aufgespritzt. Ein klassisch gewordener und wirksamer Vorläufer dieses Verfahrens der Abschirmung war die Schutzhülse im Bereich des unteren Verbrennungsraums für die Kolbenstange doppeltwirkender Zweitaktmotoren.

Aus dem Wärmeeinfall, der seiner Stärke nach durch den Temperaturunterschied zwischen Arbeitsgas und Wand sowie dem Wärmeübergangskoeffizienten bedingt wird, und aus der Wärmeleitfähigkeit der Wandteile sowie der Wirkung des Kühlmittels stellt sich in den Wandteilen ein Temperaturfeld ein, woraus die inneren Spannungsverhältnisse der Wandteile folgen. Diese Wärmespannungen überlagern sich denjenigen, die von der reinen mechanischen Beanspruchung durch die Kräfte aus dem Arbeitsprozeß herrühren. Der Wärmeeinfall ist eine wichtige, unentbehrliche Vergleichsgröße für die allgemeine Wärmebeanspruchung der Maschine und für die Wärmeverluste an die Umgebung durch Wärmeübergang. Unter der Wärmebeanspruchung sind dabei zu verstehen: Erstens die absolute Temperaturhöhe und die Temperaturgradienten des Temperaturfeldes mit den daraus folgenden Spannungen im Werkstoff und zweitens betriebliche Verhältnisse wie Schmierung bei der Bewegung von Kolben und Kolbenringen, Dichtheit und Verschmutzung der Ventilsitze usw. Die Wärmeverluste sind Arbeitsverluste und mindern den Wirkungsgrad [60]**.

Bei dem Temperaturfeld ist jedoch zwischen dem stationären und dem durch den periodischen Arbeitsprozeß des Kolbenmotors bedingten instationären Teil zu unterscheiden. Der instationäre Teil beschränkt sich an der inneren Wandseite je nach Amplitude der Temperaturschwankungen und Frequenz des Arbeitsspiels in Verbindung mit dem jeweiligen Wärmeübergangskoeffizienten und der Wärmeleitfähigkeit der betreffenden

---

* Sass, F.: Geschichte des Deutschen Verbrennungsmotorenbaues von 1860 bis 1918. Berlin—Göttingen—Heidelberg: Springer 1962.

** Vgl. a. a. O., S. 71—78, die Klarstellung der thermodynamischen Zusammenhänge.

Wandung stets nur auf wenige Millimeter bei langsamlaufenden und den Bruchteil eines Millimeters bei schnellaufenden Motoren. Wegen des praktisch stationär wirkenden Kühlmittels ist also das Temperaturfeld nur einseitig gestört. So sind auch die Spannungen und die Verformungen der Wandteile durch das übrige stationäre Temperaturfeld bestimmt. Das schmale instationäre Temperaturfeld bedingt nur lediglich wechselnde Oberflächenspannungen, die allerdings im Grenzfall zu ersten Anrissen führen können, wie die vorhergehenden Bemerkungen über die Schutzschichten bereits andeuteten.

Da die Gleichungsansätze für den Wärmeübergangskoeffizienten vorerst nur aus dem Vergleich mit der Wärmebilanz des gesamten Motors oder in seltenen Fällen aus den Temperaturdifferenzen im stationären Temperaturfeld der Wandungen kontrolliert werden konnten, besagt dies, daß lediglich der mittlere Zahlenwert aus den Gleichungen, genommen über den ganzen zeitlichen Verlauf eines Arbeitsspiels und die ganzen örtlichen Verhältnisse der Zylinderfläche, zutreffend ermittelt ist. Welchen tatsächlichen Verlauf der jeweils örtlich und augenblicklich herrschende Wärmeübergangskoeffizient besitzt, ist trotz der verschiedenen angegebenen Gleichungen noch offen, wenn auch gewisse Gesetzmäßigkeiten und Einflüsse der Prozeßgrößen auf den Wärmeübergang bekannt sind und beachtet werden. Dies ist der Grund, warum es überhaupt mehrere Gleichungen gibt, die je nach ihrer physikalischen Grundlage und ihrem Versuchsobjekt — sprich im allgemeinen Motor — verschiedene Formen mit verschiedenen Zahlenfaktoren aufweisen. Es ist Sache eines Abschnitts dieses Buches, die verschiedenen maßgeblichen Gleichungen und ihren zutreffenden Anwendungsbereich vergleichsweise zu betrachten. Immerhin sind manche Gleichungen durch Zusätze für verschiedene Motorbauarten so weit entwickelt, daß sie zu befriedigenden Vorausberechnungen über die zu erwartende allgemeine Wärmebeanspruchung oder den betreffenden Wärmeverlust führen. Dies ist der Fragenkomplex des zeitlich und örtlich mittleren Wärmeübergangskoeffizienten.

Dagegen ist es wegen ihres schwierigen Inhalts noch eine Zukunftsaufgabe, den Verlauf des Wärmeübergangskoeffizienten im Arbeitsraum sowohl zeitlich als auch örtlich durch Gleichungen anzugeben. Aus den allgemeinen Gesetzmäßigkeiten des Wärmeübergangs kann man zwar voraussagen, an welchen Stellen wegen der Formgebung, der Gasgeschwindigkeiten, der Lage der Brennstoffstrahlen und der Flammentemperaturen höherer Wärmeeinfall und damit größere Wärmebeanspruchung zu erwarten ist. Aber in welchem zahlenmäßigen Ausmaß dies jeweils der Fall ist, steht noch dahin. Vielleicht ist bei einer späteren Auflage dieses Buches der Stand der Technik entsprechend vervollkommnet. Ansätze dazu sind im Gange (vgl. dazu die Vorarbeit durch die in der Fußnote auf S. 1 und bei [21b] angegebene Literaturrecherche sowie die augenblicklich an ausgeprägten Konstruktionsteilen laufenden Versuche [241].) Es ist aber nicht so, daß gegenwärtig der Ingenieur hilflos vor diesem Problem steht. Die physikalischen Grundsätze und die Erfahrung lehren wie eh und je, wo und wie vorgesorgt werden kann. So ist es z. B. eine bekannte Tatsache, daß der Wärmeübergangskoeffizient umgekehrt proportional zu den geometrischen Abmessungen ansteigt. Für einen ideellen Draht mit dem Durchmesser $d = 0$ oder für eine scharfe Ecke mit dem Krümmungsradius $r = 0$ geht theoretisch $\alpha \to \infty$. Wir werden sehen, daß die wichtigste dimensionslose Kenngröße für den Wärmeübergang, die Nußelt-Zahl, diese Voraussage erbracht hat. Für den Versuchsingenieur ist es nicht mehr neu, daß im Arbeitsraum einer Verbrennungskraftmaschine scharfe Kanten zum Glühen kommen und die unmittelbare glattwandige Umgebung dunkel bleibt. Der Konstrukteur trägt dem seit langem Rechnung, wenn auch nicht immer in dem notwendigen Ausmaß. Man sollte niemals vergessen, daß die Erfahrung als Lehrmeister immer das Hinterher ist; besser ist das Vorherwissen und -beachten, um bei neuen Entwicklungen möglichst Enttäuschungen, Zeitverlust und Zusatzkosten zu entgehen.

Aber der gegenwärtige Stand der Meßtechnik erlaubt es bereits, z. B. durch Messung der Schwankungen der Oberflächentemperaturen an bestimmten Wandstellen, die dort auftretenden Wärmeübergangsverhältnisse zu ermitteln und diese Kenntnisse konstruktiv zu verwerten. Allerdings bedarf es dazu immer eines entsprechenden Versuchsobjektes, sei es der Motor selber oder eine geeignete Versuchseinrichtung. Dazu werden sich weiterhin durch Ähnlichkeitsbetrachtungen brauchbare Vergleichszahlen feststellen lassen. Die betreffende Meßtechnik wird in einem gesonderten Abschnitt behandelt.

Die nicht zu unterschätzende Bedeutung des Wärmeübergangs für Konstruktion, Betrieb und Entwicklung der Verbrennungskraftmaschine dürfte durch die vorstehenden Anmerkungen deutlich geworden sein und berechtigt, ihn dem gegenwärtigen Stand der Erkenntnisse entsprechend in einer eigenen Monographie zu behandeln.

1.2 Die Wärmeübertragung im allgemeinen

1.2.1 Grundgleichungen für stationäre und instationäre Vorgänge

Nach dem Gesetz von Fourier ist bei stationärer Wärmeleitung die durch eine ebene Wand endlicher Ausdehnung oder durch ein absolut ruhendes oder laminar strömendes flüssiges oder gasförmiges Medium wandernde Wärme

$$Q = \lambda A \frac{T_1 - T_2}{s} \tau, \tag{1.1}$$

worin $T_1 - T_2$ das in dem betrachteten Bereich herrschende Temperaturgefälle ist. Die Bedeutung der übrigen Größen sind wie nachfolgend stets der vorgeschalteten „Übersicht ..." zu entnehmen.

Will man nicht die gesamte Wärme, sondern die in der Zeiteinheit durch eine Schicht fließende Wärme ermitteln, so gilt für den *Wärmestrom*

$$\Phi = \frac{Q}{\tau} = \lambda A \frac{T_1 - T_2}{s}. \tag{1.2}$$

Um sich von den jeweiligen Abmessungen möglichst freizuhalten und um einen allgemeineren Vergleichswert für die die Wärmebeanspruchung bedingende Größe zu gewinnen, ist die *Wärmestromdichte*

$$q = \frac{\Phi}{A} = \lambda \frac{T_1 - T_2}{s} \tag{1.3}$$

der zweckmäßige Wert.

Bei der Verbrennungskraftmaschine sind die Temperaturen und Drücke des Arbeitsgases im Verbrennungsraum und Arbeitszylinder die maßgebenden Ausgangswerte für die Wärmebeanspruchung der umgebenden Wände. Beim Boden des Zylinderdeckels und des Kolbens sind es im allgemeinen mehr oder weniger ebene Flächen, während es beim Arbeitszylinder die reine Zylinderform ist, wenn man von örtlichen Verstärkungen durch Flansch, Führungsbünden usw. absieht. Der Wärmestrom durch die Wand eines Rohres von der Länge l mit den Innen- und Außendurchmessern d_i und d_a ist

$$\Phi = \lambda 2\pi l \frac{T_i - T_a}{\ln \frac{d_a}{d_i}}. \tag{1.4}$$

Entsprechend Gln (1.2) und (1.3) ist die Wärmestromdichte bezogen auf die Außenwand

$$q = \frac{2\lambda}{d_a} \cdot \frac{T_i - T_a}{\ln \frac{d_a}{d_i}}. \tag{1.5}$$

Das logarithmische Glied wird erst entscheidend, wenn es sich um verhältnismäßig dickwandige Rohre handelt. Bei den Arbeitszylindern von Verbrennungskraftmaschinen schwankt das Verhältnis zwischen großen langsamlaufenden und kleinen schnellaufenden Kolbenmotoren in einem Bereich von $d_a/d_i = 1{,}1$ bis $1{,}2$, d. h. man kann die Zylinderwand wie eine ebene Wand mit geradlinigem stationärem Temperaturverlauf nach Gl. (1.1) bis (1.3) behandeln. In diesem Zusammenhang ist es günstig, daß die kleineren Verhältniszahlen zu den großen und dementsprechend dickwandigen Motoren mit 30···50 mm bei der Zylinderlaufbuchse gehören.

Es ist eine andere Frage, welche räumlichen Temperaturfelder sich in den dickwandigen Flanschteilen oder den Böden von Kolben und Zylinderdeckel einstellen, da bei ihnen die Wärmeabfuhr nicht nur in einer Richtung erfolgt. Eine weitere Frage ist der Temperaturverlauf bei instationärer Beaufschlagung. Diese Probleme werden im Abschn. 4 näher erörtert werden.

Für die Wärme, die bei stationären Verhältnissen von einem Medium auf ein anderes mit verschiedenem Aggregatzustand übergeht, gilt z. B. für den Übergang vom Arbeitsgas an die Zylinderwand in der Verbrennungskraftmaschine nach dem Ansatz von Newton

$$Q = \alpha A(T - T_w)\,\tau \tag{1.6}$$

oder für den Übergang von festem zu flüssigem Medium entsprechend von der Zylinderwand an das Kühlmittel

$$Q = \alpha_k A(T_{wk} - T_k)\,\tau, \tag{1.7}$$

wobei die Wahl von T den gleichen Gesichtspunkten wie bei Gl. (1.1) unterliegt. Für den Wärmestrom und die Wärmestromdichte ergeben sich Gleichungen entsprechend Gl. (1.2) und (1.3) mit

$$\Phi = \frac{Q}{\tau} = \alpha A(T - T_w) \tag{1.8}$$

und

$$q = \frac{\Phi}{A} = \alpha(T - T_w). \tag{1.9}$$

Außer den durch Konstruktion und Betriebszustand gegebenen bzw. sich einstellenden Größen A und T ist in Gl. (1.1) der entscheidende Faktor die Wärmeleitfähigkeit λ und in Gl. (1.6 und 1.7) der Wärmeübergangskoeffizient α. Kennt man die Zahlenwerte von λ und α, dann lassen sich bei bekannten geometrischen Werten des Arbeitszylinders und Temperaturwerten des heißen Arbeitsgases und des Kühlmittels die gesuchten Wand-

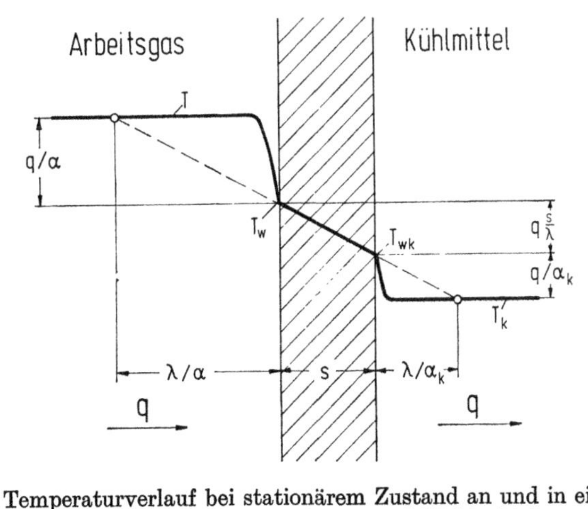

Abb. 1.1. Temperaturverlauf bei stationärem Zustand an und in einer Wand zwischen heißem Arbeitsgas und Kühlmittel

temperaturen und der Wärmeverlust ermitteln. Da nun die vom Arbeitsgas an die Wand übergehende Wärme aus betriebstechnischen Gründen vom Kühlmittel abgeführt werden muß, ergeben sich für einen stationären Betriebszustand die in Abb. 1.1 dargestellten Temperaturverhältnisse. Bei gleichbleibender Wärmestromdichte ist entsprechend Gl. (1.1), (1.6) und (1.7) einerseits und Gl. (1.3) andererseits

$$q = \alpha(T - T_w) = \lambda \frac{T_w - T_{wk}}{s} = \alpha_k(T_{wk} - T_k). \tag{1.10}$$

Entwickelt man dieses Gleichungssystem nach dem gesamten und betriebstechnisch bekannten Temperaturgefälle $T - T_k$ und schaltet dabei die im allgemeinen unbekannten Wandtemperaturen $T_{w,wk}$ aus, dann ergibt sich für die Wärmestromdichte

$$q = \frac{1}{\frac{1}{\alpha} + \frac{s}{\lambda} + \frac{1}{\alpha_k}} (T - T_k) = k(T - T_k). \tag{1.11}$$

Der Ausdruck

$$k = \frac{1}{\frac{1}{\alpha} + \frac{s}{\lambda} + \frac{1}{\alpha_k}} \tag{1.12}$$

wird als Wärme*durch*gangskoeffizient bezeichnet* und fordert für die praktische Verwendung neben der konstruktiv gegebenen Wandstärke s die Kenntnis der jeweiligen Wärmeleitfähigkeit λ und der beiderseitigen Wärme*über*gangskoeffizienten.

Die vorgenannten Grundgleichungen gelten für stationäre Vorgänge und für solche zeitlich veränderliche, die sich mit zeitlichen Mittelwerten vereinfacht als quasistationär betrachten lassen. Es wurde schon im vorhergehenden allgemein gehaltenen Abschnitt über die Bedeutung des Wärmeübergangs im Kolbenmotor darauf aufmerksam gemacht, daß sich durch den periodischen Arbeitsprozeß zwangsläufig Temperaturschwankungen an der inneren Wandfläche des Arbeitsraumes einstellen, die in der Wandtiefe mehr oder weniger rasch abklingen. Die Größe der Temperaturschwankungen sowie ihr Abklingen hängen von der einwirkenden Gastemperatur, dem jeweiligen Wärmeübergangskoeffizienten α von Gas an Wand, der Temperaturleitfähigkeit a des Werkstoffes und der Frequenz des Arbeitsspieles ab. Kennt man die Temperaturschwankungen an der Wandoberfläche und mindestens eine Temperatur aus dem zugehörigen stationären Temperaturfeld, dann läßt sich der Wärmeübergangskoeffizient an der betreffenden Wandstelle rechnerisch ermitteln. Die periodisch mit der Zeit τ um einen Mittelwert schwankende Temperatur T wird dazu nach Fourier harmonisch analysiert. Die partielle Differentialgleichung für das räumliche Temperaturfeld mit den Koordinaten x, y und z ohne innere Wärmequelle lautet:

$$\frac{\partial T}{\partial \tau} = a\left(\frac{\partial^2 T}{\partial x^2} + \frac{\partial^2 T}{\partial y^2} + \frac{\partial^2 T}{\partial z^2}\right). \tag{1.13}$$

Die Wände des Arbeitsraumes eines Kolbenmotors können für den Wärmeeinfall als ebene Flächen betrachtet werden, weil die Temperaturschwankungen höchstens wenige Millimeter tief eindringen, was noch später mehrfach unter verschiedenen Gesichtspunkten erwähnt werden wird. Diese geringe Schwankungstiefe erlaubt es, auch verwickeltere Baukörper, die mit einer gewissen durchgehenden Wandstärke ausgestattet sind, für die Temperaturmessung als eine mit einem eindimensionalen Temperaturfeld behaftete

* Diese Ausdrucksform geht zurück auf Vorschläge von Jakob, M.: Zur Definition der Wärmewiderstände. Z. ges. Kälteind. **43**, 141 (1927) und Hausen, H.: Ein allgemeiner Ausdruck für den Wärmedurchgang durch ebene, zylindrische und kugelförmig gekrümmte Wände. Arch. ges. Wärmetechn. **2**, 123–234 (1951). (Vgl. [2], S. 157.)

Platte zu betrachten. Unter diesem Gesichtspunkt vereinfacht sich Gl. (1.13) zu

$$\frac{\partial T}{\partial \tau} = a \frac{\partial^2 T}{\partial x^2} . \tag{1.14}$$

Entwicklung und Lösung dieser Differentialgleichung ist im Grundlagenschrifttum [1···3] behandelt, von Eichelberg in [28] für den Ingenieur am Beispiel des Kolbenmotors genutzt und wird hier im Abschn. 4.2.1 zusammengefaßt behandelt.

1.2.2 Einflußgrößen

Wie am Ende des vorhergehenden Abschnitts durch Gl. (1.11) und Gl. (1.12) festgestellt wird, verdichtet sich die Frage der Wärmeübertragung neben der Wärmeleitfähigkeit λ der Trennwand vor allem nach den Wärmeübergangskoeffizienten auf der Arbeitsgasseite α und der Kühlseite α_k. Während hier bei der Wärmeleitfähigkeit lediglich nach der Stoffgröße einer festen Wand gefragt wird, erweist sich bei näherer Betrachtung der Wärmeübergangskoeffizient als eine in mehreren Hinsichten abhängige Größe. Dazu muß zunächst daran erinnert werden, daß eine Wärmeübertragung im allgemeinen durch folgende Vorgänge stattfindet:

1. Leitung, und zwar in festen oder vollständig ruhenden flüssigen und gasförmigen Stoffen,

2. Konvektion, d. h. durch Mitführung in bewegten flüssigen oder gasförmigen Stoffen, was auch die Berührung von wärmeaustauschenden Wänden einschließt.

3. Strahlung als Wärmeaustausch zwischen Körpern ohne Zwischenträger.

Für die Verhältnisse in der Verbrennungskraftmaschine kommen auf der Arbeitsgasseite alle drei Vorgänge, auf der Kühlseite wegen der wesentlich niedrigeren Temperaturen nur die beiden ersten und in den festen Trennwänden selbstverständlich nur der erste Vorgang zum Zuge. Inwieweit nun für den einzelnen Vorgang bestimmte physikalische Zustände oder Eigenschaften der Stoffe, sowie die geometrischen Verhältnisse insgesamt auf die Wärmeübertragung und mithin auf den Wärmeübergangskoeffizienten von Einfluß sind, war im einzelnen zu untersuchen. Es wurde allgemein früh erkannt, daß zu beachten sein würden:

a) Druck p und Temperatur T und damit zusammenhängend die Dichte des Stoffes ϱ, und zwar bei Gasen mehr als bei Flüssigkeiten oder gar festen Körpern,

b) Strömungszustand bei Flüssigkeiten und Gasen durch die Geschwindigkeit w und durch die dazugehörigen räumlichen Begrenzungen d und l,

c) Wärmeleitfähigkeit λ,

d) Viskosität η (dynamisch),

e) Wärmekapazität c_p,

f) Ausdehnungskoeffizient β,

g) Strahlungszahlen C_{str}.

Es ist leicht erkennbar, daß gewisse und je nach den Zuständen unterschiedliche gegenseitige Beeinflussung dieser Größen beim Vorgang der Wärmeübertragung stattfindet. Während nun Leitung und Konvektion bei strömenden Flüssigkeiten einschließlich Gasen über die Tatsache der Strömung miteinander verknüpft werden, ist die Strahlung davon unabhängig und geht nur als ein additives Glied in den gesamten Vorgang der Wärmeübertragung ein. Sie wird daher getrennt behandelt und hier zunächst zurückgestellt.

Demnach ist für den Wärmeübergangskoeffizienten bei Flüssigkeiten und Gasen

$$\alpha = f(\varrho, w, d, l, \lambda, \eta, c_p, \beta), \tag{1.15}$$

wobei zu bedenken ist, daß alle *Stoff*größen mehr oder weniger von p und T abhängen. Die Frage ist nun, welches Ausmaß haben die verschiedenen Einflüsse und Abhängigkeiten aufeinander?

1.2.3 Empirische oder analytische Gleichungen?

Bei der weiteren Entwicklung im Motorenbau stellte sich immer dringender die Frage nach der Wärmebeanspruchung der den Arbeitsraum umgebenden Wandteile und nach dem Wärmeverlust. Das zwingende Bedürfnis der Praxis wurde zunächst durch empirisch gewonnene Gleichungen befriedigt, wozu Nußelt als erster im Jahre 1923 einen auch heute noch nützlich gebliebenen Beitrag aufgrund eigener Untersuchungen und Vergleiche lieferte, s. Gl. (2.1). Diese versuchstechnisch mehr oder weniger begründeten Gleichungen blieben aber, wie in Abschn. 2 gezeigt werden wird, nur in gewissen motorisch-betrieblichen Grenzen gültig. Um die Zusammenhänge allgemein zu erfassen, unternahm man es in der letzten Zeit, auf der Grundlage der Ähnlichkeitstheorie analytisch weiterzukommen.

Wegen der äußerst verwickelten und intermittierenden Vorgänge in der Kolbenverbrennungskraftmaschine stellten sich auch hier Grenzen ein, die nur durch Beiwerte und Zusätze in den Gleichungen für die einzelnen Motorenarten nach Arbeitsverfahren und Konstruktion durchbrochen werden konnten. Dies wird umso notwendiger, je höher man eine gewisse Genauigkeit in der Voraussage der Gleichung erreichen will. Immerhin hat die Ähnlichkeitstheorie die Einsichten auf dem motorischen Gebiet vertieft und weitergeholfen. Deshalb ist es notwendig, hier in der Einführung die für die Gleichungen des Wärmeübergangskoeffizienten in Frage kommenden Kenngrößen der Ähnlichkeitstheorie nachfolgend zu betrachten. Denn um die in der allgemeinen Funktion für den Wärmeübergangskoeffizienten, Gl. (1.15), enthaltenen zahlreichen Größen und deren vielfältige verwirrende Verknüpfungen übersehen zu können, bedarf es tatsächlich der Hilfe der Ähnlichkeitstheorie.

Beide Gleichungsarten liefern zunächst nur den örtlich mittleren Wärmeübergangskoeffizienten, genommen über die ganze innere Fläche des Arbeitszylinders und kontrolliert durch die Wärmebilanz. Bei dem Vergleich der verschiedenen Gleichungen in Abschn. 2.8 wird sich zeigen, inwieweit sie vor allen Dingen dem lebhaften Druck- und Temperaturanstieg beim Verbrennungsabschnitt des Arbeitsprozesses zutreffend folgen. Die Überprüfung ist neuerdings möglich über verzögerungsfreie Messung der Wandtemperaturen (vgl. Abschn. 5).

1.2.4 Der Wärmeübergang und die Ähnlichkeitstheorie

Die Ähnlichkeitstheorie hat die Fähigkeit, mehrere der in Gl. (1.15) enthaltenen Größen zu sog. Kenngrößen derart zusammenzufassen, daß z. B. gewisse Strömungszustände oder Temperaturverhältnisse vergleichbar werden, wenn sie ähnlich sind. Sie sind sich ähnlich, wenn diese Kenngrößen einen gleichen Zahlenwert trotz veränderter Einzelgrößen beibehalten. Jeder andere Zahlenwert der Kenngröße bedeutet einen neuen, aber wiederum für ihn ähnlich bleibenden Zustand. Die übertragbare Ähnlichkeit ist jedoch nur dann gewährt, wenn die Zusammenfassung der Einzelgrößen in jedem in sich geschlossenen Maßsystem zu einer dimensionslosen Kenngröße führt.

Mit solcher Kenngröße ergibt sich zugleich der erhebliche versuchstechnische Vorteil, daß man nur die Größen zu ändern braucht, die sich versuchstechnisch leicht verändern lassen, oder daß man kleinere Abmessungen verwenden kann, ohne etwas an dem Versuchsergebnis zu gefährden. In dieser Richtung ist z. B. das kleine Versuchsmodell gegenüber einem naturgroßen Schiff vergleichsweise im Maßstab 1:25 oder 1:50 wohl das auffälligste Beispiel, um u. a. durch bequeme Formänderung den Fahrwiderstand zu vermindern oder den Zustrom zum Propeller zu verbessern.

Es ist hier nicht der Ort, auf die Grundlagen der Ähnlichkeitstheorie einzugehen. Wir verwenden deren Ergebnisse dem Zweck dieses Buches entsprechend nur für die Frage des Wärmeübergangs in der Verbrennungskraftmaschine. Die Ähnlichkeitstheorie selbst und die interessante Möglichkeit, auch Kenngrößen durch Dimensionsbetrachtung zu gewinnen, sind mehrfach im Schrifttum behandelt; am naheliegendsten für den Motoren-Ingenieur dürften die Darstellungen in [1] und [4] sein. Es sei noch bemerkt, daß die Kenngrößen in den letzten Jahrzehnten von der wissenschaftlichen Welt nach den Forschern benannt worden sind, die sie entwickelt haben.

1.2.4.1 Kenngrößen zum Wärmeübergang

Für die Behandlung des Wärmeübergangs in der Verbrennungskraftmaschine sind folgende Kenngrößen zu beachten:

1. Die Kenngröße nach Reynolds oder kurz die Reynolds-Zahl lautet:

$$\mathrm{Re} = \frac{wd}{\nu} \tag{1.16.1}$$

mit der kinematischen Viskosität $\nu = \eta/\varrho$ und beschreibt ähnliche Strömungsfelder eines i. a. erzwungen strömenden Stoffes; sie wurde von Reynolds bei seinen Versuchen über Wasserströmungen entdeckt und 1884 veröffentlicht [14]. Dabei stellte er fest, daß bei einem gewissen Zahlenwert die laminare Strömung in eine turbulente umschlägt; sie wird als die kritische Geschwindigkeit bezeichnet und liegt nach neueren Messungen für Flüssigkeiten und Gase bei

$$\mathrm{Re}_{\mathrm{krit}} = 2320\,.$$

Unter besonders sorgfältigen Versuchsbedingungen (glatter Zustrom, glatte Oberflächen, kleine Strömungsquerschnitte usw.) kann sie bis ≈ 10000 ansteigen. Unter den praktischen Bedingungen in der Technik ist i. a. $\mathrm{Re}_{\mathrm{krit}} \approx 3000$. Vergegenwärtigen muß man sich jedoch noch die Tatsache, daß eine turbulente Strömung auch nach Beseitigung störender Einflüsse erst dann wieder laminar wird, wenn $\mathrm{Re} < 2320$ eingestellt ist [4]*.

Die Reynoldsschen Erkenntnisse waren der Ausgangspunkt zu weiteren Ähnlichkeits- und Dimensionsbetrachtungen. Die im Hinblick auf den Schiffbau bereits angedeutete wichtige Anwendung in der Modellwissenschaft hat Weber 1930 der Praxis besonders eindrucksvoll nahegebracht [15].

2. Die Kenngröße nach Nußelt oder kurz die Nußelt-Zahl lautet:

$$\mathrm{Nu} = \frac{\alpha d}{\lambda}; \tag{1.16.2}$$

sie fordert ähnliche Temperaturfelder eines strömenden Stoffes und ist der dimensionslose Wärmeübergangskoeffizient, der zwar in den von Nußelt im Jahre 1910 veröffentlichten Versuchsergebnissen über den Wärmeübergang von strömenden Gasen in Rohrleitungen enthalten war [16] und in seiner Arbeit vom Jahre 1915 über das Grundgesetz des Wärmeübergangs [17] weiterentwickelt wurde, um schließlich im Jahre 1917 in einer weiteren Arbeit über den Wärmeübergang im Rohr [18] für überkritische Geschwindigkeiten endgültig, wie oben, formuliert zu werden.

---

* a. a. O., S. 61–64. Zugleich wird für solche Hinweise bemerkt, daß in der Regel nur eine Lit.-Stelle angezogen wird, um dem Leser das Nachschlagen zu erleichtern, und daß bei diesen Stellen auch weiteres grundlegendes Schrifttum aufgeführt ist.

3. Die Kenngröße nach Prandtl oder kurz Prandtl-Zahl lautet:

$$\mathrm{Pr} = \frac{\nu}{a} \tag{1.16:3}$$

mit der Temperaturleitfähigkeit $a = \lambda/c_p\varrho$ und vereint damit die physikalischen Stoffgrößen, die für das Temperaturfeld maßgebend sind. Prandtl hat im Jahre 1910 eine Beziehung zwischen Wärmeaustausch und Strömungswiderstand der Flüssigkeiten veröffentlicht [19] und dabei festgestellt, daß die Geschwindigkeits- und Temperaturfelder dieselbe Tendenz nach der warmen oder kalten Wand aufweisen und daß der Wärmestrom stets die an der begrenzenden Oberfläche vorhandene laminare oder gar haftende Grenzschicht durchdringen müsse, so dünn sie auch sein möge.

4. Die Reynolds- und Prandtl-Zahl beschreiben zusammengenommen das Geschwindigkeits- und Temperaturfeld und führen zu einer weiteren Kenngröße, der Péclet-Zahl

$$\mathrm{Pe} = \mathrm{Re} \cdot \mathrm{Pr} = \frac{wd}{a}. \tag{1.16.4}$$

Diese kombinierte Kenngröße ist zwar verblüffend, aber durch den dabei entstandenen Fortfall der Viskosität ν wird eine physikalische Größe ausgemerzt, die primär erklärt, warum sich auch bei laminar strömendem Stoff ein Geschwindigkeitsgradient infolge der Flüssigkeitsreibung einstellt, was sich wiederum auf das Temperaturfeld auswirkt. Deshalb erweist es sich als notwendig, bei den Gleichungen für den Wärmeübergang die Kenngrößen Re und Pr explizit beizubehalten.

5. Die Kenngröße nach Grashof oder kurz Grashof-Zahl lautet:

$$\mathrm{Gr} = \frac{l^3 g \beta\, \Delta T}{\nu^2} \tag{1.16.5}$$

und beschreibt das Strömungsfeld und damit zugleich die Wärmeübergangsverhältnisse infolge des Auftriebs durch den Temperaturunterschied ΔT zwischen kaltgebliebenen und erwärmten Flüssigkeitsteilchen.

Im Grenzfall ist

$$\Delta T_{\max} \rightarrow \Delta T = T_{wk} - T_k.$$

Die thermische Auftriebskraft je Volumeneinheit entspricht dem Produkt $\varrho \cdot g \cdot \beta \cdot \Delta T$ mit dem Ausdehnungskoeffizienten β und der Dichte ϱ. Letztere ist in Gl. (1.16.5) wie bei der Re-Zahl über die dynamische Viskosität η in die kinematische Viskosität ν einbezogen.

Die durch den Auftrieb entstehende freie Strömungsgeschwindigkeit ist im technischen Sinne verhältnismäßig schwach und kann sich daher auf den Wärmeübergang im Innern des Arbeitszylinders einer Verbrennungskraftmaschine, d. h. auf der Gasseite, wegen der dort herrschenden hohen turbulenten Gasgeschwindigkeiten nicht auswirken. Das gleiche trifft für die Kühlseite zu, wenn mit Luft gekühlt wird, der notwendigerweise für eine ausreichende Kühlwirkung eine hohe Geschwindigkeit von 15 bis 30 m/s aufgedrückt werden muß. Dagegen genügen bei Flüssigkeitskühlung, in der Regel Wasser, Geschwindigkeiten von 0,1 bis 0,5 m/s, wenn man von Querschnittsverengungen im Kühlraum absieht. Hier kann der Anteil der Wärmeübertragung durch freie Konvektion gegenüber der erzwungenen nicht mehr vernachlässigt werden und ist — falls nicht bereits in den jeweils verwendeten Gleichungen enthalten — getrennt zu ermitteln. Das geschieht über die Funktion

$$\mathrm{Nu} = f(\mathrm{Gr}, \mathrm{Pr}),$$

die im Abschn. 3.3.2 zahlenmäßig behandelt wird.

1.2.4.2 Stoffwerte für die Grundgleichungen und Kenngrößen

Hält man sich vor Augen, welche Einzelgrößen die verschiedenen Grundgleichungen und Kenngrößen einschließen, dann sieht man, daß alle Größen vertreten sind, die auch in der allgemeinen Funktion für den Wärmeübergangskoeffizienten, Gl. (1.15), aufgeführt werden mußten.

Ungeachtet der sich schließlich ergebenden Gleichungsform müssen für eine praktische Rechnung die Zahlenwerte dieser einzelnen Größen bekannt sein. Während geometrische Abmessungen wie d und l konstruktiv gegeben sind, liefert der Betrieb einer Verbrennungskraftmaschine für die Arbeitsmittel den Druck p, die Temperatur T und damit auch die Dichte ϱ; schließlich ist durch die Abmessungen und den Betrieb der Maschine *die* oder *eine* charakteristische Geschwindigkeit w bestimmt. Von den verbleibenden Stoffgrößen würde man für alle in Frage kommenden festen, flüssigen und gasförmigen Stoffe in jedem einschlägigen Handbuch Zahlenwerte finden; es wäre übertrieben, sie hier allgemein aufzuführen. Aber wegen ihrer Vielfalt ist es zweckmäßig, hier für die gasförmigen Arbeitsmittel in einer Verbrennungskraftmaschine — Luft und Verbrennungsgas — möglichst zuverlässige und leicht anwendbare Angaben zu liefern. Dies hat zu geschehen für die Wärmeleitfähigkeit λ, die dynamische Viskosität η und für die spezifische Wärmekapazität c_p bei konstantem Druck, und zwar nicht nur zahlenmäßig in Tabellenform, sondern auch in Gleichungsform. Denn es ist die Wärmeleitfähigkeit λ Bestandteil der Nußelt-Zahl, die kinematische Viskosität mit $\nu = \eta/\varrho$ Bestandteil der Reynolds-Zahl und die spezifische Wärmekapazität c_p mit der Temperaturleitfähigkeit $a = \lambda/c_p\varrho$ Bestandteil der Prandtl- und Péclet-Zahl. Diese drei Stoffgrößen sollten daher in ihrer weiteren Abhängigkeit von Temperatur und u. U. vom Druck zum leichteren Einbau in die Wärmeübergangsgleichungen für die Arbeitsgasseite mathematisch dargestellt sein.

Dagegen genügt es, für die einfacheren Verhältnisse auf der Kühlseite bereits hier in den Zahlentafeln 1.1, 2, 4, 5, 7* die Werte für die Wärmeleitfähigkeit, Viskosität und spez. Wärmekapazität von geeigneten festen Stoffen, Flüssigkeiten und Luft in bestimmten niedrigen Temperaturbereichen anzugeben. Zahlentafel 1.1 enthält zugleich die Wärmeleitfähigkeit fester Stoffe für Wände und Schutzschichten um den Brennraum. Für den Ausdehnungskoeffizienten β in der Grashof-Zahl genügt jedoch ein Hinweis auf die Handbücher.

a) Wärmeleitfähigkeit

Zunächst sei die Frage nach der Wärmeleitfähigkeit der verschiedenen Stoffe eingehender behandelt, weil die reine Leitung als Teil der Wärmeübertragung beim Bau und Betrieb von Verbrennungskraftmaschinen alle drei Aggregatzustände betrifft. In der Regel ist dazu die Abhängigkeit der Wärmeleitfähigkeit des Stoffes von Druck und Temperatur zu bestimmen.

Bei festen, aber elastischen porenlosen Körpern werden nur sehr große Druckunterschiede wirksam, ebenso bei Flüssigkeiten aus molekular-theoretischen Gründen. Dagegen muß bei Gasen nach der kinetischen Gastheorie ein Einfluß des Druckes und der Temperatur bestehen, allerdings erst bei sehr kleinen Drücken und im allgemeinen zunehmend mit der Temperatur. Für den Betriebsbereich der Verbrennungskraftmaschine kann daher der Druckeinfluß bei Gasen u. U. vernachlässigt werden, während der der Temperatur zu berücksichtigen ist. Auf Zahlentafel 1.1* mit Werten der Wärmeleitfähigkeit für einige feste Stoffe und für die in Frage kommenden Flüssigkeiten als Kühlmittel wurde schon hingewiesen; sie enthält die wohl bisher sichersten Zahlenwerte, deren Quellen bei der Zahlentafel aufgeführt sind.

Während bei Gasen die Wärmeleitfähigkeit stetig mit der Temperatur zunimmt, zeigen Eisen und Metalle ein Auf und Ab. Einen Einblick in dieses Verhalten, das mit

* Die Zahlentafeln 1.1 bis 1.7 befinden sich im Anhang (Abschnitt 6.2, S. 331 bis 339).

Umwandlungspunkten der Legierungen zusammenhängt, gibt Abb. 1.2 für verschiedene Stähle. In der Kolbenverbrennungskraftmaschine bleiben — von örtlichen überhitzten Stellen abgesehen — in der Regel die inneren Wandtemperaturen unterhalb von 400 °C. Scharfe Umkehrpunkte treten nach Abb. 1.2 erst bei Temperaturen um 800 °C auf. Immer-

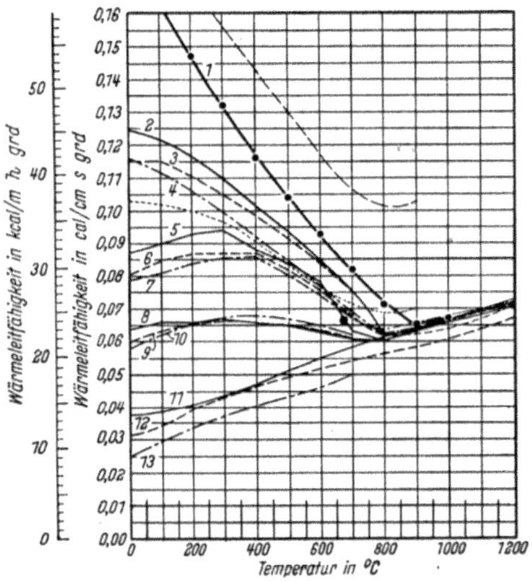

Nr.	Zusammensetzung in %								Wärme-behandlg.
	C	Si	Mn	Cr	Ni	Mo	W	Sonst.	
1	reines Eisen 99,95 % Fe								geglüht
2	0,23	0,11	0,63	—	—	—	—	—[1]	geglüht
3	0,43	0,20	0,69	—	—	—	—	—[1]	"
4	0,31	0,20	0,69	1,09	—	—	—	—[1]	"
5	0,32	0,18	0,55	0,17	3,5	—	—	—[1]	geglüht
6	0,32	0,25	0,55	0,71	3,4	—	—	—[1]	geglüht + 640°/Ofen
7	0,34	0,27	0,55	0,78	3,5	0,39	—	—[1]	
8	0,13	0,17	0,25	13,0	0,14	—	—	—[1]	960° + 2 h 750° Luft
9	0,27	0,18	0,28	13,7	0,20	—	0,25	—[1]	
10	0,71		0,25	4,3	—		18,4	1,1 V[2]	?
11	0,08	0,68	0,37	19,1	8,1	—	0,60	—[1]	1100°/Wasser
12	1,22	0,22	13,0	—	—	—	—	—[1]	1050°/Luft
13	0,46	1,3	1,2	15,2	26,9	—	2,8	—	?

[1] Technical Data of Fuel 1950
[2] Metals Handbook 1948

Abb. 1.2. Die Wärmeleitfähigkeit einiger Stähle abhängig von der Temperatur (nach Schack [4], Abb. 72)

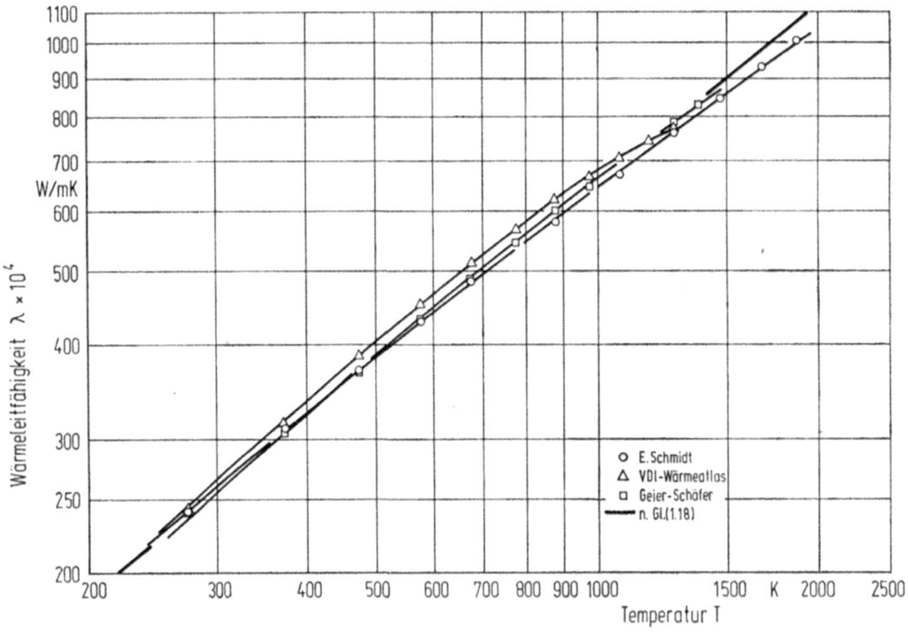

Abb. 1.3. Die Wärmeleitfähigkeit der Luft abhängig von der Temperatur nach Z. T. 1.2

hin ändert sich die Wärmeleitfähigkeit im Betriebsbereich der Verbrennungskraftmaschine für manche Baustoffe so, daß sie zu berücksichtigen wäre. Eine Mittelwertbildung entsprechend der inneren und äußeren Wandtemperatur wird jedoch im allgemeinen genügen.

Bei der Verbrennungskraftmaschine ergibt sich für die Wärmeleitfähigkeit der *Gase* die Besonderheit, daß bei Dieselmotoren reine Luft und bei Ottomotoren ein Luft-Gasgemisch zugeführt und verdichtet wird, während für beide Motorenarten nach der Verbrennung ein Verbrennungsgas, hauptsächlich bestehend aus CO_2, H_2O, N_2 und O_2 ausgedehnt und abgeführt wird. Die anteilmäßige Zusammensetzung ist je nach Motorenart und Belastung verschieden. Die Wärmeleitfähigkeit von Luft und damit die von Stickstoff N_2 liegen nahe beieinander; dasselbe gilt jedoch auch für Sauerstoff O_2 und Kohlendioxid CO_2; dagegen weicht Wasserdampf H_2O — allerdings erst bei Temperaturen $> 500\,°C$ — stärker ab, während Wasserstoff H_2 mit seiner rd. 7fach besseren Wärmeleitfähigkeit nur in dissoziiertem Verbrennungsgas mit geringem Prozentsatz auftritt [11] und daher hier vernachlässigt werden kann. Gasmischungen, wie sie die Verbrennungsgase darstellen, sind bisher auf die Wärmeleitfähigkeit hin nicht unmittelbar untersucht worden. Es gilt daher, sie aus den Einzelgasen zu ermitteln.

Vorerst seien für die *Luft* allein die Werte der Wärmeleitfähigkeit in Zahlentafel 1.2 nach verschiedenen und angegebenen Quellen zusammengestellt und durch Abb. 1.3 in Abhängigkeit von der Temperatur wiedergegeben. Die einzelnen Kurvenzüge weichen je nach der Quelle etwas voneinander ab. Es wurde für die mathematische Darstellung eine mittlere Gerade mit weitgehender Anlehnung an die von Geier und Schäfer gefundenen Werte [8] durchgelegt, weil diese offenbar die gegenwärtig sichersten zu sein scheinen.

Um die Zahlenwerte der Wärmeleitfähigkeit eines *Verbrennungsgases* aus seinen Einzelgasen zu gewinnen, genügt die einfache Mischungsregel nicht, da sie nur für sehr nahe beieinanderliegende λ-Werte anwendbar ist. Man kommt dem gesuchten Wert mit der molekular-theoretisch begründeten Gleichung von Perry [4], a. a. O. S. 128, näher. Danach ist unter Einbeziehung des Molekulargewichtes M_i des Einzelgases die Wärmeleitfähigkeit einer Gasmischung

$$\lambda_{\text{Gem}} = \frac{\Sigma p_i \lambda_i \sqrt[3]{M_i}}{\Sigma p_i \sqrt[3]{M_i}}. \tag{1.17}$$

Ein Verbrennungsgas aus einem Brennstoff $c/h = 85/15$ und dem Luftverhältnis $\lambda^* = 1$ (stöchiometrisches Verhältnis) hat eine Zusammensetzung in Raumteilen von

$$\begin{aligned} CO_2 &= 12{,}77\% \\ H_2O &= 13{,}51\% \\ N_2 &= 73{,}72\% \\ O_2 &= 0\%. \end{aligned}$$

Nach Gleichung (1.17) ergibt sich entsprechend den Angaben in Zahlentafel 1.3 für die verwendeten Einzelgase bei einem Zustand von 760 Torr und 100 °C oder 1013 mbar und 373,15 K für das stöchiometrische Verbrennungsgas ein Wert von

$$\lambda_{\text{Gem}} = 286{,}2 \cdot 10^{-4}\ \text{W/m K}$$

bei $\lambda_{CO_2} = 231{,}4 \cdot 10^{-4}$; $\lambda_{H_2O} = 246{,}5 \cdot 10^{-4}$; $\lambda_{N_2} = 303{,}5 \cdot 10^{-4}$ W/m K.

Mit den Werten der Zahlentafel 1.3 ist in Abb. 1.4 für die drei Einzelgase die Abhängigkeit der Wärmeleitfähigkeit von der Temperatur wiederum nach Geier und Schäfer [8] wiedergegeben. Für das stöchiometrische Verbrennungsgas ergibt sich nach den Kurvenzügen von CO_2, H_2O und N_2 mit Gl. (1.17) der Kurvenzug

$$\lambda_{\text{Gem}} = f(T).$$

Mit Rücksicht auf den Einbau in die Gleichungen für den Wärmeübergangskoeffizienten ist wie bereits bei der Luft eine durchgehende Gerade angelehnt, die wegen der logarithmischen Darstellung zu einer einfachen Potenzgleichung führt.

Somit ergeben sich für die Wärmeleitfähigkeit von Luft und dem bestimmten stöchiometrischen Verbrennungsgas abhängig von der Temperatur folgende Gleichungen:

für *Luft*

$$\lambda_{Lu} = 3{,}17 \cdot 10^{-4} T^{0{,}772} \text{ W/m K} \tag{1.18}$$

und für das *Verbrennungsgas*

$$\lambda_{VG} = 2{,}02 \cdot 10^{-4} T^{0{,}837} \text{ W/m K.} \tag{1.19}$$

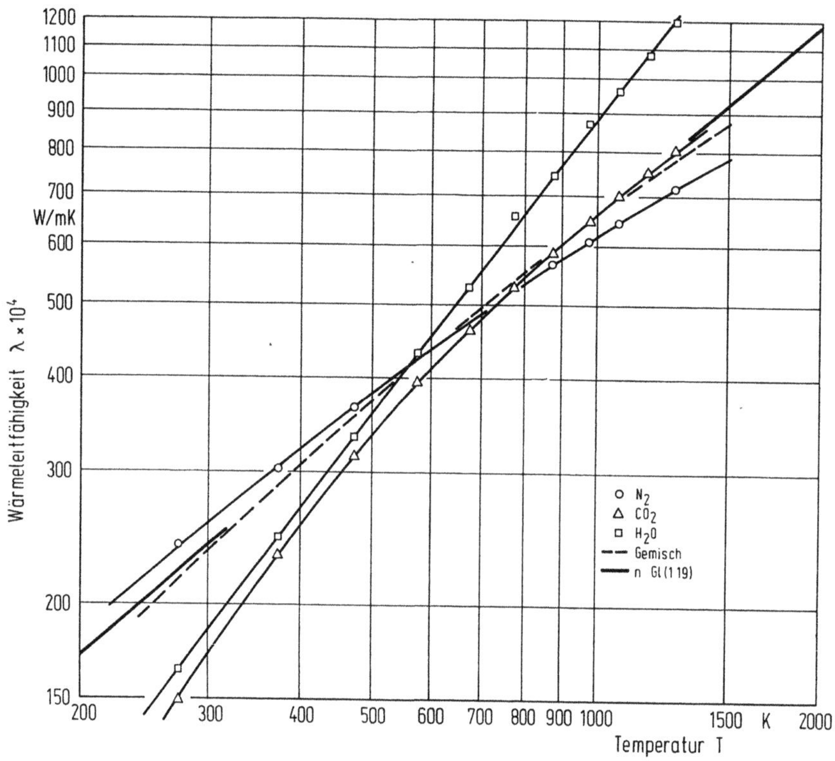

Abb. 1.4. Die Wärmeleitfähigkeit von einzelnen Gasen (N_2, CO_2, H_2O) und einem stöchiometrischen Verbrennungsgas abhängig von der Temperatur nach Z. T. 1.3

Der stärkere Anstieg für λ_{VG} gegenüber λ_{Lu} ist durch den H_2O-Anteil bedingt. Wegen der größeren Konstanten und des niedrigeren Exponenten für den Temperatureinfluß bei Gl. (1.18) für Luft (Lu) gegenüber Gl. (1.19) für Verbrennungsgas (VG) überschneiden sich die Kurven bei $T = 1\,025$ K. Sie weichen jedoch im ganzen Anwendungsbereich wenig voneinander ab, und zwar das VG gegenüber Lu bei $T = 373$ K um $-6{,}8\%$ und bei $T = 2\,073$ K um $+4{,}7\%$. Das heißt, man kann bei einem Genauigkeitsgrad von $\pm 4\%$ die Kreisprozeßrechnungen entweder mit der λ-Gleichung für Luft oder Verbrennungsgas durchführen. Will man genauer rechnen, so wären für die verschiedenen Abschnitte des Arbeitsprozesses die entsprechenden Gleichungen zu verwenden. — Es ist jedoch bei dem heutigen Genauigkeitsgrad der α-Gleichung überflüssig, innerhalb des VGes noch einen Unterschied für verschiedene Luftverhältnisse zu machen. Will man dies aber bei genaueren Vergleichsrechnungen dennoch tun, dann wird es zweckmäßig sein, den jeweiligen Unterschied in den λ-Werten durch lineare Interpolation zwischen Lu und stöchiometrischem VG über den Luftgehalt v^* des VGes anstelle des sonst üblichen Luftverhältnisses λ^* durchzuführen [11]*.

* a. a. O., Teil II, Abschn. 2.2.2, Gl. (39, 40) m. d. Bemerken, daß dort die Größen λ^* u. v^* ohne * bezeichnet sind.

Für die Druckabhängigkeit der Wärmeleitfähigkeit bei Gasen sind die bisher bekannt gewordenen Zahlenwerte spärlich gegenüber denen für die Temperaturabhängigkeit. Allgemein läßt sich sagen, daß der Druckeinfluß erst bei ganz kleinen Drücken und Temperaturen bemerkbar wird. Auf der Grundlage molekular-theoretischer Überlegungen ist ein allgemein gültiges Diagramm entwickelt worden [12]. Es ist für alle Gase anwendbar, weil man sich auf den kritischen Zustand des jeweiligen Gases bezieht, Abb. 1.5. Für den Betriebsbereich in der Verbrennungskraftmaschine liegt man für Luft, sowie für CO_2 und H_2O als Bestandteile des Verbrennungsgases mit ihren geringen Partialdrücken in dem

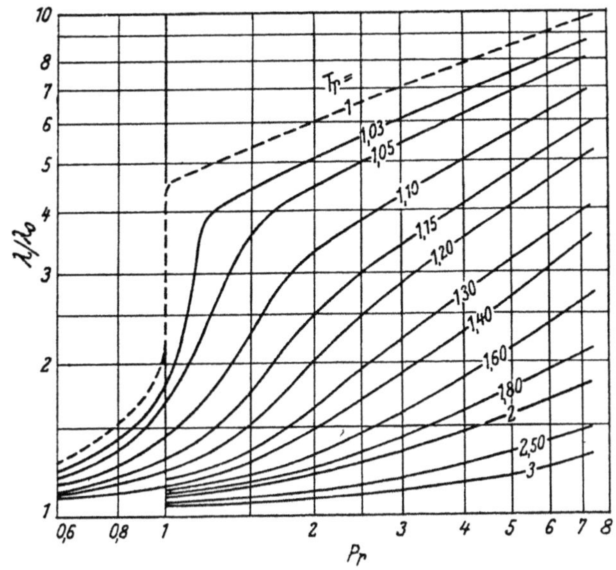

Abb. 1.5. Die allgemeine Abhängigkeit der Wärmeleitfähigkeit bei Gasen von Druck und Temperatur unter Bezugnahme auf den jeweiligen kritischen Zustandspunkt des betreffenden Gases (nach VDI-Wärmeatlas [12], Blatt Da 17, Abb. 18)

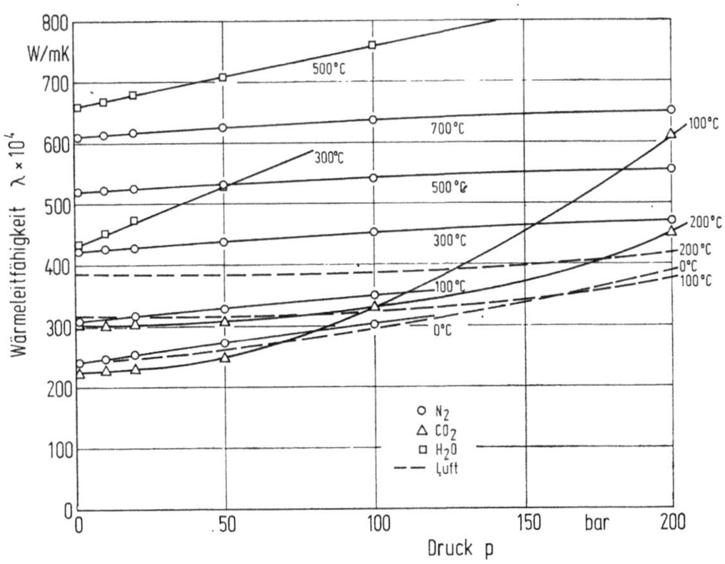

Abb. 1.6. Die Druckabhängigkeit der Wärmeleitfähigkeit von Luft und den Bestandteilen eines stöchiometrischen Verbrennungsgases wie N_2, CO_2 und H_2O (nach Landolt-Börnstein [13b] 4. Teil, Bandteil b, S. 597, 598)

Teil des Diagrammfeldes, der nur schwache Abhängigkeiten vom Druck für die Wärmeleitfähigkeit ergibt.

Da aber dieses allgemeine Diagramm für die verschiedenen Gase Abweichungen bis zu $\pm 40\%$ aufweisen kann, — weshalb auch der kleine Maßstab genügt —, wurden die spärlichen Angaben über die Druckabhängigkeit hauptsächlich nach den aus [13b] entnommenen Werten in Abb. 1.6 in einem größeren Maßstab eingetragen. Man erkennt, daß auch hier noch für den Betriebsbereich der Verbrennungskraftmaschine — bedenke die kleinen Partialdrücke bei CO_2 und H_2O! — die Druckabhängigkeit vernachlässigt werden kann, zumal die heutigen α-Gleichungen ebenfalls noch mit nennenswerten Abweichungen behaftet sind, wie ihr kritischer Vergleich in Abschn. 2.8 zeigen wird.

Soweit also die Wärmeleitfähigkeit als Stoffeigenschaft bei dem gesamten Problemkreis der Wärmeübertragung in der Verbrennungskraftmaschine eine Rolle spielt, dürften die zahlenmäßigen Angaben in den Zahlentafeln 1.1···1.3 und durch die Gln. (1.18 und 1.19) ausreichen.

b) Viskosität

Die Viskosität ist außer in der Reynolds-Zahl auch in der Prandtl-Zahl enthalten. Ferner verbindet die Prandtl-Zahl durch die Temperaturleitfähigkeit a weiterhin die Viskosität mit der Wärmeleitfähigkeit λ und der spez. Wärmekapazität c. Denn der innere Zusammenhang wird nach der kinetischen Gastheorie durch $\lambda = \varepsilon c_v \eta$ hergestellt; darin ist ε eine Konstante, die lediglich durch die Atomzahl des betreffenden Gases bestimmt wird.

Wie bei der Wärmeleitfähigkeit sind zwar für Flüssigkeiten und Gase (Luft und Einzelgase) genügend Zahlenwerte der Viskosität ermittelt worden, nicht aber für das Verbrennungsgas. Deshalb wurden in den Zahlentafeln 1.4, 5 u. 6 neben Kühlflüssigkeiten, Schmierölen und Luft auch CO_2, H_2O und N_2 mit Quellenangabe aufgeführt und aus diesen wiederum der Zahlenwert für das stöchiometrische Verbrennungsgas errechnet, und zwar wie für die Wärmeleitfähigkeit wegen des soeben gezeigten Zusammenhangs mit der Viskosität nach der entsprechenden Gleichung mit

$$\eta_{\text{Gem}} = \frac{\Sigma p_i \eta_i \sqrt[3]{M_i}}{\Sigma p_i \sqrt[3]{M_i}}. \tag{1.20}$$

Aus den Kurvenzügen in Abb. 1.7 und 1.8 ermittelt man folgende Gleichungen:

für *Luft*

$$\eta_{\text{Lu}} = 0{,}612 \cdot 10^{-6} T^{0{,}609} \text{ Ns/m}^2 \tag{1.21}$$

und für das *Verbrennungsgas*

$$\eta_{\text{VG}} = 0{,}355 \cdot 10^{-6} T^{0{,}679} \text{ Ns/m}^2. \tag{1.22}$$

Ebenfalls wie bei der Wärmeleitfähigkeit ist auch bei der Viskosität der stärkere Anstieg für η_{VG} gegenüber η_{Lu} durch den H_2O-Anteil bedingt; allerdings in einem schwächeren Maße, so daß unter dem gleichzeitigen Einfluß der verschiedenen Konstanten in den betreffenden Gleichungen hier der Schnittpunkt erst bei 3954 K liegt. Demnach weichen die Zahlenwerte in dem Anwendungsbereich von 273 bis 2073 K in einer Richtung ab, und zwar das Verbrennungsgas gegenüber Luft um $-8{,}3$ bis $-2{,}0\%$. Mithin unterscheiden sich in dem für den Wärmeübergang in der VKM maßgebenden höheren Temperaturbereich die Kurvenzüge nicht mehr als bei der Wärmeleitfähigkeit. Hinzu kommt, daß die Viskosität mit einer etwas geringeren Potenz als die Wärmeleitfähigkeit in die Wärmeübergangsgleichungen eingeht. Man kann sich also auch bei der Viskosität für allgemeine Berechnungen in der VKM auf die Gleichungen für Luft beschränken. Die Druckabhängigkeit darf hier ebenfalls außer acht bleiben (vgl. [13a], 5. Teil, a. a. O., S. 31).

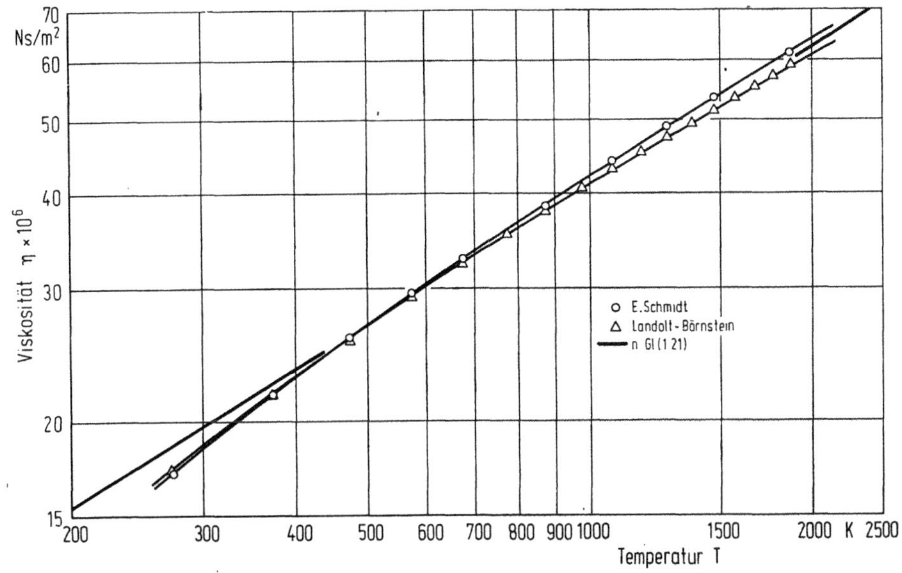

Abb. 1.7. Die dynamische Viskosität der Luft abhängig von der Temperatur nach Z. T. 1.5

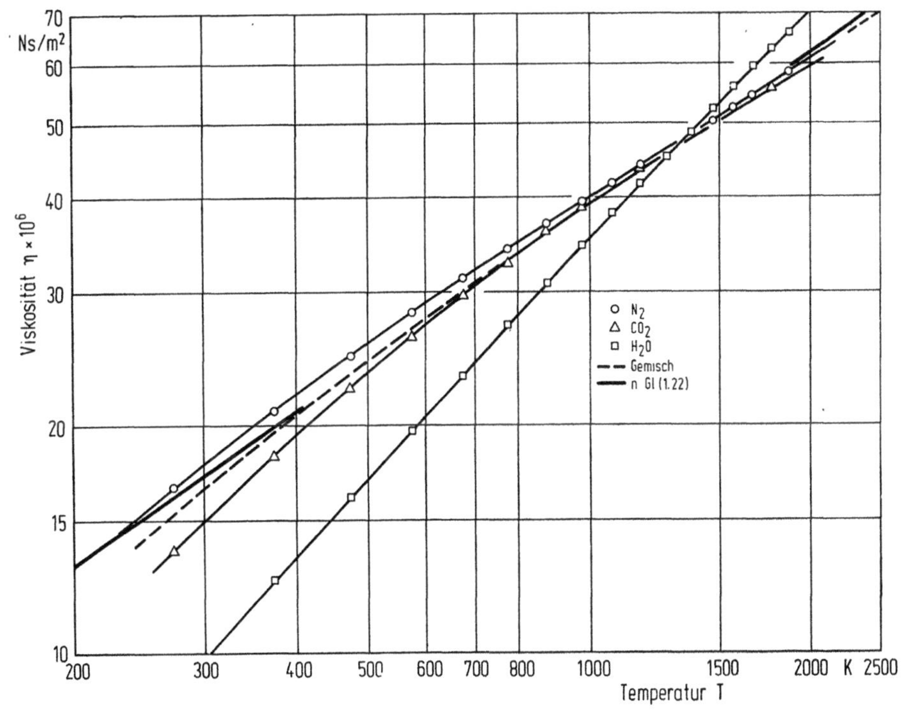

Abb. 1.8. Die dynamische Viskosität von einzelnen Gasen (N_2, CO_2, H_2O) und einem stöchiometrischen Verbrennungsgas abhängig von der Temperatur nach Z. T. 1.6

c) Spezifische Wärmekapazität

Die Zahlenwerte der spezifischen Wärmekapazität sind bei der Verbrennungskraftmaschine nicht nur in Verbindung mit der Wärmeübertragung erforderlich, sondern noch in anderen Hinsichten, wie z. B. bei der Berechnung der Arbeitstemperaturen oder der Wärmeabfuhr durch Abgase und Kühlmittel oder von Wärmespannungen. Das heißt, man muß wie bei der Wärmeleitfähigkeit alle drei Aggregatzustände berücksichtigen. Für den engeren Bereich der Wärmeübertragung sind wiederum Zahlenwerte für die fraglichen Baustoffe und Kühlflüssigkeiten einschließlich Luft als Kühlgas zusammengestellt, Zahlentafel 1.7. Dagegen ist es zweckmäßig, für die Arbeitsgase wegen der hohen Druck- und Temperaturänderungen im Arbeitsprozeß einer Verbrennungskraftmaschine deren Abhängigkeit nicht nur von der Temperatur sondern auch vom Druck näher zu betrachten. Wie bereits bei der Wärmeleitfähigkeit und der Viskosität festgestellt, sind zwar für Luft und Einzelgase genügend Tabellenwerte zu finden, nicht aber für das Verbrennungsgas. Aussichtslos wird es ganz und gar, wenn man bedenkt, daß in der Spitze des Arbeitsprozesses so hohe Temperaturen entstehen, bei denen die Dissoziation — in erster Linie von CO_2 und H_2O — merklich wird.

Die in den Grenzen Luft und stöchiometrisches Verbrennungsgas unterschiedliche Gaszusammensetzung kann man hinsichtlich der zugehörigen Wärmekapazität zutreffend berücksichtigen, wenn — ausgehend von einem bestimmten Brennstoff — das Luftverhältnis λ^* bei der Verbrennung als Maß zugrunde gelegt wird. Auf dieser Grundlage sind für einen mittleren Brennstoff mit einer Zusammensetzung $c/h = 85/15$ Mollier-Diagramme (Enthalpie-Entropie-Diagramme) nach neuesten Erkenntnissen berechnet worden, [11], a. a. O. Teil I, aus denen sich für alle möglichen Zusammensetzungen des Verbrennungsgases die mittlere und im Dissoziationsgebiet die mittlere scheinbare spezifische Wärmekapazität zwischen zwei Zustandspunkten bequem errechnen lassen. Der jeweilige Zustandspunkt ist durch das Luftverhältnis λ^*, den Druck p und die Temperatur T festgelegt. Die zwischen zwei Zustandspunkten 1 und 2 herrschende mittlere spezifische Wärmekapazität c_{pm} ist entsprechend der Begriffsbestimmung der Enthalpie mit der spezifischen Enthalpie i

$$c_{pm}\Big|_1^2 = \frac{\Delta i(\lambda^*, p, T)|_1^2}{\Delta T|_1^2}. \tag{1.23}$$

Für Δi und $\Delta T \to 0$ geht c_{pm} in den jeweils wahren Wert c_p über. Von diesem grafisch-rechnerischen Wege abgesehen, kann man auch neuerdings für diese Verbrennungsgase die c_p-Werte analytisch mit von *Zacharias* angegebenen Gleichungen für die Enthalpie und andere kalorische Zustandsgrößen ermitteln, [11], a. a. O., Teil II und dort [5, 32], allerdings unter Zuhilfenahme von EDV. Die Ausgangswerte können als die bisher genauesten angesehen werden und dürften sich wegen des spektroskopischen Ermittlungsverfahrens auch zukünftig nicht mehr nennenswert ändern.

Für den unmittelbaren Gebrauch bei der Frage der Wärmeübertragung auf der Arbeitsgasseite sind hierzu die erforderlichen Berechnungen durchgeführt worden und deren Ergebnisse für die in Frage kommenden Temperatur- und Druckbereiche in den Abb. 1.9 bis 1.12 für Luft und Verbrennungsgas wiedergegeben. Wie bei der Wärmeleitfähigkeit und der Viskosität genügt von den Verbrennungsgasen das stöchiometrische, weil man über den Luftgehalt v^* zwischen Luft und diesem Verbrennungsgas linear interpolieren kann, solange man unterhalb 1800 K, d. h. unterhalb des merklichen Dissoziationsgebietes bleibt, obwohl der zahlenmäßige Unterschied hier wesentlich größer als bei der Wärmeleitfähigkeit und Viskosität ist. Da jedoch über den *ganzen* Arbeitsprozeß betrachtet — aber nur dann — das Dissoziationsgebiet wenig ins Gewicht fällt, kann man mit weniger als 2% Fehler auch das Dissoziationsgebiet in die Interpolation einschließen. Allerdings kann man, wie bei der Wärmeleitfähigkeit und Viskosität im Hinblick auf die allgemeine Genauigkeit der α-Gleichungen u. U. den Unterschied zwischen Luft und Verbrennungsgas nicht unbeachtet lassen, weil sich hier im Temperaturbereich eines Arbeitsprozesses zwischen 1000 und 2000 K bereits allzu große Unterschiede von Luft und stöchiometrischem Verbrennungsgas ergeben, wie ein Vergleich der Abb. 1.9 und 1.11 zeigt. Davon wird noch einmal bei der Aufstellung einfacher Potenzgleichungen für den Einbau in die α-Gleichungen gesprochen werden.

Die spezifische Wärmekapazität der Luft ist durch Abb. 1.9 abhängig von der Temperatur für verschiedene Drücke und durch Abb. 1.10 abhängig vom Druck für verschiedene Temperaturen dargestellt. Während die Druckabhängigkeit im mittleren Arbeitsbereich einer Verbrennungskraftmaschine sehr gering ist, wird die Temperaturabhängigkeit um so größer, je kleiner der Druck ist; bei niedrigeren und ganz hohen Temperaturen verstärkt sich jedoch auch der Einfluß des Druckes.

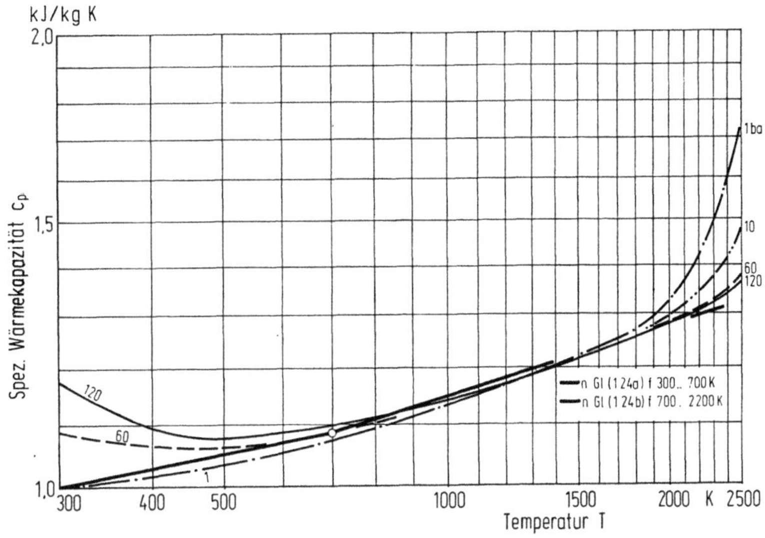

Abb. 1.9. Die spezifische Wärmekapazität von Luft abhängig von der Temperatur bei verschiedenen Drücken

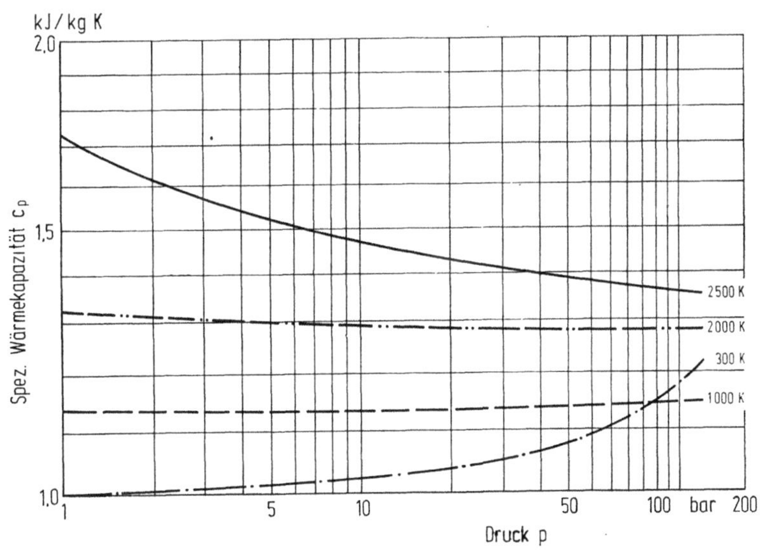

Abb. 1.10. Die spezifische Wärmekapazität von Luft abhängig vom Druck bei verschiedenen Temperaturen

Dasselbe Verhalten kann man auch für das Verbrennungsgas nach Abb. 1.11 und 1.12 feststellen. Wegen der im ganzen absolut höheren Zahlenwerte und der wesentlich vermehrten Dissoziation im oberen Temperaturbereich verstärkt sich jedoch die Abhängigkeit von Temperatur und Druck.

Für den Gebrauch in den α-Gleichungen kann man bei der Luft und dem Verbrennungsgas für den mittleren Arbeitsbereich in der Verbrennungskraftmaschine auf die Druckabhängigkeit verzichten, zumal sich zwischen den unteren und oberen Temperaturen ein gegenläufiges Verhalten entwickelt und deshalb im mittleren Temperaturbereich sogar eine Druckunabhängigkeit besteht.

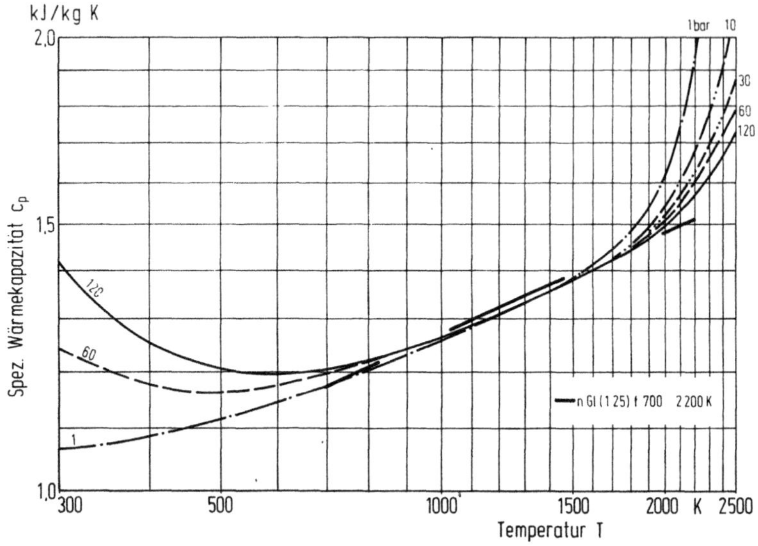

Abb. 1.11. Die spezifische Wärmekapazität von einem stöchiometrischen Verbrennungsgas (c/h = 85/15) abhängig von der Temperatur bei verschiedenen Drücken

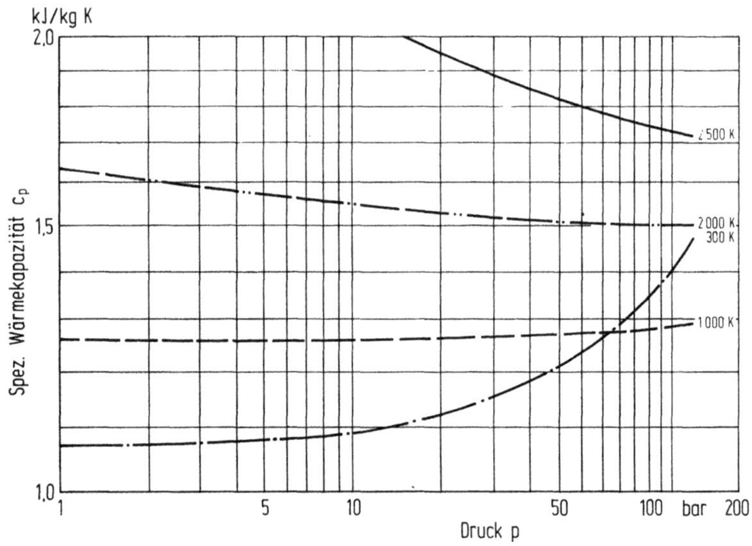

Abb. 1.12. Die spezifische Wärmekapazität von einem stöchiometrischen Verbrennungsgas (c/h = 85/15) abhängig vom Druck bei verschiedenen Temperaturen

Bei der Temperaturabhängigkeit können Potenzgleichungen entwickelt werden, die allerdings wegen ihrer Einfachheit nicht über den ganzen Temperaturbereich einer Verbrennungskraftmaschine reichen. Man muß mindestens bei der Luft für einen unteren und einen oberen Bereich zwei verschiedene und besser zutreffende Gleichungen entwickeln, da sowohl der Betriebsabschnitt für die Luftförderung und -verdichtung als auch aus Vergleichsgründen der für Verbrennung und Ausdehnung bestrichen werden muß. Das sind zwei Temperaturbereiche von 300···700 K und 700···2200 K. Für das Verbrennungsgas kann man auf den niedrigen Bereich verzichten und kommt daher mit einer Gleichung aus. Man findet also angenähert an den tatsächlichen Verlauf die Gleichungen:

für *Luft*

a) im Temperaturbereich 300…700 K

$$c_{pLu} = 0{,}573\, T^{0,097} \text{ kJ/kg K}, \tag{1.24a}$$

b) im Temperaturbereich 700…2200 K

$$c_{pLu} = 0{,}392\, T^{0,155} \text{ kJ/kg K} \tag{1.24b}$$

und für das *Verbrennungsgas*

im Temperaturbereich 700…2200 K

$$c_{pVG} = 0{,}267\, T^{0,226} \text{ kJ/kg K}. \tag{1.25}$$

Die diesen Gleichungen entsprechenden Geraden in einem logarithmischen Diagramm sind in Abb. 1.9 und 1.11 eingetragen und stimmen im Mittel auch gegenüber dem Druckeinfluß mit den Ursprungswerten befriedigend überein. Die Gleichungen für den Temperaturbereich 700…2200 K für Luft und Verbrennungsgas schneiden sich erst bei 223 K, d. h. es ist im denkbar größten Betriebsbereich stets $c_{pVG} > c_{pLu}$, und zwar zunehmend mit der Temperatur. So ist die spezifische Wärmekapazität von Verbrennungsgas gegenüber Luft bei 1000 K um 11% und bei 2000 K bereits um 17% größer. Im Gegensatz zur Wärmeleitfähigkeit und Viskosität kann man also u. U. nicht mehr mit den Werten von Luft *oder* Verbrennungsgas rechnen, sondern muß bei höheren Ansprüchen an die Genauigkeit der α-Werte sehr wohl Luft und Verbrennungsgas voneinander getrennt halten.

Während die obigen Gleichungen zeichnerisch aus den Abb. 1.9 und 1.11 mit engster Annäherung an den tatsächlichen Verlauf innerhalb der angegebenen Temperaturgrenzen und gleichzeitiger Beachtung der Druckabhängigkeit ermittelt worden sind, ist es wegen der Bedeutung der spezifischen Wärmekapazität in manchen Fällen wünschenswert, auch die Beiwerte und Exponenten der c_p-Gleichung für andere Bereiche von Temperatur und Druck zu kennen. Diese Zahlenwerte sind zusammengestellt in Zahlentafel 1.8 für zunehmend weitergreifende Temperaturbereiche zwischen 300 und 2500 K bei bestimmten Drücken zwischen 1 und 120 bar und in Zahlentafel 1.9 für den festen Druckbereich von 1…120 bar bei bestimmten Temperaturen zwischen 300 und 2400 K, und zwar mit Hilfe des bereits auch für die Kurvenzüge in den Abb. 1.9…1.12 benutzten und genannten Rechenweges. Die Gruppe dieser Gleichungen ist in den angegebenen Bereichen nach der Gaußschen Methode der kleinsten Fehlerquadrate ermittelt.

Wegen der Gegenläufigkeit in der Druckabhängigkeit konnte bereits auf den Einbau einer Druckabhängigkeit für ganze Arbeitsprozesse verzichtet werden. Durch Zahlentafel 1.9 wird noch ein unmittelbarer Beweis für die Zulässigkeit dieser Maßnahme geliefert. Denn über den ganzen Druck- und den Temperaturbereich bis 2100 K nach Zahlentafel 1.9, d. h. für den Arbeitsprozeß eines hochaufgeladenen Motors mit Verdichtung, Verbrennung und Ausdehnung, ergibt sich für den Druckexponenten n ein arithmetischer Mittelwert von nur $n = 0{,}0050$ für die Luft und $n = 0{,}0067$ für das stöchiometrische Verbrennunggas. Das besagt zugleich, daß für Verbrennungsgase mit höherem Luftgehalt sich der Unterschied gegenüber dem kleineren Druckexponenten für Luft ebenfalls vermindert. Man hat daher im allgemeinen nur die Temperaturabhängigkeit mit dem Exponenten m nach Zahlentafel 1.8 zu berücksichtigen. Es ergeben sich nämlich mit demselben Arbeitsprozeß für den Temperaturexponenten $m = 0{,}123$ bei der Luft und $m = 0{,}162$ beim Verbrennungsgas. Steigert man aber den Temperaturbereich von 2100 K auf 2500 K, so werden die entsprechenden Exponenten $m = 0{,}147$ bzw. 0,225. So stark macht sich der zunehmende Anstieg der spezifischen Wärmekapazität bei höheren Temperaturen bemerkbar, wie es auch die Kurvenzüge in den Abb. 1.9 und 1.11 deutlich zeigen.

Zahlentafel 1.8. *Beiwert K_T und Exponent m für die Gleichungen der spezifischen Wärmekapazität c_p* von Luft* (Lu) *und einem stöchiometrischen Verbrennungsgas* (VG) *in bestimmten Temperaturbereichen ΔT für verschiedene Drücke p*

p bar ↓	ΔT^K →	300 bis 700		300 bis 1400		300 bis 2100		300 bis 2500	
		K_T*	m*	K_T	m	K_T	m	K_T	m
1	Lu	0,6473	0,0762	0,4752	0,1265	0,3949	0,1552	0,2738	0,2105
	VG	0,5429	0,1170	0,4030	0,1654	0,2697	0,2274	0,1101	0,3628
10	Lu	0,7019	0,0640	0,4964	0,1203	0,4289	0,1430	0,3650	0,1674
	VG	0,6364	0,0927	0,4363	0,1541	0,3301	0,1973	0,2122	0,2641
30	Lu	0,8362	0,0376	0,5465	0,1068	0,4665	0,1313	0,4150	0,1490
	VG	0,8941	0,0410	0,5188	0,1296	0,3891	0,1741	0,2804	0,2237
60	Lu	1,0774	$-0{,}0_367$	0,6289	0,0869	0,5199	0,1165	0,4679	0,1325
	VG	1,4430	$-0{,}0_318$	0,6648	0,944	0,4732	0,1471	0,3543	0,1909
90	Lu	1,3743	−0,0373	0,7209	0,0677	0,5759	0,1026	0,5177	0,1187
	VG	2,2530	−0,0995	0,8408	0,0611	0,5647	0,1229	0,4261	0,1655
120	Lu	1,7365	−0,0725	0,8230	0,0490	0,6354	0,0892	0,5685	0,1061
	VG	3,4163	−0,1625	1,0513	0,0294	0,6663	0,1002	0,5017	0,1431

* $c_p = K_T \cdot T^m$ kJ/kg K

Zahlentafel 1.9. *Beiwert K_p und Exponenten für die Gleichungen der spezifischen Wärmekapazitäten c_p* von Luft* (Lu) *und einem stöchiometrischen Verbrennungsgas* (VG) *im Druckbereich Δp von* 1 *bis* 120 bar *für verschiedene Temperaturen T*

T^K ↓	Δp^{bar} →	1 bis 120	
		K_p*	n*
300	Lu	0,9657	0,0334
	VG	0,9879	0,0618
600	Lu	1,1044	0,0074
	VG	1,1131	0,0110
900	Lu	1,1111	0,0031
	VG	1,1227	0,0043
1200	Lu	1,1171	0,0017
	VG	1,1306	0,0023

T^K ↓	Δp^{bar} →	1 bis 120	
		K_p*	n*
1500	Lu	1,1218	$0{,}0_387$
	VG	1,1377	$0{,}0_385$
1800	Lu	1,1266	−0,0013
	VG	1,1480	−0,0052
2100	Lu	1,1353	−0,0100
	VG	1,1738	−0,0283
2400	Lu	1,1563	−0,0343
	VG	1,2400	−0,0810

* $c_p = K_p \cdot p^n$ kJ/kg K

d) *Dichte*

Wie später im Abschn. 2 bei Darlegung der Wärmeübergangsgleichungen sichtbar wird, enthalten nur jene Gleichungen unmittelbar die Dichte ϱ als Stoffgröße, die nach der Ähnlichkeitstheorie die Kenngröße von Péclet, Gl. (1.16.4), verwenden. Das sind die drei Gleichungen von Elser, Oguri und Overbye, Gl. (2.8, 2.9 u. 2.10). Dabei ist die Dichte mit der Temperaturleitfähigkeit $a = \lambda/c_p\varrho$ verknüpft und ist somit auch bei der Kenngröße von Prandtl zu finden. Alle anderen Wärmeübergangsgleichungen nach der Ähnlichkeitstheorie verwenden neben der immer erforderlichen Kenngröße von Nußelt die von Reynolds, Gl. (1.16.1). Über die darin vorhandene kinematische Viskosität ν wird für die dynamische Viskosität η wegen des Zusammenhangs $\nu = \eta/\varrho$ ebenfalls die Dichte ϱ eingebracht. Die Arbeitsprozesse werden jedoch nach den unmittelbar meßbaren bzw. berechenbaren Größen Druck und Temperatur bestimmt und beurteilt. Deshalb wird wie bei den anderen Stoffgrößen auch die Dichte ϱ durch Druck und Temperatur ausgedrückt, und zwar im allgemeinen bei den Wärmeübergangsgleichungen nach der Gasgleichung für vollkommene Gase. Inwieweit dieser einfache Zusammenhang mit

$$\varrho = \text{konst} \cdot \frac{p}{T} \tag{a}$$

gegenüber dem Verhalten der wirklichen Gase — bei Luft und Verbrennungsgas — beibehalten werden kann oder welche Potenzgleichungen einzusetzen wären oder welcher Fehler im Rahmen eines Arbeitsprozesses begangen wird, läßt sich nach derselben Quelle wie vorhergehend bei der spezifischen Wärmekapazität überprüfen [11], a. a. O., Teil II. Dementsprechend sind in Zahlentafel 1.10 u. 1.11 in der gleichen Weise wie in Zahlentafel 1.8 u. 1.9 die betreffenden Beiwerte und Exponenten einfacher Potenzgleichungen für die Dichte nach dem Temperatur- und Druckeinfluß zusammengestellt.

Zahlentafel 1.10. *Beiwert K_T und Exponent m für die Gleichungen der Dichte ϱ^* von Luft* (Lu) *und einem stöchiometrischen Verbrennungsgas* (VG) *in bestimmten Temperaturbereichen ΔT für verschiedene Drücke p*

p^{bar} ↓	ΔT^K →	300 bis 700		300 bis 1400		300 bis 2100		300 bis 2500	
		K_T*	m*	K_T	m	K_T	m	K_T	m
1	Lu	349,91	−1,0008	348,69	−1,0002	348,91	−1,0003	351,39	−1,0014
	VG	351,41	−1,0018	349,08	−1,007	350,40	−1,0013	359,27	−1,0050
10	Lu	3649,0	−1,0079	3522,9	−1,0022	3491,1	−1,0008	3493,9	−1,0009
	VG	3882,2	−1,0178	3628,3	−1,0067	3568,0	−1,0041	3591,2	−1,0051
30	Lu	12014	−1,0237	10812	−1,0065	10498	−1,0019	10436	−1,0010
	VG	14566	−1,0536	11868	−1,0203	11191	−1,0111	11087	−1,0097
60	Lu	27607	−1,0472	22376	−1,0129	21078	−1,0037	20763	−1,0014
	VG	41009	−1,1085	27073	−1,0408	23973	−1,0219	23267	−1,0174
90	Lu	47552	−1,0706	34729	−1,0194	31750	−1,0054	31001	−1,0018
	VG	87315	−1,1646	46439	−1,0617	38585	−1,0329	36713	−1,0254
120	Lu	72758	−1,0939	47911	−1,0258	42522	−1,0073	41160	−1,0023
	VG	166760	−1,2222	71002	−1,0830	55309	−1,0442	51591	−1,0336

* $\varrho = K_T \cdot T^m$ kg/m³

Zahlentafel 1.11. *Beiwert K_p und Exponent n für die Gleichungen der Dichte ϱ^* von Luft* (Lu) *und einem stöchiometrischen Verbrennungsgas* (VG) *im Druckbereich Δp* von 1 *bis* 120 bar *für verschiedene Temperaturen T*

T^K ↓	Δp^{bar} →	1 bis 120	
		K_p*	n*
300	Lu	1,1486	1,0085
	VG	1,1087	1,0342
600	Lu	0,5874	0,9905
	VG	0,5843	0,9930
900	Lu	0,3915	0,9907
	VG	0,3906	0,9908
1200	Lu	0,2932	0,9919
	VG	0,2927	0,9915

T^K ↓	Δp^{bar} →	1 bis 120	
		K_p*	n*
1500	Lu	0,2342	0,9930
	VG	0,2339	0,9924
1800	Lu	0,1949	0,9939
	VG	0,1946	0,9933
2100	Lu	0,1668	0,9947
	VG	0,1662	0,9944
2400	Lu	0,1454	0,9957
	VG	0,1439	0,9966

* $\varrho = K_p \cdot p^n$ kg/m³

Obwohl der erhebliche Temperaturexponent $m = -1{,}222$ für den niedrigen Temperaturbereich von 300···700 K und 120 bar beim Verbrennungsgas auftritt, wird er unerheblich, weil es sich um einen praktisch nicht vorkommenden Betriebspunkt handelt. Für Luft fällt dieser Exponent bereits auf $m = -1{,}094$ zurück. Berechnet man dagegen den Mittelwert für einen Arbeitsprozeß bis zu 120 bar und 2500 K, so steigt der mittlere Temperaturexponent für Verbrennungsgas nur bis $m = -1{,}014$, und für Luft erreicht er mit $m = -1{,}0024$ einen kaum abweichenden Wert gegenüber $m = -1$ für vollkommene Gase. Da der Druckexponent im allgemeinen noch weiter zurücktritt, kann man feststellen, daß bei der Dichte der einfache proportionale Zusammenhang nach der obigen Gl. (a) verwendet werden darf und lediglich die jeweilige Gaskonstante des realen Gases einzusetzen ist, um den Zahlenwert der Dichte zu erhalten. Wegen der verschiedenen Gaszusammensetzung bei Luft und womöglich dissoziiertem Verbrennungsgas ist es einfacher, fallweise die bequemen Potenzgleichungen

$$\varrho = K_T \cdot T^m \quad \text{bzw.} \quad \varrho = K_p \cdot p^n \tag{b}$$

mit den in Zahlentafel 1.10/11 angegebenen Beiwerten und Exponenten zu verwenden. Bei den Wärmeübergangsgleichungen, die die Dichte ϱ durch den Druck p und die Temperatur T ersetzen, muß natürlich darauf geachtet werden, daß, wie bei den anderen Stoffgrößen, ein auf die fraglichen Arbeitsprozesse abgestimmter mittlerer Beiwert, welcher der Gaskonstanten entspricht, einbezogen wird.

Abschließend kann für diesen Unterabschnitt 1.2.4.2 festgestellt werden, daß nunmehr alle wesentlichen Zahlenwerte für die Stoffgrößen in Gl. (1.15) unmittelbar oder durch Hinweise zur Hand gegeben sind. Die mit weitgehend gesicherten Ausgangswerten entwickelten Gleichungen für die Wärmeleitfähigkeit, Viskosität, spezifische Wärmekapazität und Dichte von Luft und Verbrennungsgas sind zugleich Hilfsgleichungen zu einigen Gleichungen für den Wärmeübergangskoeffizienten in der Verbrennungskraftmaschine.

1.3 Besonderheiten bei der Verbrennungskraftmaschine

1.3.1 Auswirkung auf die Wärmeübergangsgleichungen

Da die Nußelt-Zahl an das Geschwindigkeits- und Temperaturfeld eines strömenden Stoffes gebunden ist, ergibt sich als Voraussage aus der allgemeinen Funktion, Gl. (1.15), und den Kenngrößen der Ähnlichkeitstheorie, Gl. (1.16.1/5), daß

$$\mathrm{Nu} = f(\mathrm{Re}, \mathrm{Pr})$$

sein muß. Es läßt sich damit bereits allgemein anschreiben

$$\mathrm{Nu} = \frac{\alpha d}{\lambda} = C\,\mathrm{Re}^m\,\mathrm{Pr}^n \left(\frac{l}{d}\right)^p, \tag{1.26}$$

wenn man alle denkbaren Abhängigkeiten berücksichtigen will. Damit ist die gestellte Frage über den etwaigen Zusammenhang der einzelnen Einflußgrößen auf den Wärmeübergang in allgemeiner Form beantwortet. Es kommt jetzt lediglich darauf an, den zahlenmäßigen Wert der Exponenten oder mindestens ihren Zusammenhang untereinander theoretisch oder versuchstechnisch zu ermitteln. Wegen der einer Dimensionsbetrachtung innewohnenden Beschränkung [4], vgl. a. a. O., S. 85—88, ist der Versuch der sicherste, wenn auch zeitraubendere und kostspieligere Weg. Demnach hat Nußelt durch seine

Rohrversuche folgende Gleichung aufgestellt [18], a. a. O., Gl. (1):

$$\frac{\alpha_m d}{\lambda_m} = 0{,}036\,22 \left(\frac{d}{l}\right)^{0{,}054} \left(\frac{d w \gamma_m c_{pm}}{\lambda_m}\right)^{0{,}786} \tag{1.27.1}$$

Setzt man dafür die inzwischen vereinbarten Kenngrößen ein, wie sie durch Gln. (1.16.1) bis (1.16.3) erläutert worden sind, dann erhält man den heute üblichen Ausdruck

$$\mathrm{Nu} = 0{,}036\,22 \left(\frac{d}{l}\right)^{0{,}054} \mathrm{Re}^{0{,}786}\,\mathrm{Pr}^{0{,}786}. \tag{1.27.2}$$

Es wird sich bei den Anwendungen auf die Verbrennungskraftmaschine mit den dabei vorkommenden Arbeitsgasen Luft und Verbrennungsgas zeigen, daß man unter gewissen Voraussetzungen vereinfacht schreiben kann

$$\mathrm{Nu} = C\,\mathrm{Re}^{0{,}786}. \tag{1.27.3}$$

Das hängt damit zusammen, daß erstens bei der Verbrennungskraftmaschine das geometrische Verhältnis von Zylinderlänge l, entsprechend dem Hub s, und dem Durchmesser d des Arbeitszylinders nur in den Grenzen $s/d = 1 \cdots 2$ liegt, was zu $(d/l)^{0{,}054} \approx 1$ führt. Zweitens ändert sich die Prandtl-Zahl für die Arbeits*gase* mit der Temperatur nur gering. Denn setzt man in die Prandtl-Zahl für ν und a die bereits bei Gl. (1.16.1) und (1.16.3) angegebenen Grundgrößen ein, dann wird $\mathrm{Pr} = \eta c_p/\lambda$. Nun steigen die Werte aller drei Größen mit der Temperatur, so daß sich lediglich deren Anstiegsunterschied in der Prandtl-Zahl auswirkt.

Zieht man die entsprechenden Gleichungen (1.18/19), (1.21/22) und (1.24b/25) heran, so ergibt sich für den Temperaturexponenten der Prandtl-Zahl zwischen 300 und 1800 K für Luft $T^{-0{,}008}$ und für Verbrennungsgas $T^{0{,}068}$, d. h. die Prandtl-Zahl für Luft ist im gesamten Betriebsbereich einer Verbrennungskraftmaschine von der Temperatur praktisch unabhängig, während sich für ein stöchiometrisches Verbrennungsgas eine Abhängigkeit zeigt. In dem betrachteten Temperaturbereich und für $\mathrm{Pr}^{0{,}786}$ sind es $\pm 5\%$, die in dem Maße absinken, wie das Luftverhältnis zunimmt. Rechnet man nach Hausen [20] mit $\mathrm{Pr}^{0{,}45}$, so ergibt sich als maximale Schwankungsbreite $\pm 2{,}8\%$. Zieht man vergleichsweise die Angaben von Eckert in [3], Zahlentafel c) auf S. 302 heran, so findet man für denselben Temperaturbereich für Luft eine Prandtl-Zahl $\mathrm{Pr} = 0{,}708$ und $0{,}759$, woraus sich ebenfalls mit $\mathrm{Pr}^{0{,}786}$ eine Schwankungsbreite von $\pm 2{,}8$ oder mit $\mathrm{Pr}^{0{,}45}$ ein Betrag von $\pm 1{,}5\%$ errechnet. Da sich diese Zahlenwerte auf Luft beziehen und in der Mitte der obigen Grenzwerte für Luft und Verbrennungsgas liegen, stimmen sie im Rahmen der zu erwartenden Genauigkeit aller Versuchswerte befriedigend überein.

Einen aus der Praxis gewonnenen eindrucksvollen Beitrag zu der Frage der Ähnlichkeit der Wärmeübergangsvorgänge in der Verbrennungskraftmaschine bringt Taylor [21a, b] mit einer Untersuchung, die sich auf ganz verschiedene Motorbauarten stützt, und zwar von kleinen luft- oder wassergekühlten Viertakt- oder Zweitakt-Ottomotoren bis zum hochaufgeladenen Dieselmotor und Zweitakt-Großmotor, wonach

$$\mathrm{Nu} = 10{,}4\,\mathrm{Re}^{0{,}75} \tag{1.28}$$

ist, Abb. 1.13. Für die geometrischen Abmessungen in den beiden Kenngrößen ist der Zylinderdurchmesser und für die Geschwindigkeit das auf die Kolbenfläche bezogene Ansaugvolumen eingesetzt, was bei einem unveränderlichen Liefergrad der hier üblichen mittleren Kolbengeschwindigkeit entspricht.

Wegen des konstanten Zahlenfaktors 10,4 ist noch zu bedenken, daß Taylor den Wärme*über*gangskoeffizienten α von Gas an Wand in der Nußelt-Zahl gemäß Gl. (1.6) durch den Wärme*durch*gangskoeffizienten k gemäß Gl. (1.12) für den ganzen Wärmeweg Gas-Wand-Kühlmittel ersetzt, die im Kühlmittel und Schmieröl — abzgl. Reibung! —

abgeführte Wärme als Wärmestromdichte q gemäß Gl. (1.3) nicht auf die gesamte wärmeaufnehmende Fläche, sondern allein auf die Kolbenfläche bezieht und die Stoffwerte der Wärmeleitfähigkeit λ und für die kinematische Viskosität ν in den Kenngrößen Nußelt und Reynolds nur für Luft bei der mittleren Prozeßtemperatur des Arbeitsgases einsetzt*. Diese Bezugnahmen sind zwar physikalisch, geometrisch und meßtechnisch einfach, aber sie bergen gewisse Willkürlichkeiten in der Zuordnung in sich. Taylor begründet dieses Vorgehen damit, daß der Wärmeübergang von Gas an Wand die entscheidende Größe ist und die Wärmefortleitung durch die Wand und der Wärmeübergang von der Wand an das Kühlmittel demgegenüber stark zurücktreten. Wegen der weitgehenden

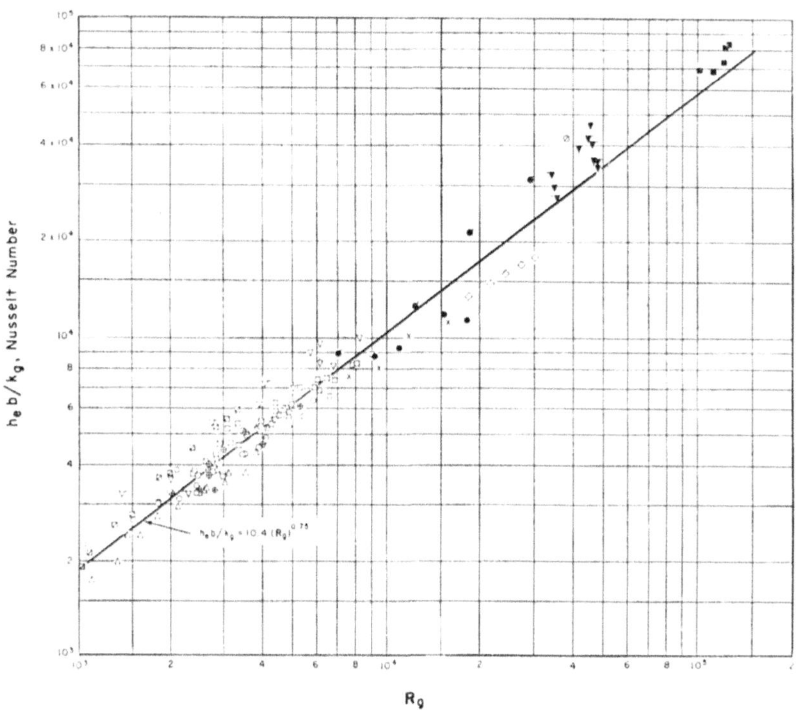

Abb. 1.13. Abhängigkeit der Nußelt-Zahl von der Reynolds-Zahl für verschiedene Motorbauarten (nach Taylor [21a] als Abb. 8—11 oder als Abb. 5 der bei [21b] genannten Lit.-Recherche)

Ähnlichkeiten der motorischen Bauweise und Betriebsverhältnisse kann man dies für eine Übersicht gelten lassen. Aus diesen Bezugnahmen erklärt sich auch der hohe Zahlenwert der Konstanten, während der Exponent bei der Reynolds-Zahl durchaus — wenn auch summarisch für die Gas- u. Kühlseite — charakteristisch ist.

Annand [54], dessen α-Gleichung u. a. für den Wärmeübergang in der Verbrennungskraftmaschine in Abschn. 2 behandelt wird, deutet das Ergebnis in Abb. 1.13 teilweise anders. Er zieht nicht wie Taylor *eine* Linie durch den Punkthaufen, sondern drei Parallelen mit einem Exponenten 0,7. Der Abstand der drei Linien ist so gewählt, daß jeweils die Mehrzahl der in drei Gruppen unterteilten Motoren getroffen wird. Die obere Linie gilt für die acht wassergekühlten Dieselmotoren, die mittlere für die zehn wassergekühlten Otto(Vergaser)motoren und die untere mit geringerem Abstand für den einen luftgekühlten Dieselmotor. Es sind also lediglich die Konstanten bei der Re-Zahl verschieden, wodurch sich allerdings entsprechend größere oder geringere Wärme*durch*gangskoeffizienten ergeben. Mit Recht führt Annand den allgemeinen Unterschied zwischen den wassergekühlten

* Die Zahlenwerte der Stoffgrößen sind entnommen für die Wärmeleitfähigkeit λ aus McAdams: Heat Transmission, New York: McGraw-Hill 1954, und für die kinematische Viskosität $\nu = \eta/\varrho$ die dynamische η aus den Critical Tables, Vol. 5.

Diesel- und Ottomotoren auf den Wärmeübergang auf der Arbeitsgasseite beim Dieselmotor wegen dessen zusätzlicher Flammenstrahlung zurück. Der noch größere Unterschied zwischen wasser- und luftgekühlten Dieselmotoren müßte danach ausschließlich durch die unterschiedlichen Verhältnisse auf der Kühlseite verursacht sein. Dies trifft zwar grundsätzlich zu, aber wegen der Streuung aller Meßpunkte infolge der konstruktiven und betriebstechnischen Unterschiede sowie des nur *einen* Versuchsmotors ist dieser zahlenmäßige Unterschied nicht genügend gesichert.

Das Ergebnis in Abb. 1.13 läßt sich aber noch anders werten. Wenn man nämlich Hüllgeraden an den Punkthaufen der neunzehn untersuchten Motoren legt, dann schwankt der Exponent zwischen 0,78 an der oberen und 0,70 an der unteren Grenze. Das bedeutet, man kommt an den Exponenten der Gl. (1.27.3) heran, obwohl sie sich auf das Ergebnis der Nußeltschen Versuche an einem Messingrohr mit dem kleinen lichten Durchmesser von 22 mm stützt. Allerdings darf man für die verschiedenen Deutungen bei Abb. 1.13 nicht übersehen, daß die Bandbreite des Punkthaufens Schwankungen von rd. $\pm 15\%$ bis $\pm 35\%$ ergibt. Das zwingt dazu, für den einzelnen Fall zutreffendere Gleichungen zu verwenden.

Es ist überraschend, daß sich Nußelt bei seinen späteren Versuchen über den Wärmeübergang in der Verbrennungskraftmaschine und die dazu aufgestellte Gleichung in [31] — die im Abschn. 2 weiter behandelt werden wird — nicht auf seine Ergebnisse aus den Rohrversuchen und auf die Ähnlichkeitstheorie bezogen hat, sondern neue Wege mit ganz anders gearteten Versuchen (Bombenversuche) beschritt. Er hat nämlich vermutet, daß die verwickelten und instationären Vorgänge im Kolbenmotor nicht ohne weiteres mit der Ähnlichkeitstheorie zu erfassen seien; ihm standen ja damals keine umfangreichen Motorversuche zum Vergleich zur Verfügung. So ist es — abgesehen von Elser [50] — Taylor, der nach [22] offenbar als erster im Jahre 1957 die Erkenntnisse der Ähnlichkeitstheorie, wie vorstehend behandelt, in einer vergleichenden Systematik auf die Wärmeübergangsvorgänge in der Verbrennungskraftmaschine angewendet hat. Auch diese Frage wird im Abschn. 2 weiter erörtert werden.

Aus den bisherigen allgemeinen Betrachtungen und grundlegenden Gleichungen zur Wärmeübertragung ist bereits erkennbar, daß von den maßgebenden drei Einflüssen Leitung, Mitführung (Konvektion) und Strahlung die beiden ersten nicht nur gleichzeitig wirken, sondern auch miteinander verknüpft sind. Bei dem Strömungszustand ist zu beachten, ob man sich noch in der Anlaufstrecke oder schon in der beruhigten Zone mit gleichbleibender Geschwindigkeitsverteilung trotz innerer Turbulenz und dementsprechender Temperaturverteilung befindet oder nicht. Bei den Verhältnissen im Kolbenmotor ist klar, daß im Sinne der Rohrströmung keine beruhigte Strömung usw. vorhanden ist. Das Gegenteil ist der Fall, weil erstens der Ladungswechsel insbesondere durch die Einlaßorgane unvermeidbare oder im Hinblick auf die spätere Gemischbildung absichtlich erzwungene Strömungszustände hervorruft und zweitens auch unmittelbar vor und während der Verbrennung für zusätzliche Gasbewegungen konstruktiv und verbrennungstechnisch gesorgt wird. Um so erstaunlicher ist das Ergebnis bei Taylor mit Gl. (1.28) trotz der angegebenen Schwankungsbreite. Allerdings wird sich bei den verschiedenen Gleichungen in Abschn. 2 für den Wärmeübergangskoeffizienten, und zwar auch bei solchen, die sich eng an die Ähnlichkeitstheorie anlehnen, ergeben, daß man doch nicht ohne besondere Zusatzglieder für die verschiedenen Motorbauarten eine erwünschte Genauigkeit erzielen kann.

1.3.2 Einwirkung der Strahlung

Für die durch Strahlung übertragene oder ausgetauschte Wärme sind bekanntlich das Strahlungsgesetz von Stefan-Boltzmann und das Emissions-Absorptionsgesetz von Kirchhoff maßgebend. Da das Strahlungsgesetz mit der 4ten Potenz der absoluten Temperatur geht, bedeutet dies für den Kolbenmotor einen großen zahlenmäßigen Unterschied der

Strahlungswärme bei den einzelnen Abschnitten des Arbeitsprozesses. Die absolute Höhe wird allerdings durch das Emissionsvermögen der Verbrennungsgase bestimmt. Man muß dabei nicht nur ihren Gehalt hauptsächlich an CO_2 und H_2O kennen — die anderen Bestandteile wie O_2 und N_2 strahlen nicht —, sondern auch zwischen einer nichtleuchtenden und einer leuchtenden Flamme unterscheiden. Man spricht dabei von einer Gasstrahlung und Flammenstrahlung. Im einwandfreien Betriebszustand herrscht im Ottomotor die Gasstrahlung und im Dieselmotor die Flammenstrahlung vor. Das hängt mit der unterschiedlichen Art der Gemischbildung zusammen. Im Ottomotor setzt man ein vollkommen gasförmiges brennbares Gemisch voraus — gleichgültig ob ein Brenngas oder ein flüssiger Leichtkraftstoff zugeführt wird —, so daß eine nichtleuchtende Verbrennung abläuft. Im Dieselmotor brennen dagegen winzige Brennstofftröpfchen in der sie umgebenden verdichteten Luft ab, wobei durch kurzfristigen und örtlich verschiedenen Luftmangel eine rußende Flamme entsteht, wenn auch über kurzlebige Zwischenprodukte nach abgeschlossener Verbrennung der Auspuff klar wirkt. Die Flammenstrahlung beträgt jedoch ein Mehrfaches der reinen Gasstrahlung!

Nun hat Nußelt seine grundlegende Wärmeübergangsgleichung für den Kolbenmotor aus zwei Gliedern für Konvektion und Strahlung zusammengesetzt, s. Abschn. 2 mit Gl. (2.1). Wie ferner im Abschn. 2.6 gezeigt wird, sind jedoch in diesem Strahlungsglied die Ergebnisse von sogenannten Bombenversuchen verwertet, bei denen nur die reine Gasstrahlung auftreten konnte. Deshalb fiel der Anteil der Strahlung am gesamten Wärmeübergang für dieselmotorische Verhältnisse viel zu klein aus, während er für die Vorgänge der Verbrennung und Ausdehnung im Ottomotor zutrifft.

Außer der Gleichung von Nußelt besitzen von den später im einzelnen zu behandelnden Wärmeübergangsgleichungen nur noch zwei weitere ein besonderes Strahlungsglied. Es sind die Gleichungen von Sitkei [53] und Annand [54]. Alle anderen, mögen sie rein empirischer Natur oder mit der Ähnlichkeitstheorie verknüpft sein, berücksichtigen den Anteil der Strahlung nur summarisch mit anderen besonderen Einflüssen im Verbrennungsmotor auf den Wärmeübergang; dazu sind die Beiwerte in der α-Gleichung entsprechend abgestimmt. Denn letzten Endes müssen Wärmebilanzen und Temperaturmessungen mit den Rechenergebnissen übereinstimmen. Es ist allerdings hinzuzufügen, daß der Anteil der Strahlung aufgrund der Aussage von Nußelt für nicht so bedeutend angesehen worden ist, daß man ihn nicht hätte summarisch behandeln dürfen oder wie Nußelt selbst gar für vernachlässigbar gehalten hat. Erst in den letzten gut anderthalb Jahrzehnten hat man erkannt, daß beim Dieselmotor die Flammenstrahlung getrennt auszuweisen wäre, um den Vorgang der Wärmeübertragung im Verbrennungsmotor besser durchdringen zu können. Man hat auch erkannt, daß die Flammentemperatur beim Dieselbetrieb verhältnismäßig gleich hoch bleibt, solange die Verbrennung andauert, und in diesem Bereich höher liegt als die entsprechende Gastemperatur im Ottobetrieb. Wie hoch der Strahlungsanteil jeweils sein kann oder einzuschätzen ist, wird im Abschn. 2.6 behandelt.

1.3.3 Wärmedurchgang zur Kühlseite

Der Wärmedurchgangskoeffizient k von Gl. (1.12) enthält außer der Wärmeleitfähigkeit der Trennwand zwischen Arbeitsgas und Kühlmittel die beiden Wärmeübergangskoeffizienten auf der Gas- und Kühlseite des Arbeitszylinders einer Verbrennungskraftmaschine. Für den Wärmeübergangskoeffizienten ergab sich, daß auch bei ihm die Wärmeleitfähigkeit des betreffenden wärmeaustauschenden Stoffes der Nußelt-Zahl entsprechend ein wesentlicher Faktor ist. Daneben aber nimmt der Reynolds- und Grashof-Zahl entsprechend zusätzlich die Geschwindigkeit — außer einigen Stoffwerten, wie die Viskosität und der Ausdehnungskoeffizient — einen wichtigen Platz ein, s. Gln. (1.16.1 u. 5) sowie (1.26).

Im Gegensatz zur Arbeitsgasseite besteht nun auf der Kühlseite ein wesentlich einfacherer Betriebszustand, da er im Normalfall praktisch stationär ist. Die Druck- und

Temperaturschwankungen und der Gaswechsel vom Arbeitsspiel entfallen, wodurch auf der Kühlseite Wand- und Kühlmitteltemperatur in bestimmten Bereichen gleichbleiben, sobald die Maschine in einen betrieblichen Beharrungszustand gelangt ist. Deswegen treffen die Ansätze für den Wärmeübergang nach der Ähnlichkeitstheorie auf der Kühlseite unmittelbar zu und der Strömungszustand ist allein der maßgebende Betriebsfaktor. Allerdings ist die unterschiedliche Wärmeleitfähigkeit, Viskosität und spez. Wärmekapazität verschiedener Kühlmittel zu beachten, wobei in erster Linie Wasser und Luft zur Wahl stehen, s. Zahlentafel 1.1, 2, 4, 5 u. 1.7.

Da sich im Bereich von 0···100 °C und Atmosphärendruck für Luft und Wasser die Wärmeleitfähigkeiten etwa wie 1:20, die kinematische Viskosität etwa wie 100:1 und die spez. Wärmekapazität etwa wie 1:4 verhalten, gibt es große Unterschiede in den Temperatur- und Geschwindigkeitsfeldern beider Stoffe mit Fragen des Druckverlustes und des Arbeitsaufwandes für die Förderung der notwendigen Mengen an Kühlmittel. Das führt zu grundsätzlich verschiedenen konstruktiven Ausführungen und betrieblichen Verhältnissen.

Wegen dieser Zusammenhänge verhalten sich die bei der Verbrennungskraftmaschine praktisch erzielten Wärmeübergangskoeffizienten α_k für Luft und Wasser als Kühlmittel etwa wie 1:10 bis 1:100 und mehr bei siedendem Wasser. Demgegenüber ist das Verhältnis des Wärmeübergangskoeffizienten α auf der Arbeitsgasseite im Zylinderinnern — als Mittelwert über den ganzen Arbeitsprozeß gerechnet — zu dem des Kühlmittels α_k etwa wie 1:1/3 bis 3 für Luft und 1:1 bis 10 für Wasser. Damit zeigt sich im Hinblick auf Gl. (1.12) für den Wärmedurchgangskoeffizienten k, daß er bei Luftkühlung stärker von den Zuständen auf der Kühlseite abhängt als bei Wasserkühlung. Man muß sich also bei Luftkühlung konstruktiv und betriebstechnisch mehr bemühen, um das Temperaturniveau in der Wandung zu drücken.

Die notwendige Kühlung bei der Verbrennungskraftmaschine birgt alles in allem einige Probleme in sich, die nur in Verbindung mit genauen Kenntnissen über den Wärmeübergang bei den verschiedenen Kühlmitteln mit Erfolg angegangen werden können. Der Abschn. 3 wird sich damit befassen.

1.4 Der Arbeitsprozeß als instationärer oder quasistationärer Vorgang

Die größte Schwierigkeit, den Wärmeübergang in einem Kolbenmotor auf der Arbeitsgasseite rechnerisch zu beherrschen, liegt in dem dauernden Wechsel des Gaszustandes nach Druck, Temperatur, Geschwindigkeit und den geometrischen Verhältnissen der wärmeaufnehmenden Flächen während eines Arbeitsspieles. Damit ist ein instationärer Zustand gegeben. Demgegenüber liegen die Verhältnisse bei einer Gasturbine mit ihrem sich stationär abwickelnden Arbeitsvorgang ungleich einfacher, obwohl eine notwendigerweise ständig hohe Anfangstemperatur ihre eigenen Probleme hinsichtlich Werkstoff, Kühlung, Temperaturverteilung in ruhenden und gleichmäßig bewegten Bauteilen usw. mit sich bringt. Für den Kolbenmotor fragt es sich, ob man in jedem Augenblick von einem durchgehend gleichartigen Gaszustand im Zylinderinnern ausgehen kann und wie weit die periodischen Temperaturschwankungen des instationären Arbeitsspiels in die Oberfläche eindringen. Dafür sind die Amplituden im Gaszustand und die Frequenz des Arbeitsspiels maßgebend.

Mit Abb. 1.14 soll an Hand des schematisch gezeichneten Arbeitszylinders eines liegenden Verbrennungsmotors mit seinem inneren und äußeren Totpunkt des Kolbens und dem darüber gelegten Diagramm deutlich gemacht werden, wie sich Druck, Temperatur, Kolbengeschwindigkeit sowie die gasberührte Fläche im Motorzylinder während eines

Arbeitsspiels grundsätzlich ändern. Man erkennt für den entscheidenden Verdichtungs- und Ausdehnungshub eines Arbeitsspiels — gleichgültig ob Viertakt- oder Zweitaktmotor — die starken und im Charakter sehr unterschiedlichen Änderungen der genannten Größen. Im unteren Bildteil ist mit geöffnetem Einlaßventil der Ansaugzustand eines Viertaktmotors dargestellt. Darin wird sichtbar, daß durch die jeweilige Kolbengeschwindigkeit c_K eine axiale Geschwindigkeit w_a der einströmenden Gase entsteht und diese von einer Drehgeschwindigkeit w_{tu} infolge einer entsprechenden Formgebung des Einlaßventils und/oder Kanals (z. B. Schirmventil und Drallkanal) überlagert wird.

Diese Drehbewegung bleibt mehr oder weniger während des Verdichtungshubs bestehen und trägt zur besseren Gemischbildung bei. Im Falle eines Dieselmotors mit

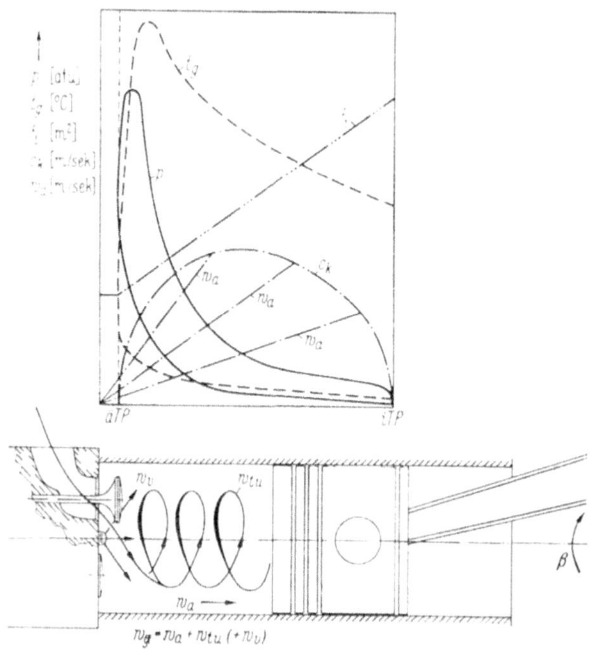

Abb. 1.14. Schematischer Verlauf der Änderung von Druck p, Temperatur t_g, Geschwindigkeit w_g und gasberührter Fläche F_i im Arbeitszylinder eines Verbrennungsmotors (nach [47], Abb. 1)

Strahleinspritzung liefert — was zeitlich vorgezogen gezeichnet ist — der später bei einer Kolbenstellung um den äußeren Totpunkt (äTP) in diesen Bewegungszustand eindringende Strahl eine weitere Geschwindigkeitskomponente w_v. Diese an sich schwache Komponente wird bei Verbrennungsverfahren mit Kolbenmulde und erhöhtem Luftdrall verändert oder bei einer Vorkammermaschine durch die Vorverbrennung in der Kammer mehrfach gesteigert. Gerade durch die verschiedenen Gemisch- und Verbrennungsverfahren treten insbesondere in der Verbrennungsphase Geschwindigkeitsverhältnisse auf, deren Ausbreitung und Intensität nur qualitativ angebbar ist. Mögliche und ausgeführte Geschwindigkeitsmessungen über den Ansaug- oder Spülzustand ergeben zwar Anhalte, aber keine für die Gleichungen des Wärmeübergangskoeffizienten unmittelbar einsetzbaren Werte. Deswegen beschränkt man sich bis jetzt als Maß für die Geschwindigkeit auf die mittlere Kolbengeschwindigkeit. Die vermehrte Wirkung der genannten Drallbewegung usw. wird je nach Motorart durch ein Zusatzglied oder -faktor in den α-Gleichungen berücksichtigt.

Die Gastemperatur und der Gasdruck ändern sich dem Verdichtungs-, Verbrennungs- und Ausdehnungsvorgang entsprechend in weiten Grenzen. Beim Ladungswechsel einer Viertaktmaschine bleibt der Druck während des Ansaug- und Ausschubhubs praktisch gleich groß, wenn auch in verschiedenen Höhenlagen, sobald es sich um eine Auflademaschine handelt. Bei einer Zweitaktmaschine senkt sich der Druck über den Gegendruck rasch auf den Spüldruck bzw. Ladedruck, sobald die Steuerungsorgane kurz vor dem inneren bzw. unteren Totpunkt geöffnet werden. Daher bleibt allein der Verdichtungs- und Ausdehnungshub entscheidend. Für den Temperaturverlauf gilt entsprechendes.

Von den wärmeaufnehmenden Flächen bleiben die vom Zylinderdeckel und Kolben gleich groß, während die Zylinderlaufbuchse proportional mit dem Hub wächst, allerdings bis auf den unverändert bleibenden Teil, der das Verdichtungsvolumen einschließt. Das Verdichtungsvolumen kann aber zu einem großen Prozentsatz je nach Verbrennungsverfahren von Nebenräumen aufgenommen werden, so daß der Kolben u. U. nur noch einen betriebstechnisch bedingten geringen Abstand vom Zylinderdeckelboden bewahrt.

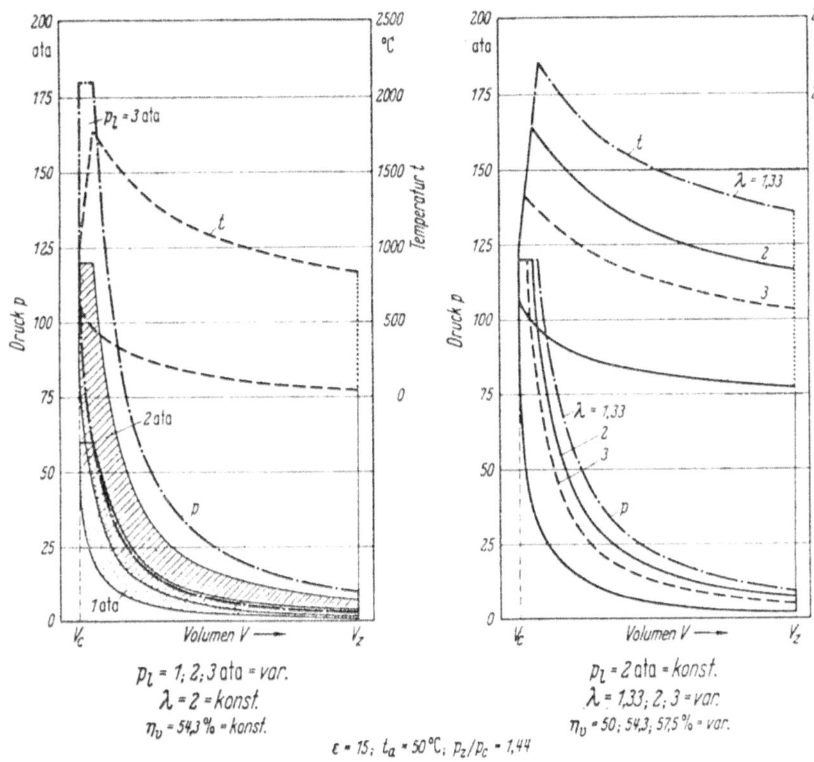

Abb. 1.15. Temperaturen und Drücke der Arbeitsgase in einem Dieselmotor bei einem Vergleichsprozeß für verschiedene Ladedrücke p_l und Luftverhältnisse λ (nach [47], Abb. 2)

Durch Abb. 1.15 soll für Druck und Temperatur als die wichtigsten Größen des Arbeitsprozesses ihre Schwankungsbreite für verschiedene Belastungen eines Motors zahlenmäßig klargestellt werden. Unter Zugrundelegung des Vergleichsprozesses eines vollkommenen Motors sind für ein Luftverhältnis von $\lambda = 2$* — was etwa der Vollast einer höher aufgeladenen Dieselmaschine gleichkommt — am linken Bildteil die Änderungen für verschiedene Ladedrücke p_l eingezeichnet; dabei entspricht $p_l = 1$ ata dem unaufgeladenen Betrieb und $p_l = 3$ ata starker Aufladung. Im rechten Bildteil ist für einen bereits beträchtlichen Aufladedruck die Belastung durch das Luftverhältnis λ geändert. Die Praxis hat bisher höchste Drücke und Temperaturen von rd. 150 bar und 1800 °C = 2073 K im Dieselmotor nicht überschritten. Im Ottovergasermotor liegen die Drücke wegen der geringeren Verdichtungsverhältnisse bis etwa einem Drittel und die Temperaturen wegen des geringen Luftverhältnisses in der Nähe von eins bei etwa gleichen Temperaturen. Man er-

* Abweichende Bezeichnungen und Dimensionen hier und anderswo im Text sind durch die originale Wiedergabe der Quelle bedingt.

kennt also, daß man es mit erheblichen Druck- und Temperaturschwankungen zu tun hat, denen die α-Gleichung gerecht werden muß; d. h. sie hat den instationären Arbeitsprozeß in vollem Umfange zu bewältigen. Ob sie es bei dem gegenwärtigen Stand unserer Erkenntnisse in jedem Augenblick des Arbeitsprozesses tut oder nur den Mittelwert zutreffend wiedergibt, wird sich später bei der Kritik der verschiedenen α-Gleichungen erweisen. Ebenso wird zu erörtern sein, wie tief die Temperaturschwankungen in die Wandungen eindringen und welche Rolle sie und der anschließende stationäre Temperaturverlauf für die Berechnung des Wärmeübergangs spielen. Nur so viel sei vorweg bemerkt, daß es möglich geworden ist, die instationäre Oberflächentemperatur durch entsprechende hochempfindliche Thermoelemente recht genau zu messen und daraus den Wärmeübergangskoeffizienten für diese Wandstelle und für jeden Augenblick des Arbeitsspieles zu ermitteln (s. Abschn. 5). Über den Druck- und Temperaturverlauf des Arbeitsspieles einerseits und die Temperaturunterschiede im stationären bzw. quasistationären Teil des Temperaturfeldes auf und in der Wandung andererseits gelangt man gemäß Gl. (1.10) unter Hinzunahme der Wärmebilanz zum kontrollierten örtlich mittleren Wärmeübergangskoeffizienten.

1.5 Einfluß des Wärmeübergangs auf den Arbeitsprozeß

Je nach dem Temperaturunterschied zwischen Wand und Arbeitsmittel fließt die Wärme in der einen oder andern Richtung.

Bei dem Viertaktmotor geht während des Ansaughubs Wärme von der Wandung auf das Arbeitsgas über, wodurch sich das mögliche Ladegewicht vermindert; allerdings wirkt sich der einhergehende Ansaugunterdruck in gleicher Weise nachteilig für den Arbeitsprozeß aus. Beide Umstände finden in dem Liefergrad ihren Niederschlag. Während des anschließenden Verdichtungshubes überschreitet das Arbeitsgas die Wandtemperatur, so daß ein Wechsel im Wärmefluß eintritt. Je nach der Höhe des Verdichtungsverhältnisses überwiegt die eine oder andere Richtung. Zwischen Otto- und Dieselmotoren steht ihr Verdichtungsverhältnis etwa wie 1:2 zueinander. Der Wärmestrom in Richtung Wand verstärkt sich erheblich bei dem anschließenden Verbrennungsvorgang und verbleibt so während der Ausdehnung im dritten Takt und des Ausschiebens im vierten Takt.

Beim Zweitaktmotor bleibt es bei einer dauernden Wärmeabgabe an die Zylinderwände, wenn man von dem kurzfristigen Spülvorgang sowie dem ersten Teil der Verdichtung absieht. Es versteht sich, daß ein Mehrfaches der Wärme vom Arbeitsgas an die Wand abgegeben wird, als von der Wand beim Ansaugen bzw. Spülen und dem ersten Teil der Verdichtung aufgenommen wird. Wie wirken sich diese Vorgänge nun auf die Thermodynamik des Arbeitsprozesses aus? Dies soll nachstehend kurz behandelt werden.

1.5.1 Ladungswechsel

Nußelt hat bei der Entwicklung seiner Gleichung für den Wärmeübergang in der Verbrennungskraftmaschine ausschließlich den Vorgang des Verdichtens, insbesondere aber des Verbrennens und des Ausdehnens im Auge gehabt. Wegen der vergleichsweise geringen Temperaturunterschiede zwischen Wand und Arbeitsgas während des Ladungswechsels und den daraus folgenden schwachen Wärmeströmen wurde davon kein Aufhebens gemacht. Konstrukteur und Versuchsingenieur mußten sich aber ein klares Bild hinsichtlich der zahlenmäßigen Anteile verschaffen. Zunächst wandte man die entwickelte α-Gleichung auf den gesamten Arbeitsprozeß an und hoffte, damit besser zu fahren, als wenn man gar nichts tat. Denn wegen des wechselnden Einflusses der bereits geschilderten verschiedenartigen Gasgeschwindigkeiten im Zylinderinnern mußte man befürchten, daß der Wärmeübergang in den verschiedenen Arbeitsabschnitten durchaus verschiedenen Gesetzmäßigkeiten folgen würde.

Diese Zweifel sind erst in jüngster Zeit behoben worden. So hat Woschni [57] — dies sei hier vorweg zu den α-Gleichungen bemerkt — auf Grund besonderer Untersuchungen von Zapf [58] festgestellt, daß die Exponenten der entscheidenden Größen in den Gleichungen über den Wärmeübergangskoeffizienten für den Ansaug- und Auspufftakt praktisch mit denen des Verdichtungs- und Ausdehnungstaktes übereinstimmen. Die dazu gegebenen Erläuterungen sind einleuchtend. Mithin kann man α-Gleichungen über den ganzen Arbeitsprozeß nicht nur für Zweitakt- sondern auch Viertaktmotoren anwenden, sofern den Besonderheiten des Ladungswechsels und der verschiedenen Verbrennungsverfahren durch entsprechende Beiwerte Rechnung getragen wird.

1.5.2 Verdichtung, Verbrennung und Ausdehnung

Für die Verdichtung möchte man nun wissen, in welcher Weise die ideale isentrope Zustandsänderung durch die bereits beschriebene Wärmeaufnahme und -abgabe verändert wird. Mit einer zutreffenden α-Gleichung und bekannten Wandtemperaturen ist dies möglich. Hier soll nur eine qualitative Angabe erfolgen. Die Erfahrung geht dahin, daß der wirkliche Verdichtungsendpunkt im allgemeinen nahe bei dem der Isentrope liegt; d. h. die vom Arbeitsgas anfänglich aufgenommene und im weiteren Verlauf der Verdichtung wieder abgegebene Wärme ist derart, daß der isentrope Verdichtungsendpunkt P_c, T_c wieder erreicht wird. Das bedeutet aber nicht, daß die beiden Wärmen gleich groß sind, wie Abb. 1.16, linke Hälfte, schematisch in einem TS-Diagramm zeigt [23]. Je nach der Heftigkeit der Wärmeströme ist die wirkliche Polytrope mehr oder weniger unterschiedlich gekrümmt. Bekanntlich zeigt die darunter liegende Fläche die zu- oder abgeführte Wärme an. Die von der Polytrope und Isentrope eingeschlossene Fläche ist ein Maß für den Überschuß an abgeführter Wärme.

Die an die Verdichtung anschließende Verbrennung und Ausdehnung ist in Abb. 1.16, rechte Hälfte, im grundsätzlichen angegeben. Bei einer gemischten Verbrennung, d. h. zunächst Gleichraum- und anschließend Gleichdruckverbrennung oder einer irgendwie gesteuerten Verbrennung liegt der Verbrennungsendpunkt entsprechend dem gleichzeitig stattfindenden Wärmeverlust durch Wärmeübergang bei niedrigerer Temperatur und geringerem Druck als der vollkommene Arbeitsprozeß mit dem Verbrennungsendpunkt

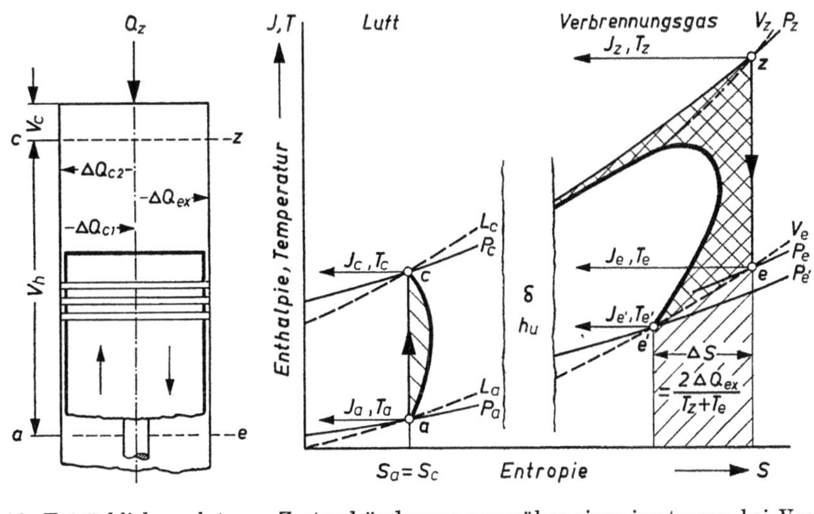

Abb. 1.16. Tatsächliche polytrope Zustandsänderung gegenüber einer isentropen bei Verdichtung und Ausdehnung, dargestellt im J,T-S-Diagramm (nach [23], Abb. 3)

P_z, T_z ergeben würde (von dem Einfluß unvollkommener Verbrennung wird hier abgesehen). Eine Nachverbrennung während der bereits begonnenen Ausdehnung und der ständige Wärmeverlust durch Wärmeübergang führt auch bei der Ausdehnungspolytrope zu einer kräftigen Krümmung, die sowohl wegen der Wärmeverluste während der Verbrennung als auch der Ausdehnung zu einem wesentlich niedrigeren Endpunkt $P_{e'}$, $T_{e'}$ führt als dem der Isentrope mit P_e, T_e. Der Wärmeverlust ist wiederum als Fläche erkennbar. Die Erfahrung zeigt, daß er je nach Motorart und Betriebsumständen zwischen $\Delta Q_{ex} = 8$ bis 20% der durch die Verbrennung zugeführten Wärme liegt. Zutreffende α-Gleichungen müssen zu diesen Werten führen.

Der Wärmeverlust durch Kühlung bei dem gesamten Arbeitsprozeß ergibt selbstverständlich höhere Werte, was die bekannten Wärmebilanzen zeigen. Sie liefern für die im Kühlwasser gefundenen Anteile der zugeführten Wärme 15 bis 30%. Welche einzelnen Wärmeströme bei der Wärmebilanz zu beachten sind, zeigt die spätere Besprechung mit Abb. 5.3 im Abschn. 5.2.2.

Für eine überschlägliche und rasche Feststellung des tatsächlichen Ausdehnungsendpunktes $P_{e'}$, $T_{e'}$ gibt es nach Abb. 1.16 folgenden Weg: Die Entropieänderung ΔS zwischen der Isentrope vom idealen Verbrennungsendpunkt P_z, T_z zum idealen Ausdehnungsendpunkt P_e, T_e und der Isentrope durch den tatsächlichen Ausdehnungsendpunkt $P_{e'}$, $T_{e'}$ kann auf Grund von Grenzwertberechnungen durch

$$\Delta S = \frac{2\Delta Q_{ex}}{T_z + T_e}$$

gewonnen werden. Der Wärmeverlust ΔQ_{ex} ist in den angegebenen Grenzen je nach Motorart zu schätzen; die Temperaturen T_z und T_e werden dem IS-Diagramm für einen bestimmten vollkommenen Arbeitsprozeß mit vorgegebener Brennstoffwärme, d. h. auch Luftverhältnis λ^*, entnommen. Die dazu erforderlichen und für verschiedene Luftverhältnisse gültigen IS-Diagramme für Verbrennungsgase sind vorhanden [11], Teil I. Auf diese Weise kann man vorweg die Anfangswerte gewinnen, die für die Berechnung des weiteren Wärmeverlustes im Abgasstrom, insbesondere beim Durchgang durch den Auslaßkanal innerhalb des Zylinderdeckels, erforderlich sind. Ebenso wichtig ist es, frühzeitig diese Werte für ein nachgeschaltetes Abgasturbogebläse zu erfahren.

1.5.3 Wärmeverlust und Wirkungsgrad

Bei jeder Kraftmaschine strebt man nach einem hohen Wirkungsgrad, geringen Bauaufwand, Betriebssicherheit und im allgemeinen nach einer befriedigenden Wirtschaftlichkeit. Geringerer Bauaufwand bedeutet, in einem bestimmten Bauvolumen möglichst viel Leistung zu erzeugen. Nun stellt sich bei näherem Zusehen für eine Kolbenmaschine schnell heraus, daß für absolut große Leistungen auch die geometrischen Abmessungen groß sein müssen, wobei aber zugleich die auf das Bauvolumen bezogene Leistung sinkt. Genügen jedoch für bestimmte Zwecke kleinere Leistungseinheiten, so kehren sich die geschilderten Verhältnisse um [11], Teil II, Zahlentafel 4, oder [24], Zahlentafel 1. Dieser Zwang kann teilweise durchbrochen werden, wenn es bei einem Kolbenmotor gelingt, durch besondere Arbeitsverfahren, z. B. durch Aufladung oder durch verbessertes Verbrennungsverfahren, den mittleren Arbeitsdruck zu erhöhen und dementsprechend das Bauvolumen besser auszunutzen, also die spezifische Leistung (Literleistung) zu steigern.

Was nun dabei den Wirkungsgrad betrifft, so soll er auch besser werden. Dies ist aber aus thermodynamischen Gründen nur in gewissem Umfange möglich. Es kann in besonderen Fällen so weit kommen, daß man sozusagen ohne Rücksicht auf Verluste die Leistungsausbeute erhöht, dafür aber einen schlechteren Wirkungsgrad in Kauf nimmt, die Lebensdauer vermindert und zugleich die Wirtschaftlichkeitsfrage ausschaltet. Solche Sonderfälle sind hier nicht ins Auge zu fassen, aber unsere Frage bleibt, wie man naturgegebene Verluste möglichst klein halten und damit den Wirkungsgrad möglichst hoch bringen kann. In der Regel ist damit eine bessere Leistungsausbeute verbunden.

Die naturgegebenen Verluste in einer Verbrennungskraftmaschine sind die Verluste durch Wärmeübergang und Reibung. Die Reibung tritt nicht nur als mechanische Reibung zwischen bewegten Maschinenteilen auf, sondern auch im strömenden Arbeitsmittel durch dessen Viskosität, also durch die innere Reibung, und führt zu Druckverlusten. Druckverluste bedeuten unmittelbaren Arbeitsverlust und geringe Füllung des Zylinders mit arbeitsfähigen Stoffen. Die mechanische Reibung, z. B. in den Lagern und zwischen Kolben und Zylinderwand, tritt als Wärme im Schmieröl oder im Kühlmittel (Wasser oder Luft) auf und erschwert die genaue Wärmebilanz. Für eine erste Aufteilung der zugeführten Wärme nimmt man üblicherweise die Nutzwärme und die durch Kühlung und Abgas entstandenen Verlustwärmen. Während man früher diese drei Wärmen zu je einem Drittel aufteilen konnte, hat sich im Laufe der motorischen Entwicklung, insbesondere durch die Aufladung, das Verhältnis bis zu 45:20:35 gewandelt.

Dem Nutzwirkungsgrad sind thermodynamische Grenzen gesetzt, die durch den Carnot-Prozeß erkennbar sind. Mit Rücksicht auf die gegebenen Verhältnisse in einem Kolbenmotor ist durch den „Vergleichsprozeß" des vollkommenen Motors das Optimum beschrieben, vgl. [11], Teil II. Darum kann man voraussagen, daß der jetzt erreichte Nutzwirkungsgrad mit 45% aus konstruktiven, werkstoff- und betriebstechnischen Gründen nicht mehr wesentlich gesteigert werden kann. Dagegen ist es möglich, die bisher durch Aufladen erzielte Leistungssteigerung um das zwei- bis dreifache noch weiter zu verfolgen.

In diesem Zusammenhang muß hervorgehoben werden, daß damit aber zugleich eine höhere Wärmebelastung des Motors durch die Tatsache des Wärmeübergangs zwangsläufig verbunden ist, obwohl der Anteil der Kühlwärme auf 20% und u. U. auf noch weniger gesenkt worden ist. Denn wenn auch der Anteil vermindert ist, so ist doch die absolute Wärmebelastung der Zylinderwände gestiegen. Ohne diese Minderung würde die Wärmebelastung in dem Maße zunehmen, wie die Zylinderleistung gesteigert wird. Das ergäbe voraussichtlich unlösbare, zumindest äußerst schwierige konstruktive und betriebstechnische Probleme. So wird deutlich, wie zunehmend wichtig die Frage des Wärmeübergangs in der Verbrennungskraftmaschine ist.

Es führt auch zu nichts, wenn das Bemühen von Diesel, mit ungekühlten Wänden zu arbeiten, wieder aufgenommen werden würde. Auch wenn man heute in der Lage wäre, eine nahezu vollständige Wärmedämmung des Arbeitszylinders mit Kolben und Zylinderdeckel herbeizuführen, so wird es immer an der Schmierung, den Ausdehnungen der Maschinenteile und der notwendigen Dichtung Kolben/Zylinder wegen der damit verbundenen Tatsache glühender Zylinderwände scheitern!

Allein bei allgemein höheren Wandtemperaturen fällt die Zylinderleistung, die Abgaswärme nimmt zu und der Nutzwirkungsgrad vermindert sich eher, als daß er sich erhöht. Aus den Gesetzmäßigkeiten des Wärmeübergangs ergibt sich, daß die Wandtemperatur umso mehr der periodisch wechselnden Temperatur des Arbeitsgases etwa zwischen 50 und 2000 °C folgt, als die Wärmeleitfähigkeit des Isolierstoffs gegen null geht. Die ungekühlte Wand aus üblichen Werkstoffen heizt sich dagegen infolge des mit Druck und Temperatur steigenden Wärmeübergangs bei dem instationären Arbeitsspiel nicht auf dessen mittlere Temperatur von etwa 500 bis 700 °C auf, sondern wesentlich höher, und zwar bis über 1000 °C. Denn bei einer völlig ungekühlten, aber wärmeaufnehmenden Wand sind die während eines Arbeitsspiels aufgenommenen und abgegebenen Wärmen gleich groß. Dagegen sinkt bei gekühlter Wand ihre innere stationäre Temperatur je nach Kühlwirkung und Kühltemperatur bei den Betriebsverhältnissen und üblichen Werkstoffen eines Kolbenmotors etwa auf 150 bis 300 °C herab und weist an ihrer gasseitigen Oberfläche nur Temperaturschwankungen von 10 bis 30 °C auf.

Diese und noch andere dem Kolbenmotor eigentümlichen Umstände in Verbindung mit dem Versuch, die Wandverluste zu vermindern und den Wirkungsgrad zu erhöhen, sollen hier nicht weiter erörtert werden. Das Gesagte möge als erster Hinweis auf die Einflüsse des Wärmeübergangs auf Bau, Betrieb und Wirkungsgrad eines Verbrennungsmotors genügen. Die Fachliteratur ermöglicht es dem Interessierten, sich weiter zu vertiefen, wozu die von der Praxis geprägten Arbeiten von Zinner und Zapf [25, 26] einen schnellen Eingang vermitteln.

In welcher Weise sich der Nutzwirkungsgrad der Verbrennungskraftmaschine im Laufe der Jahre für die verschiedenen Motorarten überhaupt entwickelt hat, dafür möge Abb. 1.17 als aufschlußreiche Gegenüberstellung dienen. Da der thermodynamische Wirkungsgrad des vollkommenen Motors — wie bereits ausgeführt — infolge der durch die technische Wirklichkeit gezogenen Grenzen nur noch wenig zu verbessern ist, läßt sich der Nutzwirkungsgrad lediglich durch verminderte thermische und mechanische Verluste nennenswert erhöhen. Bekanntlich sind im Nutzwirkungsgrad

$$\eta_e = \eta_v \eta_g \eta_m$$

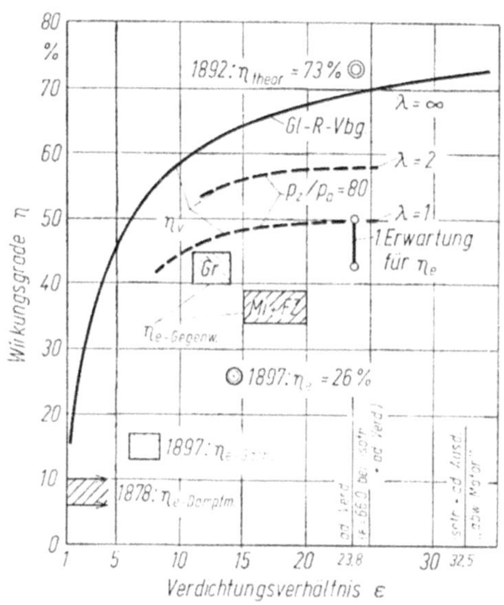

Abb. 1.17. Entwicklung der Wirkungsgrade bei Kraftmaschinen (nach [27], Abb. 10)

◎ ⫯ ◎ von Diesel errechneter theoretischer, erwarteter und erreichter effektiver Wirkungsgrad

η_v Wirkungsgrad beim „vollkommenen Motor" für verschiedene Luftverhältnisse λ (nach [11], Teil II)
η_e effektiver Wirkungsgrad bei Gr ≙ Großmotoren der Gegenwart
η_e effektiver Wirkungsgrad bei Mi + FZ ≙ Mittelmotoren + Fahrzeugmotoren

die Verluste der Reihe nach in die drei Gruppen thermodynamischer, thermischer und mechanischer Art aufgeteilt. Die entsprechenden Wirkungsgrade gehören mit η_v zum vollkommenen Motor, mit η_g als Gütegrad für die Verluste zwischen vollkommener und indizierter Arbeit und mit η_m als mechanischer Wirkungsgrad für die Reibungsverluste und ggf. für den Antrieb festverkuppelter Hilfsaggregate zwischen indizierter und nutzbarer Arbeit am Kupplungsflansch des Motors. Je nach Motorart liegt der Gütegrad η_g zwischen 85 und 90% und der mechanische Wirkungsgrad η_m zwischen 83 und 92%, vgl. [11], Teil II, Zahlentafel 7. Für diese beiden Wirkungsgrade dürften sich noch Möglichkeiten mit etwa insgesamt 5—10% absoluter Verbesserung anbieten.

Bei der Weiterentwicklung des Kolbenmotors ist daher das Augenmerk mehr auf strömungs- und verbrennungstechnische sowie auf konstruktive Verbesserungen mit gesteigerter spezifischer Leistung zu richten. Hierbei sind u. a. klare Vorstellungen und Kenntnisse über die Wärmeverluste des Arbeitsverfahrens und die Wärmebeanspruchung der Bauteile notwendig, die wiederum nur mit Hilfe der Gesetzmäßigkeiten des Wärmeübergangs gewonnen werden können. Zugleich muß man sich den Fragen der Betriebssicherheit und -dauer, bequemer Wartung und einfacher Betriebsführung widmen.

1.6 Wärmebeanspruchung von Bauteilen

Zu dem im vorangehenden Abschnitt dieser Einführung in allgemeiner Form behandelten Wärmeverlust durch Wärmeübergang in Bezug auf den Wirkungsgrad ist noch ergänzend anzufügen, was diese notwendigerweise durch die Wände des Zylinderraums abfließende Wärme für diese Bauteile selbst bedeutet. Die auf die Flächen- und Zeiteinheit bezogene und durch den Wärmeübergang vom Arbeitsgas eingefallene Wärme wird allgemein als Wärmebeanspruchung bezeichnet, vgl. Abschn. 1.1. Dadurch wird u. a. ausgedrückt, daß in der Wand für die Wärmestromdichte q nach Gl. (1.3) ein Temperaturunterschied auftritt, der zwangsläufig eine Spannung in dem Werkstoff hervorruft. Kann sich das Bauteil diesen Temperaturen entsprechend nicht frei ausdehnen, sei es wegen einer äußeren Einspannung oder der eigenen Form, so treten die dazugehörigen

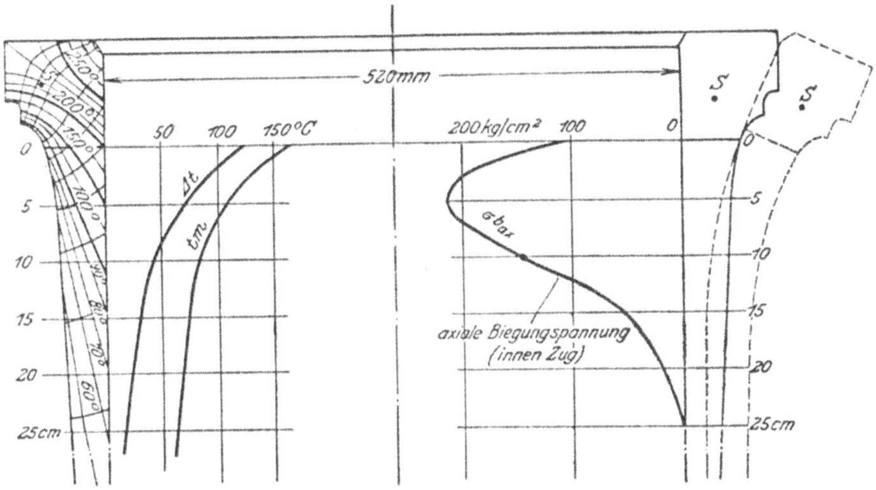

Abb. 1.18. Temperaturfeld, Verformung (100fach) und Wärmespannungen der Zylinderlaufbuchse eines einfachwirkenden Zweitakt-Dieselmotors von 600 mm Zylinderdurchmesser und 100 Umdr./min bei Vollast (nach [28], Abb. 8)

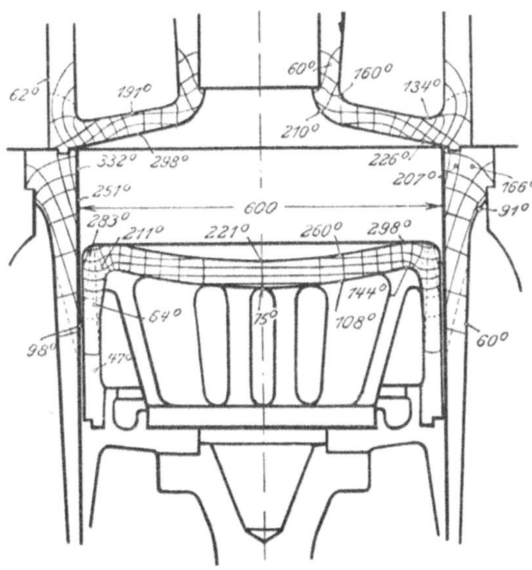

Abb. 1.19. Temperaturfelder in Zylinderdeckel, Zylinderlaufbuchse und Kolben beim Motor von Abb. 1.18 bei Vollast (nach [28], Abb. 13)

Spannungen auf. Diese aus der Mechanik allgemein bekannten Zusammenhänge hat frühzeitig Eichelberg [28] auf die besonderen Verhältnisse des Kolbenmotors angewandt. Als sozusagen klassische Beispiele der von ihm in einem größeren langsamlaufenden Zweitakt-Dieselmotor ermittelten Temperaturfelder und den daraus errechneten Verformungen bzw. Spannungen werden Abb. 1.18 für die Zylinderlaufbuchse und Abb. 1.19 für den Zylinderdeckel in der Originalform wiedergegeben.

Die Zylinderlaufbuchse konnte sich als vergleichsweise einfaches geometrisches Gebilde, wie vergrößert dargestellt, verformen, wird aber durch ihre notwendige Halterung mit geringem Spiel im Gestell des Motors im wesentlichen daran gehindert und erhält demzufolge Druck- und Zugspannungen. — Der Zylinderdeckel ist dagegen mit seiner inneren Verrippung und den Durchführungen für das Brennstoff-, Sicherheits- und Anlaßventil bereits ein verwickelteres geometrisches Gebilde und hindert sich selbst an einer freien Verformung, wenn man von seiner Einspannung durch die Zylinderdeckelschrauben absieht. Dieser Zylinderdeckel für eine Zweitaktmaschine wird für eine Viertaktmaschine mit den zusätzlichen Ein- und Auslaßkanälen und den dazugehörigen Ventilführungen im zunehmenden Maße hinsichtlich Temperatur- und Spannungsverteilung unübersichtlich. Er war daher bislang nur unter starken Vereinfachungen eindimensionalen Berechnungen für bestimmte Querschnitte zugänglich.

In der Vergangenheit mußte nur die Erfahrung mit eingetretenen Rissen lehren, wo die Form zu ändern sei. Dies ist nun neuerdings durch das sog. Finite Element-Verfahren anders geworden. Allerdings ist es nur mit Hilfe von EDV und zugleich umfangreichen Rechenprogrammen durchzuführen, schließt aber die zwei- und dreidimensionale Berechnung von Temperatur- und Spannungsfeldern gegenüber der bisherigen eindimensionalen ein [29a, b; 30]. Als Beispiel für ein Ergebnis mit diesem neuen Rechenverfahren diene Abb. 1.20. Es handelt sich um einen noch verhältnismäßig einfach geformten Kolben

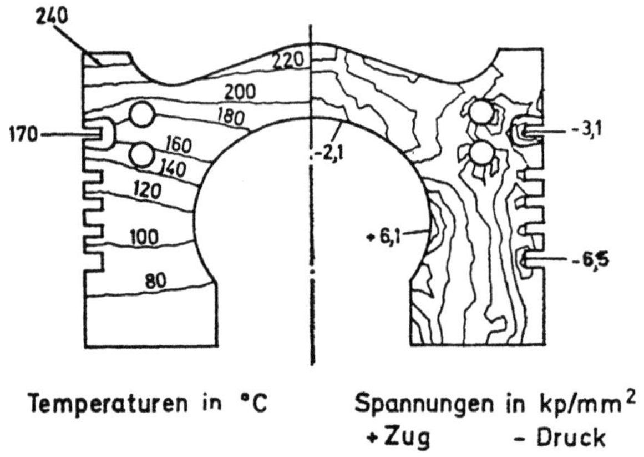

Abb. 1.20. Temperatur- und Spannungsfeld in einem Kolben für mittelschnellaufende Dieselmotoren, errechnet mit Finite Element-Verfahren (nach [29b], Abb. 1)

eines mittelschnellaufenden Dieselmotors. Die unstetigen Linienzüge gleicher Temperaturen und Spannungen gegenüber den in Wirklichkeit stetig verlaufenden Temperaturen und Spannungen hängen mit dem Berechnungsverfahren und der dazu erforderlichen endlichen Aufteilung des Feldes in kleine sinnvolle Flächen- oder Körperelemente zusammen. Jedenfalls ist man jetzt in der Lage, auch für verwickeltere Gebilde die zu erwartenden Temperaturen und Spannungen vorauszuberechnen, wenn man den Wärmeeinfall, also in erster Linie den betreffenden Wärmeübergangskoeffizienten kennt!

Bisher wurden hier stationäre Temperaturfelder betrachtet, die von einem instationären motorischen Arbeitsspiel herrühren. Zwischen diesen beiden Zuständen gibt es demnach von der Wandoberfläche bis zu einer gewissen Wandtiefe eine instationäre, aber rasch abklingende Zone. Auch diese instationäre Randschicht hat bereits Eichelberg behandelt und dem Motoreningenieur nahegebracht [28]. Für die langsamlaufende Zweitaktmaschine mit 100 Umdr./min zu Abb. 1.18 und 1.19 ergibt sich unter der Voraussetzung eines gleich groß bleibenden Wärmeübergangskoeffizienten eine Temperaturschwankung von $8 + 14 = 22\,°C$ an der Oberfläche, die bereits in einer Wandtiefe von 5 mm praktisch abgeklungen ist, Abb. 1.21a. Den dazugehörigen Temperaturverlauf in der Wand für verschiedene Abschnitte des Arbeitsspieles zeigt Abb. 1.21b. Die Amplitude sinkt unter sonst gleichbleibenden Betriebsverhältnissen natürlich mit zunehmender Drehzahl und Wärmeleitfähigkeit der Wand, aber sie steigt mit zunehmendem Wärmeübergangskoeffizienten (Näheres s. Abschn. 4.2.1).

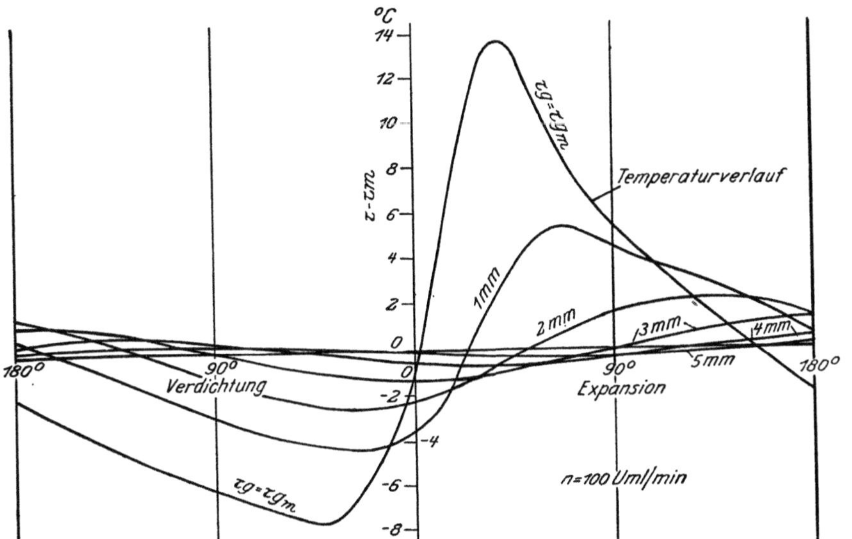

Abb. 1.21a. Temperaturschwankung an der Oberfläche und in verschiedenen Wandtiefen

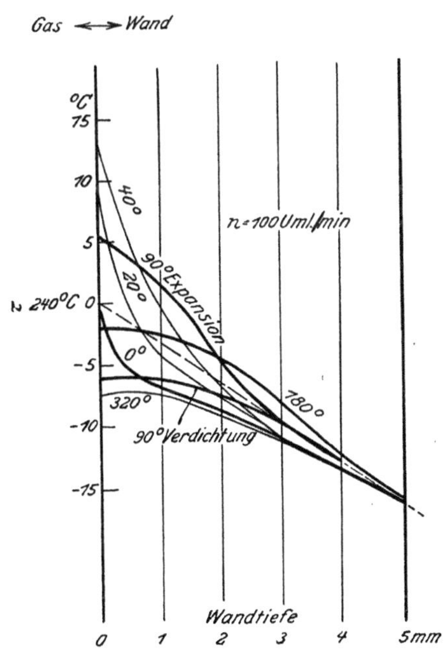

Abb. 1.21b. Abklingen der Temperaturschwankung mit der Wandtiefe (ganze Wanddicke 50 mm)

Abb. 1.21a, b. Schwankungen der Oberflächentemperatur und ihr Abklingen mit der Eindringtiefe in die Wand der Zylinderlaufbuchse des Motors von Abb. 1.18, 19 (nach [28] Abb. 1 u. 2)

Den Einfluß der Wärmeleitfähigkeit verdeutlicht Abb. 1.22 durch die für einen mittelschnellaufenden unaufgeladenen Dieselmotor zu erwartenden Temperaturschwankungen an der Oberfläche und in der Tiefe für zwei stark voneinander abweichende Wärmeleitfähigkeiten. Der mit Gußeisen verglichene keramische Werkstoff im Verhältnis von rd. 40 : 1 der beiden λ-Werte verstärkt einerseits die Temperaturschwankungen an der Oberfläche um rd. 1 : 10 und andererseits das Abklingen mit der Tiefe (der unmittelbare Einfluß der Tempera-

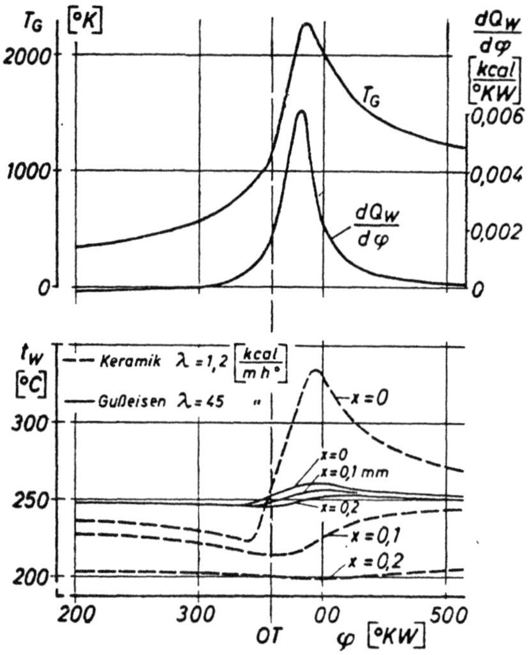

Abb. 1.22. Berechnete Temperaturschwingung der Wandoberfläche im Verbrennungsraum eines mittelschnelllaufenden aufgeladenen Dieselmotors (nach [25], Abb. 25)

T_G Gastemperatur
$\frac{dQ_w}{d\varphi}$ einfallende Wandwärme Q_w je Grad Kurbelwinkel φ
t_w Wandtemperatur
x Wandtiefe
λ Wärmeleitfähigkeit

turleitfähigkeit dieser beiden Stoffe ist bei diesen Vorgängen eingeschlossen). Für eine Wärmeleitfähigkeit $\lambda = 0$ würde die Oberflächentemperatur — von Vorgängen in der Gasgrenzschicht abgesehen — der Temperatur des Arbeitsgases folgen und überhaupt nicht in die Wand eindringen. Das führt zugleich zum wärmedichten Motor mit höchstem Wirkungsgrad. Allerdings verbessert sich der thermodynamische Wirkungsgrad nur unwesentlich für einen ungekühlten Motor mit seinen metallischen Werkstoffen und Wärmeleitfähigkeiten $\lambda > 40$ W/m K, vgl. [25]; außerdem birgt diese Betriebsart große betriebstechnische Schwierigkeiten in sich und ist sinnlos. Demgegenüber wird durch zweckmäßig aufgebrachte keramische Schutzschichten mit geringer Wärmeleitfähigkeit an der betreffenden Oberflächenstelle die Wärmebeanspruchung beträchtlich gemindert. In Abschn. 4.2.3 wird diese Maßnahme näher behandelt.

2. Wärmeübergang auf der Arbeitsgasseite

2.1 Wärmeübergangsgleichungen

Die verschiedenen Wärmeübergangsgleichungen sind zu verschiedenen Zeiten, auf verschiedener Grundlage und in verschiedenen Maßsystemen entwickelt worden. Um den Überblick zu erleichtern, sind die in die nachfolgenden Betrachtungen einbezogenen Gleichungen in begründeter Reihenfolge wiedergegeben, einheitlich auf SI-Einheiten umgerechnet und weitgehend auf Größenbezeichnungen nach DIN-Normen umgeschrieben. Allerdings entfällt eine Umrechnung bei den Gleichungen oder Gleichungsteilen, die nach der Ähnlichkeitstheorie dimensionslos entwickelt worden sind.

Alle Gleichungen sind in ihrer ursprünglichen Form mit Quellenangabe im Anhang, Abschn. 6.1, zusammengestellt. In der hier dem Buchtext vorgeschalteten „Übersicht der Formelgrößen..." mit den wesentlichen Umrechnungsfaktoren sind zugleich die jeweils zutreffenden Einheiten angegeben. Da aber das englische Maßsystem im thermodynamischen und motortechnischen Bereich durchaus uneinheitlich auch in England selbst oder in den USA angewendet wird, werden bei der betreffenden Originalform durchweg alle Größen nach Bedeutung und Einheiten erläutert. Es wird dem Leser überlassen, falls die „Übersicht" in dem einen oder anderen Punkt absichtlich unvollständig ist, sich gegebenenfalls bekannter Umrechnungstabellen in geeigneten Werken zum kontrollierenden Nachvollzug zu bedienen, s. z. B. [13].

Bei den einheitlich umgeschriebenen Gleichungen werden ihre Grundlagen nach Theorie und praktischen Versuchen systematisch angegeben, um die anschließenden vergleichenden Betrachtungen durchsichtiger zu machen und um ihre Anwendungsbereiche leichter abgrenzen zu können. Denn es geht auch darum, scheinbare Widersprüche zu erklären und bei der gegenwärtig noch bestehenden Fülle anspruchsvoller Gleichungen in praktischen Fällen die richtige Wahl zu treffen und etwaigen späteren Untersuchungen den Weg zu ebnen.

Die jeweils verwendeten und genannten Meßverfahren sind im Abschn. 5 im einzelnen erläutert.

Zunächst lassen sich die bestehenden und herangezogenen Wärmeübergangsgleichungen in zwei Gruppen einteilen, in denen jeweils die Gleichungen in zeitlicher Reihenfolge ihrer Entstehung geordnet sind. Die erste Gruppe geht von einer Gleichungsart aus, die erstmals Nußelt im Jahre 1923 für den motortechnischen Bereich angegeben hat. Die zweite Gruppe stützt sich auf die Ähnlichkeitstheorie, die auch Nußelt bereits in den Jahren 1910/1915 für den Bereich der Wärmeübertragung entwickelt hat. Wieso Nußelt trotzdem im Jahre 1923 für den Verbrennungsmotor eine andere und weitgehend empirische Gleichungsform gewählt hat, wird im späteren Text bei den entsprechenden Betrachtungen mit erörtert werden (vgl. auch S. 27, Abs. 3).

2.1.1 Wärmeübergangsgleichungen der Nußeltart (Gruppe I)

Nr. I, 1: Gleichung von *Nußelt* (1923), [31, 32]

In der ersten Literaturstelle [31] von 1923 wird die Gleichung anhand grundlegender Versuche entwickelt und in der zweiten [32] vom Jahre 1926 mit geeigneten dieselmotorischen Untersuchungen kontrolliert und bestätigt gefunden.

Die Gleichung lautet mit den beiden Teilen der Wärmeübertragung durch Strahlung und Mitführung (Konvektion) einschl. Leitung:

$$\alpha = \alpha_{\text{str}} + \alpha_{\text{konv}}$$

$$\alpha = \frac{0{,}421}{T - T_w}\left[\left(\frac{T}{100}\right)^4 - \left(\frac{T_w}{100}\right)^4\right] + 1{,}166\sqrt[3]{p^2 T}\,(1 + 1{,}24 c_m)\ \mathrm{W/m^2\,K}. \tag{2.1}$$

Versuchstechnische Grundlagen: Abkühlungsversuche mit Druckindizierung an zwei Explosionsgefäßen (Bomben) verschiedenen Durchmessers von 200 und 600 mm; die Bomben wurden mit einem bestimmten zündfähigen Gas gefüllt, wodurch ein Verbrennungsgas stets gleichbleibender Zusammensetzung entstand (wichtig für die späteren Betrachtungen in Abschn. 2.6 über die Strahlungswerte der Verbrennungsgase und den Anteil der Strahlungswärme am gesamten Wärmeübergang). In Nebenversuchen an der kleineren Bombe mit geschwärzter und vergoldeter Innenwand wurde das Strahlungsvermögen des Verbrennungsgases ermittelt. In den damaligen Einheiten ergab sich die Strahlungskonstante C_{str} zu 0,362, woraus sich für SI-Einheiten der obige Zahlenwert 0,421 errechnet.

Unter Abzug der Strahlungswärme erhielt Nußelt die durch Berührung übertragene Wärme, wobei die durch etwaige innere Gasbewegungen mit eingeschlossen war. Für den so durch Leitung und Mitführung übertragenen Wärmeanteil fand Nußelt, praktisch unabhängig vom Durchmesser der Gaskugel, in seinem Maßsystem den Ausdruck

$$\alpha_{\text{konv}} = 0{,}0228\, T p_0^{2/3}\ \mathrm{kcal/m^2\,hK},$$

worin p_0 den Druck am Ende der Abkühlungsperiode bedeutet. Durch Einführung der Gasdichte mit dem Zahlenwert 1,444 und den der betreffenden Gaskonstanten mit 24,04 ergibt sich für die p,T-Funktion mehrstellig nachgerechnet

$$\alpha_{\text{konv}} = 0{,}99467\sqrt[3]{p^2 T}$$

und damit der Originalausdruck nach [18] a. a. O., S. 708, Gl. (21b)

$$\alpha_{\text{konv}} = 0{,}99\sqrt[3]{p^2 T}.$$

Diese Entwicklung wird hier so ausführlich dargelegt, weil der Faktor 0,99 im Schrifttum teilweise mißverstanden und deshalb als unbedeutend verschieden gegenüber „eins“ gestrichen worden ist. Dabei hat der Faktor wegen der Dimensionsfrage seine eigene Bedeutung, wie die vorstehende Ausgangsgleichung mit dem Faktor 0,0288 zeigt. Durch den Übergang zu den SI-Einheiten verschwindet wieder der Faktor „eins“ und gibt mit 1,166 keinen Anlaß mehr, ihn zu vernachlässigen.

Nach eigener Aussage von Nußelt war damals bereits seit langem bekannt, vgl. [31] a. a. O., S. 709, daß die Wärmeübertragung durch Berührung von der Gasgeschwindigkeit abhängt. Er führte deshalb, um der Gasbewegung durch den Kolben in der Verbrennungskraftmaschine gerecht zu werden, eigene darauf abgestimmte physikalische Versuche durch [33] und entwickelte daraus als Geschwindigkeitsfunktion den Ausdruck

$$f(w) = 1 + \text{konst} \cdot w$$

für die Änderung des Wärmeübergangskoeffizienten bei strömender Luft und Geschwindigkeiten

$$w \leqq 5 \text{ m/s}.$$

Um diese Beziehung auf die Vorgänge in der Verbrennungskraftmaschine übertragen zu können, gewann er aus Versuchen von Clerk mit einer Viertaktgasmaschine [34] für die Konstante den Zahlenwert 1,24, wenn als Maß für die Gasgeschwindigkeit die mittlere Kolbengeschwindigkeit c_m eingesetzt wird. Bei den von Nußelt ausgewählten Versuchsreihen handelte es sich um Auslaufversuche der Maschine bei geschlossenen Ein- und Auslaßventilen. Dadurch entstanden während der ständig unmittelbar aufeinander folgenden Verdichtung und Ausdehnung wegen des Wärmeverlustes an die Wand des Arbeitszylinders Abkühlungskurven, ähnlich wie bei den Bombenversuchen von Nußelt. Der wesentliche Unterschied bestand in der durch den hin- und hergehenden Kolben erzwungenen Gasbewegung. Wegen des niedrigen Temperaturniveaus gegenüber den Bombenversuchen trat die Strahlungswärme in diesem Versuchsfall völlig zurück.

Wie bereits bemerkt, hat Nußelt weiterhin seine Gleichung mit geeigneten dieselmotorischen Untersuchungen in [32] nach Nägel [35] und unmittelbar veranlaßten Versuchen im Maschinenlaboratorium der TH Karlsruhe durch Raftopoulos verglichen und bemerkenswert befriedigende Übereinstimmung in den übertragenen Wärmen zwischen Rechnung und Versuch gefunden.

Versuchsmotoren: Die betreffenden Versuchsmotoren waren bei den Versuchen von

1. Clerk: Einfachwirkender Viertakt-Otto-Gasmotor
$s/d = 559/356$ mm, $n = 160 \text{ min}^{-1}$, $P = 60$ PS* mit Auslaufversuchen ab 120 min^{-1} bei geschlossenen Ventilen
Verbrennungsverfahren: Leuchtgasgemisch, Fremdzündung, $\varepsilon = 5{,}4$
Bauart: National Gas Engine Company, 1-Zylinder, liegend

2. Nägel: Einfachwirkender Zweitakt-Dieselmotor
$s/d = 1\,100/680$ mm, $n = 85 \text{ min}^{-1}$, $P_e = 1\,600$ PS
Verbrennungsverfahren: Drucklufteinblasung
Bauart: Sulzer-Schiffsdieselmotor, 4-Zylinder, stehend

3. Raftopoulos: Einfachwirkender Viertakt-Dieselmotor
$s/d = 600/425$ mm, $n = 180 \text{ min}^{-1}$, $P_e = 85$ PS
Verbrennungsverfahren: Drucklufteinblasung
Bauart: M. A. N., Typ A1V60, 1-Zylinder, stehend

Es muß vorweg bemerkt werden, daß Nußelt für die praktische Anwendung seiner Gleichung erklärte, sie gelte streng nur für den Verdichtungs- und Ausdehnungsvorgang des Arbeitsspieles und mit Bedenken für den der Verbrennung. Dies deckt sich mit einem Zweitaktmotor, nicht aber für den Ansaug- und Ausschubhub eines Viertaktmotors. Im Hinblick auf den allgemeinen Genauigkeitsgrad der Gleichung und den geringen Anteil der übergehenden Wärme während des Ansaugens und Ausschiebens übertrug schließlich auch Nußelt seine Gleichung auf alle Takte eines Viertaktmotors. Hinzu kommt, daß sein Strahlungsglied ebenfalls nur einen geringen Anteil erbrachte, worüber mehr in Abschn. 2.6 gesagt werden wird. Deshalb hat man später in der Praxis oft das Strahlungsglied vernachlässigt und sich bei den etwaigen Abwandlungen seiner Gleichung durch

---

* Bei dieser und den nachfolgenden Leistungsangaben von den seinerzeitigen Versuchsmotoren ist wegen der typischen runden Zahlenwerte in PS diese Einheit insoweit beibehalten worden. Der Index e oder i bei der entsprechenden Größe P bezieht sich wie üblich auf die *e*ffektive oder *i*ndizierte Leistung. Bei einem P-Wert ohne Index ist es offen, um welche Leistungsangabe es sich handelte; im allgemeinen ist jedoch anzunehmen, daß die effektive Leistung gemeint ist.

Versuche an anderen Motoren lediglich auf den Berührungsteil beschränkt und bewußt oder unbewußt den etwaigen Strahlungsanteil in die ermittelte c_m-Funktion oder in andere Gleichungsteile einbezogen.

Nr. I, 2: Gleichung von *Briling* (1931), [36]

Briling übernimmt auch in der Schreibweise die Gleichung von Nußelt, Gl. (2.1), und stellt jedoch für den von ihm untersuchten Motor fest, daß Rechnung und Versuch mit Wärmebilanzen nur übereinstimmen, wenn das Geschwindigkeitsglied von

$$f(c_m)_{\mathrm{Nu}} = 1 + 1{,}24 c_m$$

geändert wird in

$$f(c_m)_{\mathrm{Br}} = 1 + d' + 0{,}185 c_m \tag{2.2}$$

mit

$$d' = 0 \quad \text{bei Ottomotoren}$$

und

$$d' = 1{,}45 \quad \text{bei Dieselmotoren.}$$

Im Schrifttum wird unterschiedlich zitiert, und zwar in der Originalform nach Gl. (2.2) in [37, 38] oder bei ausschließlicher Bezugnahme auf Dieselmotoren in der additiven Form mit dem konstanten Zahlenwert 2,45 in [39, 53].

Briling hat offenbar unter Würdigung des Ansatzes von Nußelt den „Zahlenwert 1“ ausdrücklich stehenlassen und — wie auch nachfolgend Brysgow — die c_m-Funktion nur im engeren Sinne ohne „die Eins“ betrachtet. Es ist jedoch zweckmäßig, allgemein die zusammengezogene Form zu verwenden. Mithin lautet die c_m-Funktion für den

a) Ottomotor:

$$f(c_m)_{\mathrm{Br}} = 1 + 0{,}185 c_m \tag{2.2a}$$

b) Dieselmotor:

$$f(c_m)_{\mathrm{Br}} = 2{,}45 + 0{,}185 c_m . \tag{2.2b}$$

Versuchstechnische Grundlagen

Versuchsmotoren:

1. Viertakt-Dieselmotor

$s/d = 460/310$ mm, $n = 200\ \mathrm{min}^{-1}$, $P_e = 40$ PS
Verbrennungsverfahren: Drucklufteinblasung
Bauart: Sulzer, 1-Zylinder, stehend

2. Viertakt-Dieselmotor

$s/d = 600/400$, $n = 170\ \mathrm{min}^{-1}$, $P_e = 70$ PS
Verbrennungsverfahren: Drucklufteinblasung
Bauart: M. A. N., 1-Zylinder, stehend

3. Nachrechnung von im Schrifttum mitgeteilten Wärmebilanzen von

a) M. A. N.-Viertakt-Dieselmotor, 1-Zylinder
$s/d = 340/215$, $n = 235\ \mathrm{min}^{-1}$, $P_e = 15$ PS

b) Güldner-Viertakt-Dieselmotor, 2-Zylinder
$s/d = 780/535$, $n = 150\ \mathrm{min}^{-1}$, $P_e = 300$ PS

c) Hispano-Suizza-Otto-Flugmotor, Viertakt, 12-Zylinder
$s/d = 150/140$, $n = 1826\ \mathrm{min}^{-1}$, $P_e = 472$ PS

d) wie c) mit
$s/d = 178/127$, $n = 1850\ \mathrm{min}^{-1}$, $P_e = 450$ PS

Versuchsverhältnisse:

Wärmebilanzen und Wandtemperaturen. Für die Wandtemperaturen werden auf Grund von Messungen am Motor von 1. mittels Thermoelementen (nicht näher erläutert) als Mittelwerte eingesetzt:

550 K für den ungekühlten Kolbenboden,
380 K für den gekühlten Deckelboden und die Laufbuchse.

Nr. I, 3: Gleichung von *Brysgow* (1937), [40]

Die betreffende Veröffentlichung in Buchform verzeichnet als Verfasser W. G. Librowitsch und U. U. Brysgow; sie ist aber neben dem Gesamttitel mit getrennter Namensnennung in zwei Hauptabschnitte geteilt. Während Librowitsch allgemeine motor- und wärmetechnische Untersuchungen durchführt, stellt Brysgow anhand von Wärmebilanzen der betreffenden Motoren neue c_m-Funktionen auf. Er übernimmt wie Briling die Gleichung von Nußelt und gibt für die von Briling mit Gl. (2.2) abgeänderte c_m-Funktion an:

$$d' = 3{,}5 \text{ für einen Dieselmotor mit Vorkammer}$$

und

$$d' = 4{,}2 \text{ für einen Dieselmotor mit Luftspeicher.}$$

Demnach lautet seine abschließend in zusammengezogener Form wiedergegebene c_m-Funktion für den

a) Vorkammermotor:

$$f(c_m)_{\mathrm{Bry}} = 4{,}5 + 0{,}185 c_m\,, \tag{2.3a}$$

b) Luftspeichermotor:

$$f(c_m)_{\mathrm{Bry}} = 5{,}2 + 0{,}185 c_m\,. \tag{2.3b}$$

Versuchstechnische Grundlagen

Versuchsmotor:

1. Viertakt-Dieselmotor

$s/d = 190/140$ mm, $n = 800$ min^{-1}, $P_e = 15$ PS

Verbrennungsverfahren: Mittelbare Kraftstoffeinspritzung (mittige Vorkammer), $\varepsilon = 13$ bis 16

Bauart: Bohn u. Kähler, Typ KR 10E, Nr. 1004 1-Zylinder, stehend

2. Viertakt-Dieselmotor

$s/d = 140/100$ mm, $n = 1100$ min^{-1}, $P_i = 10$ PS

Verbrennungsverfahren: Acro-Luftspeicher, d. h. eine Mischform zwischen unmittelbarer und mittelbarer Kraftstoffeinbringung, $\varepsilon = 12{,}7$

Bauart: Reform, Luftspeicher im Kolben, 1-Zylinder, stehend
Versuchsverhältnisse: Wärmebilanzen und Wandtemperaturen

Die gleichen Mittelwerte für die Wandtemperaturen wie bei Briling; außerdem für die Vorkammerwand 550 K wie für den Kolbenboden. Die allgemeinen Untersuchungen von Librowitsch am Vorkammermotor wurden mit verschiedenen Verdichtungsverhältnissen $\varepsilon = 13 \cdots 16$ durchgeführt; diejenigen von Brysgow mit $\varepsilon = 15$ als allgemein günstigstes. Der Luftspeichermotor wurde offenbar nur von Brysgow und in Originalform verwendet.

Nr. I, 4: Gleichung *van Tyen* (1959/1962); [41, 42]

Auf dem CIMAC-Kongreß 1959 teilt van Tyen auf der Grundlage der Gleichung von Nußelt, Gl. (2.1), für die c_m-Funktion folgende Form mit:

$$f(c_m)_{\mathrm{vTI}} = 3{,}19 + 0{,}885 c_m\,. \tag{2.4}$$

In seiner Abhandlung (Dissertation) von 1962 stellt van Tyen beim Vergleich der Gleichungen von Nußelt und Eichelberg (diese wird nachstehend unter Nr. I, 5 behandelt) fest, daß über ein ganzes Arbeitsspiel mit Verdichtung, Verbrennung und Ausdehnung — also dem eines Zweitaktmotors — sich die betreffenden p,T-Funktionen verhalten wie

$$\frac{\int_0^{360} f(p, T)_{\mathrm{Ei}}\, \mathrm{d}\varphi}{\int_0^{360} f(p, T)_{\mathrm{Nu}}\, \mathrm{d}\varphi} = 1{,}95 .$$

Dieser Zahlenwert gilt als Mittelwert für verschiedene Motorbelastungen entsprechend einem Luftverhältnis $\lambda^* = 1$ bis 2,8 nach [42], a. a. O., Fig. 8—1. Die beiden p,T-Funktionen lauten:

$$\text{bei Nußelt nach Gl. (2.1):} \quad f(p, T)_{\mathrm{Nu}} = \sqrt[3]{p^2 T}$$

und

$$\text{bei Eichelberg nach Gl. (2.6):} \quad f(p, T)_{\mathrm{Ei}} = \sqrt{pT} .$$

Die dazugehörigen c_m-Funktionen in der α-Gleichung sind:

$$\text{bei Nußelt nach Gl. (2.1):} \quad f(c_m)_{\mathrm{Nu}} = 1 + 1{,}24 c_m$$

und

$$\text{bei Eichelberg nach Gl. (2.6):} \quad f(c_m)_{\mathrm{Ei}} = 2{,}1 \sqrt[3]{c_m} .$$

Wenn man nun, wie van Tyen es tut, einerseits der p,T-Funktion von Nußelt und andererseits der c_m-Funktion von Eichelberg den Vorzug gibt, dann kann man auch für die α-Gleichung von Eichelberg in der Form der α-Gleichung von Nußelt nach van Tyen schreiben:

$$\alpha_{\mathrm{Ei}} = 1{,}95 \sqrt[3]{p^2 T} \cdot 2{,}1 \sqrt[3]{c_m} = \sqrt[3]{p^2 T} \cdot 4{,}1 \sqrt[3]{c_m}$$

und mit der Umrechnung auf SI-Einheiten und dem Zahlenfaktor in der Nußelt-Gleichung

$$\alpha_{\mathrm{Ei}} = 1{,}166 \sqrt[3]{p^2 T} \cdot 4{,}1 \sqrt[3]{c_m} .$$

Damit hat van Tyen in der Form der c_m-Funktion von Eichelberg eine weitere c_m-Funktion für die α-Gleichung von Nußelt mit

$$f(c_m)_{\mathrm{vTII}} = 4{,}1 \sqrt[3]{c_m} \tag{2.5}$$

für einen bestimmten Anwendungsbereich geliefert.

Versuchstechnische Grundlagen

Versuchsmotoren:

7 verschiedene Dieselmotoren, s. [41], a. a. O., S. 428, Fig. 5A. $d = 300 \cdots 750$ mm, $n = (47) \cdots 700$ min^{-1}, $c_m = (1.7)$; $5{,}7 \cdots 8{,}6$ m/s. Die Werte in ( ) beziehen sich auf versuchsmäßig herabgesetzte Drehfrequenzen.

Verbrennungsverfahren: Unmittelbare Strahleinspritzung

Bauart: Schiffsantriebs- und Schiffhilfsmaschinen

Versuchsverhältnisse:

Wärmebilanzen mit Temperaturmessung an einer definierten Wandstelle im oberen Teil der Zylinderlaufbuchse.

Die Versuche dienten zur Ermittlung der $f(c_m)_{VTI}$. Für die $f(c_m)_{VTII}$ wurden Vergleichsrechnungen mit dieselmotorischen Zweitakt-Arbeitsprozessen bei verschiedenen Luftverhältnissen $\lambda^* = 1 \cdots 4$ durchgeführt und ein Mittelwert für $\lambda^{*'} = 1 \cdots 2{,}8$ mit der Verhältniszahl 1,95 gebildet (s. Abschn. 6.1, Nr. I, 4).

Nr. I, 5: Gleichung von *Eichelberg* (1939), [43]

In einer fünfteiligen Vortragsreihe ab 23. Januar 1939 vor der Institution of Civil Engineers in der Universität von London teilt Eichelberg im zweiten Vortrag am 26. Januar folgende Gleichung für den Wärmeübergang in der Verbrennungskraftmaschine mit:

$$\alpha = 2{,}47 \sqrt[3]{c_m} \cdot \sqrt{pT} \text{ W/m}^2\text{ K.}^* \tag{2.6}$$

Diese Gleichung stützt sich auf die motorischen Untersuchungen von Eichelberg [28, 44], Salzmann [45], Hug [46] und auf eigene weitere, aber nicht näher erläuterte Überlegungen. Diese Gleichung muß sich entsprechend ihrer Entstehungsgeschichte ausschließlich auf Dieselmotoren mittlerer und größerer Bauart mit Drucklufteinblasung und unmittelbarer Strahleinspritzung beziehen. Sie bewährte sich so gut, daß sie bald neben der von Nußelt vielfach und besonders im Großmotorenbau angewendet wurde.

Versuchstechnische Grundlagen

Versuchsmotoren:

Die betreffenden Motoren waren bei den Untersuchungen von

1. Eichelberg [28, 44]: Zweitakt-Dieselmotor

$s/d = 1060/600$ mm, $n = 100$ min^{-1}, $P_e = 1350$ PS

Verbrennungsverfahren: Drucklufteinblasung

Bauart: Gebr. Sulzer, Typ ST 60, Kreuzkopf, 4-Zylinder

2. Salzmann [45]: Viertakt-Dieselmotor

$s/d = 420/280$ nm, $n = 211$ min^{-1}, $P_i = 41$ PS

Verbrennungsverfahren: unmittelbare Strahleinspritzung

Bauart: Gebr. Sulzer, Tauchkolben, 1-Zylinder

3. Hug [46]: Zweitakt-Dieselmotor

$s/d = 460/380$ mm, $n = 300$ min^{-1}, $P = 900$ PS

Verbrennungsverfahren: unmittelbare Strahleinspritzung, $\varepsilon = 13{,}12 \approx 13$

Bauart: Gebr. Sulzer, Typ 3DQD38, Querspülung mit Nachladewirkung, doppeltwirkend, 3-Zylinder

Versuchsverhältnisse:

Wärmebilanzen, Messungen vom Wärmefluß und von Wandtemperaturen in verschiedenen Tiefen — ab 0,25 mm — mit bis zu 30 Meßstellen am Arbeitsraum im Deckel, Kolben und Laufbuchse, insbesondere Oberflächentemperaturen, teilweise mittels besonderer Meßstutzen.

Nr. I, 6: Gleichung von *Pflaum* (1960/1963), [47, 48, 49]

Bei Dieselmotoren mit Aufladung stellte sich mit zunehmendem Ladedruck heraus, daß die Gleichungen von Nußelt und Eichelberg immer weniger den tatsächlichen Wärme-

* Bei der Umrechnung der Originalgleichung, s. Gl. (6.6), auf SI-Einheiten, ergibt sich mit leicht abgerundeten Faktoren

$$1{,}163 \cdot 2{,}1 \sqrt[3]{c_m} \cdot 1{,}01 \sqrt{pT} \approx 2{,}47 \sqrt[3]{c_m} \cdot \sqrt{pT}$$

übergängen entsprachen. Der zusätzliche Druckeinfluß war also zu ermitteln und die bisherigen Gleichungen, wenn man bei ihrer bewährten Form bleiben wollte, waren dementsprechend zu ergänzen und gegebenenfalls auch hinsichtlich anderer Einflüsse, wie z. B. der Gasgeschwindigkeit im Arbeitsraum oder der Zylindergröße, zu erweitern. So ist Pflaum verfahren. Seine Gleichung lautet auf Grund fortgesetzter Untersuchungen und mit der p,T-Funktion von Eichelberg abschließend wie folgt:

$$\alpha = f_1(p, T) \cdot f_2(c_m) \cdot f_3(p_L) \cdot f_4(d) \quad \mathrm{W/m^2\,K}. \tag{2.7a}$$

Darin sind:

$$\left.\begin{aligned} f_1(p, T) &= p^{0,5} T^{0,5} \\ f_2(c_m) &= 6{,}2 - 5{,}2 \cdot 5{,}7^{-(0,1 c_m)^2} + 0{,}025 c_m \\ {}^{*}f_3(p_L)_{D,K} &= 2{,}71 p_L^{0,25}; \qquad f_3(p_L)_B = 0{,}95 p_L^{0,66} \\ f_4(d) &= \frac{(d_0)^{0,25}}{d}, \end{aligned}\right\} \tag{2.7b}$$

woraus mit dem Bezugszylinderdurchmesser $d_0 = 0{,}15$ m

$$f_4(d) = 0{,}62 d^{-0,25}.$$

Während die bisherigen Gleichungen nur p,T- und c_m-Funktionen aufweisen — abgesehen von der Strahlungsfunktion bei Nußelt —, sind eine Funktion für den Ladedruck p_L und eine für den Zylinderdurchmesser d hinzugetreten. Die Funktion $f_3(p_L)$ unterscheidet zwischen dem zusätzlichen Einfluß des Ladedrucks auf den Wärmeübergang einerseits zum *D*eckel und *K*olben und andererseits zur Zylinderlauf*b*uchse. Der Einfluß der geometrischen Größe des Arbeitszylinders entspricht mit seinem 0,25-Exponenten den Überlegungen in der Ähnlichkeitstheorie und den Erfahrungen aus der Rohrströmung mit erzwungener Konvektion.

Versuchstechnische Grundlagen

Versuchsmotor:

Viertakt-Dieselmotor

$s/d = 190/150$ mm, $n = 500\ \mathrm{min^{-1}}$ (gesteigert bis 1000 $\mathrm{min^{-1}}$), $P_e = 9$ PS o. A., 30 PS m. A.

Verbrennungsverfahren: mittelbare Kraftstoffeinspritzung (nahezu mittige Vorkammer), $\varepsilon = 15$

Bauart: Daimler-Benz (DB), Typ MB 821, 1-Zylinder, liegend

Versuchsverhältnisse:

Motor ergänzt mit hoher Fremdaufladung (Ladedruck bis 2,5 bar), Wärmebilanzen, 21 Temperatur-Meßstellen für Wandtemperaturen im Zylinderdeckel, Kolbenboden und Zylinderlaufbuchse. Zusätzliche Wärmebilanzen an 4 weiteren Viertakt-Dieselmotoren für die c_m-Funktion:

1. Kämper, Typ 1120, Wirbelk. 1-Zyl., $s/d = 180/120$ mm, n = 1350 $\mathrm{min^{-1}}$
2. Kämper, Typ 4F10B, Wirbelk., 4-Zyl., $s/d = 142/100$ mm, n = 1500 $\mathrm{min^{-1}}$
3. MWM, Typ RHS 518V, Vork., 4-Zyl., $s/d = 180/140$ mm, n = 1500 $\mathrm{min^{-1}}$
4. DB, Typ OM 636, Vork., 4-Zyl., $s/d = 100/75$ mm, n = 3100 $\mathrm{min^{-1}}$

* Der Umrechnungsfaktor in die SI-Einheiten für die p-Werte sind in den Beiwert bei der f_3-Funktion mit einbezogen.

2.1.2 Wärmeübergangsgleichungen nach der Ähnlichkeitstheorie (Gruppe II)

Nr. II, 1: Gleichung von *Elser* (1954), [50]

Elser ist nach den bisherigen Feststellungen der Verfasser offenbar der erste, der die Ergebnisse der Ähnlichkeitstheorie für den Wärmeübergang auf die Vorgänge in der Verbrennungskraftmaschine angewandt hat. Elser zeigt sich über diese Tatsache in der Einleitung zu seiner Arbeit überrascht. Bei seinen Entwicklungen stützt er sich insbesondere auf die Kenngrößen von Nußelt (Nu) und Péclet (Pe) der Ähnlichkeitstheorie, s. Abschn. 1.2.4 und die Gleichungen (1.16.2) und (1.16.4). Die Gleichung von Elser lautet in der dimensionslosen Form:

$$\mathrm{Nu} = 6{,}5 \sqrt{\mathrm{Pe}} \left(1 + 0{,}5 \frac{\Delta s}{c_p}\right). \tag{2.8a}$$

Nach dem Wärmeübergangskoeffizienten α aufgelöst, ergibt sich daraus:

$$\alpha = 6{,}5 \sqrt{\frac{c_m \lambda c_p \varrho}{s}} \left(1 + 0{,}5 \frac{\Delta s}{c_p}\right) \mathrm{W/m^2\,K}. \tag{2.8b}$$

Um die Gleichung unmittelbar praktisch anwenden zu können und um Mißverständnisse zu verhindern, wird festgestellt, daß in dieser Gleichung bedeuten:

s der Kolbenhub des Motors

c_m die mittlere Kolbengeschwindigkeit

λ, c_p, ϱ: Stoffwerte der reinen Luft bei der mittleren Temperatur zwischen Arbeitsgas und Wand

$$\frac{\Delta s}{c_p} = \frac{\text{spez. Entropieänderung}}{\text{spez. Wärmekapazität der reinen Luft}} \text{ beim Arbeitsprozeß}$$

$$= \ln \frac{T}{T_a} - \frac{\varkappa - 1}{\varkappa} \ln \frac{p}{p_a}$$

T_a, p_a Zustandswerte des Arbeitsgases bei Beginn der Verdichtung

$\varkappa$ Adiabatenexponent für reine Luft bei der Temperatur T

Versuchstechnische Grundlagen

Versuchsmotoren:

1. Zweitakt-Dieselmotor

s. die weiteren Angaben bei Gleichung Nr. I, 5 unter Versuchsmotoren: 3. Hug.

2. Viertakt-Dieselmotor

$s/d = 520/390$ mm, $n = 300\ \mathrm{min^{-1}}$, $P = 450$ PS

Verbrennungsverfahren: unmittelbare Strahleinspritzung, $\varepsilon = 12{,}76 \approx 13$

Bauart: Schweizerische Lokomotiv- und Maschinenfabrik, Typ 3DNT39, Tauchkolben, 3-Zylinder, ATL-Aufladung.

Versuchsverhältnisse:

Temperatur-Meßstutzen im Zylinderdeckelboden mit Vielfachthermoelementen dicht (0,25 mm) *an* der Oberfläche.

Nr. II, 2: Gleichung von *Oguri* (1960), [51]

Oguri hat die Grundform seiner Gleichung von Elser übernommen (s. die vorstehende Gl. (2.8a)) und außer den abgeänderten festen Zahlenwerten die cos-Funktion für den

Kurbelwinkel φ hinzugefügt. Sie lautet auf Grund seiner eigenen Versuchswerte, die im Gegensatz zu Elser nicht an Diesel-Motoren, sondern an einem Otto-Vergasermotor gewonnen wurden, wie folgt:

$$\frac{\mathrm{Nu}}{\sqrt{\mathrm{Pe}}} = 1{,}75\left(1 + \frac{\Delta s}{c_p}\right)[2 + \cos(\varphi - 20°)]. \tag{2.9}$$

Die in der Nu- und Pe-Zahl eingeschlossenen Größen sowie die Erklärung und Berechnung des ebenfalls dimensionslosen Ausdrucks $\Delta s/c_p$ sind der Erläuterung bei der Elser-Gleichung zu entnehmen.

Für den Winkel φ der cos-Funktion ist der Kurbelwinkel ab oberem Totpunkt OT einzusetzen. Die Verschiebung um 20° erklärt sich aus dem Zeitpunkt für die Höchstwerte der Verbrennung im Arbeitsprozeß nach den motorischen Versuchen von Oguri, bei dem auch Höchstwerte für den Wärmeübergang entstehen.

Versuchstechnische Grundlagen

Versuchsmotor:

Viertakt-Otto-Vergasermotor

$s/d = 140/114{,}3$ mm, $n = 850$ min^{-1}, $P_e = 6$ PS

Verbrennungsverfahren: Fremdzündung (Zündkerze)

Bauart: liegend, 1 Zyl., Zylinder und Deckel wassergekühlt (Verdampfungskühlung!), Kolben ungekühlt.

Versuchsverhältnisse:

Oberflächentemperaturmessung im Mittelpunkt des Kolbenbodens [51a] mit empfindlichem Thermoelement (dünne Metallschicht in der Oberfläche).

Nr. II, 3: Gleichung von *Overbye* (1960/61), [52]

Overbye und Mitarbeiter definieren einen „dimensionslosen Wärmeübergang (dimensionless heat transfer)“ N_0^* als Funktion vom reduzierten Arbeitsgasdruck p^* und der Péclet-Zahl Pe, also

$$N_0^* = f(p^*, \mathrm{Pe}).$$

Auf Grund ihrer Versuche finden sie

$$\frac{1}{3600} N_0^* = \mathrm{Pe} \cdot 10^{-4}(0{,}26p^* - 0{,}035) + 0{,}1p^* - 0{,}02. \tag{2.10}$$

Darin sind die dimensionslosen Größen:

$$N_0^* = \frac{sq}{\lambda T_a} \text{ „dimensionsloser Wärmeübergang“}$$

$$\mathrm{Pe} = \frac{s c_m \varrho_a c_p}{\lambda} \text{ Péclet-Zahl (Es ist Pe = Re} \cdot \text{Pr)}$$

$$p^* = \frac{p}{p_a \cdot \varepsilon} \text{ reduzierter „dimensionsloser“ Gasdruck}$$

Es bedeuten:

s der Kolbenhub
c_m die mittlere Kolbengeschwindigkeit
p Druck des Arbeitsgases beim Arbeitsprozeß
ε Verdichtungsverhältnis
λ, c_p, ϱ_a, p_a, T_a: Stoffwerte für Luft beim Ansaug- bzw. Ladezustand

Für Zahlenrechnungen löst man am zweckmäßigsten die Gleichung nach der Wärmestromdichte in der Wandfläche auf und erhält

$$q = \frac{\lambda T_a}{s} [0{,}36 \text{ Pe } (0{,}26p^* - 0{,}035) + 72(5p^* - 1)] \text{ W/m}^2. \quad (2.11)$$

Die Angabe einer Gleichung für den Wärmeübergangskoeffizienten α ist offenbar vermieden — obwohl Gas- und Wandtemperaturen ausreichend vorliegen —, um den theoretischen ∞-Stellen für $T = T_w$, z. B. beim Verdichtungshub, zu entgehen (s. Abschn. 5.1). Ferner ist die Gleichung nur für geschleppten Motor und damit zugleich nur für Luft als Arbeitsgas entwickelt. Die Verfasser geben an, daß bei Anwendung auf den arbeitenden Motor für den Ausdehnungshub ein Faktor hinzuzufügen ist, der sich aus dem zeitabhängigen Quotienten der jeweiligen Temperaturdifferenz Gas-Wand für den arbeitenden und für den geschleppten Motor ergibt. Dieser Faktor wird naturgemäß $\geqq 1$ sein.

Versuchstechnische Grundlagen

Versuchsmotor:

Viertakt-Otto-Vergasermotor

$s/d = 114{,}3/82{,}55$ mm, $n = 830$ min^{-1} normal (versuchsmäßig zwischen 600 und 1000 min^{-1} geändert)

Verbrennungsverfahren: Fremdzündung (Zündkerze an verschiedenen Einbaustellen), Verdichtungsverhältnisse $\varepsilon = 7$, 8 u. 9

Bauart: CFR-Motor, wassergekühlt, Einlaßventil mit Hesselman-Schirm, Fremdaufladung

Versuchsverhältnisse:

Oberflächentemperaturmessung an zwei Stellen im Zylinderdeckel zwischen den Ventilen und einer Stelle im oberen, offenbar vom Kolben unbedeckten Teil der Zylinderlaufbuchse; Fe—Ni-Thermoelement mit 1 µm dicker, aufgedampfter Nickelschicht; Messungen mit blanker und durch Betriebsablagerungen bedeckter Ni-Schicht; verschiedene Strömungsverhältnisse durch radial und tangential wirkende Schirmstellung; Motor geschleppt und gezündet (arbeitend); Verwendung zweier gleichausgestatteter Motoren.

Nr. II, 4: Gleichung von *Sitkei* (1962), [53]

In seiner Veröffentlichung behandelt Sitkei nacheinander den Wärmeübergang durch Konvektion, Gasstrahlung und Flammenstrahlung; abschließend bezieht er die jeweils übertragene Wärme auf die dem Motor insgesamt zugeführte Brennstoffwärme. Deshalb ist es zweckmäßig, für den Wärmeübergangskoeffizienten für die Vorgänge im Motor in Anlehnung an das Vorgehen von Nußelt zu schreiben:

$$\alpha = \alpha_{\text{konv}} + \alpha_{\text{str-G}} + \alpha_{\text{str-F}}.$$

Für die einzelnen Wärmeübergangskoeffizienten gibt Sitkei folgende Gleichungen an:

a) *Konvektion*

Ausgehend von den Beziehungen der Ähnlichkeitstheorie mit

$$\text{Nu} = \text{konst} \cdot \text{Re}^m,$$

worin nach Sitkei $m = 0{,}6 \cdots 0{,}8$ für Luft und Rauchgase sein kann, wird von ihm $m = 0{,}7$ gewählt und mit den unten angegebenen Temperaturfunktionen für die Wärmeleitfähigkeit λ und die dynamische Viskosität η ermittelt

$$a_{\text{konv}} = 0{,}039(1 + b) \frac{p^{0,7} c_m^{0,7}}{T^{0,2} d_e^{0,3}} \text{ W/m}^2 \text{ K}. \quad (2.12)$$

Darin ist außer den üblichen Größen gesetzt

$$d_e = 4\,\frac{V}{A} = 2\,\frac{d \cdot h}{d + 2h} \text{ als „äquivalenter" Zylinderdurchmesser}$$

mit

h jeweilige Höhe des Zylinderraums über dem Kolben

und für den Dieselmotor

$b = 0{,}00 \cdots 0{,}15$ mit unmittelbarer Strahleinspritzung

$b = 0{,}15 \cdots 0{,}30$ mit Wirbelkammer

$b = 0{,}25 \cdots 0{,}40$ mit Vorkammer.

Gl. (2.12) wird auch für den Ottomotor als zutreffend erklärt, nur müsse der Faktor b entsprechend der Brennraumform gewählt werden; Zahlenwerte werden aber nicht angegeben.

Die in Gl. (2.12) eingegangenen Temperatur-Funktionen der Stoffgrößen λ und η für „Rauchgase allgemeiner Zusammensetzung" lauten:

$$\lambda = 8{,}56 \cdot 10^{-5}\,T \text{ W/m K}$$

$$\eta = 3{,}24 \cdot 10^{-7}\,T^{0{,}7} \text{ Ns/m}^2.$$

b) Strahlung

Auf der Grundlage der Strahlungsgesetze ist

$$\alpha_{\text{str}} = \frac{\varepsilon C}{T - T_w}\left[\left(\frac{T}{100}\right)^4 - \left(\frac{T_w}{100}\right)^4\right] \text{W/m}^2\,\text{K}. \tag{2.13}$$

Bei der zahlenmäßigen Ermittlung des „Schwärzegrades" (Emissionsverhältnis ε) wird zwischen der Gasstrahlung — ε_G für nichtleuchtende Flamme — und der Flammenstrahlung — ε_F für leuchtende Flamme — unterschieden. Für den Ottomotor trifft ε_G allein zu, während beim Dieselmotor ε_F maßgebend ist. Es wird für die Emissionsverhältnisse ε_G und ε_F gesetzt:

b.1) ε_G der *Gasstrahlung* (nichtleuchtende Flamme)

Zur Bestimmung der Strahlungskonstanten bzw. des Emissionsverhältnisses ε_G wird ein Verbrennungsgas angenommen mit 10,1% CO_2; 9,3% H_2O; 80,6% ($N_2 + O_2$). Für die Strahlungsintensität eines Gases ist das Produkt Teildruck × Schichtdicke maßgebend, wozu als gleichwertige Schichtdicke für den Zylinderraum ähnlich dem äquivalenten Zylinderdurchmesser gesetzt wird

$$l = 3{,}6\,\frac{V}{A}$$

und unter Hinweis auf [2] und die russischen Arbeiten von E. Semenow* sowie von M. Mihejew** ergibt sich

$$\varepsilon_G = \varepsilon_{CO_2} + \beta\varepsilon_{H_2O} - \Delta\varepsilon_G,$$

worin β und $\Delta\varepsilon_G$ Korrekturgrößen sind. In Abb. 7 von [53] werden die einzelnen ε-Werte in $f(\varphi)$ für den den Berechnungen zugrunde gelegten Versuchsmotor in Diagrammform wiedergegeben.

* Z. für Techn. Physik, Moskau: 1958, No. 8.
** Grundlagen der Wärmeübertragung, Moskau: 1956.

b.2) ε_F der *Flammenstrahlung* (leuchtende Flamme)

Für das in Gl. (2.13) einzusetzende Emissionsverhältnis ε bei der leuchtenden Flamme im Dieselmotor wird ein „virtueller Schwärzegrad" ε'_F eingeführt. Er lautet unter Bezugnahme auf die Arbeiten von L. Belinskij*

$$\varepsilon'_F = \frac{0{,}18}{1 + \frac{1 - \varepsilon_F}{\varepsilon_F} \cdot 0{,}9},$$

worin das Emissionsverhältnis der leuchtenden Flamme mit

$$\varepsilon_F = \varepsilon_{F0}(1 - e^{-1{,}3pl})$$

angegeben wird. Bei den Verhältnissen im Dieselmotor könne man für die als unendlich dick anzunehmende Flammenschicht $\varepsilon_{F0} \approx 1$ einsetzen. Der Gasdruck p ist der Druck im Brennraum. Die Schichtdicke l ist bereits vorstehend unter b.1) bestimmt. Durch Abb. 10 in [53] wird festgestellt, daß sich die Flammentemperatur für verschiedene Belastungen nur geringfügig mit $\Delta T \approx 100$ K ändert und zwischen Verbrennungsanfang und -ende beim Durchlaufen von 0 bis 60 oder 80 °KW die mittleren Werte von 2100 —2550—2200 K annimmt. (Im Gegensatz dazu ändert sich die aus dem Arbeitsprozeß errechnete Gastemperatur in jeder Richtung wesentlich mehr, s. Abschn. 2.6). Gleichzeitig wird a. a. O. durch Abb. 11 in Abhängigkeit von der Boltzmann-Zahl ein Verhältnis der Gas- zur Flammentemperatur T_g/T_F angegeben, das sich zwischen Halb- und Vollast etwa von 0,7 auf 0,8 anhebt und stärker auf rd. 0,4 für Leerlauf sinkt.

Versuchstechnische Grundlagen

Versuchsmotor:

Viertakt-Dieselmotor

$s/d = 140/115$ mm, $n = 1035$ min^{-1}, $P = 11$ PS

Verbrennungsverfahren: unmittelbare Strahleinspritzung, $\varepsilon = 14{,}4$
Bauart: MIB-D, 1-Zylinder

Versuchsverhältnisse:

Entnahme von Indikatordiagrammen, Schleppbetrieb. Die Bauverhältnisse des Motors dienten offenbar allein den durchgeführten Berechnungen.

Nach späteren Untersuchungen unterteilt Sitkei [53a] die Konstante b in Gl. (2.12) weitergehend und ändert auch ihre Zahlenwerte. Danach sollen gelten:

$b = 0{,}00 \cdots 0{,}03$ unmittelbare Strahleinspritzung (Hesselman)

$b = 0{,}05 \cdots 0{,}1$ Kolbenkammer

$b = 0{,}15 \cdots 0{,}25$ Wirbelkammer

$b = 0{,}25 \cdots 0{,}35$ Vorkammer

Gleichzeitig wird die allgemeine Konstante von 0,039 auf 0,047 angehoben; damit wird der konvektive Teil im ganzen gleichmäßig um 21% gesteigert.

Nr. II, 5: Gleichung von *Annand* (1963), [54]

Annand hat sich nach Vorarbeiten entschieden, wie Nußelt von der Grundform einer Gleichung auszugehen, die den Wärmeübergangskoeffizienten α bei heißen Gasen in die

* Trudi NILD No. 1. Moskau: 1955.

beiden Anteile der Wärmeübertragung durch Berührung (*Konv*ektion) und *Str*ahlung zerlegt mit

$$\alpha = \alpha_{\text{konv}} + \alpha_{\text{str}}$$

und für den konvektiven Teil die inzwischen bekannte dimensionslose Beziehung

$$\text{Nu} = a \cdot \text{Re}^m$$

sowie für den Strahlungsteil das Stefan-Boltzmannsche Gesetz mit der 4ten Potenz der Temperaturen verwendet. Dementsprechend entwickelte er für die Wärmestromdichte q den Ausdruck

$$\frac{\Phi}{A} = \frac{a \cdot \lambda}{d} \text{Re}^m (T - T_w) + c'(T^4 - T_w^4) \text{ W/m}^2 \tag{2.14a}$$

Die Gleichung zeigt, daß sie eine reine dimensionslose Form für den konvektiven Teil mit den Kenngrößen Nu und Re birgt, so daß sich die ganze Gleichung auch in die Form bringen läßt:

$$\text{Nu} = \frac{\alpha d}{\lambda} = \frac{\Phi d}{A\lambda(T - T_w)} = a \cdot \text{Re}^m + c' \frac{d}{\lambda} \frac{T^4 - T_w^4}{T - T_w}.$$

In der üblichen Schreibweise für den Wärmeübergangskoeffizienten α wird daraus

$$\alpha = a \frac{\lambda}{d} \text{Re}^m + c \frac{\left(\frac{T}{100}\right)^4 - \left(\frac{T_w}{100}\right)^4}{T - T_w} \text{ W/m}^2\,\text{K}. \tag{2.14b}$$

Wegen der dimensionslosen Glieder Nu und Re ändert sich bei der Umrechnung auf SI-Einheiten der Zahlenwert der Konstanten von a nicht, wohl aber der von c beim Strahlungsglied. Deshalb ist und wird gegenüber der Originalform

a = 0,35···0,8 unverändert je nach Motorart verschieden groß,
m = 0,7 unverändert als Mittelwert für alle Motorenarten,
c = 3,21 W/m² K⁴ für den Dieselmotor und
c = 0,421 W/m² K⁴ für den Ottomotor.

Der Beiwert beim Strahlungsglied für den Ottomotor entspricht genau dem in der α-Gleichung von Nußelt, Gl. (2.1), denn Annand stellt in [54], a. a. O., S. 987 r. Sp. fest, daß im Gegensatz zu dem aus Elsers Versuchen gewonnenen Beiwert für den Dieselmotor beim Ottomotor auf den von Nußelt nach [31], a. a. O., S. 693 r. Sp., mit einem homogenen Gasgemisch gefundenen Wert mangels anderer Versuchswerte zurückgegriffen werden mußte. Geringfügige zahlenmäßige Abweichungen an der dritten Stelle bei der Rückrechnung von den englischen in die SI-Einheiten liegen offenbar in den von Annand gewählten Abrundungen und sind ohne Belang.

Ferner wird gesagt, daß die Zahlenwerte für die Gaseigenschaften — es kommen die Wärmeleitfähigkeit λ und die kinematische Viskosität ν in Frage — auf Druck und Temperatur des Arbeitsprozesses mit der betreffenden Gasart zu beziehen sind, wozu in [54] a. a. O., S. 988, Appendix II, allgemeine Gleichungen in $f(T)$ für die spez. Wärmekapazität c_p und die dynamische Zähigkeit η mit zugeordneten Beiwerten für einige Hauptgase angegeben werden. Eine unmittelbare Angabe für die Wärmeleitfähigkeit fehlt. Dafür ist a. a. O., S. 989 in Appendix IV, eine auf der kinetischen Gastheorie fußende Beziehung zwischen der spezifischen Wärmekapazität c_p, der dynamischen Viskosität η und der Prandtl-Zahl Pr = 0,7 für die fraglichen Stoffe mit $\lambda = c_p \cdot \eta/0{,}7$ im englischen Maßsystem mitgeteilt (s. auch Abschn. 1.2.4.2b sowie 2.4 bei „Annand"-Gleichung).

Versuchstechnische Grundlagen

Annand führte zunächst keine eigenen Versuche durch, sondern stützte sich für die Beiwerte seines Gleichungssystems auf die Meßwerte der Arbeiten von Nußelt [31], Elser [50], Oguri [51] und Overbye [52] und führte zusätzliche und befriedigende Vergleichsrechnungen mit den Gleichungen und Ergebnissen von Eichelberg [43] und Pflaum [47] durch. Alle hier genannten Arbeiten sind bereits mit den daraus entstandenen α-Gleichungen in der vorstehenden Zusammenstellung enthalten.

In jüngster Zeit unternahm Annand mit Ma eigene Versuche [54a] und ergänzte seine Gleichung durch ein Zusatzglied sowie durch neue Koeffizienten, um der gefundenen stärkeren Abhängigkeit des Wärmeübergangs vom Kurbelwinkel an den Zylinderdeckel eines schnellaufenden Dieselmotors mit unmittelbarer Einspritzung zu genügen. Um diese Gleichung allgemein anwenden zu können, sind jedoch noch weitere Versuche erforderlich.

Nr. II, 6: Gleichung von *Woschni* (1965/1970), [55, 56, 57]

Woschni unternahm den bisher nicht gewagten Versuch, allein aus den für den Wärmeübergang in einem durchströmten Rohr mit der Ähnlichkeitstheorie gefundenen Beziehungen und mit den entsprechenden dimensionslosen Kenngrößen die Vorgänge in der Verbrennungskraftmaschine zu erfassen. Er ging aus von der von Nußelt [18] für die Rohrströmung gefundenen Beziehung, die später von der Wissenschaft durch die Kenngrößen Nußelt, Reynolds und Prandtl ausgedrückt wurde (vgl. Abschn. 1.2.4). Woschni entwickelte daraus eine Gleichung für den Wärmeübergangskoeffizienten α, nachdem er für die bekannten Stoffgrößen der Wärmeleitfähigkeit λ und der dynamischen Zähigkeit η — auf Luft bezogen — einfache Potenzgleichungen in Abhängigkeit von der Temperatur der Gase erarbeitete. Für das Geschwindigkeitsglied wählte er wie bisher in allen aufgeführten α-Gleichungen die mittlere Kolbengeschwindigkeit c_m als charakteristische Größe für die Geschwindigkeit in der Reynoldszahl. Für diese ergibt sich aus den Nußeltschen Versuchen der Exponent 0,786. Auf den diese Zahl stützenden und von Woschni durchgeführten Vergleich mit der von Pflaum in [48] motorisch belegten c_m-Funktion f_2 nach Gl. (6.7a, Cimac-Form) mit Abb. 2.3/2 im Abschn. 2.3 sei verwiesen.

Es blieb Woschni jedoch auch nicht erspart, verschiedene Koeffizienten für verschiedene Motorarten durch vergleichende Betrachtungen und Untersuchungen einzuführen. Nach den Feststellungen von Nußelt über den geringen Einfluß der Gasstrahlung auf den gesamten Betrag der übertragenen Wärme verzichtete er auf dieses Gleichungselement. Dafür wurde von ihm, um der plötzlichen Änderung in dem Arbeitsprozeß durch die Verbrennung einschließlich der Flammenstrahlung gerecht zu werden, ein besonderes Glied — das Verbrennungsglied — eingeführt. Dies besondere Glied erforderte jedoch wiederum je nach dem Verbrennungsverfahren einen verschieden großen Koeffizienten. Weiterhin gelang es ihm, seine Gleichung eindeutig auf einen Arbeitsprozeß im Zweitakt- oder Viertakt-Verfahren abzustimmen. Für die Koeffizienten beim Ladungswechsel konnte er sich auf die die Sachlage klärenden Versuche von Zapf [58] stützen. So entstand — wenn man von der Strahlungsfrage absieht — aus der ersten Gleichung von 1965 in [55] eine im Ansatz theoretisch saubere, sehr bewegliche und leicht zu behandelnde Gleichung. Diese Gleichung lautet in ihrer Endform von 1970 in [57]:

$$\alpha = 130 d^{-0,2} p^{0,8} T^{-0,53} \left[C_1 c_m + C_2 \frac{V_h T_1}{p_1 V_1} (p - p_0) \right]^{0,8} \mathrm{W/m^2\,K}. \tag{2.15}$$

Hierin gilt für die Konstante C_1:

beim Ladungswechsel $C_1 = 6,18 + 0,417 c_u/c_m$,
bei der Verdichtung und Ausdehnung $C_1 = 2,28 + 0,308 c_u/c_m$.

Wegen der Bestimmung der Drallgeschwindigkeit c_u wird auf die Erläuterung bei der Originalform, Abschn. 6, verwiesen.

Für die Konstante C_2 beim Glied mit dem Druckunterschied $p - p_0$ im Arbeitsprozeß mit Verbrennung — p — und ohne Verbrennung — p_0 — ist zu setzen:

bei unmittelbarer Strahleinspritzung und *M*-Verfahren $C_2 = 3{,}24 \cdot 10^{-3}$ m/s K,
bei mittelbarer Strahleinspritzung (Vorkammermotor) $C_2 = 6{,}22 \cdot 10^{-3}$ m/s K.

Der Index „1" im Verbrennungsglied bezieht sich auf den Zustand des Arbeitsgases bei Verdichtungsbeginn.

Versuchstechnische Grundlagen

Versuchsmotoren:

1. Viertakt-Dieselmotor

$s/d = 300/240$ mm, $n = 900$ min^{-1}, $P_e = 1737$ PS

Verbrennungsverfahren: unmittelbare Strahleinspritzung, Hesselman-Brennraum
Bauart: M. A. N., Typ V8V 24/30, 8-Zylinder in V-Form, Fremdaufladung.

2. Viertakt-Dieselmotor

$s/d = 180/160$ mm, $n = 1200$ min^{-1} (bei den Versuchen gesteigert bis 1500 min^{-1}), $P_e = 29(36)$ PS o. A. bzw. 48(60) PS m. A.

Verbrennungsverfahren: wahlweise mit unmittelbarer Strahleinspritzung, mittelbarer als mittige Vorkammer und im *M*-Verfahren

Verdichtungsverhältnis: $\varepsilon = 18$ o. A.; 16 m. A.

Bauart: M. A. N., Typ R1V 16/18, 1-Zylinder, Fremdaufladung

Versuchsverhältnisse:

Wärmebilanzen und 24 Temperaturmeßstellen im Versuchsmotor nach 1. mit 0,3 bis 0,4 mm unter der Oberfläche bei Zylinderdeckel, Laufbuchse und Kolben (Näheres s. bei Zapf [58]). Vergleichende Betrachtungen mit den Versuchen von Eichelberg [28], Pflaum [47, 49], Elser [50], Kind [59], sowie ergänzende Wärmebilanzen an den M. A. N.-Motoren-Typen D 0834 M, RV 18/20, K6V 30/45 u. K3Z 102/180, d. h. Lastwagenmotor mit *M*-Verfahren, Lokomotivmotor mit Vorkammer, 1. hochaufgeladener Motor [61] und Zweitakt-Großmotor [62].

2.2 Einfluß des Verbrennungsverfahrens

In den verschiedenen Wärmeübergangsgleichungen treten als Haupteinflußgrößen Druck, Temperatur und Geschwindigkeit des Arbeitsgases auf, und zwar unabhängig davon, ob es sich um einen empirischen Ansatz oder um eine Entwicklung mit der Ähnlichkeitstheorie handelt. Die maßgeblichen Beispiele sind in den vorstehend genannten Gleichungen der Gruppen I und II dargestellt. Während sich die Gleichungen in Gruppe I ausschließlich und unmittelbar auf die drei Hauptgrößen stützen, sind in Gruppe II außerdem noch die Stoffgrößen der beteiligten Gase mehr oder weniger berücksichtigt. Allerdings werden die fraglichen Stoffgrößen (Wärmeleitfähigkeit, Viskosität und Wärmekapazität) teilweise in Funktionen von Druck und Temperatur oder nur von der Temperatur gebracht, so daß diese Stoffgrößen dann nicht mehr unmittelbar auftreten. Alle Gleichungen besitzen feste Beiwerte, die sich durch den Vergleich mit Versuchswerten von bestimmten Motoren (Wärmebilanzen, Temperaturmessungen) ergeben.

Bei vergleichenden Berechnungen ergaben sich zahlenmäßige Unterschiede, die — wie man nach einiger Zeit herausfand — nur durch die Bauart des Motors bedingt sein konnten. Einen besonderen Einfluß übt dabei das Verbrennungsverfahren aus. Diese Tatsache wurde so recht deutlich, als man zunächst unbedacht Motoren mit unmittelbarer und mittelbarer Kraftstoffeinbringung verglich. Da man die jeweiligen Drücke und Temperaturen der verschiedenen Arbeitsprozesse in die Berechnung einsetzte, blieb als dritte Einflußgröße nur noch die Gasgeschwindigkeit übrig. Nun kennt man die Geschwindigkeit und ihre Verteilung im Arbeitsraum im einzelnen nicht und wird sie auch zukünftig nur in besonderen Versuchsfällen mehr oder weniger genau angeben können. Deshalb wird bei allen Gleichungen ersatzweise die feste mittlere Kolbengeschwindigkeit als Maß verwendet.

Dieses Vorgehen hat bei Viertaktmotoren seinen guten Grund darin, daß z. B. die Einströmgeschwindigkeit mit der Kolbengeschwindigkeit verknüpft ist. Wird noch durch einen Ventilschirm oder durch entsprechend geformten Einlaßkanal zusätzlich ein Drall erzeugt, so wird auch dieser von der Kolbengeschwindigkeit beeinflußt. Bei Zweitaktmotoren tritt diese zwangsläufige Wirkung allerdings nicht auf, weil die sich während des Spülvorgangs einstellende Gasgeschwindigkeit ihrer Art nach von dem Spülverfahren und der Form der Spülschlitze sowie ihrer Größe nach von den Spüldrücken abhängt. Hier ist also die Wahl der mittleren Kolbengeschwindigkeit durchaus willkürlich; es sei denn, man bedenkt, daß mit zunehmender Drehfrequenz auch höhere Spüldrücke und damit höhere Gasgeschwindigkeiten auftreten. Da aber alle Motoren gewisse Ähnlichkeiten aufweisen, hat sich diese Wahl auch bei Zweitaktmotoren als brauchbar erwiesen. Hinzu kommt, daß die einmal erzeugten Geschwindigkeiten nur langsam abklingen und bis in den Verbrennungsabschnitt wirksam bleiben. Ein Musterbeispiel ist der von Hesselman eingeführte Ventilschirm und der damit erzeugbare Drall. Diese absichtlich erzielte Gasbewegung verbessert bekanntlich die Gemischbildung und damit den Brennstoffverbrauch.

Zweifellos erhöht die zusätzliche Gasbewegung gleichzeitig den Wärmeübergang. Aber diese Zunahme bleibt mäßig gegenüber jener, die durch den Übergang von der unmittelbaren zur mittelbaren Kraftstoffeinspritzung bedingt ist. Denn durch verstärkten Wirbel oder durch die Vorverbrennung in den Nebenräumen werden so heftige Gasströmungen hervorgerufen, daß sich der Wärmeübergang wesentlich erhöht. Gleichzeitig wird bei diesem Verfahren die Wandfläche vergrößert, die den Flammen oder heißen Gasen unmittelbar ausgesetzt ist. Für die verschiedenen Verbrennungsverfahren und die damit verbundenen Brennraumformen soll durch weitgehend schematisierte, aber das Wesentliche hervorhebende Skizzen deutlich gemacht werden, welche zusätzlichen Gasbewegungen hervorgerufen werden. Dabei wird unterschieden zwischen Otto- und Dieselmotoren, Viertakt- und Zweitaktmotoren, unmittelbarer und mittelbarer Kraftstoffeinbringung.

2.2.1 Brennräume bei Viertakt-Dieselmotoren mit unmittelbarer Einspritzung des Kraftstoffes

In Abb. 2.2/1 sind verschiedene Ausführungsformen der Brennräume bei Viertakt-Dieselmotoren mit unmittelbarer Einspritzung dargestellt.

Abb. 1a zeigt die einfachste Form, die Tellerform, die auch mit leicht konkavem Kolbenboden für eine bessere Kraftstoffverteilung ausgeführt wird. In diesem ersten Bild werden auch noch Ein- und Auslaßventil angedeutet; darauf wird in den folgenden Abb. verzichtet. Bei der Tellerform können zusätzliche Gasbewegungen nicht auftreten, es sei denn, das Einlaßventil besitzt einen Hesselman-Schirm. Dadurch läßt sich je nach der Schirmstellung ein unterschiedlicher Luftdrall um die Zylinderachse erzeugen.

Folgerichtig paßte Hesselman nach Abb. 1b den Kolbenboden der Form des Kraftstoffstrahles an. Die damit verbundene räumliche Verengung gegenüber der Tellerform war verbrennungstechnisch möglich und nützlich, weil durch den erzwungenen Drall dem Kraftstoff in der waagerechten Ebene ständig frische Luft zugeführt wird. Der Wärmeübergang an die Böden von Kolben und Deckel mußte sich dabei verstärken. Gleichzeitig wurde aber der sonst freie Teil der Zylinderlaufbuchse während der Verbrennung durch den hochgezogenen Kolbenrand weitgehend abgedeckt.

Eine Zusammenballung des Brennraumes ergibt sich nach Abb. 1c. Die Verlagerung des Brennraumvolumens ausschließlich in den Kolbenboden bewirkt zu dem vorausgesetzten ständigen Einsaugdrall um die Zylinderachse eine radial gerichtete Luftströmung, die kurz vor dem oberen Totpunkt — also etwa zum Zeitpunkt der Kraftstoffeinspritzung — ihren Höchstwert erreicht. Der so entstehende Doppelwirbel eignet sich wegen seiner Heftigkeit besonders für schnellaufende, d. h. zugleich kleinere Motoren. Der verstärkte Wärmeübergang wird wegen der kleinen und hochtemperierten Brennraumfläche im Kolben verlustmäßig etwa ausgeglichen.

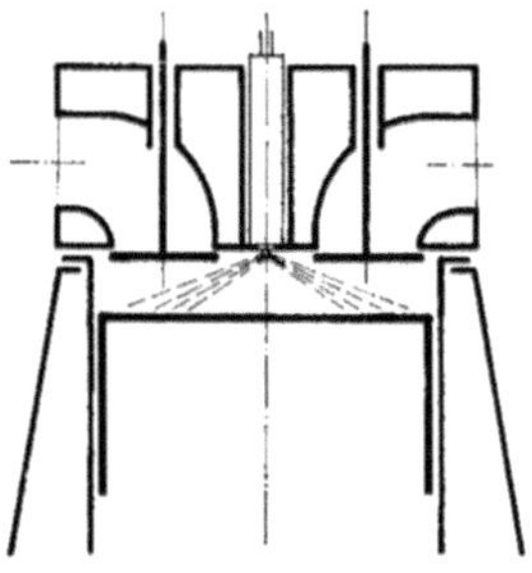

1a Tellerform (allg. Form, auch mit leicht konkavem Kolbenboden)

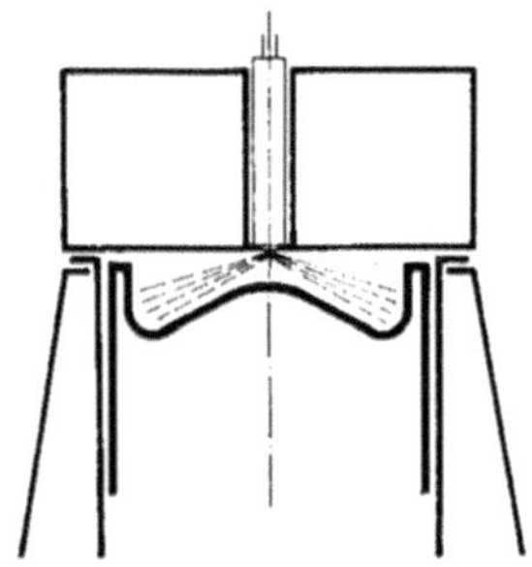

1b Hesselman-Form (Strahlanpassung und Luftdrall)

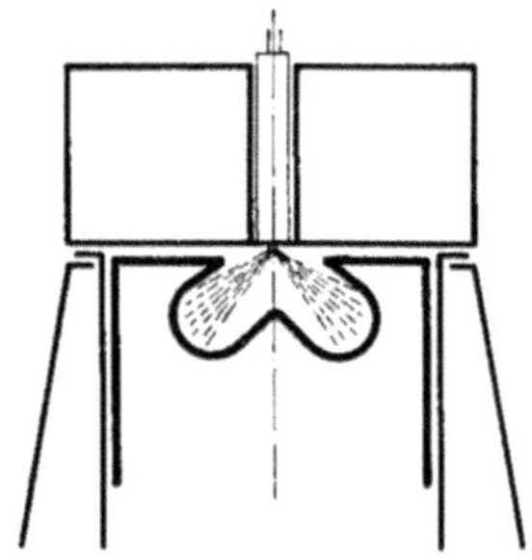

1c Saurer-Form (Doppelwirbel)

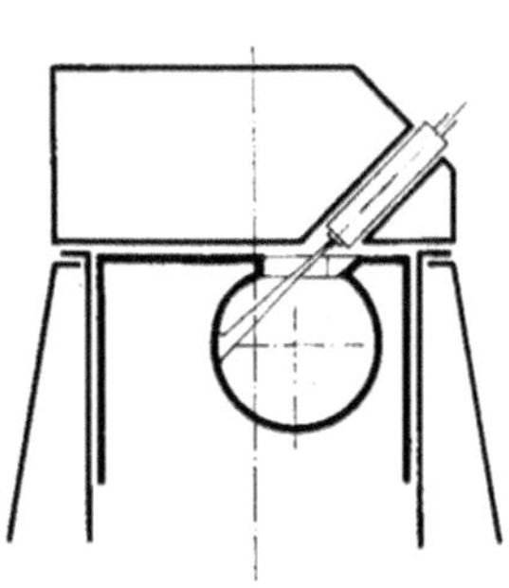

1d Kugelform (M-Verfahren der M. A. N.)

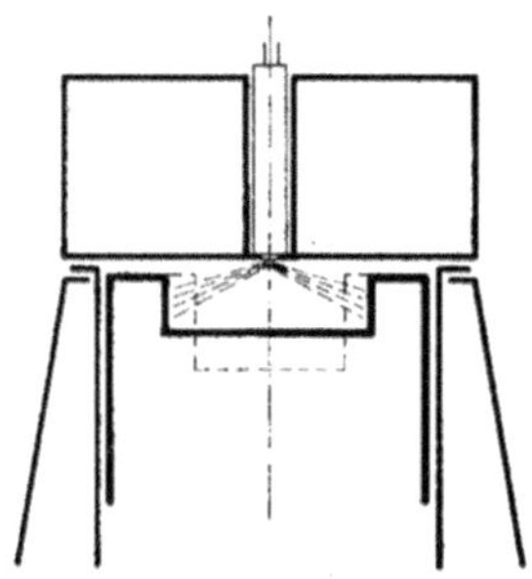

1e Muldenform (z. B. DB, KHD)

Abb. 2.2/1. Brennräume bei Viertakt-Dieselmotoren mit unmittelbarer Einspritzung des Kraftstoffes

Während bei den vorstehenden drei Brennraumformen der zerstäubte Kraftstoff sich unmittelbar mit der Brennraumluft vermischt und mit überdeckten Phasen verdampfen und verbrennen soll, wird mit der Kugelform nach Abb. 1d ein anderer Ablauf bewerkstelligt. Hier trifft ein geschlossener Kraftstoffstrahl weitgehend tangential auf die Brennraumwand und verteilt sich mit Hilfe der erzwungenen Drehbewegung der Luft. Der dünne Kraftstoffilm verdampft rasch und der Kraftstoffdampf vermischt sich gleichmäßig mit der Verbrennungsluft. Während sich gegenüber der vorhergehenden Brennraumform an heftiger Gasbewegung und kleiner Wandfläche nichts Wesentliches ändert, tritt hier u. a. eine Kühlwirkung der Brennraumwand auf, wodurch wiederum ein Teil der durch erhöhten Wärmeübergang an die Wand abgegebenen Wärme unmittelbar dem Arbeitsprozeß zurückgewonnen wird. Das trägt letzten Endes dazu bei, den Kraftstoffverbrauch ebenfalls zu vermindern.

Zwischen den Grenzfällen der Teller- und Kugelform liegt die Muldenform, Abb. 1e. Je nachdem wie stark die Mulde ausgebildet ist, nähert man sich der einen oder anderen Grenze. In der Regel strebt man natürlich die offensichtlichen Vorteile des möglichst zusammengeballten Brennraumes an. Man behält den Luftdrall bei und gewinnt, je nach der Muldenform, eine mehr oder weniger starke Radialströmung, auch Quetschströmung genannt, hinzu. Der Doppelwirbel von Abb. 1c ist wieder da, nur mit dem Unterschied, daß jetzt mindestens der Vorteil einer teilweisen Wandauftragung genutzt wird.

Man erkennt, daß die entscheidende Frage über die Stärke des Wärmeübergangs bei den Brennräumen mit unmittelbarer Kraftstoffeinspritzung allein davon abhängt, ob es eine zusätzliche Gasbewegung gibt und wie heftig die erzwungenen Strömungen sind. Dies hängt in jedem Fall von der konstruktiven Ausbildung der Einlaßorgane und des Brennraumes ab. Da man immer ein Optimum anstrebt, werden sich für die unmittelbare Kraftstoffeinspritzung in den Gleichungen für den Wärmeübergangskoeffizienten verhältnismäßig geringe Unterschiede ergeben. Man wird sie durch einen entsprechenden kleinen Spielraum in den Beiwerten berücksichtigen. Die Grenzen sind durch die Teller- und Kugel- bzw. Muldenform gegeben.

Es ist aber nur eine unter den behandelten Gleichungen vorhanden, die hier einen Unterschied macht: Es ist die Gleichung von Sitkei für den konvektiven Wärmeübergangskoeffizienten α_b, Gl. (2.12), bei der der Beiwert für unmittelbare Einspritzung mit $b = 0{,}00$ bis 0,15 und neuerdings weiter unterteilt mit 0,00 bis 0,03 bzw. 0,05 bis 0,1 angegeben ist.

Bei der Gleichung von Woschni, Gl. (2.15), wird für den gesamten Wärmeübergangskoeffizienten α nur ein Wert für die unmittelbare Einspritzung mit $C_2 = 3{,}24 \cdot 10^{-3}$ m/s K angegeben. Aber bemerkenswerterweise wird gleichzeitig dabei auch das M-Verfahren genannt. Damit ist von der Seite der praktischen Untersuchungen über den Wärmeübergang das M-Verfahren und damit die Kugelform als Grenzfall, wie in den vorstehenden Betrachtungen geschehen, der Gruppe der Motoren mit unmittelbarer Einspritzung zugeordnet.

2.2.2 Brennräume bei Viertakt-Dieselmotoren mit mittelbarer Einspritzung des Kraftstoffes

In Abb. 2.2/2 sind verschiedene Ausführungsformen des Brennraumes bei Viertakt-Dieselmotoren mit mittelbarer Einspritzung dargestellt. Die Art des Verbrennungsverfahrens bringt es mit sich, daß diese Brennräume vielgestaltiger als bei der unmittelbaren Einspritzung sind. Allen diesen Brennräumen ist gemeinsam die Tatsache, daß die gesamte Brennraumoberfläche gegenüber der unmittelbaren Einspritzung merklich vergrößert ist und heftige Gasströmungen erzeugt werden. Beide Umstände führen zu einem verstärkten Wärmeübergang, der sich in der betreffenden Gleichung des Wärmeübergangskoeffizienten ganz erheblich bemerkbar macht.

Zunächst zeigen die Abb. 2a α/β sozusagen die klassische, einfachste und wirkungsvolle Form mit der Vorkammer. Die Vorkammer gewährleistet eine möglichst gleichmäßige Verteilung des Kraftstoff-Luftgemisches auf den Hauptbrennraum, wobei durch die Vor- und Teilverbrennung in der Vorkammer die notwendige Ausstoßenergie freigesetzt wird. Der Vorkammer werden je nach Motorgröße und Drehfrequenz etwa (20)25···35(40)% des Verdichtungsvolumens zugemessen — der kleinere Anteil gilt für größere Motoren, die ( )-Werte sind Ausnahmen —, und der Kraftstoff wird in voller Menge in die Vorkammer eingespritzt. Es gibt eine große Zahl von räumlichen und strömungstechnischen Feinheiten der Vorkammer und dem Einsatz- oder Verteilerstück — auch Brenner genannt —, um die Gemischbildung in der Vorkammer und im Hauptbrennraum zu vervollkommnen. Diese feinen Unterschiede werden jedoch den Wärmeübergang nicht wesentlich verändern.

Die mittige Anordnung der Vorkammer, Abb. 2a α, ist für die Gemischbildung wegen der symmetrischen Strahlausbreitung im Hauptbrennraum günstig. Infolge der Vorverbrennung in der Vorkammer besitzt der übertretende und vergrößerte Strahl schon Flammenbereiche, wodurch der Wärmeübergang, insbesondere von der Strahlung her, verstärkt wird. Die mittige Lage der Vorkammer beengt konstruktiv den Platz für die Ventile, wenn man nicht zu vier Ventilen übergeht.

Einen anderen Ausweg bietet die außermittige Lage der Vorkammer, die die konstruktiven Verhältnisse für Ein- und Auslaß zwar vergrößert, aber dafür die Gemischbildung erschwert. Abb. 2a β zeigt diese Anordnung mit einer möglichst weit nach außen versetzten Vorkammer und dem dadurch bedingten ungleichmäßigen Hauptbrennraum, mit muldenförmigen Vertiefungen im Kolben. Die Übertrittsöffnungen im Einsatzstück der Vorkammer sind fächerförmig und verschieden groß anzuordnen, weil die seitlichen Strahlen kürzer gehalten werden müssen. Für den Wärmeübergang dürften sich die Verhältnisse gegenüber der mittigen Anordnung nicht wesentlich ändern.

Im Gegensatz zur Vorkammer wird in der Wirbelkammer, Abb. 2b, möglichst das ganze Verdichtungsvolumen zusammengeballt und ein starker geordneter Gaswirbel erzielt. Ein wärmeaufnehmender Einsatz mit Zerstäubungslöchern wie bei der Vorkammer fehlt, wenn auch teilweise aus Gründen des Werkstoffes und Betriebs im Bereich des Überströmkanals ein mehr oder weniger wärmeisolierter Einsatz verwendet wird. Der

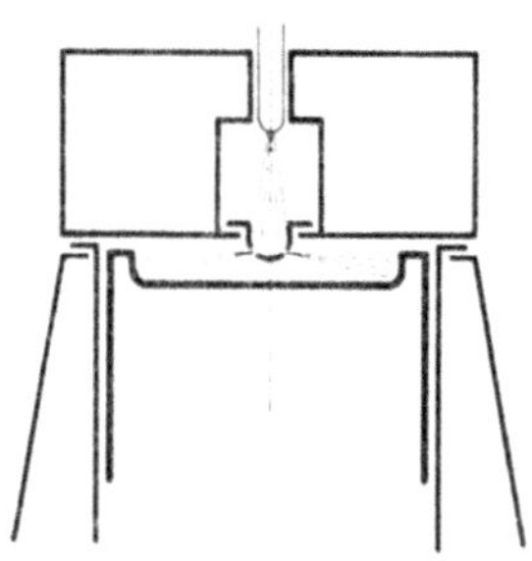

α) mittige Anordnung

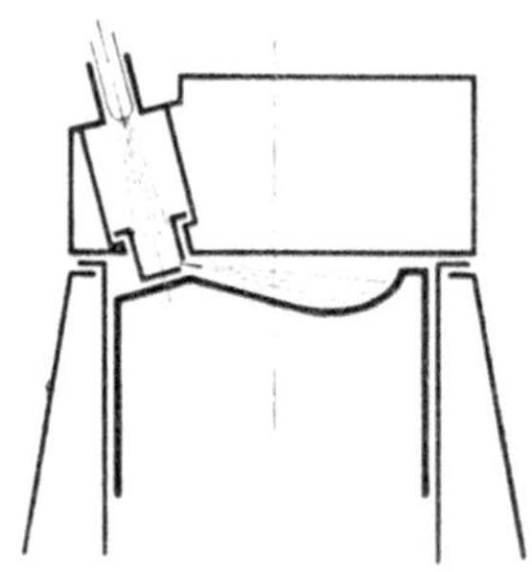

β) außermittige Anordnung

2a Vorkammer (l'Orange)

Abb. 2.2/2. Brennräume bei Viertakt-Dieselmotoren mit mittelbarer Einspritzung des Kraftstoffes

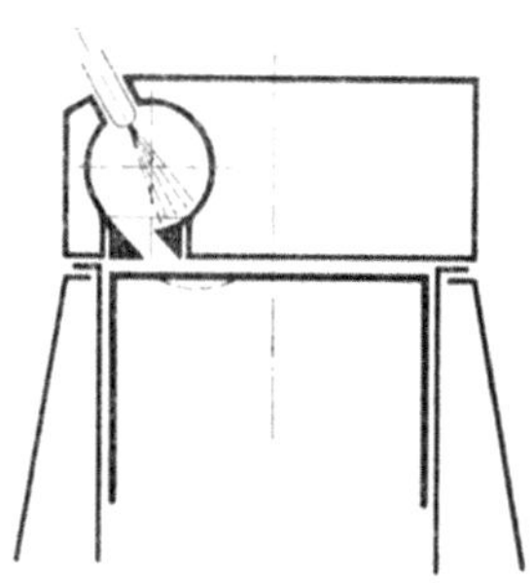

2b Wirbelkammer (Ricardo)

α) M. A. N.-Form

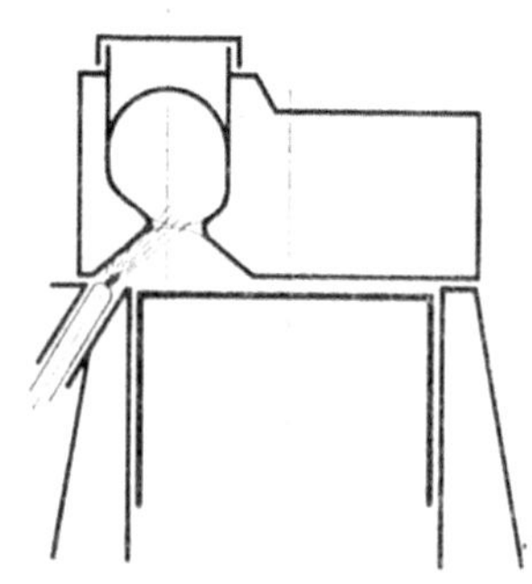

β) Acro-Form (Speicher auch im Kolben)

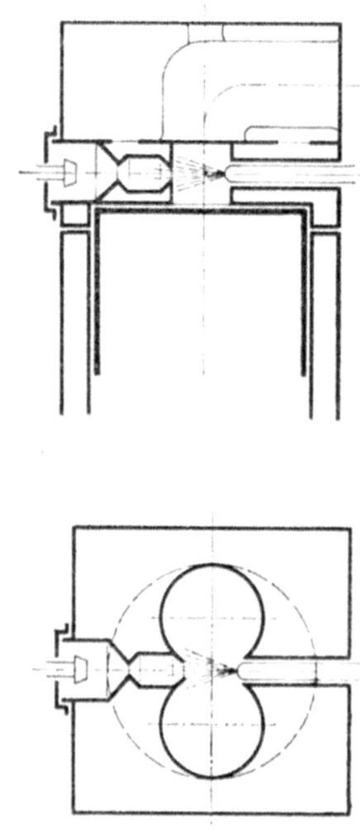

γ) Lanova-Form

2c Luftspeicher

kräftige Wirbel sichert eine schnelle Verbrennung, so daß trotz der hohen Gasgeschwindigkeit in der Wirbelkammer im ganzen mit etwas geringerer übergehender Wärme als bei der Vorkammer gerechnet werden kann.

Das Streben nach einer möglichst vollkommenen Gemischbildung mit Hilfe zusätzlicher Gasbewegung führte zu dem Verbrennungsverfahren mit Luftspeicher. Wenn dieses Verfahren mit seinen verschiedenen Abarten auch heute nicht mehr angewendet wird, so darf es nicht unerwähnt bleiben, weil es erstens die Vorstellungen über die Gemischbildung und den Verbrennungsablauf sehr gefördert hat und zweitens im vorliegenden Fall bei Nachrechnungen zum Wärmeübergang auf erhebliche Zunahme hinwies, ohne daß die Gründe hierzu näher erörtert wurden. Heute ist es klar und aufschlußreich, warum die Luftspeichermotoren höhere Beiwerte oder sonstige Änderungen in der damals in den 20er und 30er Jahren allein bestehenden Wärmeübergangsgleichung von Nußelt, Gl. (2.1), erforderten. Die seinerzeit in der Praxis verwendeten Luftspeichermotoren sollen daher nachstehend anhand der Abb. 2c α, β und γ kurz erörtert werden.

Den verschiedenen Luftspeichermotoren ist der Umstand gemeinsam, daß aus einem Nebenraum ein zusätzlicher Luftstrom in den Gemischbildungsvorgang geschickt wird.

Bei dem M. A. N.-Luftspeichermotor, Abb. 2c α, wird quer in den schon weitgehend aufgelösten Kraftstoffstrahl Frischluft geblasen. Das Einströmen wird nicht, wie ursprünglich gedacht, allein durch den Druckunterschied während des ersten Teils des Ausdehnungshubs im Hauptbrennraum hervorgerufen, sondern es setzt bereits früher und heftiger infolge einer Verbrennung von Brennstoffsplittern im Luftspeicher ein. Demgegenüber wird beim Acro- und Lanova-Verfahren bewußt ein kleiner Teil des eingespritzten Kraftstoffes in den Luftspeicher abgeschickt. Je nach der abgezweigten Menge wird mit mehr oder weniger Überströmenergie der Hauptbrennraum mit Frischluft versorgt.

Bei dem Acro-Motor wurde der Luftspeicher nicht nur im Zylinderdeckel, wie es Abb. 2c β zeigt, sondern auch anfänglich im Kolben untergebracht. Die Kraftstoffdüse wechselte dann mit Richtung und Platz in den Zylinderdeckel über.

Wie die Skizze zum Lanova-Verfahren erkennen läßt, Abb. 2c γ, ist die Frischluft dem Kraftstoffstrahl nicht nur entgegen gerichtet, sondern sie unterstützt durch einen zusätzlich erzeugten Doppelwirbel die Gemischbildung. Der absperrbare äußere Teil des Luftspeichers sicherte den Anlaßvorgang durch eine höhere Verdichtung, der bei Dieselmotoren mit kleinem Hubvolumen ein Problem werden kann.

Während die Motoren mit Nebenbrennräumen im allgemeinen höhere Wärmeübergangskoeffizienten ergeben, mußten sich beim Luftspeichermotor gegenüber dem Vorkammermotor noch höhere Werte infolge der heftigeren Gasbewegungen einstellen. Deshalb hat auch Brysgow mit seinen Gleichungen für den Wärmeübergangskoeffizienten, Gl. (2.3a/b), unter Zugrundelegung der Nußeltschen Gleichungsform (Gruppe I) für das Geschwindigkeitsglied nicht $f(c_m)_{\text{Nu}} = 1 + 1{,}24 c_m$ wie bei Nußelt erhalten, sondern $f(c_m)_{\text{Bry}} = 4{,}5 + 0{,}185 c_m$ für den Vorkammermotor und $5{,}2 + 0{,}185 c_m$ für den Luftspeichermotor. Das heißt, der Anfangswert ist wesentlich höher, aber der Anstieg mit der mittleren Kolbengeschwindigkeit wesentlich schwächer als bei Nußelt. Das ist leicht erklärbar, weil durch die Nebenbrennräume unabhängig von der Drehfrequenz stets eine heftige innere Gasbewegung erzeugt wird. Ebenso ist nach den vorstehenden Erläuterungen der verschiedenen Brennraumformen verständlich, warum sich beim Luftspeicher wiederum höhere Werte als bei der Vorkammer einstellen. Da der von Brysgow untersuchte Motor den Luftspeicher im Kolben hatte, bleibt natürlich offen, ob sich ein Unterschied gegenüber der Bauart mit dem Luftspeicher im Zylinderdeckel ergeben würde. Nach den Überlegungen im Zusammenhang mit dem Kugelbrennraum im Kolben — vgl. Abb. 2.2/1d — ist anzunehmen, daß für den Luftspeicher im Zylinderdeckel noch etwas höhere Werte im Wärmeübergang festzustellen sein dürften.

Die höheren Wärmeübergangswerte bei Brysgow für den heute und wohl auch zukünftig noch vielfach verwendeten Vorkammermotor stimmen im Grundsatz mit den

Ergebnissen anderer Autoren überein. So gibt Sitkei für seine Konvektionsgleichung, Gl. (2.12), den Beiwert mit $b = 0{,}25 \cdots 0{,}40$ gegenüber $0{,}00 \cdots 0{,}15$ bei der unmittelbaren Strahleinspritzung an. Bei Woschni, Gl. (2.15), lauten die entsprechenden Beiwerte $C_2 = 6{,}22 \cdot 10^{-3}$ und $3{,}24 \cdot 10^{-3}$ m/s K. Die Gleichung von Pflaum, Gl. (2.7a/b), wurde auf Grund der Versuchsergebnisse an einem Vorkammermotor entwickelt und lieferte gegenüber anderen Gleichungen für unmittelbare Strahleinspritzung höhere Werte, auch wenn dabei das besonders bearbeitete Problem der aufgeladenen Maschine zunächst beiseite gelassen wird. Spätere Vergleichsversuche von Woschni [57] erbrachten eine völlige Übereinstimmung hinsichtlich des Vorkammermotors. So dürfte auch der zahlenmäßige Unterschied im Wärmeübergangskoeffizienten zwischen unmittelbarer und mittelbarer Einspritzung im allgemeinen gesichert sein. Es bleibt hier noch offen, wie groß der prozentuale Einfluß der einzelnen abgestimmten Beiwerte auf die jeweilige zugeordnete α-Gleichung ist. Diese Frage wird bei deren zahlenmäßigen Gegenüberstellung in dem späteren Abschnitt 2.8.1 beantwortet werden.

2.2.3 Brennräume bei Zweitakt-Dieselmotoren mit verschiedenen Spülverfahren

Bei den Zweitakt-Motoren genügt es für den vorliegenden Zweck, im Spülverfahren drei verschiedene Grundformen zu unterscheiden. Diese sind die Querspülung, die Umkehrspülung und die Gleichstromspülung, Abb. 2.2/3. Es gibt in der Anordnung und Form der Einlaß- und Auslaßquerschnitte eine Reihe von Abwandlungen, die aber an der jeweiligen grundsätzlichen Strömungsart nicht viel ändern und daher im Zusammenhang mit der Frage des Wärmeübergangs nicht im einzelnen betrachtet zu werden brauchen. Damit entfällt auch ein Unterschied zwischen Klein- und Großmotor, für die es besondere Entwicklungen gegeben hatte, wie z. B. die Schnürle-Umkehrspülung für schnellaufende

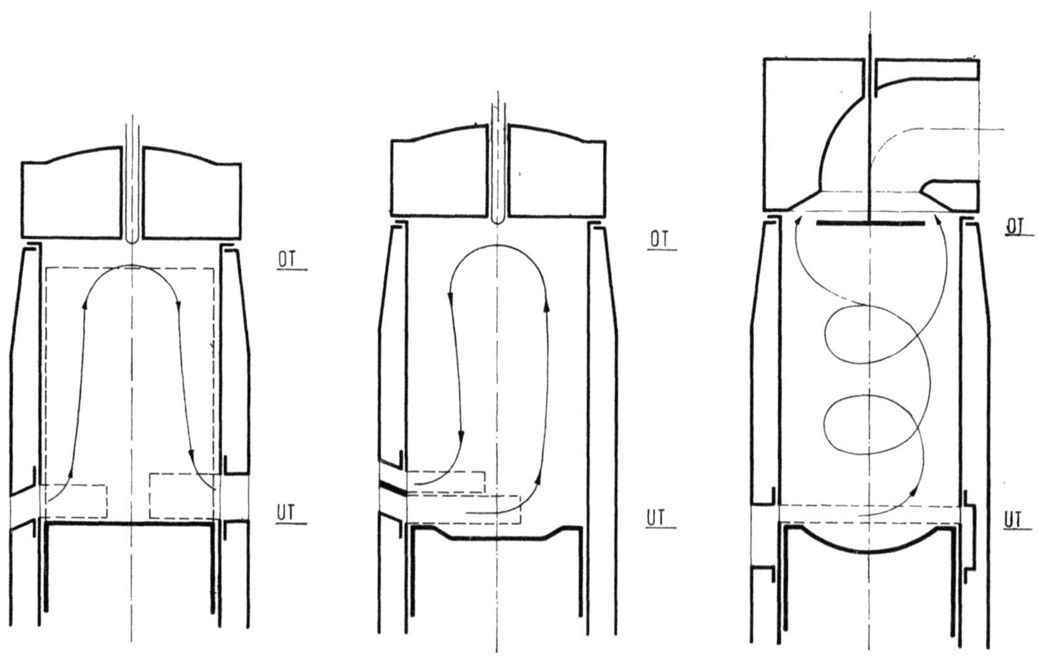

3a Querspülung (mit Nachladeschlitzen bei Sulzer)

3b Umkehrspülung (mit verschiedenen Formen der Ein- und Auslaßschlitze bei M. A. N.)

3c Gleichstromspülung (Form bei B & W)

Abb. 2.2/3. Brennräume bei Zweitakt-Dieselmotoren mit verschiedenen Spülverfahren

Motoren und die Teildrehung des Spülstroms bei der AEG-Querspülung (Schleifenspülung von Sass) für Großmotoren. Auch brachte der doppeltwirkende Zweitakt-Großmotor nur besondere konstruktive und Gemischbildungsprobleme, nicht aber solche für den Wärmeübergang mit sich.

Wie Abb. 3a für die Querspülung deutlich macht, werden die Zylinderwände nur in gewissen Bereichen vom Spülstrahl unmittelbar berührt; eine besondere Wirkung auf die Gemischbildung wird von ihr nicht erzielt, weil die Gasbewegung von der Spülung her im oberen Totpunkt weitgehend abgeklungen ist. Da aber die Ein- und Auslaßschlitze beim unteren Totpunkt liegen, entsteht ein sehr einheitlicher Brennraum, der bei manchen Bauformen durch einen leichtgewölbten Kolbenboden und/oder durch einen in der Mitte mehr oder weniger hochgezogenen Deckelboden die Gemischbildung fördert. Es gibt also von vornherein keine heftigen Gasbewegungen, die den Wärmeübergang verstärken würden. Es bleiben nur jene zusätzlichen Einflüsse von der Verbrennung her übrig.

Mit Abb. 3b als Grundform der Umkehrspülung läßt sich erkennen, daß sich mindestens der aufsteigende Spülstrom dicht an die Zylinderwand anlegt, wodurch er stabilisiert wird. Für den Verbrennungsraum gibt es aber bis auf die allgemein umgekehrte Strömungsrichtung für den Wärmeübergang keine neuen Gesichtspunkte.

Die Gleichstromspülung mit dem gleichzeitig von Junkers entwickelten Gegenkolbenmotor, der heute noch als Schiffsmotor von Doxford gebaut wird, bietet bei sorgfältig auf die Drehbewegung des Spülstroms abgestimmten Spülschlitzen die Gewähr einer guten Spülung. In der Ausführungsform mit Einlaßschlitzen rings um den Zylinder und einem mittig angeordneten Auslaßventil, Abb. 3c, wird diese Spülung ebenfalls praktiziert. Wegen der klaren Drehbewegung des Gasinhalts im Zylinder wird einerseits Gemischbildung und Verbrennung gefördert, aber andererseits der Wärmeübergang verstärkt.

Vergleichende Untersuchungen mit den verschiedenen Spülformen hinsichtlich des Wärmeübergangs sind nicht allgemein bekannt geworden. Sie sind auch in systematischer Form nicht zu erwarten, weil es sich dabei hauptsächlich nur um Großmotoren handeln müßte. Im übrigen können, wie erkennbar wurde, zwischen Quer- und Umkehrspülung keine nennenswerten Unterschiede im Wärmeübergang auftreten, während es bei der Gleichstromspülung mit starker Drehbewegung durchaus der Fall sein wird. Bei einem strengen Vergleich der einzelnen und von verschiedenen Forschern entwickelten α-Gleichungen darf nicht übersehen werden, daß sowohl Viertakt- als auch Zweitaktmotoren bei den Versuchen verwendet worden sind. Von einigen wird ausdrücklich der Vorbehalt gemacht, daß sie nur für den Verdichtungs- und Ausdehnungshub gelten, während sich andere auf den gesamten Viertaktarbeitsprozeß beziehen. Darauf wird wegen der jeweiligen Anwendbarkeit der verschiedenen Gleichungen im Abschnitt 2.7 eingegangen werden.

2.2.4 Brennräume bei Ottomotoren

Die Gleichungen von Oguri, Gl. (2.9), und Overbye, Gl. (2.10), stützen sich auf Versuche an Otto-Vergasermotoren; diejenige von Sitkei für Konvektion, Gl. (2.12), bezieht sich mit ihren Beiwerten allein auf den Dieselmotor mit verschiedenen Brennräumen, aber es werden bei dem Strahlungsglied die Gasstrahlung für den Ottomotor und die Gas- plus Flammenstrahlung für den Dieselmotor getrennt angegeben. Annand schließlich entwickelt seine Gleichung mit der Ähnlichkeitstheorie, Gl. (2.14a/b), und ermittelt durch vergleichende Betrachtungen der Versuchsergebnisse anderer Forscher die notwendigen Beiwerte einschließlich beim Strahlungsglied. Während der Beiwert $a = 0{,}35 \cdots 0{,}8$ für den konvektiven Teil breit „je nach Motorart" streut, wird für das Strahlungsglied ein Beiwert $c = 3{,}21$ für den Dieselmotor und $c = 0{,}421\ \mathrm{W/m^2\,K^4}$ für den Ottomotor angegeben. Es muß aber gesagt werden, daß die verschiedene Gestalt der Brennräume auch beim Ottomotor merklichen Einfluß auf den Wärmeübergang ausübt. Es ist daher zweckmäßig, anhand der verschiedenen Hauptformen der Brennräume beim Viertakt-Ottomotor den etwaigen Einfluß abzuschätzen. In dieser Hinsicht ist es unerheblich, ob es sich um Otto-Vergasermotoren oder -Einspritzmotoren (letztere mit verschiedenen Abarten der Einspritzung) handelt. Die Betrachtung beschränkt sich hier auf den Viertakter, weil der Zweitakter mit vielfacher Anwendung als Klein- und Kleinst-Ottomotor andere Probleme hat.

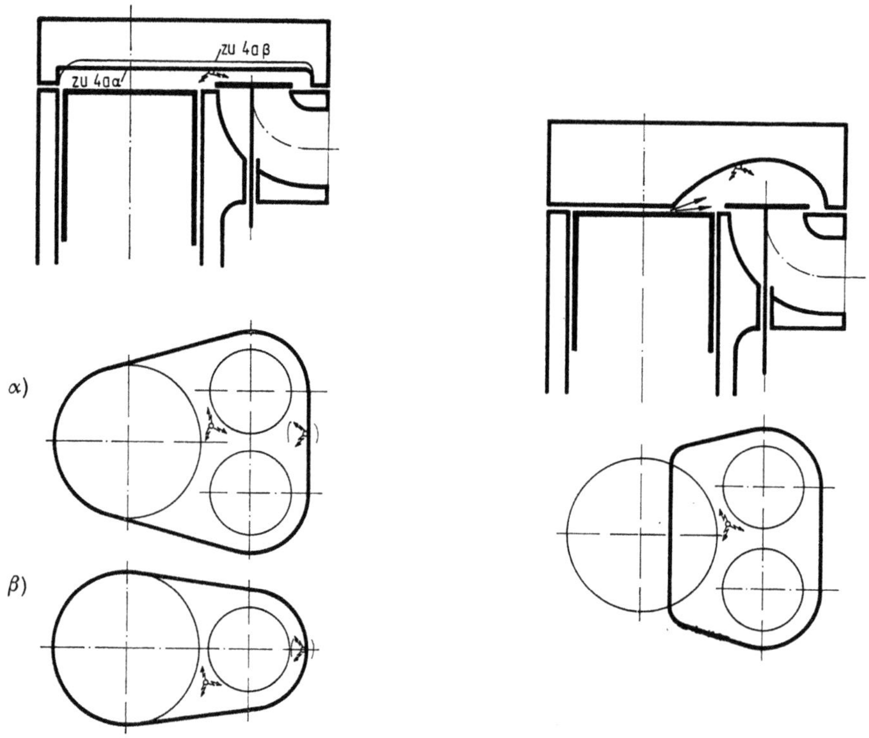

4 a Flache Form
α) Grundriß mit 2 stehenden Ventilen
β) Grundriß mit 1 stehendem und 1 hängendem Ventil

4 b Geballte Form mit Quetschströmung (Ventilanordnung wie bei Abb. 4 aα oder 4 aβ)

Abb. 2.2/4. Brennräume bei Viertakt-Ottomotoren mit seitlichen Ventilen

Die beim Viertakt-Ottomotor teilweise inzwischen zurückgedrängte oder auch überholte Bauart mit seitlichen Ventilen, Abb. 2.2/4, darf nicht unerwähnt bleiben, weil der Brennraum sehr verschiedener Gestalt sein kann. Bei der flachen Form, Abb. 4a, sind entweder beide Ventile stehend nebeneinander angeordnet, wie es der Grundriß mit Abb. 4a α, oder übereinander mit einem stehenden und einem hängenden Ventil, wie es der Grundriß mit Abb. 4a β zeigt. In jedem Fall ist die flache Form verbrennungs- und wärmetechnisch ungünstig; sie wird aber bei der Ausführung nach Abb. 4a β mit einem stehenden und einem hängenden Ventil besser, weil die gesamte Oberfläche verkleinert wird. Bei der flachen Form neigt nämlich der Motor eher zu dem gefürchteten Klopfen, was u. a. auch einen erhöhten Wärmeübergang mit sich bringt.

Durch die geballte Form, Abb. 4b, bei der man die Ventile genauso wie bei der flachen Form unterschiedlich anordnen kann, ist die wirklich gasberührte Fläche beim Verbrennungsvorgang wesentlich verkleinert, und die Flammenwege werden kürzer. Durch die zwangsläufig aus dem flachen Teil kommende Quetschströmung, die am oberen Hubende besonders stark ist, wird die Gemischbildung lebhaft unterstützt. Die erhöhte Gasbewegung fördert einerseits den Wärmeübergang, der aber andererseits durch das zurückgedrängte

Klopfen wieder vermindert wird. Im ganzen ist der Motor durch diesen Brennraum wärme- und verbrennungstechnisch besser geworden.

Die Bauform mit senkrecht oder schräg hängenden Ventilen, Abb. 2.2/5, führt bequem zu Brennräumen mit kleinsten Oberflächen und den damit in mehreren Hinsichten verbundenen Vorteilen. Auch hier gibt es zunächst die einfache Tellerform, Abb. 5a, die aber im Gegensatz zu derjenigen mit seitlichen Ventilen entsprechend höher und damit gedrängter wird. Den Wunsch nach möglichst kleiner Oberfläche erfüllt die Halbkugelform, Abb. 5b, worauf die Ventile schräghängend anzuordnen sind. Wenn beim Ansaugen des Gemisches Kraftstoff—Luft oder auch von Luft allein ein Drall erzeugt wird, verstärkt sich der sonst bei dieser Brennraumform geringste Wärmeübergang zugunsten einer besseren Gemischbildung.

Da die Gemischbildung obenan steht, wird durch die Brennraumformen nach Abb. 5c/d absichtlich eine innere Quetschströmung erzwungen. Im Falle des keilförmigen Brennraumes, Abb. 5c, ist die Quetschströmung wegen der geringen Quetschfläche schwächer als bei der Form nach Abb. 4b. Geringere Oberfläche und heftige Querströmung

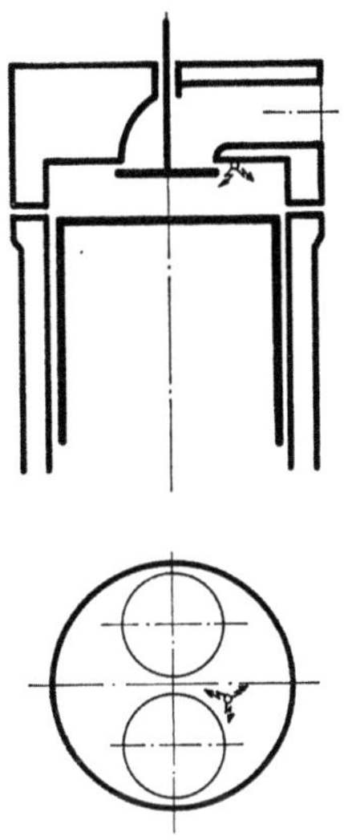

5a Tellerform (auch beim CFR-Motor)

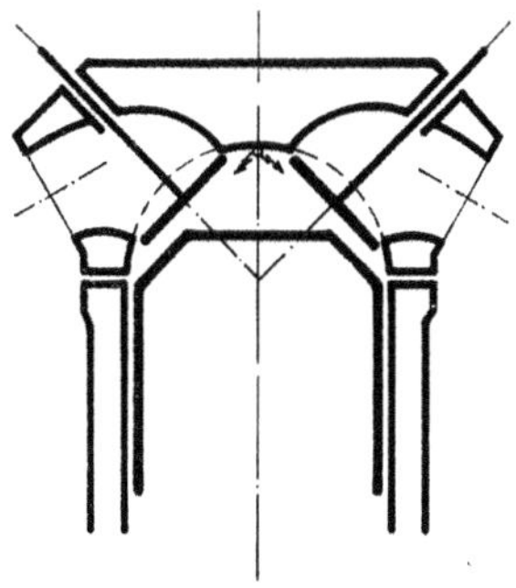

5b Halbkugelform

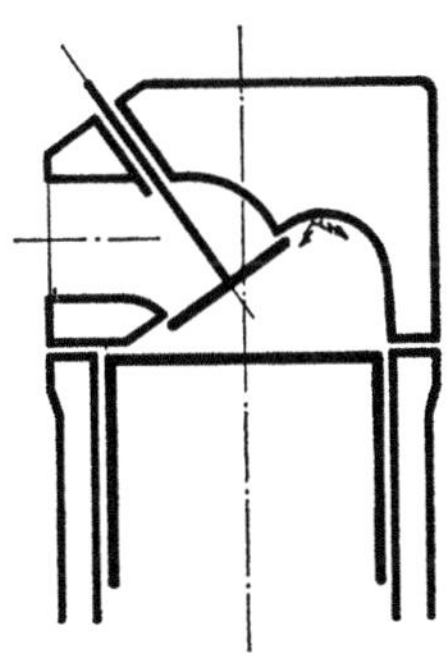

5c Keilform

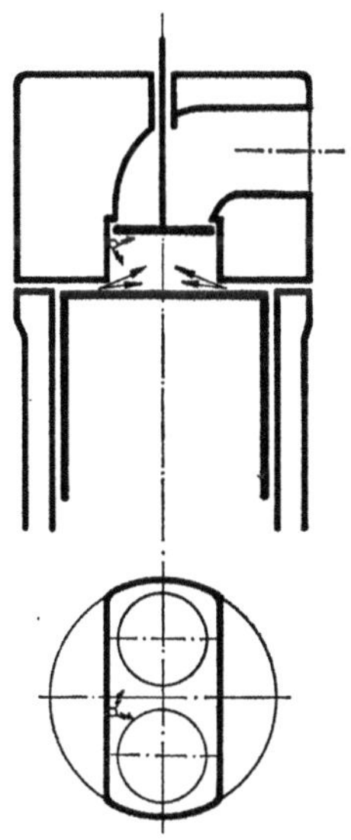

5d Wannenform mit Quetschströmung
(Wanne wahlweise im Zylinderdeckel oder Kolben)

Abb. 2.2/5. Brennräume bei Viertakt-Ottomotoren mit hängenden Ventilen

Anmerkung: Unabhängig von der Brennraumform und Lage der Zündkerze Betrieb mit Vergaser oder Einspritzdüse (*vor* oder *im* Brennraum)

einerseits sowie größere Oberfläche und schwache Querströmung andererseits werden sich — insgesamt gesehen — wärmetechnisch die Waage halten. Die Wahl für den keilförmigen Brennraum wird daher mehr durch konstruktive Gründe entschieden, z. B. wegen des möglichen größeren Querschnitts bei den schräg hängenden Ventilen gegenüber etwa senkrecht hängenden.

So liefert die Wannenform, Abb. 5d, gleichzeitig einen sehr gedrängten Brennraum mit erheblicher Quetschströmung bei senkrecht hängenden Ventilen. Es ist mehr eine betriebstechnische Frage, ob man die Wanne in den Zylinderdeckel, wie dargestellt, oder in den Kolben verlegt. Die Wanne im Zylinderdeckel beschränkt die Ventilquerschnitte; sie vermindert aber die Klopfgefahr wegen der stärkeren Wandkühlung und erhöht damit jedoch die Wärmeverluste. Die Wanne im Kolben ist, wie bei den entsprechenden Brennräumen beim Dieselmotor (vgl. Abb. 2.2/1c, d, e) wärmetechnisch günstiger, aber betriebstechnisch schwieriger.

Der Einfluß des Verbrennungsverfahrens auf den Wärmeübergang hat, wie gezeigt wurde, bei einigen der bisher entwickelten α-Gleichungen seinen Niederschlag gefunden. Er kann recht bedeutend sein, weshalb immer klargestellt sein sollte, auf welches oder welche Verbrennungsverfahren sich die jeweilige α-Gleichung mit etwaigen Beiwerten bezieht. Eine einzige allgemeingültige Gleichung für alle Motorenarten gibt es nicht, wenn man einen gewissen Genauigkeitsgrad erreichen will. Deshalb ist es wichtig, auch die anderen und im nachfolgenden behandelten Einflußgrößen zu beachten.

2.3 Einfluß der Gasgeschwindigkeit

Bei der vorangehenden Behandlung der verschiedenen Verbrennungsverfahren wurde deutlich, daß die Güte von Gemischbildung und Verbrennungsablauf außer von der Form des Brennraums zugleich von der Geschwindigkeit der Verbrennungsluft und des entstehenden Verbrennungsgases abhängt. Art und Stärke der Geschwindigkeit wird durch die Brennraumformen und durch die Einlaßorgane in Verbindung mit der Kolbenbewegung erzeugt. Die Geschwindigkeit bringt aber auch einen erhöhten Wärmeübergang und damit Wärmeverluste mit sich. Es fragt sich, wie der Einfluß der Gasbewegung in der Wärmeübergangsgleichung erfaßt wird oder werden kann.

Bei der Darlegung der α-Gleichung von Nußelt, Gl. (2.1), also der ersten dieser Art, ist festgehalten worden, daß nach Nußelts eigener Äußerung damals (1923) bereits seit langem bekannt war, daß sich der Wärmeübergang durch Berührung mit der Geschwindigkeit erhöht. Um für die motorischen Verhältnisse handfeste Zahlenwerte zu gewinnen, führte Nußelt die bereits erwähnten physikalischen Versuche durch und fand für die Geschwindigkeitsfunktion

$$f(w) = 1 + \text{konst} \cdot w,$$

und zwar mit der für die motorischen Verhältnisse bedeutungsvollen Einschränkung über die Gültigkeit dieser Beziehung, daß $w \leqq 5$ m/s sein muß. Diese Geschwindigkeitsgrenze genügte damals, weil auch die Motoren, an denen Nußelt die Versuche oder Berechnung zur Bestimmung der Konstanten durchführte, nur mittlere Kolbengeschwindigkeiten von $c_m = 3\cdots3{,}6$ m/s besaßen. Nußelt ermittelte den Zahlenwert 1,24 für die Konstante, wenn man als Maß für die Gasgeschwindigkeit die mittlere Kolbengeschwindigkeit einführt. Es muß daher als bedenklich gelten, wenn man diese Beziehung auch bei Motoren mit mehr als 4 m/s mittlerer Kolbengeschwindigkeit anwandte.

So unsicher oder unterschiedlich auch der zahlenmäßige Zusammenhang zwischen den tatsächlichen Gasgeschwindigkeiten im Arbeitsraum einer Kolbenmaschine gegenüber der mittleren Kolbengeschwindigkeit sein möge, muß demgegenüber zugleich festgestellt werden, daß bei *ähnlichen* Konstruktions- und Betriebsverhältnissen ein allgemeiner Zusammenhang zwischen diesen beiden Geschwindigkeitsarten besteht. Deshalb darf man für den von Nußelt gefundenen Zusammenhang nicht die zugrundeliegenden Grenzen übersehen. Die motorische Entwicklung hat sehr bald die obere von Nußelt gesetzte Grenze überschritten und zu anderen Bauformen geführt.

So konnte es nicht ausbleiben, daß spätere Versuche an anderen Motoren andere Zahlenwerte für die Geschwindigkeitsfunktion von Nußelt ergaben. Diese mußten umso stärker abweichen, sobald etwaige Einflüsse auf die anderen Teile der α-Gleichung, z. B. der p,T-Funktion, wegen unveränderter Beibehaltung dieser Funktion in die c_m-Funktion eingingen. Unter diesem Gesichtswinkel muß man die gegenüber Nußelt abgewandelten c_m-Funktionen von Briling nach Gl. (2.2a/b), von Brysgow nach Gl. (2.3a/b) und von van Tyen nach Gl. (2.4) und (2.5) sehen.

Dabei ist die für c_m-Funktionen von Briling und Brysgow in dreierlei Hinsicht folgendes bemerkenswert: Beide Forscher fanden deutliche Unterschiede darin, ob es sich erstens um Otto- und Dieselmotoren oder zweitens um Dieselmotoren mit verschiedenen Verbrennungsverfahren (Vorkammer und Luftspeicher) handelt. Drittens ist der Anstieg der c_m-Funktion wesentlich geringer als bei Nußelt, aber zugleich ist — abgesehen vom Ottomotor — der Anfangswert für $c_m = 0$ größer als eins. Für die Versuche spricht vom heutigen Stand der Erkenntnisse besonders, daß der Anfangswert und wegen des konstanten Beiwertes für c_m auch die Zahlenwerte der gesamten c_m-Funktion in der Reihenfolge Ottomotor, Dieselmotor mit Lufteinblasung, Dieselmotor mit Vorkammer und Dieselmotor mit Luftspeicher immer höher liegen. Dies deckt sich mit Messungen aus der jüngeren Zeit. Allerdings muß man wegen der absoluten Höhenlage der Zahlenwerte Bedenken haben, weil Wärmebilanz und α-Gleichung ohne Messung der Wandtemperaturen gegenübergestellt worden sind. Briling und Brysgow haben die gleichen teilw. geschätzten Wandtemperaturen im Arbeitsraum bei den Berechnungen verwendet; s. die betreffenden versuchstechnischen Angaben im Abschn. 2.1.1. Trotzdem ist es bedauerlich, daß diese russischen Ergebnisse nicht früher allgemein bekannt geworden sind, weil sich manche überflüssigen Diskussionen oder unzutreffenden Vergleiche hätten vermeiden lassen können.

Für weitere Betrachtungen ist es notwendig, zunächst einen vollständigen Überblick für die verschiedenen c_m-Funktionen in den behandelten α-Gleichungen zu gewinnen; dies geschieht durch Abb. 2.3/1. Man hat drei Arten c_m-Funktionen zu unterscheiden, und zwar je nachdem, ob der α-Gleichung die p,T-Funktionen von Nußelt oder Eichelberg zugrunde liegen oder ob die Ähnlichkeitstheorie ihr Ausgangspunkt ist. Entsprechend dem Ansatz von Nußelt mit $f(c_m)_{\mathrm{Nu}} = 1 + 1{,}24 c_m$ haben die Funktionen von Briling, Brysgow und die erste von van Tyen — vTI — einen gradlinigen Anstieg mit zunehmender mittlerer Kolbengeschwindigkeit; außerdem laufen die Geraden von Briling und Brysgow wegen des festen Beiwertes am Geschwindigkeitsglied mit $0{,}185 c_m$ parallel zueinander. Ihr sinnvoller Abstand wurde schon weiter oben erläutert. Bei der c_m-Funktion vTI ist dagegen der Anstieg durch $0{,}885 c_m$ steiler als bei Briling und Brysgow und nähert sich mehr dem Bereich der Funktion von Nußelt. Da die p,T-Funktion nach Nußelt in diesen Fällen unverändert beibehalten worden ist, schließt der Unterschied in den Zahlenwerten der c_m-Funktion auch zugleich die Einflüsse der jeweiligen Motorkonstruktion oder der Betriebsverhältnisse ein. Dies ist eine Schwäche für den Vergleich.

Eine Besonderheit ist die Potenzfunktion vTII mit $4{,}1 \sqrt[3]{c_m}$, weil sie durch van Tyen unter Zugrundelegung der betreffenden von Eichelberg und unter Beibehaltung der p,T-Funktion von Nußelt rein rechnerisch entwickelt worden ist, wie es bei der Behandlung der betreffenden Gleichung (2.5) bereits erläutert wurde. Diese c_m-Funktion vTII bleibt etwa für $c_m \leqq 6$ m/s im Bereich der Nußelt- und vTI-Funktionen.

Man muß sich vor Augen halten, daß diese erste Art von c_m-Funktionen wie auch die folgende mit der p,T-Funktion von Eichelberg mit ihren Zahlenwerten unmittelbar in die betreffende α-Gleichung eingehen. Es wird sich zeigen, daß dies bei den c_m-Funktionen in Verbindung mit α-Gleichungen nach der Ähnlichkeitstheorie nicht immer so eindeutig der Fall ist.

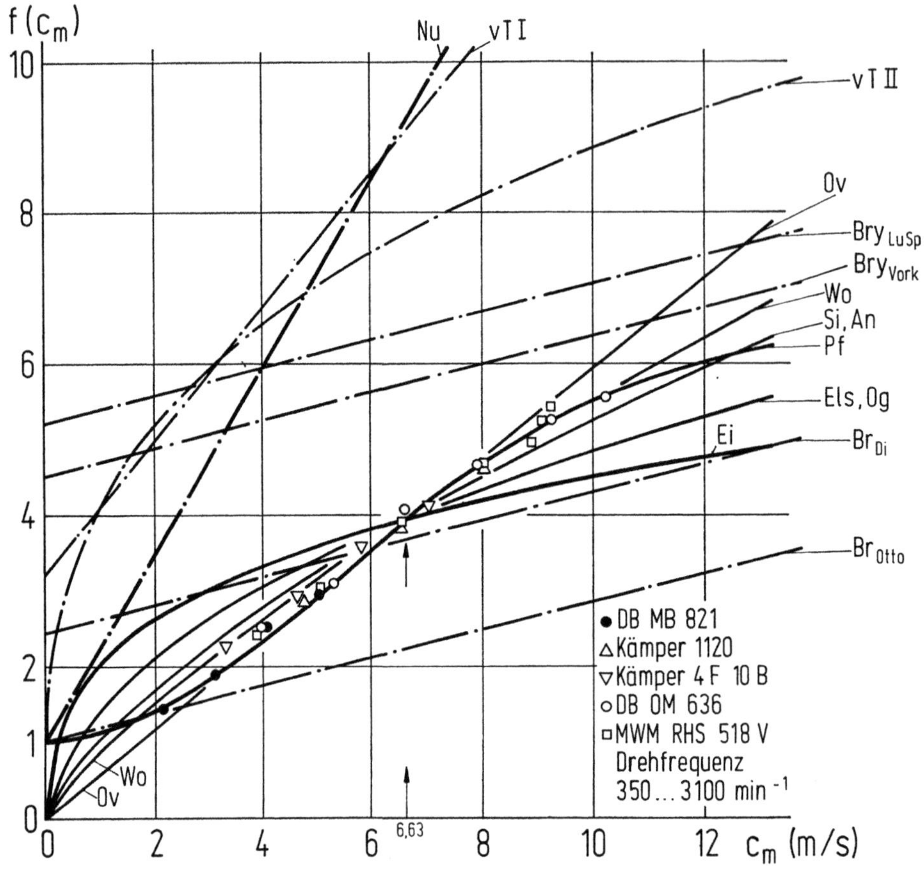

Abb. 2.3/1. Die Geschwindigkeitsfunktionen $f(c_m)$ in den verschiedenen Wärmeübergangsgleichungen in Abhängigkeit von der mittleren Kolbengeschwindigkeit c_m

—·—·— in Verbindung mit der p,T-Funktion in der α-Gleichung von Nußelt, Gl. (2.1)

Nu:	$f(c_m) = 1 + 1{,}24 c_m$	nach Nußelt in Gl. (2.1) für Dieselmotoren
Br_{Otto}:	$f(c_m) = 1 + 0{,}185 c_m$	nach Briling in Gl. (2.2a) für Ottomotoren
Br_{Di}:	$f(c_m) = 2{,}45 + 0{,}185 c_m$	nach Briling in Gl. (2.2b) für Dieselmotor mit Lufteinblasung
Bry_{Vork}:	$f(c_m) = 4{,}5 + 0{,}185 c_m$	nach Brysgow in Gl. (2.3a) für Dieselmotor mit Vorkammer
Bry_{LuSp}:	$f(c_m) = 5{,}2 + 0{,}185 c_m$	nach Brysgow in Gl. (2.3b) für Dieselmotor mit Luftspeicher
vTI:	$f(c_m) = 3{,}19 + 0{,}885 c_m$	nach van Tyen in Gl. (2.4) für Dieselmotor mit unm. Strahleinspritzung
vTII:	$f(c_m) = 4{,}1 \sqrt{c_m}$	nach van Tyen in Gl. (2.5) für Dieselmotoren mit unm. Strahleinspritzung

———— in Verbindung mit der p,T-Funktion in der α-Gleichung von Eichelberg, Gl. (2.6)

Ei:	$f(c_m) = 2{,}1 \sqrt[3]{c_m}$	nach Eichelberg in Gl. (2.6) für Dieselmotoren mit Lufteinblasung u. unm. Strahleinspritzung
Pf:	$f(c_m) = 6{,}9 - 5{,}9 \cdot 4{,}5^{-(0{,}098 c_m)^{1{,}8}}$	nach Pflaum in Gl. (6.7a, Cimac-Form) für Dieselmotoren mit verschiedenen Verbrennungsverfahren

– ——— in Verbindung mit α-Gleichungen nach der Ähnlichkeitstheorie

Els:	$f(c_m) = K \sqrt{c_m}$	nach Elser in Gl. (2.8b) für Dieselmotor mit unm. Strahleinspritzung
Og:	$f(c_m) = K \sqrt{c_m}$	nach Oguri in Gl. (2.9) für Ottomotor mit Vergaser
Ov:	$f(c_m) = K c_m$	nach Overbye in Gl. (2.10) für Ottomotor mit Vergaser
Si:	$f(c_m) = K c_m^{0,7}$	nach Sitkei in Gl. (2.12) für Otto- und Dieselmotoren
An:	$f(c_m) = K c_m^{0,7}$	nach Annand in Gl. (2.14b) für alle Motorenarten
Wo:	$f(c_m) = K c_m^{0,8}$	nach Woschni in Gl. (2.15) für Dieselmotoren mit verschiedenen Beiwerten je nach Verbrennungsverfahren

Während die bisher behandelten c_m-Funktionen, bis auf die erläuterte Ausnahme bei vTII, lineare sind, sind die beiden folgenden Arten — mit p,T-Funktionen nach Eichelberg oder Ähnlichkeitstheorie — Potenzfunktionen, die auch die Verhältnisse bei höheren Kolbengeschwindigkeiten zutreffender wiedergeben. Dies hat Eichelberg mit seiner $f(c_m)_{Ei} = 2{,}1 \sqrt[3]{c_m}$ als erster und in Erweiterung der für höhere mittlere Kolbengeschwindigkeiten unbrauchbaren und auch nicht gedachten Nußelt-Funktion getan. Er hat jedoch seine Funktion mit ihrem Beiwert in seiner Veröffentlichung [43] nicht weiter begründet. Durch die in der neueren Zeit von Pflaum auf Grund ausreichender motorischer Versuche ermittelten Potenzfunktion, siehe $f_2(c_m)$ in Gl. (2.7a/b), wird zwar der Zahlenbereich um die $f(c_m)_{Ei}$ bei mittleren Kolbengeschwindigkeiten bestätigt, aber der Charakter ist in zweierlei Hinsicht verschieden: Erstens wird der Zahlenwert für $c_m = 0$ nicht null sondern eins und zweitens besitzt sie einen Wendepunkt, wodurch die Kurve im mittleren Bereich steiler wird und die von Eichelberg bei $c_m = 6{,}63$ m/s schneidet.

Es hat einen weiteren Sinn, die c_m-Funktion für $c_m = 0$ nicht null werden zu lassen, weil auch beim Stillstand des Kolbenmotors Zündung wie in einer Bombe möglich ist und dabei entsprechende Drücke, Temperaturen und innere Gasbewegungen auftreten, die einen Wärmeübergang verursachen. Natürlich gelten für diesen Grenzfall andere Gesetzmäßigkeiten für den Wärmeübergang genauso, wie es z. B. bei der erzwungenen Strömung der Fall ist, wenn die Strömung allmählich zum Stillstand kommt. In der Ähnlichkeitstheorie drückt sich das darin aus, daß sich bekanntlich die Gesetzmäßigkeit der Reynolds-Zahl Re zunächst beim Übergang vom turbulenten in den laminaren Strömungszustand unstetig ändert und bei nicht erzwungener Strömung ganz durch die Grashof-Zahl Gr infolge des reinen thermischen Auftriebes ersetzt wird. Es dürfen also die anderen Faktoren in einer α-Gleichung für $c_m = 0$ nicht unterdrückt werden, und zwar unabhängig davon, wie sie sich selbst ändern müßten. Diese Bedingung wird nur erfüllt, wenn für den geschilderten Grenzfall die

$$f(c_m)\big|_{c_m=0} = 1$$

wird.

Aus solchen Überlegungen heraus wird auch Nußelt seine c_m-Funktion an der unteren Grenze entsprechend aufgebaut haben, während er, wie bereits dargelegt, die obere Geschwindigkeitsgrenze sehr beschränkt hat. Die mit der Ähnlichkeitstheorie entwickelten Potenzfunktionen für den Wärmeübergang in der Verbrennungskraftmaschine setzen für die einbezogene Reynolds-Zahl Re einen ausgebildeten der Rohrströmung entsprechenden turbulenten Strömungszustand voraus. Es ist aber bei einer Kolbenmaschine unmöglich, den wahren Strömungszustand in allen Teilen des Arbeitsraumes während eines Arbeitsspiels anzugeben. Der Ausweg hierfür als Vergleichsgröße die mittlere Kolbengeschwindigkeit anzusetzen, hat sich zwar als sehr hilfreich erwiesen, birgt aber zugleich darstellerische Grenzen in sich. So ist es natürlich, daß die verschiedenen Potenzfunktionen für das Geschwindigkeitsglied in den α-Gleichungen nur für einen bestimmten Bereich der mittleren Kolbengeschwindigkeit gültig sein können. Deshalb und aus einem anderen anschließend zu erläuternden Grund ist es zweckmäßig, den weiteren Vergleich der c_m-Funktion aus der Gruppe der α-Gleichungen nach der Ähnlichkeitstheorie dadurch übersichtlicher durchzuführen, daß diese Funktionen durch einen Schnittpunkt der Funktionen von Eichelberg und Pflaum bei $c_m = 6{,}63$ m/s gelegt werden.

Der andere Grund für diese Art des weiteren Vergleichs liegt darin, daß die bisher behandelten c_m-Funktionen in Verbindung mit den p,T-Funktionen von Nußelt oder Eichelberg eindeutige Zahlenwerte durch ihre Beiwerte beim c_m-Glied liefern. Bei den c_m-Funktionen der Ähnlichkeitstheorie gibt es diesen Zusammenhang — bis auf die Ausnahme bei der α-Gleichung von Woschni — nicht. Denn diese α-Gleichungen haben zwar feste Beiwerte, die mehr oder weniger auf die Motorenarten abgestimmt sind, aber es ist nicht gesagt, welcher Beiwert oder welcher Anteil davon der c_m-Funktion zuzurechnen sei. Deshalb muß man sich nur auf den kennzeichnenden Kurvenverlauf beschränken, der in diesem Fall durch den Exponenten für den c_m-Faktor bestimmt wird.

Der gewählte Schnittpunkt ist noch weiter durch eine Tatsache berechtigt, die Woschni liefert. Er trägt die c_m-Funktion von Pflaum* logarithmisch auf und beschreibt den mittleren Kurventeil durch eine Gerade entsprechend

$$f(c_m) = K c_m^{0,786},$$

wie Abb. 2.3/2 zeigt. Diese Gerade im logarithmischen Diagramm schneidet bei etwas über $c_m = 6$ m/s den Kurvenzug von Pflaum und trifft damit auch den Schnittpunkt der beiden Kurvenzüge Eichelberg und Pflaum bei $c_m = 6{,}63$ m/s, der schon in Abb. 2.3/1 festgestellt worden ist. Diese Gerade kann als Potenzfunktion den Kurvenzug von Pflaum im Bereich von 2···10 m/s ersetzen; sie entspricht mit ihrem Exponenten 0,786 genau dem, der von Nußelt [18] durch dessen Rohrversuch auch für den Geschwindigkeitseinfluß ermittelt worden ist. Diese Gegenüberstellung ist eine gegenseitige Bestätigung für den vielleicht zutreffendsten Exponenten in einer c_m-Funktion für den Kolbenmotor.

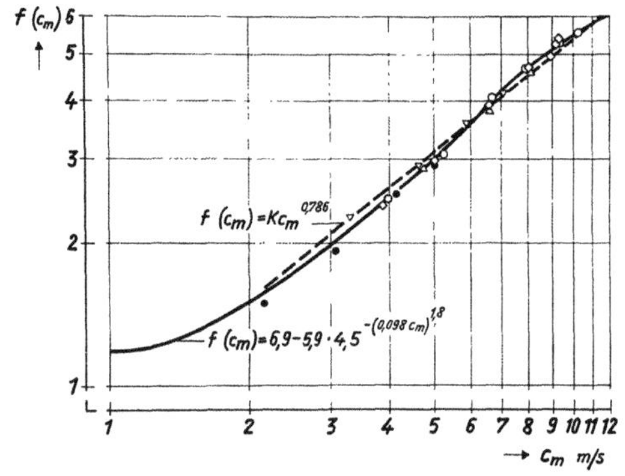

Abb. 2.3/2. Die Geschwindigkeitsfunktion $f(c_m)$ von Pflaum nach Gl. (6.7a, Cimac-Form) und ihre Annäherung im mittleren Geschwindigkeitsbereich durch eine einfache Potenzfunktion nach Woschni [55] a. a. O. Abb. 3

In den α-Gleichungen nach der Ähnlichkeitstheorie schwankt der Exponent zwischen 0,5 und 1. Die einzelnen Werte sind der Legende zu Abb. 2.3/1 zu entnehmen. Woschni hat später in [56, 57] den Exponenten auf 0,8 aufgerundet (vgl. Abschn. 6.1.2, Nr. II, 6).

Die Mehrzahl der neueren Arbeiten nimmt für den Exponenten 0,7 und 0,8, d. h. sie fügen sich dem Mittelteil der c_m-Funktion von Pflaum an und sollten sich auf den genannten Betriebsbereich zwischen 2 und 10 m/s beschränken. Die in Abb. 2.3/1 eingezeichneten und durch den Schnittpunkt der Kurvenzüge von Eichelberg und Pflaum gelegten Kurven mit den verschiedenen Exponenten bleiben im Feld der beiden von Eichelberg und Pflaum beschriebenen Bereiche. Denn die c_m-Funktion von Eichelberg hat den kleinsten Exponenten mit rd. 0,333.

Man muß somit feststellen, daß der von verschiedenen Seiten her ermittelte Anstieg der c_m-Funktion zwischen 0,7 und 0,8 im gewöhnlichen Betriebsbereich gesichert ist. Ihre zahlenmäßige Höhenlage ist je nach den verschiedenen α-Gleichungen für die einzelnen Motorenarten fallweise zu wählen, was in Verbindung mit den anderen Einflüssen, und zwar in der Hauptsache mit der p,T-Funktion zu entscheiden ist.

2.4 Einfluß von Druck und Temperatur des Arbeitsgases

Um den Wärmeübergang in der Kolben-Verbrennungskraftmaschine zu ergründen, führte *Nußelt* schon vor Beginn des 1. Weltkrieges Versuche an Explosionsgefäßen (sog. Bomben) durch, deren Ergebnisse er 1923 mit [31] veröffentlichte. Durch Vergleiche mit

---

* Da Woschni noch die Cimac-Form von Pflaum heranzieht, ist hier der gesamte Vergleich auf diese c_m-Funktion abgestellt, die sich zahlenmäßig gegenüber der endgültigen Mailand-Form nur geringfügig in dem betreffenden Bereich verschiebt (vgl. Abschn. 6.1.1, Nr. I, 6).

Versuchsergebnissen unmittelbar von Verbrennungskraftmaschinen nach [31, 32] gewann und überprüfte er auch eine Beziehung zur Kolbenbewegung, die bereits im voraufgehenden Abschnitt behandelt worden ist. Unter Hinweis auf das bereits bei der Wiedergabe seiner Gleichung Gl. (2.1) in Abschn. 2.1.1 Gesagte, braucht hier nur hervorgehoben zu werden, daß er für den Einfluß von Druck und Temperatur den Ausdruck fand

$$f(p, T)_{\mathrm{Nu}} = \text{konst}\,\sqrt[3]{p^2 T}\,.$$

Für den inneren Gehalt dieses Ausdrucks muß folgendes festgestellt werden: Nußelt erhielt trotz möglichst genauer Versuchsdurchführung keinen eindeutigen Einfluß des Bombendurchmessers auf den Wärmeübergang. Dabei unterschieden sich die beiden verwendeten Bomben im Durchmesser mit 600 und 200 mm um das 3fache und dementsprechend im Volumen um das 27fache! Das bedeutete zunächst für die Verbrennungskraftmaschine keinen Einfluß der Abmessungen des Arbeitszylinders. Dementsprechend ist auch in der α-Gleichung von Nußelt kein Glied mit dem Durchmesser enthalten.

Ferner stellte Nußelt fest, daß bereits während der Verbrennung ein erheblicher Wärmeverlust entstand, der sich nur zum geringen Teil durch Strahlung und reine Leitung erklären ließ. Er kam zu dem Schluß, daß in dem an sich ruhenden Gasgemisch während der Verbrennung sehr heftige Gasbewegungen durch Auftriebskräfte entstehen müßten und Gasschwingungen auftraten, die den Wärmeübergang sehr beschleunigen. Mithin enthält seine p,T-Funktion auch den Einfluß von inneren Gasbewegungen unbekannten Ausmaßes, die sogar den Anteil von Strahlung und reiner Leitung überschreiten. Außerdem nehmen die p,T- und c_m-Funktionen seiner ganzen Gleichung auch jene durch Strahlung übertragene Wärme auf, soweit sie nicht durch das besondere Strahlungsglied richtig ermittelt werden, weil seine Gleichung experimentell gesichert ist. Obwohl die p,T-Funktionen nach der Ähnlichkeitstheorie anders geartet sind, bleibt die p,T-Funktion von Nußelt bemerkenswert und behält ihren nicht nur historischen Wert.

Die p,T-Funktion von Nußelt wurde von *Briling*, *Brysgow* und *van Tyen* übernommen und alle etwaigen zusätzlichen Einflüsse, z. B. vom Verbrennungsverfahren her, nach ihren Versuchen und Berechnungen in deren c_m-Funktion einbezogen (s. in Abschn. 2.1.1 die Unterabschnitte Nr. I, 2, 3 und 4).

Eichelberg hat gegenüber Nußelt eine eigenständige α-Gleichung entwickelt und nicht nur die c_m-Funktion sondern auch die p,T-Funktion in ihrer Art geändert, s. Gl. (2.6). Durch die Funktion

$$f(p, T)_{\mathrm{Ei}} = \sqrt{pT}$$

wird gegenüber Nußelt der Einfluß vom Druck vermindert und von der Temperatur erhöht. Dazu hat ihn die rasche Entwicklung im Motorenbau in den Jahren 1923···1937 in Richtung Großmotor und höhere Leistungsfähigkeit durch eigene und anderweitige Versuche veranlaßt. Außerdem besitzt seine Gleichung im Gegensatz zu der von Nußelt kein eigenes Strahlungsglied, d. h. die Strahlungswärme ist in seine p,T-Funktion durch den höheren T-Exponenten *und* in den Zahlenfaktor 2,1 bei der c_m-Funktion mit einbezogen (s. Gl. (6.6)).

Im Zuge der weiter gesteigerten Aufladung der Dieselmotoren, die zwar nicht zu höheren Arbeitstemperaturen, wohl aber zu wesentlich stärkeren Drücken im Arbeitszylinder führt, zeigte sich, daß der Druckeinfluß zu schwach berücksichtigt war. Die gemeinsamen Versuche von Eichelberg und Pflaum am ersten hochaufgeladenen Dieselmotor bei der M. A. N., Werk Augsburg, im Jahre 1951 [61] erwiesen dies.

Daraufhin unternahm *Pflaum* zweckentsprechende Versuche, die in Gl. (2.7 a/b) ihren Niederschlag fanden. Da die für unaufgeladene Maschinen bewährte p,T-Funktion von Eichelberg beibehalten wurde, mußte die besondere Wirkung der Aufladung auch in einer zusätzlichen Druckfunktion sichtbar werden. Deshalb besteht die p,T-Funktion einschließlich dem Ladedruck p_L aus zwei Teilen in der Form

$$f(p, T)_{\mathrm{Pf}} = f(p, T)_{\mathrm{Ei}} \cdot f(p_L)_{\mathrm{Pf}}\,.$$

In der bei Gl. (2.7a/b) benutzten Schreibweise und dem von Pflaum gefundenen Unterschied des Wärmeübergangs für Zylinderdeckel und Kolbenboden (Index D und K) einerseits und Zylinderlaufbuchse (Index B) andererseits lauten diese Gleichungsteile für

a) Deckel- und Kolbenboden

$$f(p, T)_{\mathrm{Pf}-D,K} = (p^{0,5} T^{0,5}) \cdot 2{,}71 p_L^{0,25},$$

b) Zylinderlaufbuchse

$$f(p, T)_{\mathrm{Pf}-B} = (p^{0,5} T^{0,5}) \cdot 0{,}95 p_L^{0,66}.$$

Dabei ist folgendes zu beachten:

1. Durch das p_L-Glied wird nicht nur der unmittelbare Einfluß des Ladedrucks p_L gekennzeichnet, sondern durch den zugehörigen Zahlenfaktor werden gleichzeitig alle zusätzlichen Einflüsse einbezogen, die durch Strahlung, Verbrennungsverfahren, Temperaturmessungen und Betriebsverhältnisse auftreten, sofern sie durch die anderen Gleichungsteile nicht vollständig erfaßt werden. Denn die Gleichung stützt sich auf die Wärmebilanz und hat ihr zu entsprechen.

2. Der erstmalig herausgehobene Unterschied zwischen dem Wärmeübergang bei den verschiedenen Wandteilen des Arbeitszylinders einer Verbrennungskraftmaschine stützt sich ebenfalls auf die entsprechend unterteilte Wärmebilanz. Der festgestellte Unterschied für einen unaufgeladenen Motor mit $p_L = 1$ bar im Verhältnis

$$2{,}71 : 0{,}95 = 2{,}85 : 1 \approx 3 : 1$$

und einen hochaufgeladenen mit $p_L = 3$ bar

im Verhältnis

$$3{,}57 : 1{,}96 = 1{,}82 : 1 \approx 2 : 1$$

hängt natürlich von der Versuchsgenauigkeit und der betreffenden Motorart ab. Aber zweifellos besteht ein Unterschied, der durch die sehr verschiedene Oberflächenbeschaffenheit und die Strahlungseigenschaften dieser Wandteile bedingt wird. Dieser Umstand wird im übernächsten Abschn. 2.6 über den Einfluß der Strahlung noch zu behandeln sein.

3. Die Flächen am Deckel und Kolben bleiben während des Arbeitsspiels gleich groß, während die der Zylinderlaufbuchse — abgesehen von ihrem oberen Rand um den Verbrennungsraum — zwischen Null und einem Größtwert im Zeitmaß der Kolbenbewegung schwankt.

Es ist angebracht, an dieser Stelle die allgemeinen und besonderen Verhältnisse der gasberührten Flächen in einem Motor und die tatsächlichen des Versuchsmotors darzulegen, der für die Entwicklung der Gl. (7a/b) verwendet worden ist. Die gasberührte Fläche setzt sich aus der während des Arbeitsspieles gleich groß bleibenden Fläche A_{st} und der durch die Kolbenbewegung veränderlichen Fläche der Zylinderlaufbuchse A_B zusammen, wobei die letztere Fläche für Auswertung und Anwendung als zeitlich mittlere Fläche A_{Bm} einzusetzen ist. Demnach ist die gesamte vom Arbeitsgas als stationär berührte Zylinderfläche

$$A_{\mathrm{zyl}} = A_{st} + A_{Bm}.$$

Darin sind die gleichbleibenden Flächen erstens die Fläche vom Zylinderdeckelboden A_D — man rechnet die etwaigen Ventilflächen im allgemeinen mit ein, wenn auch bei sehr sorgfältigen Untersuchungen nur der Anteil entsprechend dem Wärmefluß vom Ventilteller zum Deckel mit etwa 90% einzusetzen wäre —, zweitens vom Kolbenboden A_K, drittens vom oberen und nicht vom Kolben bestrichenen Laufbuchsenrand A_{s0} und gegebenenfalls viertens die Wandflächen A_{NR} von Nebenbrennräumen im Zylinderdeckel oder Kolben.

Mit einem Zylinderdurchmesser d und ebene Flächen bei Deckel- und Kolbenboden vorausgesetzt, ist demnach

$$A_{st} = A_D + A_K + A_{s0} + A_{NR}$$

$$= 2\frac{\pi d^2}{4} + \pi d s_0' + A_{NR}.$$

Darin entspricht die Strecke s_0' der Höhe des oberen Randes der Zylinderbuchse, die sich bei ebenem Zylinderdeckel- und Kolbenboden bekanntlich aus dem Hub s und dem Verdichtungsverhältnis ε durch

$$s_0' = s_0 = \frac{s}{\varepsilon - 1}$$

errechnet. Wird ein mehr oder weniger großer Anteil des Verdichtungsvolumens in einen Nebenraum verlagert oder haben Deckel und/oder Kolben gewölbte Böden, dann wird $s_0' < s_0$ und ist fallweise aus den Teilvolumina des Verdichtungsraumes und den konstruktiven Verhältnissen zu ermitteln.

Die zeitlich mittlere Laufbuchsenfläche ist

$$A_{Bm} = \pi d s_m$$

mit

$$s_m = \frac{s}{2}\left(1 + \frac{s}{8 \cdot l}\right).$$

Nun hängt die Fläche A_{st} über s_0 — wenn es sich bei diesem betreffenden Glied auch immer nur um einen kleineren Anteil an A_{st} handelt — vom Verdichtungsverhältnis ε und Hub-Durchmesserverhältnis s/d ab. Die Fläche A_{Bm} wird vom Schubstangenverhältnis l/s beeinflußt. Beide Verhältnisse sind verbrennungstechnisch bzw. betriebstechnisch wichtige Konstruktionswerte. Je nach der Motorart schwanken sie zahlenmäßig in gewissen Grenzen. Hierzu sind im Mittel ohne Extremwerte zu nennen für das

a) Verdichtungsverhältnis $\varepsilon = 6\cdots9$ für Otto-Motor
$\varepsilon = 12\cdots18$ für Diesel-Motor

b) Hub-Durchmesserverhältnis $s/d = 1\cdots2$

und das

c) Schubstangenverhältnis (Schubstangenlänge l) $l/s = 1{,}5\cdots2{,}5$

mit dem sich daraus ergebenden

d) zeitlich mittleren Hubverhältnis $s_m/s = 0{,}542\cdots0{,}525$.

Die Grenzen des zeitlich mittleren Hubverhältnisses s_m/s liegen daher um 3,2% auseinander. Die Mehrzahl der Motoren haben ein $l/s \approx 2{,}0$, woraus sich ein $s_m = 0{,}531$ s errechnet. Bei dem Versuchsmotor ist $s_m = 0{,}527$ s. Für ein Schubstangenverhältnis $l/s = \infty$ wird $s_m = 0{,}5$ s und liegt somit nur mit 5,9% unter dem konstruktiven Mittelwert.

Diese Prozentsätze beziehen sich aber auf die Fläche der Laufbuchse selbst; auf die gesamte innere Zylinderfläche bezogen vermindern sie sich entsprechend. Der Anteil der zeitlich mittleren Laufbuchsenfläche an der gesamten Zylinderfläche ist ohne etwaige Nebenbrennräume nach den oben angegebenen Gleichungen mit $s_0' = s_0$ und $A_{NR} = 0$

$$a_{Bm} = \frac{\pi d s_m}{\frac{\pi d^2}{2} + \pi d s_0 + \pi d s_m}.$$

Im Rahmen der angegebenen konstruktiven Grenzen und der gegenseitigen Abhängigkeiten ergibt dies einen Anteil von $a_{Bm} = 47\cdots62\%$, d. h. die zunächst auf die Laufbuchse allein bezogenen Prozentsätze vermindern sich entsprechend. Bei dem Versuchsmotor mit Vorkammer erhält man unter Einschluß der Wandfläche in der Vorkammer mit $A_{NR} = 79\,\text{cm}^2$ und der Randhöhe der Laufbuchse mit $s_0' = 0{,}62$ cm als Anteil $a_{Bm} = 50{,}5\%$.

Diese geringen Unterschiede hat Nußelt [31], a. a. O., S. 710, 1. Sp.u., bei seinen Nachrechnungen in Kauf genommen, wenn er mit dem einfachen arithmetischen Mittelwert der Flächen zwischen innerem und äußerem Totpunkt rechnete. Dies kann man mit Rücksicht auf den allgemeinen Genauigkeitsgrad der α-Gleichungen in allen den Fällen tun, in denen außer Durchmesser, Hub und vielleicht noch Verdichtungsverhältnis — dieses u. U. geschätzt — des betreffenden Motors die anderen konstruktiven Daten nicht bekannt sind. Selbstverständlich bleibt dabei insbesondere die Frage nach dem Verbrennungsverfahren noch offen; aber auch das trägt gegebenenfalls in *diesem* Zusammenhang nur einige Prozente zum Genauigkeitsgrad bei.

Weitere versuchstechnische Fragen, wozu in diesem Zusammenhang besonders die zeitlich mittlere Temperatur der Zylinderlaufbuchse t_{Bm} gehört, werden im Abschn. 5 über die Versuchs- und Meßtechnik behandelt.

Mit der α-Gleichung von *Elser*, Gl. (2.8b), beginnt die Reihe der Gleichungen, die sich auf die Ähnlichkeitstheorie stützen. Die hieraus entwickelten Kenngrößen, die beim Wärmeübergang eine Rolle spielen, sind im Abschn. 1.2.4 aufgeführt. Elser verwendet die Kenngrößen Nu und Pe* neben einer von ihm entwickelten dimensionslosen Beziehung zwischen einer Entropieänderung Δs und der spezifischen Wärmekapazität c_p, um den Versuchsergebnissen zu entsprechen. Rechnet man die in dem Wurzelausdruck der Elser-Gleichung enthaltenen Stoffgrößen λ, c_p und ϱ ausschließlich auf ihre Druck- und Temperaturabhängigkeit um, so lautet die p,T-Funktion

$$f(p,T)_{\mathrm{El}} = \sqrt{\frac{p^n}{T^m}}\left[1 + 0{,}5\left(\ln\frac{T}{T_a} - \frac{\varkappa - 1}{\varkappa}\ln\frac{p}{p_a}\right)\right].$$

Der Quotient p^n/T^m in der Wurzel folgt hauptsächlich aus der Dichte ϱ des Arbeitsgases durch die Temperaturleitfähigkeit a in der Pe-Zahl, Gl. (1.16.4). Der logarithmische Teil ergibt sich aus dem Quotienten $\Delta s/c_p$. Der Index a bezieht sich dabei auf den Gaszustand im Arbeitsprozeß bei Beginn der Verdichtung.

Während die bisher behandelten α-Gleichungen eine p,T-Funktion mit einem positiven Exponenten beim Druck und der Temperatur besitzen, ergibt hier der Wurzelausdruck mit $\sqrt{p^n/T^m} = p^{0,5n} \cdot T^{-0,5m}$ auf Grund der Ähnlichkeitstheorie bei der Temperatur einen negativen Exponenten. Dagegen steigt der Zahlenwert des logarithmischen Gliedes mit der Temperatur und fällt mit dem Druck. Ob diese Gegenläufigkeit insgesamt zu einem positiven Exponenten führt, hängt von den jeweiligen Exponenten n und m sowie den zusammengehörigen p,T-Werten eines Arbeitsprozesses ab.

Ehe das wechselvolle Zusammenspiel dieser vier Größen anhand eines beispielhaften Arbeitsprozesses in ihrem Endergebnis festgestellt wird, soll, um durchsichtig zu bleiben, zunächst der Verlauf jeweils für den Druck p oder für die Temperatur T mit bestimmten Exponenten n und m ermittelt werden. Dabei ist es zweckmäßig, jeweils Druck und Temperatur im Bereich eines umfassenden Arbeitsprozesses stufenweise zu ändern und für die Exponenten n und m mögliche Grenzwerte einzusetzen. Ferner wird die gesamte p,T-Funktion von Elser vereinfacht beschrieben mit

$$f(p,T)_{\mathrm{El}} = f_1(p,T) \cdot f_2(p,T),$$

* Hierzu ist anzumerken, daß nach der Ähnlichkeitstheorie bei Wärmeübergängen mit erzwungener Strömung Nu = f(Re, Pr) ist, und das Produkt Pe = Re · Pr zum Verlust der Viskosität führt. Will man aber mit der Kenngröße Pe arbeiten, dann kann ersatzweise nur die Funktion Nu = f(Pe, Pr) oder f(Re, Pe) verwendet werden. Läßt sich jedoch in gewissen Druck- und Temperaturbereichen z. B. Pr $\approx$ konst setzen, was für Luft und Verbrennungsgas weitgehend zutrifft, dann kann man für Berechnungen auch *Nu* = f(Pe) nehmen; siehe die Anmerkungen bei Gl. (1.16.4) und (1.27.3).

worin in bezug auf die Stoffgrößen nach Gl. (2.8b) die Funktion

$$f_1(p, T) = \text{konst}\sqrt{\lambda c_p \varrho}$$

ist und nach der Rechenvorschrift von Elser die Stoffwerte für Luft (s. die Erläuterung bei Gln. (8a/b)) einzusetzen sind.

Die Druckabhängigkeit der Stoffgrößen λ und c_p ist nach Abschn. 1.2.4.2a und c im Bereich der fraglichen Arbeitsprozesse nicht zu berücksichtigen, d. h. für sie ist hier der Druckexponent $n = 0$.

Dagegen ist der Temperaturexponent bei der Wärmeleitfähigkeit λ für Luft nach Gl. (1.18) mit $m = 0{,}772$ einzusetzen. Für die spezifische Wärmekapazität c_p können hier die beiden entsprechenden Gleichungen, Gln. (1.24a/b), nicht verwendet werden, weil sie für zwei verschiedene Temperaturbereiche — in einem niedrigen für die Verdichtung und einem höheren für die Verbrennung und Ausdehnung — entwickelt worden sind und ein einfacher Mittelwert nicht ohne weiteres gebildet werden darf. Hier hilft aber Zahlentafel 1.8, aus der sich für verschiedene Temperatur- und Druckbereiche der gesuchte Exponent ermitteln läßt. Wählt man für einen Motor mit mittlerer Aufladung den Temperaturbereich

$$\Delta T = 300 \cdots 2100\ \text{K}$$

und den Druckbereich

$$\Delta p = 1 \cdots 90\ \text{bar},$$

so ergibt sich für Luft aus fünf Stufen ein Mittelwert von $m = 0{,}130$.

Für die Dichte ϱ kann in diesem Zusammenhang die allgemeine Gasgleichung angewendet werden, wonach $\varrho = \text{konst}\,\frac{p}{T}$ ist, d. h. es sind die Exponenten n und $m = 1$.

Mit diesen soeben festgestellten Exponenten wird

$$f_1(p, T) = \text{konst}\sqrt{T_\lambda^{0,772} \cdot T_{c_p}^{0,130} \cdot \left(\frac{p}{T}\right)_\varrho},$$

$$f_1(p, T) = \text{konst}\sqrt{p^{+1} \cdot T^{-0,098}} = \text{konst} \cdot p^{0,5} \cdot T^{-0,049}.$$

Um den Einfluß des Exponenten m bei der Temperatur auf die Funktion f_1 und damit auf die gemeinsame $f_1 \cdot f_2$ in einem denkbar weitem Bereich festzustellen, ist die Zahlentafel 2.4/1a u. b mit den beiden Exponenten $m = -1$ und $-0{,}1$ unter der Wurzel berechnet. Denn während sich hier bei der Elser-Gleichung durch die Temperaturabhängigkeit der drei Stoffgrößen λ, c_p und ϱ unter Einbezug der Wurzel ein gemeinsamer Exponent $m = -0{,}049 \approx -0{,}05$ ergibt, treten in den nachfolgenden α-Gleichungen die Stoffgrößen λ, η und ϱ auf und dazu in einer anderen funktionellen Zusammenstellung. Deshalb ergibt sich dann ein gemeinsamer Temperaturexponent von rd. $m = -0{,}2$ bis $-0{,}5$. Ferner tritt der Druckexponent in allen behandelten Gleichungen stets positiv mit $n = 0{,}5 \cdots 0{,}8$ auf, so daß es für den hier angestellten Vergleich unwichtig bleibt, mit welchem Wert gerechnet wird. Es genügt daher, den von Elser einschließlich der Wurzel ermittelten Druckexponenten unverändert mit $n = 0{,}5$ zu belassen. Immerhin ist es bemerkenswert und daher festzuhalten, daß bei den rein experimentellen α-Gleichungen der Nußeltart der Druckexponent zwischen 0,5 und 0,66 schwankt und Elser mit seinen Ähnlichkeitsbetrachtungen auch zu dem kleinsten Wert gelangt, während die anderen α-Gleichungen nach der Ähnlichkeitstheorie einen höheren Druckexponenten zwischen 0,7 und 0,8 aufweisen. Dazu darf bemerkt werden, daß die α-Gleichung von Pflaum wegen der vorher behandelten zusätzlichen Funktion für den Ladedruck insgesamt ebenfalls in den Bereich der höheren Druckexponenten gelangt.

Zahlentafel 2.4/1. *Verlauf der gesamten p,T-Funktion in der α-Gleichung von Elser*, Gl. (2.8b)

a) mit dem Druck bei konstanter Temperatur

p	$f_1\left(\sqrt{\frac{p^n}{T^m}}\right)^*$ $n = 1$	$f_2\left(1 - 0{,}5\frac{\varkappa - 1}{\varkappa}\ln\frac{p}{p_a}\right)^{**}$ $\varkappa = 1{,}39$***	$\varkappa = 1{,}33$***	$(f_1 \cdot f_2)_p$ $\varkappa = 1{,}39$	$\varkappa = 1{,}33$	Exp. n' in $p^{n'} = (f_1 \cdot f_2)_p$ $\varkappa = 1{,}39$	$\varkappa = 1{,}33$
1	1	1	1	1	1	(0,5)	(0,5)
1,5	1,225	0,943	0,950	1,155	1,164	0,356	0,374
2	1,414	0,903	0,914	1,277	1,293	0,353	0,370
20	4,472	0,580	0,628	2,596	2,803	0,318	0,344
40	6,3245	0,483	0,542 6	3,058	3,432	0,303	0,334
60	7,746	0,427	0,492	3,306	3,813	0,292	0,327
80	8,944	0,386	0,457	3,457	4,084	0,283	0,321
100	10	0,3553	0,429	3,553	4,289	0,275	0,316
120	10,954	0,330	0,406	3,612	4,451	0,268	0,312
140	11,832	0,308	0,387	3,646	4,582	0,262	0,308

* T = konst = 1 ** p_a = konst = 1 *** $\varkappa = 1{,}39$ für Luft bei 200°C; $\frac{\varkappa - 1}{\varkappa} = 0{,}280$

$\varkappa = 1{,}33$ für Luft bei 800 °C; $\frac{\varkappa - 1}{\varkappa} = 0{,}248$

b) mit der Temperatur bei konstantem Druck

T	$f_1\left(\sqrt{\frac{p^n}{T^m}}\right)^*$ $m = 1$	$m = 0{,}1$	$f_2\left(1 + 0{,}5\, x \ln\frac{T}{T_a}\right)^{**}$	$(f_1 \cdot f_2)_T$ $m = 1$	$m = 0{,}1$	Exp. m' in $T^{m'} = (f_1 \cdot f_2)_T$ $m = 1$	$m = 0{,}1$
1	1	1	1	1	1	(−0,5)	(−0,05)
2	0,707	0,966	1,346	0,951	1,300	−0,072	0,379
3	0,577	0,947	1,549	0,894	1,467	−0,101	0,349
4	0,5	0,930	1,693	0,846	1,574	−0,121	0,327
5	0,447	0,923	1,805	0,807	1,666	−0,133	0,317
6	0,408	0,914	1,896	0,774	1,733	−0,143	0,307
7	0,378	0,907	1,973	0,746	1,789	−0,151	0,299
8	0,354	0,901	2,039	0,722	1,837	−0,157	0,292
10	0,316	0,891	2,151	0,679	1,916	−0,168	0,282
12	0,289	0,883	2,242	0,648	1,980	−0,175	0,274
14	0,267	0,876	2,320	0,619	2,032	−0,182	0,269
16	0,25	0,871	2,386	0,597	2,078	−0,186	0,264

* p = konst = 1 ** T_a = konst = 1

Nachdem die entscheidenden Punkte bei der Berechnung der Zahlentafel 2.4/1 behandelt worden sind, ist noch hinzuzufügen, daß die Druck- und Temperaturwerte jeweils als Vielfaches (Stufen) zu den konstanten Ausgangswerten p_a und T_a genommen sind. Ferner wird in der Form der Teilfunktion f_1 der Exponent n' bzw. m' einer gemeinsamen Funktion $(f_1 \cdot f_2)$ ermittelt, um den Vergleich mit den anderen α-Gleichungen zu erleichtern. Diese haben nämlich im allgemeinen nur *eine* p,T-Funktion.

Mit der Zahlentafel 2.4/1a wird der unmittelbare Einfluß des Druckes nachgewiesen. Wegen des Zahlenwertes des Isentropen-Exponenten in der logarithmischen Teilfunktion f_2 sei erläutert, daß beide verwendeten Zahlenwerte sich, wie angegeben, auf die mittlere Temperatur einer Verdichtung allein oder den gesamten Arbeitsprozeß beziehen sollen. Man erkennt, daß mit zunehmender Drucksteigerung bei gleichbleibender Temperatur die Gegenwirkung des logarithmischen Funktionsteiles abnimmt. Es ergibt sich z. B. bei einer 100fachen Drucksteigerung für die Teilfunktion f_1 das 10fache und für die Teilfunktion f_2 das 0,355- bzw. 0,429fache, d. h. die Gesamtfunktion $(f_1 \cdot f_2)_p$ ist nur auf das

3,55- bzw. 4,29fache gestiegen. Für die gemeinsame Potenzfunktion wird bei dieser Drucksteigerung der Exponent von $n' = 0{,}5$ auf 0,275 bzw. 0,316 abgeschwächt. Zugleich erkennt man, daß der Einfluß des Isentropen-Exponenten $\varkappa$ erheblich ist. Denn seine Senkung um 5% steigert hierbei den Exponenten n' um 15%. Man muß also den $\varkappa$-Wert möglichst genau einsetzen.

Wegen der gewählten Zahlenwerte von p muß man sich vergegenwärtigen, daß im praktischen Arbeitsprozeß *ohne* Aufladung der Anfangsdruck $p_a \approx 1$ bar ist und der höchste Verbrennungsdruck im allgemeinen $p_z = 80$ bar nicht überschreitet. Die entsprechende Drucksteigerung mit $p = 80$ ergibt für die gemeinsame Potenzfunktion einen Exponenten von $n' = 0{,}283$ bzw. 0,321. Bei hochaufgeladenen Maschinen mit $p_a \approx 3$ bar und einem höchsten Verbrennungsdruck $p_z = 120$ bar beträgt die Drucksteigerung $p = 40$ und der Exponent der gemeinsamen Potenzfunktion schwächt sich nur auf 0,303 bzw. 0,334 ab.

Die Gegenläufigkeit der beiden Teilfunktionen ist bei der Temperatur gegenüber dem Druck ins Gegenteil umgeschlagen. Wie der Aufbau der Teilfunktionen f_1 und f_2 leicht erkennen läßt, sinkt mit zunehmender Temperatur der Zahlenwert der Teilfunktion f_1 und steigt bei der Teilfunktion f_2. Nun liegen im allgemeinen die höchsten im praktischen Arbeitsprozeß auftretenden Temperaturen bei 2100 K und die niedrigsten bei 300 K, d. h. sie unterscheiden sich um das 7fache. Die mittlere Arbeitstemperatur liegt etwa bei 900 bis 1000 K, d. h. die durchschnittliche Temperatursteigerung ist rd. das 3fache. Die Zahlentafel 2.4/1b zeigt, daß bei 3facher Temperatursteigerung durch das logarithmische Glied bei der gemeinsamen Funktion $(f_1 \cdot f_2)_T$ ein Ausgleich bis zu rd. 90% bzw. eine Steigerung um das 1,47fache für die beiden Temperaturexponenten $m = 1$ bzw. 0,1 erreicht wird. Bei 7facher Temperatursteigerung werden noch 75% bzw. sogar das 1,79fache erzielt. Der ursprüngliche mit der Wurzel errechnete negative T-Exponent von $m = -0{,}5$ ist dabei für die gesamte Potenzfunktion bei 3facher Temperatursteigerung nur noch bis auf $m' = -0{,}101$ gesenkt bzw. bereits bis auf $+0{,}349$ gestiegen; bei 7facher Temperatursteigerung lauten die Werte $-0{,}151$ bzw. $+0{,}299$.

Durch die logarithmische Funktion ist somit die negative Temperaturabhängigkeit nicht nur wesentlich schwächer, sondern bei dem für die α-Gleichung von Elser insgesamt in der Wurzel zutreffenden runden Wert von $m = -0{,}1$ im ganzen Temperaturbereich positiv geworden. Dieser Umstand ist deswegen besonders bemerkenswert, weil sich aus der Ähnlichkeitstheorie für den Wärmeübergang bei Rohrströmung ein wesentlich höherer negativer Temperaturexponent ergibt. Diese Wandlung durch die besonderen Verhältnisse bei einer Verbrennungskraftmaschine wird weiterhin bei den nachfolgenden α-Gleichungen zu beachten sein.

Während vorstehend der Einfluß vom Druck p und der Temperatur T in der α-Gleichung von Elser der Klarheit wegen getrennt voneinander behandelt wurde, soll noch ergänzend und den praktischen Verhältnissen entsprechend, wie bereits bemerkt, das zusammengehörige Wertepaar p und T aus einem motorischen Arbeitsprozeß zum weiteren Vergleich herangezogen werden. Für einen Arbeits(Vergleichs)prozeß [11], Teil II, mit mittleren Betriebsbedingungen sind in Zahlentafel 2.4/2 die zusammengehörigen p- und T-Werte eingetragen. Die weiter oben angeschriebene gesamte Funktion $f(p, T)_{\mathrm{El}}$ liefert zugleich mit ihren Teilfunktionen f_1 und f_2 die in Abb. 2.4/1 in Abhängigkeit vom Kurbelwinkel φ eingetragenen Werte für Verdichtung, Verbrennung und Ausdehnung*. Jetzt ist sichtbar, wie stark die logarithmische p,T-Funktion f_2 am Ende der Verdichtung, besonders aber während der Verbrennung und Ausdehnung gegenüber der einfachen p,T-Funktion f_1 ansteigt. Dementsprechend liefert das Produkt $f_1 \cdot f_2$ einen Verlauf, der den ins Positive übergehenden Temperaturexponenten m' nach der eingehend besprochenen Zahlentafel 2.4/1 beinhaltet und zu dem erhöhten Anstieg im Verbrennungsabschnitt

---

* Die scharfen Übergänge bei den einzelnen Abschnitten des Arbeitsprozesses sind bedingt durch den zugrunde gelegten Vergleichsprozeß, vgl. [11], Teil II, a. a. O., Abb. 1 u. 2.

Zahlentafel 2.4/2. *Zusammengehörige p- und T-Werte des Arbeits(Vergleichs)prozesses eines Dieselmotors bei Vollast für Verdichtung, Verbrennung und Ausdehnung*

Betriebszustand: Luftverhältnis $\lambda^* = 1{,}5$, *Verdichtungsverhältnis* $\varepsilon = 12$, *Anfangsdruck* $p_a = 1$ bar, *Anfangstemperatur* $T_a = 323$ K, *Verbrennungshöchstdruck* $p_z = 80$ bar

$\varphi^{\circ KW}$	UT 180	200	220	240	260	270	280	290
p^{bar}	1,0	1,0	1,1	1,3	1,7	2,0	2,5	3,2
T^K	323,1	325,9	334,6	350,7	377,2	395,9	419,2	448,6
$\varphi^{\circ KW}$	300	310	320	330	340	350	OT 360	OT 360
p^{bar}	4,2	5,9	8,5	12,9	19,5	27,4	31,4	76,5
T^K	485,5	531,8	589,6	659,5	737,3	806,4	835,8	1975,2
$\varphi^{\circ KW}$	369,26	374,03	380	390	400	410	420	430
p^{bar}	80	80	65,4	44,6	30,6	21,7	16	12,4
T^K	2232,3	2445,6	2352,1	2181,2	2028,8	1882,7	1767,8	1673,4
$\varphi^{\circ KW}$	440	450	460	470	480	500	520	UT 540
p^{bar}	9,9	8,2	7,0	6,2	5,6	4,8	4,4	4,3
T^K	1596,3	1533,4	1482,2	1440,8	1407,6	1361,1	1335,7	1327,6

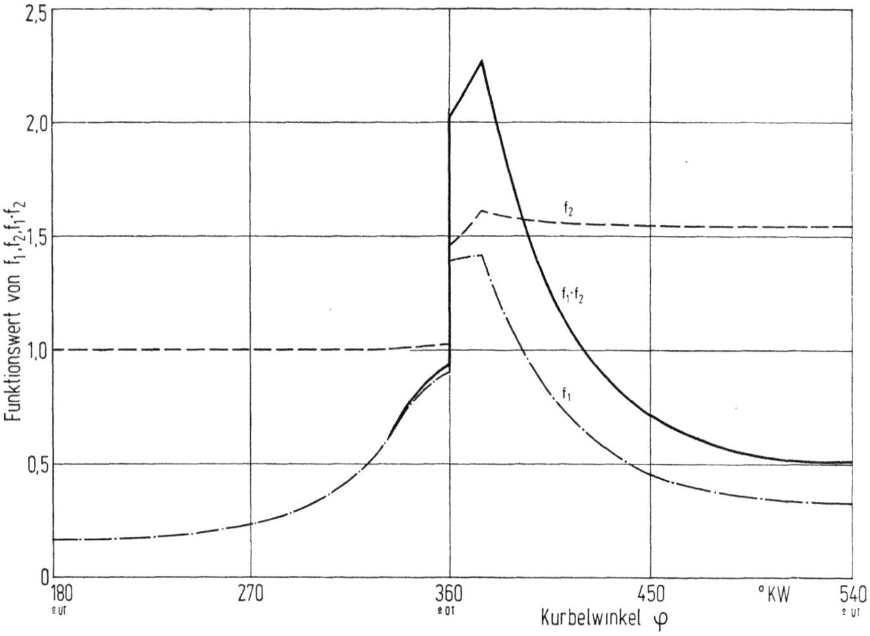

Abb. 2.4/1. Teilfunktionen $f_1(p, T)$, $f_2(\ln p, T)$ und gesamte Funktion $f_1 \cdot f_2$ in der α-Gleichung von Elser für den Arbeits(Vergleichs)prozeß nach Zahlentafel 2.4/2 abhängig vom Kurbelwinkel für Verdichtung und Ausdehnung

führt. Dadurch wird bereits der später noch zahlenmäßig festzustellende Wärmeübergangskoeffizient in einer Kolben-Verbrennungskraftmaschine gekennzeichnet.

Da *Oguri* die Grundform seiner α-Gleichung, Gl. (2.9), von Elser übernommen hat, ergibt sich wiederum eine p,T-Funktion mit zwei gegenläufigen Teilen. Er hat aber der ganzen α-Gleichung gegenüber Elser ein besonderes Merkmal in dreierlei Hinsichten aufgedrückt: Erstens ist die Konstante von 6,5 auf 1,75 vermindert. Zweitens ist eine cos-Funktion hinzugefügt, die bei jedem Hub zwischen den Zahlenwerten 1 und 3 schwankt, und zwar tritt der höhere Wert im Verbrennungsabschnitt auf. Dadurch erhält der feste Zahlenfaktor bei Elser mit 6,5 hier eine Schwankungsbreite zwischen $1{,}75 \cdot 1 = 1{,}75$ und $1{,}75 \cdot 3 = 5{,}25$. Drittens wird die Gegenläufigkeit der beiden p,T-Funktionen durch Fortfall des einen Zahlenfaktors 0,5 bei dem logarithmischen Teil verstärkt. Demnach lautet die gesamte p,T-Funktion in der Schreibweise wie bei Elser

$$f(p,T)_{\mathrm{Og}} = \sqrt{\frac{p^n}{T^m}} \left(1 + \ln \frac{T}{T_a} - \frac{\varkappa - 1}{\varkappa} \ln \frac{p}{p_a}\right)$$

oder wiederum in allgemeiner Form

$$f(p,T)_{\mathrm{Og}} = f_1(p,T) \cdot f_2(p,T).$$

Zahlentafel 2.4/3. *Verlauf der gesamten p,T-Funktion in der α-Gleichung von Oguri*, Gl. (2.9)

a) mit dem Druck bei konstanter Temperatur

p	$f_1\left(\sqrt{\frac{p^n}{T^m}}\right)^*$	$f_2\left(1 - \frac{\varkappa-1}{\varkappa} \ln \frac{p}{p_a}\right)^{**}$		$(f_1 \cdot f_2)_p$		Exp. n' in $p^{n'} = (f_1 \cdot f_2)_p$	
	$n = 1$	$\varkappa = 1{,}39^*$	$\varkappa = 1{,}33^{***}$	$\varkappa = 1{,}39$	$\varkappa = 1{,}33$	$\varkappa = 1{,}39$	$\varkappa = 1{,}33$
1	1	1	1	1	1	(0,5)	(0,5)
1,5	1,2247	0,8865	0,8894	1,0857	1,1015	0,203	0,2384
2	1,4142	0,8059	0,8280	1,1397	1,1710	0,1887	0,2277
20	4,4721	0,1612	0,2570	0,7209	1,1493	−0,1092	0,0465
35,5	5,9582	$0{,}0_3 53 \approx 0$	—	≈ 0	—	$-\infty$	—
40	6,3246	−0,03288	0,0852	−0,2079	0,5388		−0,1676
56,4	7,5100	—	$-0{,}0_4 52 \approx 0$	—	≈ 0		$-\infty$
60	7,7459	−0,1464	−0,0154	−1,1340	−0,1193		
80	8,9443	−0,2269	−0,0867	−2,0946	−0,7755		
100	10	−0,28944	−0,14208	−2,8944	−1,4208		
120	10,954	−0,3405	−0,1873	−3,7298	−2,0517		
140	11,832	−0,3837	−0,2255	−4,5399	−2,6681		

* $T = \text{konst} = 1$ ** $p_a = \text{konst} = 1$ *** $\varkappa = 1{,}39$ für Luft bei 200 °C; $\frac{\varkappa - 1}{\varkappa} = 0{,}280$

$\varkappa = 1{,}33$ für Luft bei 800 °C; $\frac{\varkappa - 1}{\varkappa} = 0{,}248$

b) mit der Temperatur bei konstantem Druck

T	$f_1\left(\sqrt{\frac{p^n}{T^m}}\right)^*$		$f_2\left(1 + \ln \frac{T}{T_a}\right)^{**}$	$(f_1 \cdot f_2)_T$		Exp. m' in $T^{m'} = (f_1 \cdot f_2)_T$	
	$m = 1$	$m = 0{,}1$		$m = 1$	$m = 0{,}1$	$m = 1$	$m = 0{,}1$
1	1	1	1	1	1	(−0,5)	(−0,05)
2	0,707	0,966	1,693	1,197	1,635	−0,259	0,710
3	0,577	0,947	2,0986	1,211	1,987	−0,174	0,625
4	0,5	0,930	2,386	1,193	2,219	−0,127	0,575
5	0,447	0,923	2,609	1,166	2,408	−0,095	0,546
6	0,408	0,914	2,792	1,139	2,552	−0,073	0,523
7	0,378	0,907	2,946	1,114	2,672	−0,055	0,505
8	0,354	0,901	3,079	1,090	2,774	−0,041	0,491
10	0,316	0,891	3,303	1,044	2,943	−0,019	0,469
12	0,289	0,883	3,485	1,007	3,077	−0,0028	0,452
14	0,267	0,876	3,639	0,9716	3,188	+0,0109	0,439
16	0,25	0,871	3,773	0,943	3,286	+0,0212	0,429

* $p = \text{konst} = 1$ ** $T_a = \text{konst} = 1$

Inwieweit sich nun ihre Zahlenwerte für gleichgroße p-T-Werte gegenüber den Elser-Funktionen ändern, zeigt Zahlentafel 2.4/3. Da sie wie die entsprechende Zahlentafel 2.4/1 für die Elser-Gleichung aufgebaut ist, braucht sie im allgemeinen nicht weiter erläutert zu werden.

Im einzelnen ist jedoch hervorzuheben: Beim Einfluß des Druckes, Zahlentafel 2.4/3a, zeigt sich bei unveränderten Zahlenwerten der Teilfunktion f_1 die erheblich verstärkte Wirkung der logarithmischen Teilfunktion f_2. Dies ergibt einen verminderten Einfluß des Druckes in der Gesamtfunktion. Deshalb wird der bei Elser noch positiv gebliebene Druckexponent n hier bei Oguri für höhere Drücke ab dem 20- bzw. 40fachen negativ. (Um den Nulldurchgang genauer zu ermitteln, wurde in dem betreffenden Teil der Zahlentafel mit einer Stellenzahl mehr gerechnet.)

Beim Einfluß der Temperatur liegt der Fall umgekehrt. Während bei Elser z. B. der Exponent m' der gemeinsamen Potenzfunktion $f_1 \cdot f_2$ für die beiden Ausgangsexponenten $m = 1$ und 0,1 bei 7facher Temperatursteigerung $-0{,}151$ bzw. $+0{,}299$ erreicht, ergeben sich bei Oguri zum Positiven hin verstärkte Werte von $-0{,}055$ bzw. $+0{,}505$, um zwischen der 12- und 14fachen (genauer 13,3fachen) Temperatursteigerung sogar mit $m = 1$ ins Positive überzugehen. Der bereits bei Elser als besonders bemerkenswert festgestellte Verlauf des Temperaturexponenten zu kleineren negativen Exponenten mit der Temperaturzunahme ist bei der Oguri-Gleichung weiterhin erheblich bis zum ausschließlichen Übergang zu einem nennenswerten positiven Exponenten verstärkt. Dies deutet wiederum darauf hin, daß der aus der Ähnlichkeitstheorie gewonnene ständig vermindernde Einfluß einer Temperaturzunahme auf den Wärmeübergang bei einer Verbrennungskraftmaschine zumindest für den Abschnitt der Verbrennung und Ausdehnung nicht ohne weiteres gültig bleibt. Hier bahnt sich ein Verständnis dafür an, warum die Gleichungen der Nußeltart einen stets positiven Temperaturexponenten aufweisen und dennoch brauchbar waren und teilweise auch noch sind.

Wie im Falle der Elser-Gleichung werden auch hier die Teilfunktionen f_1 und f_2 in Abhängigkeit vom Kurbelwinkel aufgetragen und dabei dieselben zugehörigen p- und T-Werte des Arbeitsprozesses nach Zahlentafel 2.4/2 zugrunde gelegt. Bei der vollständigen α-Gleichung von Oguri kommt noch die cos-Funktion $f_3[2 + \cos(\varphi - 20°)]$ mit dem Kurbelwinkel φ hinzu, Abb. 2.4/2. Der bereits behandelte Unterschied gegenüber der Elser-Gleichung in der logarithmischen Funktion f_2 wirkt sich mit der hinzugefügten cos-

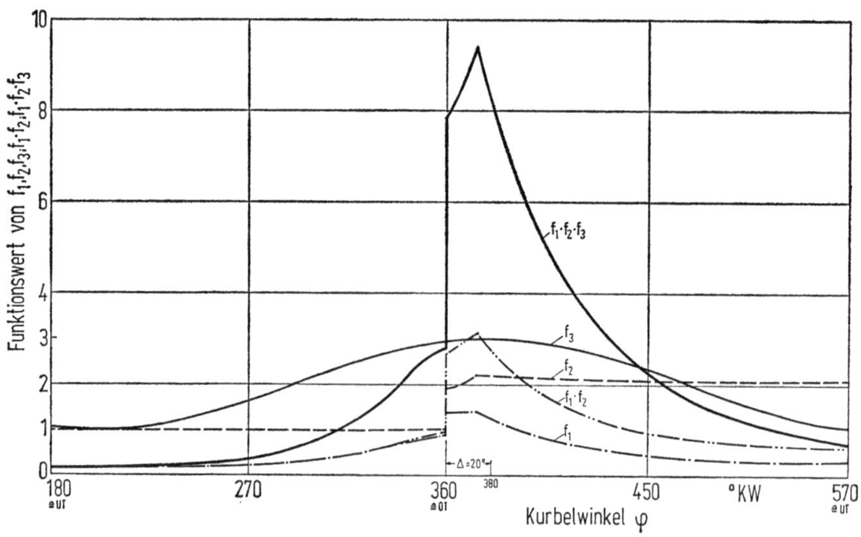

Abb. 2.4/2. Teilfunktionen $f_1(p,T)$, $f_2(\ln p,T)$, $f_3(\cos\varphi)$ und gesamte Funktion $f_1 \cdot f_2 \cdot f_3$ in der α-Gleichung von Oguri für Arbeits(Vergleichs)prozeß nach Zahlentafel 2.4/2 abhängig vom Kurbelwinkel für Verdichtung und Ausdehnung

Funktion f_3 in einem verstärkten Anstieg des Produktes $f_1 \cdot f_2 \cdot f_3$, das dem Verlauf des Wärmeübergangskoeffizienten entspricht, besonders im Verbrennungsabschnitt aus. (Beim Vergleich der Abb. 2.4/1 und 2.4/2 ist auf den für Abb. 2.4/2 fünffach verstärkten Ordinatenmaßstab zu achten!) So steigt allein der Unterschied im Produkt $f_1 \cdot f_2$ bis 35% an und beträgt beim Gesamtprodukt $f_1 \cdot f_2 \cdot f_3$ in einem weiten Bereich $> 200\%$. Der dargelegte Unterschied gegenüber der Elser-Gleichung ist wahrscheinlich und hauptsächlich durch den anderen Versuchsmotor und das Meßverfahren sowie die unterschiedlichen Meßstellen im Kolben und Zylinderdeckel begründet, was noch im Abschn. 2.8 zu behandeln sein wird.

Die Gleichung von *Overbye*, Gl. (2.10), läßt sich zwar nicht nach dem Wärmeübergangskoeffizienten α auflösen, aber sie ermöglicht die Wärmestromdichte q nach Gl. (2.11) zu ermitteln. Da die Stoffwerte für Luft vom Ansaugzustand einzusetzen sind, der für einen bestimmten Betriebszustand als gleichbleibend gilt, schrumpft die vielgliedrige q-Gleichung mit den sich ergebenden Konstanten C_1 und C_2 zusammen auf

$$q_{\mathrm{Ov}} = C_1 p - C_2, \tag{a}$$

worin p der veränderliche Arbeitsdruck ist. Aus der Grundgleichung für die Wärmestromdichte beim Wärmeübergang mit

$$q = \alpha (T - T_w) \tag{1.9}$$

und einer bestimmten mittleren Wandtemperatur

$$T_w \approx C_3$$

folgt für den Wärmeübergangskoeffizienten nach dem Ansatz von Overbye

$$\alpha_{\mathrm{Ov}} = \frac{q_{\mathrm{Ov}}}{T - C_3} = \frac{C_1 p - C_2}{T - C_3}. \tag{b}$$

Dafür kann auch geschrieben werden

$$\alpha = f(p^{n'} \cdot T^{-m'}), \tag{c}$$

worin die Exponenten beim Arbeitsdruck p und der Gastemperatur T von den durch den jeweiligen Betriebszustand des Motors bestimmten Konstanten C_1, C_2 und C_3 abhängen. Man könnte hier ähnlich wie in den vorhergehenden Absätzen bei der gemeinsamen p,T-Funktion $f_1 \cdot f_2$ der α-Gleichungen von Elser und Oguri vorgehen. Wegen der Umständlichkeit und der Tatsache, daß daraus keine grundsätzlich neuen Aufschlüsse gewonnen werden können, wird diese Nachrechnung zurückgestellt.

Die Gleichung von *Sitkei* für den Wärmeübergangskoeffizienten setzt sich aus *drei* additiven Gliedern zusammen, worin das erste zu der Konvektion und die beiden anderen zu der Gas- und Flammenstrahlung gehören. Da die Strahlung in dem übernächsten Abschnitt behandelt wird, ist hier nur das erste Glied mit Gl. (2.12) zu betrachten.

Demnach ist die aus der Ähnlichkeitstheorie mit

$$\mathrm{Nu} = \mathrm{konst}\ \mathrm{Re}^{0,7}$$

entwickelte

$$f(p, T)_{\mathrm{Si}} = \mathrm{konst} \cdot p^{0,7} \cdot T^{-0,2}. \tag{a}$$

Die darin enthaltenen und aus der Nu- und Re-Zahl stammenden Stoffwerte für die Wärmeleitfähigkeit λ und dynamische Viskosität η für „Rauchgase allgemeiner Zusammensetzung" sind bei Gl. (2.12) angegeben. Die hier allgemein maßgebenden Exponenten für die Temperaturabhängigkeit sind mit $m = 1$ für λ und $m = 0,7$ für η eingesetzt. So ergeben sich die in der vorstehenden Gl. (a) enthaltenen und bei der Temperatur aus

$m = -0{,}19$ leicht aufgerundeten Exponenten. Auch soll der negative Temperaturexponent für den gesamten Arbeitsprozeß gleichmäßig gelten.

Für einen besseren Vergleich mit den Exponenten in den anderen α-Gleichungen, insbesondere bei denen, die sich durch Anwendung der Ähnlichkeitstheorie gleichzeitig auf Stoffwerte beziehen, soll auch ermittelt werden, welche T-Exponenten sich ergeben, wenn die verfassereigenen Stoffwert-Gleichungen verwendet werden. Die von Sitkei vorausgesetzten „Rauchgase allgemeiner Zusammensetzung“ dürften allerdings in ihrer Zusammensetzung den Verbrennungsgasen in der Verbrennungskraftmaschine mit geringerem Luftgehalt entsprechen, vor allem dann, wenn Erdölprodukte die Grundlage der Verbrennung sind, was jedoch nicht näher erläutert wird. Die hier entwickelten Gleichungen gelten aber getrennt für Luft und einem stöchiometrischen Verbrennungsgas, zwischen denen bei genauer Berechnung dem Luftgehalt entsprechend interpoliert werden kann. Diese einfachen Potenzgleichungen für λ und η, Gl. (1.18/19) und (1.21/22), haben neben ihren verschiedenen konstanten Beiwerten folgende Temperaturexponenten m:

Für die Wärmeleitfähigkeit λ

bei Luft $m = 0{,}772$,
bei Verbrennungsgas $m = 0{,}837$

und für die eingesetzte Viskosität η

bei Luft $m = 0{,}609$,
bei Verbrennungsgas $m = 0{,}679$.

Damit ergeben sich folgende p,T-Funktionen in Ergänzung zu der vorstehenden Gleichung (a):

für Luft

$$f(p, T)_{\mathrm{Lu}} = \mathrm{konst} \cdot p^{0,7} \cdot T^{-0,354} \tag{b}$$

und für Verbrennungsgas

$$f(p, T)_{\mathrm{VG}} = \mathrm{konst} \cdot p^{0,7} \cdot T^{-0,338}. \tag{c}$$

Damit könnte man in einem Arbeitsprozeß für die Verdichtung und für die Verbrennung mit Ausdehnung die zutreffenden Gleichungen verwenden, sobald man höhere Ansprüche an die Genauigkeit der Berechnung des Wärmeübergangskoeffizienten stellt und dabei bedenkt, daß sich nicht nur die T-Exponenten, sondern noch mehr die dazugehörigen Beiwerte um das rd. 1,5- bis 1,7fache ändern!

Die Gleichung von *Annand*, Gl. (2.14a), berücksichtigt mit *einem* Zusatzglied ebenfalls die Gas- und Flammenstrahlung durch einen unterschiedlichen Zahlenfaktor. In der nach dem Wärmeübergangskoeffizienten α aufgelösten Gleichung, Gl. (2.14b), lautet die

$$f(p, T)_{\mathrm{An}} = \mathrm{konst} \cdot \frac{\lambda}{d} \, \mathrm{Re}^{m}, \tag{a}$$

worin der Exponent $m = 0{,}7$ für alle Motorenarten gelten soll (wegen dieser Wahl vgl. Abschn. 1.3.1, Textteil zu Abb. 1.13). Setzt man die Größen der Re-Zahl ein und zieht die geometrische Größe d und die Geschwindigkeit w für diese Betrachtung in den konstanten Beiwert hinein, dann wird aus der vorstehenden Gl. (a) mit der kinematischen Viskosität $\nu = \eta/\varrho$ die

$$f(p, T)_{\mathrm{An}} = \mathrm{konst} \cdot \lambda \left(\frac{1}{\nu}\right)^{0,7} = \mathrm{konst} \cdot \lambda \left(\frac{p}{\eta T}\right)^{0,7}. \tag{b}$$

Verwendet man dieselben Gleichungen für die Stoffgrößen wie vorstehend bei der α-Gleichung von Sitkei, dann ergeben sich auch die gleichen weiteren Beziehungen, weil der Exponent der Re-Zahl in beiden Fällen gleich groß ist.

Annand fordert, daß die Temperaturabhängigkeit der Stoffwerte auf die jeweilige Gaszusammensetzung zu beziehen sei, und gibt dazu den bei seiner Gleichung zusammengestellten Berechnungsweg mit Bezugnahme auf vier Schrifttumstellen aus den Jahren 1936···1959 an. Für den T-Exponenten bei der dynamischen Viskosität η wird $m = 0{,}645$ gesetzt, der sich demnach den Exponenten der vorstehend bereits bei Sitkei genannten verfassereigenen Werten mit $m = 0{,}609$ für Luft und 0,679 für Verbrennungsgas gut einordnet.

Für die Wärmeleitfähigkeit λ stellt Annand keine Gleichung auf, sondern berechnet sie nach der bereits bei der Erläuterung seiner Gleichung angegebenen Beziehung

$$\lambda = \frac{c_p \cdot \eta}{\mathrm{Pr}}, \tag{c}$$

die grundsätzlich mit der im Anfang vom Abschn. 1.2.4.2b über die Viskosität übereinstimmt. Er stellt fest, daß die Pr-Zahl für die in Frage kommenden Gase mit einem Mittelwert $\mathrm{Pr} = 0{,}7$ eingesetzt werden kann. Für die bei ihm noch offene spezifische Wärmekapazität gibt er ein Polynom

$$c_p = C_0 + C_1 T + C_2 T^2 \tag{d}$$

an mit tabellarisch zusammengestellten Zahlenwerten für die Konstanten bei Luft, N_2, CO_2 und H_2O. Eine Vergleichsrechnung zur Wärmeleitfähigkeit λ über die vorstehenden Gln. (c) und (d) für Luft liefert wiederum eine gute Übereinstimmung mit der verfassereigenen Gl. (1.18) für Luft mit dem Exponenten $m = 0{,}772$.

Der Gleichung von *Woschni*, Gl. (2.15), lag ursprünglich der von Nußelt [18] für den Wärmeübergang bei Rohrströmung gefundene Exponent $m = 0{,}786$ zugrunde und wurde in der Endform mit $m = 0{,8}$ aufgerundet, was bereits im vorhergehenden Abschnitt wegen der Geschwindigkeitsfunktion erwähnt werden mußte. Die vereinfachte Grundbeziehung aus der Ähnlichkeitstheorie mit

$$\mathrm{Nu} = C \cdot \mathrm{Re}^{0{,}8} \tag{a}$$

ergibt demnach für die hier zu behandelnde p,T-Funktion entsprechend der vorhergehenden bei Annand genannten, aber *ohne* das später von Woschni hinzugefügte Verbrennungs- und Ausdehnungsglied,

$$f(p, T)_{\mathrm{Wo}} = \text{konst} \cdot \lambda \left(\frac{p}{\eta T}\right)^{0{,}8}. \tag{b}$$

Mit den von Woschni in [55], a. a. O. Abb. 1 u. 2, für Luft ermittelten Temperaturabhängigkeiten gelten

$$\lambda_{\mathrm{Lu}} = \text{konst} \cdot T^{0{,}748}$$

und für

$$\eta_{\mathrm{Lu}} = \text{konst} \cdot T^{0{,}62}.$$

Verwendet man den ursprünglichen Exponenten, der Re-Zahl mit $m = 0{,}786$, dann ergibt sich

für *Luft* $$f(p, T)_{\mathrm{Wo}} = \text{konst} \cdot p^{0{,}786} \cdot T^{-0{,}525} \tag{c}$$

und mit dem abgerundeten Exponenten 0,8 bei der Re-Zahl

$$f(p, T)_{\mathrm{Wo}} = \text{konst} \cdot p^{0{,}8} \cdot T^{-0{,}548}. \tag{d}$$

In der Endform seiner α-Gleichung hat Woschni den aufgerundeten Wert des Temperaturexponenten $m = -0{,}53$ nach der vorstehenden Gl. (c) eingesetzt. Betrachtet man weiterhin die Endform mit dem für die Verbrennung und Ausdehnung wirksam werdenden Zusatzglied, dann dürfte es zweckmäßig sein, sich auch auf die unterschiedlichen Stoffwerte für Luft und Verbrennungsgas zu beziehen. Tut man dies und benutzt der Einheitlichkeit wegen wie bereits vorher bei den Gleichungen von Sitkei und Annand die in diesem Buch entwickelten T-Exponenten bei der Wärmeleitfähigkeit λ und der dynamischen Viskosität η getrennt für Luft und stöchiometrisches Verbrennungsgas, Gln. (1.18/19) und (1.21/22), dann erhält man folgende p,T-Funktion, zunächst noch *ohne* das Zusatzglied, aber selbstverständlich mit dem von Woschni in seine Endform eingesetzten Exponenten mit 0,8 bei der Re-Zahl:

Für *Luft:*

$$f(p, T) = \text{konst} \cdot p^{0,8} \cdot T^{-0,515} \tag{e}$$

und für *Verbrennungsgas:*

$$f(p, T) = \text{konst} \cdot p^{0,8} \cdot T^{-0,506}. \tag{f}$$

Wenn auch die Zahlenwerte der Exponenten nahe beieinander liegen, so darf auch hier wiederum nicht übersehen werden, daß die Beiwerte in den Stoffwertgleichungen für Luft und Verbrennungsgas sich um das 1,5- bis 1,7fache unterscheiden!

Wird nunmehr für den Abschnitt der Verbrennung und Ausdehnung das von Woschni eingeführte Zusatzglied mit dem Exponenten 0,8 und der darin enthaltenen Temperatur T_1 bei Beginn der Verdichtung für einen Augenblick mit der vorstehenden Gl. (f) für Verbrennungsgas durchmultipliziert, dann wandelt sich der T-Exponent von $m = -0{,}506$ in $m' = +0{,}294 \approx +0{,}3$! Man muß also den sich aus der Ähnlichkeitstheorie ergebenden negativen Temperaturexponenten für den Abschnitt der Verbrennung und Ausdehnung in einen positiven verändern, wenn man den Wärmebilanzen und den Temperaturmessungen entsprechen will und zugleich auf ein besonderes Glied für die Strahlung verzichtet. Außerdem gibt Woschni an, daß in seinem Verbrennungsglied auch die Einflüsse von Gasbewegungen durch die Verbrennung mit berücksichtigt sein sollen. Dazu sei bemerkt, daß auch Nußelt bereits den Einfluß einer Eigenbewegung der Verbrennungsgase auf Grund seiner Bombenversuche erkannt und durch sein p,T-Glied mit erfaßt haben wollte.

Ungefähr aus demselben Grunde kamen Elser und Oguri, Gln. (2.8) und (2.9), zu dem bereits betrachteten logarithmischen p,T-Zusatzglied, das in der gemeinsamen p,T-Funktion ebenfalls zu positiven Temperaturexponenten führte (vgl. Zahlentafel 2.4/1 und 2.4/3). Dagegen konnten Sitkei und Annand, Gln. (2.12) und (2.14b), in dem Gleichungsteil für den konvektiven Wärmeübergang auf einen teilweise positiven Temperaturexponenten verzichten, da ihre Gleichungen ein getrenntes Strahlungsglied aufweisen, und zwar unterschiedlich für Gas- und Flammenstrahlung, d. h. auch für Otto- und Dieselmotor.

Hier wird wieder einmal deutlich, warum die α-Gleichungen der Nußeltart mit ausschließlich positiven T-Exponenten brauchbare Berechnungsgrundlagen darstellten, solange man nicht herausgefunden hatte, welche verschiedenen Einflüsse vom Otto- und Dieselmotor sowie ihren verschiedenen Bauarten durch darauf abgestimmte α-Gleichungen zu beachten sind.

Bevor dieser ganze Abschnitt über den Einfluß von Druck und Temperatur auf den Wärmeübergang abgeschlossen wird, ist noch eine Stoffgröße zu betrachten, die neben der Wärmeleitfähigkeit λ in allen Gleichungen nach der Ähnlichkeitstheorie auftritt: Das ist die Dichte ϱ. Hinzu kommt die spezifische Wärmekapazität c_p oder die dynamische Viskosität η, je nachdem, ob der Gleichungsansatz zwischen der Nußelt- und Péclet-Zahl oder zwischen der Nußelt- und Reynolds-Zahl vollzogen wird. Die Dichte ϱ kommt herein bei der Peclet-Zahl durch die darin enthaltene Temperaturleitfähigkeit a und bei der Reynolds-Zahl über die kinematische und dynamische Viskositäten ν und η, vgl. Gl. (1.16.1) und (1.16.4). Während nun für die Stoffgrößen λ, c_p und η stets deren Temperaturabhängigkeit angegeben oder auf sie verwiesen wird, läßt man die Druckabhängigkeit als vernachlässigbar gelten. Dagegen setzt man ohne weiteres für die Dichte die allgemeine

Gasgleichung ein, wodurch sich für

$$\varrho = \text{konst} \cdot \frac{p}{T} \tag{a}$$

ergibt. Der konstante Beiwert entspricht der Gaskonstanten des jeweiligen zugrunde gelegten Arbeitsgases. Im allgemeinen ist in den α-Gleichungen die Luft für bestimmte Zustände der einzelnen Stoffgrößen gewählt. Ein möglicher Unterschied zwischen Luft und Verbrennungsgas, je nach dem Abschnitt des Arbeitsprozesses, wird nur von Annand angegeben, und Sitkei bezieht sich auf „Rauchgase allgemeiner Zusammensetzung".

Wegen dieser Unterschiede war es zweckmäßig, bereits in Abschnitt 1.2.4.2d auch die Dichte als Stoffgröße zu behandeln und ihre Temperatur- und Druckabhängigkeit zu ermitteln. Darauf sei verwiesen und festgestellt, daß mit Rücksicht auf die allgemeine Genauigkeit der α-Gleichungen hier auf die Wiedergabe der Druck- und Temperaturabhängigkeit in Form von Potenzgleichungen verzichtet werden kann und die obige Gl. (a) mit den Exponenten n und $m = 1$ verwendbar ist. Das entbindet aber nicht von der Frage, um wieviel der Zahlenwert der wirklichen Dichte ϱ_{real} von der Dichte ϱ_{id} nach der Gleichung vollkommener Gase für die verschiedenen Gasarten in den verschiedenen Grenzpunkten des Arbeitsprozesses abweicht, Zahlentafel 2.4/4. Als Gasarten sind wiederum Luft und das bisherige stöchiometrische Verbrennungsgas zugrunde gelegt. Für die Berechnung ist dieselbe Quelle wie im Abschnitt über die spezifische Wärmekapazität herangezogen [11, II]. Man erkennt, daß bei der Verbrennung Abweichungen gegenüber der Gasgleichung vollkommener Gase bis zu 3,3% auftreten; bezieht man sich auf das wirkliche Gas und auf die Prozeßmittelwerte — durch den mittleren Arbeitsdruck p_i und eine zugehörige Mitteltemperatur gekennzeichnet —, so vermindert sich die Abweichung um 0,3⋯1,3%. Für den Beginn oder das Ende der Arbeitsabschnitte der Verdichtung und Ausdehnung werden die Abweichungen mit 1% und weniger unbedeutend. Der mittlere Fehler für einen gesamten Arbeitsprozeß liegt demnach zwischen 1 und 3%.

Damit ist klargestellt, daß man im allgemeinen die Veränderung der Dichte unter den verschiedenen Gaszuständen eines Arbeitsprozesses in einer Verbrennungskraftmaschine nach der allgemeinen Gasgleichung berechnen kann, wenn der Ausgangswert entsprechend

Zahlentafel 2.4/4. *Abweichung der Dichte* ϱ_{real} *von Luft* (Lu) *und einem stöchiometrischen Verbrennungsgas* (VG) *gegenüber der Dichte* ϱ_{id} *nach der Gleichung vollkommener Gase bei einem Arbeitsprozeß*

Gaszustand		Abweichung					
		bez. auf ϱ_{id}		bez. auf ϱ_{real} bei p_i			
Prozeßabschnitt	p/T	$\Delta\varrho_{\text{Lu}}$	$\Delta\varrho_{\text{VG}}$	$\Delta\varrho_{\text{Lu}}$		$\Delta\varrho_{\text{VG}}$	
				10/1100	30/1100	10/1100	30/1100
	bar/K	%	%	%	%	%	%
Anfang der Verdichtung	1/300	+0,23	−0,09	−0,53	−1,03	−0,51	−1,21
Ende der Ausdehnung	1/800	+0,16	−0,25	−0,46	−0,96	−0,35	−1,05
Verbrennung	80/2100	−1,6	−2,4	−1,3	−0,80	−1,8	−1,1
	120/2100	−2,4	−3,3	−2,1	−1,6	−2,7	−2,0
Mittelwerte zu p_i: mit niedriger Mitteltemperatur	10/800	−0,18	−0,58	−0,12	−0,62	−0,02	−0,72
Mittelwerte zu p_i: schwach aufgeladen	10/1100	−0,3	−0,60	0	−0,5	0	−0,7
Mittelwerte zu p_i: hoch aufgeladen	30/1100	−0,8	−1,3	−0,5	0	0,7	0

der Gaskonstanten für das betreffende Arbeitsgas richtig eingesetzt wird. Dazu verhelfen die Angaben in den Zahlentafeln 1.10 und 1.11, die bei hohen Ansprüchen an die Genauigkeit je nach dem Luftgehalt des Verbrennungsgases eine Interpolation zwischen den angegebenen Werten für Luft und für das stöchiometrische Verbrennungsgas ermöglichen.

Wegen der Vielfalt der verschiedenen Exponenten bei den p,T-Funktionen wird abschließend für diesen Abschnitt eine Übersicht mit Zahlentafel 2.4/5 gegeben. In der Form

$$f(p, T) = \text{konst} \cdot p^n \cdot T^m \quad \text{bzw.} \quad \text{konst} \cdot p^{n'} \cdot T^{m'}$$

Zahlentafel 2.4/5. *Druck- und Temperaturexponenten n und m bzw. n' und m' in den verschiedenen Wärmeübergangsgleichungen*

Name Gl. Nr.	Herkunft	n[1]	m[1] Lu[3]	m[1] VG[3]	n'[2]	m'[2] Lu / VG	Anmerkung
Nußelt (2.1)	orig[4]	0,666	0,333		—	—	Lu u. VG nicht unterschieden
Eichelberg (2.6)	orig	0,5	0,5		—	—	dsgl.
Pflaum (2.7 a/b)	orig	0,5	0,5		—	—	Zusatzfunktion f_3 für Ladedruck p_L mit $n = 0{,}25$ bzw. 0,66
Elser (2.8 b)	orig	—	—		—	—	* bei p/p_a $= 1$—···40(80)-fach ** bei T/T_a $= 1$—···3(7)-fach
	eig[4]	0,5	−0,049/	—	0,5···0,30 (0,28)*	−0,5···−0,10 (−0,15)** −0,05···+0,35 (+0,30)	
Oguri (2.9)	orig	—	—	—	—	—	
	eig	0,5	−0,049/	—	0,5···−∞*	−0,5···−0,17 (−0,06)** −0,05···+0,63 (+0,51)	** bez. auf Luft
Overbye (2.10)	orig	(1)	(1)/	—	—	—	Aussage unbestimmt, da keine unm. α-Gl.
	eig	—	—/	—	≤1	≤1	
Sitkei (2.12)	orig	0,7	—/	−0,20	—	—	
	eig	—	−0,354/	−0,338	—	—	
Annand (2.14 a)	orig	0,7	—*	—	—	—	* je nach Gasart nach Rechenvorschrift; Werte entsprechen denen bei „eig“
	eig	—	−0,354/	−0,338	—	—	
Woschni (2.15)	orig	0,8	−0,53/	—	—	—/+ 0,27**	** durch Zusatzglied bei Verbrennung und Ausdehnung
	eig	—	−0,515/	−0,506	—	—/≈ +0,3**	

[1] in der Originalform der α-Gleichung
[2] bei zusammengefaßten p,T-Funktionen
[3] Lu ≙ Luft; VG ≙ Verbrennungsgas } Lu/VG mit *einem* Zahlwert: Kein getrennter Bezug
[4] orig ≙ original; eig ≙ verfassereigen } Erläuterung im Text zur Zahlentafel

soll durch die verschiedenen Exponenten, ohne oder mit Apostroph, unterschieden werden, ob es sich um die geschlossene Originalform oder gegebenenfalls um eine zusammengezogene p,T-Funktion handelt. Außerdem wird durch einen Zusatz „orig" bzw. „eig" zu erkennen gegeben, ob es die ursprünglichen Exponenten in den α-Gleichungen bzw. solche sind, die durch Nachrechnung mit den in Abschn. 1.2.4.2 entwickelten Temperaturfunktionen der Stoffgrößen entstanden sind.

Nach den vorstehenden Ausführungen bei den einzelnen p,T-Funktionen und den Anmerkungen in der Zahlentafel braucht sie nicht weiter erläutert zu werden. Es sei nur zusammenfassend folgendes festgestellt: Die Gleichungen von Briling, Brysgow und van Tyen sind nicht aufgeführt, weil sie die p,T-Funktion von Nußelt übernommen haben und von ihnen nur die c_m-Funktion abgeändert worden ist. Der stets positive Druckexponent n liegt mit einer leichten Zweiergruppierung zwischen 0,5 und 0,8. Die Gleichungen nach der Nußeltart haben einschließlich der von Elser und Oguri $n = 0{,}5 \cdots 0{,}66$. In den neueren Gleichungen nach der Ähnlichkeitstheorie befinden sich die höheren Werte mit $n = 0{,}7 \cdots 0{,}8$, denen insgesamt gesehen auch die Gleichung von Pflaum durch die besonderen Funktionen für den Ladedruck zuzuordnen ist.

Der Temperaturexponent ist für die Gleichungen der Nußeltart positiv und bei den Gleichungen nach der Ähnlichkeitstheorie negativ mit $m = -0{,}20 \cdots -0{,}53$, wobei zu beachten ist, ob man sich nur auf Luft oder Verbrennungsgas oder auf beide getrennt als Arbeitsmittel bezieht. Wegen der hierbei teilweise geringen Unterschiede in den Zahlenwerten muß man jedoch bedenken, daß sich — wie weiter oben bereits bemerkt — die zugehörigen festen Beiwerte in den betreffenden Temperaturfunktionen um das 1,5- bis 1,7fache und dementsprechend in der gesamten Zahlenwerthöhe unterscheiden.

Die Besonderheit wird bei den Gleichungen von Elser und Oguri sowie Woschni dadurch sichtbar, daß sich durch Zusatzfunktionen für den Arbeitsabschnitt der Verbrennung und Ausdehnung der negative T-Exponent erheblich in einen positiven mit einem Sprung bis zu $\Delta m \approx 0{,}8$ absolut wandelt. (Wegen der Besonderheit dieser Zusatzfunktionen muß auf den Text bei den betreffenden p,T-Funktionen verwiesen werden.) Ferner bleiben hier *un*sichtbar die in die gleiche Richtung zielenden Glieder für Gas- und Flammenstrahlung in den α-Gleichungen von Nußelt, Sitkei und Annand. In diesem Zusammenhang muß man sagen, daß sich alle α-Gleichungen in einem mehr oder weniger weitgesteckten Rahmen zusammenfinden, obwohl sie sehr verschieden aufgebaut sind. Ihre trotzdem und immerhin bestehenden tatsächlichen zahlenmäßigen Unterschiede werden in Abschn. 2.8 behandelt.

2.5 Einfluß der geometrischen Größen, insbesondere beim Arbeitszylinder

Die Wärmeübergangsgleichungen der Nußeltart (Gruppe I) haben bis auf eine Ausnahme keinen Bezug auf die geometrischen Verhältnisse der Maschine. Demnach wäre der Wärmeübergangskoeffizient unabhängig von ihrer Größe oder sonstigen konstruktiven Ausführungen. Daß dies letzten Endes nicht zutreffen kann, hat die Praxis gezeigt, als man seinerzeit Kolbenmaschinen sehr verschiedener Größe in Verbindung mit sorgfältigen Wärmebilanzen durchrechnete. Deshalb hat die α-Gleichung von Pflaum in ihrer Endform, Gl. (2.7b), ausgehend von dem Zylinderdurchmesser $d_0 = 0{,}15$ m des Versuchsmotors zusätzlich auch eine Funktion

$$f_4(d) = 0{,}62 \cdot d^{-0{,}25}$$

erhalten; d. h. daß der α-Wert mit zunehmendem Zylinderdurchmesser sinkt. Wegen der streuenden Ergebnisse der Vergleichsrechnungen an Motoren wurden die nach der Ähnlichkeitstheorie erprobten Beziehungen des Wärmeübergangs in durchströmten Rohren nach [18] herangezogen und der Exponent mit $-0{,}25$ wie vorstehend als begründeter Mittelwert eingesetzt.

Bei allen Wärmeübergangsgleichungen für die Kolbenverbrennungskraftmaschine, die nach der Ähnlichkeitstheorie (Gruppe II) entwickelt worden sind, tritt der Zylinderdurchmesser sozusagen von selbst auf, weil man stets von den Beziehungen für die Rohrströmung ausgegangen ist. Welche Besonderheiten sich hierdurch für die Kolbenmaschine ergeben, ist bereits im Abschn. 1.3 in allgemeiner Weise dargelegt worden, vgl. Gl. (1.26). Das grundlegende Ergebnis von Nußelt, Gl. (1.27.2) läßt sich schreiben

$$\mathrm{Nu} = f_1(d/l) \cdot f_2(\mathrm{Re}) \cdot f_3(\mathrm{Pr}), \tag{a}$$

worin d den Rohrdurchmesser und l die Rohrlänge bedeuten und durch die Funktion f_1 der Einfluß der Anlaufströmung festgestellt wird. Da die Strömung nach dem Einlauf verhältnismäßig rasch in einen ausgebildeten stationären Zustand übergeht, erhält die Funktion einen sehr kleinen Exponenten, den Nußelt mit 0,054 ermittelte [16, 18]. Wie bereits zu Gl. (1.27.2) ausgeführt, bedeutet dies für die Kolbenverbrennungskraftmaschine $f_1(d/l) \approx 1$; denn man kann bei einer Kolbenmaschine mit der instationären Arbeitsweise, den plötzlichen Querschnittsänderungen und der nach Stärke und Richtung willkürlich beeinflußten Einströmung für die Strömungsverhältnisse in ihrem Zylinder keinen Vergleich zu der Anlaufströmung in einem stetig durchströmten Rohr mit gleichbleibendem Querschnitt ziehen (vgl. hierzu Abschn. 2.3).

Ferner wird auch bei Gl. (1.27.2) dargelegt, daß die Pr-Zahl für Arbeitsgase nur in geringen Grenzen von 0,708···0,759 schwankt und daher $f_3(\mathrm{Pr}) \approx$ konst gesetzt werden darf, wovon z. B. auch Annand bei seiner α-Gleichung (s. die Erläuterung bei Gl. (2.14b)) mit $\mathrm{Pr} = 0{,}7$ Gebrauch gemacht hat. Damit vereinfacht sich die obige allgemeine Beziehung, Gl. (a), zu

$$\mathrm{Nu} = \mathrm{konst} \cdot \mathrm{Re}^m. \tag{b}$$

Für den Exponenten fand Nußelt bei seinen Rohrversuchen den in Gl. (1.27.2) angegebenen Wert mit $m = 0{,}786$. Auf Grund seiner motorischen Untersuchungen gab Taylor, Gl. (1.28), den Wert $m = 0{,}75$ an. Annand deutete das Ergebnis je nach Motorart mit verschiedenen Beiwerten zu $m = 0{,}7$ und die verfassereigene Deutung erbrachte $m = 0{,}70 \cdots 0{,}78$, wie im Anschluß an die Taylor-Gleichung näher ausgeführt worden ist. Woschni entschied sich in seiner Endform für den von 0,786 auf 0,8 aufgerundeten Wert. Der Exponent für die Re-Zahl ist also mit $m = 0{,}7 \cdots 0{,}8$ eingegrenzt. Daraus folgt für den Einfluß der Maschinengröße, ausgedrückt durch den Zylinderdurchmesser d als charakteristische geometrische Größe, aus den Kenngrößen Nußelt und Reynolds bei dem Wärmeübergangskoeffizienten mit

$$\alpha = \mathrm{konst} \cdot \frac{\lambda}{d} \left(\frac{wd}{\nu}\right)^m$$

für gleichbleibende Betriebsverhältnisse

$$\begin{aligned} \alpha &= \mathrm{konst} \cdot d^{m-1} \\ &= \mathrm{konst} \cdot d^{-0,2} \quad \text{bis} \quad \mathrm{konst} \cdot d^{-0,3}. \end{aligned} \tag{c}$$

Der Wärmeübergangskoeffizient wird also mit zunehmender Maschinengröße kleiner. Sofern die hier behandelten Wärmeübergangsgleichungen einen Einfluß der geometrischen Größe berücksichtigen, liegen sie mit drei Ausnahmen in den angegebenen Grenzen. Die Ausnahmen sind die Gleichungen von Elser, Oguri und Overbye, die wegen ihrer Besonderheiten bereits im vorhergehenden Abschnitt über die p,T-Funktion näher behandelt werden mußten. Für diese Gleichungen ist der Zahlenwert des Exponenten $-0{,}5$ bei Elser und Oguri sowie -1 bei Overbye. Außerdem beziehen sich alle drei Gleichungen statt auf den Durchmesser d auf den Hub s der Maschine, was aber nur den gleichbleibenden Beiwert der Gleichung ändert, weil, wie schon früher dargelegt, sich das Verhältnis s/d etwa in den Grenzen 1···2 bei den Kolbenverbrennungskraftmaschinen bewegt. Inwieweit diese drei Gleichungen trotzdem zahlenmäßig in einem gemeinsamen Rahmen liegen, wird Abschn. 2.8 mit der vergleichenden Betrachtung erweisen.

Schließlich muß noch bemerkt werden, daß Sitkei, Gl. (2.12), im Gegensatz zu allen anderen Gleichungen, die den Zylinderdurchmesser d als charakteristische Größe enthalten, diesen nicht gleichbleibend läßt, sondern einen sogenannten „äquivalenten" einführt; er ist nach dem Gesichtspunkt des in der Strömungstechnik üblichen „hydraulischen" Durchmessers bestimmt. Das hat zur Folge, daß der Zahlenwert dieses Durchmessers im oberen Totpunkt einen Kleinstwert und im unteren einen Größtwert erreicht, Zahlentafel 2.5/1. Damit wächst der Wärmeübergangskoeffizient bei jeder Umdrehung bis zum oberen Totpunkt, s. vorstehende Gl. (c), gleichgültig, ob es sich um einen Zwei- oder Viertaktmotor handelt. Da aber die Strömungsverhältnisse im Arbeitszylinder, wie bereits bemerkt, mit einer Rohrströmung nicht vergleichbar sind, kann dieser „äquivalente" Zylinderdurchmesser bestenfalls hinsichtlich der Strahlungsverhältnisse bei der Verbrennung um den oberen Totpunkt von Nutzen sein.

Im übrigen trifft dieser kritische Hinweis auch für den Faktor mit der cos-Funktion in der α-Gleichung von Oguri, Gl. (2.9), zu. Im vorhergehenden Abschnitt 2.4 sind bei Behandlung dieser Gleichung hinsichtlich ihrer p,T-Funktion bereits zahlenmäßige Angaben zu diesem besonderen Punkt gemacht. Demnach schwankt der Zahlenwert der cos-Funktion von 1 bis 3 zwischen dem unteren und oberen Totpunkt, also um das 3fache (vgl. dazu den Verlauf der Funktion f_3 in Abb. 2.4/2). Demgegenüber ändert sich nach Zahlentafel 2.5/1 der äquivalente Durchmesser je nach der Bauart des Motors um das 2,47- bis 5,79fache. Da aber im Gegensatz zur cos-Funktion der Oguri-Gleichung der äquivalente Durchmesser nur mit dem Exponenten 0,3 bei der Sitkei-Gleichung eingeht, sinkt der Steigerungsfaktor rd. auf das 1,3- bis 1,7fache. Andere α-Gleichungen nach der Ähnlichkeitstheorie haben einen Durchmesserexponenten von 0,2, wodurch sich der Steigerungsfaktor auf das 1,2- bis 1,4fache vermindert. Der Steigerungsfaktor von Oguri liegt demnach im Mittel doppelt so hoch.

So bemerkenswert die Steigerungsfaktoren zwischen dem unteren und oberen Totpunkt in den beiden Gleichungen von Sitkei und Oguri sind, so problematisch bleibt ihre allgemeine Anwendbarkeit. Es muß sich noch zeigen, inwieweit sie ihrem stetigen Charakter nach dem plötzlich einsetzenden Arbeitsabschnitt der Verbrennung dienlich sein können. Denn sie vermögen z. B. nicht so spezifisch wie das Verbrennungsglied in der α-Gleichung von Woschni, Gl. (2.15), zu wirken.

Zahlentafel 2.5/1. *Änderung des „äquivalenten Durchmessers" $d^*_{äq}$ vom Arbeitszylinder verschiedener Motoren zwischen unterem und oberem Totpunkt* (UT *und* OT)

Verdichtungsverh. ε	6	9	12	18
Hubverhältnis s/d	1	1	1,8	1,2
unterer/oberer Totpkt.	UT/OT	UT/OT	UT/OT	UT/OT
äquival. Durchm. $d_{äq}$	0,706d/0,286d**	0,692d/0,2d	0,797d/0,247d	0,718d/0,124d
Verh. $(d_{äq-UT}/d_{äq-OT})$	2,47	3,46	3,23	5,79
Verh. (desgl.)^{0,3}	1,31	1,45	1,42	1,69
Verh. (desgl.)^{0,2}	1,20	1,28	1,26	1,42

* wobei: $d_{äq} = 4\,\dfrac{V}{A}$ mit $V \triangleq$ Zylindervolumen und $\triangleq A$ innere Oberfläche

** $d \triangleq$ Durchmesser des Arbeitszylinders

2.6 Einfluß der Strahlung

2.6.1 Nach den α-Gleichungen

In der Einführung wurde im Abschn. 1.3 über die Besonderheiten bei der Verbrennungskraftmaschine hinsichtlich der Wärmeübertragung auf den Einfluß der Strahlung in allgemeiner Form hingewiesen und dabei die grundlegende Arbeit von Nußelt in Verbindung mit seiner α-Gleichung, Gl. (2.1), erwähnt. Für das von ihm eingefügte Strahlungsglied geht er von der Temperaturfunktion nach dem Stefan-Boltzmannschen Strahlungsgesetz aus. Für den Emissionsfaktor oder die Strahlungskonstante nach dem Kirchhoffschen Gesetz fand Nußelt [31] durch seine besonderen sogenannten Bombenversuche den angegebenen Zahlenwert von $C_{str} = 0{,}421$ W/m² K⁴. Obwohl die beiden verwendeten Hohlkugeln mit 200 und 600 mm Durchmesser sehr verschieden groß waren, konnte im Rahmen der Versuchsgenauigkeit kein deutlicher Einfluß der Größe, hier des Durchmessers, auf die Strahlungskonstante festgestellt werden. Um die gesuchte Strahlungskonstante zu ermitteln, waren Vergleichsversuche mit stumpfer (schwarzer) und blanker (vergoldeter) Innenfläche der metallenen Hohlkugel erforderlich. Das eingefüllte brennbare Gasgemisch hatte stets die gleiche Zusammensetzung und lieferte ein Verbrennungsgas mit den Raumteilen:

H_2O	1,7%
CO_2	47,3 ,,
CO	47,0 ,,
H_2	0,6 ,,
N_2	3,4 ,,
	100,0%

Diese Angabe ist für die späteren vergleichenden Betrachtungen wichtig, weil erstens die beiden stark strahlenden Gase H_2O und CO_2 und das schwächer strahlende CO je ein verschiedenartiges Strahlungsvermögen besitzen, zweitens die Verbrennungsgase im Motor eine andere Zusammensetzung haben und drittens beim Dieselmotor im Gegensatz zum Ottomotor außer der Gasstrahlung eine Flammenstrahlung auftritt.

Nach den geschilderten Versuchen gibt Nußelt den Wärmeübergangskoeffizienten α_s durch Strahlung seines Verbrennungsgases für verschiedene Temperaturen schwarzwirkender Wände in Abhängigkeit von der Gastemperatur mit Abb. 2.6/1 an. Ferner hat Nußelt

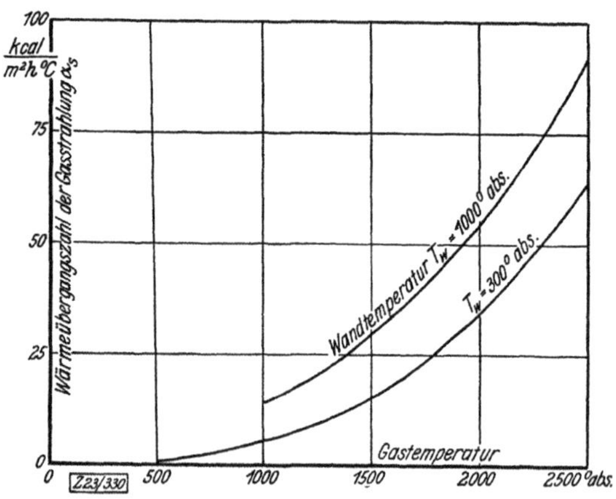

Abb. 2.6/1. Wärmeübergangskoeffizient der Strahlung α_s eines bestimmten Verbrennungsgases abhängig von der Gastemperatur T für verschiedene Wandtemperaturen T_w (nach Nußelt [31] Abb. 5). Zusammensetzung des Gases siehe Text

in [32] für eine langsamlaufende *Zweitakt*-Dieselmaschine auf Grund von Versuchen von Nägel [35] und den mitgeteilten Indikatordiagrammen u. a. ein Arbeitsspiel für Vollast ($n = 99{,}9\ \text{min}^{-1}$, $p_i = 6{,}46$ at $= 6{,}34$ bar) auf Temperatur und Wärmeübergangskoeffizient nach seiner ausführlichen Gleichung für Leitung, Konvektion *und* Strahlung durchgerechnet, Abb. 2.6/2. Aus der gesamten auf den wassergekühlten Kolbenboden übertragenen Wärme wurde der Wärmeübergangskoeffizient α ermittelt; er setzt sich nach Gl. (2.1) zusammen aus

$$\alpha = \alpha_{\text{str}} + \alpha_{\text{konv}}.$$

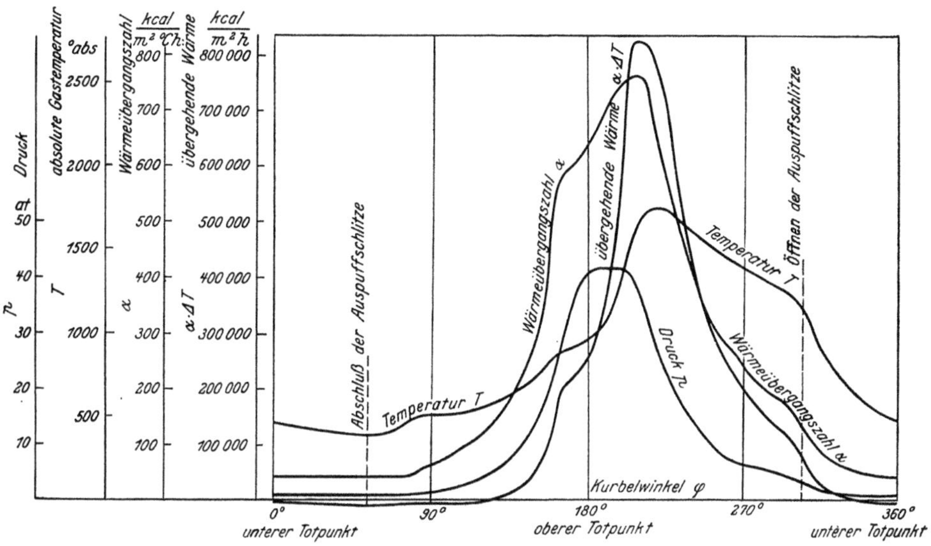

Abb. 2.6/2. Wärmeübergangskoeffizient α und übergehende Wärme $\alpha \cdot \Delta T$ am Kolbenboden einer langsamlaufenden einfachwirkenden Zweitakt-Dieselmaschine mit Kreuzkopf abhängig vom Kurbelwinkel φ für Vollast (nach Nußelt [32], Abb. 2)

Gasdruck p nach Indikatordiagramm
Gastemperatur T errechnet
Vollast mit Drehfrequenz $n = 99{,}9\ \text{min}^{-1}$ und mittl. indiz.
Druck $p_i = 6{,}46$ at
Zylinderdurchmesser 680 mm, Hub 1100 mm, Bauart Sulzer

Der durch Strahlung $\alpha_s = \alpha_{\text{str}}$ und der durch Leitung und Konvektion bedingte Koeffizient α_{konv} sind mit der aus Abb. 2.6/2 entnommenen Gastemperatur T und der ermittelten Wandtemperatur T_w errechnet und in Abb. 2.6/3 wiederum in Abhängigkeit vom Kurbelwinkel, d. h. auch Zeit, zugleich mit dem Verhältnis α_s/α eingetragen. Wenn sich auch um den oberen Totpunkt während der Verbrennung ein Anteil für die Gasstrahlung von $2 \cdots 5\%$ mit einem kurzzeitigen maximalen von 8% bei $310\,^\circ$KW ergibt — also bereits geöffneten Auslaßschlitzen —, so sinkt der mittlere Wert auf $5{,}2\%$ für den streng nur in Frage kommenden Abschnitt der Verbrennung und Ausdehnung. Da man aber unzutreffend manchmal auch den Verdichtungshub mit einbezieht, so sinkt der Anteil auf Verdichtung und Ausdehnung bezogen weiter auf $3{,}7\%$ herab (deshalb ist der fiktive Strahlungsteil für die Verdichtung nur gestrichelt eingezeichnet). Bei den Vergleichsrechnungen mit Wärmebilanzen wird die angefallene Strahlungswärme sozusagen zwangsläufig auf das ganze Arbeitsspiel verteilt; mithin sinkt der echte Anteil beim Zweitaktmotor auf die Hälfte und beim Viertaktmotor auf ein Viertel herab. Für das vorstehende Beispiel heißt das, der Strahlungsanteil beträgt nur noch 2,6 bzw. $1{,}3\%$, wenn der kleinere Strahlungsanteil der Verbrennungsgase beim Ladungswechsel vernachlässigt wird. So ist es verständlich, daß auf den besonderen Ausweis des Strahlungsanteils in der Regel verzichtet wird, solange man nur die Gasstrahlung und den örtlich mittleren Wärmeübergangskoeffizienten im Auge hat. Handelt es sich aber nicht um den gesamten Zylinderraum, sondern z. B. nur um Wandteile am Verbrennungsraum, dann wird man fallweise zu vergleichen haben, ob hier noch auf den getrennt zu errechnenden Strahlungsanteil verzichtet werden kann.

Diese Frage wird dringender, wenn man beim Dieselmotor noch die Flammenstrahlung hinzufügt. Deshalb wird zunächst ermittelt, welchen Anteil die Strahlungswärme bei den anderen α-Gleichungen gewinnt, die ein besonderes Glied oder Faktor dazu aufweisen. Das sind neben Nußelt noch die beiden Gleichungen von Sitkei und Annand (alle α-Gleichungen sind in den beiden Gruppen I und II im allgemeinen zeitlich geordnet).

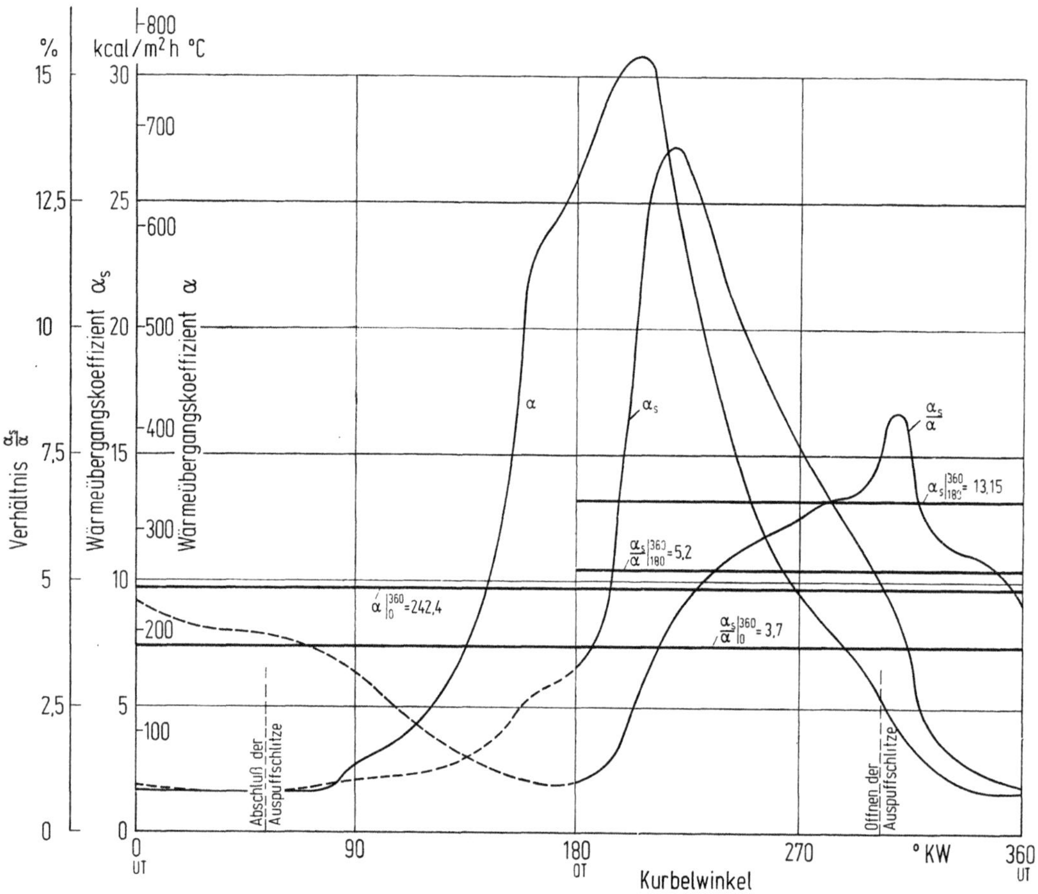

Abb. 2.6/3. Wärmeübergangskoeffizient α_s und sein Anteil α_s/α am gesamten Wärmeübergang entspr. den Verhältnissen von Abb. 2.6/2

Da im Gegensatz zu vorstehender hinsichtlich der Strahlung behandelten α-Gleichung von Nußelt keine damit in Zusammenhang stehenden einheitlichen Arbeitsdiagramme mit p- und T-Werten mitgeteilt sein können, werden für den weiteren Vergleich zwischen den drei α-Gleichungen und ihrem Strahlungsanteil Wertepaare des schon mehrfach genannten Vergleichsprozesses für verschiedene Belastungsfälle mit dem entsprechenden Luftverhältnis λ^* herangezogen, Zahlentafel 2.6/1. Für diese fünf verschiedenen Arbeitsprozesse mit und ohne Aufladung ergeben sich nach [11] Teil I/II Wertpaare für den Druck p und die Temperatur T, die in Abb. 2.6/4 eingetragen sind. Um eine einheitliche Berechnungsgrundlage zu wahren, sind in der Anmerkung bei Zahlentafel 2.6/1 noch die gewählten Motorabmessungen mit zwei verschieden großen Zylinderdurchmessern

Zahlentafel 2.6/1. *Betriebsbedingungen von Vergleichsprozessen für die Berechnung des Strahlungsanteils bei den Wärmeübergangsgleichungen von Nußelt, Sitkei und Annand*

Vergleichsprozeß	1*	2*	3*	4*	5*	Dim.
Verd.-Verhältnis ε			13,0			—
mittl. Kolbengeschw. c_m			6,0			m/s
Luftverhältnis λ^*	1,0	1,5	2,0	1,5	2,0	—
Anfangsdruck p_a	1,0	1,0	1,0	3,0	3,0	bar
Anfangstemp. T			323			K
Verbrennungshöchstdruck p_z	80	80	80	140	140	bar

Anmerkung: Es sind ferner vorausgesetzt für

a) Motorabmessung: $s/d = 500/400$ und $125/100$ mm
Treibstangenverhältnis $s/l = 1/2$

b) Wandtemperaturen:

α) um den Verbrennungsraum $t_{w-VR} = 300\,°C$

β) auf der Zylinderlaufbuchse

im OT $t_{w-B} = 300\,°C$
im UT $t_{w-B} = 120\,°C$

Zwischen OT und UT folgt die Wandtemperatur der Exponentialfunktion

$$t_{w-B} = 300 \cdot e^{-0{,}9163x^*}$$

mit $x^* = \dfrac{x}{s}$, d. h. dem Anteil des Kolbenhubes.

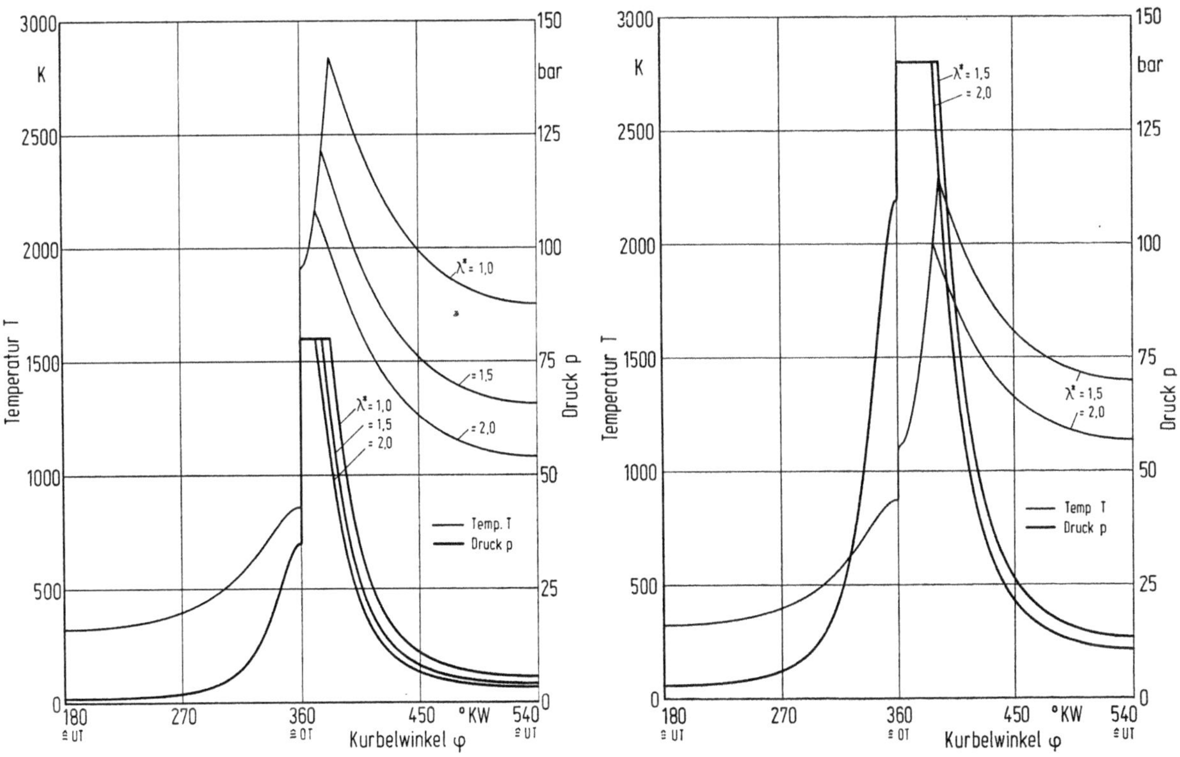

4a ohne Aufladung ($p_a = 1$ bar) 4b mit Aufladung ($p_a = 3$ bar)

Abb. 2.6/4. Wertepaare von dem Druck p und der Temperatur T bei Vergleichsprozessen mit verschiedenen Luftverhältnissen λ^* nach Zahlentafel 2.6/1 abhängig vom Kurbelwinkel φ (180···540 °KW entsprechen Verdichtung und Ausdehnung eines Viertaktmotors)

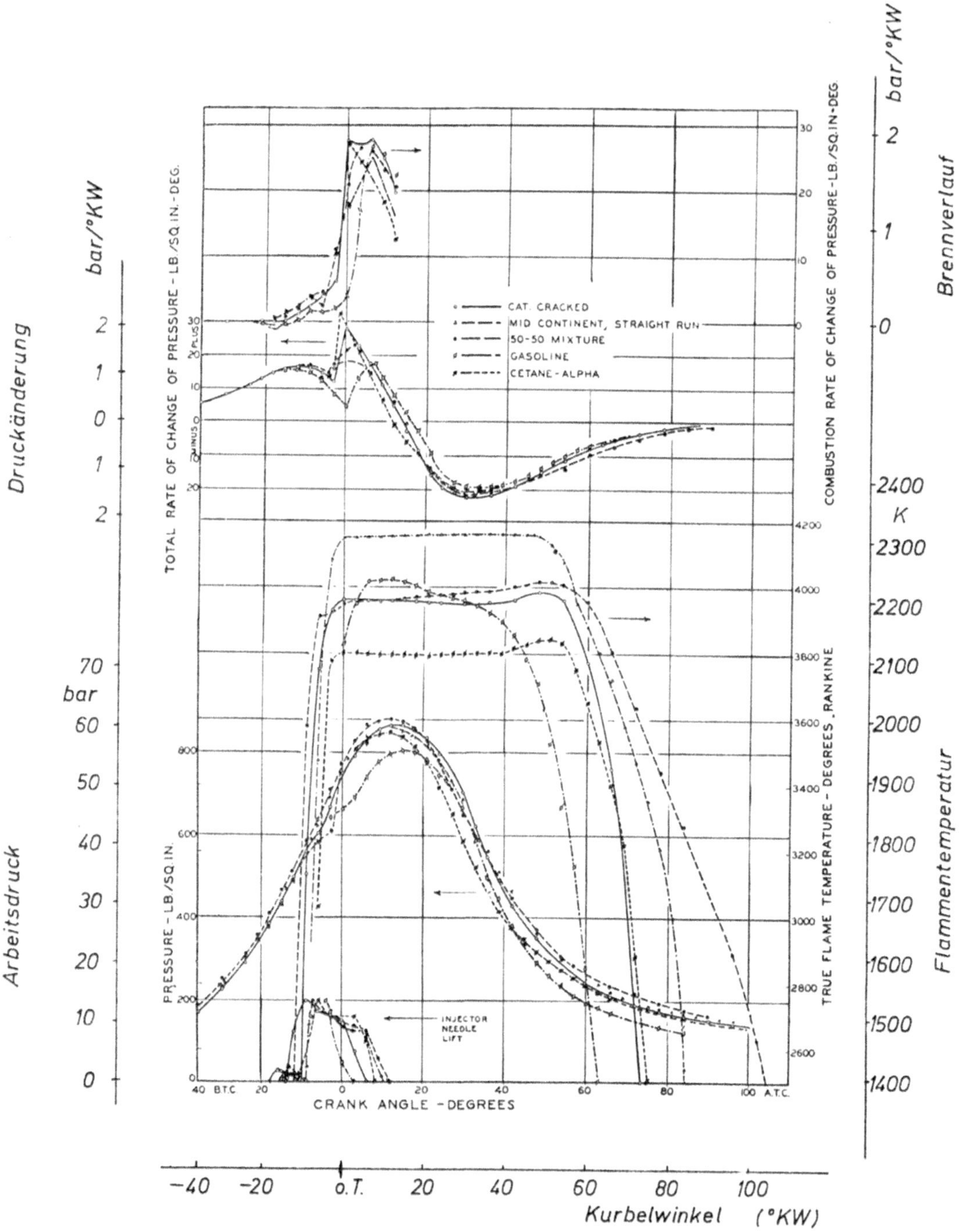

5a bei einem mittleren Einspritzzeitpunkt

Abb. 2.6/5. Flammentemperatur in einem Dieselmotor bei verschiedenen flüssigen Kraftstoffen abhängig vom Kurbelwinkel (nach Uyehara u. Myers [63], Fig. 2 u. 3)

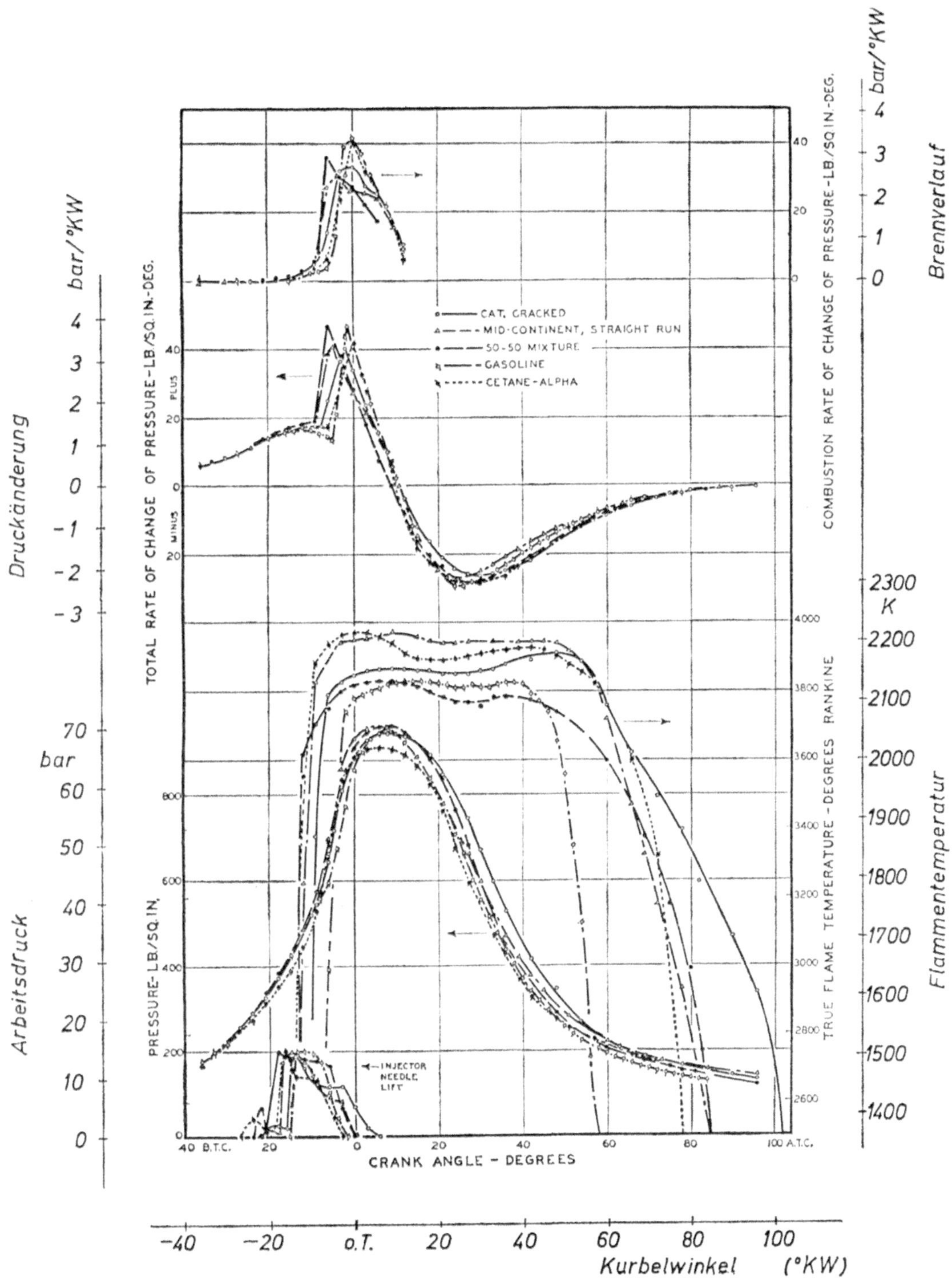

5b bei einem frühen Einspritzzeitpunkt

und die Wandtemperaturen angegeben. Die Belastung des Motors und die Zusammensetzung des Verbrennungsgases werden durch das Luftverhältnis λ^* bestimmt. Wie sich das betreffende stöchiometrische Verbrennungsgas ($\lambda^* = 1$) zusammensetzt, ist in Abschn. 1.2.4.2 bei Gl. (1.17) nachzulesen. Ferner wird anstatt der verschiedenen Wärmeübergangskoeffizienten α_{str} und α_{konv} die jeweilige Wärmestromdichte q herangezogen, weil nur so wegen der im gleichen Arbeitsabschnitt verschieden hohen Flammen- und Gastemperaturen und des unterschiedlichen Aufbaues der α-Gleichungen ein unmittelbarer Vergleich möglich ist.

Bei dieser unmittelbaren Gegenüberstellung von Gas- und Flammentemperatur gilt als Gastemperatur T_G die Temperatur T des genannten Wertepaares p, T. Sie ist anwendbar für den gesamten Arbeitsprozeß im Otto- und Dieselmotor. Aber während der Verbrennung stellt sich im Dieselmotor die Flammentemperatur T_F ein. Sie ist durch das Abbrennen der winzigen, jedoch verschieden großen Kraftstoffteilchen mit zeitweiliger Rußbildung bedingt. Für diese Flammentemperatur muß auf Meßwerte zurückgegriffen werden, die wegen der schwierigen meßtechnischen Verhältnisse am laufenden Dieselmotor noch selten sind und gewisse Unsicherheiten in sich bergen. Die weitgehenden Versuche von Uyehara und Myers [63] dürften trotzdem eine brauchbare Grundlage sein. Mit Abb. 2.6/5 werden zwei Meßreihen wiedergegeben, die für fünf Kraftstoffsorten mit einem mittleren (Abb. 5a) und einem frühen (Abb. 5b) Einspritzzeitpunkt durchgeführt worden sind. Der eingezeichnete Nadelhub läßt die Bewegung nach Zeit und Art ablesen. Außer der gemessenen Flammentemperatur können hier die anderen eingetragenen Versuchswerte außer Betracht bleiben. Bei dem mittleren Einspritzzeitpunkt streut die Flammentemperatur T_F mehr als bei dem frühen für die verschiedenen Kraftstoffsorten. Das wird hauptsächlich mit der unterschiedlichen Aufbereitungszeit für den Kraftstoff zusammenhängen. Deshalb sind auch die Flammentemperaturen bei dem frühen Einspritzzeitpunkt im allgemeinen niedriger. Im Zeitraum der lebhaften Verbrennung ist die Temperatur in Übereinstimmung mit anderen Beobachtungen nahezu gleichbleibend und fällt nach

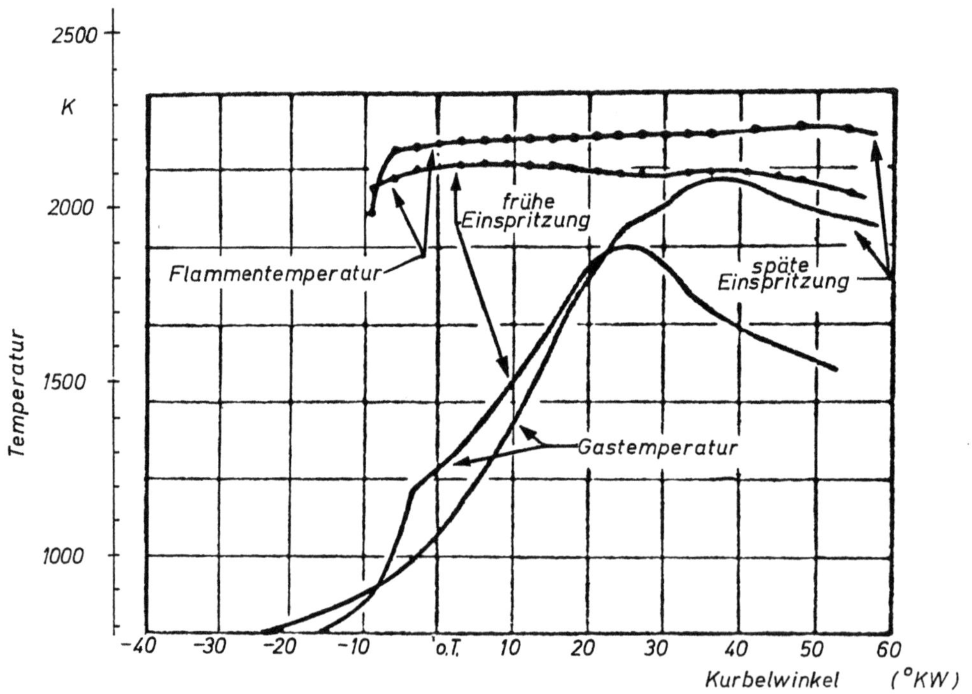

Abb. 2.6/6. Flammen- und Gastemperaturen zweier Arbeitsprozesse mit einem frühen und späteren Einspritzzeitpunkt (nach Myers u. Uyehara [64], Fig. 5)

60°KW nach OT rasch ab. Danach folgt ein schneller, jedoch stetiger Übergang zur Gastemperatur T_G.

Es stellt sich nämlich heraus, daß $T_F > T_G$ ist, wenn man die jeweilige Prozeßtemperatur aus der auf den betreffenden Arbeitsprozeß angewendeten allgemeinen und realen Gasgleichung mit dem indizierten Druck errechnet. Hierzu liefern Myers und Uyehara im Besitz aller Versuchsdaten in [64] mit Fig. 5 ein Beispiel zu den vorstehend bereits verwendeten Messungen über die Flammentemperatur; es wird hier mit Abb. 2.6/6 wiedergegeben. Daraus errechnen sich für den Zeitraum der Verbrennung mit leuchtender Flamme die in Zahlentafel 2.6/2 zusammengestellten Verhältniszahlen $T_G/T_F < 1$ abhängig vom Kurbelwinkel. Von OT bis 55°KW n. OT schwankt das Temperaturverhältnis zwischen 0,59 und 0,90 für den früheren sowie zwischen 0,49 und 0,93 für den späteren Einspritzzeitpunkt. Als Mittelwert über den beobachteten Zeitraum findet man 0,77 sowie 0,80 oder insgesamt 0,785. Es ist klar, daß sich bei anderen motorischen Verhältnissen nach Motorart, Belastung, Einspritzung und Gemischbildung entsprechend der Anzahl und Art der Rußteilchen andere Werte ergeben werden (vgl. hierzu in Zahlentafel 2.6/2 die Zahlenreihe „zu Abb. 2.6/14“ und den Text im nachfolgenden Abschn. 2.6.2 „zu Nr. 6“).

Zahlentafel 2.6/2. *Verhältniswerte von Gas- zur Flammentemperatur* T_G/T_F *von Arbeitsprozessen nach* Abb. 2.6/6 *und* 2.6/14

°KW n.OT	0	5	10	15	20	25	30	35	40	45	50	55	60	Mittelwerte
Einspritzung Abb. 2.6/6 frühere	0,59	0,64	0,72	0,79	0,86	0,90	0,87	0,82	0,78	0,77	0,75	0,75	—	0,77
spätere	0,49	0,56	0,63	0,72	0,82	0,88	0,90	0,93	0,93	0,91	0,89	0,88	—	0,80
Belastung Abb. 2.6/14 $p_e = 5{,}8$ bar	0,39	0,49	0,56	0,59	0,56	0,53	0,51	0,50	0,44	0,42	0,40	0,38	0,35	0,47
$p_e = 4{,}6$ bar	0,41	0,49	0,53	0,54	0,51	0,48	0,45	0,42	0,39	0,37	0,35	0,32	0,29	0,43
$p_e = 2{,}3$ bar	0,53	0,52	0,53	0,51	0,48	0,46	0,44	0,41	0,38	0,36	0,33	—	—	0,45

Bei der Vergleichsrechnung ist den Voraussetzungen oder Vorschriften der einzelnen α-Gleichungen zu folgen. Daher ist für die allein in der Gleichung von Sitkei auftretende Flammentemperatur T_F das Verhältnis zur Gastemperatur T_G zu beachten. Hierzu wird in [53] a. a. O. mit Abb. 5 abhängig von der Boltzmann-Zahl —— nicht zu verwechseln mit der Boltzmann-Konstanten der reinen Physik —— das Verhältnis $T_G/T_F < 1$ angegeben. Die Boltzmann-Zahl enthält unter anderem den Kraftstoffverbrauch, woraus man auf die jeweilige Belastung schließen kann. So läßt sich für Halblast der Zahlenwert 0,7 und für höhere Lasten bis Vollast 0,8 ablesen. Dies entspricht in Zahlentafel 2.6/1 einem Luftverhältnis $\lambda^* = 2{,}0$ und 1,5 bis 1,0. Somit wird für den entsprechenden Arbeitsabschnitt bis 60°KW n. OT die mittlere Gastemperatur bestimmt und die zugehörige Flammentemperatur errechnet.

Das Ergebnis der Vergleichsrechnung für die verschiedenen Wärmestromdichten ist in Abb. 2.6/7 mit fünf Einzelbildern für jeden der fünf Vergleichsprozesse in Abhängigkeit vom Kurbelwinkel für Verdichtung, Verbrennung und Ausdehnung dargestellt. Dabei ist für jeden Augenblick

$$q_{\text{ges}} = q_{\text{str}} + q_{\text{konv}},$$

worin je nach der betreffenden α-Gleichung das Strahlungsglied sich zusammensetzt aus:

$q_{str} = q_{Nu-G}$ allein der Gasstrahlung nach Nußelt,

$q_{str} = q_{Si-G} + q_{Si-F}$ getrennt in Gas- und Flammenstrahlung nach Sitkei,

$q_{str} = q_{An-G}$ allein der Gasstrahlung (Ottomotor) nach Annand*

$q_{str} = q_{An-G+F}$ gemeinsam für Gas- und Flammenstrahlung (Dieselmotor) nach Annand.

* Nicht in Abb. 2.6/7 wegen Anlehnung an Nußelt eingetragen, wohl aber in Zahlentafel 2.6/3; vgl. die Anmerkung bei Gl. (2.14b) zu dem Strahlungswert $c = 0{,}421\ \mathrm{W/m^2\,K^4}$.

Abb. 2.6/7. Wärmestromdichten nach den Wärmeübergangsgleichungen von Nußelt, Sitkei u. Annand für die Vergleichsprozesse 1* bis 5* entsprechend Zahlentafel 2.6/1 und Abb. 2.6/4 a u. 4b

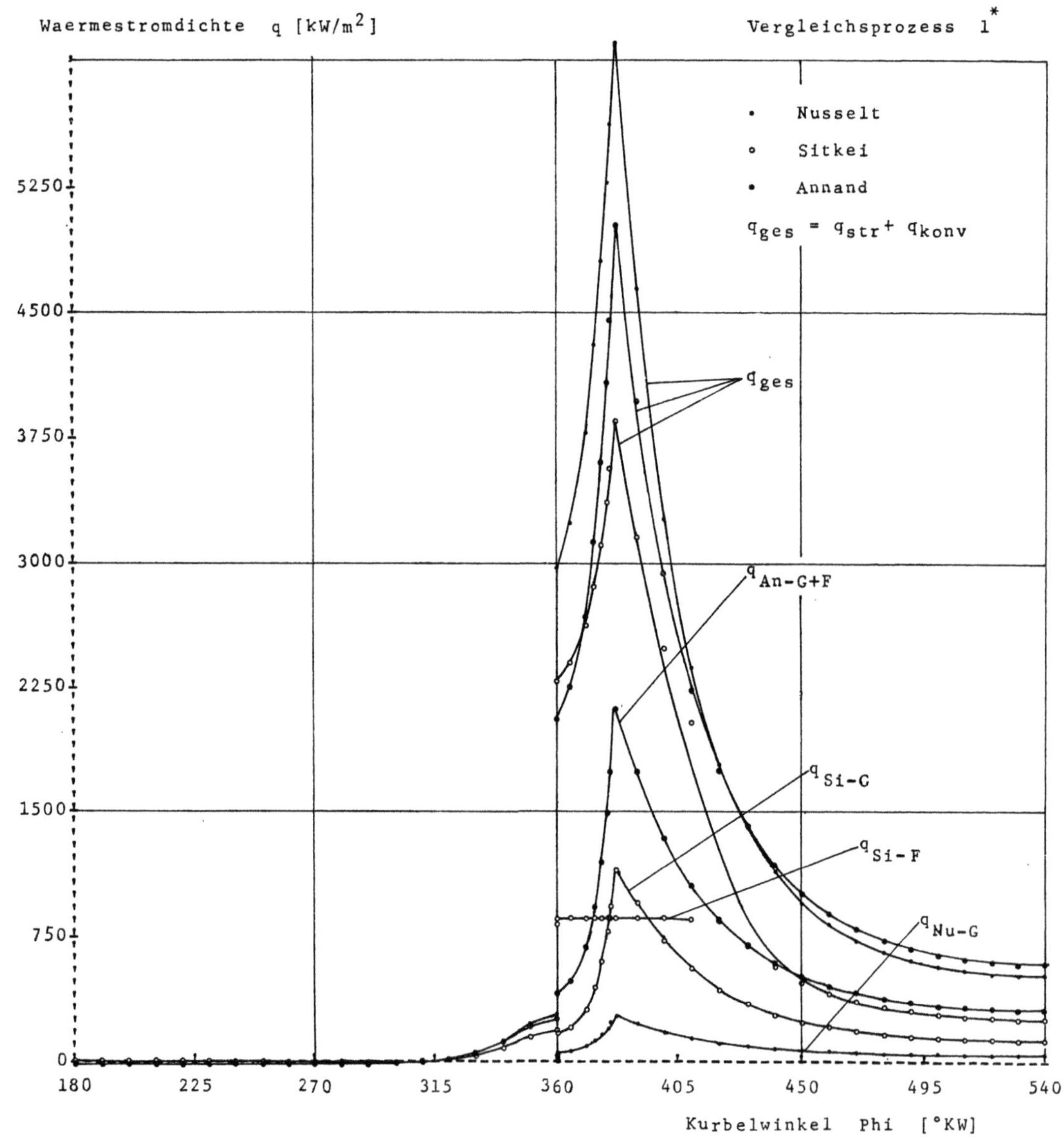

7a beim Vergleichsprozeß 1*

Der sichtbare Unterschied in den q-Werten für die drei Gleichungen braucht hier noch nicht behandelt zu werden, sondern es kommt jetzt lediglich darauf an, wie groß sich der Strahlungsanteil bei dem Vorgang der Verbrennung und Ausdehnung ergibt.

Immerhin muß zu dem Kurvenverlauf nach der Gleichung von Sitkei zu dem bereits Gesagten für die Wärmestromdichte q_{Si-F} aus der Flammenstrahlung ergänzend erwähnt werden, daß sich bei ihr ein nahezu gleichbleibender Wert bis 60 °KW nach OT, dem vorausgesetzten Ende der Verbrennung mit leuchtender Flamme, ergibt. Das würde bei der gesamten Wärmestromdichte zu einem scharfen Abfall wegen der nur noch wirkenden Gasstrahlung führen. Um der Wirklichkeit zu entsprechen, wird, wie bereits angedeutet, ein allmählicher Verlauf durch einen stetigen und ausgleichenden Übergang zwischen den beiden Kurvenästen gebildet. Deshalb liegen im mittleren Kurventeil von q_{ges} einige der Rechenpunkte außerhalb der durchgezogenen Linie. Der Strahlungsanteil ergibt sich für

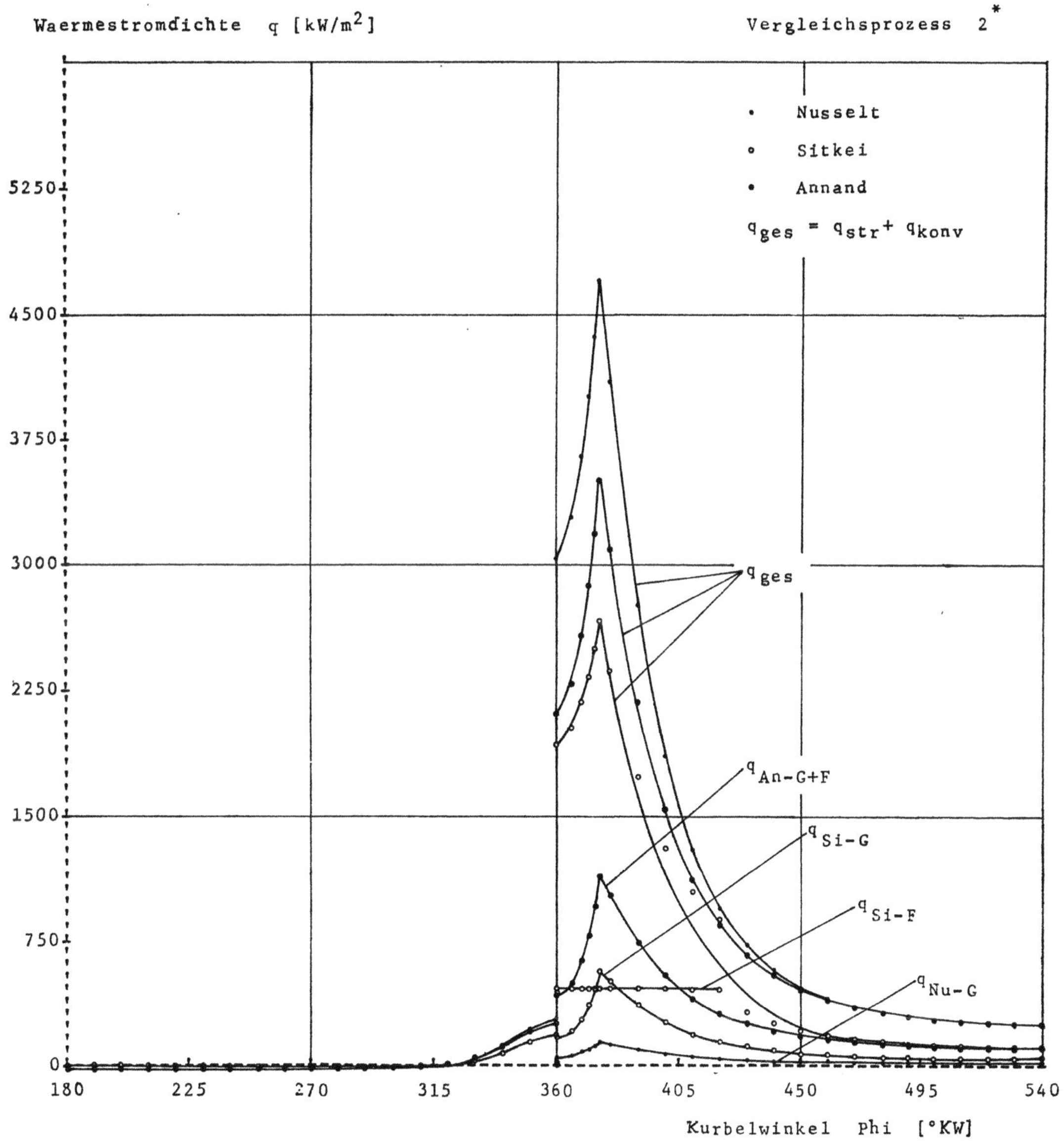

7b beim Vergleichsprozeß 2*

den Kolbenhub mit Verbrennung und Ausdehnung aus

$$\frac{q_{str}}{q_{ges}} = \frac{\int_{360}^{540} q_{str} \cdot d\varphi}{\int_{360}^{540} q_{ges} \cdot d\varphi} \tag{2.16}$$

und ist in Zahlentafel 2.6/3 eingetragen. Hierzu sei vorweg bemerkt, daß sich die zahlenmäßigen Anteile nur unwesentlich ändern, wenn man q_{ges} einschließlich Verdichtungsabschnitt von 180···540 °KW zugrunde legen würde. Denn der konvektive Teil während der Verdichtung bleibt unbedeutend, wie ein Blick auf die Abb. 2.6/7a···e zeigt.

In Verbindung mit Zahlentafel 2.6/1 erkennt man, daß der Strahlungsanteil mit zunehmendem Luftverhältnis stark absinkt, was durch die abnehmende Prozeßtemperatur

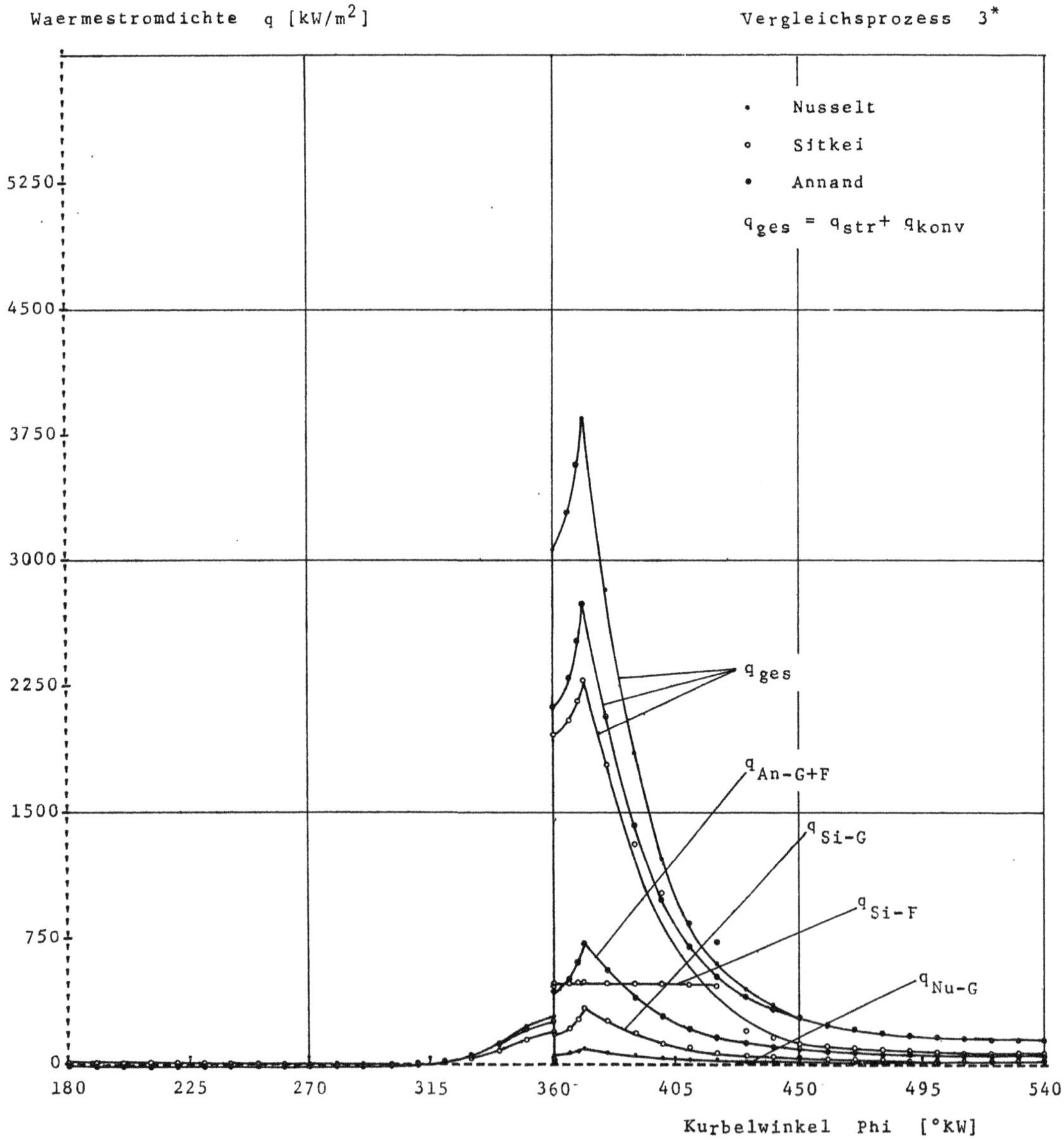

7c beim Vergleichsprozeß 3*

bedingt ist. Bei der aufgeladenen Maschine — VP 4* u. 5* — sind die Prozentsätze vergleichsweise niedriger, weil der konvektive Teil bei ungefähr gleich gebliebenen Temperaturen durch die höheren Drücke zugenommen hat. Nur die bei Sitkei getrennt ausgewiesenen Strahlungsanteile für Gas- und Flammenstrahlung ergeben für q_F/q_{ges} bei den sich entsprechenden VP 3* und 5* gegenüber VP 2* und 4* eine Steigerung wegen des vorgenannten Sprungs in dem Verhältnis T_G/T_F von 0,8 auf 0,7. Dadurch wird sichtbar, welchen erheblichen Einfluß das Temperaturverhältnis Gas/Flamme ausübt und zahlenmäßig weiter gesichert werden müßte.

Die *Gas*strahlung weist bei Nußelt den bereits festgestellten Anteil von 5% und weniger auf (vgl. die Ausführungen zu Abb. 2.6/3). Hier ist aber zusätzlich der zahlenmäßige Zusammenhang mit der Belastung erfaßt. — Obwohl Annand den Strahlungsfaktor für das Verbrennungsgas im Ottomotor von Nußelt übernommen hat, wird der Anteil wegen der andersgearteten Gleichung für den konvektiven Teil im ganzen etwas

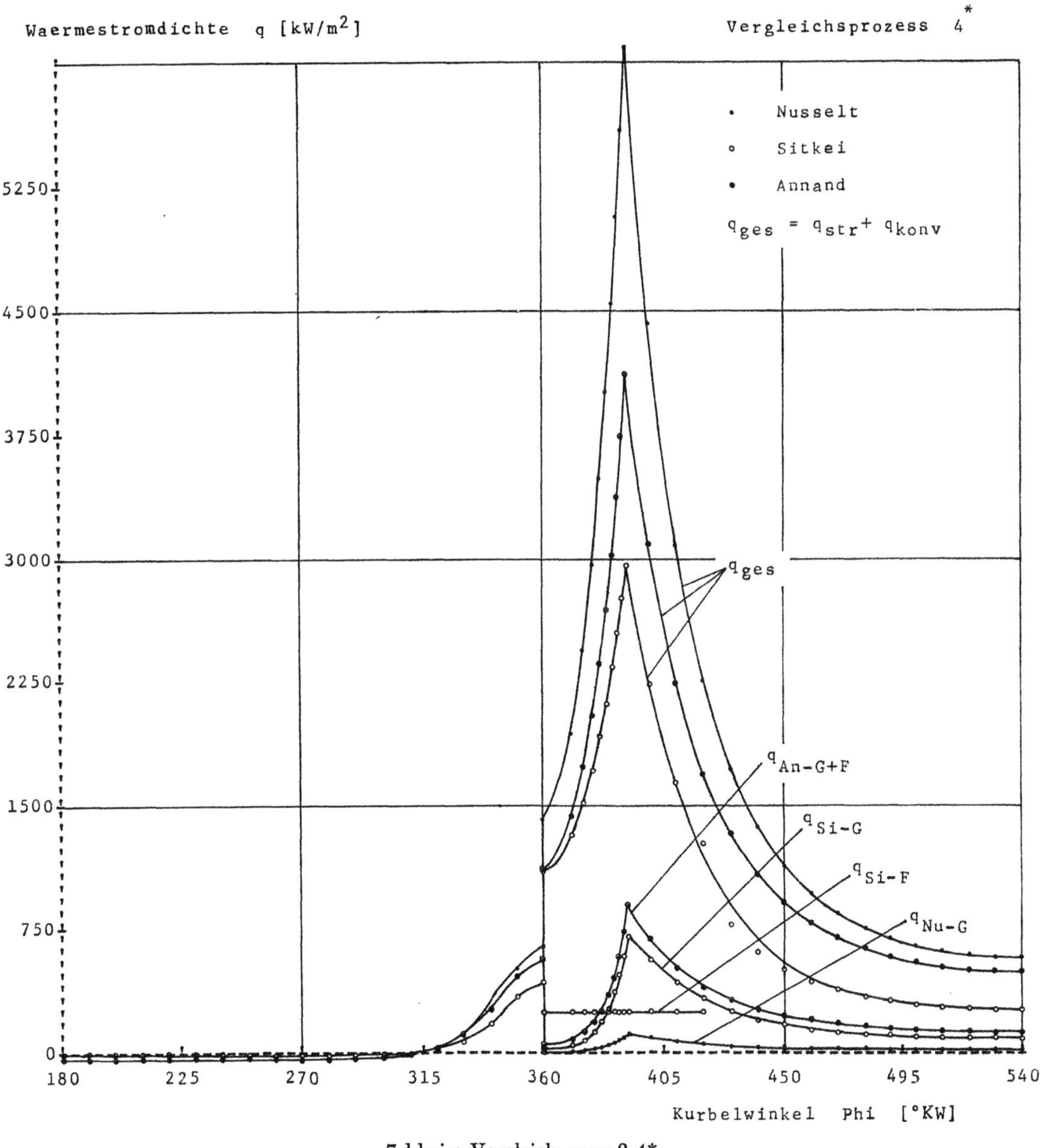

7d beim Vergleichsprozeß 4*

höher, und zwar besonders bei dem größeren Durchmesser. — Nach Sitkei sind die Werte wesentlich höher, wobei allerdings ein zunehmender Zylinderdurchmesser über die Schichtdicke der strahlenden Gase einen verstärkenden Einfluß ausübt. Gleichzeitig vermindert ein zunehmender Zylinderdurchmesser mit dem Exponenten —0,3 wie bei Annand den konvektiven Teil und hebt somit den Strahlungsanteil weiter an. Da die Gleichung von Nußelt keinen Größeneinfluß enthält, bleiben die Strahlungsanteile bei jedem einzelnen Vergleichsprozeß unverändert.

Die *Flammen*strahlung unterliegt den gleichen Einflüssen wie die Gasstrahlung, wenn auch in einem anderen Ausmaß, und erreicht nach Sitkei bei den zugrunde gelegten Vergleichsprozessen mit abnehmender Last zunehmende Anteile bis zum 3,6fachen der Gasstrahlung im VP 3*. Beim aufgeladenen Motor kehren sich die Anteile infolge des erhöhten Druckes und entsprechender Zunahme im konvektiven Wärmeübergang sogar teilweise um. Deshalb muß zu den nach Sitkei errechneten q_G- und q_F-Werten noch folgendes angemerkt werden: Sitkei hat in [53] a. a. O. durch Abb. 7 das Emissionsvermögen für die Gas-

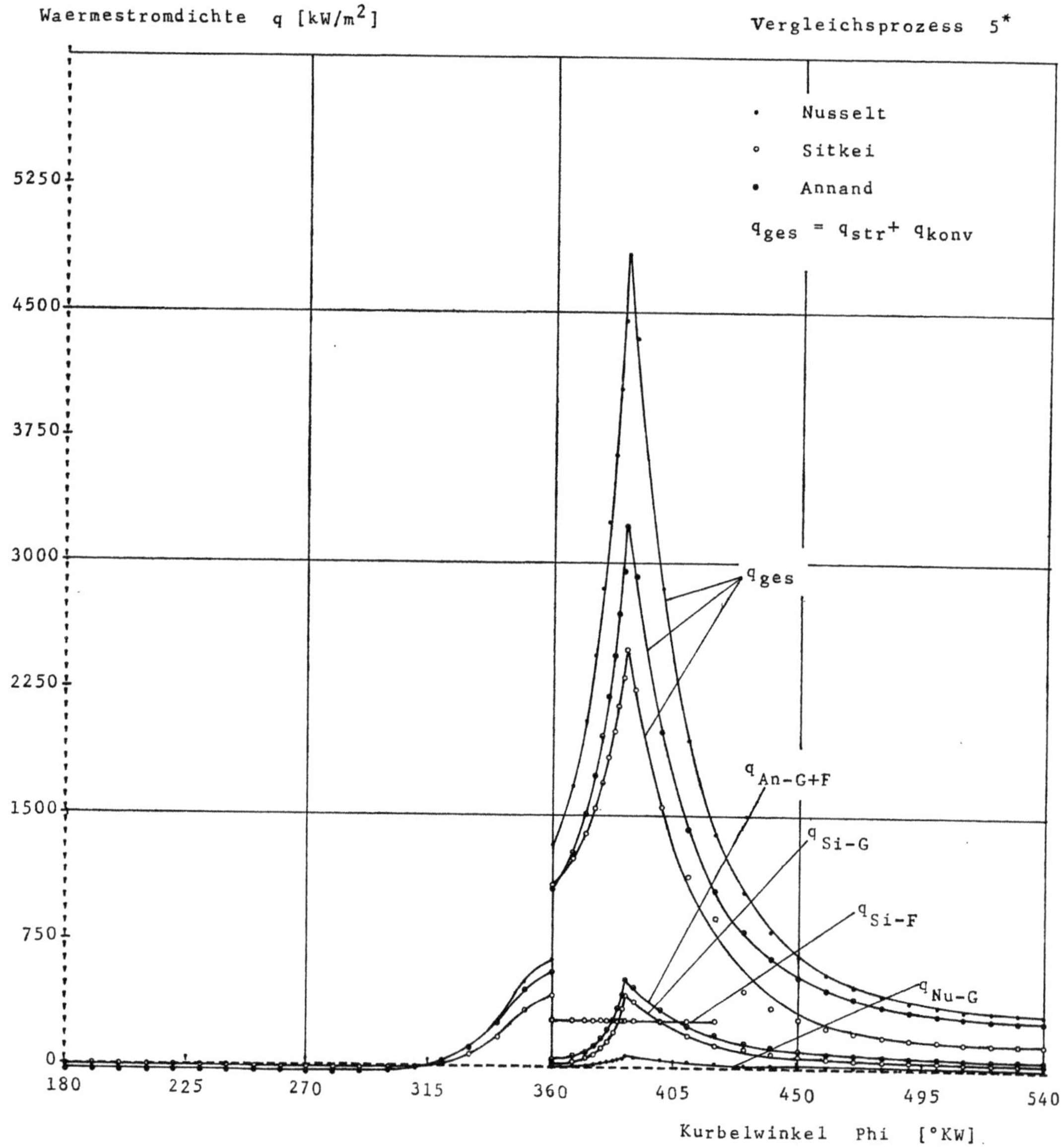

7e beim Vergleichsprozeß 5*

Zahltentafel 2.6/3. *Anteil der Strahlung q_{str}[1] an der gesamten Wärmestromdichte q_{ges}[2] für verschiedene Vergleichsprozesse nach Zahlentafel 2.6/1 und den Wärmeübergangsgleichungen von Nußelt, Sitkei und Annand*

Vergleichsprozeß VP			1*	2*	3*	4*	5*
Nußelt	$\frac{q_G}{q_{ges}}$[3] %	$D = 100$ mm	5,0	3,4	2,7	1,9	1,4
		$D = 400$ mm	5,0	3,4	2,7	1,9	1,4
Sitkei	$\frac{q_G}{q_{ges}}$ %	$D = 100$	12,6	7,8	5,3	8,4	5,3
		$D = 400$	29,3	20,5	13,8	22,0	14,5
	$\frac{q_F}{q_{ges}}$ %	$D = 100$	19,8	15,4	19,0	7,1	10,1
		$D + 400$	24,2	21,8	28,6	9,0	13,4
	$\frac{q_{str}}{q_{ges}}$ %	$D = 100$	32,4	23,2	24,3	15,5	15,4
		$D = 400$	53,5	42,3	42,4	31,0	27,9
Annand	$\frac{q_G}{q_{ges}}$ %	$D = 100$	6,1	4,1	3,0	2,1	1,5
		$D = 400$	9,0	6,0	4,5	3,2	2,2
	$\frac{q_{str}}{q_{ges}}$ %	$D = 100$	33,7	24,5	19,5	14,2	10,3
		$D = 400$	43,5	33,0	26,9	20,0	14,8

[1] $q_{str} = q_G + q_F$
[2] $q_{ges} = q_{str} + q_{konv}$
[3] bezogen auf Verbrennung u. Ausdehnung, d. h. auf den gesamten Ausdehnungshub

strahlung bei einer bestimmten Temperatur und bezogen auf den Durchmesser des von ihm herangezogenen Motors mit d = 115 mm dargestellt. Für den größeren Durchmesser mit d = 400 mm mußte deshalb das Berechnungsverfahren von K. Schack [76] herangezogen werden (s. Abschn. 2.6.3.1). Demgegenüber hat Sitkei das Emissionsvermögen der Flamme gleichungsmäßig als Funktion der Schichtdicke (≙ Durchmesser) behandelt. Aber gleichzeitig wurde das Emissionsvermögen auf einen verhältnismäßig kleinen Wert mit $\varepsilon_F = 0{,}18$ beschränkt. Dadurch erklären sich die teilweise großen Unterschiede in den betreffenden Zahlenwerten, und zwar vor allem bei dem Strahlungsanteil der Flamme q_F bei dem aufgeladenen größeren Motor.

Die *Gesamt*strahlung q_{str} gilt für den dieselmotorischen Betrieb bezogen auf den Arbeitsabschnitt Verbrennung und Ausdehnung und zeigt für den kleinen Zylinderdurchmesser zwischen Annand und Sitkei eine recht gute Übereinstimmung. Bei Vollast — VP 1* — beträgt der Strahlungsanteil rd. ein Drittel, um bei Halblast — VP 3* — auf ein Viertel und weniger abzusinken. Im Aufladebetrieb — VP 4* und 5* — nehmen aus den erörterten Gründen die Anteile weiter ab. Für den größeren Zylinderdurchmesser werden aus den ebenfalls dargelegten Gründen die Anteile höher, wobei die Zunahme nach der Gleichung von Sitkei jedoch nennenswert stärker als bei der von Annand ist. Die Ursache der Zunahme liegt in dem zweifachen Einfluß der Schichtdicke durch die getrennt behandelte Gas- und Flammenstrahlung, während Annand einen gemeinsamen vom Durchmesser unabhängigen Strahlungsfaktor verwendet. Man muß noch bedenken, daß die zugrunde gelegten Versuchsergebnisse im allgemeinen an kleinen Motoren ermittelt worden sind. Die aus Versuchen an kleinen Motoren gewonnenen Beiwerte sind offenbar, um den wirklichen motorischen Verhältnissen zu genügen, nicht ohne weiteres auf größere Motoren und andere Verbrennungsverfahren zu übertragen (vgl. z. B. die Ausführungen in Abschn. 2.2.).

Im nachfolgenden Unterabschnitt über Meßwerte kann eine neuere und vergleichende Untersuchung über Strahlung von Oguri und Inaba an zwei verschieden großen Dieselmotoren herangezogen werden, die in dieser Frage weiter helfen. Ferner wird sich bei der analytischen Berechnung im übernächsten Unterabschnitt zeigen, daß der Zylinderdurchmesser tatsächlich einen beachtlichen Einfluß auf den Wärmeübergang im allgemeinen und insbesondere auf die Strahlungswerte ausübt. Immerhin sind die aus den gegebenen Gleichungen und in Zahlentafel 2.6/3 gegenübergestellten Zahlenwerte aufschlußreich und in ihrer Größenordnung eine Grundlage. Um sie weiter beurteilen zu können, werden nachfolgend einige geeignete Meßwerte aus dem Schrifttum behandelt.

2.6.2 Meßwerte

Wie sich vorstehend bereits zeigte, ist der Einfluß der Motorgröße auf den gesuchten Strahlungsanteil bei der Wärmeübertragung unverkennbar. Dies hängt hauptsächlich mit der Schichtdicke der strahlenden Gase und Flammen zusammen. Es ist daher notwendig, für vergleichsweise herangezogene Meßwerte die jeweilige Motorgröße anzugeben. Dies wird bei den nachfolgenden Gegenüberstellungen der Meßwerte geschehen. Wegen der Schichtdicke muß auch für die Meßwerte klargestellt werden, in welcher Weise der als Meßgerät dienende Strahlungsempfänger eingebaut ist, z. B. ob im Zylinderdeckel mit Richtung parallel zur Zylinderachse oder seitlich mit Richtung quer durch den Zylinder. Es ist ferner zweckmäßig, wegen der stets weiter entwickelten Meßeinrichtungen die herangezogenen Arbeiten in zeitlicher Reihenfolge zu behandeln. In Zahlentafel 2.6/4 sind die betreffenden Motoren und Geräte mit ihren Kennwerten zusammengestellt.

Zu Nr. 1: Die bereits für die Flammentemperatur mit Abb. 2.6/5 aus [63] vom Jahre 1949 benutzten Werte sind durch eine Meßeinrichtung gewonnen, die von *Uyehara und Myers* in [65] vom Jahre 1946 beschrieben worden ist. Der verwendete Viertakt-Dieselmotor mit d = 108 mm Zylinderdurchmesser hatte eine kugelförmige Wirbelkammer mit 46 mm Durchmesser, in der mittels Pyrometer die Flammentemperatur gemessen wurde. Die maximale Flammenschicht betrug also gleichbleibend 46 mm.

Zu Nr. 2: Der von *Lyn* nach [66] vom Jahre 1957 benutzte Viertakt-Dieselmotor mit d = 127 mm besaß ebenfalls eine kugelförmige Wirbelkammer mit 56,4 mm Durchmesser. Lyn untersuchte insbesondere die spektrale Zusammensetzung der Flammen ebenfalls in der Wirbelkammer abhängig vom Kurbelwinkel und bestimmte zugleich die zugehörige Flammentemperatur. Es liegt in der Eigenschaft einer leuchtenden Flamme (Rußteilchen), daß sie von einer gewissen Schichtdicke an, und zwar bei einer kleineren als von einem strahlenden Gasgemisch, wie ein nahezu schwarzer Körper wirkt und auch ihre Temperatur nur wenig durch die Belastung des Motors beeinflußt wird. Wegen der geringeren Kraftstoffmenge und des größeren Luftüberschusses bei Teillast ist die Verbrennung u. U. früher beendet. Dies ist in Abb. 2.6/8 dadurch zu erkennen, daß gegenüber Vollast (geschlossene Punkte) bei Dreiviertellast (offene Punkte) die Flammentemperatur bereits bei 30 °KW absinkt und das Ende der Verbrennung mit leuchtender Flamme anzeigt. Dies geschieht mit Vollast erst bei 45 bis 50 °KW nach OT. Dadurch wird bestätigt, daß die für die Berechnung der Flammenstrahlung in Abb. 2.6/7 gewählte Zeit entsprechend von 60 °KW bequem ausreicht. Natürlich hängt das Ende der Verbrennung von der Gemischbildung ab, die je nach Motorart, Kraftstoff, Düsen, Luftbewegung usw. durchaus verschieden sein kann. Aber bei dem hohen Entwicklungsstand der Verbrennungskraftmaschine sind bei einwandfreiem Betriebszustand keine großen Unterschiede mehr zu erwarten.

Zu Nr. 3: Ebersole [67] hat im Jahre 1963 Werte über den Strahlungsanteil an der gesamten durch Wärmeübertragung verursachten Wärmestromdichte von einem Dieselmotor mitgeteilt. Der Motor hatte mit d = 108 mm denselben Zylinderdurchmesser wie derjenige von Nr. 1; er war aber sonst durch seinen Zweitaktprozeß und die unmittelbare Einspritzung sehr verschieden. Für die Versuche war ein empfindliches Thermoelement

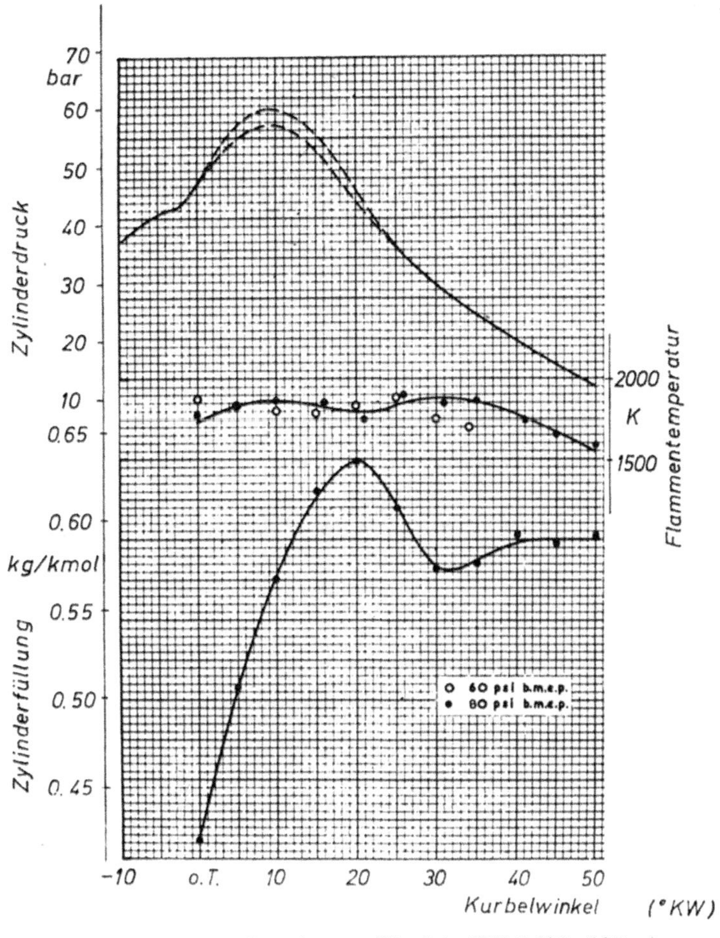

Abb. 2.6/8. Flammentemperatur in einem Dieselmotor (Nr. 2 in Z.T 2.6/4) abhängig vom Kurbelwinkel für Vollast und 3/4-Last (nach Lyn [66], Fig. 9)

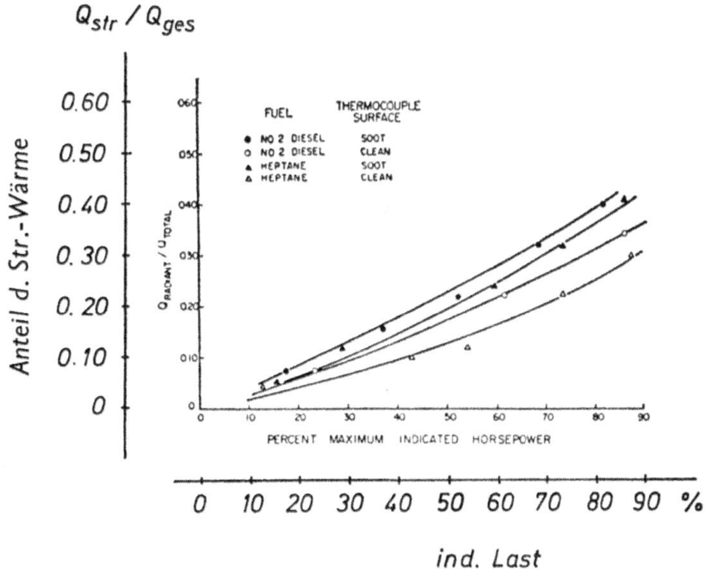

Abb. 2.6/9. Anteil der Strahlungswärme Q_{str} an der insgesamt übertragenen Wärme Q_{ges} bei einem Dieselmotor (Nr. 3 in Z.T. 2.6/4) abhängig von der Last (nach Ebersole [67] Fig. 11)

Zahlentafel 2.6/4. *Kennwerte der Motoren und Geräte bei Messungen über Strahlung und Flammentemperatur von Verbrennungsgasen im motorischen Betrieb*

Lfd. Nr.	Messungen von	Bauart	Zyl.-Zahl	Hub/Durchm. s/d mm	Drehfreq. n min^{-1}	Verd.-Verh. ε	Verbrennungsverfahren	Meßgerät	Meßort
1	Uyehara 1946 u. 1949 [65] u. [63]	4-T DiMo Fairbanks-Morse & Co	1	152,4/108	1200	14,5	Wirbelk., kugelförmig, ≈ 46 mm ∅	elektro-optisches Pyrometer, Strahlungsfenster: Quarz	Wirbelk., waagerecht-radialer Einbau d. Pyrom.
2	Lyn 1957 [66]	4-T DiMo Ricardo-Mark II Comet	1	158,8/127	—	—	Wirbelk., kugelförmig, 56,4 mm ∅	Hilger D 264 infrarot Spektrometer mit Hilger-Schwartz Linear-Vakuum-Thermosäule; synth. Saphir-Fenster	Wirbelk., waagerechter Einbau d. Spektrom.
3	Ebersole 1963 [67]	2-T DiMo GM 1-71	1	127/108	1200	16	unm. Einspr.	hochempfindliche Thermoelemente mit a) Saphir-Strahlungsfenster und b) für die Gesamtwärme	Zyl.-Deckel, senkrechter Einbau; 41,3 mm von der Zyl.-Mitte und 19 mm von einem Anlaßventil entfernt beim Strahlungs-Th.
4	Flynn 1972 [68]	4-T DiMo Harvester DT-429 (vgl. [83] 1969)	1	114,3/114,3	2000 ($\lambda^*_{min} \approx 1{,}4$) ($c_m = 7{,}65$ m/s)	16,7	unm. Einspr., Hesselmanform	Photodetector und infrarot Monochromator mit Quarzfenster (zwecks Reinigung im Betrieb herausnehmbar)	waagerechter, 20% exzentrischer Einbau durch oberen Rand der Laufbüchse und Einschnitt in Kolbenrand u. -boden. Meßebene $0{,}5d$ vom Zylinderrand entfernt
5	Oguri u. Inaba 1972 [69]	A) 4-T DiMo Daihutsu Co	2	220/150	1200 ($p_e = 5{,}4$ bar) ($c_m = 8{,}8$ m/s)	—	unm. Einspr., Hesselmanform m. verstärktem Kolbenrand	wie bei lfd. Nr. 3	senkrechter Einbau in Zyl.-Deckel bei A) 1 Th.-Elem. m. Saphirfenster 2 Oberfl. Th.-Elem. Orte auf einander abgestimmt

Zahlentafel 2.6/4. (Fortsetzung)

Lfd. Nr.	Messungen von	Bauart	Zyl.-Zahl	Hub/Durchm. s/d mm	Drehfreq. n min^{-1}	Verd.-Verh. ε	Verbrennungsverfahren	Meßgerät	Meßort
5	Oguri u. Inaba 1972 [69]	B) 4-T DiMo m. A. 2 Ein- u. 2 Auslaßvent. Niigata Iron Works	6	380/310	600 (p_e = 18,3 bar) (c_m = 7,6 m/s)	—	unm. Einspr., Hesselman-form normal	wie bei lfd. Nr. 3	B) 1 Th.-Elem. m. Saphir-fenster 1 Oberfl. Th.-Elem. Orte auf einander abgestimmt
6	Aepler u. Baturin 1975 [70]	A) 4-T DiMo 3 D 6 △ 6 NVD 15/18	3	180/150	1 500 (p_e = 4,7 bar) (c_m = 9 m/s)	—	unm. Einspr., Hesselman-form	optisches Verfahren (Strahlungsquelle u. -empfänger, Quarzfenster)	Durchstrahlung quer durch den Verbrennungsraum (entspr. Zylinderdurchm.)
		B) 4-T DiMo 1 NVD 36	1	360/240	500 (p_e = 5,8 bar) (c_m = 6 m/s)	—			

mit Saphir-Fenster in besonderer Bauart für den Empfang der reinen Strahlungswärme entwickelt worden, und für die Ermittlung der Gesamtwärme war ein hochempfindliches Oberflächenthermoelement bündig mit der Brennraumwand ebenfalls in den Zylinderdeckel eingebaut. Das wesentlichste Ergebnis ist in Abb. 2.6/9 zusammengestellt. Bei 90% Last liegen die Strahlungswerte rd. zwischen 30 und 40% der Gesamtwärme. Es ist zwischen den Werten zu unterscheiden, die sich einmal bei einem sauberen und einem leicht durch den Betrieb berußten Saphir-Fenster und das andere Mal bei zwei verschiedenen Kraftstoffen ergeben. Der rußige Belag bringt bei höherer Last naturgemäß einen höheren Anteil an Strahlungswärme, und zwar rd. 10% absolut mehr; der schwerere Brennstoff erhöht ebenfalls wegen der schwierigeren Gemischbildung und Verbrennung um rd. 6%.

Zu Nr. 4: Im Jahre 1972 veröffentlichte *Flynn* [68] die Ergebnisse von umfangreichen Strahlungsmessungen an einem Viertakt-Dieselmotor mit d = 114,3 mm Zylinderdurchmesser und einer Brennraumform nach Hesselman. Der Strahlungsempfänger mißt quer und um 20% außermittig versetzt durch den Verbrennungsraum, weshalb entsprechende

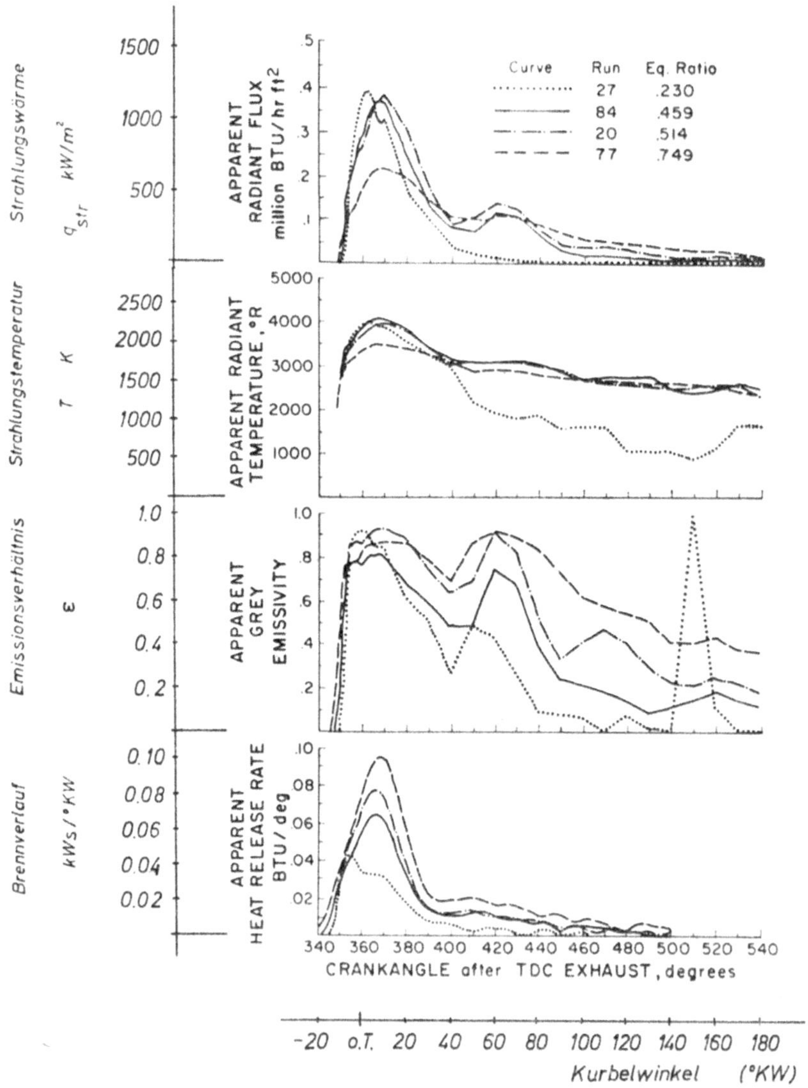

Abb. 2.6/10. Strahlungswärme, Strahlungstemperatur, Emissionsverhältnis und Wärmezufuhr durch den eingespritzten Kraftstoff (Brennverlauf) bei einem Dieselmotor (Nr. 4 in Z. T. 2.6/4) abhängig vom Kurbelwinkel für verschiedenes Luftverhältnis (nach Flynn [68], Fig. 11)

Einschnitte in den Kolbenrand und den Kegel in der Kolbenmitte erforderlich wurden. Die Strahlen kamen außerdem durch einen Kanal von 0,5 d Länge mit einem handbetätigten Drehschieber an die Ebene des Strahlungsfensters heran. Auf diese Weise war dafür gesorgt, daß während des Betriebes Verschmutzungen am Fenster beseitigt und Prüfmessungen durchgeführt werden konnten. Es wurden abhängig vom Kurbelwinkel gemessen und vorsichtig als „scheinbare" Werte bezeichnet: die Strahlungswärme als Wärmestromdichte, die optische Schichtdicke, die Strahlungstemperatur als Flammentemperatur, das „graue" Emissionsvermögen und die zeitliche Wärmezufuhr durch den eingespritzten Kraftstoff. Von den Betriebsbedingungen wurden systematisch in weiten Grenzen geändert: die Drehfrequenz, die Belastung (Luftverhältnis), der Ansaugdruck, der Einspritzzeitpunkt, die Brennstoffdüse und der Kraftstoff. Mit den Abb. 2.6/10 u. 11 werden jedoch ohne die optische Schichtdicke zwei Beispiele mit der Änderung von Belastung und Ein-

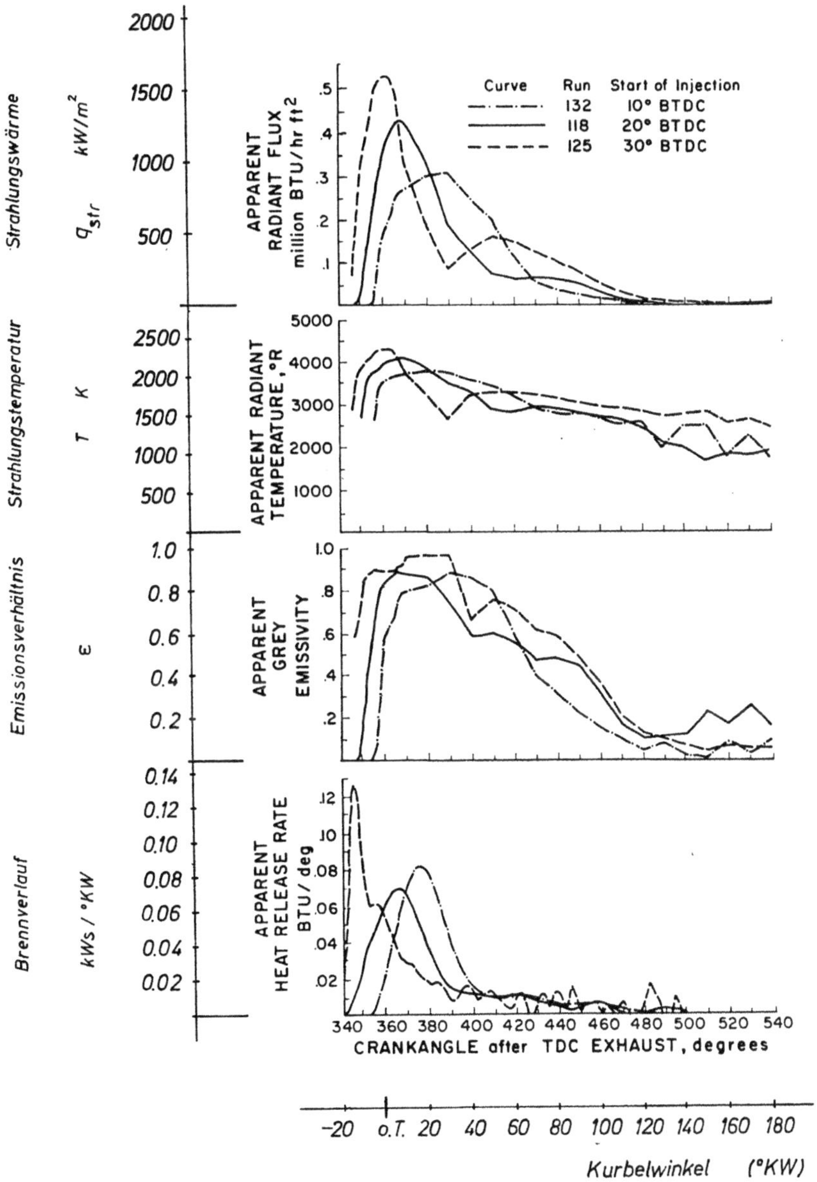

Abb. 2.6/11. Wie Abb. 2.6/10, jedoch für verschiedenen Einspritzzeitpunkt des Kraftstoffes bei gleichbleibendem Luftverhältnis $\lambda^* \approx 2{,}2$ (a. a. O. Fig. 13)

spritzzeitpunkt gebracht. In Verbindung mit anderen Meßwerten kann für unsere Zwecke festgestellt werden: Im normalen Betriebsfall ist die Strahlungswärme nach den ersten 50 °KW bereits auf ein Viertel bis ein Fünftel des Höchstwertes gesunken und die Flammentemperatur entspricht unter Berücksichtigung der verschiedenen Meßverfahren nach Höhe und Dauer den Werten, die bei den Motoren unter Nr. 1 und 2 gemessen und hier den Vergleichsrechnungen zugrunde gelegt worden sind.

Zu Nr. 5: Von *Oguri und Inaba* [69] wurden im Jahre 1972 unmittelbar vergleichbare Messungen an drei verschiedenen Motoren mitgeteilt. Die eingehenderen Versuche an den beiden ersten Motoren neuzeitlicher Bauart werden hier herangezogen. Die Versuche wurden in Yokohama mit den Erfahrungen durchgeführt, die Oguri offenbar bei seiner früheren Arbeitsgruppe an der Universität Wisconsin (U.S.A.) gewonnen hatte. Während der erste Motor als Nr. 5A in Zahlentafel 2.6/4 mit d = 150 mm Zylinderdurchmesser in die Größenklasse der bisher behandelten Motoren gehört, ist der zweite Motor als Nr. 5B mit d = 310 mm und erheblicher Aufladung eine besonders wünschenwerte Ergänzung für diese Betrachtung. Nach eingehenden Untersuchungen über den Verlauf der Wandtemperaturen und Bestimmung der Wärmestromdichte infolge Strahlung und insgesamt über den ganzen Viertakt-Arbeitsprozeß für verschiedene Betriebsverhältnisse werden durch zwei Bilder hinsichtlich des Strahlungsanteils die Ergebnisse zusammengefaßt, Abb. 2.6/12 u. 13.

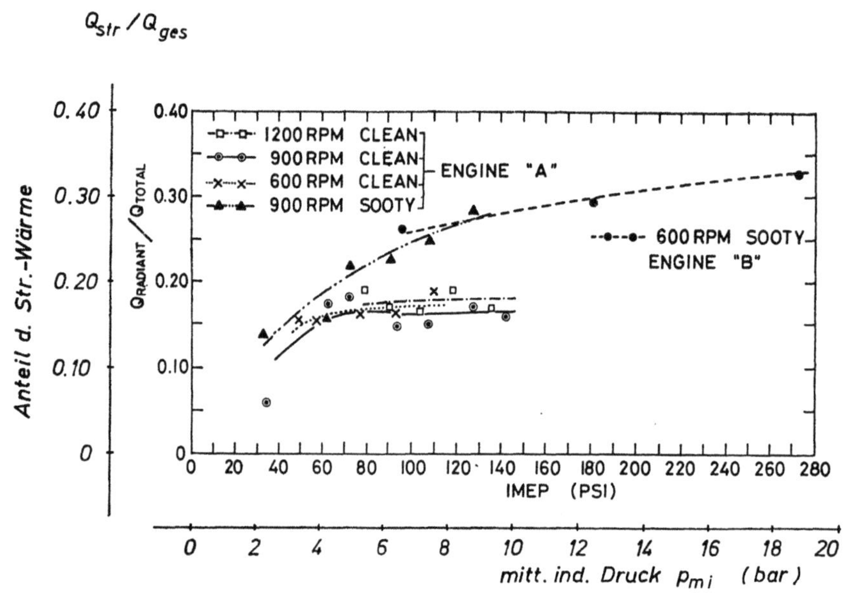

Abb. 2.6/12. Anteil der Strahlungswärme bei zwei verschiedenen Motoren (Nr. 5 in Z. T. 2.6/4) abhängig vom mittleren indizierten Arbeitsdruck (nach Oguri u. Inaba [69] Fig. 32)

In Abhängigkeit von der Belastung werden die beiden Motoren verglichen, und zwar in Abb. 2.6/12 über den indizierten mittleren Arbeitsdruck. Der kleine schnellaufende Motor A zeigt in drei Stufen keinen deutlichen Einfluß der Drehfrequenz n = 600 bis 1200 min^{-1} bzw. der mittleren Kolbengeschwindigkeit von c_m = 4,4 bis 8,8 m/s. Dies ist auch nicht zu erwarten, wenn bereits bei der niedrigeren Drehfrequenz bzw. Kolbengeschwindigkeit die Gemischbildung einen guten Zustand erreicht hat. Dagegen läßt sich für sehr kleine Last eine Verminderung des Strahlungsanteils in Übereinstimmung mit Zahlentafel 2.6/3 erkennen, wenn auch die errechneten Werte im ganzen höher liegen als der hier mit 18% festzustellenden Mittelwert. Dieser Mittelwert ist mit einem gereinigten Strahlungsfenster gewonnen worden. Dagegen steigen die Strahlungswerte mit betriebstechnisch berußtem Strahlungsfenster stetig mit der Last an und passen sich mit ihrem Verlauf und ihrer Höhe den Rechenwerten noch besser an. In diesem Meßzustand schließen sich zudem die Strahlungswerte von dem größeren und aufgeladenen Motor B mit weiterem Anstieg bis zu 33% gut an, auch wenn es sich nicht um denselben Kurvenzug, sondern um eine Überschneidung handelt. Es müssen sich nämlich bei einem größeren Motor mit 310 mm gegenüber 150 mm Zylinderdurchmesser höhere Strahlungsanteile ergeben und andererseits wegen des Aufladebetriebs vergleichsweise geringere. Denn bei dem um mehr als das Dreifache gestiegenen Arbeitsdruck bedeutet das für einen aufgeladenen Motor noch kein entsprechend verkleinertes Luftverhältnis.

Aus diesem Zusammenhang heraus erklärt sich der Abstand im Strahlungsanteil für die beiden Motoren, wenn die Meßwerte wie in Abb. 2.6/13 abhängig von der prozentualen Belastung aufgetragen werden. Vom Aufladezustand her müßte der Motor B unter dem Motor A liegen und wegen des größeren Zylinderdurchmessers darüber. Wie man sieht, überwiegt der Einfluß der Zylindergröße, so daß hier bei Halblast 17 und 29% sowie bei nahezu Vollast 27 und 33% Strahlungsanteil festzustellen sind. In der Tendenz und teilweise in der zahlenmäßigen Aussage stimmen die Werte mit Zahlentafel 2.6/3 überein und ergeben keinen Widerspruch zu den vergleichbaren α-Gleichungen.

Abschließend muß aber noch festgestellt werden, daß die durch Abb. 2.6/9 vermittelten Strahlungsanteile bei Teillasten mit denen von Abb. 2.6/13 zwar vergleichbar sind, nicht

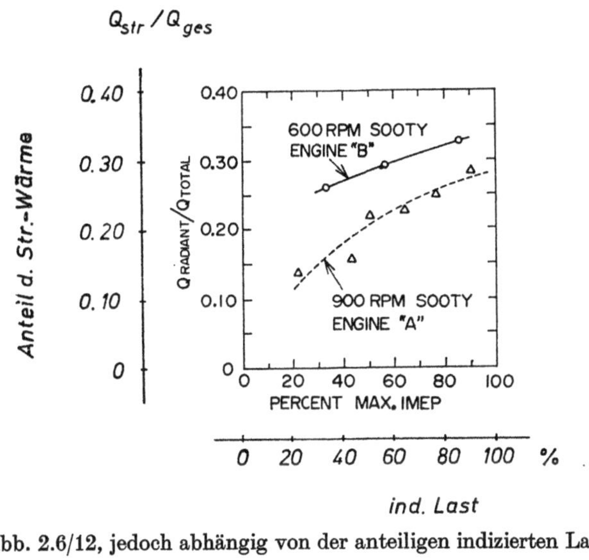

Abb. 2.6/13. Wie Abb. 2.6/12, jedoch abhängig von der anteiligen indizierten Last (a. a. O. Fig. 33)

aber in dem charakteristischen Kurvenverlauf. Denn in Abb. 2.6/9 steigt der Strahlungsanteil zunehmend an, während er sich in Abb. 2.6/13 asymptotisch einem Grenzwert nähert, wie es auch in Zahlentafel 2.6/3 den verwendeten α-Gleichungen entspricht. Dieser Unterschied zeigt deutlich, wie schwierig diese Strahlungsmessungen sind und dennoch fortgesetzt werden sollten.

Zu Nr. 6: Aus dem vorgenannten Grunde ist es erfreulich, daß noch eine den Verfassern soeben bekannt gewordene Veröffentlichung von *Aepler* und *Baturin* [70] vom März 1975 zum Vergleich herangezogen werden kann. Das optische Durchstrahlungsverfahren mit diametraler Anordnung von Strahlungsquelle und -empfänger ergibt hierbei Werte mit gleichbleibender Schichtdicke entsprechend dem Zylinderdurchmesser. Damit unterscheiden sich die Schichtdicken der beiden untersuchten Motoren Nr. 6A und 6B nach Zahlentafel 2.6/4 im Verhältnis $150 : 240 = 1 : 1{,}6$. Von den bereits behandelten Motoren wird bei Nr. 1, 2 und 4 zwar auch mit gleichbleibender Schichtdicke untersucht, aber bei den Motoren mit Wirbelkammer von Nr. 1 und 2 wird in der Wirbelkammer gemessen, wodurch wesentlich geringere Schichtdicken mit 46 und 54,4 mm bestehen. Weil das Emissionsvermögen (Schwärzegrad) einer Gasschicht mit oder ohne Flamme neben anderen Einflußgrößen von der Schichtdicke abhängt, müßte bei den gleichartig untersuchten und betriebenen Motoren von Nr. 6A und 6B ein Unterschied erkennbar sein. Die mitgeteilten Diagramme zeigen dies auch, und zwar liegen die beiden größten Werte für die im dieselmotorischen Betrieb vorhandene leuchtende Flamme bei $\varepsilon_F = 0{,}9$ bzw. 1,0. Damit ist der Grenzwert des absolut schwarzen Körpers mit $\varepsilon_s = 1{,}0$ für den größeren Motor 6A bereits im ersten Teil der Verbrennung, etwa bei 10 bis 20°KW nach OT, durchaus möglich oder sogar zu erwarten.

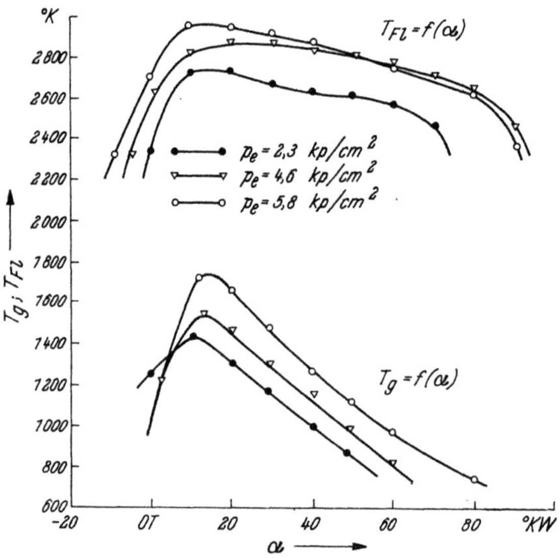

Abb. 2.6/14. Gas- und Flammentemperaturen in einem Dieselmotor (Nr. 6B in Z. T. 2.6/4) bei verschiedenen Belastungen abhängig vom Kurbelwinkel (nach Aepler u. Baturin [70] Abb. 6)

Für den größeren Motor sind für verschiedene Belastungen die gemessene Flammentemperatur T_{Fl} und die nach der Gasgleichung berechnete Gastemperatur T_g in Abb. 2.6/14 gegenübergestellt. Die Flammentemperatur entspricht mit ihrem flachen Verlauf und dem raschen Abfall bei 60 oder 80°KW den bereits behandelten Beispielen. Aber die Temperatur liegt im allgemeinen und je nach der Belastung um 400 bis 800 K höher als bei den anderen Beispielen. Daraus folgt, daß das Temperaturverhältnis

$$\frac{T_G}{T_F} = \frac{T_g}{T_{Fl}} = 0{,}43 \text{ bis } 0{,}47$$

im Mittel gegenüber 0,77 bis 0,80 bei den anderen Beispielen kleiner geworden ist, weil sich für die berechneten Gastemperaturen keine wesentlichen Unterschiede ergeben können, vgl. Zahlentafel 2.6/2. Vorläufig kann nicht entschieden werden, ob tatsächlich der große Unterschied bei der Flammentemperatur in vergleichbaren motorischen Betriebsverhältnissen auftreten kann oder auch die verschiedenen Meßverfahren dazu beitragen. Ungeachtet dessen wird der bemerkenswerte Umstand bestätigt, daß die Flammentemperatur nach 60 bis 80°KW rasch abfällt und das Abbrennen der kleinen und kleinsten Kraftstoffteilchen oder deren Reste aufzuhören beginnt.

Der Anteil der Strahlungswärme an der gesamten übergegangenen und im Kühlwasser ermittelten Wärme beträgt bei dem Viertaktmotor Nr. 6B für verschiedene Belastungen 28 bis 31%. Diese Prozentsätze ordnen sich gut in die bei den anderen Motoren ermittelten Werte ein. Bei jedem genaueren Vergleich über Strahlungswärme muß, wie bereits gezeigt worden ist, auch auf die Motorgröße und auf die Herkunft der bezogenen Wärme geachtet werden. Bei den von Nußelt ermittelten Anteilen wurden am Anfang dieses Abschnittes entsprechende Überlegungen angestellt.

2.6.3 Analytische Berechnung

2.6.3.1 Emissionsvermögen und Strahlungsaustausch

In den behandelten α-Gleichungen mit einem Strahlungsglied ist ein Strahlungsfaktor verschiedener Art enthalten. Bei Nußelt ist es die versuchsmäßig gefundene Zahl 0,421, Gl. (2.1), und bei Annand die aus vergleichenden Betrachtungen gewonnene Konstante c mit zwei Zahlenwerten für den Otto- oder Dieselmotor, Gl. (2.14b). Diese Zahlenwerte sind dimensionsbehaftet, damit man im Produkt mit der Temperaturdifferenz Gas-Wand die Wärmestromdichte erhält. Dabei ist bekanntlich nach dem Strahlungsgesetz von Stefan-Boltzmann für „graue und schwarze" Körper im allgemeinen die Temperatur mit der vierten Potenz zu nehmen. In der α-Gleichung von Sitkei, Gl. (2.13), wird dagegen das dimensionslose Emissionsverhältnis ε mit Bezug auf die Strahlungskonstante C_s der schwarzen Strahlung verwendet und dabei zwischen Gas- und Flammenstrahlung unterschieden. Allen Werten ist gemeinsam, daß sie zugleich den Wandeinfluß beinhalten, weil beim Strahlungsaustausch zwischen Gaskörper und Wand auch das wechselseitige Emissions- und Absorptionsvermögen der verschiedenen Stellen zu berücksichtigen ist. Dabei gilt für jede Stelle nach dem Gesetz von Kirchhoff, daß Emmission und Absorption gleich groß sind.

Die Übernahme dieser Vereinfachung in die Gleichungen ist aus zwei Gründen möglich. Erstens sind die Wände des Verbrennungsraumes und damit insbesondere die im allgemeinen rauhen und leicht berußten Böden vom Zylinderdeckel und Kolben nahezu als schwarz anzusehen (Absorptionswerte von 0,90···0,95, siehe bei [1] und [75]). Zweitens liegen die Wandtemperaturen im Vergleich zu den Temperaturen des Arbeitsgases so niedrig, daß in Verbindung mit der vierten Potenz bei den Temperaturen so allgemein betrachtet nur ein kleiner Wandeinfluß zustande kommt. Es soll aber überlegt werden, ob hierbei der Wandeinfluß der Zylinderlaufbuchse mit sehr viel kleineren Absorptionswerten (0,05 für blanke und trockene bzw. 0,20···0,30 für blanke mit dünnem Ölfilm behaftete Oberflächen, s. bei [72]) vergleichsweise weiterhin vernachlässigt werden darf. Dazu sei das Strahlungsvermögen des Arbeitsgases und der Strahlungsaustausch zwischen Gaskörper und fester Wand für die gegebenen motorischen Verhältnisse betrachtet.

Nach diesen allgemeinen Bemerkungen wird zunächst festgestellt, daß die von einer Wand ausgestrahlte Wärmestromdichte

$$q = \varepsilon_w C_s \left(\frac{T}{100}\right)^4 \tag{2.17}$$

ist. Obwohl für feste und „grau" strahlende Wände das Emissionsverhältnis ε von der Stoffart, der Oberflächenbeschaffenheit und von der Temperatur abhängt, kann bei Verbrennungskraftmaschinen örtlich mit einem jeweils festen Wert gerechnet und dem soeben angegebenen Schrifttum wie auch anderen Handbüchern entnommen werden. Würde es sich im einfachsten Fall nur um den Strahlungsaustausch zwischen sich gegenüberliegenden Wänden handeln, so würde die ausgetauschte oder die von der wärmeren (Index 1) zur kälteren Wand (Index 2) übergehende Wärme bei einer Wärmestromdichte von

$$q = \varepsilon_{1,2} C_s \left[\left(\frac{T_1}{100}\right)^4 - \left(\frac{T_2}{100}\right)^4\right] \tag{2.18}$$

liegen, wobei das gemeinsame Emissionsverhältnis

$$\varepsilon_{1,2} = \frac{1}{\frac{1}{\varepsilon_1} + \frac{1}{\varepsilon_2} - 1} \tag{2.19}$$

ist. Handelt es sich dagegen um einen Gaskörper, der wie im Arbeitsraum einer Verbrennungskraftmaschine allseitig von Wänden umschlossen ist, so ist für den Gaskörper zu bedenken, daß sich bei ihm der Strahlungsaustausch nicht wie bei den festen Wänden ausschließlich an der Oberfläche abspielt, sondern mit seiner Schichtdicke die Emission bzw. Absorption zunimmt. Wiederum gilt die Abhängigkeit von der Gasart und Temperatur, weil insbesondere Gase nur in bestimmten unterschiedlichen Wellenbereichen emittieren bzw. absorbieren und nicht immer dem Gesetz mit der vierten Potenz der Temperatur folgen. Andere und veränderliche Exponenten können maßgebend werden. Man hilft sich für den praktischen Gebrauch damit, daß in Abhängigkeit von dem Produkt Teildruck $\times$ Schichtdicke $= p \cdot s$ das gesamte Emissionsvermögen für verschiedene Temperaturen ermittelt und graphisch oder mit Näherungsgleichungen dargestellt wird. Das Zusammenwirken in einem Gasgemisch muß besonders berücksichtigt werden und geschieht bei der einfachen Addition der Emissionswerte durch Korrekturfaktoren.

Im Verbrennungsmotor entsteht ein Gasgemisch, das die strahlenden Gase H_2O, CO_2 und CO enthält. Für den Dieselmotor scheidet CO als praktisch nicht vorhanden aus; außerdem ist CO ein verhältnismäßig schwacher Strahler. Dafür tritt bei ihm neben der betreffenden Gasstrahlung noch die Flammenstrahlung auf, die eine Folge der Eigenart der dieselmotorischen Verbrennung mit ihren zeitweilig bestehenden Kohlenstoffteilchen (Ruß) ist. Das Emissionsverhältnis bei Gasen und Flammen ist im Gegensatz zu dem der Oberfläche fester Stoffe jeweils kein gleichbleibender Wert, sondern hängt vom Gaszustand und der Dicke der Gasschicht ab. Die ausgestrahlte Energie wächst ständig mit der Schichtdicke bzw. die eingestrahlte vermindert sich auf ihrem Wege durch das Gas ebenso. Das Kirchhoffsche Gesetz gilt zwar ebenfalls, aber nur für den Fall einer durchgehend gleichen Temperatur. Da es auch zukünftig nicht gelingen wird, die Temperaturverteilung und im Augenblick heftiger Geschwindigkeitsänderungen auch die Druckverteilung im Arbeitsgas während des Prozesses genau anzugeben, muß man sich mit den üblichen mittleren Prozeßwerten beim motorischen Betrieb begnügen. Wegen der stetigen Zu- oder Abnahme der Strahlungsenergie beim Durchgang durch eine bestimmte Gasschicht von der Dicke s_{str} ergibt sich für das Emissions- bzw. Absorptionsverhältnis eine exponentielle Funktion

$$\varepsilon = 1 - e^{-kps_{str}}, \tag{2.20}$$

wobei p der Gesamtdruck ist und k nicht nur dimensionsbehaftet, sondern zugleich von der Art des Gases und seiner Temperatur abhängig ist. Handelt es sich um ein Gasgemisch, dann ist p der Teildruck und der Gesamtdruck geht in den k-Wert ein. Das Produkt $p \cdot s_{str}$ folgt aus dem Beerschen Gesetz und gilt für nicht zu hohe Drücke. Insofern liegen die Einzelgase des Verbrennungsgases günstig, trotzdem sind wegen der zeitweilig hohen Gesamtdrücke im motorischen Arbeitsprozeß Korrekturen anzubringen. Man hat also festzustellen, daß das Emissionsverhältnis eines strahlenden Gases in einem Gasgemisch ist:

$$\varepsilon_g = f(\text{Gasart, Temperatur, Gesamtdruck, Teildruck, Schichtdicke}). \tag{2.21}$$

Für die Absorption im Gas in einem von Wänden umschlossenen Raum tritt noch die Wandtemperatur als weitere Einflußgröße hinzu. Ehe nun der Emissions- und Absorptionsvorgang und weiterhin der Strahlungsaustausch in einem umschlossenen Raum näher behandelt werden, ist es zweckmäßig, die veränderlichen geometrischen Verhältnisse bei einem Kolbenmotor hinsichtlich der Schichtdicke darzulegen.

Zahlentafel 2.6/5. *Gleichwertige Schichtdicke s_{gl}/d bei Zylindern*[1] *für die Strahlung Gas/Wand nach Hottel* [75] a. a. O., S. 277

Fläche ↓ h/d[2] = →	0,5		1,0		2,0	
	s_{gl}/d[3]	a[4]	s_{gl}/d	a	s_{gl}/d	a
a) gesamte Oberfl. A_{ges}	0,500	0,89	0,666	0,90	0,800	0,91
b) Mantelfläche A_M	0,525	0,88	—	—	0,817	0,92
c) Enflächen A_E	0,475[5]	0,90	0,764[6]	0,92	0,730[5]	0,82

[1] mit dem Durchmesser d und der Höhe h

[2] $h = s + h_c$ mit Kolbenhub s u. Höhe des tellerförmigen Verdichtungsraumes h_c; mit dem Verdichtungsverhältnis ε ist $h = s\left(1 + \frac{1}{\varepsilon - 1}\right)$

[3] $s_{gl} = 4V/A$

[4] Mittlere wirksame Schichtdicke $s_{mw} = a \cdot s_{gl}$ mit dem Abminderungsfaktor a (Mittelwert $a \approx 0{,}90$)

[5] Bestrahlung der Endflächen

[6] Bestrahlung der Mitte der Grundfläche „center of base"

Wenn man von der mehr oder weniger besonderen Gestalt des Verbrennungsraumes (Kolbenlage um den OT) absieht, handelt es sich um einen zylindrischen Raum, dessen gleichwertige Schichtdicke ähnlich dem aus der Strömungslehre bekannten hydraulischen Durchmesser gebildet wird mit

$$s_{gl} = \frac{4V}{A}. \tag{2.22}$$

Beim zylindrischen Raum ist es jedoch für den Strahlungsvorgang ein Unterschied, ob man die ganze Oberfläche A_{ges}, die Mantelfläche A_M oder die beiden Endflächen A_E in Betracht zieht. Ferner ist beim Verbrennungsmotor das Verhältnis zwischen Zylinderhöhe und -durchmesser h/d konstruktiv verschieden, das sich außerdem im Betrieb zwischen dem oberen und unteren Totpunkt dem Kurbeltrieb entsprechend stetig in den gegebenen Grenzwerten ändert. Für verschiedene h/d-Werte sind in Zahlentafel 2.6/5 mit erläuternder Legende nicht nur die räumlich-geometrisch bedingten gleichwertigen Schichtdicken s_{gl} in der dimensionslosen Form s_{gl}/d eingetragen, sondern zugleich nach den Ermittlungen von Hottel [75] der durch die Strahlungsvorgänge geometrisch bedingte Abminderungsfaktor a. Demnach ergibt sich für den Wert s_{str} in Gl. (2.20) in bezug auf den Kolbenmotor als mittlere wirksame Schichtdicke

$$s_{mw} = a \cdot s_{gl}. \tag{2.23}$$

Für den Abminderungsfaktor kann im Mittel $a = 0{,}9$ gesetzt werden, wie Zahlentafel 2.6/5 erkennen läßt. Erst dann ergibt sich der im allgemeinen für die Strahlungsvorgänge in geschlossenen Räumen beliebiger Gestalt angegebene Wert der gleichwertigen Schichtdicke s_{gl} nach Gl. (2.22) für die mittlere wirksame Schichtdicke zu

$$s_{mw} \approx 3{,}6\,\frac{V}{A}. \tag{2.24}$$

Um für beliebige Zylinderabmessungen h/d, Verdichtungsverhältnisse ε und den veränderlich genommenen Kolbenweg s für jede Kolbenlage (Kurbelwinkel) auch das Verhältnis s_{gl}/d ablesen zu können, sind mit den Werten der Zahlentafel 2.6/5 in Abb. 2.6/15 entsprechende Kurvenzüge eingezeichnet in Abhängigkeit von h/d bzw. s/d bei bestimmten Verdichtungsverhältnissen ε. Für diese Kurvenzüge kann man setzen:

a) gesamte Oberfläche A_{ges}: $s_{gl}/d = 0{,}654(h/d)^{0{,}33}$ (2.25a)

b) Mantelfläche A_M: $s_{gl}/d = 0{,}679(h/d)^{0{,}33}$ (2.25b)

c) Endfläche A_E: $s_{gl}/d = 0{,}611(h/d)^{0{,}33}$ (2.25c)

Bei Reihenberechnungen lohnt es sich natürlich, den Zusammenhang genau nach den Gesetzen des Kurbeltriebs für einen Arbeitsprozeß zu programmieren.

Sobald die Zahlenwerte für die Schichtdicke des strahlenden Gases bekannt sind, ließe sich das Produkt $p \cdot s_{str}$ im Exponenten von Gl. (2.20) oder in bezug auf den Kolbenmotor durch $p \cdot s_{mw}$ nach Gl. (2.24) für bestimmte Gasdrücke ermitteln. Es stellt sich jedoch heraus, daß der k-Wert keine einfache Größe ist und entsprechend Gl. (2.21) versuchsmäßig zu bestimmen gewesen wäre.

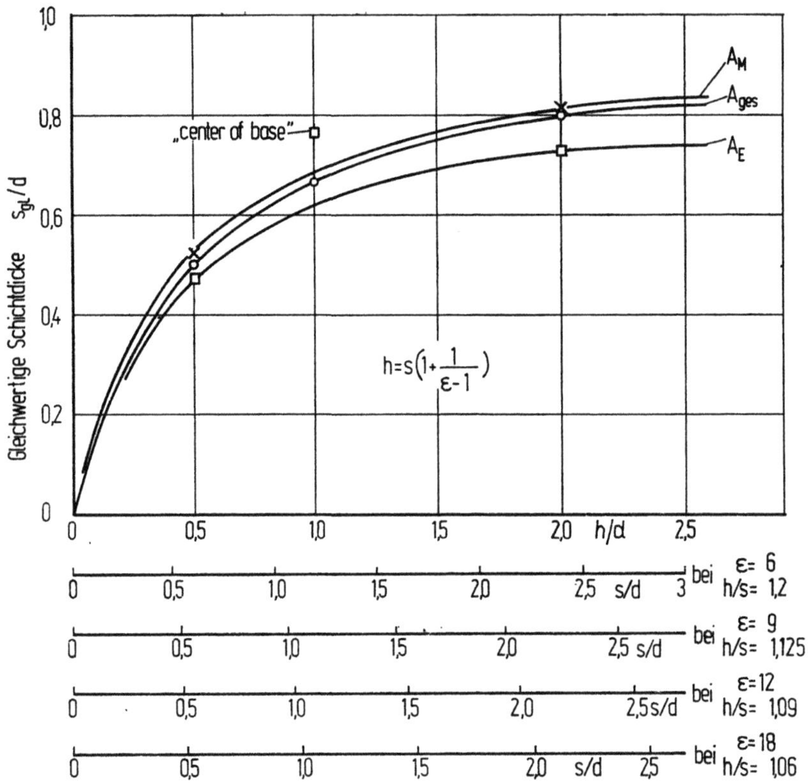

Abb. 2.6/15. Gleichwertige Schichtdicke s_{gl}/d bei Zylindern mit der Höhe h und dem Durchmesser d nach Zahlentafel 2.6/5 abhängig vom Verhältnis h/d bzw. s/d für verschiedene Verdichtungsverhältnisse ε

Die von verschiedenen Forschern über eine längere Zeit durchgeführten Untersuchungen über die Strahlungswerte verschiedener Gase sind von Hottel und Egbert in [74a, b] auf Grund eigener und fremder Messungen, darunter auch nach [1] und [3], in einem weitgehend gesicherten Rahmen graphisch dargestellt worden. In nachfolgenden Handbüchern [71, 75] sind sie leicht greifbar wiederholt. Für den deutschen Sprachraum und auf SI-Einheiten umgerechnet, sind sie seit 1974 im VDI-Wärmeatlas [12], Abschn. K, vorhanden. Wegen der genannten Handbücher und dieser neuzeitlichen Ausgabe wird darauf verzichtet, diese Diagramme hier zu wiederholen.

Infolge der vielfältigen Abhängigkeiten bot sich zunächst eine analytische Darstellung nicht an, so einfach auch Gl. (2.20) wirkt. Erst neuerdings ist es *K. Schack* [76] gelungen, die Diagramme selbst einer analytischen Berechnung zuzuführen, um einer punktweisen Handrechnung zu entgehen. Doch darüber später mehr.

Ein graphisches Verfahren hat stets den Vorteil, für die verschiedenen Einflußgrößen durchsichtig zu sein. Wegen der zusätzlichen Abhängigkeiten ist jedoch für ein Einzelgas ein Hauptdiagramm und ein weiteres Zusatz(Korrektur)diagramm erforderlich. Das Hauptdiagramm gibt den Emissionsgrad in Abhängigkeit von der Temperatur mit Linien gleicher $p \cdot s$-Werte an und gilt für einen Gesamtdruck bis 1 bar. Für höhere Drücke ist das Korrekturdiagramm heranzuziehen, um dessen Korrekturfaktor f der dem Hauptdiagramm entnommene ε-Wert zu vervielfachen ist.

Für die technisch wichtigen Verbrennungsgase mit ihren strahlenden Teilgasen CO_2 und H_2O ist ein weiteres Hilfsdiagramm entwickelt worden, weil sich bekanntlich die Emissionwerte von einem Gemisch strahlender Gase wegen ihrer spektralen Überlagerung nicht einfach addieren sondern abmindern. Mit einem entsprechenden Abminderungsglied $\Delta\varepsilon$ ist daher der Strahlungsgrad eines Verbrennungsgases

$$\varepsilon_g = \varepsilon_{CO_2} + \varepsilon_{H_2O} - \Delta\varepsilon_g . \tag{2.26}$$

Die Hilfsdiagramme für $\Delta\varepsilon$ stellen die Abhängigkeit von den Teildrücken p_{CO_2} und p_{H_2O} mit Linien $(p_{CO_2} + p_{H_2O}) \cdot s$ für jeweils eine bestimmte Gastemperatur dar. Für dazwischenliegende Gastemperaturen kann linear interpoliert werden.

Die so ermittelten Emissions- und Absorptionsgrade sind jedoch nur eine Grundlage für den genannten Strahlungsaustausch eines Gaskörpers in einem geschlossenen Raum mit „grauen" Wänden. Im Verbrennungsmotor sind nur während des Prozeßabschnitts der Verbrennung und Ausdehnung strahlende Einzelgase im Arbeitsgas vorhanden. Dabei ist ständig $T_w < T$, wodurch sich gewisse Vereinfachungen in den Abhängigkeiten der Einflußgrößen ergeben. Für den Strahlungsaustausch ist allgemein zu bedenken, daß einerseits die Strahlungswärme des Gases nur teilweise je nach dem Absorptionsvermögen der Wand aufgenommen und der Rest wieder in den Gaskörper zurückgeworfen und dadurch wiederum im Gaskörper teilweise absorbiert wird und so weiter. Andererseits strahlt die Wand unmittelbar in den Gaskörper Wärme ab, die ebenfalls beim Durchgang durch den Gaskörper teilweise von diesem absorbiert wird und so weiter. Diese mittelbar und unmittelbar in den Gaskörper von der Wand eingestrahlte Wärme, die wiederum teilweise vom Gas absorbiert wird, vermindert oder schwächt sich gegenüber der ursprünglich vom Gas ausgestrahlten Wärme (Extinktion). Die insgesamt zu Lasten des Gases ausgetauschte Wärmestromdichte ist demnach

$$q = \bar{\varepsilon}_{gw} C_s \left(\frac{T_g}{100}\right)^4 - \bar{\varepsilon}_{wg} C_s \left(\frac{T_w}{100}\right)^4 . \tag{2.27}$$

Wegen des bei jedem einzelnen Strahlungsaustausch verminderten Wärmerestes ergibt sich für die Gesamtwirkung je eine unendliche Reihe, deren Summe den Emissionsgrad des Gases bei seiner Temperatur zur Wand mit $\bar{\varepsilon}_{gw}$ und den Absorptionsgrad des Gases der von der Wand bei Wandtemperatur ausgestrahlten Wärme mit $\bar{\varepsilon}_{wg}$ liefert, die als Strahlungsaustauschzahl bezeichnet werden. Die Genauigkeit dieser Gleichung hängt davon ab, wie genau die beiden Strahlungsaustauschzahlen berechnet werden.

Die von *Elgeti* [77] durchgeführte exakte Reihenentwicklung lautet in der von *Hering* [78] entwickelten und hier weiter vereinfachten Form (zugleich ist für die Schichtdicke s_{str} jeder in Frage kommende Index, z. B. entsprechend Gl. (2.26), fortgelassen):

$$\bar{\varepsilon}_{gw} = \varepsilon_w^2[\varepsilon_{gg(1s)} + (1 - \varepsilon_w)\,\varepsilon_{gg(2s)} + (1 - \varepsilon_w)^2\,\varepsilon_{gg(3s)} + (1 - \varepsilon_w)^3\,\varepsilon_{gg(4s)} + \cdots], \tag{2.28a}$$

$$\bar{\varepsilon}_{wg} = \varepsilon_w^2[\varepsilon_{gw(1s)} + (1 - \varepsilon_w)\,\varepsilon_{gw(2s)} + (1 - \varepsilon_w)^2\,\varepsilon_{gw(3s)} + (1 - \varepsilon_w)^3\,\varepsilon_{gw(4s)} + \cdots]. \tag{2.28b}$$

Für die doppelten Indizes auf der *rechten* Seite* ist zu erklären, daß der erste Index für den betreffenden Stoff und der zweite für die Bezugstemperatur gilt. Der dritte eingeklammerte Index gibt das Vielfache der Schichtdicke des Gases an, das jeweils zu nehmen

* Nach der „Übersicht ..." werden die Gaswerte stets *ohne* Index verwendet. Für den in diesem Abschnitt behandelten Strahlungsaustausch muß jedoch wegen des verwickelten Vorgangs davon abgesehen werden, weil gleichzeitig deutlich zwischen Gas (g) und Wand (w) nach Emissionsgrad und bezogener Temperatur unterschieden werden muß.

ist. Mit Hilfe der mitgeteilten Zahlenwerte der Emissionsgrade der festen Stoffe in [72] und den Handbüchern [1 bis 4, 12, 71 und 75] und für die strahlenden Gase und Gasgemische, zusammengefaßt in [12] 2. Aufl. und [75], kann man die Reihen der Gln. (2.28a/b) numerisch ermitteln.

Nun hat *Tietze* [79] neben einem aufschlußreichen Vergleich mit den von Elgeti entwickelten Reihen in einer Fehlerbetrachtung errechnet, wieviel Glieder der Reihen zu nehmen sind, um eine bestimmte Fehlergrenze für gegebene Emissions- und Absorptionsgrade zu unterschreiten. Wie eine kleine Handrechnung mit den obigen Gleichungen sofort erkennen läßt, genügen hierfür bei einem hohen Emissionswert der Wand ε_w wenige Glieder. Die erforderliche Gliederzahl vergrößert sich schnell, je kleiner ε_w wird. Das ergibt, z. B. bei einem Gasgemisch mit 12% CO_2, einer mittleren wirksamen Schichtdicke von $s_{mw} = 0{,}05$ m, einem Gesamtdruck von $p_{ges} = 1$ bar und einer Gastemperatur von 800 K, d. h. im Bereich hoher Strahlungswerte, mit Abb. 5 in [12] Blatt Kc6 und Gl. (2.28a) folgende Zunahme der Strahlungsaustauschzahl $\bar{\varepsilon}_{gw}$ mit den Emissionsgraden der Wand von $\varepsilon_w = 0{,}2$ und 0,9 (die Strahlungsaustauschzahl $\bar{\varepsilon}_{gw}$ mit dem 1. Glied wird zu 100% gesetzt, wobei zu bedenken ist, daß sein numerischer Wert mit $\varepsilon_w = 0{,}2$ um das 20,25fache kleiner ist als der mit $\varepsilon_w = 0{,}9$):

Glied-Nr. in der Reihe	1.	2.	3.	4.	5.	10.	20.	30.	40.	
Zunahme bei:										
$\varepsilon_w = 0{,}9$	100	13,5	1,5	0,17	0,017	—	—	—	—	%
$\varepsilon_w = 0{,}2$	100	108	99,7	86,9	74,2	29,7	3,7	0,47	0,06	%

Für hohe ε_w-Werte kann man also bei den ersten drei oder vier Gliedern abbrechen, ohne einen beträchtlichen Fehler zu machen, der sich im übrigen wegen der schnellen Konvergenz der Reihe gut abschätzen läßt. Diese auch numerisch leicht durchführbare Rechnung zwingt nicht, auf die im Schrifttum mehrfach wiedergegebenen Näherungsgleichungen zurückzugreifen, weil dabei je nach den Ausgangswerten ein unbestimmter mehr oder weniger großer Fehler gemacht wird. Bei kleinen ε-Werten ist dagegen die Gliedzahl wesentlich zu erhöhen, wodurch der numerische Aufwand erheblich wird. Das obige Beispiel zeigt, daß man bis zum 30. Glied rechnen müßte. In der motorischen Praxis gibt es aber Fälle (blanke und glatte metallische Oberflächen), bei denen z. B. $\varepsilon_w = 0{,}1$ ist. Für diesen Bereich muß die Rechnung u. U. auf über 50 Glieder ausgedehnt werden, wenn man den Fehler nicht größer als 1% werden lassen will. Hier scheidet eine Handrechnung aus. Nun eignet sich die vorstehende Reihenform von Hering mit Gl. (2.28) gut zu einer Programmierung für EDV, sobald man die beschriebenen ε-Diagramme selbst mit einer analytischen Gleichung wiedergeben kann. Dies ist, wie bereits bemerkt, K. Schack mit [76] für CO_2 und H_2O einschließlich ihrem Gemisch und damit für Verbrennungsgase gelungen.

Auf eine Wiedergabe dieser immerhin vielgestaltigen, aber programmierbaren Gleichungen wird ebenfalls verzichtet, weil sie außer in der Originalarbeit auch in dem VDI-Wärmeatlas [12] 2. Aufl. 1974, Blatt Kc4, in unmittelbarer Nachbarschaft mit den zugrunde liegenden ε-Diagrammen von Hottel und Egbert gebracht werden. Wegen der möglichen Fehlergrenzen muß man sich darüber klar sein, daß die ε-Diagramme selbst nur so genau sein können, wie es die versuchstechnischen Grundlagen sind und inwieweit die analytische Darstellung ihnen wiederum folgt. Hierzu stellt K. Schack fest, daß die mittlere absolute Abweichung 3,2% und die maximale 10% beträgt. Dies ist im Hinblick auf die möglichen größeren Fehler bei den bisherigen Gleichungen für den Wärmeübergang in der Verbrennungskraftmaschine ohne weiteres in Kauf zu nehmen.

Dieses analytische und programmierbare Rechenverfahren erlaubt es, erneut die Frage nach dem Strahlungsanteil im Kolbenmotor mit seinen veränderlichen Prozeßwerten zu stellen. Allerdings bedarf es zu ihrer Antwort noch einer wichtigen Ergänzung hinsichtlich der Gesamtstrahlung motorischer Verbrennungsgase. Das ist der Strahlungsanteil der leuchtenden Flamme, die hauptsächlich beim Dieselmotor während des eigentlichen Verbrennungsabschnitts auftritt. Diesen Anteil analytisch zu erfassen und durch Versuchswerte numerisch zu erhärten, soll nachfolgend versucht werden.

Die Strahlung leuchtender Flammen beruht auf ihrem Gehalt an Rußteilchen, die verschieden groß und verteilt in der Flamme zeitweilig vorhanden sind und bei motorisch ungünstigen Verhältnissen sogar mit einem Rest im Auspuff — nunmehr als sichtbarer schwarzer Bestandteil — zurückbleiben. Für die winzigen und angenommenerweise gleichmäßig verteilten Rußteilchen läßt sich der gleiche Ansatz wie für die Gasstrahlung entsprechend Gl. (2.20) wählen, wobei man noch den Vorteil hat, daß diese Strahlung sich nicht auf einzelne Wellenbereiche beschränkt. Demnach kann man für den Strahlungsgrad einer leuchtenden Flamme hinsichtlich ihres das Leuchten verursachenden Rußanteils schreiben

$$\varepsilon_R = 1 - e^{-k_R \varrho s_{mw}}. \tag{2.29}$$

Anstelle des Teildrucks in Gl. (2.20) für ein Gasgemisch tritt hier zweckmäßigerweise die Dichte ϱ, weil sie ein Maß für die Anzahl der Rußteilchen in einem bestimmten Volumen ist. In der Konstanten k_R wird neben dem Dimensionsausgleich der Einfluß des Verbrennungsverfahrens, d. h. der Güte der Verbrennung, einbezogen. Zweifellos gehört dazu auch das Luftverhältnis λ^*, weil es der aufzubereitenden Brennstoffmenge entspricht. Als Zahlenwert müßte der Kehrwert des Luftverhältnisses verwendet werden, weil bei $1/\lambda^* = 1$ die größte relative Brennstoffmenge zugeführt wird und bei $1/\lambda^* = 0$ nur noch reine Luft vorhanden ist. Die Luft besitzt keine Strahlung, und zutreffend ergibt sich dafür $\varepsilon_R = 0$. Es ist eine nützliche Aufgabe, diesen Zusammenhang für den Exponenten in Gl. (2.29) zu ergründen. Dies kann erst geschehen, wenn eine genügende Zahl systematischer Untersuchungen unter motorischen Bedingungen über den ε_R-Wert vorliegen.

Für den Emissionsgrad ε_F einer leuchtenden Flamme kann nach den allgemeinen Vorstellungen mit der Strahlung des Gaskörpers ε_g und seiner Rußwolke ε_R gesetzt werden:

$$\varepsilon_F = \varepsilon_g + \varepsilon_R - \varepsilon_g \cdot \varepsilon_R. \tag{2.30}$$

Das Abminderungsglied $\varepsilon_g \cdot \varepsilon_R$ berücksichtigt die Tatsache, daß die schwarze Rußstrahlung über den ganzen spektralen Bereich geht und damit auch die Bereiche der einzelnen Gase überdeckt. Man lehnt sich damit an Gl. (2.26) an. Welche besonderen Abhängigkeiten dieser Minderungsfaktor noch beinhalten muß, bleibt so lange offen, bis wie seinerzeit im Falle der strahlenden Gase genügend Meßwerte vorliegen. Zunächst muß man sich mit einzelnen Versuchsergebnissen über die Flammenstrahlung im Kolbenmotor begnügen. Ist jedoch der Emissionsgrad der Flamme ε_F unter bestimmten motorischen Betriebsverhältnissen ermittelt, so läßt sich dazu, wie gezeigt, auch der Emissionsgrad des betreffenden Gasgemisches ε_g errechnen. Mit beiden Werten ist aus der nach ε_R aufgelösten Gl. (2.30) der Strahlungsgrad ε_R einer entsprechenden durchgehend gleichmäßigen Rußwolke leicht anzugeben. Die sicherlich besonders im Anfang der Verbrennung bestehende unregelmäßige und weitgehend unbekannte Rußverteilung muß vorläufig summarisch in Kauf genommen werden.

Im Hinblick auf diese Umstände und den unmittelbar für den Verbrennungsmotor möglichen versuchstechnischen Weg kann darauf verzichtet werden, andere allgemeingehaltene Überlegungen und rechnerische Ansätze besonders im Ofenbau mit einer Angabe des Rußanteiles in mg/m³ hier weiter zu behandeln. In diesem Zusammenhang wären von dem bearbeiteten Schrifttum zu nennen [3, 4, 71, 75].

Die im vorhergehenden Abschnitt 2.6.2 behandelten Meßwerte besagen, daß die Strahlungswärme etwa 27···33(40)% der insgesamt durch Wärmeübergang an die umgebenden Wände abgeführten und hauptsächlich vom Kühlmittel aufgenommenen

Wärme beträgt. Dieser Anteil *nimmt ab* mit sinkender Belastung (zunehmendes Luftverhältnis führt zu geringeren Temperaturen und Drücken) und im Aufladebetrieb (vergleichsweise ebenfalls größeres Luftverhältnis und bessere Verbrennung) und *nimmt zu* mit dem Zylinderdurchmesser (größere Schichtdicke). Dieses betriebstechnische Verhalten rührt von dem jeweiligen Emissionsvermögen der gesamten Flammenstrahlung her. Einzelne Zahlenwerte sind den bereits anderweitig behandelten Abb. 2.6/10 u. 11, jeweils 3. Teilabb. und den weiteren Abb. 2.6/16 u. 17 zu entnehmen, wozu wie bisher Zahlentafel 2.6/4 die motorischen und meßtechnischen Angaben liefert. Man erkennt einen deutlichen Einfluß der Belastung nach Luftverhältnis bzw. mittlerem Arbeitsdruck. Der Höchstwert liegt je nach den motorischen Verhältnissen zwischen $\varepsilon_F = 0{,}8 \cdots 0{,}99$ und erreicht somit

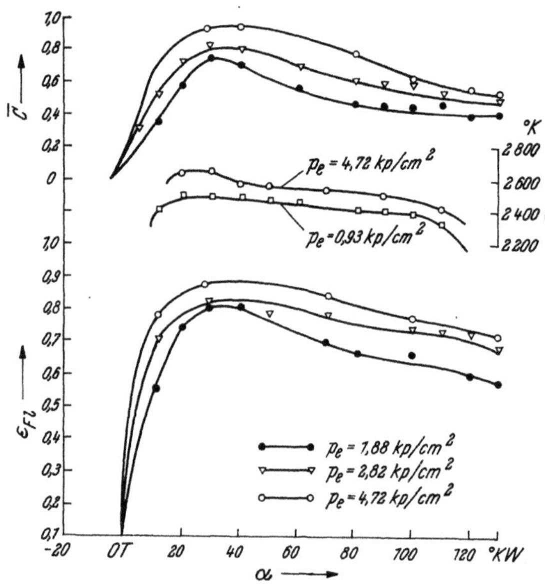

Abb. 2.6/16. Relative Rußkonzentration $\bar{C}$, Flammentemperatur T_{Fl} und Emissionsgrad der Flamme ε_{Fl} in einem Dieselmotor mit $d = 150$ mm (Nr. 6A in Z. T. 2.6/4) bei verschiedenen Belastungen abhängig vom Kurbelwinkel (nach Aepler u. Baturin [70] Abb. 5)

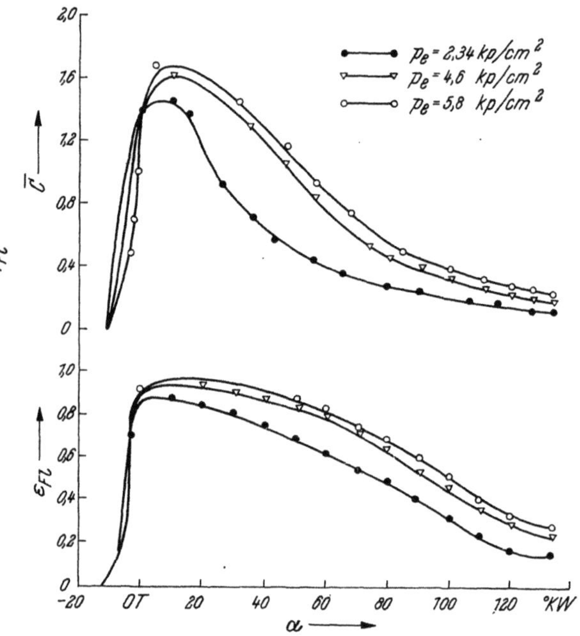

Abb. 2.6/17. Relative Rußkonzentration $\bar{C}$ und Emissionsgrad der Flamme ε_{Fl} in einem Dieselmotor mit $d = 240$ mm (Nr. 6B in Z. T. 2.6/4) bei verschiedenen Belastungen abhängig vom Kurbelwinkel (nach Aepler u. Baturin [70] Abb. 4)

u. U. fast den Strahlungsgrad des schwarzen Körpers. Der stärkere Abfall mit 60···80 °KW nach OT deckt sich naturgemäß mit dem besprochenen Abfall der Flammentemperatur, d. h. dem beginnenden Ende der Verbrennung. Diese allgemeine Feststellung reicht aber noch nicht aus, um eine sichere zahlenmäßige Abhängigkeit vom Luftverhältnis zu ermitteln, zumal die Werte insbesondere bei Abb. 2.6/10 stark schwanken. Der Grund muß in der Gemischbildung und der Meßtechnik liegen. Die gleichartig gewonnenen Meßwerte in Abb. 2.6/16 u. 17 stimmen aber mit der Aussage überein, daß das Emissionsvermögen mit der Schichtdicke wächst. Denn die beiden Motoren unterscheiden sich lediglich im Zylinderdurchmesser mit 150 u. 240 mm und zeigen einen deutlichen Unterschied von $\Delta\varepsilon_{Fl} \approx 0{,}1$. Dabei muß man sich vor Augen halten, daß das Strahlungsvermögen quer durch den Zylinder aufgenommen wurde und damit der Zylinderdurchmesser unmittelbar in die Messung eingegangen ist.

Um zu dem angestrebten Vergleich des Wärmeaustausches zwischen den Flächen von Deckel und Kolben einerseits bzw. der Zylinderlaufbuchse andererseits und dem Arbeitsgas zu kommen, muß das Emissionsvermögen abhängig vom Kurbelwinkel für bestimmte

Arbeitsprozesse bekannt sein. Wegen der noch unvollständigen Versuchswerte ist es zweckmäßig, dazu wiederum die *Vergleichsprozesse* VP 1*···5* nach Zahlentafel 2.6/1 und die dazugehörigen und programmierten p,T-Werte nach Abb. 2.6/4a/b heranzuziehen. Die gleichzeitig notwendigen CO_2- und H_2O-Anteile im Verbrennungsgas stützen sich auf die Ausgangswerte für $\lambda^* = 1$, wie im Abschn. 1.2.4.2a unmittelbar nach Gl. (1.17) aufgeführt. Weiterhin wird die Größe ε_g des Arbeitsgases für Gl. (2.30) durch Gl. (2.26) und die bereits genannten von K. Schack [76] entwickelten Gleichungen über eine EDV-Berechnung zahlenmäßig ermittelt.

Nun fehlt für den vollständigen Rechnungsgang während der Verbrennung noch der Strahlungsgrad ε_R der Rußwolke in Gl. (2.30). Da er in seinem allgemeinen Verlauf noch nicht genügend gesichert ist, wird von dem maximalen Emissionsgrad ε_F ausgegangen, der für eine im vollen Gang befindliche motorische Verbrennung in Frage kommt. Wie bisher werden für die vergleichende Betrachtung, s. Zahlentafel 2.6/1 u. 3, die beiden Zylinderdurchmesser von $d = 100$ u. 400 mm zugrunde gelegt. Hierfür können nach den soeben gemachten Feststellungen die Werte $\varepsilon_F = 0{,}90$ u. $0{,}99$ eingesetzt werden, die jeweils für den Beginn der Gleichdruckverbrennung in den herangezogenen Vergleichsprozessen gelten. Zu diesem Punkt wird aus Gl. (2.30) der Strahlungsgrad der Rußwolke ε_R errechnet, der es nunmehr ermöglicht, aus Gl. (2.29) mit den sonst bekannten Werten den Beiwert k_R zu ermitteln. Damit läßt sich endlich wie bereits ε_F auch $\varepsilon_R = f(\varphi)$ angeben.

Der aus dem beschriebenen Rechenweg ermittelte k_R-Wert muß sich als unabhängig von Luftverhältnis λ^* erweisen, weil für den Ausgangswert $\varepsilon_{F\text{-max}}$ noch keine sichere Abhängigkeit von λ^* angebbar ist. Da man sich bei dem späteren Vergleich des Wärmeaustausches mit Verhältniszahlen begnügen kann und nicht unbedingt auf absolute Werte angewiesen ist, mögen die obigen allgemeinen Angaben vorläufig ausreichen. Für die zugrunde gelegten Vergleichsprozesse VP, den maximalen Strahlungsgrad ε_F und die Zylinderdurchmesser von 100 u. 400 mm ergeben sich für den *Beiwert* k_R in Gl. (2.29) folgende Zahlenwerte in m²/kg:

	d = 100	400 mm
VP 1*, 2*, 3*:	$k_R = 9{,}4$	4,6
VP 4*, 5*:	$k_R = 3{,}3$	1,6

Wie bereits vorweggesagt, erweist sich der Beiwert k_R als unabhängig vom Luftverhältnis λ^*; denn die dem

Saugbetrieb entsprechenden Vergleichsprozesse VP 1*, 2* u. 3* sind mit $\lambda^* = 1{,}0$; 1,5 u. 2,0 gestuft. Die dem

Aufladebetrieb entsprechenden Vergleichsprozesse VP 4* u. 5* sind mit $\lambda^* = 1{,}5$ u. 2,0 gestuft.

Da auch in den Ausgangswerten des Emissionsgrades ε_F noch kein Unterschied zwischen Saug- und Aufladebetrieb wegen fehlender Meßwerte gemacht werden kann, müßten sich deswegen die k_R-Werte im umgekehrten Verhältnis der Ansaug- und Aufladedrücke wie 3:1 verhalten. Daß sich im Durchschnitt nur 2,86:1 ergeben, hängt mit dem thermodynamischen Einfluß des Druckes im Arbeitsgas zusammen (reale Gasgleichung), der somit voll berücksichtigt ist. Vorerst war und ist es nützlich, den Beiwert k_R zahlenmäßig einzugrenzen.

Nach den allgemeinen Darlegungen über den Rechnungsgang und die Ausgangswerte für das Emissionsvermögen der Flamme ε_F, der Rußwolke ε_R, des Arbeitsgases ε_g und seiner strahlenden Bestandteile CO_2 u. H_2O sollen die in einem Dieselmotor auftretenden Emissionen des Arbeitsgases abhängig vom Kurbelwinkel für den Vorgang der Verbrennung und Ausdehnung beispielhaft und zahlenmäßig dargestellt werden. Hierzu wird der Vergleichsprozeß VP 2* mit den Zylinderabmessungen $s/d = 125/100$ und 500/400 mm, s. Zahlentafel 2.6/1, herangezogen, der mit einem Luftverhältnis $\lambda^* = 1{,}5$

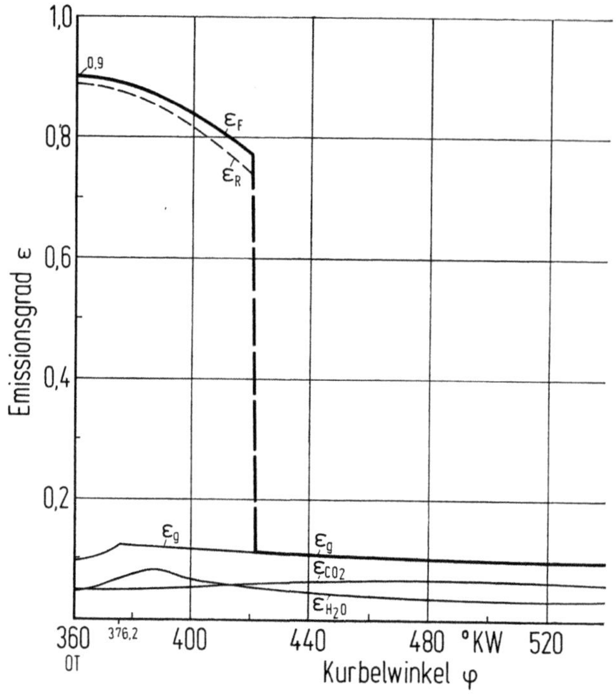

Abb. 2.6/18. Das Strahlungsvermögen eines Verbrennungsgases bei einem motorischen Arbeitsprozeß im Abschnitt Verbrennung und Ausdehnung für einen Dieselmotor mit einem Hubverhältnis $s/d = 125/100$ mm

Arbeitsprozeß: VP 2* nach Z. T. 2.6/1 und Abb. 2.6/4a
Strahlungsart: ε_F leuchtende Flamme
ε_R Rußwolke
ε_g Gasgemisch
ε_{H_2O} Wasserdampf-Anteil
ε_{CO_2} Kohlendioxid-Anteil

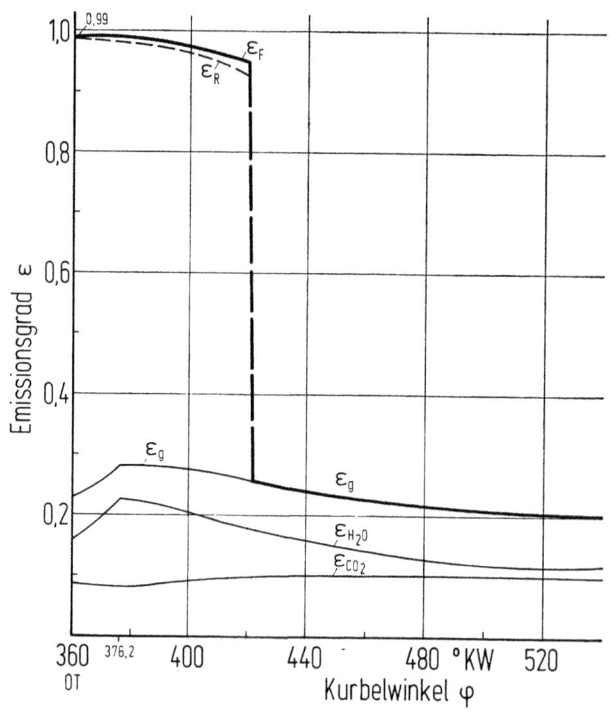

Abb. 2.6/19. Wie Abb. 2.6/18, jedoch für einen Dieselmotor mit $s/d = 500/400$ mm

üblicher Vollast entspricht. Der Ausgangswert für die Flammenstrahlung ist in Abb. 2.6/18 aufgrund der vorstehenden Überlegungen mit $\varepsilon_F = 0{,}9$ für den kleinen Zylinderdurchmesser und in Abb. 2.6/19 mit $\varepsilon_F = 0{,}99$ für den größeren Durchmesser und in beiden Fällen das Ende der Verbrennung bei 60 °KW n. OT entsprechend $\varphi = 420$ °KW angenommen worden. Für denselben Zeitraum ist zu beachten, daß das Verhältnis der Gas- zur Flammentemperatur $T/T_F < 1$ ist. Nach den Feststellungen am Ende vom vorhergehenden Abschnitt 2.6.2 wurde in Verbindung mit Zahlentafel 2.6/2 für eine gut entwickelte Verbrennung der Zahlenwert 0,8 eingesetzt.

Wegen der begründeten Eigenart des Vergleichsprozesses mit seinen plötzlichen Übergängen in den einzelnen Arbeitsabschnitten müßten hier entsprechend den geknickten Linienzügen der p- und T-Werte für $\lambda^* = 1{,}5$ bei $\varphi = 376{,}2$ °KW — dem Übergang von der Gleichdruck- in die Nachverbrennung, vgl. Abb. 2.6/4a — unstetige Stellen bei den ε-Kurven auftreten. Bei ε_F, ε_R und ε_{CO_2} ist diese Stelle wegen der geringfügigen Krümmung der Kurven nicht ausgeprägt, während sie sich bei ε_{H_2O} und dementsprechend auch bei ε_g besonders in Abb. 2.6/19 bei dem großen Zylinderdurchmesser deutlich abzeichnet. Dieser Umstand wird nur um der Genauigkeit willen bemerkt und bedeutet für den errechneten Zahlenwert weiter nichts. Dagegen führt das vorausgesetzte plötzliche Ende der Verbrennung bei $\varphi = 420$ °KW zu dem entsprechenden Abfall in den Emissionswerten der Flamme ε_F auf den der reinen Gasstrahlung ε_g. In Wirklichkeit ist selbstverständlich ein stetiger, wenn auch mehr oder weniger steiler Übergang vorhanden.

Die immer wieder erörterte Frage, um wieviel sich im motorischen Betrieb die Flammenstrahlung von der Gasstrahlung unterscheidet, läßt sich mit Hilfe der Abb. 2.6/18 u. 19 in dem gesteckten Rahmen leicht beantworten. Für den kleinen Motor mit $d = 100$ mm ist es das 8fache und für den größeren Motor mit $d = 400$ mm das 4fache. Für noch größere Motoren würde das Verhältnis nur etwas weiter sinken, weil der Einfluß der Schichtdicke bei der Gasstrahlung schwächer wird und die Flammenstrahlung mit $\varepsilon_F = 0{,}99$ bereits ihre Grenze erreicht hat. Bei dem 4- und 8fachen handelt es sich um Mittelwerte für den Verbrennungsraum im OT ($\varphi = 360$ °KW) und für den Arbeitsraum nach 60 oder auch 90 °KW nach OT. Denn wie z. B. Abb. 2.6/18 zeigt, sinkt das Verhältnis $\varepsilon_F/\varepsilon_g$ in der Reihenfolge der genannten Kurbelwinkel vom 9fachen auf das 7,5- und 7,3fache. Für diese Ermittlung ist die Kurve für ε_F entsprechend extrapoliert worden.

Für Vergleichsrechnungen muß der ganze Arbeitshub mit Verbrennung und Ausdehnung zugrunde gelegt werden, wodurch sich das angegebene 4- bis 8fache je nach Motorgröße praktisch halbiert. Diese *Verhältniszahl* bleibt auch für ein ganzes Arbeitsspiel bei einem Zwei- oder Viertaktmotor bestehen, da in den anderen Arbeitstakten weitere Strahlungen nicht auftreten, was auch für den Ausschubhub eines Viertaktmotors als unbedeutend angenommen werden darf.

So betrachtet, gewinnt das Strahlungsglied in der α-Gleichung von Annand, Gl. (2.14b), seine praktische Bedeutung. Denn die für den Diesel- und Ottomotor angegebenen Beiwerte in dem Strahlungsglied dieser Gleichung verhalten sich wie $3{,}21:0{,}421 = 7{,}62$ und entsprechen dem Verhältnis der Flammen- zur Gasstrahlung $\varepsilon_F/\varepsilon_g$. Dieser Zahlenwert liegt gut bei den soeben für den Verbrennungsabschnitt im kleineren Motor analytisch ermittelten. Dies mag auch damit zusammenhängen, daß gewöhnlich alle Versuchswerte, auf die sich Annand stützen konnte, von kleineren Motoren herrühren.

Die durch die Abb. 2.6/18 und 19 gelieferte Gesamtdarstellung des Verlaufs ist jedoch nicht nur zahlenmäßig aufschlußreich. Dazu sei folgendes bemerkt:

1. Außer den genannten Werten für die Flammenstrahlung im motorischen Bereich mit $\varepsilon_F = 0{,}9 \cdots 0{,}99$ sei nach [77] festgestellt, daß als Grenzwerte einer unendlich dicken Gasschicht im Bereich von $0 \cdots 1600$ °C für

$$\varepsilon_{\infty CO_2} = 0{,}23; \quad \varepsilon_{\infty H_2O} = 0{,}90 \quad \text{und} \quad \varepsilon_{\infty CO_2+H_2O} = 0{,}98$$

gesetzt werden kann.

2. Die Zahlenangaben in der kleinen Zahlentafel auf S. 121 für den Beiwert k_R in Gl. (2.29) gelten vorläufig für Luftverhältnisse $\lambda^* \leqq 1{,}5$. Die zu erwartende Abhängigkeit vom Luftverhältnis und auch vom Verbrennungsverfahren ist mangels ausreichender Versuchswerte noch nicht angebbar.

3. Das errechnete Emissionsvermögen ε_g des Arbeitsgases gilt für die Anteile an CO_2 und H_2O, die sich für das Luftverhältnis λ^* des jeweils zutreffenden Vergleichsprozesses VP* gemäß Zahlentafel 2.6/1 mit den Ausgangswerten für $\lambda^* = 1$ ergeben. Bekanntlich bringt das Strahlungsglied in der α-Gleichung von Nußelt, Gl. (2.1), für die reine Gasstrahlung im motorischen Betrieb recht brauchbare Werte, obwohl er bei seinen Bombenversuchen eine ganz andere Gaszusammensetzung verwendet hat. Es soll daher geklärt werden, ob und inwieweit die verschiedene Zusammensetzung zu anderen Strahlungswerten führt. Es stehen sich folgende und bereits früher an getrennten Textstellen angegebene Gasgemische mit ihren Anteilen gegenüber:

Stoff	Nußelt [31]	stöchiometrisch
H_2O	0,017	0,1351
CO_2	0,473	0,1277
CO	0,470	0
$H_2 + O_2$	0,006	0
N_2	0,034	0,7372
insgesamt	1,000	1,000

Die Bestimmung der Strahlungswerte für Gasgemische aus H_2O und CO_2 ist im vorausgehenden Text eingehend beschrieben. Bei dem von Nußelt verwendeten Gasgemisch tritt noch Kohlenmonoxid CO hinzu, dessen Emissionswerte in der Darstellungsweise wie für H_2O und CO_2 bei Hottel und Sarofim [75] zu finden sind, wenn auch nur bis knapp 1300 K. Die Angaben für H_2O und CO_2 reichen dagegen bis über 2500 K. Obwohl CO vergleichsweise schwächer als die beiden anderen Gase emittiert, trägt sein hoher Anteil wesentlich zu der Strahlungswärme bei. So ergibt sich die überraschende Tatsache, Abb. 2.6/20, daß bezogen auf die Schichtdicke der Nußeltschen Bombenversuche mit 600 bzw. 200 mm Durchmesser* das Strahlungsvermögen der Nußeltschen Gasmischung dasjenige der stöchiometrischen mit $\lambda^* = 1$ und $\varnothing$ 600 in dem vergleichbaren Temperaturbereich eingabelt. Da Nußelt selbst zwischen beiden Bombengrößen keinen eindeutigen Unterschied feststellen konnte, gab er nach seinen Versuchswerten das Strahlungsvermögen entsprechend Gl. (2.1) mit $q_{str} = 0{,}421\ (T/100)^4$ an. Dies ergibt einen Linienzug, der sogar bei höheren Temperaturen die Werte des Verbrennungsgases $\lambda^* = 1$ und $\varnothing$ 600 erreicht.

Der verhältnismäßig geringe Einfluß der Schichtdicke bei 600 und 200 mm Bombendurchmesser — das sind 250 und 50 mm der vergleichbaren Schichtdicke s_v — für das Nußeltsche Gasgemisch hängt mit der heute bekannten Eigenart im Strahlungsverhalten von CO zusammen. Deswegen ist es nicht verwunderlich, daß Nußelt meßtechnisch keinen eindeutigen Unterschied bei den verschiedenen Schichtdicken ermitteln konnte. Hätte er dagegen ein stöchiometrisches Verbrennungsgas eines Kohlenwasserstoffes verwendet, so wäre das Ergebnis anders ausgefallen, wie die beiden weit auseinander gehenden Linienzüge für die genannten Schichtdicken erkennen lassen. Da eine Schichtdicke von 50 mm für die motorischen Verhältnisse klein ist und man mit 250 mm erst in den Bereich der mittleren Maschinen gelangt, wird klar, warum auch heute noch die α-Gleichung von Nußelt nicht abwegig ist.

Nach dieser Klarstellung und Ermittlung des Emissionsvermögens vom motorischen Arbeitsgas abhängig vom Kurbelwinkel kann die zwischen Gaskörper und Wand aus-

* Die Heizkugel in der Bombe hatte einen Durchmesser von 100 mm.

getauschte Wärmestromdichte q nach Gl. (2.27) für verschiedene Arbeitsprozesse berechnet werden. Dazu gehört allerdings die umfangreiche Zwischenrechnung nach Gl. (2.28a/b) für die Strahlungsaustauschzahlen des Gases $\bar{\varepsilon}_{gw}$ und $\bar{\varepsilon}_{wg}$. Wie bereits behandelt, müssen dazu u. U. die unendlichen Reihen bis zum 50. Glied ausgedehnt werden, um

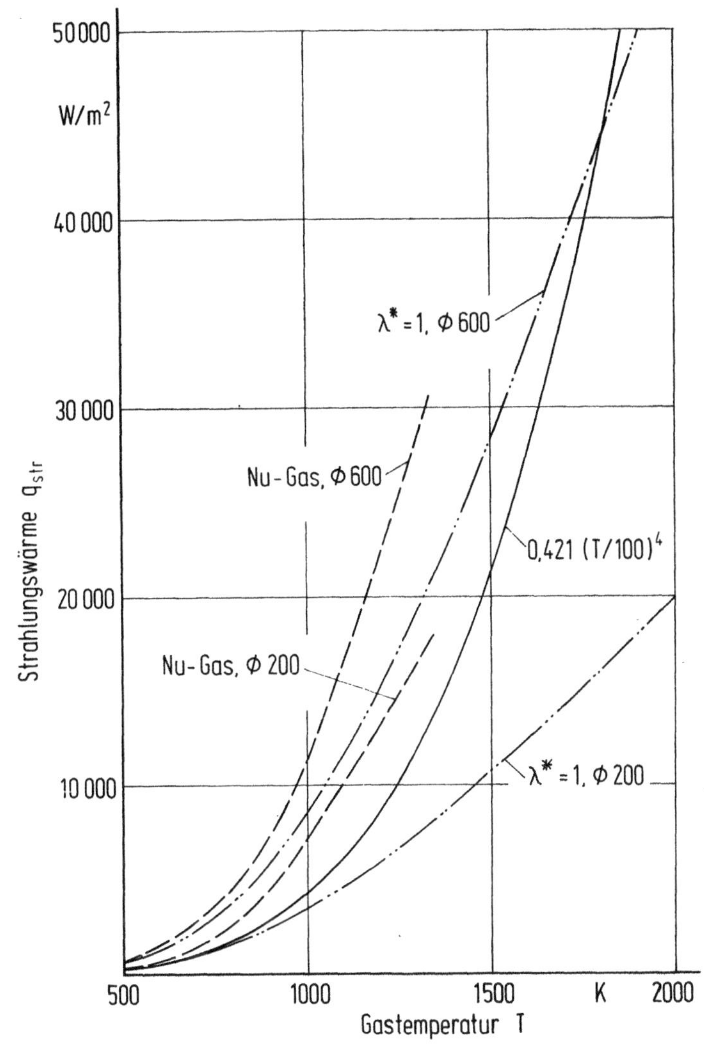

Abb. 2.6/20. Strahlungswärme q_{str} bestimmter Gasgemische für zwei Schichtdicken s_v abhängig von der Temperatur

– – – – Nu-Gas: Gasgemisch nach Nußelt [31]
–··–··– $\lambda^* = 1$: Gasgemisch aus $c/h = 85/15$ bei $\lambda^* = 1$ (stöchiometr.)
——— $0{,}421\,(T/100)^4$: nach α-Gl. von Nußelt, Gl. (2.1)
Vergleichbare Schichtdicke s_v bei
⌀ 600: zwei Kugeldurchm. von 600 u. 100 mm ≙ 250 mm
⌀ 200: zwei Kugeldurchm. von 200 u. 100 mm ≙ 50 mm

von dieser Seite her keine größeren Fehler als 1% zu machen. Der für den motorischen Betrieb wichtige Strahlungsaustausch zwischen einem den ganzen Raum erfüllenden Gaskörper und den verschiedenen Wandteilen wird im nachfolgenden Abschnitt zahlenmäßig behandelt und durch die gleichzeitigen konvektiven Vorgänge zu einem Gesamtbild ergänzt.

2.6.3.2 Wandeinfluß auf Strahlung und Konvektion

Es ist zweckmäßig, die nach Gl. (2.27) durch Strahlung ausgetauschte Wärmestromdichte q auf die inzwischen mehrfach verwendeten Vergleichsprozesse VP 1*...5* nach Zahlentafel 2.6/1 zu beziehen und die dabei genannten Zylinderabmessungen für einen kleineren und mittleren Motor zu verwenden. Die für den Strahlungsaustausch wichtige mittlere wirksame Schichtdicke s_{mw} verhält sich damit bei gleichem Hubverhältnis wie 1:4 und umfaßt einen weiten Bereich der Motorgrößen, zumal der Einfluß der Schichtdicke mit zunehmender Schichtdicke schwächer wird. Gegebenenfalls läßt sich dadurch auf noch größere Motoren leichter extrapolieren. Es wurde schon am Anfang des vorhergehenden Abschnittes angegeben, welche Emissionswerte für die beiden entscheidenden Wandteile im Zylinderinnern (die Böden von Zylinderdeckel (D) und Kolben (K) einerseits und der Zylinderlaufbuchse (B) andererseits) in Frage kommen. Für den Vergleich werden Grenzwertpaare eingesetzt, um den praktisch möglichen Rahmen ganz zu umfassen. Es sind dies

$$1.\ \text{Fall:}\quad \varepsilon_{D,K} = 0{,}9 \quad \text{und} \quad \varepsilon_B = 0{,}3$$

$$2.\ \text{Fall:}\quad \varepsilon_{D,K} = 0{,}95 \quad \text{und} \quad \varepsilon_B = 0{,}1\,.$$

Ferner werden beide Fälle sowohl für einen Kolbenmotor mit unmittelbarer Einspritzung als auch mit mittelbarer durchgerechnet. Dabei ist zu beachten, daß der obere Teil der Zylinderbuchse je nach dem Verdichtungsverhältnis, der Art des Verbrennungsverfahrens und der Form des Kolbenbodens mehr oder weniger durch den Kolben im OT abgedeckt wird. Der *nicht* abgedeckte Teil nimmt im Betrieb ähnlich hohe Emissionswerte wie Deckel- und Kolbenboden an. Diese Fläche hat einen Größtwert bei unmittelbarer Einspritzung und tellerförmig gedachtem Verbrennungsraum, und sie vermindert sich bei mittelbarer Einspritzung oder durch einen hochgezogenen Kolbenrand, im Grenzfall praktisch auf null. Dementsprechend hat die Zylinderlaufbuchse in ihren mittleren Emissionswerten je nach der Kolbenstellung verschieden hohe Beträge, ausgenommen den Grenzfall mit völliger Abdeckung im OT und dadurch einen gleichbleibenden niedrigen Wert. Um den Einfluß der verschieden starken Abdeckung zahlenmäßig zu erfassen, wird außer den beiden Grenzfällen im Hinblick auf ein mittelbares Verbrennungsverfahren mit Vorkammer oder Wirbelkammer fallweise eine Abdeckung um 1/3 oder 2/3 oder noch feiner gestuft in die Vergleichsrechnung einbezogen.

Zahlentafel 2.6/6. *Verhältnis der mittleren Wärmestromdichten* $(q_{D,K}/q_B)_{\text{str}}$ *bei Strahlung vom Arbeitsgas an Deckel- und Kolbenboden oder Zylinderbuchse*

Verbr.-Verf.	VP	$\varepsilon_{D,K} = 0{,}9$ u. $\varepsilon_B = 0{,}3$		$\varepsilon_{D,K} = 0{,}95$ u. $\varepsilon_B = 0{,}1$	
		$d = 100$ mm	$d = 400$ mm	$d = 100$ mm	$d = 400$ mm
unmittelb. Einspritzung $h/h_c = 1$	1*	1,38	1,43	1,63	1,72
	2*	1,37	1,42	1,62	1,68
	3*	1,37	1,42	1,62	1,67
	4*	1,40	1,49	1,69	1,82
	5*	1,39	1,45	1,66	1,75
mittelb. Einspritzung $h/h_c = 0$	1*	2,87	2,84	8,72	8,74
	2*	2,91	2,87	8,97	8,85
	3*	2,92	2,89	9,08	8,93
	4*	2,80	2,83	8,35	8,74
	5*	2,86	2,84	8,64	8,76

Das Ergebnis der Berechnung wird zunächst in Verhältniszahlen der mittleren Wärmestromdichten $(q_{D,K}/q_B)_{\text{str}}$ für die verschiedenen Emissionswerte der Wandteile in Zahlentafel 2.6/6 wiedergegeben. Hierin werden nur die beiden Grenzfälle in der Abdeckung der Zylinderlaufbuchse im OT behandelt. Das Verhältnis bezieht sich wie bei den anderen Berechnungen auf einen Arbeitsprozeß mit Verdichtung, Verbrennung und Ausdehnung, obwohl bei der Verdichtung ein Strahlungsaustausch nicht stattfindet. Die weitergehende Betrachtung unter Hinzunahme der Konvektion erfordert dies aber. Deshalb wird für die gebildeten Verhältniszahlen festgelegt, daß sie einheitlich nach dem Grundsatz

$$\text{Verh.-Zahl} = \frac{a_m}{b_m} = \frac{\int_{\varphi_1}^{\varphi_2} a \, \mathrm{d}\varphi}{\int_{\varphi_1}^{\varphi_2} b \, \mathrm{d}\varphi}$$

errechnet werden. Das hat für den motorischen Betrieb den Vorteil, daß sich diese Verhältniszahl nicht ändert, wenn man sie z. B. nur aus dem Ausdehnungshub ermittelt hat und auf andere Abschnitte erweitern will, sofern in den anderen Abschnitten für diese Größen nichts mehr hinzukommt.

Man erkennt in der Zahlentafel den beträchtlichen Einfluß der Emissionswerte und Wandteile, der bei der Vorkammermaschine (mittelbare Einspritzung) besonders groß ist, weil hier völlige Abdeckung der oberen Randzone der Zylinderlaufbuchse mit $h/h_c = 0$ vorausgesetzt ist und der Unterschied der Emissionswerte sich voll auswirkt. Dadurch wird bereits deutlich, warum u. a. in einer Vorkammermaschine der Wärmeübergang insgesamt zunimmt. Man kann feststellen, daß im Mittel die Wärmestromdichte bei Motoren mit unmittelbarer Einspritzung und zylindrischem Verbrennungsraum allein durch die Strahlung auf das 1,4- bzw. 1,8fache mit den beiden Gruppen von Emissionswertepaaren für Deckel und Kolben gegenüber Zylinderbuchse ansteigt und bei der Vorkammermaschine mit völliger Abdeckung der Zylinderbuchse im OT (keine Freifläche) im Mittel auf das 2,8- bzw. 8,8fache (!). Man erkennt, wie stark sich die Flächenverhältnisse in Verbindung mit den betreffenden Emissionswerten auswirken. Dagegen ist der Einfluß der verschiedenen Belastungs- und Betriebszustände, die durch die Vergleichsprozesse VP 1*...5* nach Zahlentafel 2.6/1 gekennzeichnet sind, für die gebildeten Verhältniszahlen nicht bemerkenswert. Ähnliches gilt für den Zylinderdurchmesser, weil es sich eben um Verhältniszahlen handelt.

Die festgestellten Unterschiede bei der Wärmestromdichte durch die Strahlung sind zwar aufschlußreich, aber sie genügen noch nicht. Es ist notwendig, als entscheidende Größe für den angestrebten Vergleich den Wärmeübergangskoeffizienten zu ermitteln, weil außer der Strahlung auch der Einfluß der Oberflächenbeschaffenheit (Rauheit) der betreffenden Wandteile als ein gleichzeitig wirkender Vorgang bei dem konvektiven Wärmeübergang einzubeziehen ist. Wegen des bereits festgestellten geringen Einflusses der verschiedenen Vergleichsprozesse können die weiteren Betrachtungen auf den Fall einer normalen Vollast bei einem unaufgeladenen und aufgeladenen Motor (VP 2* und 5*) beschränkt werden.

Die Verhältniszahlen der Wärmestromdichten würden mit denen der Wärmeübergangskoeffizienten übereinstimmen, wenn die Temperaturunterschiede Gas $\rightarrow$ Wand für Deckel und Kolben bzw. für die Zylinderbuchse gemäß Gl. (1.9) gleich groß wären. Dies ist zwar nicht der Fall (vgl. die Angaben in der Anmerkung bei Zahlentafel 2.6/1), aber wegen des an sich großen Betrages fällt der etwas größere Unterschied zur Zylinderbuchsenwand nicht sehr ins Gewicht. Für den Vergleich der verschiedenen Wandteile ist aber größte Genauigkeit erwünscht, weshalb das mit gleichen Randbedingungen errechnete Verhältnis der mittleren Wärmeübergangskoeffizienten $(\alpha_{D,K}/\alpha_B)_{\text{str}}$ in Abb. 2.6/21 zur besseren Interpolation abhängig von der Größe der Abdeckung der Zylinderbuchse im Verbrennungsraum aufgetragen ist.

Um Mißverständnissen bezüglich des Ausdrucks „Abdeckung" zu begegnen, wird besser von der Freifläche der Zylinderbuchse im OT gesprochen und durch das Verhältnis h/h_c verdeutlicht. Denn es ist nicht nur ein Nebenbrennraum, der den Kolben im OT höher stehen läßt, sondern auch die konstruktive Maßnahme eines hochgezogenen Kolbenrandes. Schließlich ist es eine betriebstechnische Tatsache, daß die Fläche der Zylinderbuchse über dem obersten Kolbenrand nie so blank und glatt sein kann wie die Lauffläche selbst. Der Unterschied in der Art dieses Oberflächenteiles hängt von der Größe des oberen Kolbenspieles ab. Durch die zeichnerische Interpolationsmöglichkeit kann man einen geschätzten Betrag zum Verhältnis h/h_c dazuschlagen.

Die Kurvenzüge in Abb. 2.6/21 zeigen den erheblichen Einfluß der immer kleiner werdenden Freifläche, d. h. des „grauen" Teiles der Zylinderlaufbuchse und damit den des

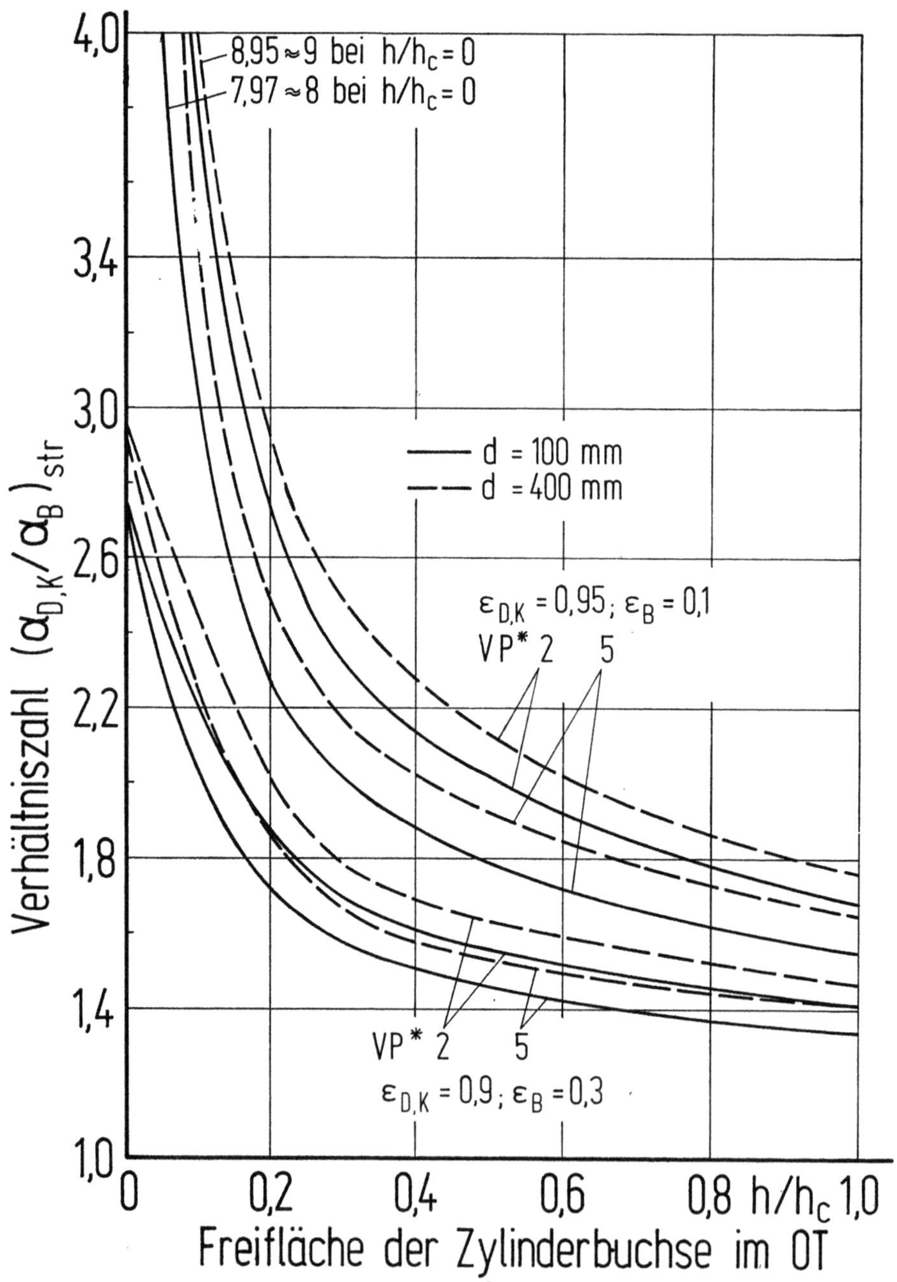

Abb. 2.6/21. Verhältnis der mittleren Wärmeübergangskoeffizienten $(\alpha_{D,K}/\alpha_B)_{str}$ bei Strahlung vom Arbeitsgas an Deckel- und Kolbenboden oder Zylinderbuchse und verschiedenen Einflußgrößen abhängig von der Freifläche h/h_c der Zylinderbuchse im OT

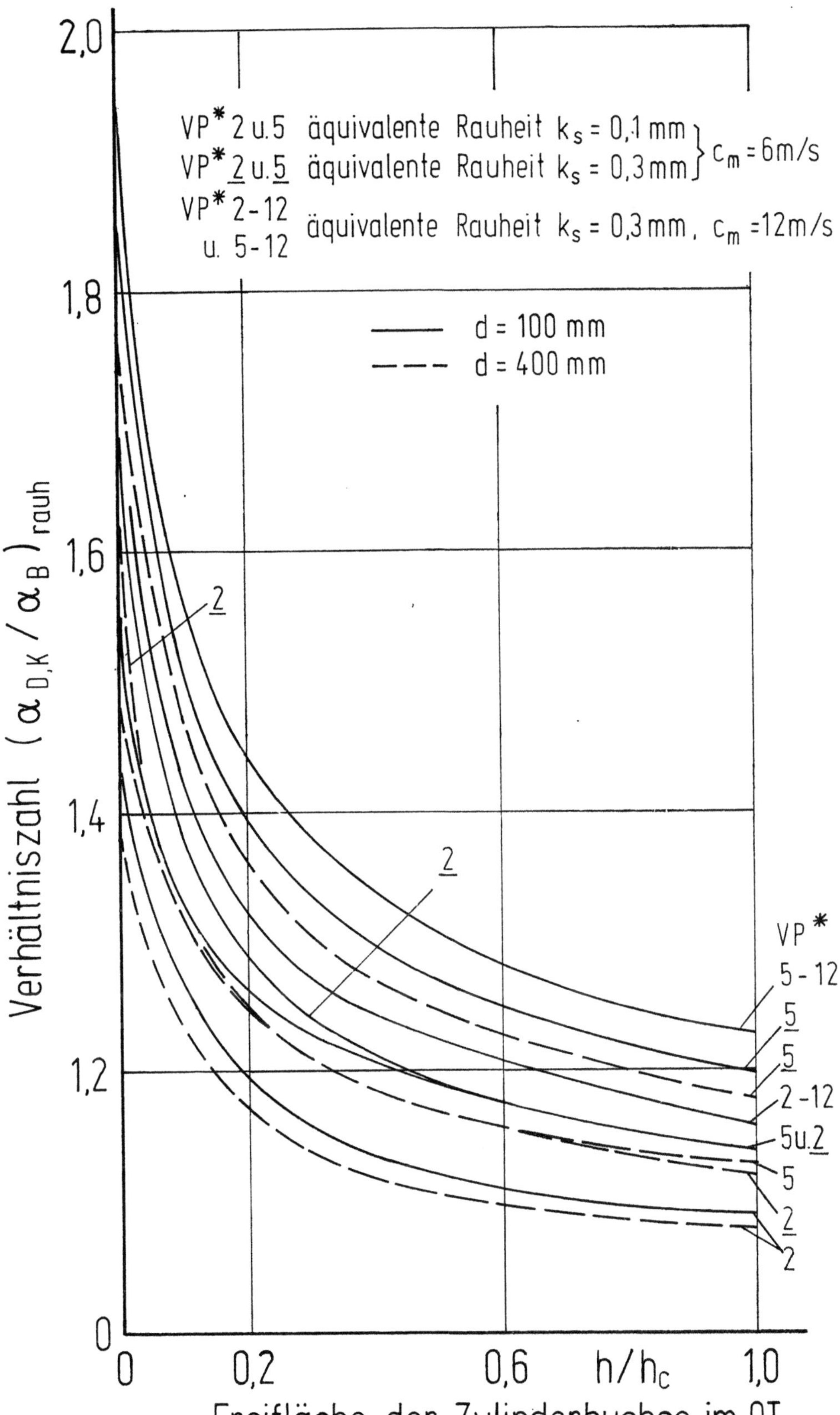

Abb. 2.6/22. Verhältnis der mittleren Wärmeübergangskoeffizienten $(\alpha_{D,K}/\alpha_B)_{rauh}$ bei verschiedener Rauheit der Oberflächen und anderen Einflußgrößen abhängig von der Freifläche h/h_c der Zylinderbuchse im OT

Annäherns der gesamten Buchsenfläche an die kleinen Emissionswerte ihres blanken Teiles. Man liest auch, wie schon gesagt, ähnliche Werte wie bei der Wärmestromdichte q in Zahlentafel 2.6/6 ab. Legt man beispielsweise die Verhältnisse einer Vorkammerdieselmaschine zugrunde, dann ergibt sich mit 33% Vorkammervolumen vom Verdichtungsvolumen ein $h/h_c = 2/3$, und man entnimmt dem Bild für $d = 100$ und bei üblicher Vollast (VP 2*) eine Verhältniszahl $(\alpha_{D.K}/\alpha_B)_{\text{str}}$ von 1,50 bzw. 1,87 für die beiden Emissionswertepaare. Die Kurven steigen mit abnehmendem Verhältnis schnell an, so daß sich für dasselbe Beispiel bei $h/h_c = 0{,}2 = 1/5$ Verhältniswerte der Wärmeübergangskoeffizienten von 1,85 bzw. 2,71 ergeben. Als Folge des beschriebenen Oberflächenzustandes durch das Kolbenspiel und den notwendigen Mindestabstand zwischen Kolben und Deckel dürfte der wahrscheinlich kleinste Wert von $h/h_c \geqq 0{,}1$ und damit im Mittel eine 3fache Steigerung des Verhältnisses der Wärmeübergangskoeffizienten für Strahlung nicht ausgeschlossen sein.

Besonders eindrucksvoll ist die Tatsache der starken Zunahme bei kleinen h/h_c-Werten, was versuchstechnisch nicht nur wichtig, sondern auch unangenehm ist. Denn durch die Steilheit werden hohe Ansprüche an die Versuchsgenauigkeit gestellt. Man muß daher wegen der nicht zu vermindernden Fehlergrenzen folgern, daß die hier analytisch ermittelten Unterschiede in den Wärmeübergangskoeffizienten nicht ohne weiteres gefunden oder, wenn ja, gar erklärt werden konnten.

Nun muß noch, wie schon angedeutet, bedacht werden, daß außer dem Einfluß der verschiedenen Emissionswerte der Oberflächen auf den Wärmeübergang durch Strahlung auch noch die verschiedenen Rauheiten der Oberflächen im Arbeitszylinder eines Kolbenmotors auf den konvektiven Wärmeübergang zu berücksichtigen sind. Diese Frage wird im Folgenden behandelt.

Im allgemeinen nimmt der konvektive Wärmeübergang mit der Rauheit zu. Die Böden von Deckel und Kolben sind in der Regel bereits von der Herstellungsart her rauher als die Zylinderlaufbuchse, weil diese aus betriebstechnischen Gründen für den Kolbenlauf glatt sein muß. Außerdem verkrusten während des Betriebes die Böden von Deckel und Kolben durch Verbrennungsrückstände mehr oder weniger. Auf jeden Fall werden sie rauher und erhöhen für Strömungen ihre Widerstandszahl. Die Widerstandszahl ψ ist u. a. ein Maß für die Zunahme des konvektiven Wärmeübergangs. Mit Einschluß weiterer Einflußgrößen gilt bei Rohrströmung

$$\mathrm{Nu} = f(\mathrm{Re}, \mathrm{Pr}, \psi)\,. \tag{2.31}$$

Für Rohre mit großen Rauheitsunterschieden fand in neuerer Zeit *Nunner* [161] unter Beachtung grundlegender Erkenntnisse bedeutender Forscher folgende allgemeiner gefaßte Beziehung für glatte und rauhe Rohre

$$\mathrm{Nu} = \frac{\frac{\psi}{8}\,\mathrm{Re}\,\mathrm{Pr}}{1 + 1{,}5\,\mathrm{Re}^{-0{,}125}\,\mathrm{Pr}^{-0{,}167}\left(\mathrm{Pr}\,\frac{\psi}{\psi_0} - 1\right)}\,. \tag{2.32}$$

Außer den bekannten Größen ist ψ die Widerstandszahl bei einer bestimmten Rauheit und ψ_0 die der entsprechenden glatten Fläche. Zwischen einer Rauheit k_s, die durch die Korngröße von Sand in einer Sandschicht als äquivalent bestimmt ist, und der Widerstandszahl ψ hat *Colebrook* in [85], s. auch [12], Bl. Lb 3, eine Beziehung entwickelt, in der zugleich die Gesetze für glatte und rauhe Rohre als Grenzfläche enthalten sind:

$$\frac{1}{\psi^{0,5}} = -2\lg\left[\frac{2{,}51}{\mathrm{Re}\,\psi^{0,5}} + \frac{k_s}{3{,}71d}\right]. \tag{2.33}$$

Spätere kritische Betrachtungen von *Kirschmer* (s. [33] bei Nunner) haben gezeigt, daß diese Gleichung für beliebige Rohrdurchmesser gut brauchbar ist, wenn sie auch rechnerisch wegen der erforderlichen Iteration etwas umständlich zu handhaben ist. Für eine glatte Oberfläche ist $k_s = 0$, womit Gl. (2.33) in eine Form übergeht, die bereits von Prandtl im Jahre 1933 in Z. VDI 77 in Verbindung mit den bekannten grundlegenden Messungen von Nikuradse (s. VDI-Forsch.-Hefte 356 (1932) und 361 (1933)) angegeben worden ist. Bei den zu vergleichenden Wandteilen im Kolbenmotor ist im gewöhnlichen Betriebszustand für die Zylinderlaufbuchse $k_s = 0$ und für die Böden von Deckel und Kolben $k_s \leqq 0{,}30$ mm zu setzen. Zum Vergleich sei darauf hingewiesen, daß bei Gußrohren auch Werte von $k_s > 0{,}3$ mm auftreten, vgl. [161], a. a. O., Tabelle 2.

Für die in Gl. (2.32) einzusetzende Prandtl-Zahl wird $\mathrm{Pr} = 0{,}7$ als kleinster gleichbleibender Wert innerhalb des fraglichen Anwendungsbereichs gewählt, vgl. die zahlenmäßigen Angaben bei Gl. (1.27.3) und (2.14b). Außerdem wirkt sich bei der gegebenen Gleichungsform ein konstanter Wert in der gesuchten Verhältniszahl des Wärmeübergangs zwischen verschiedenen Wandteilen praktisch nicht aus.

Als entscheidende Größe neben der Widerstandszahl ψ bleibt daher die Re-Zahl übrig. In dieser tritt wiederum innerhalb eines engeren Vergleichs der Zylinderdurchmesser d zurück, wie auch die dynamische Viskosität η, wenn man mit ihr für $\mathrm{Re} = wd\varrho/\eta$ schreibt. Trotzdem wird wegen der gegebenen Möglichkeit und um der Genauigkeit willen die dynamische Viskosität nach Gl. (1.22) für das Verbrennungsgas verwendet. Durch den Ersatz der kinematischen Viskosität $\nu = \eta/\varrho$ in der Re-Zahl können die bekannten p,T-Werte der bisher verwendeten Vergleichsprozesse VP 1*···5* unmittelbar eingesetzt werden. Als letzte und wichtige Größe ist noch die Gasgeschwindigkeit zu ermitteln. Dies bedarf einer eingehenderen Überlegung.

In den α-Gleichungen wird unabhängig davon, ob diese der Gruppe I oder II (vgl. Abschn. 2.1 oder 6) angehören, als charakteristische Größe für die Strömungsgeschwindigkeit die mittlere Kolbengeschwindigkeit c_m verwendet. Dies entspricht aber nur einem mittleren Vergleichswert gegenüber den wirklichen, örtlich und zeitlich sehr unterschiedlichen Geschwindigkeiten des Arbeitsgases im Motorzylinder. Aus diesem Grund sind auch verschiedene und auf die Motorart abgestimmte Beiwerte oder Zusatzglieder in mehreren α-Gleichungen aufgenommen. Für den Vergleich einzelner Wandteile hinsichtlich des Einflusses ihrer Oberflächenbeschaffenheit und der zugehörigen Gasgeschwindigkeit genügt also die mittlere Kolbengeschwindigkeit nicht. Man muß zumindest wissen, wie hoch sich die mittlere Gasgeschwindigkeit steigert, damit die entscheidende Re-Zahl zutreffender in Gl. (2.32) eingesetzt werden kann.

Aus verschiedenen Messungen und Berechnungen ist bekannt, welche Steigerungen bei der Gasgeschwindigkeit auftreten können. So hat z. B. *Henein* [82] an einem Dieselmotor mit 114,3 mm Zylinderdurchmesser und Lanova-Verbrennungsverfahren (Verdichtungs- und Brennraum unter dem hochgezogenen Auslaßventil) gegenüber der mittleren Kolbengeschwindigkeit von 3,74 m/s Gasgeschwindigkeiten bis zum 15fachen festgestellt. Wie im Abschn. 2.2 gezeigt, treten allgemein bei den verschiedenen Verbrennungsverfahren erstens durch ihre konstruktive Form und zweitens durch gerichtete Feuerstrahlen beträchtliche Geschwindigkeitsspitzen auf, ganz abgesehen von jenen Maßnahmen, die einen Drall beim Ansaugen erzielen. Wegen der Trägheit klingen derartige Geschwindigkeiten vergleichsweise langsam ab. Aus diesem Grund ist es für den Vergleich zutreffender, nicht irgend einen Spitzenwert, sondern eine mit dem Ausdehnungshub abnehmende Geschwindigkeit einzusetzen.

Eine solche rechnerische Möglichkeit ist durch die α-Gleichung von Woschni, Gl. (2.15), gegeben, die mit ihrem zweiteiligen Geschwindigkeitsglied

$$w = C_1 c_m + C_2 \frac{V_h T_1}{p_1 V_1} (p - p_0)$$

durch den Druckunterschied $p - p_0$ im „Verbrennungsglied" zwischen arbeitender und betriebswarm geschleppter Maschine ein geeignetes Maß enthält. Wenn man zudem für den Beiwert C_2 den für einen Vorkammermotor ermittelten Wert als höchsten einsetzt, um den einzelnen starken Geschwindigkeitserhöhungen nahe zu kommen, dann dürfte eine brauchbare Grundlage für den Vergleich gegeben sein. Der Vollständigkeit halber sei noch bemerkt, daß nach den Angaben zu der α-Gleichung für $V_h/V_1 = (\varepsilon - 1)/\varepsilon$ gesetzt wird, um das für die Vergleichsprozesse gewählte Verdichtungsverhältnis wahrzunehmen. So ergeben sich innerhalb des Abschnittes der Verbrennung und Ausdehnung je nach dem Arbeitsprozeß Geschwindigkeitsunterschiede für das Verbrennungsgas vom 3- bis 9fachen. Demgegenüber steigert sich die mittlere Gasgeschwindigkeit zur mittleren Kolbengeschwindigkeit nur um das 3- bis 5fache, wie Zahlentafel 2.6/7 ausweist, in der die zusammengehörigen Werte der mittleren Gasgeschwindigkeit w und Reynoldszahlen Re für die bisher verwendeten fünf Vergleichsprozesse VP*, zwei mittlere Kolbengeschwindigkeiten c_m und zwei Zylinderdurchmesser zusammengestellt sind. Um übersichtlich zu bleiben, wird wie bei der Strahlung auf die tabellarische Wiedergabe des umfangreichen Zahlenwerks für mehrere abgestufte Rauheiten bei jeweils verschiedenen Betriebszuständen verzichtet. Wegen der teilweise geringen Unterschiede werden Grenzwerte zeichnerisch mit der gegebenen Interpolationsmöglichkeit in Abb. 2.6/22 zum unmittelbaren Vergleich dargestellt. Dementsprechend ist auch in der gleichen Art wie bei der Strahlung das Verhältnis der mittleren Wärmeübergangskoeffizienten für die verschiedenen Wandteile gebildet worden.

Zahlentafel 2.6/7. *Mittlere Gasgeschwindigkeit w und Reynolds-Zahl* Re *bei verschiedenen Arbeitsprozessen (Vergleichsprozesse* VP*) *zum Einfluß der Oberflächenrauheit auf den Wärmeübergang*

	VP	mittl. Gasgeschw. w	Reynolds-Zahl Re d[1] = 100	Reynolds-Zahl Re $d = 400$
		m/s	—	—
$c_m = 6$ m/s	1*	30,6	$3{,}10 \cdot 10^5$	$1{,}24 \cdot 10^6$
	2*	27,2	$3{,}00 \cdot 10^5$	$1{,}20 \cdot 10^6$
	3*	24,8	$2{,}91 \cdot 10^5$	$1{,}16 \cdot 10^6$
	4*	23,7	$7{,}39 \cdot 10^5$	$2{,}95 \cdot 10^6$
	5*	22,0	$7{,}30 \cdot 10^5$	$2{,}92 \cdot 10^6$
$c_m = 12$ m/s	1*	44,3	$4{,}43 \cdot 10^5$	$1{,}77 \cdot 10^6$
	2*	40,9	$4{,}37 \cdot 10^5$	$1{,}75 \cdot 10^6$
	3*	38,5	$4{,}31 \cdot 10^5$	$1{,}72 \cdot 10^6$
	4*	37,4	$1{,}17 \cdot 10^6$	$4{,}66 \cdot 10^6$
	5*	35,7	$1{,}17 \cdot 10^6$	$4{,}66 \cdot 10^6$

[1] Zylinderdurchmesser in mm

Für die in Frage kommende äquivalente Rauheit zu einer Sandkorngröße zwischen $k_s = 0{,}1$ und 0,3 mm und den beiden bereits erläuterten beispielhaften Arbeitsprozessen VP 2* und 5* ergeben sich bei völliger Abdeckung der Zylinderlaufbuchse im OT, also mit $h/h_c = 0$, Zunahmen vom 1,4···1,8fachen. Die zu diesen Mittelwerten gehörigen Höchstwerte im Arbeitsprozeß liegen um 22 bis 38% höher und sind durch die zugrundegelegte Geschwindigkeitsfunktion bedingt. Wenn man die Feuerstrahlen aus einer Nebenkammer oder die Geschwindigkeitserhöhungen durch Quetschströmungen beachtet, so können sich diese Prozentsätze verdoppeln bis verdreifachen. Obwohl diese Geschwindigkeitsspitzen nur kurzfristig auftreten, heben sie den Mittelwert mehr oder weniger an und führen immer zu örtlich verstärktem Wärmeübergang.

Für die aufgeladene Maschine nach VP 4* und 5* (s. Zahlentafel 2.6/7) ist festzustellen, daß sich infolge der hohen Drücke und damit der Dichte des Arbeitsgases die Re-

Zahl beträchtlich erhöht, und dementsprechend ergibt sich für diesen Betriebsfall auch die stärkste Zunahme im Wärmeübergang. Trotzdem ist der Anteil an Wärmeverlusten durch die Wandungen bei der aufgeladenen Maschine (anteilige Wandwärme Q_w/Q_{zu}, vgl. Zahlentafel 2.8/4, VP* 2 u. 40) wegen des größeren Wärmeumsatzes bei gleichbleibenden Wandflächen kleiner als bei der unaufgeladenen [11]. Ferner ist bei dem größeren Motor die Zunahme etwas geringer, weil die relative Rauheit für gleiche Korngröße kleiner geworden ist. In welchem Ausmaß dies geschieht, zeigt Abb. 2.6/23, worin abhängig von der äquivalenten Rauheit k_s für die beiden Zylinderdurchmesser $d = 100$ und 400 und völlige bzw. keine zusätzliche Abdeckung der Laufbuchse im OT (Freifläche $h/h_c = 0$ bzw. 1)

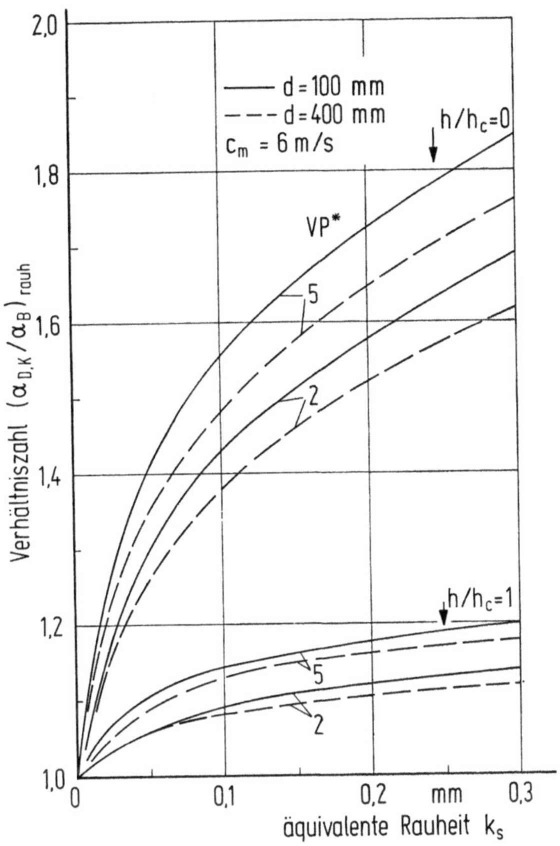

Abb. 2.6/23. Verhältnis der mittleren Wärmeübergangskoeffizienten $(\alpha_{D,K}/\alpha_B)_{rauh}$ bei verschiedenen Freiflächen h/h_c und Arbeitsprozessen VP* und anderen Einflußgrößen abhängig von der Rauheit der Oberfläche

bei der mittleren Kolbengeschwindigkeit $c_m = 6$ m/s und für die Vergleichsprozesse VP 2* und 5* die Zunahme des Wärmeübergangs aufgetragen ist. Man erkennt vor allem, wieviel tiefer jeweils die Kurven für $d = 400$ mm liegen. Es sei noch bemerkt, daß durch eine erhöhte mittlere Kolbengeschwindigkeit von 6 auf 12 m/s die Kurvenzüge nur um 2…5% höher verlegt werden. Die in dieser Hinsicht geringe Zunahme mit der Geschwindigkeit hängt wiederum mit dem gebildeten Verhältnis $(\alpha_{D,K}/\alpha_B)_{rauh}$ zusammen; denn die Geschwindigkeitszunahme ist rechnerisch für alle Flächen gleich groß eingesetzt. In Wirklichkeit wird die Zylinderlaufbuchse von einer beruhigteren Strömung getroffen, was auch eine Zunahme des Verhältnisses bewirken muß. Die Rechnung geht also zu Lasten der Laufbuchse für den gesuchten Vergleich des Wärmeübergangs zwischen den verschiedenen Wandteilen. Um diesen nun mit den ermittelten Werten für Strahlung und Konvektion durchzuführen, sind wie bei der Strahlung die Verhältniswerte für die gleichen motorischen

Zustände aus Abb. 2.6/22 zu ermitteln. Man findet für VP 2* und $d = 100$ mm:

$$h/h_c = 2/3: \quad (\alpha_{D,K}/\alpha_B)_{\text{rauh}} = \begin{cases} 1{,}106 \text{ bei } k_s = 0{,}1 \text{ mm} \\ 1{,}169 \text{ bei } k_s = 0{,}3 \text{ mm} \end{cases}$$

$$h/h_c = 1/5: \quad (\alpha_{D,K}/\alpha_B)_{\text{rauh}} = \begin{cases} 1{,}196 \text{ bei } k_s = 0{,}1 \text{ mm} \\ 1{,}288 \text{ bei } k_s = 0{,}3 \text{ mm} \end{cases}$$

$$h/h_c = 1/10: \quad (\alpha_{D,K}/\alpha_B)_{\text{rauh}} = \begin{cases} 1{,}263 \text{ bei } k_s = 0{,}1 \text{ mm} \\ 1{,}378 \text{ bei } k_s = 0{,}3 \text{ mm} \end{cases}$$

Zahlentafel 2.6/8. *Verhältnis der mittleren Wärmeübergangskoeffizienten* $(\alpha_{D,K}/\alpha_B)$ *bei Strahlung* (str), *Konvektion durch Rauheit* (rauh) *und insgesamt* (ges) *der Wandflächen von Deckel- und Kolbenboden* (D,K) *zur Zylinderlaufbuchse* (B)

VP	d[1]	h/h_c[2]	$(\alpha_{D,K}/\alpha_B)_{\text{str}}$[3]		$(\alpha_{D,K}/\alpha_B)_{\text{rauh}}$[4]		$(\alpha_{D,K}/\alpha_B)_{\text{ges}}$[5]	
			$\Delta\varepsilon_{\min}$	$\Delta\varepsilon_{\max}$	$k_{s-\min}$	$k_{s-\max}$	min	max
2*	100	0	2,74	8,02	1,43	1,69	1,86	3,78
		0,1	2,15	3,77	1,26	1,38	1,55	2,17
		0,2	1,85	2,71	1,20	1,29	1,41	1,76
		1/3	1,66	2,25	1,15	1,23	1,32	1,57
		2/3	1,50	1,87	1,11	1,17	1,28	1,40
		1	1,41	1,68	1,09	1,14	1,20	1,32
	400	0	2,95	8,95	1,38	1,62	1,90	4,04
		0,1	2,22	4,04	1,23	1,33	1,56	2,22
		1	1,47	1,76	1,08	1,12	1,21	1,33
5*	100	0	2,73	7,97	1,55	1,85	1,94	3,87
		0,1	1,98	2,90	1,33	1,50	1,54	1,96
		1	1,34	1,55	1,14	1,20	1,21	1,32
	400	0	2,92	8,93	1,48	1,76	1,96	4,13
		0,1	2,08	3,58	1,31	1,47	1,56	2,17
		1	1,41	1,65	1,13	1,18	1,22	1,34

[1] zu dem Zylinderdurchmesser d in mm gehört ein Verhältnis Hub/Durchm. $s/d = 1{,}25$
[2] die Höhe des zylindrisch gedachten Verdichtungsraumes h_c entspricht dem Verdichtungsverhältnis $\varepsilon = 13$
[3] $\Delta\varepsilon_{\min} \triangleq \varepsilon_{D,K} = 0{,}9$ und $\varepsilon_B = 0{,}3$; $\Delta\varepsilon_{\max} \triangleq \varepsilon_{D,K} = 0{,}95$ und $\varepsilon_B = 0{,}1$
[4] äquivalente Rauheit $k_{s-\min} = 0{,}1$ mm und $k_{s-\max} = 0{,}3$ mm sowie mit $c_m = 6$ m/s
[5] mit den anteiligen Wandwärmen durch Strahlung 33% und Konvektion 67%

Die Zunahmen der Verhältniszahlen durch die Rauheit sind zwar mit rd. 10⋯30% recht beachtlich, aber gegenüber den vergleichbaren bei der Strahlung wesentlich geringer. Um den Vergleich zu vervollständigen, sind in den Grenzen mit $h/h_c = 0 \cdots 1$ und den anderen Einflußgrößen die Verhältniszahlen der Wärmeübergangskoeffizienten für die betrachteten Wandteile zweckmäßig gestuft in Zahlentafel 2.6/8 zusammengestellt. Gleichzeitig sind die sich daraus ergebenden Verhältniszahlen $(\alpha_{D,K}/\alpha_B)_{\text{ges}}$ für den gesamten mittleren Wärmeübergang eingefügt. Diese Zahlen beziehen sich auf eine mittlere Kolbengeschwindigkeit von $c_m = 6$ m/s; für $c_m = 12$ m/s erhöhen sich die Werte nur um 1⋯2%. Ferner muß vermerkt werden, wie sich die insgesamt bei einem Arbeitsprozeß abgegebene

Wandwärme auf Strahlung und Konvektion mit

$$q_{\text{ges}} = q_{\text{str}} + q_{\text{konv}}$$

prozentual aufteilt, wodurch sich das Gewicht der Zunahmen der Verhältniszahlen entsprechend verändert. Dazu werden nach den verschiedenen und hier mitgeteilten Meßwerten (vgl. z. B. Abb. 2.6/9, 12 u. 13) 33% für die Strahlung und 67% für die Konvektion als zutreffende Werte bei Vollast gewählt. Für andere oder größere Motoren gelten auch noch höhere Prozentsätze für die Strahlung als möglich. Wegen der ermittelten Verhältniszahlen für die betreffenden Wandteile ergibt sich somit das gesuchte Verhältnis der *mittleren* Wärmeübergangskoeffizienten für die berußten und rauhen Deckel- und Kolbenböden einschließlich der veränderlichen oberen Randzone der Zylinderlaufbuchse einerseits und der blanken und glatten Oberfläche der Zylinderlaufbuchse andererseits aus

$$\left(\frac{\alpha_{D,K}}{\alpha_B}\right)_{\text{ges}} = \frac{\alpha_{\text{str}}}{\alpha_{\text{ges}}}\left(\frac{\alpha_{D,K}}{\alpha_B}\right)_{\text{str}} + \frac{\alpha_{\text{konv}}}{\alpha_{\text{ges}}}\left(\frac{\alpha_{D,K}}{\alpha_B}\right)_{\text{rauh}}. \tag{2.34}$$

Nun ist nach Gl. (1.9) beim stationären Vorgang für gleiche Temperaturunterschiede Gas $\to$ Wand

$$\frac{\alpha_{\text{str}}}{\alpha_{\text{ges}}} = \frac{q_{\text{str}}}{q_{\text{ges}}} \quad \text{und} \quad \frac{\alpha_{\text{konv}}}{\alpha_{\text{ges}}} = \frac{q_{\text{konv}}}{q_{\text{ges}}}.$$

Die beiden Glieder in Gl. (2.34) lassen sich aber nur zusammenzählen, wenn auch die Temperaturunterschiede Gas $\to$ Deckel- und Kolbenboden und Gas $\to$ Buchsenwand gleich groß sind. Das trifft näherungsweise zu. Der Unterschied ist besonders in dem entscheidenden Abschnitt der Verbrennung weniger als 3%, so daß man in diesem engeren Zusammenhang die Verhältnisse der Wärmeübergangskoeffizienten durch die der Wärmestromdichten ersetzen kann, und zwar auch für die Mittelwerte vom Arbeitsprozeß.

Man entnimmt der Zahlentafel 2.6/8, daß je nach den einzelnen Zuständen mit $h/h_c = 0{,}1 \cdots 1$ das Gesamtverhältnis zwischen 1,2 und 2,2 liegt. Damit ist gezeigt, daß es angebracht ist, bei Vorausberechnungen die betreffenden Wandteile unterschiedlich zu behandeln. Die in dieser Art von Pflaum vorgeschlagenen zwei α-Gleichungen liefern noch höher liegende, aber absolut gleiche Unterschiede zwischen 1,8 und 2,8 (vgl. die spätere Zahlentafel 2.8/3). Dazu muß man folgendes bedenken: Erstens sind die hier analytisch ermittelten Verhältniszahlen aus mehreren genannten Gründen einschließlich der Randbedingungen eher zu niedrig als zu hoch. Zweitens ist es noch nicht genügend erforscht, welches die wirklichen Wärmeübergangskoeffizienten in den abgeschnürten Brennräumen und deren Übergangszonen sind. Das gilt sowohl für die im oder am Zylinderdeckel untergebrachten Nebenräume als auch für die im Kolben ausgebildeten Brennräume, das gilt für mittig oder außermittig zur Zylinderachse liegende Übergangsöffnungen, das gilt auch für die Gemischbildung und die damit mehr oder weniger verbundene Wandberührung des Brennstoffes sowie der Feuerstrahlen und das gilt für die tatsächlichen Geschwindigkeitsverhältnisse des arbeitenden Gases. Alle diese Vorgänge beginnen kurz vor dem oberen Totpunkt und enden in einer ersten Stufe mit der leuchtenden Flamme, d. h. in der Regel bei einwandfreiem Betriebszustand nicht eher als 60 °KW nach dem oberen Totpunkt. Diese Vorgänge führen mit Sicherheit auch zu einem höheren mittleren Wärmeübergangskoeffizienten im gesamten Brennraum, wodurch sich das Verhältnis zwischen den Wandteilen von Deckel, Kolben und dem umschlossenen Brennraum zu dem der Zylinderlaufbuchse noch weiter erhöht. Drittens kann diesen Umständen vorläufig summarisch dadurch entsprochen werden, wenn man mit einem Zahlenwert $h/h_c < 0{,}1$ rechnet. Der äußerste Grenzfall ist mit $h/h_c = 0$ in Zahlentafel 2.6/8 aufgenommen und ergibt für $(\alpha_{D,K}/\alpha_B)_{\text{ges}}$ je nach den minimalen oder maximalen Randwerten eine Verhältniszahl zwischen rd. 2 und 4. Schließlich ist es durchaus möglich, andere α-Gleichungen auf solche Verhältniszahlen abzustimmen, wenn es sich nur um den örtlich und zeitlich mittleren Wärmeübergangskoeffizienten handelt.

2.7 Anwendung der Wärmeübergangsgleichungen auf Vier- und Zweitaktmotoren

Nußelt hat seine α-Gleichung für den Vorgang der Verdichtung und Ausdehnung entwickelt und für den Verbrennungsvorgang nur mit Bedenken als zutreffend angesehen. Wie bereits bei der Wiedergabe seiner α-Gleichung, Gl. (2.1), festgestellt wurde, hat er sie jedoch mit Rücksicht auf ihren Genauigkeitsgrad gegenüber den wirklichen Vorgängen im Kolbenmotor schließlich selbst nicht nur auf den Zweitaktmotor, sondern auch auf den Viertaktmotor angewendet. Wenn man nämlich nicht den Wärmeübergangskoeffizienten an sich betrachtet, sondern nur als einen Wert, mit dessen Hilfe die Wärme ermittelt wird, die letzten Endes im Motor an das Kühlmittel übergeht, dann kann man so verfahren. Denn erstens wird beim Viertaktmotor beim Ansaugen Wärme von den Wänden des Arbeitszylinders aufgenommen und in der zweiten Hälfte des Verdichtens wieder Wärme an die Wand abgegeben. Hierdurch findet ein weitgehender Ausgleich im gesamten Wärmestrom statt. Zweitens ist der Anteil der während des Ausschiebens weiterhin an die Wand übergehenden Wärme vergleichsweise gering, so daß eine diesbezügliche Ungenauigkeit in der α-Gleichung wegen der Prozente von Prozenten nicht ins Gewicht fällt.

Dieser Zusammenhang befreit aber nicht von der Notwendigkeit, den Wärmeübergangskoeffizienten beim Ladungswechsel genauer einzusetzen, wenn man nicht summarisch, sondern für jeden Arbeitsabschnitt Einzelwerte ermitteln will. Der Arbeitshub mit Verbrennung und Ausdehnung ist in dieser Hinsicht durch jede Gleichung gewissermaßen zutreffend bedacht worden, weil der allergrößte Teil der Wärme während dieses Arbeitsabschnitts übergeht. Welche Unterschiede sich trotzdem bei den einzelnen α-Gleichungen ergeben, wird ihr Vergleich im nächsten Abschnitt zeigen.

Alle Gleichungen, die sich auf Wärmebilanzen stützen, sind dementsprechend sowohl auf den Viertakt- als auch auf den Zweitaktmotor anwendbar. Dies gilt besonders für solche Gleichungen, die für verschiedene Motorarten darauf abgestimmte Ausdrücke oder Beiwerte verwenden. In dieser Hinsicht haben die Gleichungen von Briling und Brysgow, Gl. (2.2) und (2.3), erste Hinweise gebracht, wenn sie auch alle Unterschiede in das Geschwindigkeitsglied der zugrunde gelegten Gleichung von Nußelt einbezogen haben.

Es gibt van Tyen mit seiner ersten Gleichung, Gl. (2.4), eine weitere c_m-Funktion zu denen von Briling und Brysgow unter Bezugnahme auf eine einzige Temperaturmeßstelle im oberen Teil der Zylinderlaufbuchse an und stützt sich dabei auf die Wärmebilanzen von größeren Schiffsdieselmotoren. Die einzige Temperaturmeßstelle ist zwar bequem, setzt aber sehr ähnliche Konstruktionen und Betriebsverhältnisse voraus, um zu vergleichbaren Werten zu gelangen. Mit seiner zweiten Gleichung, Gl. (2.5), verwendet van Tyen auf interessante Weise die einfachere, jedoch exponentielle Art der c_m-Funktion von der Eichelbergschen α-Gleichung mit der von ihm beibehaltenen p,T-Funktion bei Nußelt. Wie sich dies auswirkt, läßt Abb. 2.3/1 leicht erkennen.

Einen Übergang zu den Gleichungen, die sich ausschließlich auf die Messung des Wärmeflusses an bestimmten Orten im Arbeitszylinder mit Hilfe der gemessenen Temperaturschwankungen auf und in der Wand stützen (vgl. Abschn. 5), bildet die Gleichung von Eichelberg, Gl. (2.6). Denn bei ihr sind wechselweise das Verfahren der Wärmebilanzen und/oder der örtlichen Wärmestromdichte sowie Vier- und Zweitaktmotoren herangezogen. Diese Gleichung hat sich besonders bei unaufgeladenen Großmotoren als nützlich erwiesen.

Keinen Zweifel für die Anwendung auf den Viertaktmotor läßt die Gleichung von Pflaum, Gl. (2.7), aufkommen, weil sie zu ihrer Entwicklung Wärmebilanzen und mittlere Wandtemperaturen an zahlreichen Stellen des Arbeitsraumes eines Viertaktmotors — an Deckel, Kolben und Zylinderlaufbuchse — heranzieht. Ihre Besonderheit ist die Bezugnahme auf die aufgeladene Maschine und den Vorkammermotor, sowie die Tatsache, daß sie den Wärmeübergang an Zylinderdeckel und Kolbenboden einerseits und Zylinderlaufbuchse andererseits unterscheidet.

Während die bisher genannten α-Gleichungen der Gruppe I von den p,T-Funktionen von Nußelt oder Eichelberg ausgehen und mit ihren Ergänzungen ausschließlich experimentell bestätigt sind, ist, wie bereits festgestellt, die Gruppe II der α-Gleichung mit der Ähnlichkeitstheorie begründet. Bei der ersten Gleichung dieser Art von Elser, Gl. (2.8), und den beiden folgenden von Oguri, Gl. (2.9) und Overbye, Gl. (2.11), wird an einer oder zwei Stellen, entweder im Zylinderdeckel- oder Kolbenboden, das Verfahren mit der gemessenen Temperaturschwankung an der Oberfläche und in der Wand verwendet. Bei Elser sind es je ein Zwei- und Viertaktdieselmotor, sowie bei Oguri und Overbye je ein Viertakt-Otto-Vergasermotor. Diese Gleichungen können zwar auf den Zweitakt- und Viertaktmotor angewendet werden, aber wegen des bereits behandelten unterschiedlichen Strahlungseinflusses beim Otto- oder Dieselmotor muß man bei diesen Gleichungen die Motorart beachten. Dies ist notwendig, weil diese drei Gleichungen kein besonderes Strahlungsglied oder einen dahingehenden Beiwert besitzen.

Die Gleichung von Sitkei, Gl. (2.12/13), wird im Zusammenhang mit einem Viertaktmotor behandelt und besitzt für verschiedene Verbrennungsverfahren entsprechende Beiwerte. Außerdem hat sie zwei Strahlungsglieder für die Gas- und Flammenstrahlung. Damit steht nichts im Wege, sie mit der Gasstrahlung allein auf den Ottomotor und mit beiden Gliedern auf den Dieselmotor anzuwenden. Unmittelbare Vergleichsmessungen sind nicht durchgeführt.

Die Gleichung von Annand, Gl. (2.14), verwendet wie Nußelt neben dem konvektiven Glied ein Strahlungsglied. Das konvektive Glied erhält einen Beiwert der rd. um das Zweifache je nach Motorart schwankt. Unter der Motorart sind nicht nur die verschiedenen Verbrennungsverfahren, sondern auch das Arbeitsverfahren nach Vier- und Zweitakt zu verstehen. Für das Strahlungsglied ist eine Strahlungskonstante mit einem unterschiedlichen Wert für Otto- und Dieselmotor angegeben. Für den Ottomotor wurde sie aus den erwähnten Gründen nach Nußelt gewählt und für den Dieselmotor aus Vergleichen mit Meßwerten an Dieselmotoren; der Zahlenwert beträgt, um den Einfluß der Gas- und Flammenstrahlung abzudecken, das 7,6fache gegenüber dem beim Ottomotor. Bezieht man sich auf den gesamten Wärmestrom, so stimmt der Anteil mit den Meßwerten überein, wie im Abschn. 2.6.2 mitgeteilt worden ist. Denn solche Versuchsergebnisse dienten u. a. Annand als Grundlage. Bei richtiger Wahl der verschiedenen Beiwerte für die verschiedenen Motorarten erweist sich die Gleichung von Annand als nützlich. Welche Beiwerte im einzelnen zu wählen sind, wird durch den weiteren Vergleich im nachfolgenden Abschnitt deutlicher.

Die letzte und bisher jüngste α-Gleichung von Woschni, Gl. (2.15), vermeidet ein besonderes Glied für die Strahlungswärme, weil es allein alle zusätzlichen Einflüsse während der Verbrennung, insbesondere die der Turbulenz, nicht zu erfassen vermag. Deshalb wird summarisch ein „Verbrennungsglied" eingeführt, das je nach dem Verbrennungsverfahren einen unterschiedlichen Beiwert erhält. Im übrigen ist die Gleichung von der Ähnlichkeitstheorie her entwickelt und enthält demnach eine aus der Reynolds-Zahl folgende c_m-Funktion mit einfacher Potenz. Ihr Beiwert hierzu — und dies ist neben dem von Woschni eingeführten „Verbrennungsglied" gegenüber allen anderen α-Gleichungen ein wesentlicher Unterschied — ist abgestimmt auf den Ladungswechsel bzw. auf die Verdichtung und Ausdehnung. Dadurch wird deutlich gemacht, daß diese Gleichung sowohl auf den Viertaktmotor als auch Zweitaktmotor angewendet werden kann. Wärmebilanzen und zahlreiche Temperaturmeßstellen dicht unterhalb der Innenfläche des Arbeitsraumes an Deckel, Kolben und Zylinderlaufbuchse gaben die Grundlage für die eingesetzten Beiwerte.

Diese allgemeinen Hinweise mögen genügen, um deutlich zu machen, ob und welche Gleichungen außer für den Zweitakt-Kolbenmotor auch für den Viertakt-Kolbenmotor bei verschiedenen Verbrennungsverfahren am zweckmäßigsten anzuwenden sind. Welche zahlenmäßigen Unterschiede die einzelnen α-Gleichungen insbesondere für den entscheidenden Arbeitsabschnitt der Verbrennung und Ausdehnung unter verschiedenen Betriebsbedingungen ergeben, wird im nachfolgenden Abschnitt behandelt. Danach wird deutlich gemacht worden sein, welche Gleichungen verwendbar bleiben und welchen man fallweise den Vorzug zu geben hätte.

2.8 Vergleichende Betrachtung der Wärmeübergangsgleichungen

2.8.1 Zahlenmäßige Gegenüberstellung

Nachdem in den vorhergehenden Abschnitten die verschiedenen Einflüsse auf den Wärmeübergang in einem Kolbenmotor ihrem Wesen und ihrer Bedeutung nach behandelt worden sind, sollen die im Abschn. 2.1 zusammengestellten α-Gleichungen miteinander zahlenmäßig verglichen werden. Dazu ist als Grundlage ein Arbeitsprozeß zu wählen, der leicht zu übersehen, möglichst allgemein gültig und jederzeit wiederholbar ist. Das ist der Vergleichsprozeß VP mit gemischter Verbrennung, der bereits in Abb. 2.6/4 mit bestimmten Kennwerten für die Ermittlung des Strahlungsanteiles nach einigen α-Gleichungen herangezogen worden ist. Sein Schönheitsfehler ist der eckige Übergang von einem Prozeßabschnitt zum anderen, weil im Kolbenmotor jeder Übergang mehr oder weniger stetig ist. Die etwaige Wahl eines Verbrennungsablaufs, der äußerlich den gewohnten Anblick eines Indikatordiagrammes bietet, birgt das Grundübel verschiedener Wahlmöglichkeiten in sich, wobei man über die zu treffende Wahl einschließlich der Art und des Ausmaßes von Wärmeverlusten durchaus verschiedener Meinung sein kann. Dies schließt trotzdem nicht aus, daß es u. U. nützlich ist, diesen oder jenen Verlauf z. B. mit Fragen der Gemischbildung und des Druckanstieges zu verknüpfen. Bei dem nach [11] für bestimmte Betriebsbedingungen ermittelten Arbeitsprozeß ist das Verhalten des realen Arbeitsgases berücksichtigt, und er liefert jederzeit wiederholbare verlustfreie p,T-Werte. Das ist eine Vorbedingung für einen Vergleichsprozeß, der eine unverrückbare Grundlage und gleichbleibende Aussagekraft besitzen muß. Daher seine Wahl.

Ein weitgestecktes Vergleichsfeld hinsichtlich des Arbeitsprozesses und der elf wahrzunehmenden α-Gleichungen war nur über EDV zu bewältigen. Für den Arbeitsprozeß standen die von Zacharias entwickelten Gleichungen zur Verfügung (vgl. die Schrifttumsangaben bei Gl. (1.23)), während die Programmierung der α-Gleichungen und den Zusammenschluß mit dem Vergleichsprozeß *Klette* [80] durchführte. Die Kennwerte für vierzig Vergleichsprozesse (VP) sind in Zahlentafel 2.8/1 zusammengefaßt. Als Maß für die Belastung gilt das Luftverhältnis λ^*, wobei $\lambda^* = 1$ als Grenzfall mit stöchiometrischem Verbrennungsgas zu betrachten und zugleich bei einem Ottomotor als Vollast zu nehmen ist. Für Vollast beim Dieselmotor wird $\lambda^* = 1{,}2$ und für Halblast $\lambda^* = 2{,}0$ gesetzt; der dazwischen liegende Wert mit $\lambda^* = 1{,}5$ steht als Dreiviertellast.

Um den Saug- und Aufladebetrieb zu umspannen, sind der Anfangsdruck in drei Stufen $p_a = 1$, 2 und 3 bar und der höchste Verbrennungsdruck in vier Stufen von $p_z = 60$ bis 140 bar aufeinander abgestimmt. Die Temperatur beim Verdichtungsbeginn ist mit $t_a = 50\,°\mathrm{C}$ einheitlich gewählt, da man im Aufladebetrieb verschieden stark rückkühlt. Durch die neuere Arbeit von *Zapf* [81] kann man im Bedarfsfall die Erwärmung beim Ansaugen vorausberechnen und auf Erfahrungswerte beim Viertaktmotor verzichten. Bei einem Zweitaktmotor ist die Temperatur vor den Einlaßschlitzen zu nehmen, die durch die vorgeschalteten Spül- oder Aufladegebläse und Rückkühlung beeinflußt wird. Für die Wandtemperatur im Verbrennungsraum, also die Böden von Zylinderdeckel und Kolben, sowie den oberen Rand der Zylinderlaufbuchse, wurde ein Mittelwert $t_w = 300\,°\mathrm{C}$ eingesetzt, während sie für die Zylinderlaufbuchse mit dem Kolbenhub entsprechend der Anmerkung in Zahlentafel 2.6/1 von 300 auf 120 °C sinkt.

Zahlentafel 2.8/1. *Kennwerte der Vergleichsprozesse (VP) für die Berechnung des Wärmeübergangskoeffizienten nach verschiedenen α-Gleichungen*

VP	λ^*	p_a bar	p_z bar	c_m m/s	VP	λ^*	p_a bar	p_z bar	c_m m/s
1	1,0	1	60	6	21	1,0	1	100	12
2+[1]	1,2	1	60	6	22+	1,2	1	100	12
3	1,5	1	60	6	23	1,5	1	100	12
4+	2,0	1	60	6	24	2,0	1	100	12
5	1,0	1	80	6	25	1,0	2	100	6
6	1,2	1	80	6	26	1,2	2	100	6
7	1,5	1	80	6	27	1,5	2	100	6
8	2,0	1	80	6	28	2,0	2	100	6
9	1,0	1	100	6	29	1,0	3	140	6
10+	1,2	1	100	6	30	1,2	3	140	6
11	1,5	1	100	6	31	1,5	3	140	6
12	2,0	1	100	6	32+	2,0	3	140	6
13	1,0	1	60	12	33	1,0	2	100	12
14+	1,2	1	60	12	34	1,2	2	100	12
15	1,5	1	60	12	35	1,5	2	100	12
16	2,0	1	60	12	36	2,0	2	100	12
17	1,0	1	80	12	37	1,0	3	140	12
18	1,2	1	80	12	38	1,2	3	140	12
19	1,5	1	80	12	39	1,5	3	140	12
20	2,0	1	80	12	40+	2,0	3	140	12

[1] Die Ziffern mit + sind die für die Gegenüberstellung ausgewählten Vergleichsprozesse; gegebenenfalls wird es auch bei VP+ unmittelbar verwendet.

Festwerte sind:

$t_a = 50°C$
$\varepsilon = 13$
$d = 400$ mm

Da die α-Gleichungen sehr verschiedene Geschwindigkeitsglieder, jedoch übereinstimmend mit der mittleren Kolbengeschwindigkeit c_m besitzen, wurden zwei Werte mit $c_m = 6$ und 12 m/s gewählt, womit ausreichender Spielraum gewonnen worden ist. Schließlich ist einheitlich der Zylinderdurchmesser mit $d = 400$ mm nicht zu groß und nicht zu klein eingesetzt worden, der insbesondere bei allen α-Gleichungen der Gruppe II (Ähnlichkeitstheorie) vorhanden ist und bei seiner Zunahme den konvektiven Teil vermindert, aber den Strahlungsteil vermehrt (vgl. Abschn. 2.5 und 2.6). Dem gewählten Zylinderdurchmesser entspricht das Verdichtungsverhältnis für den Dieselmotor mit $\varepsilon = 13$. Im übrigen waren gewisse erträgliche Beschränkungen erforderlich, um nicht uferlos in den Variationen zu werden.

Aus der vollständigen Gegenüberstellung in [80] werden hier nur soviele Beispiele gebracht, um einen ersten ausreichenden Einblick und Überblick zu gewinnen. Dabei ist der Umstand günstig, daß der Vergleichsprozeß selbst mit seinen p,T-Werten unabhängig von der Geschwindigkeit ist und hier zugleich mit verschiedenen Verbrennungshöchstdrücken, aber gleichgroßen Luftverhältnissen λ^* in einer Abbildung als Ausgangsprozeß zusammengefaßt werden kann. So ließen sich mit $\lambda^* = 1{,}2$ und 2,0 in den beiden Abb. 2.8/1 und 2 im ganzen sieben Vergleichsprozesse (VP) mit nur je 2 teilweise verschiedenen Kurvenzügen gemeinsam darstellen. Bei den auf dieser Grundlage errechneten Diagrammen mit dem örtlich mittleren Wärmeübergangskoeffizienten α abhängig vom Kurbelwinkel, also gemäß dem Ablauf des Arbeitsprozesses, ist deutlich zwischen der unmittelbaren und mittelbaren Einspritzung zu unterscheiden.

Es ist bereits angemerkt worden, daß durch die Versuche von Pflaum [47] an einem

Vorkammermotor 1960 klar wurde, daß Dieselmotoren mit verschiedenen Verbrennungsverfahren von einander abweichende Wärmeübergangswerte aufweisen. Man wußte zwar schon seit 1931 durch Briling [36], daß Otto- und Dieselmotoren zu trennen wären, s. Gl. (2.2). Aber der Nachweis von Brysgow [40], im Jahre 1937 veröffentlicht, scheint weithin unbekannt geblieben oder in Vergessenheit geraten zu sein, wonach auch beim Dieselmotor

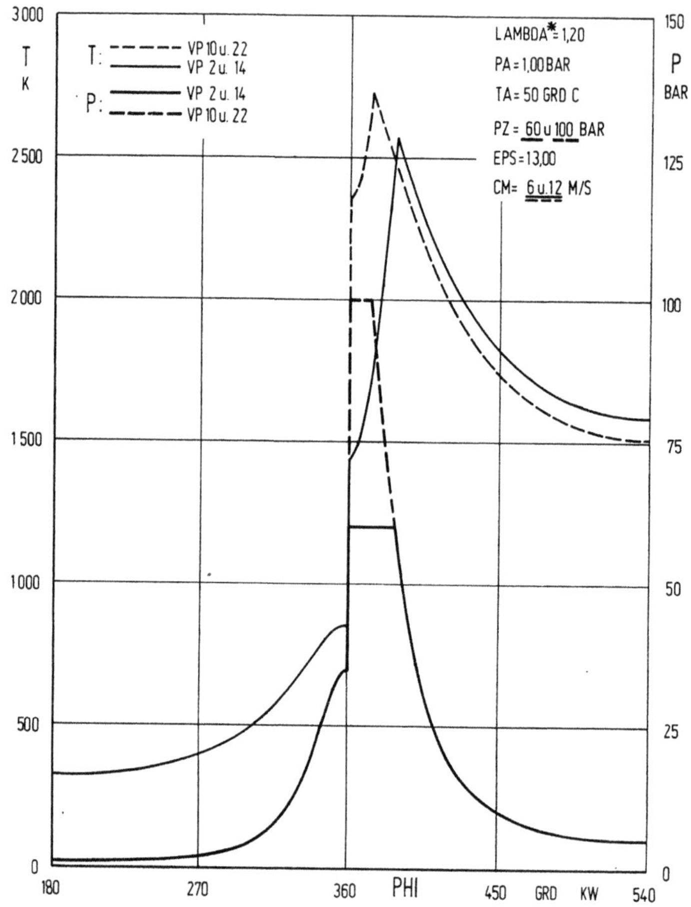

Abb. 2.8/1. Druck- und Temperaturverlauf — p,T-Werte — abhängig vom Kurbelwinkel bei Vergleichsprozessen VP zu einem unaufgeladenen Kolbenmotor mit verschiedenen Verbrennungshöchstdrücken p_z und Vollast (Luftverhältnis $\lambda^* = 1{,}2$)

selbst die Verbrennungsverfahren, z. B. Vorkammer oder Luftspeicher, zu voneinander abweichenden Wärmeübergangswerten führen, s. Gl. (2.3a/b). So sah sich Woschni [57] veranlaßt, eigene Versuche an einem Vorkammermotor mit ähnlichen Abmessungen wie dem von Pflaum durchzuführen, um daraufhin 1970 übereinstimmende Ergebnisse mitzuteilen und seine α-Gleichung je nach dem Verbrennungsverfahren mit entsprechenden Beiwerten zu versehen, s. Gl. (2.15).

Um den verschiedenen α-Gleichungen gerecht zu werden, mußte mindestens unmittelbare und mittelbare Einspritzung für den Dieselmotor bei der Vergleichsrechnung getrennt werden. Da manche Beiwerte mit einem gewissen Spielraum angegeben sind, ist durch Zahlentafel 2.8/2 klargestellt, welche Zahlenwerte im vorliegenden Fall gewählt worden sind. Dadurch werden für einen Vergleichsprozeß immer zwei Darstellungen — im folgenden kurz als α-Diagramme bezeichnet — für unmittelbare bzw. mittelbare Einspritzung erforderlich. Es wurden demnach 9 bzw. 6 Gleichungen auf einem α-Diagramm zusammengefaßt, die den 11 Grundgleichungen entsprechen. Ihre Namen sind jeweils auf den α-Diagrammen von 7 ausgewählten Vergleichsprozessen VP+, Abb. 2.8/3a, b bis 9a, b genannt und treten, wie auf Zahlentafel 2.8/2 erklärt, wegen unterschiedlicher Beiwerte teilweise in den a-Abb. (unm. Einspr.) und b-Abb. (mittelb. Einspr.) auf. Um den Überblick zu gewinnen und die teilweise noch ungewöhnliche Art der Beschriftung hinzu-

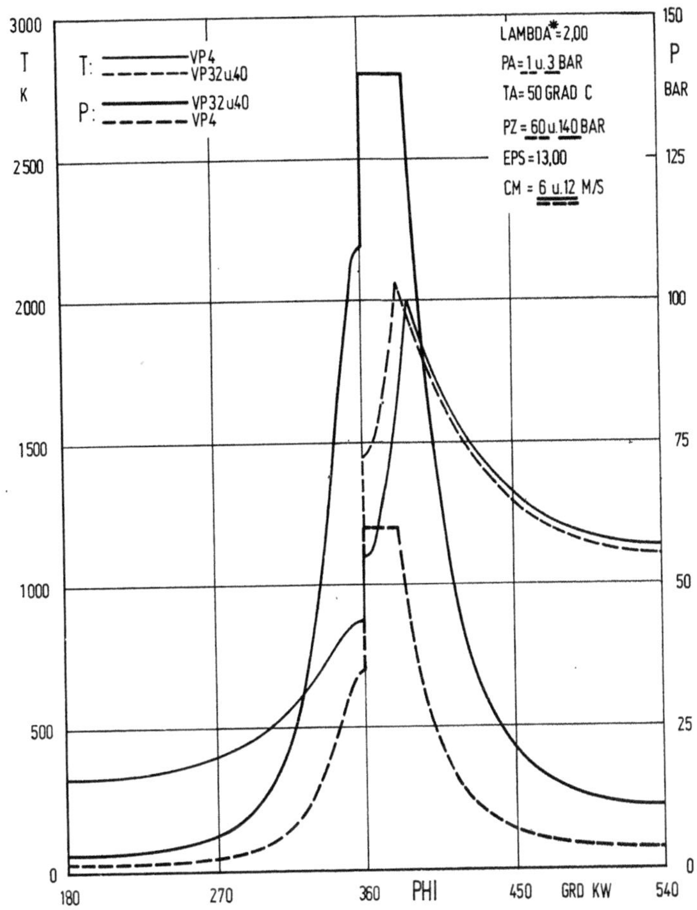

Abb. 2.8/2. Druck- und Temperaturverlauf — p,T-Werte — abhängig vom Kurbelwinkel bei Vergleichsprozessen VP zu einem unaufgeladenen Kolbenmotor bei Halblast und einem aufgeladenen bei Vollast mit gleichem Luftverhältnis $\lambda^* = 2,0$

nehmen, wird zu den bereits weiter oben gemachten Angaben über die Kennwerte noch festgestellt:

1. Die Abb. sind, abgesehen von den Merkmalen an den Kurven, von der EDV gezeichnet worden.

2. Vollastdiagramme entsprechend $\lambda^* = 1,20$ sind die Abb. von VP 2,10, 14 und 22.

3. Halblastdiagramme (unaufgeladen) und Vollastdiagramme (aufgeladen) entsprechend $\lambda^* = 2,00$ sind die Abb. von VP 4, 32 und 40.

4. Der Wechsel im Ansaug- bzw. Ladedruck p_a, im Verbrennungsdruck p_z und in der mittleren Kolbengeschwindigkeit c_m sind leicht zu erkennen.

5. Der unterschiedliche Einfluß der c_m-Funktion, s. Abb. 2.3/1, und der Drücke p_a sowie p_z erforderten einen Wechsel beim Ordinatenmaßstab bis zum Verhältnis 1:4, worauf zu achten ist.

Der Vergleich vereinfacht sich optisch, wenn man bedenkt, daß beim Verdichtungshub keine Abhängigkeit vom Luftverhältnis λ^* und vom Verbrennungsdruck p_z besteht. Da ferner das Verdichtungsverhältnis ε und die Ansaugtemperatur T_a gleichgroß gehalten werden, bleibt nur der Einfluß vom Ansaugdruck p_a und der mittleren Kolbengeschwindigkeit c_m übrig. Das bringt mit sich, daß die Kurvenzüge beim Verdichtungshub im VP 2, 4 und 10 bzw. in 14 und 22 jeweils innerhalb der unmittelbaren bzw. mittelbaren Einspritzung das gleiche Bündel ergeben. Im Falle des gleich hochaufgeladenen Motors bei VP 32 und 40 entsteht ein Unterschied nur durch die Verdoppelung der mittleren Kolbengeschwindigkeit von 6 auf 12 m/s.

Zahlentafel 2.8/2. *Beiwerte in den verschiedenen α-Gleichungen*[1]

α-Gleichung von	Motorart	angegebene Beiwerte	für die Vergleichsrechnung gewählte Beiwerte
Nu	Dieselmotor	—	—
Br	Ottomotor	$d' = 0$	nicht verglichen
	Dieselmotor (unmittelbar)	$d' = 1{,}45$	wie angegeben
Bry	Dieselmotor (Vorkammer)	$d' = 3{,}5$	wie angegeben
	Dieselmotor (Luftspeicher)	$d' = 4{,}2$	nicht verglichen
Ei	Dieselmotor	—	—
Els	Dieselmotor	—	—
Og	Ottomotor	—	—
vT II	Dieselmotor	—	—
Pf	Dieselmotor (Vorkammer)	—	—
Si	Dieselmotor (unmittelbar)	$b = 0{,}00$ bis $0{,}15$	$b = 0{,}075$
	Dieselmotor (Wirbelkammer)	$b = 0{,}15$ bis $0{,}30$	nicht verglichen
	Dieselmotor (Vorkammer)	$b = 0{,}25$ bis $0{,}40$	$b = 0{,}325$
An	Ottomotor	$a = 0{,}35$ bis $0{,}8$ $c = 2{,}1 \cdot 10^{-13}$	nicht verglichen
	Dieselmotor	$a = 0{,}35$ bis $0{,}8$ $c = 1{,}6 \cdot 10^{-12}$	$a = 0{,}4$ (unmittelbar) $a = 0{,}8$ (mittelbar)
Wo	Dieselmotor (unmittelbar u. M-Verfahren)	$C_2 = 3{,}24 \cdot 10^{-3}$	wie angegeben
	Dieselmotor (Vorkammer)	$C_2 = 6{,}22 \cdot 10^{-3}$	wie angegeben

[1] Die α-Gleichungen s. Gl. (2.1) bis (2.15)

Zahlentafel 2.8/3. *Zeitlich und örtlich mittlerer Wärmeübergangskoeffizient α_m nach den verschiedenen α-Gleichungen für die Vergleichsprozesse* VP+ *in Zahlentafel* 2.8/1

	Unmittelbare Einspritzung									Mittelbare Einspritzung					
VP+	Nu	Br	Ei	Els	Og	vT II	Si	An	Wo	Bry	Pf_B	$Pf_{D,K}$	Si	An	Wo
2	567,9	251,0	516,5	487,8	400,2	488,7	312,7	528,5	348,5	387,8	306,5	874,3	363,3	903,4	459,9
4	470,4	204,1	428,2	423,1	336,6	410,7	254,8	419,4	310,3	319,0	254,1	724,8	302,1	762,6	398,3
10	625,7	276,6	556,9	514,4	436,1	538,4	320,5	566,5	435,0	427,3	330,5	942,6	374,3	963,0	604,9
14	1051,1	323,0	650,7	689,9	565,9	615,8	448,7	762,6	491,7	460,6	521,6	1487,5	531,0	1371,6	597,8
22	1158,1	356,0	701,6	727,5	616,7	678,4	464,9	814,1	579,6	507,5	562,3	1603,9	552,2	1458,1	743,7
32	932,0	398,5	719,5	731,5	584,4	822,8	522,6	796,9	681,7	628,8	881,8	1602,9	622,9	1521,7	844,4
40	1745,4	519,8	906,5	1034,6	826,4	1036,6	792,1	1249,6	1021,2	751,4	1500,3	2727,2	955,2	2427,0	1174,0

Zahlentafel 2.8/4. *Anteil der Wandwärme an der gesamten zugeführten Wärme Q_w/Q_{zu} für die Vergleichsprozesse* VP+ *in Zahlentafel* 2.8/1

	Unmittelbare Einspritzung									Mittelbare Einspritzung					
VP+	Nu	Br	Ei	Els	Og	vT II	Si	An	Wo	Bry	Pf_B	$Pf_{D,K}$	Si	An	Wo
2	0,278	0,125	0,261	0,237	0,204	0,235	0,140	0,255	0,145	0,191	0,078	0,218	0,159	0,402	0,202
4	0,237	0,104	0,218	0,205	0,180	0,205	0,118	0,195	0,146	0,162	0,058	0,203	0,137	0,335	0,201
10	0,324	0,145	0,290	0,256	0,232	0,275	0,156	0,282	0,213	0,222	0,077	0,273	0,179	0,450	0,313
14	0,255	0,080	0,164	0,167	0,145	0,148	0,096	0,174	0,096	0,113	0,067	0,186	0,111	0,293	0,124
22	0,298	0,093	0,183	0,181	0,164	0,174	0,109	0,193	0,133	0,132	0,065	0,232	0,128	0,330	0,181
32	0,149	0,064	0,118	0,115	0,100	0,131	0,073	0,111	0,097	0,101	0,071	0,135	0,086	0,204	0,129
40	0,139	0,042	0,075	0,081	0,071	0,082	0,054	0,085	0,068	0,060	0,060	0,115	0,064	0,160	0,083

Obwohl die Kurvenzüge im Verdichtungshub beim VP 2, 4 und 10 eng gebündelt sind, ergibt sich ohne den oberen und unteren „Ausreißer" immer noch eine Schwankungsbreite von $\pm 22\%$ *am Ende* der Verdichtung bei 360 °KW für die unmittelbare Einspritzung (a-Abb.). Bei der mittelbaren Einspritzung (b-Abb.) und wieder ohne die beiden Ausreißer — wenn auch von anderen α-Gleichungen herrührend — ist es eine Schwankungsbreite von $\pm 36\%$. Bei den entsprechenden VP 14 und 22 jedoch mit $c_m = 12$ statt 6 m/s erhöht sich die Schwankungsbreite auf ± 27 bzw. 48%. Bei VP 32 und 40 mit Hochaufladung und unmittelbarer Einspritzung errechnen sich $\pm 25\%$ für die kleinere und $\pm 38\%$ für die höhere Kolbengeschwindigkeit. Mithin verstärkt die Hochaufladung die Schwankungsbreite beim Übergang zur höheren Kolbengeschwindigkeit gegenüber den entsprechenden VP'n ohne Aufladung mit ihren Werten von ± 22 und $\pm 27\%$. Dies hängt

Abb. 2.8/3a, b bis 9a, b. Der örtlich mittlere Wärmeübergangskoeffizient α bei verschiedenen Gleichungen und Vergleichsprozessen VP abhängig vom Kurbelwinkel für Verdichtung und Ausdehnung im Kolbenmotor mit unmittelbarer (a) und mittelbarer (b) Einspritzung (vgl. Zahlentafel 2.8/1)

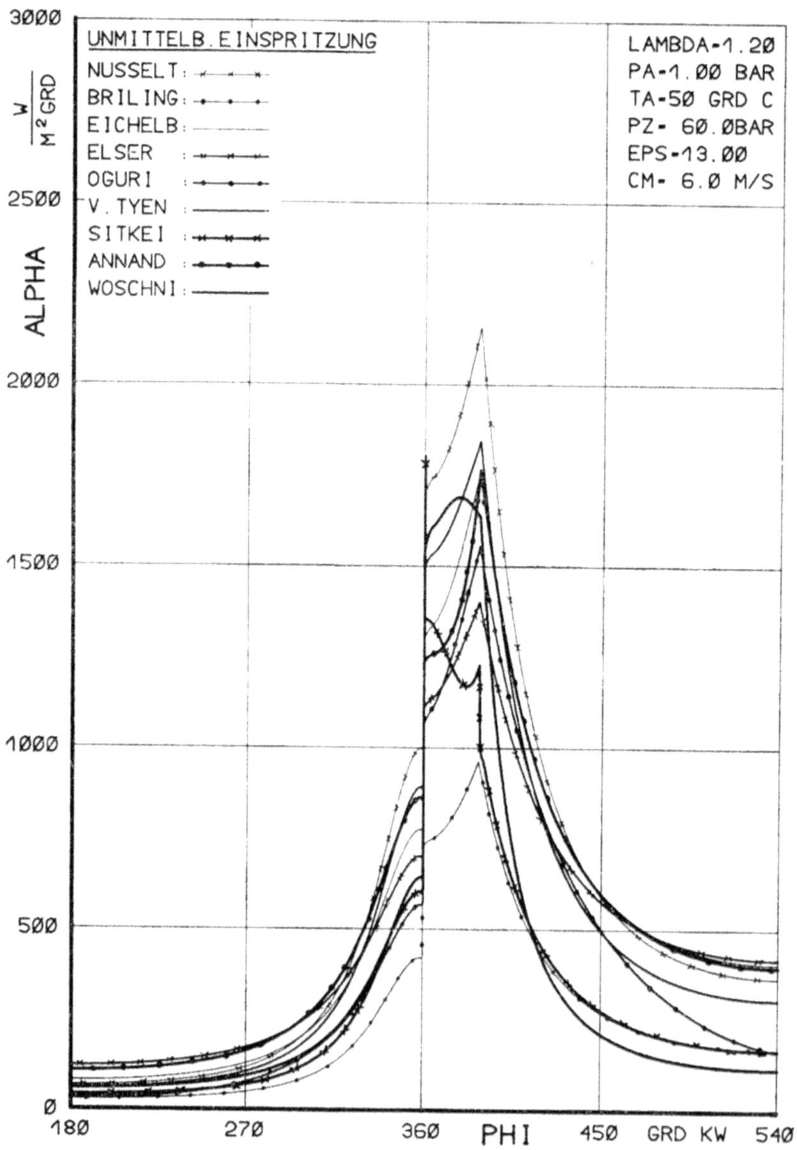

Abb. 2.8/3a: VP 2 mit $\lambda^* = 1{,}20$

mit der Eigenart der verschiedenen α-Gleichungen zusammen und hat insofern grundsätzliche Bedeutung, als nur α-Gleichungen nach der Ähnlichkeitstheorie den hier vorherrschenden konvektiven Wärmeübergang zutreffend berücksichtigen können (bedenke u. a. den negativen Temperaturexponenten!). Allerdings tritt der Verdichtungsvorgang gegenüber dem der Verbrennung und Ausdehnung stark zurück, wobei bedacht werden muß, daß die α-Gleichungen durch diesen letzteren Prozeßabschnitt geprägt worden sind. Man kann sich daher vorläufig mit den vorstehenden Angaben begnügen und sehen, was die bisherigen α-Gleichungen für die Verbrennung und Ausdehnung bringen.

Zunächst wird beispielsweise anhand von VP 2 und 4, Abb. 2.8/3 und 4, dargelegt, was die α-Gleichungen für die normale Vollast liefern, wie sich der Übergang von Vollast zur Halblast abbildet und wie die unmittelbare zur mittelbaren Einspritzung steht.

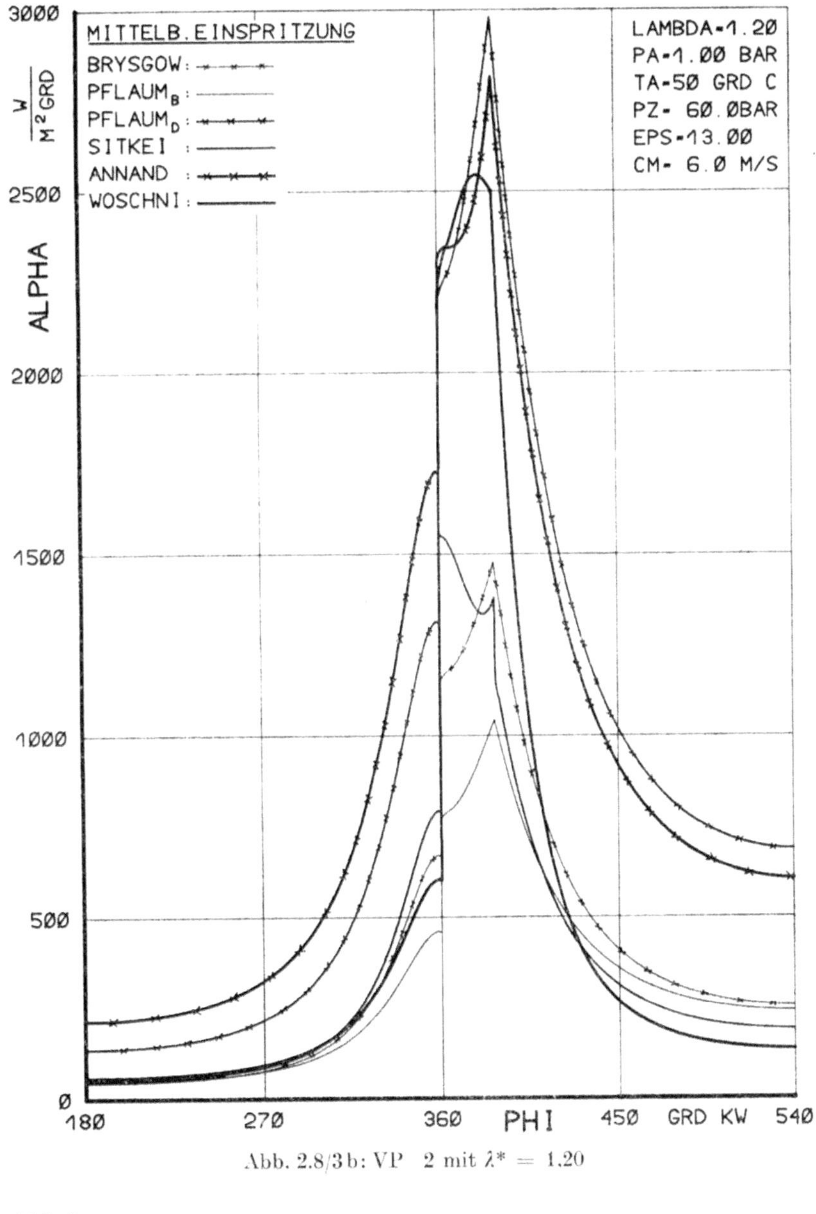

Abb. 2.8/3b: VP 2 mit $\lambda^* = 1.20$

Die α-Werte aus VP 2 mit unmittelbarer Einspritzung streuen rd. im Verhältnis 1:2, und zwar sowohl im Bereich der Verbrennung als auch der Ausdehnung; allerdings mit dem Unterschied, daß im Bereich der Verbrennung die Streuung ziemlich gleichmäßig ist, während sich bei der Ausdehnung eine Zweiergruppe ausprägt. Dabei ist bemerkenswert, daß die Kurvenzüge der Gleichungen von Oguri und Woschni* durch größere Steilheit bei der Ausdehnung von der oberen in die untere Gruppe überwechseln. Dieses Verhalten tritt im allgemeinen bei jedem anderen Arbeitsprozeß auf. Ob dieser Verlauf der zutreffendere ist, darauf wird noch später eingegangen. Im Bereich der Verbrennung häufen sich die Kurvenzüge von Eichelberg, Annand und Woschni. Es hängt aber auch von der Steilheit und vom Einfluß des Verdichtungsvorgangs ab, ob sie auch bei dem zeitlich und örtlich mittleren Wärmeübergangskoeffizienten α_m aufeinanderliegen. Ein Blick in die Zahlentafel 2.8/3 zeigt, daß dies für Eichelberg und Annand zutrifft, nicht aber für Woschni, dessen

* Die Liste der Namen in den α-Diagrammen ist zeitlich geordnet.

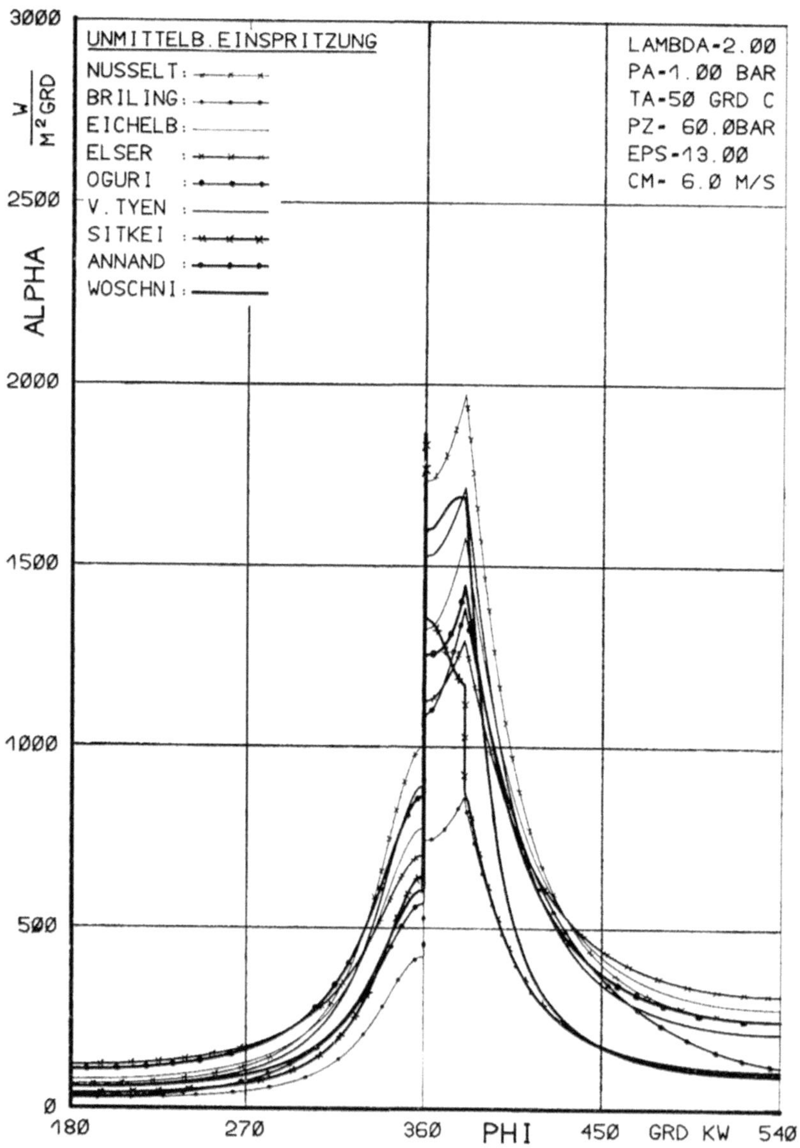

Abb. 2.8/4a: VP 4 mit $\lambda^* = 2{,}00$

Wert infolge der größeren Steilheit der Ausdehnungskurve um rd. 1/3 bei Vollast (VP 2) und 1/4 bei Halblast (VP 4) tiefer liegt. Im übrigen ist der gesamte Streubereich bei Halblast ähnlich groß wie bei Vollast, nur mit dem Unterschied, daß naturgemäß die absoluten α-Werte niedriger sind. Die Werte in Zahlentafel 2.8/3 besagen, daß es sich bei Eichelberg und Annand um rd. 18% und bei Woschni um 10% Abfall handelt. Gleichzeitig kann man auch Zahlentafel 2.8/4 über den Anteil der Wandwärme an der dem Arbeitsprozeß insgesamt zugeführten Wärme heranziehen und feststellen, daß je nach Art der Gleichung sich die Anteile gegeneinander verschieben.

Beim Übergang von der unmittelbaren zur mittelbaren Einspritzung des Kraftstoffes mußte wegen der erhöhten Beiwerte in den α-Gleichungen, s. Zahlentafel 2.8/2, der Wärmeübergangskoeffizient entsprechend steigen. Ein Vergleich der Abb. 2.8/3 und 4 macht das sofort deutlich. Von den α-Gleichungen, die bereits bei der unmittelbaren Einspritzung auftraten, wiederholen sich mit den anderen Beiwerten für die mittelbare Einspritzung die Namen Sitkei, Annand und Woschni. Hinzu kommen die α-Gleichungen von Brysgow

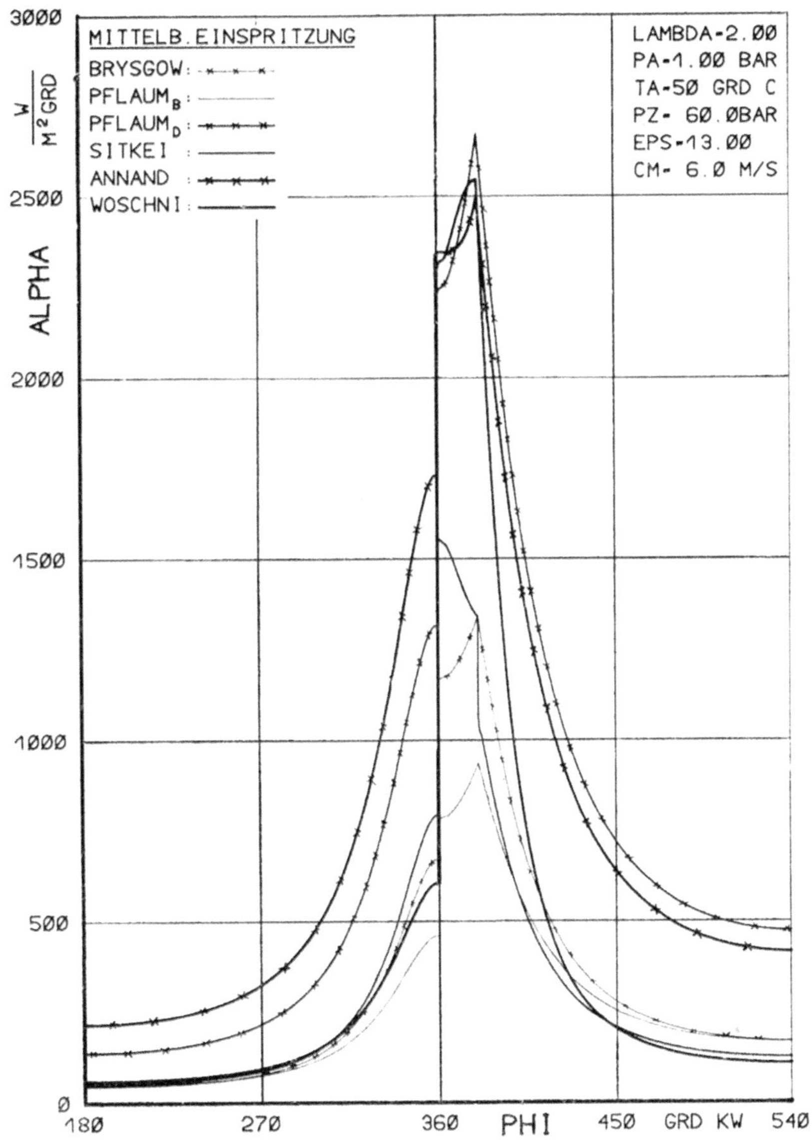

Abb. 2.8/4b: VP 4 mit $\lambda^* = 2{,}00$

und Pflaum. Die Gleichung von Brysgow ist durch Änderung der c_m-Funktion in der Gleichung von Nußelt auf die Versuchsergebnisse an einem Vorkammermotor abgestimmt worden. Die Gleichung von Pflaum ist unter Zugrundelegung der p,T-Funktion von Eichelberg an einem Vorkammermotor entwickelt worden; sie hat deshalb keine besonderen abgeänderten Beiwerte, aber sie unterscheidet zwischen dem Wärmeübergang an die Böden von Zylinderdeckel und Kolben einerseits und an die Laufbuchse andererseits. Ferner ist sie für die aufgeladene Maschine abgestimmt. Der Übergang bringt bei den α-Werten eine Überraschung.

Während nämlich bei der unmittelbaren Einspritzung eine ziemlich gleichmäßige aber breite Streuung vorhanden ist, bilden sich bei der mittelbaren Einspritzung zwei Gruppen mit einem Wertverhältnis etwa 1 : 2 im Verbrennungsabschnitt. Dabei ist Pflaum mit seiner unterteilten Gleichung in beiden Gruppen vertreten. Die höheren Werte werden

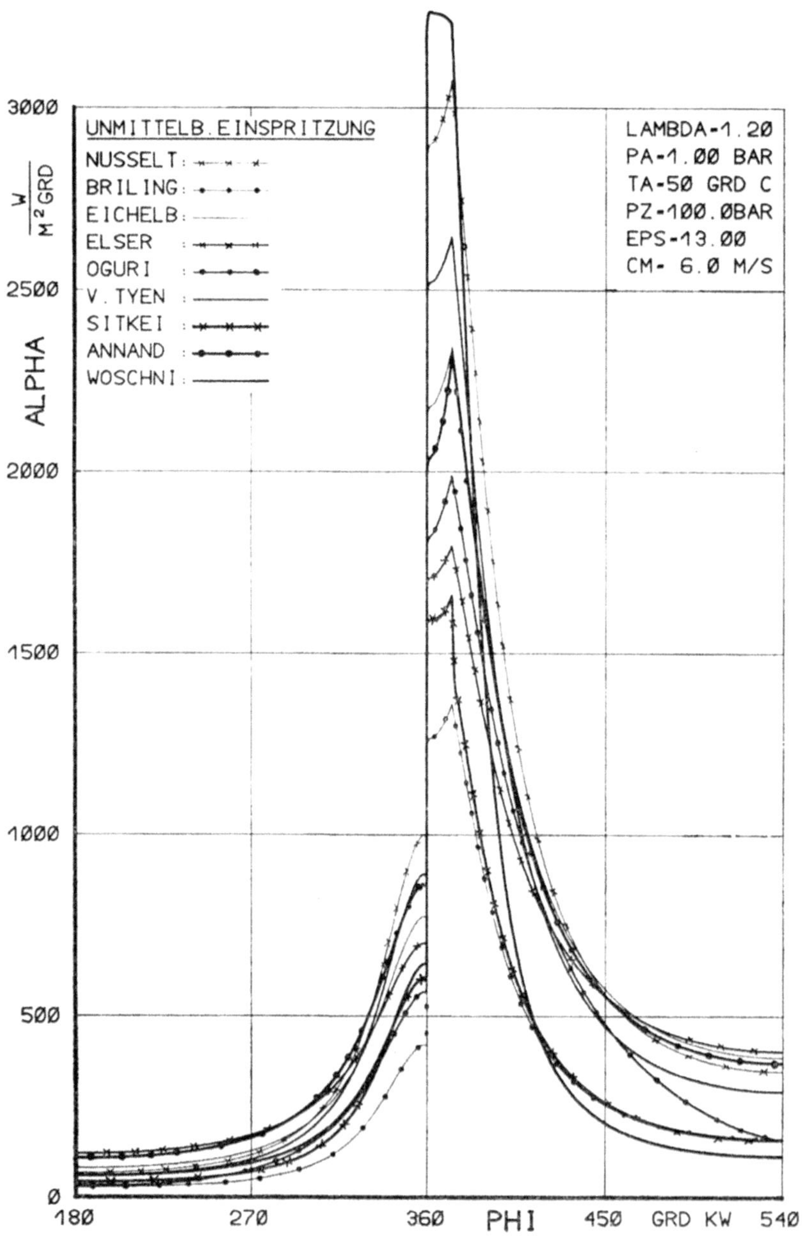

Abb. 2.8/5a: VP 10 mit $\lambda^* = 1{,}20$

mit geringer Streuung von Woschni, Annand und Pflaum (D, K) getragen und die niedrigen mit größerer Streuung von Brysgow, Pflaum (B) und Sitkei. Diese Gruppierung bleibt übrigens mehr oder weniger streng bei allen Arbeitsprozessen erhalten. Die höheren Werte sind von der Sache her als die zutreffenderen anzusehen, zumal auch die niedrigere Gruppe weitgehend im Streubereich der Gleichungen für die unmittelbare Einspritzung liegt. Damit dürfte erwiesen sein, daß diese Gleichungen für die mittelbare Einspritzung tatsächlich zu niedrige Werte liefern. Denn es ist inzwischen eine bekannte Tatsache geworden, daß das Verbrennungsverfahren mit Nebenbrennräumen höhere Wärmeübergangskoeffizienten mit sich bringt. Die Gründe sind verschiedentlich in den vorhergehenden Abschnitten dargelegt worden. Es ist daher ein Zufall, daß die Gleichung für die Zylinderlaufbuchse von Pflaum (B) in den unteren Bereich der Gruppe für unmittelbare Einspritzung geraten ist; der Grund liegt in den besonderen Betriebsverhältnissen bei der

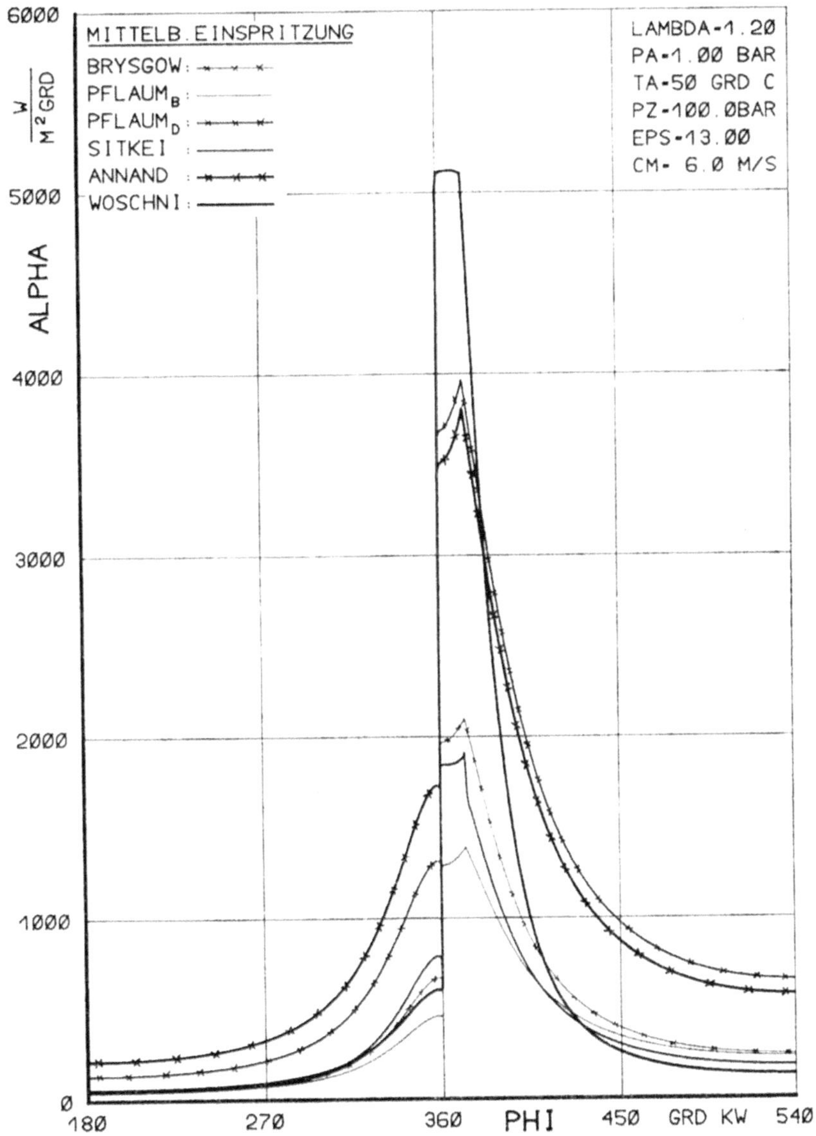

Abb. 2.8/5b: VP 10 mit $\lambda^* = 1{,}20$

Laufbuchse gegenüber Deckel und Kolben und ist auch bereits genügend erörtert worden.

Den bisher behandelten Vergleichsprozessen VP 2 und 4 lag ein verhältnismäßig geringer Verbrennungshöchstdruck mit $p_z = 60$ bar zugrunde. Ohne an den anderen Kennwerten etwas zu ändern, soll ermittelt werden, wie sich ein höherer Verbrennungsdruck mit $p_z = 100$ bar auswirkt, indem VP 2 und 10 durch die Abb. 2.8/3 und 5 gegenübergestellt werden. Durch den höheren Verbrennungsdruck bei gleichbleibendem Luftverhältnis wird der Gleichdruckabschnitt im p, T-Diagramm kürzer, vgl. Abb. 2.8/1, womit im α-Diagramm ein entsprechend schmales aber wesentlich höheres Band entsteht. Die Kurvenzüge für die einzelnen Gleichungen trennen sich im Verbrennungsabschnitt von VP 10 wesentlich mehr als bei dem niedrigeren Druck in VP 2 und zeigen damit an, wie unterschiedlich der Druck gewertet wird. Bevorzugt man im Falle der unmittelbaren Einspritzung den mittleren Bereich, so sind es die α-Gleichungen von Eichelberg und Annand; betrachtet man die höchsten Werte, so sind es die α-Gleichungen von Nußelt und Woschni.

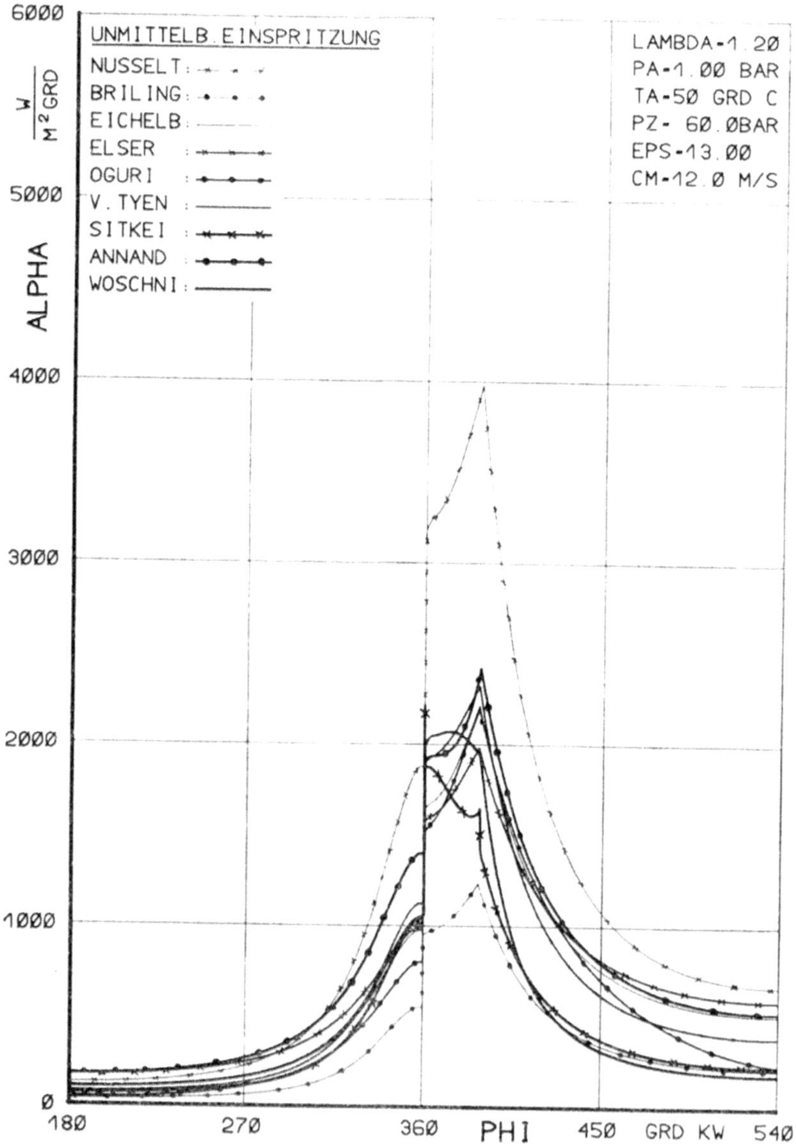

Abb. 2.8/6a: VP 14 mit $\lambda^* = 1{,}20$

Im Ausdehnungsteil verschwindet der Unterschied praktisch, weil bei gleichem Druckverlauf die Temperatur verhältnismäßig gering absinkt.

Bei der mittelbaren Einspritzung ist wiederum die Zweiergruppierung vorhanden, von der sich aber Woschni mit einer weiteren Steigerung von rd. 25% gegenüber der allgemeinen mit 55% trennt. Dabei muß man bedenken, daß der Übergang von unmittelbarer zur mittelbaren Einspritzung für den Bereich von $p_z = 100$ bar bei Annand 70% und bei Woschni nur 45% Zunahme beträgt, weil Woschni im Kurvenfeld für die unmittelbare Einspritzung durch die erwähnte größere Streuung bereits um 60% über Annand liegt! So erhebliche Unterschiede sind natürlich unerfreulich. Für den höheren Verbrennungsdruck bei mittelbarer Einspritzung würde man vergleichsweise der α-Gleichung von Annand den Vorzug geben. Dafür spricht auch, daß die von Pflaum am Vorkammermotor auch mit höheren Verbrennungsdrücken durchgeführten Versuche sich weitgehend mit den α-Werten von Annand decken. Dies besagt aber noch nicht, daß sich im mittleren α_m-Wert ebensolche Unterschiede ergeben, weil die Woschni-Kurve wiederum steiler als

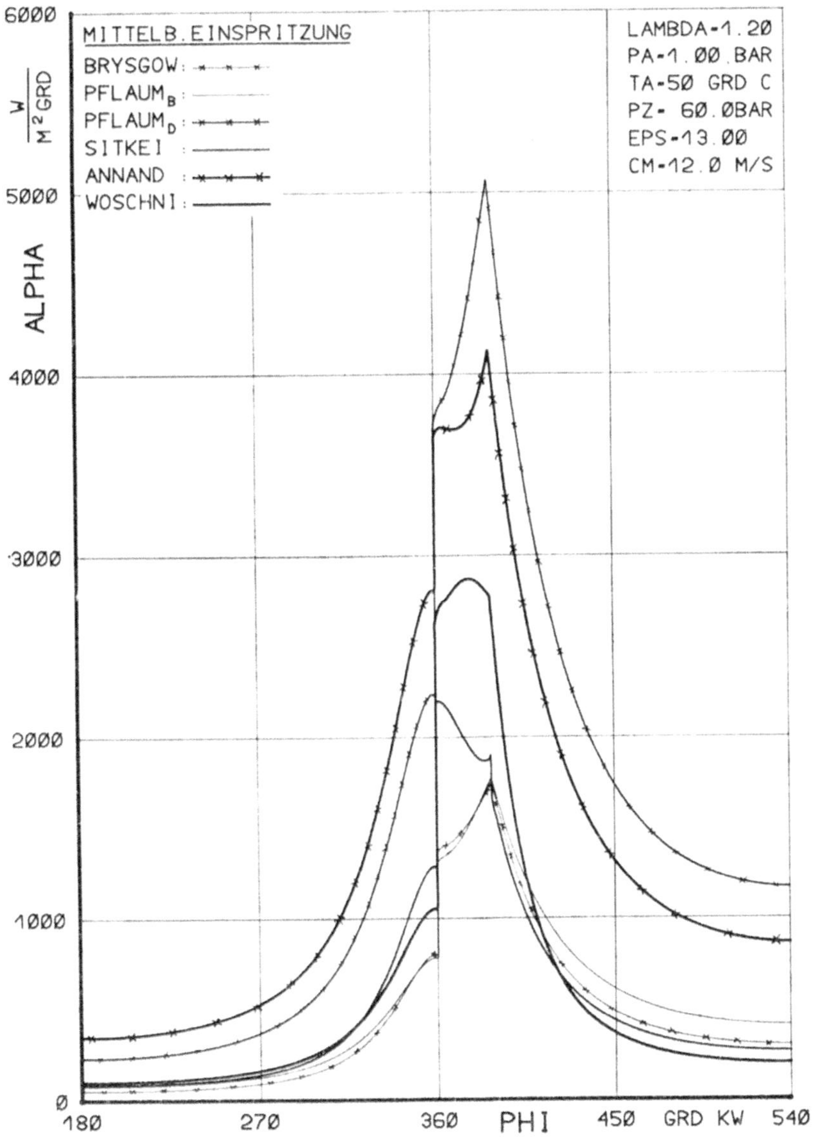

Abb. 2.8/6b: VP 14 mit $\lambda^* = 1{,}20$

die von Annand und Pflaum abfällt; außerdem zählt hierbei noch der Verdichtungshub mit. Dazu sagt die Zahlentafel 2.8/3 in den Spalten der mittelbaren Einspritzung, daß im Mittel Woschni beim VP 2 nur 52% und beim VP 10 63% des α_m-Wertes gegenüber Annand und Pflaum aufweist. Hierdurch wird bereits sichtbar, wie schwierig ein Vergleich der verschiedenen α-Gleichungen ist. Denn es sind zwei sehr verschiedene Gesichtspunkte, wenn man nach dem zeitlichen Verlauf des örtlich mittleren α-Wertes oder nach dem örtlich mittleren und zeitlich mittleren α_m-Wert fragt. Die allgemeine Wärmebeanspruchung der ganzen Maschine wird durch den α_m-Wert gekennzeichnet und durch gewisse örtliche Bereiche im Zuge des Kolbenhubes. Wenn sich nun so große Unterschiede, wie dargelegt, zeigen, dann taucht die weitere Frage auf, wie sieht es dann bei dem ortsgebundenen zeitlichen Verlauf aus. Das wird im nächsten Unterabschnitt 2.8/2 noch zu behandeln sein.

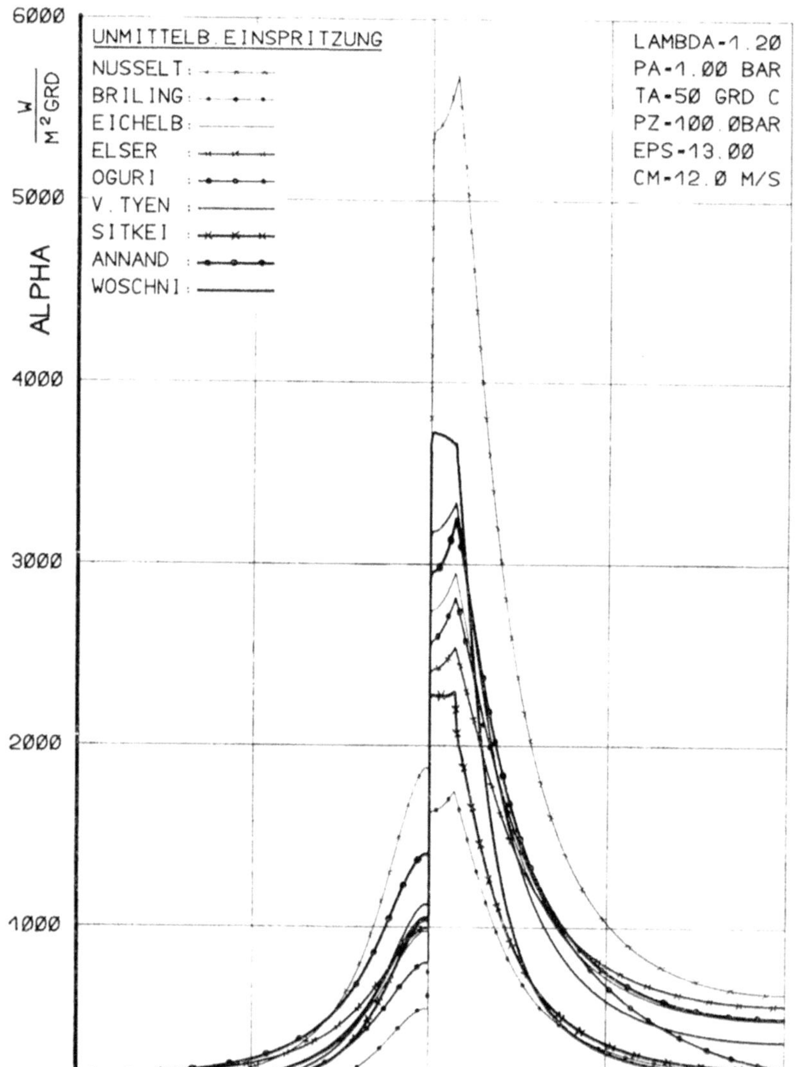

Abb. 2.8/7a: VP 22 mit $\lambda^* = 1{,}20$

Bisher wurden die Änderungen betrachtet, die durch Übergang von Vollast zu Halblast und bei Vollast von einem niedrigen zu einem höheren Verbrennungshöchstdruck ($p_z = 60$ und 100 bar) auftraten. Den Arbeitsprozessen lag dabei eine mäßige mittlere Kolbengeschwindigkeit $c_m = 6$ m/s zugrunde. Durch Hinzunahme von VP 14 und 22 wird der Einfluß einer gesteigerten Kolbengeschwindigkeit auf 12 m/s sichtbar. Es stehen sich dann gegenüber VP 2 und 14 mit $p_z = 60$ bar und VP 10 und 22 mit $p_z = 100$ bar.

Die in Abb. 2.3/1 dargestellten c_m-Funktionen zeigten bereits, welch unterschiedlicher Anstieg vorhanden ist. Da einige α-Gleichungen ein konvektives und ein Strahlungsglied besitzen, tritt die Geschwindigkeitsfunktion nicht immer als gemeinsamer Faktor auf. Ist aber das Strahlungsglied, wie bei Nußelt, zahlenmäßig schwach, dann wirkt sich der c_m-Faktor praktisch voll aus. Weil die c_m-Funktion von Nußelt einen steilen Anstieg

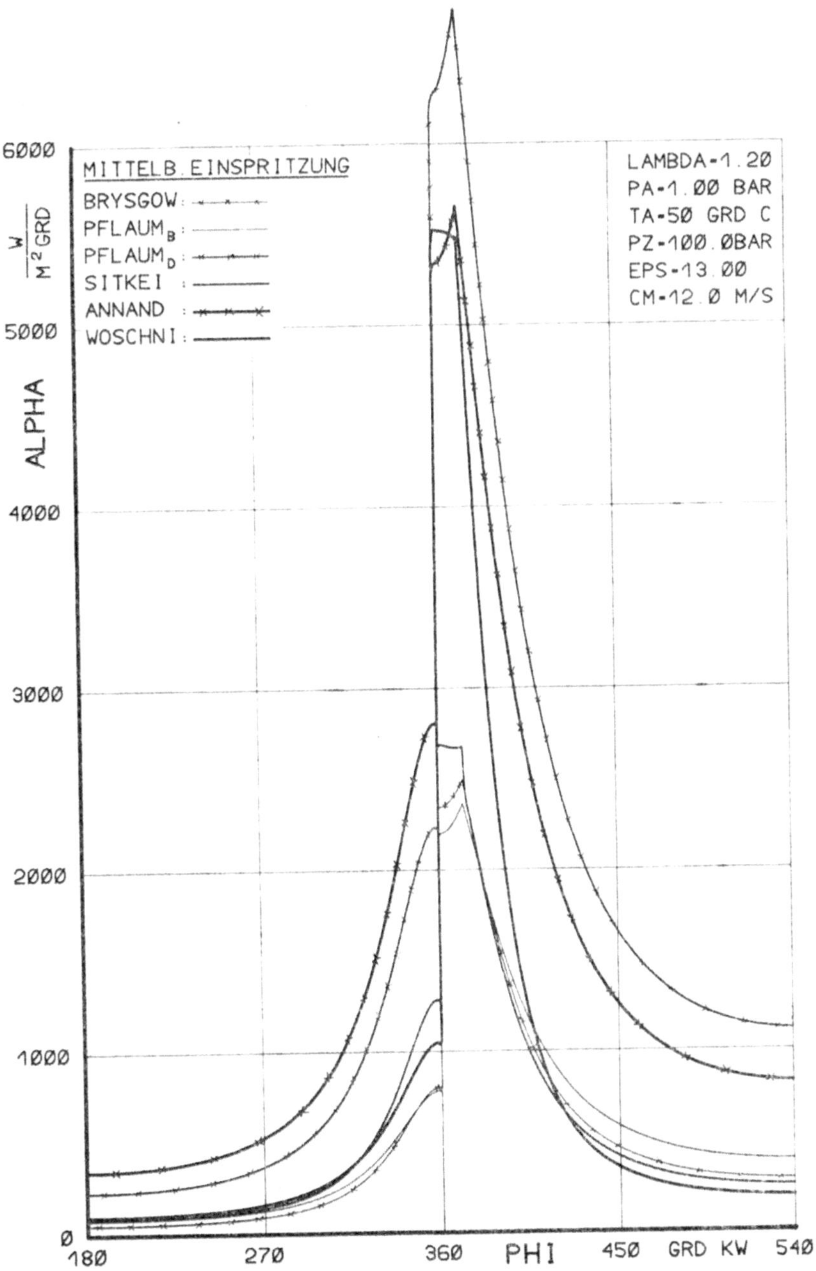

Abb. 2.8/7b: VP 22 mit $\lambda^* = 1{,}20$

hat, mußte auch die α-Gleichung von Nußelt am stärksten von der Geschwindigkeitszunahme betroffen werden. Beim VP 14, Abb. 2.8/6a, mit unmittelbarer Einspritzung übersteigt der α-Wert der Nußelt-Gleichung die anderen um rd. 100%! Die anderen Gleichungen liegen mehr oder weniger beieinander. Hier wird deutlich, daß die α-Gleichung von Nußelt bei höheren Kolbengeschwindigkeiten als $c_m = 6$ m/s zu versagen beginnt und ihre Anwendung auf den unteren Geschwindigkeitsbereich beschränkt bleibt. Demgegenüber hält sich die von Eichelberg als die nächste sozusagen klassische α-Gleichung im allgemeinen Bereich auf. Dieser allgemeine Bereich liegt bei der verdoppelten Geschwindigkeit um rd. 33% höher.

Bei der mittelbaren Einspritzung, Abb. 2.8/6b, stellt man zunächst fest, daß der enge Zusammenhalt in der oberen Gruppe beim VP 14 gegenüber VP 2 aufhört und die Steigerungsrate zwischen 20 und 60% liegt. Am maßvollsten ist dabei Woschni, aber wiederum mit seinem stärkeren Abstieg zum Ausdehnungsteil.

Für den Arbeitsprozeß mit dem hohen Wert $p_z = 100$ bar, entsprechend VP 22 mit

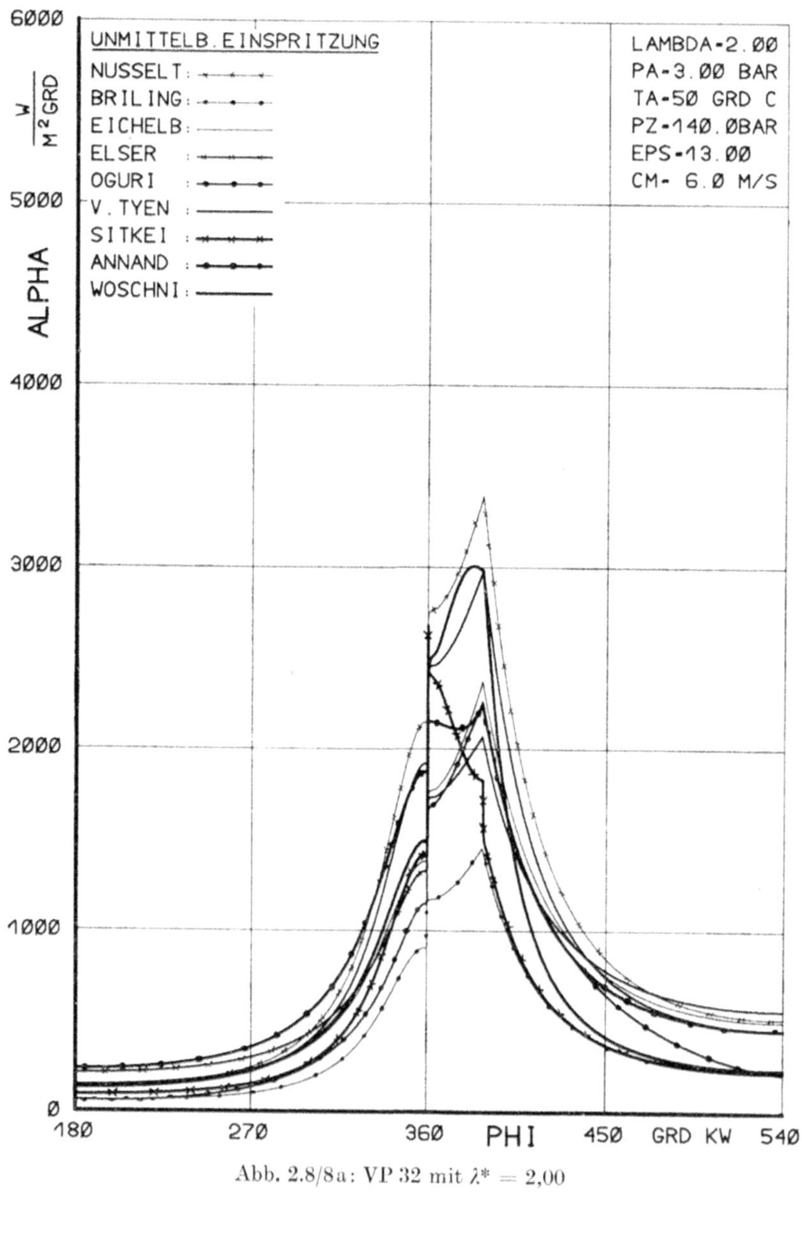

Abb. 2.8/8a: VP 32 mit $\lambda^* = 2{,}00$

Abb. 2.8/7a, bleibt natürlich der starke Anstieg nach der Nußelt-Gleichung bestehen und ist wegen des kürzeren Abschnitts der Gleichdruckverbrennung ausgeprägter. Im Gegensatz dazu schrumpfen die anderen Kurvenzüge zusammen, wobei man sich allerdings durch den kleineren Ordinatenmaßstab nicht täuschen darf.

Der unterschiedliche Aufbau der einzelnen Gleichungen läßt auch den Einfluß der einen oder anderen Größe verschieden stark sein. So steigert z. B. eine Druckzunahme von $p_z = 60$ auf 100 bar den α-Wert im Verbrennungsabschnitt bei unmittelbarer Einspritzung, Abb. 2.8/3a und 5a, bei Nußelt um 44% und bei Woschni um 90%. Ausgehend von dem hohen Druck und einem Übergang mit der c_m-Geschwindigkeit von 6 auf 12 m/s ergeben sich für die beiden Gleichungen, Abb. 2.8/5a und 7a, folgende Prozentsätze: bei Nußelt 83% und bei Woschni 13%. Die Steigerung kehrt sich also um und wird im Abstand noch größer. Da die Nußelt-Gleichung für hohe Geschwindigkeiten problematisch ist, wie bereits vermerkt, sollen noch die entsprechenden Prozentsätze einer Gleichung aus dem Mittelfeld festgestellt werden. Hierzu eignet sich die Gleichung von Annand und

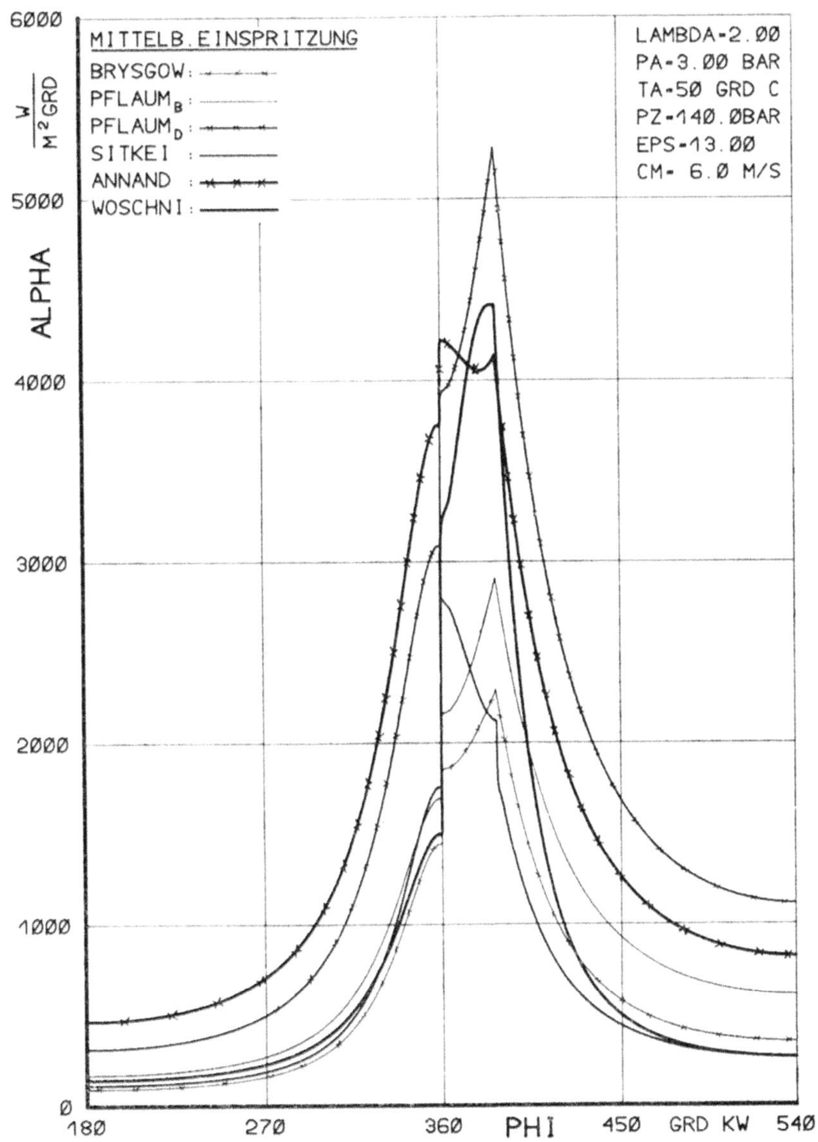

Abb. 2.8/8b: VP 32 mit $\lambda^* = 2{,}00$

man findet mit ihr 33% für die Druckzunahme und 40% für die Geschwindigkeitszunahme. Die entsprechenden und teilweise verstärkten oder abgeschwächten Unterschiede in den α_m-Werten kann man leicht aus der Zahlentafel 2.8/3 ermitteln. Es ist also wichtig, sich das Verhalten der jeweiligen Gleichung gegenüber den verschiedenen Einflußgrößen für den einen oder anderen Motortyp vor Augen zu halten.

Die vorstehenden Beispiele der Arbeitsprozesse VP 2, 10 und 22 auf die *mittelbare Einspritzung* und die bereits vermerkte obere Gleichungsgruppe Pflaum$_D$, Annand und Woschni angewandt, Abb. 2.8/3b, 5b und 7b, erbringen folgende Steigerungen für den *maximalen* α*-Wert:*

bei den α-Gln von	Pf_D	An	Wo
mit VP 10/VP 2 ($p_z = 60 \to 100$ bar)	34	36	100%
mit VP 22/VP 10 ($c_m = 6 \to 12$ m/s)	70	49	8%

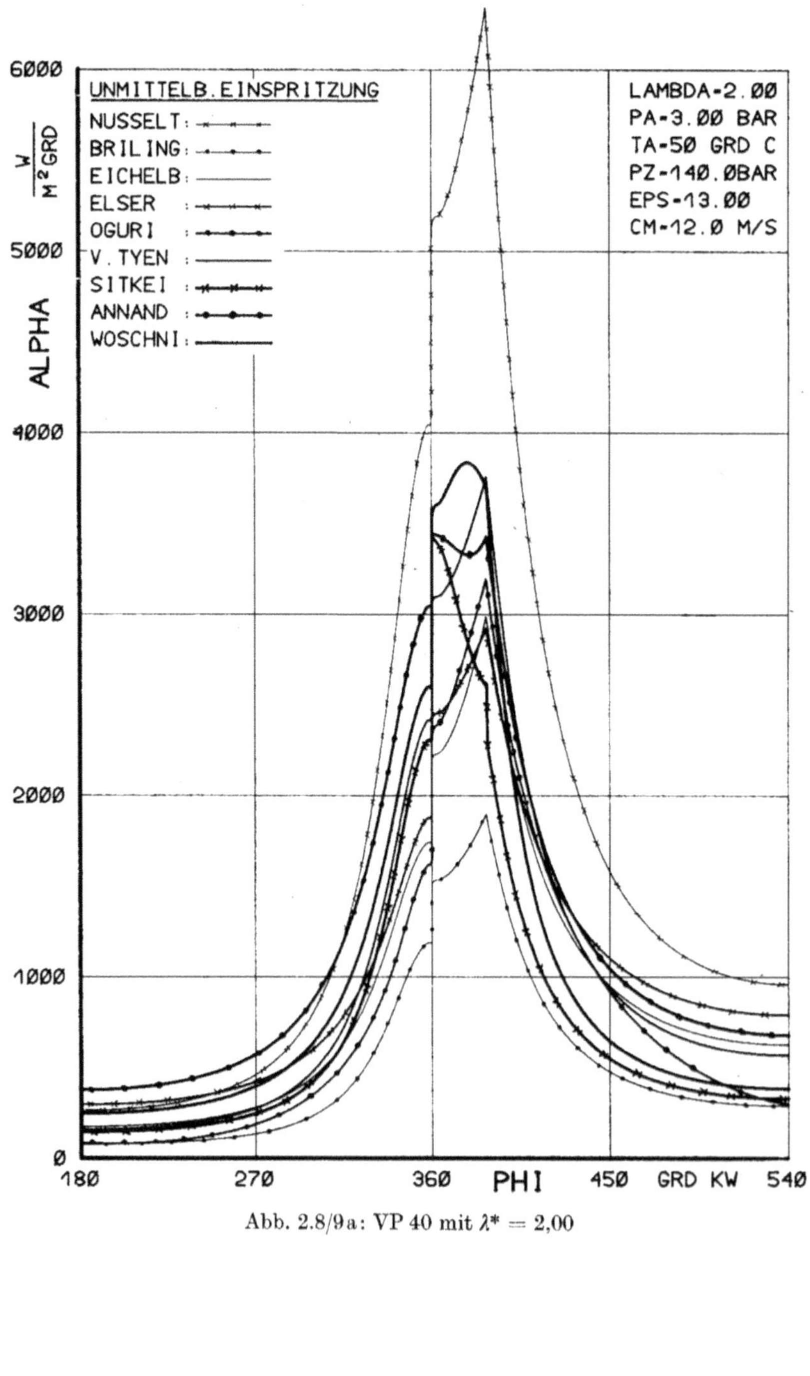

Abb. 2.8/9a: VP 40 mit $\lambda^* = 2{,}00$

Es ist aufschlußreich, für diese Prozesse den zugehörigen zeitlich und örtlich mittleren Wärmeübergangskoeffizienten α_m mit seinen absoluten Werten aus Zahlentafel 2.8/3 zu entnehmen und die entsprechenden Steigerungen festzustellen. Um das Bild zu vervollständigen, kann man aus Zahlentafel 2.8/4 den Anteil der Wandwärme ablesen. Man wird erkennen, daß der α_m-Wert aus den verschiedenen Gleichungen u. U. in einem durchaus anderen Verhältnis als die anteilige Wärme steht. Das hängt, da gleiche Wandtemperaturen und gleiche p, T-Werte eingesetzt sind, nur mit dem sehr unterschiedlichen zeitlichen Verlauf von $\alpha = f(\varphi)$ zusammen. Im Hinblick auf die obige Gegenüberstellung der Steigerungsrate beim maximalen α-Wert ergeben sich für dieselben α-Gleichungen und den dazugehörigen α_m-*Wert* folgende Zahlen:

bei den α-Gln von	Pf_D	An	Wo
mit VP 10/VP 2 ($p_z = 60 \rightarrow 100$ bar)	8	7	31%
mit VP 22/VP 10 ($c_m = 6 \rightarrow 12$ m/s)	70	51	23%

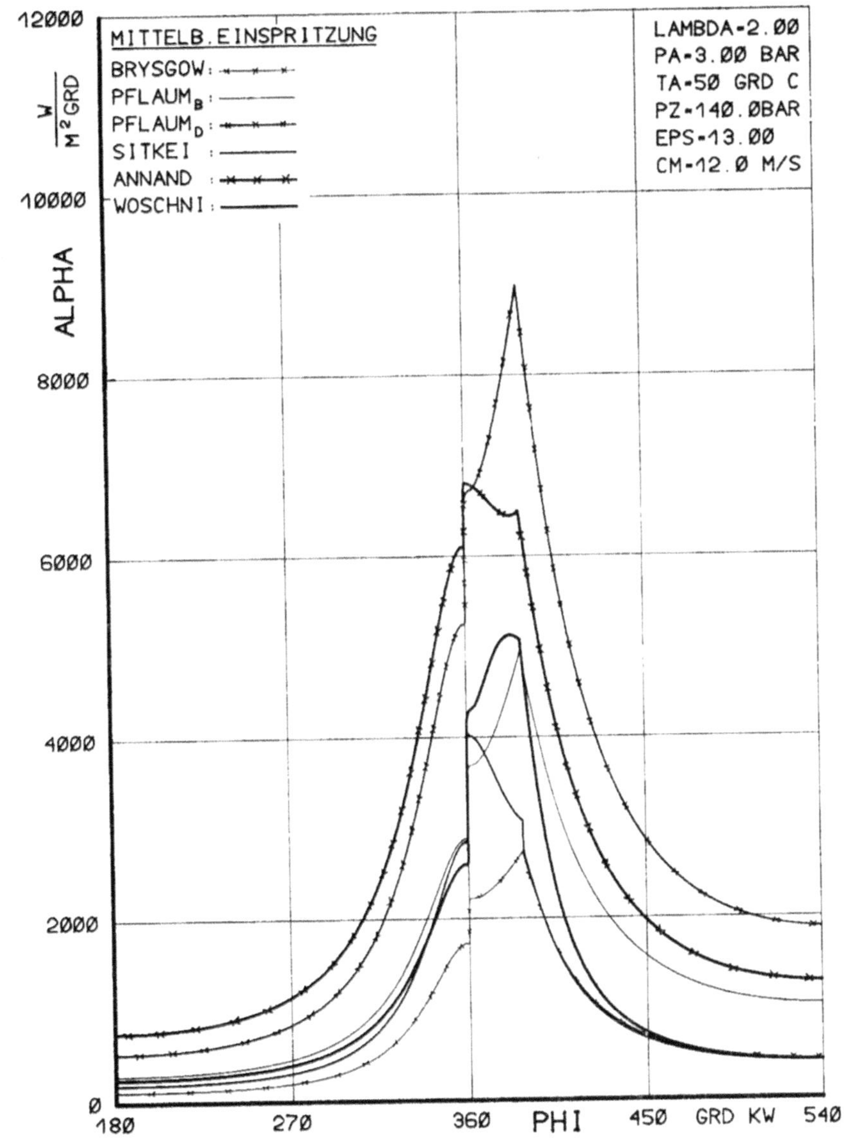

Abb. 2.8/9b: VP 40 mit $\lambda^* = 2{,}00$

Bei beiden Vergleichen zwischen den Werten für α_{max} bzw. α_m liegen die Zahlen für Woschni ganz anders als bei Pflaum und Annand. Die Erklärung findet sich in dem schon mehrfach erwähnten steileren Kurvenverlauf bei Woschni, der durch das von Woschni eingeführte „Verbrennungsglied" mit der Druckdifferenz zwischen Verdichtung und Ausdehnung hervorgerufen wird. Dieser Umstand führt auch dazu, daß z. B. die absoluten Werte von α_m wesentlich niedriger als bei Pflaum und Annand sind. So ließen sich zwischen anderen Gleichungen weitere bemerkenswerte zahlenmäßige Unterschiede infolge der Art der Gleichungen feststellen. Ohne eine solche vergleichende Untersuchung wären sie nicht zutage getreten. Das fordert für den praktischen Gebrauch der einen oder anderen α-Gleichung ein sorgfältiges Abwägen.

Um den hier vorgenommenen beschränkten aber zunächst ausreichenden Vergleich zu beenden, sollen noch die Veränderungen durch einen aufgeladenen Kolbenmotor beispielhaft festgestellt werden. Dafür werden die Arbeitsprozesse VP 32 und 40 gegenüber dem grundlegenden VP 2 herangezogen. Damit ist ein Vollastbetrieb vorausgesetzt, dem bei der unaufgeladenen Maschine ein Luftverhältnis $\lambda^* = 1{,}2$ und bei der aufgeladenen ein $\lambda^* = 2{,}0$ zuzuordnen ist. Es ist zweckmäßig, diesen praktischen Umständen zu folgen als der thermodynamisch einfacheren Form mit gleichbleibendem Luftverhältnis. Durch das gestufte Verhältnis arbeitet der aufgeladene Motor in einem niedrigeren Temperaturbereich, um seine allgemeine Wärmebeanspruchung möglichst gering zu halten, die durch die doppelte und dreifache Drucksteigerung unumgänglich höher geworden ist. Der hochaufgeladene Motor hat mittlere und größere Abmessungen und arbeitet wegen seiner günstigen Verbrennungsverhältnisse mit der *unmittelbaren Einspritzung*. Deswegen wird der Vergleich in erster Linie darauf bezogen.

Der Einfluß von Druck und Temperatur in den α-Gleichungen ist im Abschn. 2.4 näher behandelt worden. Der Druck geht im allgemeinen mit einem Exponenten 0,5 bis 0,8 unmittelbar ein, wenn man von Nebengliedern, wie z. B. bei den Gleichungen von Pflaum, Elser, Overbye und Woschni absieht. Die dreifache Drucksteigerung würde sonst eine allgemeine Zunahme des α-Wertes auf das 1,7- bis zum 2,4-fachen bedeuten. Der augenscheinliche Vergleich zwischen VP 2 und VP 32 mit Abb. 2.8/3a und 8a liefert außer der Höhenlage und kleineren Verschiebungen der Kurvenzüge zueinander keine Besonderheit. Die Steigerung des α_m-*Wertes* (achte auf den halbierten Maßstab!) beträgt nach Zahlentafel 2.8/3 beispielsweise:

bei den α-Gln von	Nu	Ei	Els	Si	An	Wo
mit VP 32/VP 2 ($p_a = 1 \to 3$ bar)	64	15	50	67	59	95%
mit VP 40/VP 32 ($c_m = 6 \to 12$ m/s)	87	30	41	51	57	50%

Es ist verständlich, daß bei Eichelberg die niedrigste und bei Woschni die höchste Steigerung auftritt. Die Gleichung von Eichelberg hat den kleinsten Druckexponenten und die von Woschni den höchsten; außerdem verstärkt bei Woschni das „Verbrennungsglied" den Druckeinfluß. Ermittelt man weiterhin auf der hohen Druckebene den Geschwindigkeitseinfluß mit $c_m = 6$ auf 12 m/s für VP 40 gegenüber VP 32, das ist Abb. 2.8/9a gegenüber 8a, dann erhält man die obige zweite Zahlenreihe. Der Geschwindigkeitseinfluß ist bei Nußelt, wie schon weiter oben festgestellt, überhöht. Dagegen ist er bei Eichelberg schwach, wie sich aus seiner c_m-Funktion mit dem niedrigen Exponenten 0,33 gegenüber den anderen mit 0,7 bis 0,8 erkennen läßt. Zieht man der Vollständigkeit halber noch den Fall der *mittelbaren Einspritzung* heran, dann ergibt sich für die Abb. 2.8/3b, 8b und 9b wiederum aus der Zahlentafel 2.8/3 für die bereits besprochene Dreiergruppe folgende Zahlenreihe bei der Druck- bzw. Geschwindigkeitszunahme:

bei den α-Gln von	Pf_D	An	Wo
mit VP 32/VP 2 ($p_a = 1 \to 3$ bar)	83	69	83%
mit VP 40/VP 32 ($c_m = 6 \to 12$ m/s)	70	59	39%

Obwohl es sich bei der mittelbaren Einspritzung bereits um eine optisch zusammengerückte Gleichungssorte handelt, sind doch die Steigerungsraten teilweise unterschiedlich hoch, und zwar wiederum anders bei der Druck- oder Geschwindigkeitszunahme. Daraus wird erneut deutlich, wie verschieden stark die Einflußgrößen in den einzelnen Gleichungen gewertet werden. Die Gleichungen von Annand und Woschni, die neben der von Sitkei mit entsprechenden Beiwerten auf beide Einspritzarten anwendbar sind, weichen zwar in beiden Fällen in der gleichen Richtung voneinander ab, doch sind die absoluten Abstände verschieden groß.

Die hier verwendete prozentuale Betrachtungsweise ist ein klarer Wegweiser, aber zum vollständigen Überblick und zur rechten Beurteilung müssen auch noch die absoluten Werte vom zeitlich und örtlich mittleren Wärmeübergangskoeffizienten α_m aus Zahlentafel 2.8/3 und die anteilige Wandwärme Q_w/Q_{zu} aus Zahlentafel 2.8/4 herangezogen werden. Je nach Motorart und Betriebsverhältnissen läßt sich die mehr oder weniger geeignete Gleichung finden. Dazu soll folgendes festgestellt werden:

Die beiden soeben genannten Zahlentafeln sind mit sieben verschiedenen Arbeitsprozessen eine zunächst genügende Auswahl aus der umfassenden Berechnung in [80] und dem mit Zahlentafel 2.8/1 wiedergegebenen gesamten Bereich. Werden die absoluten Zahlen einander gegenübergestellt, dann findet man, daß für ein und denselben Vergleichsprozeß die α_m- bzw. Q_w/Q_{zu}-Werte je nach der α-Gleichung zwischen 0 und mehr als 100% voneinander abweichen. In der Regel handelt es sich dabei um einen Ausreißer, während mehrere andere Gleichungen praktisch keinen oder nur geringen Unterschied haben. Aber je nachdem, um welche Einflußgrößen es sich handelt, wechselt die Spanne von der einen zur anderen Gleichung. Dieses Verhalten wurde bereits mit den vorstehenden kleinen Zahlentafeln verdeutlicht. Auch hat sich erkennen lassen, daß einige Gleichungen für bestimmte Bereiche nicht verwendet werden können, wie z. B. die α-Gleichung von Nußelt, sobald man mit der mittleren Kolbengeschwindigkeit c_m über 6 m/s hinausgeht.

Ferner ist zu bedenken, daß jede Gleichung für sich ihre eigenen Fehlergrenzen von der Grundlage her durch die Zahlenwerte der verwendeten Ausgangsgrößen, die Versuchsgenauigkeit und die Annäherung der Gleichung selbst an die gemessenen Daten besitzt. Solche unmittelbaren Angaben sind spärlich. So ermittelt man beispielsweise bei Elser [50], a. a. O., Abb. 32, durch die Streuung seiner versuchsmäßig belegten Grundbeziehung $\mathrm{Nu}/\mathrm{Pe}^{0,5} = f(\Delta s/c_p)$ eine Fehlergrenze von $\pm 11 \cdots \pm 16\%$. Die Verfasser geben für Pflaum [47] die Fehlergrenze mit max. $\pm 15\%$ an. Wegen der schwierigen Versuchsverhältnisse bei der α-Bestimmung ist wahrscheinlich $\pm 10\%$ die unterste Grenze.

Demgegenüber ist die Schwankungsbreite zu betrachten, die bei einer bestimmten α-Gleichung für eine Gruppe von Motoren gelten soll. Dafür ergibt sich bei der von Taylor [21a, b] gewonnenen und im Abschn. 1.3.1 mit Abb. 1.13 und Gl. (1.28) behandelten Zusammenfassung von 19 verschiedenen Motoren die bereits festgestellte Schwankungsbreite von $\pm 15 \cdots \pm 35\%$. Annand [54] grenzt die Schwankungsbreite dadurch ein, indem er durch den Punkthaufen für die wassergekühlten Diesel- und Ottomotoren zwei getrennte Bereiche mit je einer mittleren Linie bildet. Diese beiden Linien unterscheiden sich um das 1,3fache im Verhältnis Diesel-/Ottomotor. Dadurch wird für die Dieselmotoren die vorstehende Schwankungsbreite halbiert, während sie für die Ottomotoren wegen der größeren Streuung unverändert bleibt. Dies ist sozusagen ein Musterbeispiel dafür, was geschieht, wenn man den Standpunkt einer Betrachtung ändert. Im übrigen gibt Annand in seiner α-Gleichung den Beiwert a für den konvektiven Teil je Motorart innerhalb der Gruppe Dieselmotor oder Ottomotor mit 0,35⋯0,8 an und räumt damit eine Schwankungsbreite von $\pm 39\%$ ein! Als letztes Beispiel wird noch festgestellt, daß Woschni [57] für seine an verschiedenen Motorenarten überprüfte Gleichung $\pm 10\%$ und damit den engsten Bereich angibt.

Die jeder α-Gleichung eigene Fehlergrenze sagt selbstverständlich noch nichts darüber aus, welche Unterschiede gegenüber anderen Gleichungen auftreten können. Zu einem solchen Vergleich wird Zahlentafel 2.8/3 mit einer entsprechenden Gruppierung heran-

Zahlentafel 2.8/5. *Schwankungsbreiten von neun α-Gleichungen für unmittelbare und fünf für mittelbare Einspritzung mit fallweise bestimmten Ausnahmen für die sieben Vergleichsprozesse* VP+ *in Zahlentafel* 2.8/1

Gruppen der α-Gln.	Art der Einspritzung			unbeteiligte α-Gln.	
	unmittelbar	mittelbar		unmittelbar	mittelbar
I) alle[1] α-Gln. (2.1···2.15)				—	—
a) min/max	$\pm 18/24$	$\pm 36/55\%$			
b) Mittel	± 22	± 44			
II) α-Gln. mit zwei Ausnahmen				Gl. (2.2) Br	Gl. (2.3) Bry
a) min/max	$\pm 16/26$	$\pm 32/43$			
b) Mittel	± 19	± 38			
III) α-Gln. mit drei Ausnahmen		$Pf_{D,K}$ + Ann	Si + Wo	Br sowie Nu Gl. (2.1) bei VP+ 14, 22, 40 mit $c_m = 12$ m/s	Bry und zusätzliche Aufteilung
a) min/max	$\pm 12/18$	$\pm 1{,}1/5{,}8$	$\pm 5{,}9/23{,}5$		
b) Mittel	± 15	± 3	± 14		

[1] Die α-Gl. Pflaum_B für die Zylinderlaufbuchse, Gl. (2.7) mit $f_3(p_L)_B$ wird wegen ihrer Sonderstellung nicht einbezogen.

gezogen. Das Ergebnis ist in Zahlentafel 2.8/5 zusammengestellt. Es sind die maximalen und die minimalen bzw. die mittleren Schwankungsbreiten über alle ausgesuchten Vergleichsprozesse, d. h. über verschiedene Belastungs- und Betriebszustände, ermittelt. Es wird wieder zwischen unmittelbarer und mittelbarer Einspritzung unterschieden und gezeigt, wie sich die Schwankungsbreiten ändern, je nachdem ob und welche „Ausreißer" an dem Vergleich nicht beteiligt wurden. Dies führt zu einer Dreiergruppierung mit immer schärferer Auslese und zum Schluß wird in der dritten Gruppe bei der mittelbaren Einspritzung eine weitere Unterteilung vorgenommen. Hier werden die α-Gleichungen von Pflaum ($Pf_{D,K}$) und Annand (An) bzw. Sitkei (Si) und Woschni (Wo) zusammengelegt, weil sich diese jeweils in ihren α_m-Werten einerseits deutlich nähern und andererseits einen größeren Abstand zeigen. Für den hier definierten Vergleich müssen als nicht mehr geeignet die Gleichungen von Briling (Br) und Brysgow (Bry) genannt werden, was hauptsächlich auf ihre c_m-Funktion zurückzuführen ist. Aus demselben Grunde muß auch Nußelt (Nu) bei den Vergleichsprozessen VP+ 14, 22 u. 40 wegen der mittleren Kolbengeschwindigkeit $c_m = 12$ m/s ausscheiden (vgl. die früheren kritischen Anmerkungen bei Abb. 2.3/1). Schließlich bleibt die Gleichung von Pflaum (Pf_B) für die Zylinderbuchse am ganzen Vergleich unbeteiligt, weil sie die erläuterte Sonderstellung einnimmt.

Man hat nun festzustellen, daß bei der mittelbaren Einspritzung wesentlich größere maximale Schwankungsbreiten auftreten, als bei der unmittelbaren, solange nicht die zusätzliche Unterteilung in der dritten Gruppe herangezogen wird. Außerdem stehen bei der mittelbaren Einspritzung nur 5 bzw. 4 α-Gleichungen zur Verfügung, während es bei der unmittelbaren 9 bzw. 8 oder 7 sind, also rd. doppelt soviel. Durch die wachsende Herausnahme der genannten Gleichungen sinkt die mittlere Schwankungsbreite von ± 22 über ± 19 auf $\pm 15\%$, was befriedigend ist. Auch die minimale/maximale Schwankungsbreite von $\pm 18/24$ auf $\pm 12/18\%$ bleibt in Grenzen und erleichtert die Wahl einer α-Gleichung im Bedarfsfall. Bei der mittelbaren Einspritzung und mit der zusätzlichen Unterteilung ergeben sich für die mittlere Schwankungsbreite die geringen Werte von ± 3 bzw. $\pm 14\%$. Übrigens bleiben diese soeben ermittelten Schwankungsbreiten auch in dem Rahmen der weiter oben festgestellten Fehlergrenzen mit $\pm 10 \cdots \pm 16\%$ der einzelnen α-Gleichungen, wodurch das Abwägen der einzelnen α-Gleichungen für den praktischen Gebrauch erleichtert wird, und zwar unter gleichzeitiger Beachtung des Grundaufbaues der Gleichung.

Ein Vergleich mit der anteiligen Wandwärme an Hand von Zahlentafel 2.8/4 würde zu ähnlichen Prozentsätzen führen, weil die Temperatur- und Flächenverhältnisse in allen Fällen dieselben sind. Aber bei den absoluten Zahlenwerten der anteiligen Wandwärme muß für einen etwaigen Vergleich mit den praktisch aus Wärmebilanzen gewonnenen Werten bedacht werden, daß sie keine Reibungswärme und Übergangswärme — hauptsächlich vom Kolben bzw. Auslaßkanal her — enthalten und dementsprechend kleiner sind. Aber sie vermitteln auf jeden Fall, welchen Einfluß der eine oder andere Betriebszustand ausübt.

Wegen der errechneten anteiligen Wandwärme Q_w/Q_{zu} mit dem zugrunde gelegten idealisierten Vergleichsprozeß ist noch die Frage zu beantworten, in welche Richtung und in welcher Größe sich diese Zahlenwerte ändern würden, wenn man nicht die p,T-Werte dieses Vergleichsprozesses, sondern jene verwendet, die sich durch den ständigen Wärmeverlust ergeben. Kurz gesagt heißt das, wenn man ein p,T-Diagramm nicht *ohne* sondern *mit* Wärmeverlust verwendet oder statt eines idealisierten ein wirkliches p,T-Diagramm heranzieht. Dabei muß beachtet werden, daß es sich nicht um absolute, sondern um anteilige Wärmeverluste zur zugeführten Wärme handelt.

Der ständige Wärmeübergang führt bekanntlich dazu, daß beim Verdichtungshub im Anfang Wärme von den Zylinderwänden aufgenommen und etwa vom halben Hub ab wieder Wärme abgegeben wird. Deren Beträge sind im Vergleich zu dem Arbeitsabschnitt der Verbrennung und Ausdehnung mit dem hohen Temperaturgefälle zwischen Arbeitsgas und Wand gering (vgl. Abb. 2.6/7a···e). Trotzdem wird die Berechnung wie bisher bei den Vergleichsprozessen mit Verdichtung und Ausdehnung durchgeführt, jedoch mit der betriebstechnisch zutreffenden Bedingung, den vorgeschriebenen Verbrennungshöchstdruck p_z einzuhalten. Dies hat wegen des bestehenden Wärmeübergangs ein früheres Ende der Verbrennung zur Folge, wenn es sich auch nur um weniger als 1 °KW für die verschiedenen Arbeitsprozesse handelt.

Die ständige und teilweise heftige Wärmeabfuhr während des Ausdehnungshubes ergibt nach Erreichen des Verbrennungshöchstdruckes verminderte Drücke und Temperaturen des Arbeitsgases. Dementsprechend werden die α-Werte und die Temperaturdifferenzen in der Gleichung für die Wandwärme

$$Q_w = \int_{180}^{540} \alpha(T - T_w)\, A\, \mathrm{d}\varphi$$

geringer, wenn auch nur in beschränktem Maße. Es kommt nun darauf an festzustellen, um wieviel unterscheiden sich die so mit Wärmeübergang errechneten mittleren Wärmeübergangskoeffizienten α_m und die anteilige Wandwärme Q_w/Q_{zu} von denen ohne Berücksichtigung des Wärmeübergangs durch die geänderten p,T-Werte des Vergleichsprozesses.

Wegen des für beide Rechengänge vorgeschriebenen unveränderten Verbrennungshöchstdruckes soll auf einen anderen Umstand hingewiesen werden, der bei den Überprüfungen neu entwickelter α-Gleichungen mit gemessenen p,v-Diagrammen und den daraus errechneten T-Werten gewöhnlich unbeachtet bleibt. Es ist eine Tatsache, daß die Indikatordiagramme bereits Werte *mit* Wärmeverlust liefern und dementsprechend die eingesetzten α-Werte höher als für den Zustand ohne Wärmeverlust sind, damit der Wärmebilanz entsprochen werden kann. Bei den hier verwendeten p,T-Werten und angestellten Vergleichsrechnungen liegt der Fall gerade umgekehrt, und die Frage ist, kann man bei den jederzeit wiederholbaren Werten der Vergleichsprozesse bleiben oder nicht? Die Antwort geben die Zahlentafeln 2.8/6 u. 7. Hierzu sei vorweg folgendes bemerkt: Für die Gegenüberstellung sind zwar wiederum die bisher verwendeten sieben Vergleichsprozesse VP+ benutzt worden, aber von den neun α-Gleichungen im Bereich der *un*mittelbaren Einspritzung genügt es beispielhaft, drei α-Gleichungen heranzuziehen, die jeweils nach anderen Grundsätzen entwickelt worden sind und trotzdem immer in der engeren Wahl stehen werden. Dies sind die Gleichungen von Eichelberg, Annand und Woschni. Die erste ist empirisch und historisch bedeutungsvoll, die zweite verwendet die Ähnlichkeitstheorie und ein zusätzliches Strahlungsglied und die dritte zwar ebenfalls die Ähnlichkeitstheorie, jedoch mit einem besonderen Verbrennungsglied.

Aus dem in Zahlentafel 2.8/6 durchgeführten Vergleich für den mittleren Wärmeübergangskoeffizienten α_m ergibt sich, daß der über alle drei α-Gleichungen und sieben Vergleichsprozesse verschiedener Belastungen und Betriebszustände gewonnene Mittelwert nur rd. 1% Unterschied aufweist. Die größten Abweichungen mit +4,1 und −1,8% bleiben in Grenzen und zeigen, daß die betreffende α-Gleichung auf den einen oder anderen Betriebsfall heftiger anspricht. Die Mittelwerte für die verschiedenen Vergleichsprozesse für ein- und dieselbe α-Gleichung oder für die verschiedenen α-Gleichungen für ein und denselben Vergleichsprozeß haben bereits geringere Schwankungen. Während erwartungsgemäß die α-Werte mit Wärmeübergang gerechnet für die Gleichungen von Eichelberg und Annand stets kleiner sind, liegt der Fall für die Gleichung von Woschni meistens umgekehrt, wenn auch mit geringen Prozentsätzen. Dies hängt mit der Rechenvorschrift des jeweils gleichgroßen Verbrennungshöchstdruckes p_z und der Eigenart des Verbrennungsgliedes mit der Druckdifferenz p-p_0 zusammen. Denn p_0 ist mit Wärmeübergang gerechnet besonders um den oberen Totpunkt herum kleiner, während p als Verbrennungshöchstdruck bis zum Ende der Verbrennung gleich groß bleibt.

Im ganzen gesehen ist der Unterschied so klein, daß man sich mit der bequemeren Rechnung, ausgehend von dem idealisierten Vergleichsprozeß, begnügen kann.

Zahlentafel 2.8/6. *Mittlere Wärmeübergangskoeffizienten* α_m *bei den Vergleichsprozessen* VP+ *ohne* (*o. WÜ*) *und mit* (*m. WÜ*) *Berücksichtigung des Wärmeübergangs bei gleichbleibendem Verbrennungshöchstdruck*

α-Gl. von	Eichelberg			Annand			Woschni			mittl. Unter-schied
	o. WÜ	m. WÜ	o./m.	o. WÜ	m. WÜ	o./m.	o. WÜ	m. WÜ	o./m.	
VP+	W/m²K	W/m²K	%	W/m²K	W/m²K	%	W/m²K	W/m²K	%	%
2	516,5	507,5	1,77	528,5	512,4	3,14	348,5	351,4	−0,82	1,36
4	428,2	423,9	1,01	419,4	414,2	1,25	310,3	314,5	−1,33	0,31
10	556,9	541,3	2,88	566,5	544,2	4,10	435,0	432,0	0,69	2,56
14	650,7	643,8	1,07	762,6	748,6	1,90	491,7	493,8	−0,42	0,85
22	701,6	688,0	1,98	814,1	793,3	2,62	579,6	576,7	3,62	2,74
32	719,5	715,8	0,52	796,9	790,8	0,77	681,7	694,2	−1,80	−0,17
40	906,5	904,0	0,28	1249,6	1241,6	0,64	1021,2	1031,0	−0,95	−0,03
Mittel	—	—	1,36	—	—	2,06	—	—	−0,15	1,09

Zahlentafel 2.8/7. *Die anteilige Wandwärme* Q_w/Q_{zu} *bei den Vergleichsprozessen* VP+ *ohne* (*o. WÜ*) *und mit* (*m. WÜ*) *Berücksichtigung des Wärmeübergangs bei gleichbleibendem Verbrennungshöchstdruck*

α-Gl. von	Eichelberg			Annand			Woschni			mittl. absol. Diff.
	o. WÜ	m. WÜ	absol. Diff.	o. WÜ	m. WÜ	absol. Diff.	o. WÜ	m. WÜ	absol. Diff.	
VP+	%									
2	26,0	24,1	1,9	25,5	23,1	2,4	14,5	14,4	0,1	1,47
4	21,8	20,6	1,2	19,5	18,4	1,1	14,6	14,6	0	0,77
10	29,0	26,5	2,5	28,2	25,2	3,0	21,3	20,6	0,7	2,06
14	16,4	15,6	0,8	17,4	16,3	1,1	9,6	9,6	0	0,63
22	18,3	17,2	1,1	19,3	17,9	1,4	13,3	13,0	0,3	0,93
32	11,8	11,5	0,3	11,1	10,7	0,4	9,7	9,7	0	0,23
40	7,5	7,3	0,2	8,5	8,2	0,3	6,8	6,8	0	0,17
Mittel	—	—	1,14	—	—	1,38	—	—	0,15	0,89

Der Unterschied bei der anteiligen Wandwärme, Zahlentafel 2.8/7, kann naturgemäß nicht viel anders sein und liegt mit etwas weniger als 1% noch günstiger als beim α_m-Wert. Weil es sich bei der anteiligen Wandwärme bereits um Prozente handelt, sind nicht Prozente von Prozenten, sondern die absoluten Differenzen gegenübergestellt worden. Da bei der anteiligen Wandwärme neben dem α-Wert auch der Temperaturunterschied T-T_w unmittelbar in die Rechnung eingeht, sind negative Differenzen auch bei der α-Gleichung von Woschni entfallen, und zwar so, daß mehrmals der Unterschied null ist.

Die Gegenüberstellung der anteiligen Wandwärme, mit oder ohne Wärmeübergang gerechnet, bestätigt, daß auch diese Größe für Vergleichsrechnungen mit dem einfachen idealisierten und stets wiederholbaren Vergleichsprozeß ermittelt werden darf.

Geht man noch einen Schritt weiter und legt dem Vergleich einen Realkreisprozeß mit stetiger Verbrennung sowie ohne und mit vollständiger Spülung zugrunde, so ergeben sich naturgemäß absolut gesehen teilweise etwas höhere Unterschiede, aber sie führen zu keiner anderen Aussage (vgl. [80], a. a. O., S. 115 und Zahlentafeln 6.8/9).

2.8.2 Versuch einer Wertung der Wärmeübergangsgleichungen mit einer Betrachtung über den örtlichen Einfluß

Durch die zahlenmäßige Gegenüberstellung im vorhergehenden Abschnitt wurde bereits sichtbar, daß zwischen einigen α-Gleichungen für denselben Betriebsfall Unterschiede bis zu 100% auftreten und beim Übergang zu einem anderen sich zwar auch ein so großer Abstand zeigen kann, aber nicht mehr zwischen denselben Gleichungen. Jedoch weichen gleichermaßen zwei oder mehrere andere Gleichungen sehr wenig mit ihren Zahlenwerten voneinander ab. Die Ursache liegt darin, daß die α-Gleichungen die einzelnen Einflußgrößen, wie z. B. Druck und Temperatur des Arbeitsprozesses oder die fast ausschließlich für die Geschwindigkeit gewählte mittlere Kolbengeschwindigkeit, verschieden bewerten. Dabei ist, wie in Abschn. 2.3/4 gezeigt, nicht einmal hinsichtlich des zeitlich und örtlich mittleren Wärmeübergangskoeffizienten so entscheidend, ob es sich um α-Gleichungen handelt, die rein empirisch (Gruppe I) oder auf Grund der Ähnlichkeitstheorie (Gruppe II) gewonnen wurden. Denn auch die Gleichungen der Gruppe II müssen notwendigerweise Beiwerte verwenden, die von Versuchen herrühren. Dabei kommt es mehr als früher beachtet darauf an, welche Versuchsmotoren verwendet worden sind. Drei Umstände spielen in diesem Zusammenhang eine wesentliche Rolle: das Verbrennungsverfahren, die Größe des Motors und die Art der Messungen. Deshalb sind bei den vorhergehenden zahlenmäßigen Gegenüberstellungen diese Umstände berücksichtigt worden, soweit die α-Gleichungen hierzu die Möglichkeit boten. Und deshalb sind im Abschn. 2.1 bei der Wiedergabe der α-Gleichungen die Kennwerte der Motoren und die Versuchsverhältnisse soweit wie möglich angegeben.

Es braucht hier nur zusammenfassend auf die vorhergehenden Abschnitte verwiesen zu werden, in denen Art und Umfang der verschiedenen Einflußgrößen, wie Verbrennungsverfahren, Gasgeschwindigkeit, Druck und Temperatur des Arbeitsgases, Größe des Arbeitszylinders und Strahlung von Gasen und Flammen, im einzelnen behandelt worden sind. Eine Durchsicht der verschiedenen α-Gleichungen hinsichtlich ihrer Grundlage läßt nunmehr erkennen, ob und in welchem Umfang sie heute noch anwendbar sind, ob sie für den Diesel- oder Ottomotor usw. in Frage kommen oder nicht. Dabei ist ferner zu bedenken, ob die α-Gleichungen nicht nur den zeitlich und örtlich *mittleren* α-Wert mit einer gewissen Genauigkeit liefern, sondern inwieweit sie die örtlichen Unterschiede im Arbeitsraum und den zeitlichen Verlauf mit dem Arbeitsspiel (Kurbelwinkel) zutreffend wiedergeben. Dazu wird weiter unten noch einiges gesagt.

Bei den gewonnenen Zahlenwerten von α_m und Q_w/Q_{zu} muß für einen Vergleich noch einmal darauf hingewiesen werden, daß bei den α-Gleichungen mit Spielraum für Beiwerte die in Zahlentafel 2.8/2 angegebene Wahl getroffen wurde. Da die Zahlenwerte in Zahlentafel 2.8/3 und 4 für die α-Gleichung von Sitkei im allgemeinen niedrig liegen, stellt sich die Frage, ob die angegebenen Beiwerte für diese Gleichung nicht im ganzen angehoben werden müßten (s. den Schlußabsatz bei Nr. II, 4 in Abschn. 2.1.2). Bei Annand wäre zu überlegen, ob man für den mittelbaren Teil den Spielraum nach oben nicht ganz hätte ausnutzen sollen, weil die errechnete anteilige Wärme höher als bei den anderen liegt. Da wie bereits im vorigen Abschnitt festgestellt, der Beiwert a für den konvektiven Gleichungsteil um $\pm 39\%$ schwankt, bedarf es eines sorgfältigen Abwägens bei einem bestimmten Motor (s. den Schlußabsatz bei Nr. II, 5 in Abschn. 2.1.2). Schließlich muß noch angemerkt werden, daß bei Pflaum die für Zylinderdeckel und Kolbenboden sowie die für die Laufbuchse ermittelten Werte der Wandwärme beim Vergleich zusammenzuzählen sind.

Wenn man vor die Frage gestellt ist, welche α-Gleichung in einem bestimmten Fall heranzuziehen wäre, so ist eines ganz klar: Otto- und Dieselmotoren sind auseinander zu halten und beim Dieselmotor noch ebenso streng, ob es sich um ein Verbrennungsverfahren mit unmittelbarer oder mittelbarer Einspritzung handelt. Ferner muß beim Dieselmotor mehr als beim Ottomotor die Zylindergröße beachtet werden, weil bei ihm außer der Gasstrahlung die 4···8fach stärkere Flammenstrahlung — allerdings nur während des kürzeren Verbrennungsabschnitts — als ein bedeutsamer Vorgang hinzukommt, bei dem erst recht die zugehörige Schichtdicke, entsprechend den Zylinderabmessungen, nicht vernachlässigt werden darf. Hierzu ist im Abschnitt 2.6.3 das Erforderliche gesagt und durch Abb. 2.6/18 u. 19 dargestellt worden.

Nun gibt es, wie gezeigt worden ist, eine Reihe von α-Gleichungen in Gruppe I und II, die die Strahlung in einem besonderen Glied ausweisen, und solche, die diesen Einfluß summarisch durch andere Exponenten, Beiwerte oder Glieder einschließen. Die Gleichungen mit einem besonderen Strahlungsglied lassen sich eher auf andere Betriebsfälle übertragen als die anderen. Dabei hat sich für Nußelt herausgestellt, daß sein Strahlungsglied vollauf für den Ottomotor gültig ist und der übrige Teil seiner Gleichung bis zu Kolbengeschwindigkeiten von $c_m \leqq 6$ m/s, d. h. für größere Dieselmotoren mit unmittelbarer Einspritzung, weiterhin nützlich ist.

Die Grundlagen einer Gleichung müssen bedacht werden, besonders dann, wenn sie rein experimenteller Natur sind. Das gilt besonders für die Gleichungen der Gruppe I, in der die α-Gleichung von Nußelt genannt ist und über die soeben das Notwendige gesagt wurde. So ist auch die Gleichung von Eichelberg den großen, langsamlaufenden und unaufgeladenen Dieselmotoren zuzuordnen. Trotzdem ist sie im Gegensatz zur Nußelt-Gleichung durch ihre Exponentialfunktion für die mittlere Kolbengeschwindigkeit nicht an eine kleinere Kolbengeschwindigkeit gebunden. In diesem Zusammenhang ist auch die Gleichung von van Tyen als eine Variation von Nußelt und Eichelberg zu nennen.

Wenn auch die Gleichung von Elser den Durchbruch zur Ähnlichkeitstheorie für den Kolbenmotor brachte, bleibt sie doch eher dem Dieselmotor als langsam- und mittelschnellaufendem Motor verhaftet. Dies wird deutlich, wenn man die Gleichung von Oguri betrachtet. Oguri hat zwar die Gleichungsform von Elser übernommen, sie aber durch die zusätzliche cos-Funktion und durch geänderte Beiwerte auf Grund von Versuchen am Ottomotor auf diese Motorart zugeschnitten. Die Zahlentafeln 2.8/3 und 4 zeigen auch die zu erwartenden geringeren Werte gegenüber Elser, weil insbesondere der Strahlungseinfluß wesentlich geringer ist als beim Dieselmotor.

Die Gleichungen von Briling und Brysgow verdienen hervorgehoben zu werden, weil durch sie klar wurde, daß zwischen den Motorenarten Ottomotor und Dieselmotor mit unmittelbarer oder mittelbarer Einspritzung (Hauptbrennraum ohne oder mit Nebenbrennraum) erhebliche Unterschiede im Wärmeübergang bestehen. Um diesen Unterschieden zu genügen, wurde die Nußeltsche c_m-Funktion entsprechend in Stufen abgewandelt, aber der übrige Teil der α-Gleichung von Nußelt ohne Änderung übernommen. Wie Abb. 2.3/1 erkennen läßt, gibt es daher allein von der c_m-Funktion her Bereiche, die den heutigen Erkenntnissen und Betriebsverhältnissen nicht mehr entsprechen, so daß eine allgemeine Anwendung dieser Gleichungen fraglich ist.

Zu den Gleichungen von Sitkei, Annand und Woschni ist im Hinblick auf die in den vorhergehenden Abschnitten gemachten Ausführungen nur noch einiges anzumerken. Bei der α-Gleichung von Sitkei ist es u. U. möglich, sie mit ihren Zahlenwerten durch höhere Beiwerte als angegeben in den Bereich der anderen Gleichungen für unmittelbare Einspritzung hinaufzuziehen. Bei der mittelbaren Einspritzung fällt sie trotz wesentlich höherer Beiwerte noch weiter gegenüber den Gleichungen von Pflaum$_D$, Annand und Woschni zurück. Ein vergleichender Blick in die Abb. 2.8/3 bis 9 macht dies deutlich.

Für die allgemeine Anwendung kommen im Bereich der unmittelbaren Einspritzung die Gleichungen von Annand und Woschni in Frage, wenn man bei Annand die Beiwerte sorgfältig abwägt. Dies trifft auch für die mittelbare Einspritzung zu, zu der sich noch die Gleichung von Pflaum hinzugesellt. Diese letztere Gleichung unterteilt, wie gezeigt, die Vorgänge an den Böden von Zylinderdeckel und Kolben einerseits und die an der Zylinderbuchse andererseits. Wie durch den Abschnitt über die Strahlung und Konvektion bei den verschiedenen Wandteilen (Abschn. 2.6.3.2) nachgewiesen werden konnte, ist diese Unterteilung berechtigt. Ob und inwieweit die Teilgleichung für die Zylinderlaufbuchse abzuwandeln wäre, können erst weitere Untersuchungen erweisen. Ebenso wünschenswert wären zusätzliche Untersuchungen über den zeitlichen Verlauf der α-Werte im Bereich der Verbrennung und Ausdehnung. Dazu sei darauf hingewiesen, daß die weiterhin im Abschn. 2.6.3 mitgeteilten Überlegungen und zahlenmäßigen Angaben über den Strahlungs- und Wandeinfluß auf einen steileren Abfall der α-Werte zielen, als er sich im allgemeinen bei den α-Gleichungen ergibt. Einen solchen steileren Verlauf erbringt zwar bereits die Gleichung von Woschni durch ihr besonderes Verbrennungsglied, allerdings ohne die Strahlung getrennt aufzunehmen. Woschni will durch sein Verbrennungsglied alle von der Verbrennung herrührenden Einflüsse gewissermaßen durch entsprechend gesteigerte Konvektion erfassen. Da Annand jedoch in seiner α-Gleichung ein Strahlungsglied besitzt, bleibt die Frage noch offen, ob ein steilerer Abfall bei Annand nicht durch Änderung am Strahlungsglied erzielt werden kann. Annand unterscheidet zwar durch seinen Beiwert c, vgl. Zahlentafel 2.8/2, zwischen der Gas- und Flammenstrahlung, wobei jedoch der jeweilige Beiwert für den gesamten Verbrennungs- und Ausdehnungsabschnitt gleich groß ist. Dadurch wird man den wirklichen Vorgängen nicht gerecht. Berücksichtigt man aber die mit dem beginnenden Ende der Verbrennung rasch absinkende Flammentemperatur, so würde daraus ein steilerer Abfall des α-Wertes erfolgen. Allerdings würde dabei im Gegensatz zu Woschni noch keine zusätzliche Gasbewegung eingeschlossen sein. — Immerhin wird sichtbar, daß sich manche α-Gleichungen auf einen später genauer ermittelten zeitlichen α-Verlauf abstimmen lassen, ohne neue Gleichungsformen aufstellen zu müssen.

Neben der Frage der Steilheit des Verlaufs der α-Kurve ist noch ein anderer Umstand zu beachten. Es ist eine Tatsache, daß der Wärmeübergangskoeffizient sehr große Unterschiede an nahe beieinanderliegenden Stellen am Zylinderdeckel und Kolbenboden aufweist. Der bisher behandelte und in den Abb. 2.8/3 bis 9 gezeigte zeitliche Verlauf des örtlich mittleren Wärmeübergangskoeffizienten ist eine erste brauchbare Rechengrundlage. Aber mit dem erbrachten Mittelwert ist wie bei dem zeitlichen Verlauf noch nichts über die örtliche Verteilung im Arbeitsraum ausgesagt. Die Messungen über die Wandtemperaturen mit zahlreichen über den ganzen Arbeitsraum verteilten Thermoelementen (vgl. z. B. die Untersuchungen von Pflaum [47] und Woschni [57]) ließen bereits erkennen, daß trotz gleichartiger Wandstellen erhebliche Unterschiede im Wärmeübergang bestehen müßten. Die neueren Untersuchungen mit empfindlichen Oberflächenthermoelementen zeigen dies. Dafür sollen nachstehend einige Beispiele gebracht werden, um die bestehenden wirklichen Unterschiede deutlich zu machen.

Aus der Messung der Oberflächentemperatur werden drei Angaben ermittelt: der zeitliche Verlauf der Oberflächentemperatur, der Mittelwert als quasistationäre Wandtemperatur und der veränderliche Wärmeübergangskoeffizient an dieser Stelle. Soweit bekannt, hat Eichelberg im Rahmen seiner bereits hier mit Abb. 1.18, 19 und 21 herangezogenen erstmaligen Untersuchungen über Temperaturverlauf und Wärmespannungen in den Wänden des Arbeitszylinders eines Zweitakt-Dieselmotors [28] zwei Jahre später auch den zeitlichen Verlauf des dabei wirksamen Wärmeübergangskoeffizienten an einer Stelle im Zylinderdeckelboden bei Vollast mit [44] veröffentlicht, Abb. 2.8/10. Dieses Bild ist sozusagen ein klassisches Beispiel zu der Frage, inwieweit sind die α-Gleichungen in der Lage, diesen Verlauf darzustellen. Dazu bedarf es allerdings der Kenntnis der bei dem Versuch herrschenden Gasdrücke und -temperaturen, sowie der anderen

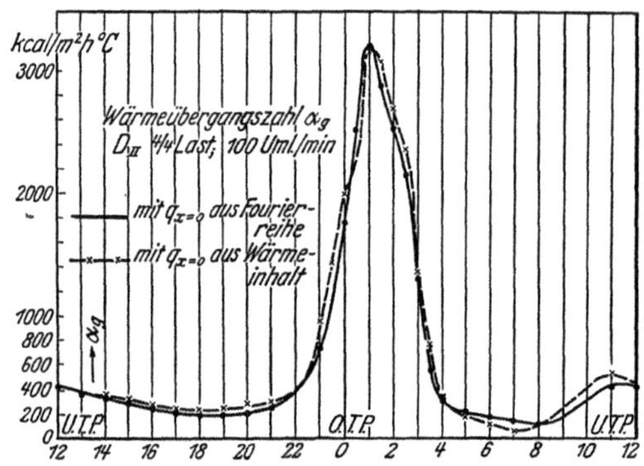

Abb. 2.8/10. Der örtliche Wärmeübergangskoeffizient am Zylinderdeckelboden eines Zweitakt-Großdieselmotors (nach Eichelberg [44] Abb. 1)

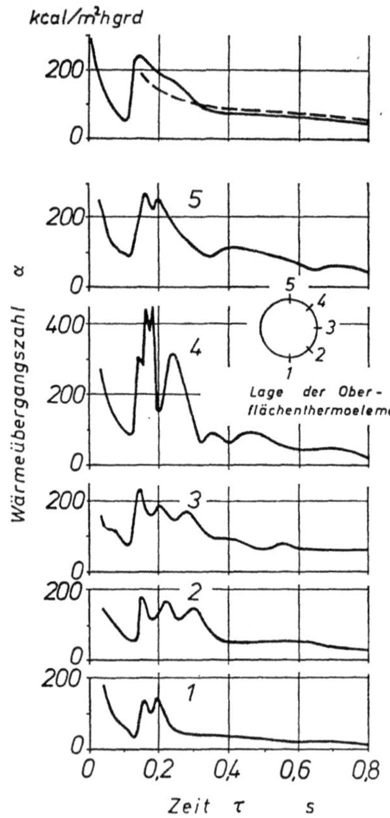

Abb. 2.8/11. Wärmeübergangskoeffizienten in einer kugelförmigen Bombe (nach Woschni [57] Abb. 2)

oben: —— örtlich mittlerer Wärmeübergangskoeffizient berechnet aus den örtlichen Werten
--- örtlich mittlerer Verlauf, berechnet aus dem indizierten Druckverlauf

unten: 1···5 örtliche Wärmeübergangskoeffizienten, berechnet aus dem gemessenen Oberflächentemperaturverlauf an den Stellen 1···5

Gleichungsgrößen, vor allem der mittleren Kolbengeschwindigkeit. Diese Vollständigkeit ist zum Nachvollzug selten gegeben. Trotzdem muß sich für diesen praktischen Fall die vereinfachte Frage beantworten lassen, ob die Schwankungsbreite des α-Wertes in Abb. 2.8/10 befriedigend mit den entsprechenden α-Diagrammen der Vergleichsprozesse übereinstimmt. Für die Vollast einer langsamlaufenden Zweitakt-Dieselmaschine mit unmittelbarer Einspritzung ist Abb. 2.8/4a heranzuziehen. Die Schwankungsbreite liegt für die α-Gleichung von Eichelberg tatsächlich in beiden Bildern rd. beim 20fachen! Bei den anderen α-Gleichungen ergeben sich teilweise größere oder kleinere Schwankungsbreiten, die durch deren Grundlage bedingt sind.

Um eine Vorstellung von den möglichen Abweichungen durch den Meßort im Arbeitsraum zu gewinnen, werden einige dahingehende Messungen herangezogen. Zunächst wird durch Abb. 2.8/11 gezeigt, wie sich nach Versuchen von Woschni (auszugsweise in [57] mitgeteilt) der Wärmeübergangskoeffizient in einer kugelförmigen Bombe mit der Zeit an verschiedenen Orten der inneren Oberfläche ändert. Damit sind mit verbesserter Meßtechnik die früheren Versuche von Nußelt, aus der Zeit kurz vor dem 1. Weltkrieg und in [31] im Jahre 1923 mitgeteilt, mit neuer Auswertemöglichkeit wiederholt und hinsichtlich ihrer Übertragbarkeit auf den Kolbenmotor sowie in der Deutung der inneren Vorgänge ergänzt worden. Die Teilbilder 1 bis 5 zeigen die erheblichen Unterschiede im α-Wert für gleiche Zeit nach der Zündung, aber an verschiedenen Stellen der Oberfläche. Die Unterschiede liegen im maximalen Bereich rd. beim 4fachen und sind ausschließlich auf freie Konvektion zurückzuführen. Es ist kein Wunder, wenn im Arbeitszylinder einer Verbrennungskraftmaschine auch bei sehr nahe beieinanderliegenden Stellen erhebliche Unterschiede gemessen werden. Denn die heftige Verwirbelung, die vielen Zündherde bei einer Dieselmaschine, der unterschiedliche Verbrennungsablauf in benachbarten Bereichen und je nach Art des Verbrennungsverfahrens gezielte Feuerstrahlen neben einer freien oder erzwungenen Grundströmung der Verbrennungsluft müssen zu erheblich wechselnden Wärmeübergängen führen.

Von unmittelbaren Messungen im Motor seien als Beispiel die Untersuchungen von Le Feuvre [83] herangezogen, die im Abschn. 5.2.2 hinsichtlich des Meßverfahrens näher betrachtet werden. So zeigt Abb. 5.5 die Lage von acht Meßstellen für die Oberflächentemperatur am Zylinderdeckelboden und an der Zylinderlaufbuchse eines schnellaufenden Dieselmotors mit Kolbenmulde und einem Zylinderdurchmesser mit 114,3 mm.

Während vorauszusehen ist, daß bis auf die oberste Meßstelle TE-3 in der Zylinderlaufbuchse die nachfolgenden Meßstellen keine nennenswerten Temperaturschwankungen verzeichnen werden, ist es bemerkenswert, wie stark die beiden Meßwerte am Zylinderdeckel voneinander abweichen, Abb. 5.6a. Dies tritt ein, obwohl beide Meßstellen TE-1 und -2 mit rd. 7 bzw. 12 mm nicht sehr unterschiedlich von der Kolbenmulde, dem Herd der Verbrennung, entfernt sind. Allerdings ist ihre Lage zu den beiden Ventilen nicht vergleichbar. Trotzdem kann man nicht voraussagen, daß sich die Wärmestromdichten, Abb. 5.6b, an diesen Stellen um rd. 2 : 1 in ihrem Höchstwert unterscheiden; auch ist ihr zeitlicher Verlauf ein anderer.

Ein weiteres Beispiel mit ähnlicher Anordnung der Meßstellen wie vorstehend sei erwähnt, weil es sich bei den Untersuchungen ebenfalls zum instationären Wärmeübergang von Whitehouse [84] um einen anderen und größeren Motor handelt. Es ist ein aufgeladener Viertakt-Dieselmotor mit 304,8 mm Durchmesser, mit je 2 Ein- und Auslaßventilen und einem Hohlkolben mit starken Einschnitten am Rande für die 4 Ventilteller. Infolge der beiden Einlaßventile und der Form des Kolbenbodens sind die Strömungszustände im ganzen offenbar ruhiger als bei anderen Motoren; ebenso trägt der Aufladezustand bekanntlich zu gleichmäßigeren Verbrennungsverhältnissen bei. Die Folge ist ein geringerer Unterschied in den ermittelten Wärmestromdichten für den Zylinderdeckelboden; er beträgt bis zu 33%. Dabei liegt die eine Meßstelle in dem engen Steg zwischen einem Ein- und Auslaßventil und die andere mehr außerhalb auf der entgegengesetzten Ventilseite zwischen dem Anlaßventil und dem anderen Auslaßventil.

Eine Untersuchung von Overbye [52] führte zu seiner mit Gl. (2.11) aufgeführten Gleichung über die Wärmestromdichte. Deshalb konnte diese Gleichung, dies sei hier hervorgehoben, nicht in den allgemeinen Vergleich für den Wärmeübergangskoeffizienten einbezogen werden. Die Meßergebnisse sind jedoch in diesem hier erörterten Zusammenhang über die örtliche Abweichung des α-Wertes und die verschiedenen Einflußgrößen insofern bemerkenswert, als es sich um einen Otto-Vergasermotor von $d = 82{,}55$ mm Zylinderdurchmesser (CFR-Motor) mit Hesselman-Schirm am Einlaßventil handelt. Mit Hilfe des Schirmventils wurde u. a. die Einströmrichtung des Arbeitsgases in ihren Grenzwerten zwischen radialer und tangentialer Richtung geändert. Im besagten Grenzfall steigerte sich die Wärmestromdichte auf über das 1,6fache, und zwar bei fremdangetriebenem, also nichtzündendem Motor. Bei sonst völlig gleichen Betriebs- und Temperaturverhältnissen entspricht dies einem um 60% gesteigerten Wärmeübergangskoeffizienten allein durch die stärkere Drehung der Zylinderluft. Überträgt man diesen Wert auf den unmittelbaren Einfluß einer entsprechenden Kolbengeschwindigkeit, dann würde dies nach Abb. 2.3/1 einer Steigerung von $c_m = 6$ auf knapp 10 m/s für die mittlere Kurvenschar entsprechen.

Diese örtlichen Unterschiede im Wärmeübergangskoeffizienten zwingen zu geeigneten Maßnahmen bei verschieden ausgerichteten Untersuchungen, um Fehlmessungen und -schlüsse zu vermeiden. So berichten Oguri und Inaba [69], deren Messungen über die Flammenstrahlung in Abschn. 2.6.2 verwendet worden sind, folgendes: Bei ihrem Versuchsmotor mit 150 mm Zylinderdurchmesser, dessen weitere Kennwerte in Zahlentafel 2.6/4, Nr. 5A, angegeben sind, mußte neben dem Strahlungsempfänger im Zylinderdeckel auch gleichzeitig eine vergleichbare Oberflächentemperatur gemessen werden. Es wurde durch Vorversuche geklärt, ob die beiden Meßstellen gleiche Temperaturverhältnisse haben. Es stellte sich heraus, daß eine andere Temperaturmeßstelle gewählt werden mußte, die aber nur wenig — $\approx$ 30 mm — von der ersten entfernt zu liegen brauchte. (Die Entfernung wurde aus Fig. 1 in [69] ermittelt.)

Aus diesen wenigen Beispielen und weiteren in Abschn. 4.4 und 5 geht hervor, daß große Unterschiede für den örtlichen Wärmeübergangskoeffizienten im Arbeitsraum eines Kolbenmotors auch zwischen nahe beieinander liegenden Stellen vorhanden sind. Es ist zwar wie gezeigt gelungen, durch brauchbare und auf die verschiedenen Motorarten abgestimmte α-Gleichungen in gewissen Fehlergrenzen den örtlich mittleren Wärmeübergangskoeffizienten im voraus zu errechnen. Aber es ist eine noch ungelöste Aufgabe, aus Konstruktions- und Betriebsdaten für jede gewünschte Stelle den Wärmeübergangskoeffizienten vorauszusagen. Es ist immer möglich, für einzelne wichtige Stellen, z. B. für den Steg zwischen 2 Ventilen oder für die Sitzfläche eines Ventiles oder für den oberen Kolbenrand, durch gezielte Untersuchungen gewisse Unterlagen zu gewinnen und sie vorteilhaft bei ähnlichen Neukonstruktionen anzuwenden. Es bleibt im Augenblick nichts anderes übrig, als durch immer weitergeführte Untersuchungen Teilergebnisse und Teillösungen zu finden, die sich vielleicht eines Tages zu einem Gesamtbild fügen lassen.

Mit dieser Bemerkung, die bereits zum späteren Abschnitt 5 über die Meßverfahren hinüberreicht, soll die enge Verknüpfung zwischen Messen und Erkennen zum Ausdruck gebracht werden.

3. Wärmeübergang auf der Kühlmittelseite

3.1 Wärmedurchgang und Kühlung bei Verbrennungskraftmaschinen

Betrachtet man die Frage der Kühlung nur vom Standpunkt des Energieumsatzes, wie es Rudolf Diesel in seinen Betrachtungen zur Theorie des rationellen Wärmemotors tat, so erscheint sie als eine unnötige Energieverschwendung und regt zu Überlegungen über Vor- und Nachteile eines ungekühlten oder wärmedichten Motors an. Wie von Zapf [26] dargelegt, erreicht ein ungekühlter Motor bei normalem Arbeitsprozeß noch nicht beherrschbare Bauteiltemperaturen von ca. 1250 °C. Hinzu kommt, daß auch die Füllung des Motors abnimmt und somit seine spezifische Leistung. Es ist also aus mehreren Gründen eine Senkung der Wandtemperaturen erforderlich, wobei jedoch auch untere Temperaturgrenzen zu beachten sind. Diese sind unterschiedlich je nach Art des Verbrennungsverfahrens: Bei Ottomotoren sollen die Laufbahntemperaturen auf der Innenseite möglichst nicht unter die Siedetemperatur des Kraftstoffes absinken, um nicht ein Abwaschen des Schmieröls von den Laufflächen und dadurch eine Erhöhung des Verschleißes zu bewirken. Die entlang der Zylinderwände ins Kurbelgehäuse gelangenden schwersiedenden Kraftstoffbestandteile, die durch die Lage des 90%-Siedepunktes gekennzeichnet werden, können bei ungünstiger Betriebsweise des Motors — Kurzstreckenbetrieb im Winter — eine Schmierölverdünnung bis zu 10% ergeben. Ein Anheben der Wandtemperatur über den 90%-Punkt hinaus bedingt Temperaturen von 160 bis 180 °C an der Laufbahn. Um möglichst die Waschwirkung durch leicht siedende Bestandteile zu vermeiden, wäre entsprechend dem 30%-Punkt der Siedekurve bei üblichen Vergaserkraftstoffen eine Temperatur zwischen 70 und 80 °C einzuhalten.

Bei Dieselmotoren besteht weniger die Gefahr des Verschleißes durch Minderung der Schmieröleigenschaften, als die der Korrosion durch Unterschreiten des Taupunktes der Verbrennungsgase. Dabei bilden die Verbrennungsprodukte des Kraftstoffschwefels wässerige Säuren, die im unteren Bereich der Lauffläche zu Korrosionsschäden führen können. Um diesen als Kaltkorrosion bezeichneten Vorgang zu verhindern, soll die Wandtemperatur möglichst nicht unter dem Taupunkt liegen, der abhängig vom Partialdruck des Wasserdampfes und vom Schwefelgehalt des Kraftstoffes ist, und bei höheren Schwefelgehalten bei 180 °C liegen kann. Obere Temperaturgrenzen an der Laufbahn sind mit Rücksicht auf ausreichende Schmierung zu beachten. Temperaturen über 200 °C bedingen durch Viskositätsabnahme eine verstärkte Abnutzung von Kolbenringen und Laufbahn. Kurzzeitig sind im oberen Laufbuchsenbereich unter Einsatz hochlegierter Öle auch Temperaturen bis 240 °C noch beherrschbar. Diese schmiertechnisch bedingten Temperaturgrenzen der Laufbuchse sind bei anderen Bauteilen wie z. B. Zylinderdeckel und Ventilen höher anzusetzen und sind dort in erster Linie festigkeitsmäßig begründet. So können für Leichtmetall-Zylinderköpfe mittlere Temperaturen von 240 °C als maximal angesehen werden, wobei örtlich auch höhere Temperaturen auftreten können, z. B. am Ventilsteg zwischen Ein- und Auslaßventil. Hier sollte die Temperatur unter 300 °C liegen.

Weitaus höhere Temperaturen werden an den Auslaßventilen der Motoren gemessen, wobei z. B. wegen der Hochtemperaturkorrosion durch Vanadium-Natrium-Aschen im Schwerölbetrieb die Wandtemperatur weniger als 500 °C betragen soll.

Die auf Grund bestehender Grenztemperaturen abzuführende Wärme ist abhängig von dem Wärmeaustausch zwischen Arbeitsgas und Wand bzw. zwischen Wand und Kühlmittel sowie dem Wärmeleitwiderstand der Arbeitsraumwände. Nach Gl. (1.11) kann für den Kühlwärmestrom Φ_k somit angegeben werden

$$\Phi_k = kA(T - T_k). \tag{3.1}$$

Dieser Ansatz ist abgesehen von vergleichenden Untersuchungen (s. Abschn. 1.3.1), für eine praktische Anwendung nicht brauchbar, auch wenn man alle Bestimmungsgrößen für den Wärmedurchgangskoeffizienten kennt, ebenso die Gastemperatur T und die Kühlmitteltemperatur T_k. Oft ist für die Berechnung der an die Arbeitsraumwände abgegebenen Wärme die gasseitige mittlere Temperatur T_w, von Interesse. Aus Gl. (1.10) folgt durch Umformung für die Temperaturdifferenz zwischen dieser Temperatur und der Kühlmitteltemperatur

$$T_w - T_k = q\left(\frac{s}{\lambda} + \frac{1}{\alpha_k}\right). \tag{3.2}$$

Wird der Widerstand bei Wärmedurchgang von der inneren Wandoberfläche an das Kühlmittel mit

$$\frac{1}{\beta} = \frac{s}{\lambda} + \frac{1}{\alpha_k} \tag{3.3}$$

bezeichnet, so folgt mit Gl. (3.2) und der Wärmestromdichte q vom Gas an die Wand, Gl. (1.10),

$$\alpha(T - T_w) = \beta(T_w - T_k) \tag{3.4}$$

und für die Wandtemperatur auf der Gasseite

$$T_w = \frac{T + \beta T_k}{\alpha + \beta}. \tag{3.5}$$

Auch hier muß neben dem Wärmeleitwiderstand der Wand und dem örtlich mittleren α-Wert auf der Gasseite der Wärmeübergangskoeffizient α_k bekannt sein.

Betrachtet man den Wärmeaustausch zwischen der wärmeaustauschenden Fläche A_k auf der Kühlmittelseite und dem Kühlmedium, so folgt die Kühlwärme Φ_k aus

$$\Phi_k = \alpha_k A_k(T_{wk} - T_k). \tag{3.6}$$

Sie bedingt eine Erwärmung des Kühlmittels um

$$\Delta T_k = \frac{\Phi_k}{\dot{m}_k c_p}. \tag{3.7}$$

Abgesehen vom Massenstrom $\dot{m}_k$ ist die Temperaturzunahme abhängig von der spezifischen Wärmekapazität des Kühlmittels. Große Kühlmitteldurchsätze mit entsprechend hohen Förderleistungen sowie größere Erwärmungen ΔT_k sind durch möglichst große Wärmekapazität zu vermeiden. Somit ist Wasser zunächst als das ideale Kühlmittel anzusehen, da auch der Wärmeübergangskoeffizient bei Flüssigkeiten auf Grund der großen Wärmeleitfähigkeit günstiger ist als bei Gasen. Das erklärt auch, daß zunächst die relativ problemlose Wasserkühlung bei den Motoren verwendet wurde, obwohl Wasser oft nur ein Zwischenglied bei der Wärmeabgabe an die Umgebung ist. Hinzu kommt, daß durch mögliche Phasenänderungen für Wasser Temperaturgrenzen bestehen.

Eine betriebliche Vereinfachung bedeutet dagegen die direkte Verwendung von Luft zur Kühlung, wobei hier keine Beschränkung der Kühlmittelerwärmung durch eine relativ niedrige Siedetemperatur besteht und auch die untere Grenztemperatur, der Gefrierpunkt, entfällt. Wegen kleinerer Wärmeübergangskoeffizienten erfordert allerdings die Wärmeabfuhr gemäß Gl. (3.6) eine große Wärmeaustauschfläche und sorgfältige Führung der Kühlluft zur Erzielung günstiger Strömungsverhältnisse. Die gleiche Kühlwärme Φ_k kann abgeführt werden, wenn für das Verhältnis der wärmeabgebenden Oberfläche bei Luft bzw. Wasserkühlung (Index „Lu“ bzw. „Wa“) gilt

$$\frac{A_{\text{Lu}}}{A_{\text{Wa}}} = \frac{\alpha_{\text{Wa}} \Delta T_{\text{Wa}}}{\alpha_{\text{Lu}} \Delta T_{\text{Lu}}}. \tag{3.8}$$

Mit einem Ansatz für den konvektiven Wärmeübergang an einem durchströmten Rohr entsprechend Gl. (1.26) wird in [87] ein Verhältnis der Wärmeübergangskoeffizienten an der Laufbuchse von im Mittel

$$\frac{\alpha_{\text{Wa}}}{\alpha_{\text{Lu}}} \approx 100$$

bei Vorgabe üblicher Strömungsgeschwindigkeiten und konstruktiver Abmessungen für vergleichbare Motoren berechnet. Berücksichtigt man die allgemein höheren Wandtemperaturen auf der Kühlseite bei luftgekühlten Motoren bei gleichzeitig niedrigeren Kühlmitteltemperaturen, Abb. 3.1, so erhält man ein Verhältnis der wirksamen Temperaturdifferenzen von

$$\frac{\Delta T_{\text{Wa}}}{\Delta T_{\text{Lu}}} \approx \frac{1}{(2\cdots4)}.$$

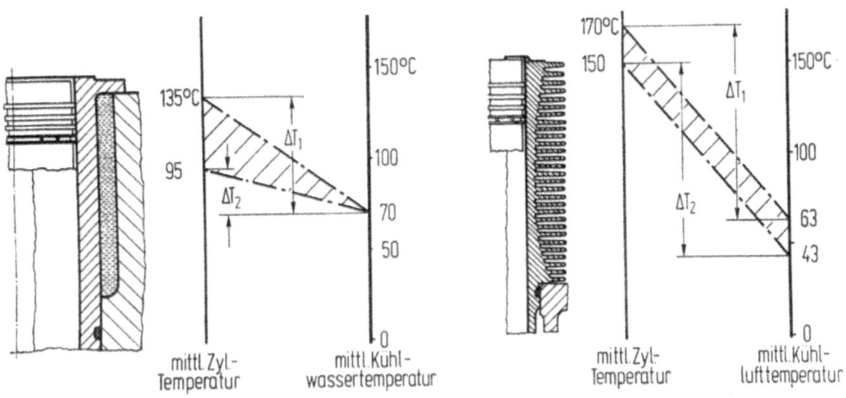

Abb. 3.1. Kühlverhältnisse bei Wasser- und Luftkühlung am Motorzylinder

Für das Flächenverhältnis auf der Kühlseite folgt damit nach Gl. (3.8)

$$\frac{A_{\text{Lu}}}{A_{\text{Wa}}} \approx 25\cdots50.$$

Dieser grobe Anhaltswert entspricht den Angaben in der Literatur [88] für die Zylinderköpfe luftgekühlter Motoren, wonach das Verhältnis von Rippenfläche zu Kolbenfläche etwa 30···50 betragen soll. Dieser Wert ist jedoch stark von den örtlichen Gegebenheiten und dem jeweiligen Wärmeeinfall abhängig. Er macht aber auch deutlich, daß es größerer Anstrengungen bei der konstruktiven Gestaltung der wärmeabgebenden Oberfläche und der wirkungsvollen Führung des Kühlluftstromes bedarf, um die durch die Stoffeigenschaften der Luft bedingten Nachteile ausgleichen zu können. Sie erfordern die grundsätzliche Behandlung des Wärmeüberganges bei der Luftkühlung. Im Verlaufe der allgemeinen Motorenentwicklung wurden bedingt durch die starke Förderung der luftgekühlten Hochleistungs-Flugmotoren bereits recht früh wesentliche Untersuchungen dazu durchgeführt. Dagegen ist die zunächst recht problemlose Wasserkühlung erst in letzter Zeit im Zusammenhang mit der Hochaufladung und der damit ansteigenden thermischen Beanspruchung der Bauteile zum Gegenstand wissenschaftlicher Untersuchungen geworden. Die Vor- und Nachteile der einzelnen Kühlungsarten hinsichtlich Betrieb, Konstruktion und Umweltverhalten sind in der Literatur mehrfach behandelt worden, z. B. [89, 90, 91], so daß darauf verwiesen werden kann.

Wird hier zunächst auf die Luftkühlung eingegangen, so gelten die danach zu behandelnden Gesetzmäßigkeiten beim Wärmeübergang an Flüssigkeiten grundsätzlich auch bei Verwendung von Öl als Kühlmedium. Die Frage der Phasenänderung tritt bei einer Ölkühlung zunächst zurück. Da Schmieröle als ein Konglomerat von Kohlenwasserstoffen keinen einheitlichen Siedepunkt haben, kommt es bei erhöhten Kühlmitteltemperaturen zur Verdampfung der leichter siedenden Bestandteile. Dadurch steigt die Zähigkeit des Schmieröls und es verschlechtert sich die Wärmeabfuhr. Bei starken Überhitzungen kann es zu Ölverkokungen und zum Aussetzen der Kühlwirkung kommen. Da nun die Auslegung einer wirkungsvollen Ölkühlung von Kolben eng mit deren konstruktiven Ausführung verbunden ist, sollen die damit zusammenhängenden Fragen im Abschn. 4, der sich mit den Problemen der thermischen Bauteilbeanspruchung und -gestaltung befaßt, näher besprochen werden.

3.2 Wärmeübergang bei Kühlung mit Luft

3.2.1 Wärmeleitung in Rippen

Wie im vorhergehenden Abschnitt behandelt, erfordert die Wärmeabgabe an das Kühlmittel Luft eine Vergrößerung der äußeren Oberfläche durch Verrippung. Damit tritt zu dem Wärmeleitvorgang in der Arbeitsraumwand der in den aufgesetzten Kühlrippen, indem sich die abzuführende Kühlwärme auf die gesamte dem Kühlluftstrom ausgesetzte Oberfläche verteilt. Dabei stellt sich an der Rippenfläche eine Temperaturverteilung ein, die zu einer örtlich unterschiedlichen Wärmeabgabe an das Kühlmedium infolge der lokalen Abhängigkeit der Temperaturdifferenz zwischen Wandtemperatur und Kühlluft führt. Andererseits ändert sich bedingt durch die Wärmeaufnahme die Temperatur der Luft längs der Rippe. Im praktischen Betrieb sind noch die stark unterschiedlichen Strömungsverhältnisse an der Rippe und die sich damit ändernden Wärmeübergangsbedingungen zu beachten.

Zum besseren Verständnis der Zusammenhänge soll hier zunächst, ausgehend von den grundlegenden Arbeiten von *E. Schmidt* [92], die Wärmeleitung in der idealisierten Einzelrippe untersucht werden.

Bei den Rippenformen kann unterschieden werden in gerade, auf einer Ebene aufgesetzte Rippen, und in Kreisrippen, die sich als Rippenscheiben an einem zylindrischen Rohr befinden. Erstere Art ist z. B. am Zylinderkopf eines Motors anzutreffen, während der Zylinder mit Kreisrippen versehen ist, wenn auch die Außenkontur oft von der Kreisscheibenform abweicht. Außerdem unterscheiden sich Rippen noch durch ihren Querschnitt.

Ausgehend von einer geraden Rippe beliebigen Querschnitts wird der Anfangspunkt eines Koordinatensystems so in den Fußpunkt gelegt, daß die x-Achse mit der Symmetrieachse der Rippe zusammenfällt. Die y-Achse steht dann senkrecht zur Rippenfläche, während die z-Achse der Längsausdehnung der Rippe folgt. Dann entspricht y der halben Profildicke und die Kontur der Rippe wird durch den Verlauf $y(x)$ für $0 < x < h$ gemäß Abb. 3.2 beschrieben. Um nun einen Wärmetransport zu ermöglichen, muß die Wandtemperatur längs der Rippenhöhe h abnehmen und damit ebenfalls das Temperaturgefälle zum längs der Rippe strömenden Medium, dessen Temperatur als konstant angenommen wird. Der Temperaturunterschied, auch als Übertemperatur bezeichnet, sei Θ an beliebiger Stelle x der Rippe und Θ_0 am Rippenfuß ($x = 0$). Für die hier angenommenen idealisierten Verhältnisse gilt auch, daß nur eine lineare Wärmeleitung in x-Richtung erfolgt, also kein Wärmeaustausch in der Wand in y-Richtung stattfindet. Weiterhin wird für die ideale Rippe vorausgesetzt, daß der Wärmeübergangskoeffizient α_R an der gesamten Rippenaußenfläche gleichbleibend ist. Entsprechend dem festgelegten Koordinatensystem gilt für den Wärmefluß durch den halben Rippenquerschnitt der Breite y bezogen auf 1 m Rippenlänge

$$\Phi = -\lambda_R y \frac{d\Theta}{dx}. \tag{3.9}$$

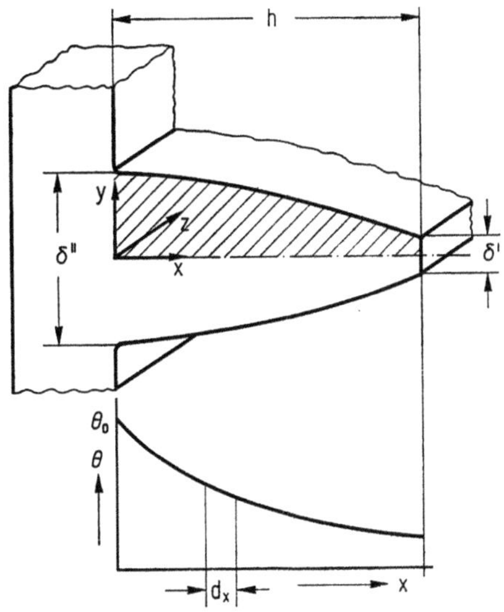

Abb. 3.2. Verlauf der Übertemperatur Θ an einer ebenen Rippe

Durch die äußere Mantelfläche des betrachteten Volumenteilchens der Rippe mit der Breite dx wird pro Längeneinheit ein Wärmefluß $d\Phi_R$ abgegeben, der dem Wärmeübergangskoeffizienten α_R und der Übertemperatur Θ an der Stelle x proportional ist

$$d\Phi_R = \alpha_R \Theta \, dx. \tag{3.10}$$

Durch die Wärmeabgabe an die Luft ändert sich der Wärmestrom in der Rippe, so daß in der Entfernung $x + dx$ nur noch ein Wärmefluß Φ' besteht. Die Differenz $\Phi - \Phi'$ entspricht der Änderung des Wärmeflusses in der Rippe für das Wegelement dx,

$$\Phi - \Phi' = -\frac{d\Phi}{dx} dx, \tag{3.11}$$

und ist bedingt durch die Wärmeabgabe des halben Rippenelementes an die Umgebung

$$\Phi - \Phi' = d\Phi_R.$$

Durch Gleichsetzen erhält man dann die Differentialgleichung für eine ebene Rippe beliebiger Profilform $y(x)$

$$y \frac{d^2\Theta}{dx^2} + \frac{dy}{dx} \frac{d\Theta}{dx} - \frac{\alpha_R}{\lambda_R} \Theta = 0. \tag{3.12}$$

Von den beiden unbekannten Funktionen $y = y(x)$ und $\Theta = \Theta(x)$, die durch die Differentialgleichung verknüpft werden, wird für $x = 0$, also am Rippenfuß die Übertemperatur Θ_0 als bekannt vorausgesetzt. Eine weitere Randbedingung folgt daraus, daß die gesamte an der Rippenoberfläche abgegebene Wärme durch den Rippenfußquerschnitt einströmen muß. Damit ist auch der Temperaturgradient an der Stelle $x = 0$ als dritte Bedingung bekannt,

$$\Phi_0 = -\lambda_R y \frac{\mathrm{d}\Theta}{\mathrm{d}x},$$

wobei für $x = 0$

$$\Phi_0 = \alpha_R \int_0^h \Theta \,\mathrm{d}x$$

ist. Die vierte Bedingung folgt für $x = h$ aus der Vereinfachung

$$\Phi_{x=h} = -\lambda_R y \frac{\mathrm{d}\Theta}{\mathrm{d}x} = 0,$$

d. h. es erfolgt keine Wärmeabgabe durch die Rippenspitze.

Für Kreisrippen mit dem Radius r_0 für den Grundkreis der Rippenscheibe, einem äußeren Durchmesser von $2R$ und einer Rippenhöhe $h = R - r_0$ sei die Rippenform gegeben durch $y = y(r)$, während die Übertemperatur der Abhängigkeit $\Theta = \Theta(r)$ folgt. Mit dem Wärmeflußquerschnitt $2\pi r y$ der halben Rippenscheibe an der Stelle r und dem entsprechenden Oberflächenelement $2\pi r\,\mathrm{d}r$ läßt sich analog unter Verwendung von Polarkoordinaten für die Kreisrippe angeben

$$\frac{\mathrm{d}^2\Theta}{\mathrm{d}r^2} + \frac{\mathrm{d}\Theta}{\mathrm{d}r}\left(\frac{1}{r} + \frac{1}{y}\frac{\mathrm{d}y}{\mathrm{d}r}\right) - \frac{\alpha_R}{\lambda_R y}\,\Theta = 0. \tag{3.13}$$

Für die Kreisrippe konstanter Dicke $2s$ konnte diese Gleichung von E. Schmidt [92] einer Lösung mit Hilfe von Zylinderfunktionen nullter Ordnung mit rein imaginärem Argument zugeführt werden.

Auch bei unendlich kleiner Krümmung der Rippen, also geraden Rippen mit geraden Flanken können die Lösungen von (3.12) durch Zylinderfunktionen beschrieben werden. Der Sonderfall der Rippe mit Rechteckprofil führt dabei zu der Gleichung

$$\frac{\mathrm{d}^2\Theta}{\mathrm{d}x^2} = \frac{\alpha_R}{s\lambda_R}\,\Theta, \tag{3.12a}$$

für die man über einen Exponentialsatz für die Übertemperatur Θ erhält

$$\Theta = \Theta_0 \frac{\cosh m(x-h)}{\cosh (mh)}, \tag{3.14}$$

wenn zur Vereinfachung gesetzt wird

$$m = \sqrt{\frac{\alpha_R}{s\lambda_R}}. \tag{3.15}$$

Für die Wärmeabgabe gilt

$$\Phi_R = \Theta_0 m s \lambda_R \tanh (mh). \tag{3.16}$$

Für die Temperaturdifferenz am Rippenende folgt aus Gl. (3.14)

$$\Theta_{x=h} = \frac{\Theta_0}{\cosh (mh)}. \tag{3.17}$$

Die Randbedingung, daß durch die Rippenstirnfläche keine Wärmeabgabe erfolgt, gilt streng nur, wenn die Rippenstärke im Vergleich zur Rippenhöhe sehr klein ist. Die genaue Lösung bei endlichem Wärmefluß gibt E. Eckert [3] für die Rechteckrippe an. Aus dem Verlauf der beiden Funktionen $1/\cosh (mh)$ und $\tanh (mh)$ in Abb. 3.3 ist zu entnehmen, daß zunächst die Wärmeabgabe mit zunehmender Rippenhöhe anwächst, um sich dann recht schnell einem asymptotischen Grenzwert zu nähern. Entsprechend nimmt die Übertemperatur am Rippenende mit h ab und nähert sich dem Grenzwert Null. Es läßt sich also die Wärmeabgabe nicht unbegrenzt mit der Rippenhöhe steigern bei sonst gleichbleibenden Verhältnissen, ausgedrückt durch den Wert m.

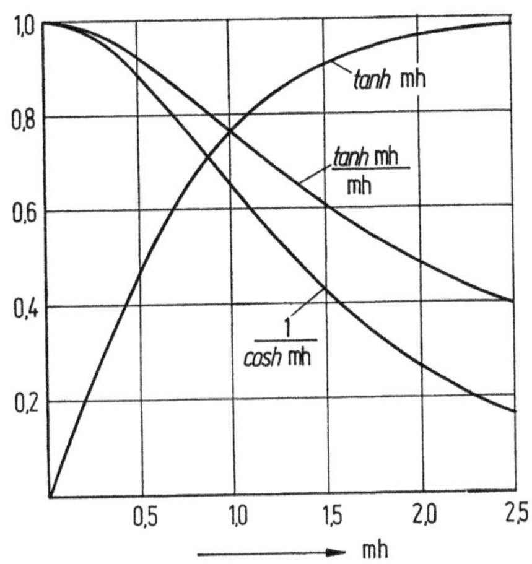

Abb. 3.3. Funktionen für die Berechnung der Wärmeleitung in Rippen

In der Praxis wird bei luftgekühlten Fahrzeugmotoren die Rippenhöhe bei Graugußzylindern normalerweise nicht über 40 mm hinaus gewählt. Die in der Regel aus Leichtmetall gegossenen Zylinderköpfe luftgekühlter Motoren können dagegen bei sonst vergleichbaren Abmessungen Rippenhöhen bis 70 mm aufweisen, wobei aus Fertigungsgründen dieses Grenzmaß möglichst nicht überschritten werden sollte. Die Rippenstärken liegen bei Grauguß in der Regel zwischen 2 und 3 mm, bei Leichtmetall können die Rippen noch geringfügig um einige zehntel Millimeter dünner hergestellt werden.

Zur Abschätzung der Wirksamkeit einer Verrippung verwendet man den Rippenwirkungsgrad η_R, der mitunter auch mit Abminderungsfaktor ψ bezeichnet wird. Er stellt das Verhältnis der tatsächlich abgeführten Wärme zu der Wärme dar, die abgeführt wird, wenn die Übertemperatur längs der Rippen nicht abnimmt, sondern gleich der am Rippenfuß ist: $\Theta = \Theta_0 =$ konstant. Für die gerade Rechteckrippe folgt danach aus Gl. (3.16) für den Rippenwirkungsgrad η_R

$$\eta_R = \frac{\tanh (mh)}{mh}. \tag{3.18}$$

Mit den in [92] mitgeteilten Lösungen für andere Rippenformen lassen sich dann auch deren Wirkungsgrade bestimmen, wobei bei Kreisscheiben mit rechteckigem Profil neben dem Wert mh noch das Verhältnis von Spitzenkreis zu Grundkreis als Parameter eingeht. Die damit beschriebene Krümmung bewirkt allgemein eine Verringerung des Rippenwirkungsgrades.

Zur Erfassung der in der Praxis vorkommenden Rippenformen führt *Th. E. Schmidt* [93] für auf Kreisrohre oder auf Platten aufgesetzte Rippen den Rippenwirkungsgrad in der allgemeinen Form

$$\eta_R = \frac{\tanh X}{X} \tag{3.19}$$

entsprechend Gl. (3.18) ein. Die Kenngröße X wird durch folgenden Zusammenhang beschrieben:

$$X = r_0 \varphi m. \tag{3.20}$$

Der Faktor φ stellt dabei einen Flächenfaktor dar, der den stärkeren Temperaturabfall in einer kreisförmigen oder eckigen Kreisrippe im Vergleich zu dem in der geraden Rippe auf ebenen Flächen berücksichtigt. Für kreisförmige Rohrrippen ist die Größe φ von der Krümmung, ausgedrückt durch das Verhältnis

$$\varrho = R/r_0, \tag{3.21}$$

abhängig und kann bestimmt werden aus der Beziehung

$$\varphi = (1 + 0{,}35 \ln \varrho)\,(\varrho - 1). \tag{3.22}$$

Für rechteckige Rohrrippen der Breite b_R und der Länge l_R kann nach [93] der Rippenwirkungsgrad ebenfalls mit dem allgemeinen Ansatz (3.19) ermittelt werden, wenn für den Krümmungseinfluß ϱ in Gl. (3.22) folgende Näherungsgleichung geschrieben wird

$$\varrho = 1{,}28\,\frac{b_R}{2r_0}\sqrt{\frac{l_R}{b_R} - 0{,}2}. \tag{3.23}$$

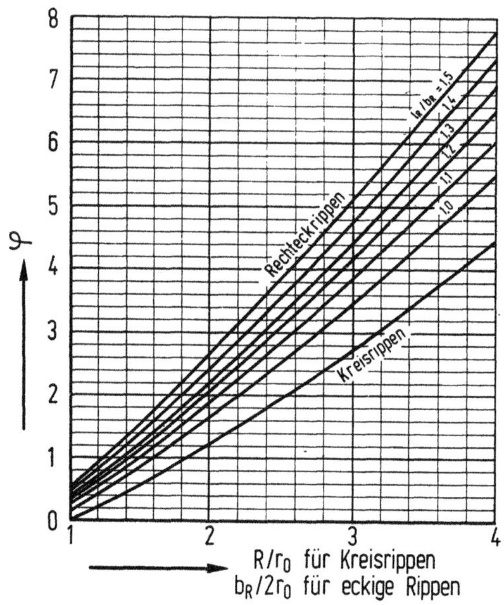

Abb. 3.4. Flächenfaktor φ für Kreis- und Rechteckrippen nach [93]

In Abb. 3.4 [93] ist der Wert φ für diese zwei Formen von Kreisrippen aufgetragen. Die Bezeichnungen der geometrischen Abmessungen sind Abb. 3.5 zu entnehmen. Danach ist für die in dem Wert m nach Gl. (3.15) enthaltenen halben wirksamen Rippenstärke s zu schreiben

$$s = \delta/2, \tag{3.24}$$

wobei bei konischen Rohrrippen für δ der arithmetische Mittelwert einzusetzen ist

$$\delta = \frac{1}{2}\,(\delta' + \delta''). \tag{3.25}$$

Für eine gerade Rippe mit $R/r_0 = 1$ wird nach Gl. (3.20) bzw. (3.18)

$$r_0\varphi = h.$$

Für die gerade konische Rippe ist entsprechend den in Abb. 3.5 angegebenen Abmessungen für die wirksame Rippenstärke $\delta = 2s$ abweichend von der konischen Rohrrippe einzusetzen

$$\delta = \frac{3}{4}\,\delta'' + \frac{1}{4}\,\delta'. \tag{3.25a}$$

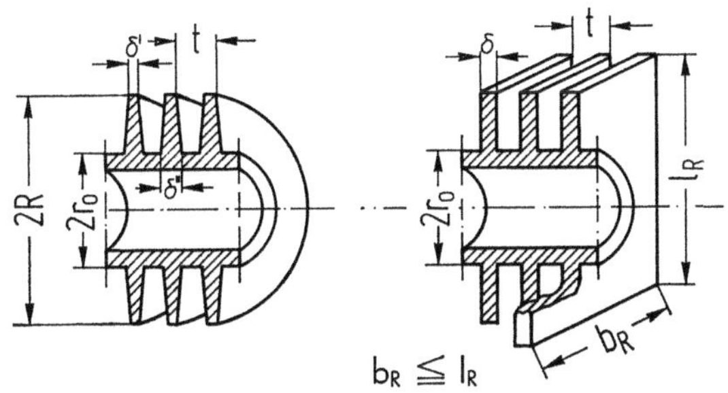

Abb. 3.5. Konstruktive Größen von Rohrrippen (Kreis- und Rechteckrippen)

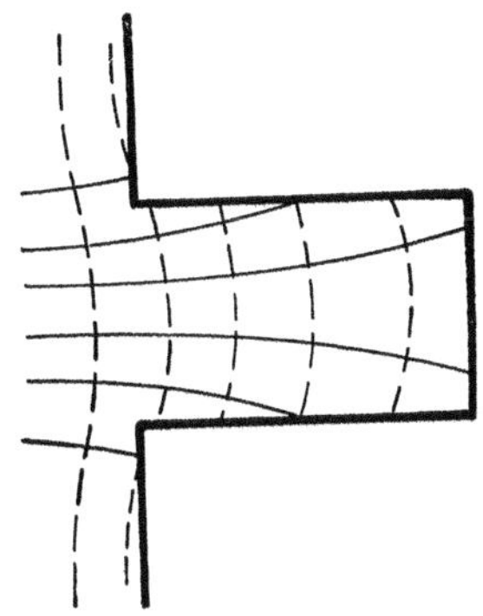

Abb. 3.6. Wärmestromlinien und Isothermen in einer Rechteckrippe

Dadurch ist es möglich, auch für die am häufigsten verwendete Rippe, nämlich die Rippe mit trapezförmigem Querschnitt, den Rippenwirkungsgrad zu bestimmen, ebenso wie für die Rippe mit dreieckigem Profil. Diese Rippenform nähert sich der von E. Schmidt [92] ermittelten Rippenform des geringsten Materialaufwandes, die einer Rippe mit konstantem Wärmefluß entspricht. Sie wird bei genauer Auslegung durch Parabelbögen gebildet, deren Scheitelpunkte sich auf der Rippenmittelachse an der äußeren Rippenkante berühren. Eine derartige scharfe Kante ist für den praktischen Einsatz schon aus fertigungstechnischen Gründen nicht verwendbar, auch nicht die Dreiecksrippe. Damit wird überwiegend die trapezförmige Rippe zumindest bei gegossenen Motorbauteilen verwendet, wobei die Konizität durch den gießtechnisch bedingten Anzug von 1···3° gegeben ist. Somit entsprechen die in der Praxis verwendeten Rippen eher einer Rechteck- als einer Dreiecksrippe.

Neben dem Rippenwirkungsgrad bei der Auslegung interessiert den Konstrukteur auch die Wirksamkeit einer vorhandenen Verrippung. Da das radiale Temperaturgefälle in der Rippe den Rippenwirkungsgrad beeinflußt, gilt nach Th. E. Schmidt folgende einfache Beziehung [93]

$$1 - \eta_R = a\left(1 - \frac{\Theta_R}{\Theta_0}\right). \tag{3.26}$$

Hierbei können Θ_R und Θ_0, die Übertemperaturen an Rippenspitze und Rippenfuß, gemessen werden. Für die im Motorenbau üblichen Rippenformen ist bei geraden Rippen ($R/r_0 = 1$) einzusetzen $a = 0{,}68$ und für Kreisrippen mit einer Krümmung $R/r_0 = 2{,}0$ entsprechend $a = 0{,}75$, wobei eine Interpolation für Zwischenwerte zulässig ist.

Die bisher für die ideale Rippe vorausgesetzte lineare Wärmeleitung bedingt besonders bei kurzen Rippen eine starke Abweichung von den wirklichen Verhältnissen. Dazu zeigt Abb. 3.6 angenähert den Verlauf von Wärmestromlinien, ausgezogene Linien, und Isothermen in einer derartigen Rippe. Genauere Ergebnisse kann man durch die Behandlung der Rippen als zweidimensionales Wärmeleitungsproblem bekommen. Eine numerische Lösung mit Hilfe der Finite-Elemente-Methode wird in [30] angegeben, wobei auch die

Frage gestellt wird, wann eine Verrippung überhaupt sinnvoll ist. Für die ideale Rippe ist nach [3] die Grenze gegeben, wenn der Wärmeübergangswiderstand auf der Rippenoberfläche gleich dem Wärmeleitwiderstand einer ebenen Wand von der halben Rippendicke s ist. Mit Rücksicht auf die getroffenen Vereinfachungen für die idealisierte Rippe ist in der Praxis dann eine Verrippung günstig, wenn gilt

$$\frac{\lambda_R}{\alpha_R s} > 5. \tag{3.27}$$

Für das Beispiel einer Graugußwand mit 2 mm starken Rippen ist danach eine Verrippung noch sinnvoll, wenn für den Wärmeübergangskoeffizienten an der Rippenoberfläche gilt

$$\alpha_R < \frac{\lambda_R}{5s} \approx \frac{50 \cdot 10^3}{5 \cdot 1} = 10^4.$$

Damit könnte es selbst bei einer Flüssigkeitskühlung mit vergleichsweise großen Wärmeübergangskoeffizienten ratsam sein, eine Verrippung vorzunehmen, wobei über die sinnvolle Ausbildung der Rippe dann der Rippenwirkungsgrad Auskunft gibt. Auch bei Wänden mit hoher Wärmeleitfähigkeit kann sich eine Verrippung als günstig erweisen, falls z. B. starke Temperatursenkungen an der Gasseite erforderlich sind.

3.2.2 Wärmeübergang an verrippten Flächen

Zur Beschreibung des Wärmeübergangs an die Kühlluft ist von einer erzwungenen Konvektion auszugehen. Während normalerweise ein vom Motor angetriebenes Kühlluftgebläse für die zwangsweise Belüftung sorgt, erfolgt die Anströmung des Zylinders oder des Zylinderkopfes bei kleinen z. B. in Zweiradfahrzeugen eingebauten Motoren durch den Fahrtwind. Hierbei kann es z. B. beim Befahren von Steigungen mit hohen Motorleistungen und geringer Fahrtgeschwindigkeit zu recht ungünstigen Kühlverhältnissen kommen. Entscheidend für den Wärmeübergang ist dabei die Ausbildung der Strömung in den Rippenzwischenräumen, die von Spaltweite und Kühlluftführung beeinflußt wird. Zur Ausbildung einer auch den Rippenfuß erfassenden Kühlluftströmung bedarf es bei freier Anströmung eines größeren Rippenabstandes als bei Motoren, die mittels Kühlgebläse mit einem Luftstrom beaufschlagt werden. Bei Rippen ohne Führungsbleche und mäßigen Luftgeschwindigkeiten besteht eine Geschwindigkeitsverteilung wie in Abb. 3.7 angedeutet.

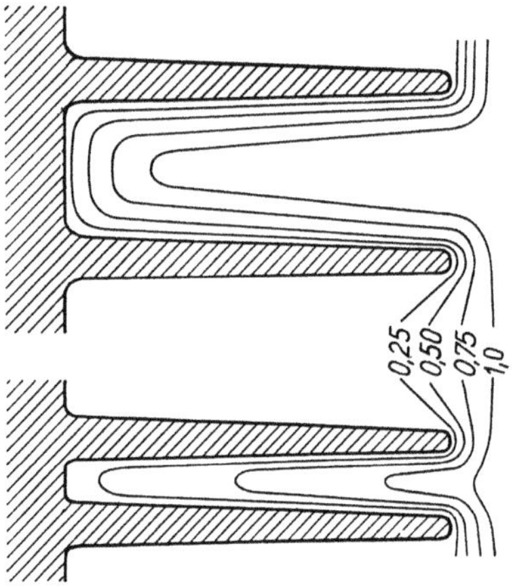

Abb. 3.7. Geschwindigkeitsverteilung bei großen und kleinen Lückenweiten der Verrippung [38]

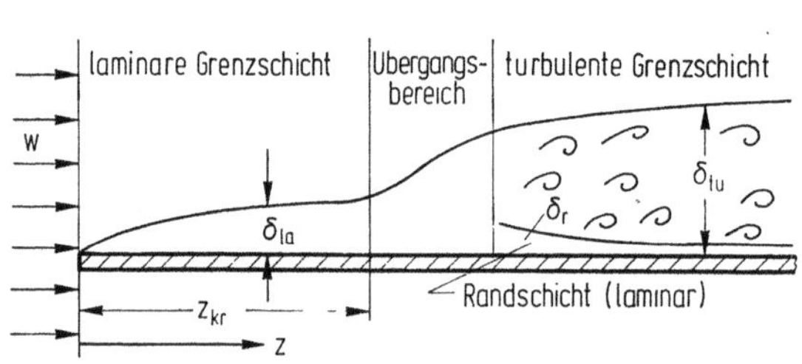

Abb. 3.8. Laminare und turbulente Grenzschicht an einer angeströmten Platte

Entscheidend für die Luftströmung und den Wärmeübergang in den Rippenkanälen ist die Stärke und Art der Strömungsgrenzschicht an den Rippenoberflächen. In dieser wandnahen Schicht sind unter der Wirkung der Viskosität des strömenden Mediums große Geschwindigkeitsgefälle vorhanden, wogegen außerhalb der Grenzschicht die Kernströmung im wesentlichen frei von Zähigkeitseinflüssen ist. Betrachtet man nun die frei angeströmte Rippe als parallel angeströmte Platte, Abb. 3.8, so wird deutlich, daß ein großer Anteil der Rippe noch innerhalb der sogenannten Anlaufströmung liegt, in der es zunächst zur Ausbildung einer laminaren Grenzschicht kommt. Die Strömung verläuft dabei geordnet parallel zur Rippenoberfläche, ohne daß Bewegungskomponenten quer zu den Stromlinien vorhanden sind. Entsprechend erfolgt der Wärmeaustausch in dieser Grenzschicht durch einen Wärmeleitvorgang und ist somit abhängig von der Dicke der Grenzschicht. Diese wächst mit der Wurzel der Entfernung z vom Plattenanfang. Für das Verhältnis der Grenzschichtdicke zum Abstand z gilt in Abhängigkeit von der mit z und der Anströmungsgeschwindigkeit w gebildeten Reynolds-Zahl nach [3]

$$\frac{\delta_{la}}{z} = \frac{4{,}64}{\sqrt{\mathrm{Re}}}. \tag{3.28}$$

Für eine mit einer Geschwindigkeit von 20 m/s durch Luft von Raumtemperatur angeströmte Platte ($\nu = 15{,}5 \cdot 10^{-6}$ m²/s), ergibt sich danach in einer Entfernung von 0,1 m eine Stärke der laminaren Grenzschicht von 1,3 mm.

Nun nimmt aber die laminare Grenzschicht nicht unbegrenzt zu, sondern schlägt bei einer bestimmten kritischen Reynolds-Zahl in eine turbulente Grenzschicht um, Abb. 3.8. Die Stromfäden sind dann nicht mehr geordnet und verlaufen glatt nebeneinander her, sondern sind untereinander verknüpft und begünstigen so den Wärmeaustausch zwischen strömendem Medium und Wand. Die Größe dieser kritischen Reynoldsschen Kennzahl ist mit der Plattenlänge z_{kr} zu bilden und kann durch äußere Umstände beeinflußt werden, z. B. wenn die ankommende Strömung bereits gestört ist. Bei einer Zwangsbelüftung wird man stets mit einer gestörten Anströmung rechnen können. Somit kann der kritische Wert Re_{kr} zwischen 100000 und 400000 liegen. Ungestörte Anströmung ist bei Motoren u. U. bei reiner Anströmung durch den Fahrtwind zu erwarten. Unter der Annahme von $\mathrm{Re}_{kr} = 200000$ würde für das oben angeführte Beispiel der Umschlag in einen Abstand von $z_{kr} = 0{,}155$ m vom Plattenanfang erfolgen, wobei die Grenzschicht nach Gl. (3.28) bereits auf 1,6 mm angewachsen ist. Für die Stärke der sich bei Überschreiten der kritischen Reynoldsschen Kennzahl ausbildenden turbulenten Grenzschicht gilt nach [3]

$$\frac{\delta_{tu}}{z} = \frac{0{,}384}{\mathrm{Re}^{0,2}}, \tag{3.29}$$

wobei auch hier die Kennzahl Re mit der Entfernung z vom Plattenanfang gebildet wird. Diese entspricht einer Zunahme der turbulenten Grenzschicht im Verhältnis zur laminaren von

$$\delta_{tu}/\delta_{la} = 0{,}0828\ \mathrm{Re}^{0,3} > 2{,}6$$

für $\mathrm{Re}_{kr} > 10^5$. Dieser Übergang verläuft aber nicht sprunghaft, sondern stetig innerhalb eines Übergangsgebietes wie in Abb. 3.8 angedeutet. Neben der Strömungsgrenzschicht besteht aber auch eine Temperaturgrenzschicht als Folge eines Temperaturfeldes, das sich in der Nähe der in unserem Fall zu kühlenden Wand ausbildet. Innerhalb dieser Schicht geht die Lufttemperatur von der Wandtemperatur auf die Temperatur der ungestörten Strömung über. Für Gase entspricht die Dicke δ_r dieser Temperaturgrenzschicht der der laminaren Strömungsgrenzschicht [3]. Nach der Definition des Wärmeübergangskoeffizienten ist dieser damit umgekehrt proportional der Wurzel aus der Entfernung z vom Plattenrand. Damit nähert sich der Wert α in der Nähe des Plattenrandes dem Wert Unendlich.

Überträgt man diese Betrachtungen zu den Grenzschichten an Wandoberflächen auf die Verhältnisse eines durch Rippen gebildeten Plattenspaltes, so bedeutet das, daß die Wärmeübergangszahl nicht konstant ist und daß es ferner sinnvoll sein kann, möglichst kurze Rippen zu verwenden, um zu möglichst hohen Wärmeübergangskoeffizienten zu kommen. Ein zweiter Aspekt betrifft das Verhältnis von Rippenspalt zu Rippenlänge. Abgesehen von dem Bereich in unmittelbarer Randnähe, ist der Wärmeübergang im Bereich der turbulenten Grenzschicht besser als in der laminaren Grenzschicht, so daß stets das Erreichen des turbulenten Zustandes anzustreben ist. Fließen nun in einem durch zwei Platten gebildeten Kanal die laminaren Grenzschichten ineinander, bevor der Umschlagpunkt erreicht wird, so bleibt die Strömung auch weiterhin laminar und bestimmt den Wärmeübergang. Es sind daher Rippenabstand oder Anströmgeschwindigkeit so zu wählen, daß vor dem Zusammenfließen der Grenzschichten der Umschlag zur turbulenten Strömung erfolgt. Bei Abschätzung der bestehenden Möglichkeiten auch hinsichtlich einer Steigerung der Luftgeschwindigkeit erhält man aus Gl. (3.28) einen minimalen Rippenabstand von

$$s_l \geqq 2\delta_{la} = 9{,}28\sqrt{\mathrm{Re}_{kr}}\left(\frac{\nu}{w}\right) \approx 1{,}1\ \mathrm{mm}$$

für $w = 60$ m/s und $\mathrm{Re}_{kr} = 2 \cdot 10^5$. Dieser Wert entspricht etwa der Ausführung extremer Verrippungen von Flugmotoren.

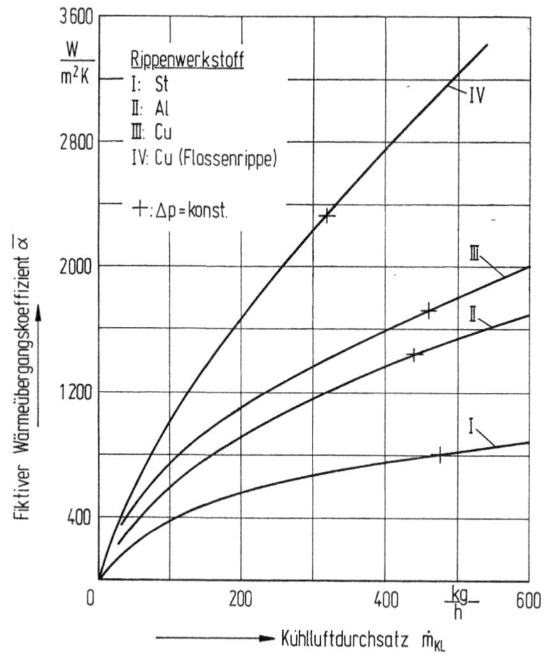

Abb. 3.9. Wärmeübergang in Abhängigkeit des Kühlluftdurchsatzes für verschiedene Rippenformen und Werkstoffen [94]

Die Steigerung des Wärmeübergangskoeffizienten in der Phase der beginnenden Ausbildung der Grenzschicht kann man sich durch entsprechende Gestaltung der Rippen zunutze machen [94]. Die mit sogenannten Flossenrippen erzielten Versuchsergebnisse, beschrieben durch einen auf die Grundfläche der Rippen bezogenen Wärmeübergangskoeffizienten in Abhängigkeit vom Kühlluftdurchsatz, zeigt Abb. 3.9. Bei den Flossenrippen handelt es sich um in Segmente unterteilte Rippen, die zudem noch versetzt zueinander angebracht wurden.

Der Darstellung ist zunächst nur das prinzipielle Verhalten der beiden Rippenarten, Kreisrippe und Flossenrippe, zu entnehmen, wobei es hier auf den Vergleich der Kurven III (Kreisrippen) und IV (Flossenrippen) mit auf einen Stahlzylinder aufgelöteten Kupferrippen von 22 mm Höhe ankommt. Die eingezeichneten Meßpunkte zeigen aber auch, daß die Druckverluste bei den Flossenrippen größer werden, da bei gleichem Druckverlust am Versuchszylinder von $\Delta p = 2000$ N/m² sich der Kühlluftdurchsatz verringert. Neben den drei verschiedenen Werkstoffen besitzen die untereinander vergleichbaren Ausführungen I, II und III auch noch jeweils verschiedene Abmessungen was Rippenstärke, Rippenteilung und Rippenhöhe betrifft, so daß die Versuche eigentlich nur die mitgeteilten theoretischen Zusammenhänge beim Wärmetransport in Rippen bestätigen. Derartige mehr an den Problemen der Praxis orientierte Versuche lassen oft keinen direkten Vergleich mit anderen Ergebnissen in der Literatur zu, da die jeweiligen Versuchsbedingungen meist nicht vollständig beschrieben werden, besonders was den Strömungszustand an der Rippe betrifft.

Um zu einer Beziehung für den Wärmeübergangskoeffizienten an der Rippe bzw. für ein Rippenrohr zu kommen, kann man von zwei Ansätzen ausgehen, die allgemein beschrieben werden können als Wärmeaustausch im

1. **innen durchströmten Kanal** und am
2. **außen umströmten Körper.**

Der zweite Ansatz behandelt z. B. den hier einmal zunächst als Rippenrohr bezeichneten Zylinder des Motors als ein umströmtes technisches Gebilde. Bei entsprechender Definition der geometrischen Längen in den Kennzahlen kann man, wie *W. Kast* und *O. Krischer* mit Mitarbeitern [95] gezeigt haben und wie später näher erläutert werden soll, auch hier zu Wärmeübergangskoeffizienten kommen, die mit den bei Motorversuchen gemessenen Werten befriedigend übereinstimmen. Der erste Ansatz geht von einem Kanal aus, der durch zwei benachbarte Rippen, dem Rippenrohr und gegebenenfalls eine die Rippenscheitel umschließende Führungswand gebildet wird. Mit dem von Nußelt eingeführten gleichwertigen Durchmesser läßt er sich auf die Strömung in einem innen durchströmten Rohr zurückführen, für die zahlreiche Messungen zur Bestimmung des Wärmeüberganges von verschiedenen Forschern durchgeführt wurden, angeführt von W. Nußelt [18]. Vergleichbar der längs angeströmten Platte liegen die Verhältnisse bei einem durchströmten Rohr im Bereich des Einlaufs. Auch hier bilden sich an den Wänden Grenzschichten aus, die vom Rand aus anwachsen und sich später gegenseitig berühren, um dann eine sogenannte „ausgebildete Strömung" darzustellen. Diese kann nun je nachdem, ob die kritische Reynolds-Zahl überschritten wird oder nicht, eine ausgebildete laminare oder turbulente Strömung sein. Die Einlauflänge selbst ist ebenfalls von dem Re-Wert abhängig, wenn man sie mit dem Rohrdurchmesser dimensionslos macht.

Für den Wärmeübergang bei turbulenter Rohrströmung, die bei Re > 2300 vorausgesetzt werden kann, gilt nach *H. Kraußold* [96] unter Berücksichtigung des Längeneinflusses nach Nußelt für Luft hinreichend genau

$$\mathrm{Nu} = 0{,}036\,\mathrm{Pe}^{0{,}79}\left(\frac{d}{L}\right)^{0{,}054}. \tag{3.30}$$

Eine weitere Form der Wärmeübergangsgleichung gibt *Hausen* [97] für Gase und Dämpfe an

$$\mathrm{Nu} = 0{,}024\left[1 + \left(\frac{d}{L}\right)^{2/3}\right]\mathrm{Re}^{0{,}786}\,\mathrm{Pr}^{0{,}45}. \tag{3.31}$$

Für nicht kreisförmige Rohre ist dabei der gleichwertige Durchmesser einzusetzen

$$d_{gl} = \frac{4F}{U}, \tag{3.32}$$

bei dem mit F der freie Strömungsquerschnitt bezeichnet wird und U den bespülten Umfang darstellt. Da die Definition des gleichwertigen Durchmessers von der hydraulischen Gleichwertigkeit der zu vergleichenden Querschnitte ausgeht, ist es sinnvoll, ihn nur auf die Bereiche des Kanalquerschnittes anzuwenden, bei denen tatsächlich eine Strömung vorhanden ist. Diese ist z. B. in der Nähe schmaler Zwickelspitzen oder enger Kanäle bei extrem kleinen Rippenteilungen nicht gegeben. Wenn auch nur ein Teil des Umfanges am Wärmeaustausch teilnimmt, ist für die Berechnung der Kennzahlen des Wärmeüberganges der gleichwertige Durchmesser mit dem gesamten Umfang zu bilden. Erst bei der Berechnung der übergehenden Wärme ist nur der am Wärmeübergang beteiligte Teil des Umfanges zu berücksichtigen. Die angegebenen Gleichungen (3.30) und (3.31) geben mittlere Wärmeübergangskoeffizienten für die gesamte Rohrlänge an. Damit ändert sich die an jeder Stelle des Kanales abgegebene Wärmemenge proportional mit der dort bestehenden Temperaturdifferenz. Dies bedeutet, daß die Differenz von Medium und Wandtemperatur nach einer e-Funktion abklingt. Setzt man üblicherweise die mittlere Wärmeübergangszahl gleich der „örtlichen", so muß als mittlere Temperaturdifferenz bei größeren Rohrlängen der logarithmische Mittelwert ΔT_m eingesetzt werden:

$$\Delta T_m = \frac{(T_0 - T_a) - (T_0 - T_e)}{\ln \dfrac{T_0 - T_a}{T_0 - T_e}}. \tag{3.33}$$

Hierbei ist T_0 die Temperatur der Oberfläche, T_e und T_a bezeichnen die Temperaturen des strömenden Mediums am *E*intritt bzw. *A*ustritt des Kanals. Als Stoffwerttemperatur T^* ist dabei für Gase das arithmetische Mittel aus Wandtemperatur T_0 und mittlerer Gastemperatur einzusetzen.

$$T^* = \frac{1}{2}\left(T_0 + \frac{T_e + T_a}{2}\right). \tag{3.34}$$

Betrachtet man nun die wahren Verhältnisse in dem durch die Rippen gebildeten Strömungskanal, so ist aus Abschnitt 3.2.1 bekannt, daß die üblicherweise am Umfang des Rohres als konstant angesehene Oberflächentemperatur über die Rippenhöhe hin abnimmt, was durch den Rippenwirkungsgrad η_R ausgedrückt wird und zu berücksichtigen ist. Bedenkt man ferner, daß man es mit einem gekrümmten Kanal zu tun hat, so vervielfacht sich nach *H. Jeschke* [98] der Wärmeübergangskoeffizient des geraden Rohres um den Faktor K_r:

$$K_r = 1 + 3{,}54\,\frac{d_{gl}}{D_m} \tag{3.35}$$

mit D_m, dem mittleren Krümmungsdurchmesser des Kanals. Dabei beruht die Steigerung des Wärmeübergangs auf die Ausbildung einer Sekundärströmung als Folge der auf die Krümmerströmung einwirkenden Zentrifugalkräfte. Diese in einem Doppelwirbel verlaufene Strömung, Abb. 3.10, wird sich allerdings nur in weiten Rippenkanälen ausbilden

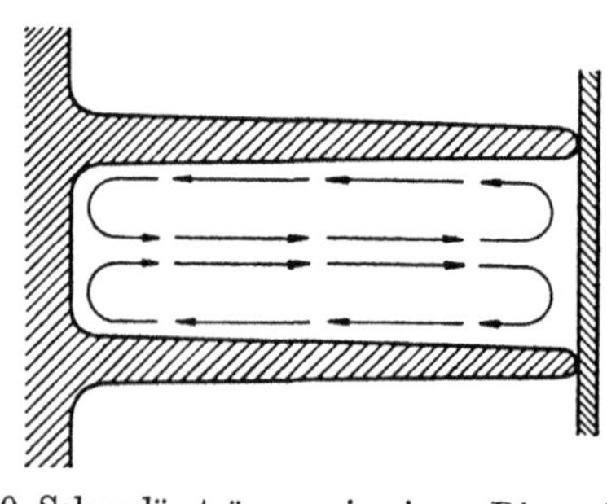

Abb. 3.10. Sekundärströmung in einem Rippenkanal [38]

können. Bei den üblichen Rippenteilungen kann auf diese Korrektur erfahrungsgemäß verzichtet werden, zumal eine genaue Beschreibung des wahren Strömungszustandes normalerweise nicht möglich ist.

Damit wird der wichtigste Punkt angesprochen: Die Wahl der Strömungsgeschwindigkeit zur Berechnung der Reynolds-Zahl. Sie ist abhängig von der Ausbildung der Strömung zwischen den Rippen und am Rippenrohr. Die Gültigkeit von Gl. (3.30) und (3.31) ist gebunden an eine voll ausgebildete turbulente Rohrströmung. Sie ist am ehesten gegeben, wenn das Rippenrohr mit einer an den Rippenscheiteln eng anliegenden Führungswand versehen ist. Aber schon ein aus konstruktiven Gründen in der Praxis bestehender Spalt zwischen Rippenkontur und Führungsmantel bewirkt, daß je nach lichter Rippenweite ein Teil der Strömung in diesem Spalt am Rippenrohr vorbeiströmt, ohne am Wärmeübergang beteiligt zu sein. Des weiteren ist auf die bei der Umströmung eines Zylinders bekannte Geschwindigkeitsverteilung mit den starken Ablösungserscheinungen auf der Abströmseite hinzuweisen, die die Wärmeübergangsbedingungen in diesem Teil des Rippenkanals verschlechtern. Zusammenfassend kann also festgestellt werden, daß der Ansatz 1 hinsichtlich der wahren Verhältnisse an einem Rippenrohr zu überprüfen ist.

Erste systematische Versuche wurden dazu von *K. Löhner* [99] an verrippten Zylindern durchgeführt, wobei neben der Rippenform auch die Kühlluftführung verändert wurde. Untersucht wurden ausschließlich Dreiecksrippen mit einem ausgerundeten Grund sowie unterschiedlichen Höhen der Rippen (h = 7, 14, 28 und 42 mm) bei gleichzeitiger Variation von Teilung und lichter Weite, Abb. 3.11.

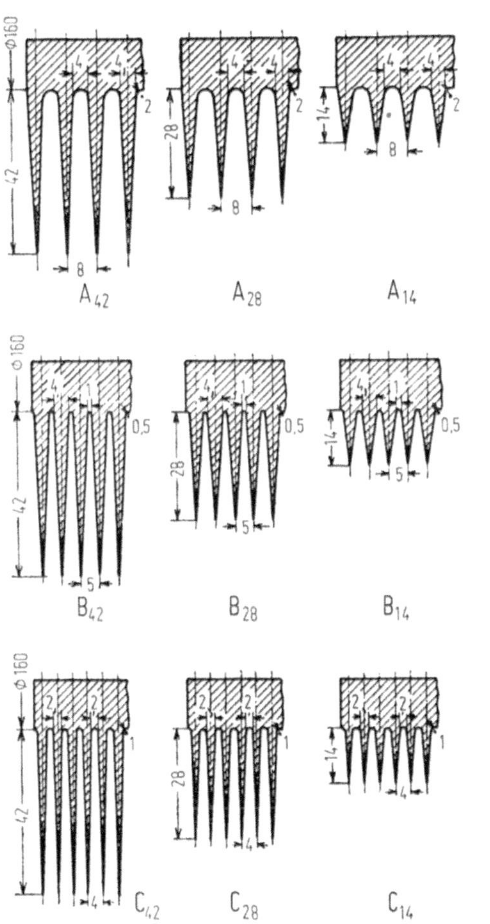

Abb. 3.11. Rippenformen von Versuchszylindern [99]

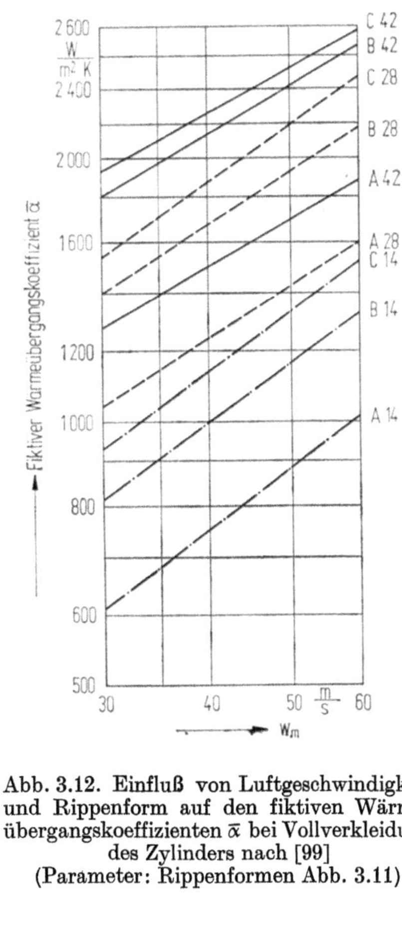

Abb. 3.12. Einfluß von Luftgeschwindigkeit und Rippenform auf den fiktiven Wärmeübergangskoeffizienten $\bar{\alpha}$ bei Vollverkleidung des Zylinders nach [99] (Parameter: Rippenformen Abb. 3.11)

Die Abb. 3.12 gibt einige Versuchsergebnisse wieder, wobei der fiktive Wärmeübergangskoeffizient $\bar{\alpha}$ über der mittleren Kühlluftgeschwindigkeit aufgetragen wurde. Diese mittlere Kühlluftgeschwindigkeit w_m wurde aus dem Strömungsquerschnitt zwischen den Rippen, dem Massenstrom und der mittleren Dichte der Luft, entsprechend dem arithmetischen Mittel der Lufttemperatur von Zu- und Abluft am Rippenrohr bei Vernachlässigung von Druckerhöhungen im Rippenkanal berechnet. Der scheinbare Wärmeübergangskoeffizient $\bar{\alpha}$ bezieht sich auf die Grundfläche des unverrippten Zylinders, so daß mit A_R, der Oberfläche einer Rippe, und der Rippenteilung t gilt

$$\bar{\alpha} = \frac{A_R}{2\pi r_0 t}\,\alpha_R \eta_R. \tag{3.36}$$

Bei Kenntnis des Wertes $\bar{\alpha}$ kann dann die über die Rippen abgeführte Kühlwärme eines Rippenrohres der Länge L bestimmt werden nach der Beziehung

$$\Phi_k = \bar{\alpha} 2\pi r_0 L\, \Delta T_m. \tag{3.37}$$

Anstelle der logarithmischen Temperaturdifferenz ΔT_m wird im allgemeinen mit hinreichender Genauigkeit nur die Temperaturdifferenz zwischen der mittleren Lufttemperatur und der Temperatur des Rippenfußes eingesetzt. Da sich $\bar{\alpha}$ nur auf die Rippenfläche selbst bezieht, ist bei niedrigen und sehr weit auseinanderstehenden Rippen die zwischen den Rippen befindliche Grundfläche mit in die Rechnung einzubeziehen, wobei in erster Näherung der Wärmeübergangskoeffizient α_G an der Grundfläche gleich der an der Rippe gesetzt werden kann. Die Grundfläche A_G selbst ist proportional der Differenz von Rippenteilung t und der Stärke δ'' des Rippenfußes, vgl. Abb. 3.5, so daß die vollständige Gleichung für die Kühlwärme bei i Kühlrippen lautet

$$\Phi_k = \alpha_R(A_R \eta_R + A_G)\, i \Theta_0 \tag{3.38}$$

mit der Übertemperatur Θ_0 am Rippenfuß. Um auf die einfachere Form Gl. (3.37) zu kommen, kann ein neuer Rippenwirkungsgrad definiert werden, der den anteiligen Wärmeübergang mit berücksichtigt

$$\eta_R' = \frac{\eta_R + \dfrac{A_G}{A_R}}{1 + \dfrac{A_R}{A_G}}. \tag{3.39}$$

Das Flächenverhältnis A_G/A_R liegt im allgemeinen zwischen 3 und 10% [100]. Die von K. Löhner unter Verwendung von Gl. (3.30) durchgeführten Vergleichsrechnungen erfolgten ohne Berücksichtigung des Krümmungseinflusses nach Gl. (3.35) für den voll verkleideten Zylinder und ergaben eine befriedigende Übereinstimmung, sofern der Rippengrund wie bei der Form B in Abb. 3.11 nicht zu eng gestaltet war. Hier führten die starken Geschwindigkeitsunterschiede im Rippenkanal dazu, daß die Rechenwerte über den Versuchswerten lagen. Erst mit Erweiterung des Rippenkanals ergab sich eine Umkehr der Tendenz, so daß die Versuchswerte über den Rechenwerten zu liegen kamen. Dies weist darauf hin, daß möglicherweise der Rohrkrümmungseinfluß, der auf die Ausbildung einer Sekundärströmung beruht, wirksam werden konnte. Die maximalen Abweichungen werden in [99] mit ca. 15% angegeben und liegen damit innerhalb des Genauigkeitsbereiches, der für Wärmeübergangsberechnungen allgemein anzusetzen ist. Allerdings muß hierzu einschränkend bemerkt werden, daß eine spezielle Strömungsführung entsprechend einer sogenannten Vollverkleidung, auch als „BMW-Verkleidung" bekannt, untersucht wurde. Sie wurde z. T. bei Flugmotoren angewendet, kann aber nicht als Regelfall für normale Motoren gelten.

Die von Löhner ermittelten Wärmeübergangskoeffizienten am frei angeströmten Zylinder lassen erkennen, daß mit der hier rechnerisch bestimmten mittleren Luftgeschwindigkeit die zwischen den Rippen bestehenden Strömungsverhältnisse nicht mehr beschrieben werden. Ähnlich liegen die Verhältnisse bei Verrippungen, bei denen keine Vollverkleidung vorhanden ist. Hier besteht hinsichtlich der Wärmeübergangsverhältnisse eher ein Zusammenhang mit einem *umströmten Körper* gemäß Ansatz 2.

Dazu wurden für Rippenrohre u. a. von *O. Krischer* und *W. Kast* Untersuchungen durchgeführt [101], die den Vorschlag von *O. Krischer* [102] aufgreifen, den technisch so wichtigen Bereich umspülter Körper durch Einführung sinnvoller Bezugsgrößen zusammenfassend darzustellen. Dabei wird keine höhere Genauigkeit angestrebt, als sie bei der Behandlung von technischen Vorgängen des Wärme- und Stoffaustausches natürlicherweise bestehen. Für die dimensionslosen Kennzahlen ist zunächst eine geeignete Größe zur Kennzeichnung der geometrischen Abmessung zu wählen. Ausgehend von den eingangs für die angeströmte Platte angestellten Betrachtungen über die Bedeutung des Überströmweges für die Ausbildung der thermischen und hydrodynamischen Grenzschichten wird eine Anströmlänge l' definiert [95]. Sie ist der Quotient aus der Oberfläche des Körpers und dem am Austausch teilnehmenden Umfang der Projektionsfläche des Körpers in Strömungsrichtung.

In [101] wird für Rippenrohre folgende Beziehung hergeleitet

$$l' = \frac{\pi}{2} \sqrt{4r_0^2 + h^2}, \tag{3.40}$$

die für die beiden Grenzfälle $2r_0 \to 0$ und $h \to 0$ die Anströmlängen für die beiden Grundkörper, die Kreisscheibe bzw. das Kreisrohr ergibt.

Bei Verwendung von Rechteckrippen anstelle von Kreisrippen ist für die Rippenhöhe h einzusetzen

$$h = 0{,}565 L_1 \sqrt{L_1/L_2} - r_0. \tag{3.41}$$

Die Größe L_1 gibt dabei die Länge der quer und L_2 die der längs angeströmten Kante an.

Problematisch bleibt auch hier die Frage nach der Strömungsgeschwindigkeit, mit der die Reynolds-Zahl zur Beschreibung des Strömungszustandes am umströmten Körper zu berechnen ist. In [101] wird für das quer angeströmte Rippenrohr in einem durch parallele Wände gebildeten Kanal unterschiedlicher Weite eine mittlere Geschwindigkeit w_m definiert. Sie entspricht angenähert dem arithmetischen Mittel aus der freien Geschwindigkeit w_f vor dem Rippenrohr und der rechnerisch zu ermittelnden Geschwindigkeit w_e, im engsten Querschnitt Abb. 3.13,

$$w_m = w_{ma} = \frac{1}{2}(w_f + w_e). \tag{3.42}$$

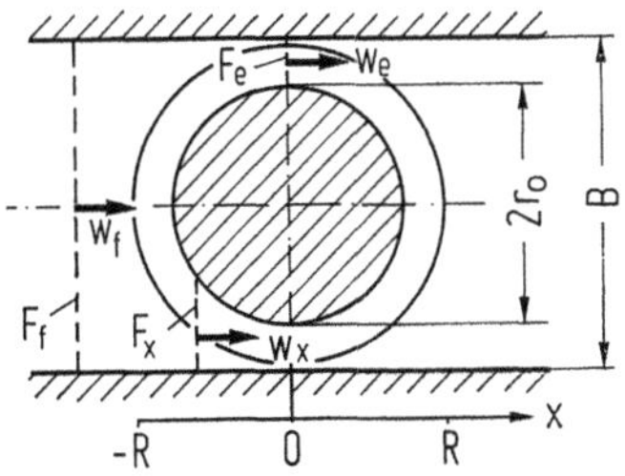

Abb. 3.13. Geschwindigkeitsverhältnisse für ein Rippenrohr in einem Kanal

Einen genaueren Wert für die mittlere Geschwindigkeit erhält man durch die Berechnung eines integralen Mittelwertes w_{mi} nach der Beziehung

$$w_m = w_{mi} = \frac{1}{2R} \int_{-R}^{R} w_x \, dx. \tag{3.43}$$

Hierbei ist w_x die mittlere Geschwindigkeit im axialen Abstand x von der Mitte des Zylinders in Strömungsrichtung. Nach dem Kontinuitätsgesetz gilt dann entsprechend den Angaben in Abb. 3.13

$$w_x = w_f \frac{F_f}{F_x} = w_e \frac{F_e}{F_x}. \tag{3.44}$$

Verrippung und Kühlluftführung und das damit gegebene Verhältnis der Strömungsquerschnitte F_f/F_e bestimmen den Verlauf der Geschwindigkeit w_x und somit die mittlere Geschwindigkeit, die zusammen mit der Anströmlänge l' nach Gl. (3.40) in die den Strömungszustand bei Umspülung beschreibende Reynolds-Zahl einzusetzen ist

$$\mathrm{Re} = \frac{w_m l'}{\nu}. \tag{3.45}$$

Die zur Bestimmung der kinematischen Viskosität erforderliche Stoffwerttemperatur entspricht dabei nach [101] der arithmetischen Mitteltemperatur aus der Kühllufttemperatur vor dem Rippenzylinder und der mittleren Oberflächentemperatur.

Bei freier Anströmung oder kleinen Verhältnissen $2r_0/B$ ist zu erwarten, daß die Geschwindigkeit des Mediums zwischen den Rippen u. U. wesentlich kleiner ist als außerhalb der Rippen. Dazu werden in [101] Beziehungen für die Geschwindigkeit w_R zwischen den Rippen und für die Geschwindigkeit w_G am Rippengrund der Form

$$\frac{w_R}{w_m} = \frac{w_R}{w_m}\,(\mathrm{Re}, d, h, t, \delta) \tag{3.46}$$

bzw.

$$\frac{w_G}{w_m} = \frac{w_G}{w_m}\,(\mathrm{Re}, d, h, t, \delta) \tag{3.47}$$

angegeben, womit sich eine weitere Reynolds-Zahl definieren läßt

$$\mathrm{Re}_R = \mathrm{Re}\,\frac{w_R}{w_m} = \frac{w_R l'}{\nu}. \tag{3.48}$$

Eine Überprüfung der Beziehungen mit vorliegenden Versuchswerten von Motoruntersuchungen ergab keine Verbesserung in der Übereinstimmung, so daß auf eine weitere Verwendung der Beziehungen nach Gl. (3.46) bzw. (3.47) verzichtet werden kann.

Bildet man mit der Anströmlänge l' die Nußelt-Zahl

$$\mathrm{Nu} = \frac{\alpha l'}{\lambda}, \tag{3.49}$$

so kann der Wärmeübergangskoeffizient $\alpha_R = \alpha$ an den Rippen querangeströmter Rippenrohre mit der von O. Krischer erstmals in [102] angegebenen „Mittelkurve" für umströmte technische Körper bestimmt werden. Im oberen Bereich folgt diese in Abb. 3.14 [95] dargestellte Mittelkurve für Luft mit $\mathrm{Pr} = 0{,}72$ der Lösung für die turbulente Grenzschichtströmung, für den Bereich $\mathrm{Re} < 10^3$ einem Ansatz für den Wärmeübergang bei laminarer Grenzschichtströmung an ebenen Platten. Die am rechten Rand des Bildes angegebenen Stützwerte für Nu in Abhängigkeit von Re können für die numerische Behandlung des Wärmeüberganges mit Hilfe von EDV-Anlagen herangezogen werden. Dabei wird der Wärmeübergang auf die Temperaturdifferenz im Eintrittsquerschnitt bezogen, für die Stoffwerttemperatur der Mittelwert aus Lufteintritts- und Wandtemperatur gebildet, wobei für letztere die mittlere Oberflächentemperatur des Rippenrohres einzusetzen ist.

Die Anwendung des 2. Ansatzes ist immer dann angebracht, wenn keine Vollverkleidung und damit keine ausgesprochene Kanalströmung zwischen den Rippen vorliegt, sondern das Rippenrohr durch eine mehr oder weniger geführte Strömung umspült wird.

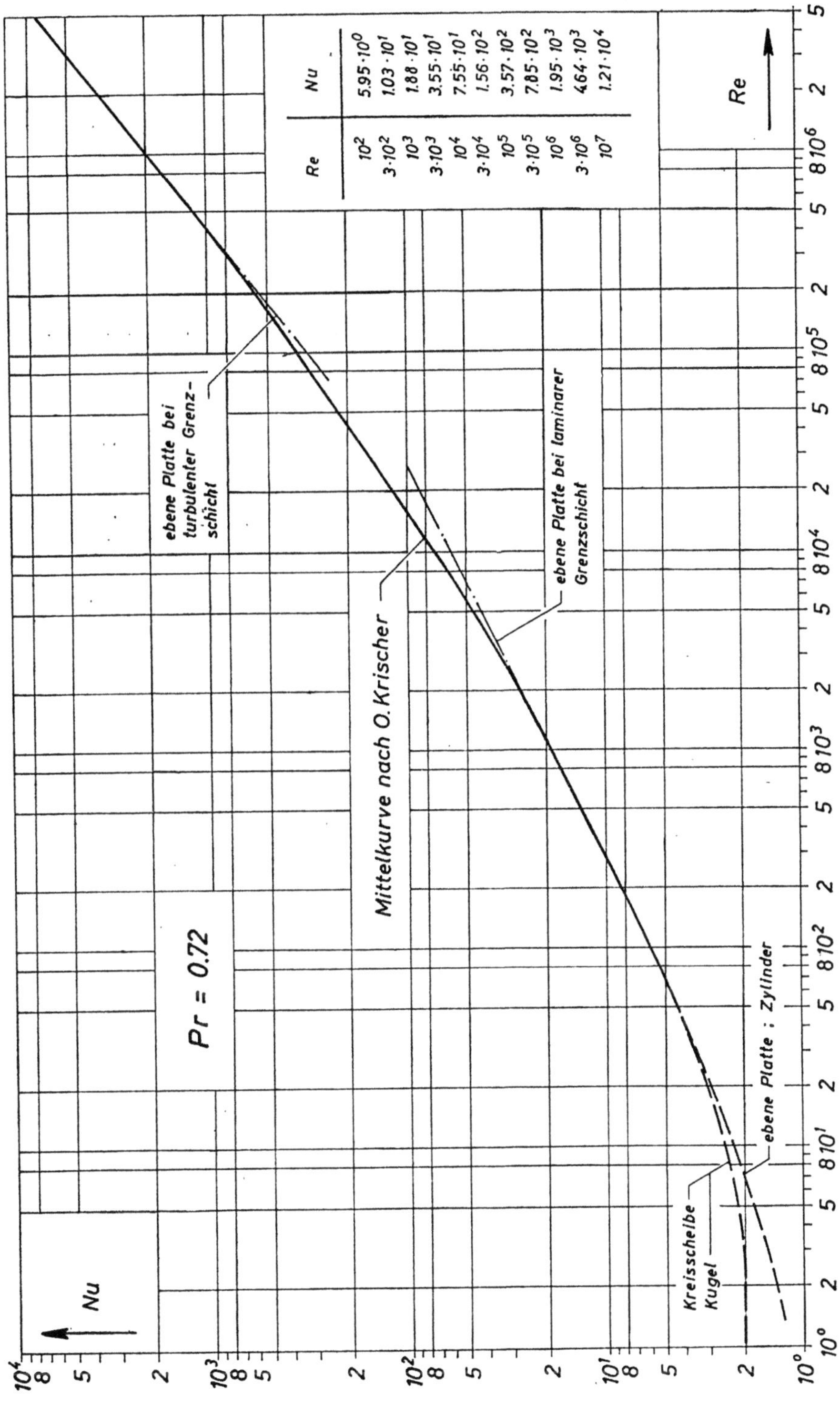

Abb. 3.14. Nußelt-Zahl in Abhängigkeit von der Reynolds-Zahl für von Luft umströmte Körper nach Krischer [95]

Dabei ist darauf zu achten, daß die Reynolds-Zahl Re nicht wie bei der Kanalströmung mit dem gleichwertigen Durchmesser, sondern mit der Anströmlänge l' zu bestimmen ist. Die dabei einzusetzende mittlere Geschwindigkeit folgt zunächst dem allgemeinen Ansatz nach Gl. (3.43). Für die am Rippenkörper abgeführte Wärme Φ_K ist dann ebenfalls der Rippenwirkungsgrad η_R zu berücksichtigen. Damit kann auch statt des Wärmeübergangskoeffizienten α_R an der Rippe der in der Praxis gebräuchlichere Wert $\bar{\alpha}$ (auch Kühlungszahl genannt) für den auf die Rippenrohrgrundfläche bezogenen Wärmeaustausch nach Gl. (3.36) bestimmt werden.

Nachdem grundsätzlich das Vorgehen bei der Bestimmung des Wärmeübergangskoeffizienten an verrippten Körpern behandelt wurde, wäre nun zu prüfen, ob die realen Verhältnisse bei der Luftkühlung durch die beiden Gleichungsansätze für den „durchströmten Kanal" bzw. den „umspülten Körper" hinreichend genau erfaßt werden. Dabei stellt sich wieder die Frage nach der wirksamen Geschwindigkeit, die im Zusammenhang mit Maßnahmen zur Kühlluftführung zu sehen ist.

3.2.3 Einfluß von Kühlluftführung auf Kühllufterwärmung und Wärmeübergang

Betrachtet man zunächst einen querangeströmten Zylinder, so ist im vorderen Auftreffpunkt zwar die Geschwindigkeit theoretisch gleich Null, jedoch der Wärmeübergang im Bereich des Staupunktes trotzdem recht beachtlich auf Grund der im Anlaufbereich

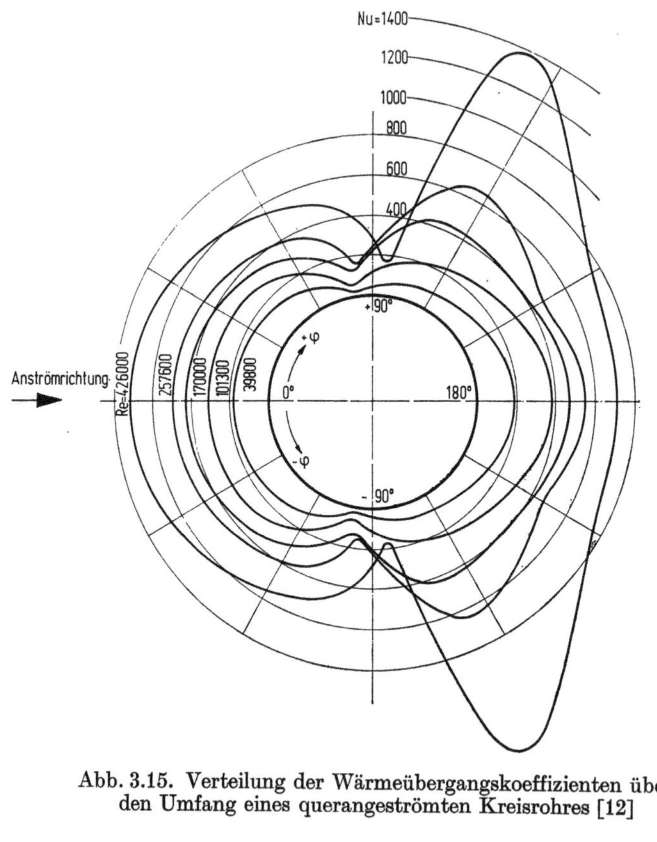

Abb. 3.15. Verteilung der Wärmeübergangskoeffizienten über den Umfang eines querangeströmten Kreisrohres [12]

geringen Grenzschichten, Abb. 3.15 [12]. Im weiteren Verlauf folgt die Strömung, wie die Aufnahme in Abb. 3.16 [3] zeigt, zunächst der Außenkontur des Zylinders, bis sie sich im Bereich des Meridianquerschnittes seitlich vom Zylinder ablöst und das mit Wirbeln versehene Totwasser entsteht. Diese Strömungsablösung ist die Folge einer Ablösung der

Strömungsgrenzschicht am Zylinder und bedingt eine stark verringerte Geschwindigkeit auf der Zylinderrückseite mit den daraus resultierenden Folgen für den Wärmeaustausch mit dem strömenden Medium. Für den verrippten Kreiszylinder zeigt Abb. 3.17 nach Untersuchungen von *Berndorfer* [103] die Strömung am unverkleideten Zylinder mit

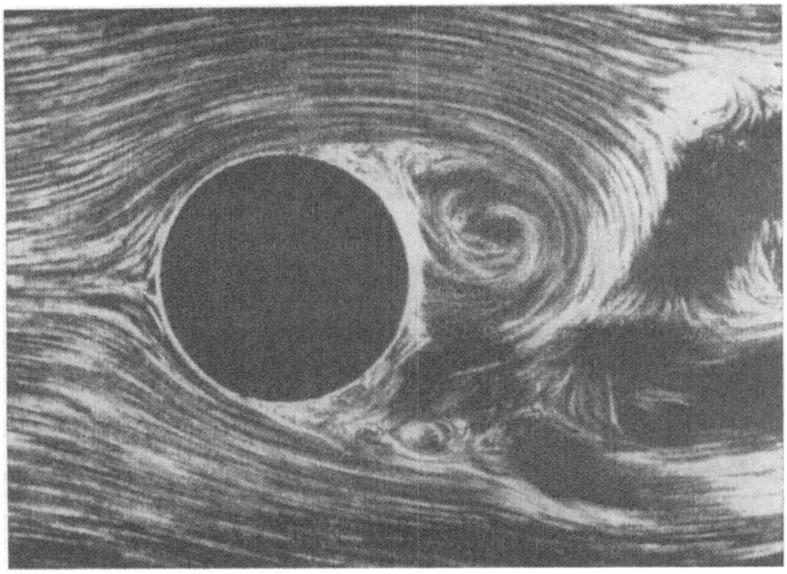

Abb. 3.16. Strömung um einen Kreiszylinder [3]

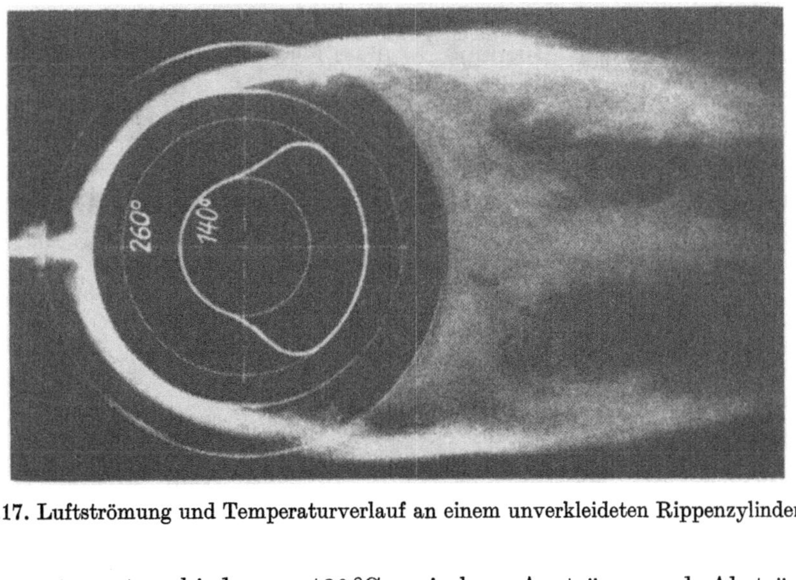

Abb. 3.17. Luftströmung und Temperaturverlauf an einem unverkleideten Rippenzylinder [103]

einem Temperaturunterschied von 120 °C zwischen Anström- und Abströmseite. Die Folge wäre ein Verzug des Zylinders und u. U. Gefährdung des einwandfreien Motorbetriebes.

Eine Ablösung wird weitgehend vermieden, wenn man eine Vollverkleidung mit der damit zwangsläufig geführten Strömung in den Rippenkanälen wählt. Hierbei sind nach den vorangegangenen Betrachtungen die höchsten Wärmeübergangskoeffizienten zu erwarten und damit auch die stärkste Erwärmung der Kühlluft, was wiederum eine zunehmende Verringerung der Übertemperatur zwischen Medium und mittlerer Wandtemperatur des Rippenkanales bedeutet. Damit nimmt aber im Verlaufe des Strömungsweges die von der Rippe abgegebene Wärme ab. Der längs eines Weges dz, Abb. 3.18, von der Rippenwandfläche abgegebene Wärmefluß $d\Phi_R$ muß gleich der Zunahme der Enthalpie des Kühlluftstromes $\dot{m}_{KL}$ sein:

$$\dot{m}_{KL} c_{pm} (T_L'' - T_L') = -d\Phi_R \tag{3.50}$$

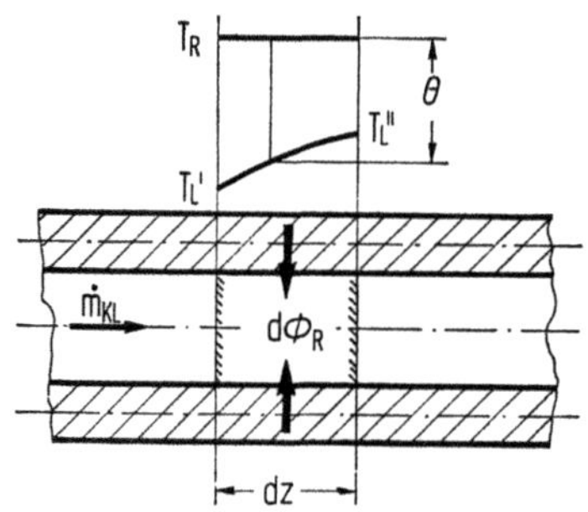

Abb. 3.18. Kühllufterwärmung im Rippenkanal

Ist die mittlere Wandtemperatur des Rippenkanals unabhängig von der Länge des Strömungsweges z, so gilt für die Wärmeabgabe der Wand mit der Übertemperatur Θ

$$d\Phi_R = \alpha_R \Theta A_R \, dz, \tag{3.51}$$

wenn A_R die Oberfläche der Rippe je Längeneinheit ist.

Für die Temperaturdifferenz der Kühlluft gilt andererseits auch

$$T_L'' - T_L' = \Theta'' - \Theta' = \Delta\Theta. \tag{3.52}$$

Damit lautet die Differentialgleichung für die Übertemperatur

$$\frac{d\Theta}{\Theta} = -\frac{\alpha_R A_R}{\dot{m}_{KL} c_{pm}} \, dz \tag{3.53}$$

und man erhält für das Verhältnis der Übertemperatur Θ_a im Kanalaustritt zu Θ_e am Kanaleintritt

$$\frac{\Theta_a}{\Theta_e} = e^{-\frac{\alpha_R A_R}{\dot{m}_{KL} c_{pm}}}, \tag{3.54}$$

woraus für die Austrittstemperatur T_a folgt

$$T_a = T_R - \Theta_e e^{-\frac{\alpha_R A_R}{\dot{m}_{KL} c_{pm}}} > T_e. \tag{3.55}$$

Soll die Wärmeabgabe $d\Phi_R$ längs des Weges z konstant sein, so muß $\Theta = \Theta_e$ konstant bleiben, so daß die Rippentemperatur um die gleiche Temperaturdifferenz wie die Lufttemperatur steigt.

Die in der Praxis anzutreffenden Verhältnisse zeigt für einen Versuchszylinder mit Kühlluftführung die Abb. 3.19 [104]. An Otto- und Dieselmotoren durchgeführte Messungen ergaben nach [100] für die Zunahme der Rippen- und Kühllufttemperatur

$$T_{Ra} - T_{Re} \approx (0{,}8 \cdots 0{,}85)\,(T_{La} - T_{Le}).$$

Diesem Zusammenhang entsprechen auch die von *Berndorfer* und *Keidel* [105] an geheizten Rippenzylindern mit und ohne Verkleidung festgestellten Geschwindigkeits- und Temperaturverteilungen. Hier interessiert neben dem unverkleideten Zylinder beson-

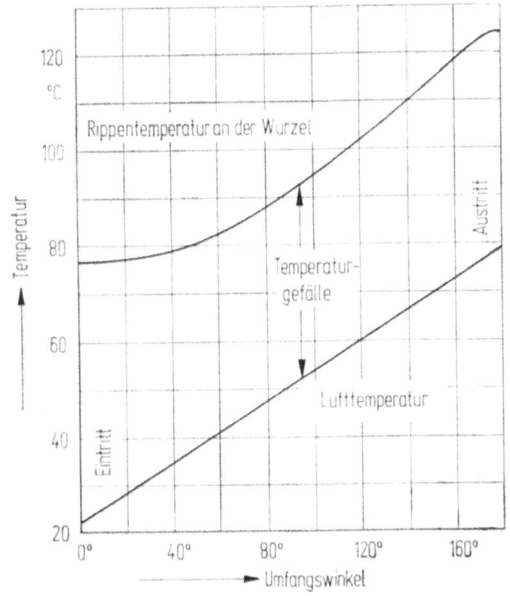

Abb. 3.19. Temperaturverlauf am Umfang eines Versuchszylinders mit Kühlluftführung [104]

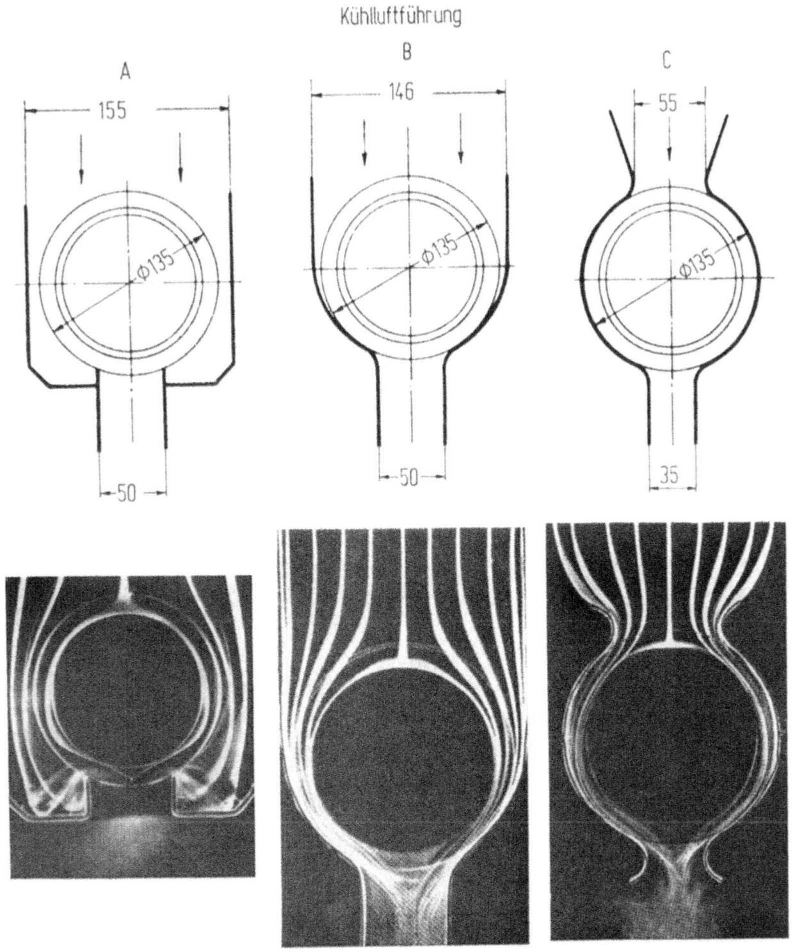

Abb. 3.20. Formen von Kühlluftführungen und Verlauf der Luftströmung [103]

ders der vollverkleidete Zylinder, dem zwei teilverkleidete Zylinder gegenübergestellt werden. Von den Skizzen in Abb. 3.20 ist die Ausführung A als sogenannte Argus-Verkleidung bekannt, wogegen Ausführung B als weite Verkleidung bezeichnet werden soll. Vergleicht man dazu zunächst die zugehörigen in einem Rauchkanal aufgenommenen Strömungsbilder, so erkennt man für die weite Verkleidung, daß auf der Zuluftseite die Strömung einem freien Anströmen entspricht, während auf der Abluftseite ein Anliegen der Strömung wie bei der Vollverkleidung (Ausführung C) erreicht wird.

Die Argus-Verkleidung, Ausführung A, bewirkt durch eine scharfe Umlenkung des Luftstromes zu beiden Seiten der dem Staupunkt gegenüber liegenden Mantellinie des Zylinders ein nahezu radiales Anblasen der Rippen und somit ein Anlegen der Strömung an den Zylinder als Folge der geringen Grenzschicht im Anblasbereich. Außerdem ist das Totwassergebiet sehr klein ausgebildet. Bei dieser Kühlluftführung wird dadurch auf der Abluftseite eine sehr wirkungsvolle Kühlung der Rippenpartie erreicht. Dabei wird die Kühlwirkung noch dadurch verstärkt, daß bisher nur gering am Wärmeaustausch mit den Rippen beteiligte Anteile des Kühlluftstromes mit erheblicher Geschwindigkeit auf die Kühlrippen treffen. Da aber im übrigen Bereich die Strömungsverhältnisse eher einer Umströmung des Zylinders entspricht, dürfte insgesamt der mittlere Wärmeübergangskoeffizient bezogen auf die gesamte Rippenfläche geringer als bei den beiden anderen Ausführungen sein.

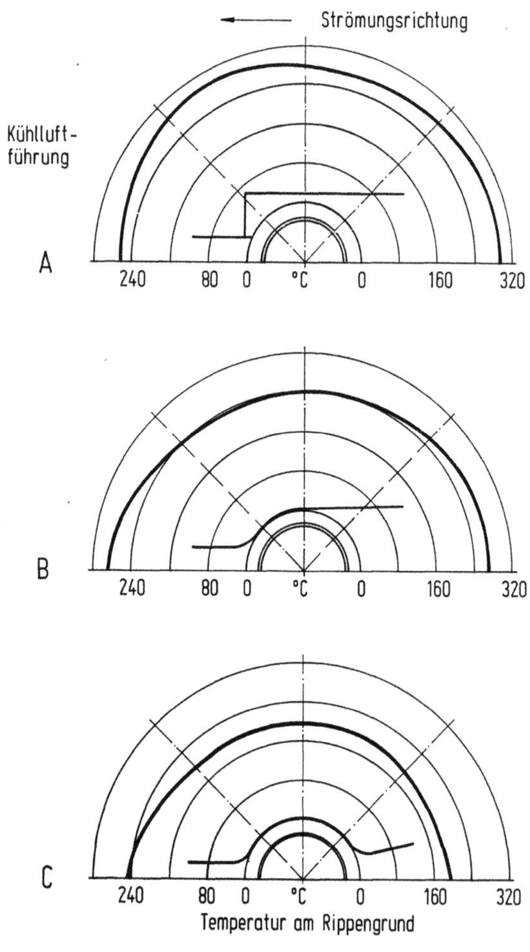

Abb. 3.21. Einfluß der Kühlluftführung auf die Temperaturverteilung am Zylinder [105]

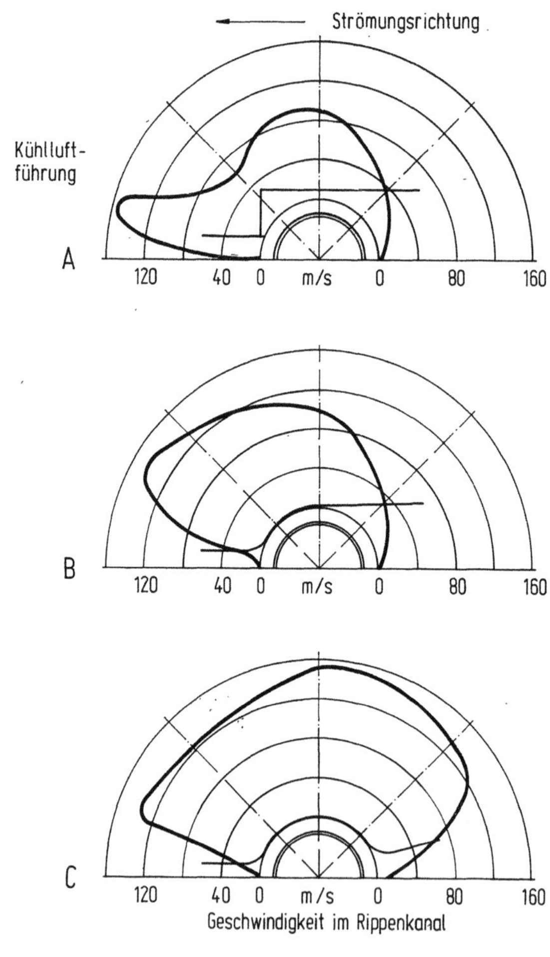

Abb. 3.22. Geschwindigkeitsverteilung über den Umfang eines Rippenzylinders für verschiedene Kühlluftführungen [105]

Betrachtet man die Kühllufterwärmung, so ist für die Vollverkleidung eine relativ starke Temperaturerhöhung zu erwarten, da fast die gesamte Luftmenge am Wärmeaustausch im Rippenkanal beteiligt ist. Die in Abb. 3.21 nach [105] dargestellte Temperaturverteilung am Rippengrund zeigt für die Vollverkleidung mit 50° Temperaturdifferenz zwischen Stau- und Gegenpunkt den Einfluß der durch Gl. (3.54) beschriebenen Lufterwärmung im Kanal. Eine stärkere Ovalisierung des Zylinders mit ihren Nachteilen für den Motorbetrieb trotz geringen Temperaturniveaus ist nicht auszuschließen.

Dagegen wird zunächst bei der weiten Verkleidung, der Ausführung B, vom Staupunkt aus durch die Zunahme der Strömungsgeschwindigkeit die Zylindertemperatur etwas abgesenkt, bis die einsetzende Kanalwirkung und damit verbundene Lufterwärmung nach Gl. (3.54) wieder zu einem Temperaturanstieg auf der Abströmseite führt. Entsprechend verhält sich auch die Argus-Verkleidung, wo bei insgesamt höheren Temperaturen als Hinweis auf die gegenüber der Ausführung B allgemein verringerte Wärmeabfuhr zunächst eine sehr geringe Temperaturabsenkung besteht. Auf der Rückseite erfolgt dann durch die bis an die Kühlrippen herangeführten Führungsteile eine wirkungsvolle Temperatursenkung, die somit zu einem ausgeglichenen Temperaturverlauf am Rippenrohr führt.

Für eine rechnerische Behandlung des Wärmeübergangs und Bestimmung des Wärmeübergangskoeffizienten ist unabhängig von dem Ansatz zunächst eine mittlere Geschwindigkeit zu bestimmen. Dabei kann man die in der Praxis ausgeführten Kühlluftführungen jeweils auf die beschriebenen Ausführungen A, B und C zurückführen. Betrachtet man dazu die jeweils gemessenen Strömungsgeschwindigkeiten im Bereich des Rippenkanals, Abb. 3.22, so erreicht die Vollverkleidung (Ausführung C) abgesehen von dem Bereich der Luftzu- und -abfuhr eine recht gleichmäßige Geschwindigkeitsverteilung. Damit ist der Ansatz einer Kanalströmung mit einer konstanten Strömungsgeschwindigkeit entsprechend dem freien Rippenquerschnitt berechtigt. Bei der weiten Verkleidung, Ausführung B, nimmt die Geschwindigkeit vom Anströmpunkt aus zunächst zu, um dann mit wirksam werdender Kühlluftführung annähernd konstant zu bleiben. Will man eine mittlere Geschwindigkeit bestimmen, so ist eine Integration entsprechend Gl. (3.43) nur in den Grenzen $x = -R$ und $x = 0$ durchzuführen, während für den Bereich $0 < x < R$ in erster Näherung $w_x \approx w_e$ gesetzt werden kann.

Ähnlich ist bei der Ausführung A, der Argus-Verkleidung, zu verfahren, die trotz sparsamer Luftführung günstige Kühlverhältnisse bewirkt. Die Umströmung des Zylinders entspricht weitgehend der eines Rippenrohres in einem Rechteckkanal. Die in einem kleinen Bereich von etwa 90° Umfassung höhere Strömungsgeschwindigkeit ist zu berücksichtigen, zumal eine Kanalbreite $B > 2R$ bei gleichem Luftdurchsatz gegenüber der Ausführung B eine kleinere Geschwindigkeit w_e im engsten Querschnitt ergibt.

Dazu kann als Ausgleich in erster Näherung für den Bereich der Abluftseite mit einer konstanten Geschwindigkeit entsprechend w_e im engsten Querschnitt gerechnet werden. Damit ergibt sich ein der weiten Verkleidung entsprechender Geschwindigkeitsverlauf $w_x(x)$, für den dann die integrierte mittlere Geschwindigkeit bestimmt werden kann. Das weitere Vorgehen entspricht dann der Ermittlung des Wärmeübergangskoeffizienten mit Hilfe der „Mittelkurve“ für umströmte Körper, Abb. 3.14.

Es hat sich gezeigt, daß mit guter Annäherung die integrierte mittlere Geschwindigkeit w_m nach Gl. (3.43) für die beiden Ausführungen A und B ersetzt werden kann durch

$$w_m \approx 0{,}6\,w_e + 0{,}4\,\frac{w_e + w_f}{2}. \qquad (3.56)$$

Eine für verschiedene relative Rippenhöhen r_0/R und Rippenquerschnitte, ausgedrückt durch das Verhältnis von Rippenstärke δ und Rippenteilung t, durchgeführte Vergleichsrechnung zwischen Gl. (3.43) und obiger Näherungsgleichung zeigte eine befriedigende Übereinstimmung, Abb. 3.23, wobei für übliche Abmessungen von Motorzylindern

$r_0/R = 0{,}4 \cdots 0{,}8$ und $\delta/t = 0{,}3 \cdots 0{,}5$ ist. Der Verlauf für den Wert $\delta/t = 0$ entspricht den Verhältnissen für den unverrippten Zylinder in einem Kanal der Breite $B = 2R$, der Ordinatenwert der mittleren wirksamen Geschwindigkeit w_m bezogen auf die Geschwindigkeit w_f im freien Strömungsquerschnitt.

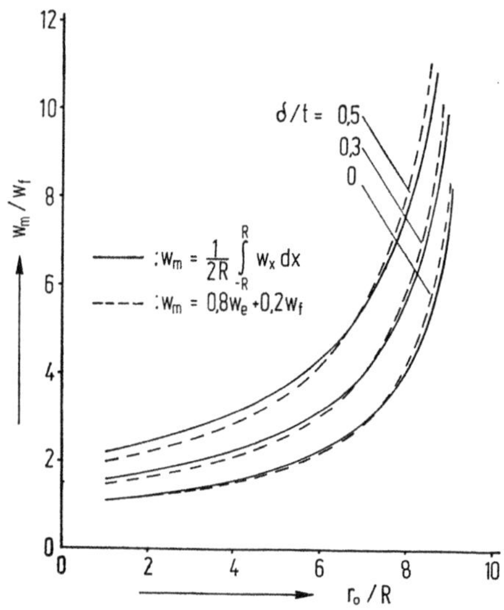

Abb. 3.23. Mittlere Luftgeschwindigkeit w_m bei der Umströmung von Rippenzylindern

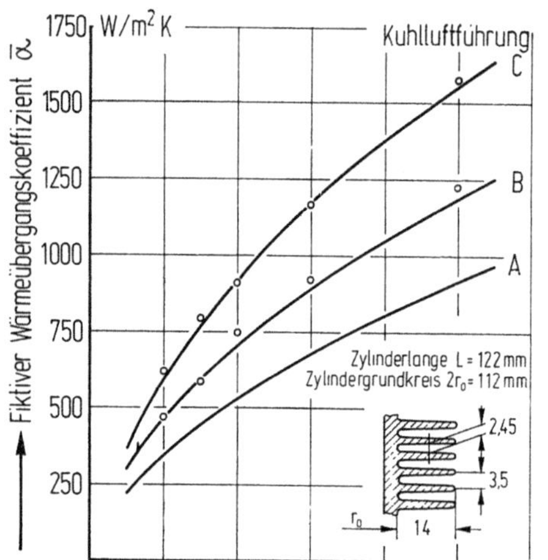

Abb. 3.24. Vergleich berechneter Wärmeübergangskoeffizienten $\bar{\alpha}$ mit Meßwerten von Berndorfer [103] für verschiedene Kühlluftführungen

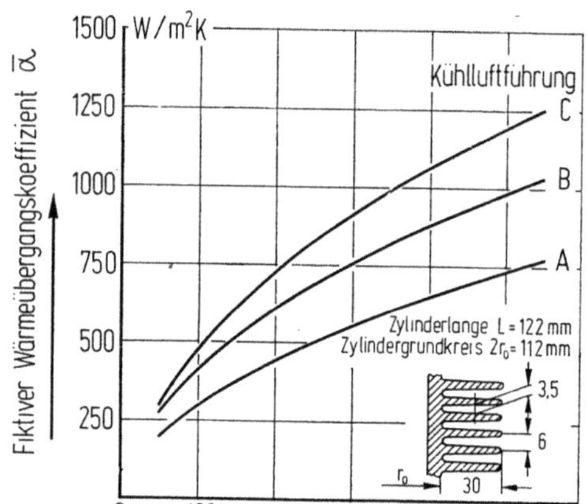

Abb. 3.25. Wärmeübergangskoeffizienten $\bar{\alpha}$ in Abhängigkeit vom Kühlluftdurchsatz für verschiedene Kühlluftführungen

Eine Überprüfung des für die weite Verkleidung und die Argus-Verkleidung gewählten Ansatzes für die Strömungsgeschwindigkeit w_m erfolgte mit in [103] mitgeteilten Versuchsergebnissen. Die Abb. 3.24 zeigt die Auftragung dieser Meßwerte für den scheinbaren Wärmeübergangskoeffizienten $\bar{\alpha}$ in Abhängigkeit vom Kühlluftstrom $\dot{m}_{KL}$, der für die weite Verkleidung (B) mit dem Ansatz „umströmter Körper" unter Verwendung der Mittelkurve berechnet wurde. Der vergleichsweise eingetragene Verlauf für die Argus-Verkleidung (Ausführung A) wurde ebenfalls nach diesem Ansatz bestimmt. Die zur Bildung der Anströmlänge l' nach Gl. (3.40) erforderlichen Rippenabmessungen sind in der Skizze festgehalten. Die Kontrolle der Meßwerte für die enge Verkleidung, Ausführung C, erfolgte mit Hilfe des Ansatzes für die Kanalströmung mit einer Geschwindigkeit $w = w_e$ im Rippenkanal und der Gl. (3.31) für die Nußelt-Zahl.

Für eine bei Fahrzeugdieselmotoren eher anzutreffende Verrippung bei gleichen Abmessungen des Rippenzylinders ($r_0 = 0{,}056$, $L = 0{,}122$) ist der fiktive Wärmeübergangskoeffizient $\bar{\alpha}$ in Abb. 3.25 über dem Kühlluftstrom aufgetragen worden, wobei die Vergrößerung des engsten Querschnittes kleinere Werte für $\bar{\alpha}$ bei gleichem Durchsatz $\dot{m}_{KL}$ ergibt. Bezieht man den Wärmeübergang auf gleiche Geschwindigkeit im engsten Querschnitt, so erhöht sich der Massenstrom für die zweite Rippenform, was einer Spreizung der Abszisse um das Fünffache entsprechen würde. Damit läßt sich z. B. für die enge Verkleidung ablesen, daß sich auf Grund der geänderten Rippenform im Vergleich zu Abb. 3.24 die Wärmeabgabe knapp verdoppelt, was andererseits etwa der Vergrößerung der Rippenhöhe entspricht. Allerdings steigt auch die Gebläseleistung entsprechend dem erhöhten Luftstrom.

Für erste Überschlagsberechnungen kann von folgenden auf die Motorleistung bezogenen spezifischen Luftdurchsätzen ausgegangen werden:

Dieselmotoren (direkte Einspritzung)	$\dot{m}_{KL} = 70\cdots80$ kg/kW
Dieselmotoren (geteilter Brennraum)	$\dot{m}_{KL} = 90\cdots95$ kg/kW
Ottomotoren	$\dot{m}_{KL} = 50\cdots75$ kg/kW.

Die Geschwindigkeit w_e im engsten Querschnitt kann bei einem vorgegebenen Kühlluftstrom $\dot{m}_{KL}$ aus der Dichte der Luft und dem freien Rippenquerschnitt berechnet werden. Dabei ist die Lufttemperatur T_L als arithmetisches Mittel aus Luftein- und -austrittstemperatur zu schätzen. Für die Lufterwärmung $T_{La} - T_{Le}$ kann von einer Temperaturdifferenz von 80 bis 100 Grad ausgegangen werden. Eine Kontrolle der geschätzten mittleren Kühllufttemperatur über die Kühlwärme ist möglich mit

$$\Phi_K = \dot{m}_{KL} c_{pm} (T_{La} - T_{Le}), \tag{3.57}$$

woraus folgt:

$$T_L = T_{Le} + \frac{0{,}5\,\Phi_K}{\dot{m}_{KL} c_{pm}}. \tag{3.58}$$

Die vorgenommene Vereinfachung hinsichtlich der Strömungsgeschwindigkeit ist im Rahmen der zu erwartenden Gegebenheiten zulässig, zumal bei der technischen Ausführung am Motor immer mit Abweichungen durch nicht gleichmäßige Beaufschlagung der einzelnen Motorzylinder zu rechnen ist. Auch wird durch die Verwendung unterteilter Rippen zur Vermeidung von Zylinderunrundheiten der Wärmeübergang durch die Ablösung der Grenzschichten an den Rippen verbessert. In der gleichen Weise verstärken auch die üblichen Zuganker und Stößelstangenrohre die Turbulenz und damit den Wärmeübergang an die Kühlluft und können mit den Berechnungsansätzen nicht erfaßt werden. Es bleibt letztlich immer dem Versuch vorbehalten, bei Neukonstruktion die wirklichen Verhältnisse zu klären.

Abschließend ist zu dem Wärmeaustausch am Zylinderkopf zu bemerken, daß hier die Verrippung oft einer ebenen Rippe mit einer Kanalströmung entspricht und somit der 1. Ansatz für die Auslegung zu wählen ist*. Die oft recht komplizierte Gestaltung der Zylinderköpfe verursacht Störungen im Wärmefluß und erschwert eine genaue Vorhersage des Wärmeaustausches, so daß eigentlich nur die Wirksamkeit der Verrippungen abgeschätzt werden kann und die letzte Entscheidung auch wieder der Versuch liefert.

---

* Während der Drucklegung des Manuskriptes möglich gewordene Untersuchungen an einem luftgekühlten Zweitaktmotor lieferten auch für den Zylinderkopf mit dem 2. Ansatz, umspülter Körper, befriedigende Übereinstimmung zwischen Rechnung und Messung. Hierbei entspricht gemäß Definition die Anströmlänge l' der mittleren Rippenlänge in Strömungsrichtung.

3.2.4 Kühlluftdurchsatz und Druckverlust

Das Problem der Luftkühlung kann eigentlich nicht losgelöst von der Frage der Kühlluftförderung und der zur Überwindung der Strömungswiderstände erforderlichen Leistung behandelt werden. Andererseits kann die vollständige Behandlung des Problems „luftgekühlter Motor" nicht Ziel der vorliegenden Arbeit sein. Eingehend wird der luftgekühlte Motor von Mackerle [38] behandelt. Auf die in [106] durchgeführte Auswertung amerikanischer Untersuchungen sei ebenfalls hingewiesen.

Der zu überwindende Druckverlust läßt sich z. B. nach *Berndorfer* [107] rechnerisch vorherbestimmen. Dazu ist zunächst ein „mittlerer Stromfaden" festzulegen, Abb. 3.26, wobei Messungen im Windkanal Klarheit über Lage und Verteilung der Totwassergebiete verschaffen können. Die im Betrieb eintretende Erwärmung der Kühlluft wird durch einen Zuschlag von 10% zum berechneten Druckgefälle berücksichtigt.

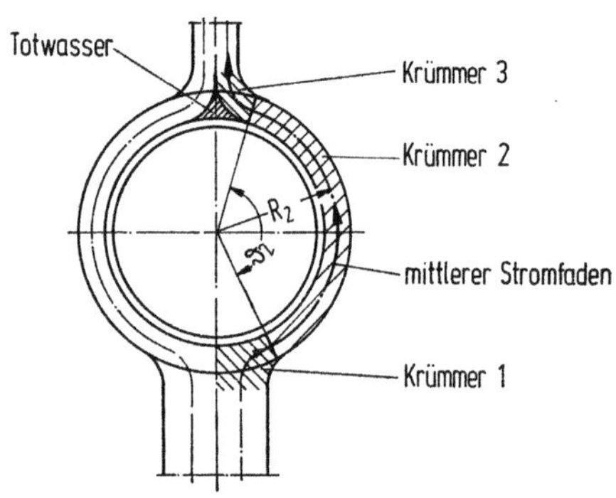

Abb. 3.26. Der Rippenkanal eines Zylinders mit enger Verkleidung als zusammengesetzter Krümmer und Verlauf des mittleren Stromfadens nach [107]

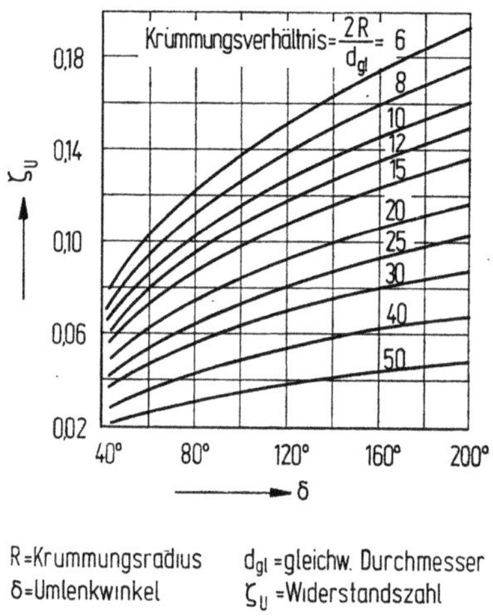

Abb. 3.27. Abhängigkeit des Umlenkwiderstandes von Umlenkwinkel und Krümmung [108]

Der Reibungsverlust Δp_R des Rippenkanals kann aus dem gleichwertigen Durchmesser d_{gl} und der Länge l des Strömungsweges mit dem Reibungsbeiwert λ_R nach *Blasius*

$$\lambda_R = 0{,}316/\mathrm{Re}^{0{,}25} \tag{3.59}$$

bestimmt werden

$$\Delta p_R = \lambda_R \frac{1}{d_{gl}} \frac{\varrho}{2} w^2. \tag{3.60}$$

Für die Geschwindigkeiten im Rippenkanal kann von den Erfahrungswerten für den Zylinderkopf und die Zylinderbuchse mit ca. 30 bzw. 40 m/s ausgegangen werden [107]. Hinzu kommen dann die Umlenkverluste im Krümmer

$$\Delta p_U = \zeta_U \frac{\varrho}{2} w^2. \tag{3.61}$$

Zahlenwerte für ζ_U sind der Abb. 3.27 [108] zu entnehmen, wobei Umlenkwinkel und Krümmungsradius aus der Aufteilung des Strömungsweges, Abb. 3.26, zu bestimmen sind. Weiterhin sind Übergangsverluste am Lufteintritt und Luftaustritt entsprechend dem Carnot-Bordaschen Stoßverlust zu berücksichtigen.

Ohne näher auf die Berechnung einzugehen, sei darauf hingewiesen, daß bei der praktischen Ausführung Schrauben, Aussparungen der Verrippungen etc. noch zusätzliche Druckverluste bedingen. Es bleibt auch hier wieder dem Versuch am Modell oder am Motor vorbehalten, den erforderlichen Kühlluftbedarf und die erforderliche Gebläseleistung zu bestimmen. Dazu wird der vollbelastete Motor meist fremdbelüftet und dabei der Kühlluftmengenstrom variiert. Meßgrößen sind der Druckverlust Δp_M am Motor und für die thermische Belastung des Motors charakteristische Bauteiltemperaturen. Über die zulässige Grenztemperatur erhält man den erforderlichen Kühlluftstrom und den dabei zu überwindenden Druckverlust.

Die erforderliche theoretische Gebläseleistung bestimmt sich dann aus der Beziehung

$$P_{th} = \frac{\dot{m}_{KL}\,\Delta p_M}{\varrho_L}. \tag{3.62}$$

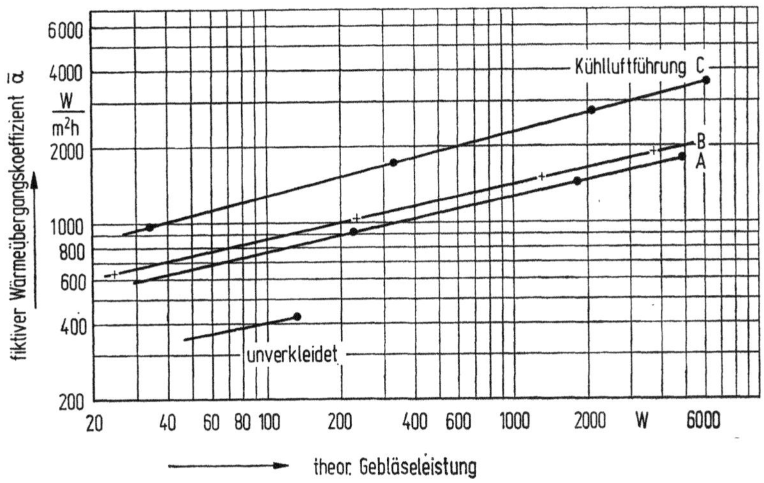

Abb. 3.28. Wärmeübergangskoeffizient $\bar{\alpha}$ und theoretische Gebläseleistung für verschiedene Kühlluftführungen nach [107]

Anhaltswerte über den Zusammenhang von theoretischer Gebläseleistung und fiktivem Wärmeübergangskoeffizienten $\bar{\alpha}$ können aus den in Abb. 3.28 dargestellten Meßwerten für verschiedene Kühlluftführungen nach [105] entnommen werden, wobei für alle Kühlluftführungen folgende Abhängigkeit besteht

$$\bar{\alpha} \leqq P_{th}^{0,25} \tag{3.63}$$

und die Verkleidung C, die enge Verkleidung, die höchste Wärmeabfuhr bei gleicher theoretischer Kühlleistung erreicht.

Bei Fahrzeugmotoren mit einem relativ günstigen Verhältnis von Kühlfläche und Zylinderinhalt genügt meist ein Druckgefälle von 1000 bis 1500 N/m². Der Leistungsbedarf für die Kühlluftförderung soll bei guter Auslegung nicht mehr als 4…6% der Nutzleistung ausmachen, während die gesamten Druckverluste bei strömungsgünstiger Ausführung möglichst nicht mehr als 2000 bis 4000 N/m² betragen sollen.

Für die gesamte vom Kühlgebläse zu überwindende Druckdifferenz ist neben dem Druckabfall am Motor selbst noch die Summe der Druckverluste in der Kühlluftführung, z. B. im Kühlluftsammler vor und hinter dem Gebläse und im Abluftsammler, und auch der Austrittsverlust am Abluftsammler zu berücksichtigen. Bei Fahrzeugmotoren wirkt dabei der Staudruck entlastend, kann aber bei normalen Straßenfahrzeugen nur selten voll ausgenutzt werden und muß letztlich über den Fahrwiderstand des Fahrzeuges auch vom Motor aufgebracht werden. Damit ergibt sich für die wirkliche Gebläseleistung P_G unter Einbeziehung des Gebläsewirkungsgrades η_G

$$P_G = \frac{\Delta p_G}{\varrho_L \eta_G} \dot{m}_{KL}, \tag{3.64}$$

wobei für den Wirkungsgrad mit Werten von $\eta_G = 0,7 \cdots 0,85$ gerechnet werden kann.

3.3 Wärmeübergang bei Kühlung mit Wasser

3.3.1 Allgemeine Beschreibung der Wärmeübergangsverhältnisse

Da bei niedrig belasteten Motoren die Wasserkühlung relativ unproblematisch ist, solange ein störungsfreier Zu- und Ablauf des Kühlwassers besteht, findet man bislang in einschlägigen Handbüchern nur allgemeine Angaben über den Wärmeübergangskoeffizienten auf der Kühlwasserseite. Je nach Strömungsgeschwindigkeit $w = 0 \cdots 5$ m/s liegen nach [109] die Richtwerte zwischen

$$\alpha_k = 350 \cdots 10\,000 \text{ W/m}^2\,\text{K}.$$

In [39] wird folgende Abhängigkeit von der Geschwindigkeit des Kühlwassers angegeben

$$\alpha_k = 350 + 2100 \sqrt{w} \text{ W/m}^2\,\text{K}, \tag{3.65}$$

mit w in m/s, die bei kleinen Geschwindigkeiten mit den Richtwerten übereinstimmt. Hohe kühlseitige Wärmeübergangskoeffizienten bei Motoren sind aber weniger eine Folge erhöhter Strömungsgeschwindigkeiten als einer örtlich gesteigerten Turbulenz in Wandnähe infolge Blasenverdampfung. Deren Überlagerung mit dem konvektiven Wärmeaustausch entspricht eine in [73] angegebene Beziehung für die Nußelt-Zahl

$$\text{Nu} = 0,27\,\text{Re}^{0,6}\,\text{Pr}^{0,4}\,(1 + q \cdot 10^{-6}), \tag{3.66}$$

wobei die Wärmebelastung q in W/m² einzusetzen ist. Sie ist entscheidend für Ausmaß und Auftreten der den Wärmeübergang begünstigenden Verdampfung. Danach führt eine Wärmestromdichte von $q = 10^6$ W/m² zu einem doppelt so großen Wärmeübergangskoeffizienten bei gleichen Strömungsverhältnissen.

Eine vergleichbare Steigerung des Wärmeübergangskoeffizienten, wenn auch örtlich eng begrenzt, wurde bei dem Auftreten von Schwingungskavitation an den Laufbuchsen schnellaufender Dieselmotoren zunächst vermutet [110] und später auch experimentell nachgewiesen [111]. Die Verbesserung des Wärmeüberganges ist hier zwar ohne größeren Einfluß auf die Kühlung des Motors, beeinflußt aber entscheidend die Vorgänge bei der Schädigung des Bauteiles durch Materialabtrag.

Wurde bei den beiden bisher angegebenen Erfahrungsgleichungen, Gl. (3.65) und (3.66), stets noch die Konvektion berücksichtigt, so wird in [112] eine Gleichung verwendet, die nur noch die Wärmebelastung als unabhängige Variable enthält

$$\alpha_k = 1,5 q^{0,64} \text{ W/m}^2\,\text{K}. \tag{3.67}$$

Auch hier ist q in W/m² einzusetzen. Dazu wird ausgeführt, daß der konvektive Anteil wegen geringer Geschwindigkeiten der Kühlwasserströmung nur als freie Konvektion zu berücksichtigen ist.

Sicherlich führt die intensive Blasenverdampfung zu einer erheblichen Steigerung des Wärmeaustausches, jedoch treten hohe örtliche Wärmestromdichten nur am Zylinderdeckel und im Bereich des oberen Totpunktes an der Zylinderbuchse auf, wenn zunächst der Kolben nicht berücksichtigt wird. Für weite Bereiche der Laufbuchse ist daher mit einem konvektiven Wärmeübergang zu rechnen, der von der Kühlwassergeschwindigkeit abhängt, wobei die Strömungsverhältnisse sich oft nicht eindeutig definieren lassen. Im Bereich der Zylinderbuchse kann mit Werten zwischen 0,1 und 1,5 m/s gerechnet werden, rechnerisch können sich auch kleinere Werte ergeben. Höhere Geschwindigkeiten treten auf, wenn durch Strömungsführungen und Querschnittsverengungen eine Geschwindigkeitserhöhung herbeigeführt wird, wie z. B. bei der Zylinderbuchse eines großen, hochaufgeladenen Mittelschnelläufers mit s/D = 550/520, Abb. 3.29. Bei Nennleistung beträgt hier im unteren Buchsenbereich die Kühlwassergeschwindigkeit nur ungefähr 0,06 m/s. In diesem Falle wird neben der erzwungenen Konvektion auch der Einfluß der freien Konvektion zu berücksichtigen sein.

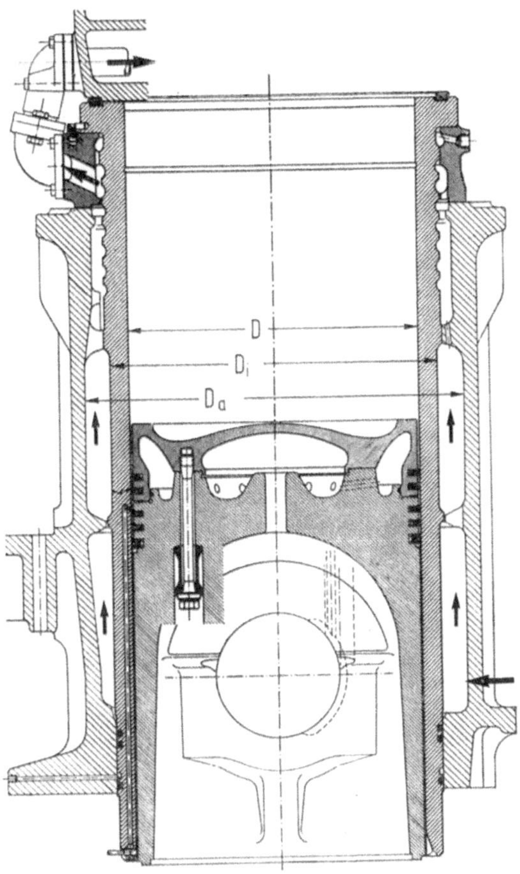

Abb. 3.29. Zylinderbuchse eines mittelschnellaufenden 4T-Dieselmotors ($s/D = 550/520$), Bauart M. A. N.

Es ist also festzustellen, daß beim Wärmeaustausch der äußeren Arbeitsraumwand mit dem Kühlwasser recht unterschiedliche Wärmeübergangsverhältnisse anzutreffen sind. Zu einer näheren rechnerischen Behandlung und zahlenmäßigen Erfassung liegt es nahe, die zahlreichen Untersuchungen über den Wärmeübergang bei stationärer Kanalströmung und die daraus resultierenden Beziehungen für den Wärmeübergangskoeffizienten heranzuziehen, wie sie z. B. in [2, 3, 12] zu finden sind. Allerdings ist eine Übertragung auf die Motorverhältnisse oft nur unter Einschränkungen möglich. Die bei den experimentellen Untersuchungen zur Ermittlung des Wärmeüberganges in einem Laboratorium bestehenden Bedingungen hinsichtlich der Wandoberfläche, der Oberflächenform und der Reinheit des Kühlmittels sind im rauhen Motorbetrieb nicht zu erwarten und bewirken besonders beim Siedevorgang Abweichungen beim Wärmeübergang. Dennoch gestatten die Gesetzmäßigkeiten zumindest die Größenordnung des für den Wärmeaustausch maßgebenden Wärmeübergangskoeffizienten abzuschätzen, wenn die wichtigsten Einflußgrößen auf den Wärmeaustausch bei der Wasserkühlung bekannt sind, ebenso in welchem Umfange sich die einzelnen Vorgänge beim Wärmeaustausch überlagern. Sicherlich sind diese hauptsächlich in der Verfahrenstechnik verwendeten Beziehungen den eingangs beispielhaft mitgeteilten Erfahrungswerten und -gleichungen vorzuziehen.

3.3.2 Wärmeübergang bei erzwungener und freier Konvektion

Ausgehend von den Verhältnissen an der Zylinderlaufbuchse, läßt sich bei den vorwiegend stehend ausgeführten Motorkonstruktionen die Strömung im Kühlwasserraum als eine vertikal gerichtete Kanalströmung in einem Ringraum beschreiben. Vom Kühlwasserzutritt im unteren Teil des Wasserraumes, Abb. 3.29, strömt das Kühlwasser längs der Buchse zum Kühlwasseraustritt und Übertritt in den Zylinderdeckel. Der Austritt des Kühlwassers erfolgt dabei meist örtlich versetzt zum Eintritt, um eine Kurzschlußströmung zu vermeiden. Um den Wärmeübergang an der Laufbuchse als erzwungene Konvektion bei einer Rohrströmung behandeln zu können, ist der gleichwertige Durchmesser des Ringraumes zu bestimmen.

Mit dem äußeren Durchmesser D_i der Laufbuchse und dem die äußere Kontur des Kühlwasserraumes beschreibenden Durchmesser D_a gilt nach Gl. (3.32)

$$d_{gl} = D_a - D_i. \tag{3.68}$$

Dabei soll hier zunächst die Frage offenbleiben, ob der Ansatz nach Gl. (3.32) für Ringquerschnitte noch benutzbar ist, da die Ähnlichkeit des Wärmeüberganges bekanntlich abhängig von der hydraulischen Ähnlichkeit ist.

Von *Walger* [113] wurde die Einführung eines Korrekturgliedes bei turbulenter Rohrströmung und $\mathrm{Re} > 8\,000$ vorgeschlagen. Danach gilt für den Wärmeübergang am Innenrohr eines Ringkanales

$$\mathrm{Nu} = 0{,}024 \left((1 - 0{,}12 \frac{D_i}{D_a}\right) \mathrm{Re}^{0,8} \mathrm{Pr}^{0,37} \left(\frac{\eta_{Fl}}{\eta_w}\right)^{0,14}. \tag{3.69}$$

Neben der mit dem gleichwertigen Durchmesser zu bildenden Nußelt-Zahl und Reynolds-Zahl ist η_{Fl} die dynamische Viskosität der Flüssigkeit entsprechend der mittleren Wassertemperatur als Stoffwerttemperatur und η_w die Zähigkeit bei kühlseitiger Wandtemperatur T_{wk}. Eine weitere Beziehung, ausgehend von einer von *Hausen* [114] angegebenen verbesserten Gleichung für turbulente Rohrströmung, gibt *Stephan* [115] für den Wärmeübergang im konzentrischen Rohrspalt an

$$\mathrm{Nu} = 0{,}033 \left(\frac{D_i}{D_a}\right)^{-0,45} \left[1 + \left(\frac{d_{gl}}{L}\right)^{2/3}\right] (\mathrm{Re}^{0,75} - 180)\, \mathrm{Pr}^{0,42} \left(\frac{\eta_{Fl}}{\eta_w}\right)^{0,14}. \tag{3.70}$$

Hierbei entspricht das die Anlaufströmung beschreibende Verhältnis d_{gl}/L dem Quotienten aus gleichwertigem Durchmesser d_{gl} und der freien Anströmlänge der kühlwasserseitigen Buchsenlänge. Bei Motoren normaler Bauweise ist das Verhältnis

$$L/d_{gl} = 5 \cdots 20,$$

während man für den Quotienten D_i/D_a bei üblichen Konstruktionen setzen kann

$$D_i/D_a = 0{,}7 \cdots 0{,}95\,.$$

Damit bleibt der Einfluß des Durchmesserverhältnisses beschränkt. Es werden in Abb. 3.30 für konstante Stoffwerttemperatur des Kühlwassers und ebenso konstanten geometrischen Verhältnissen die jeweiligen Wärmeübergangskoeffizienten für die Gl. (3.69) und (3.70) über der Reynolds-Zahl Re dargestellt. Für die geometrischen Abmessungen wurden als Mittelwerte dabei ein Durchmesserverhältnis von $D_i/D_a = 0{,}8$ und ein Verhältnis von $L/d_{gl} = 10$ gewählt. Durch die Auftragung von $\alpha \cdot d_{gl}$ ist es möglich, für jeden

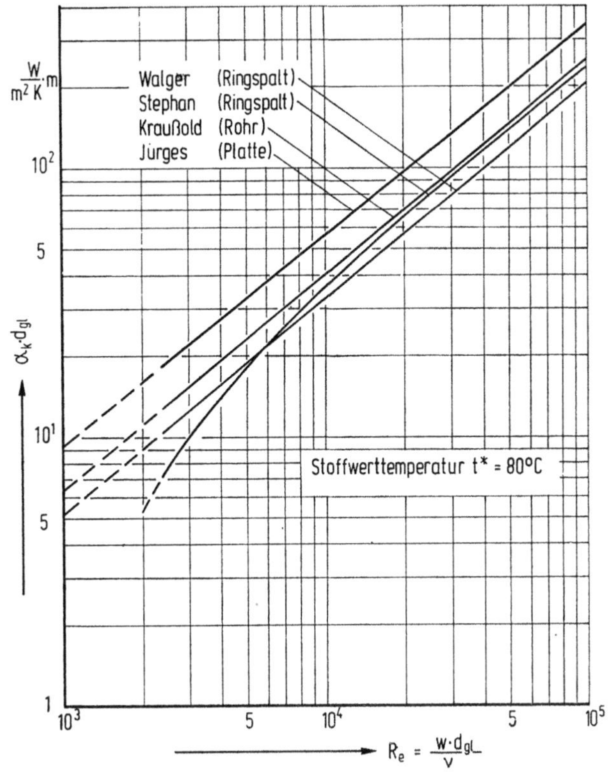

Abb. 3.30. Wärmeübergang an Wasser bei erzwungener Konvektion

anderen gleichwertigen Durchmesser bei gegebener Reynolds-Zahl die Größenordnung des Wärmeübergangskoeffizienten abzuschätzen. Zum weiteren Vergleich wurden noch die von Kraußold angegebene Gleichung für die einfache Rohrströmung

$$\mathrm{Nu} = 0{,}032\ \mathrm{Re}^{0{,}8}\ \mathrm{Pr}^{0{,}37} \left(\frac{L}{d_{gl}}\right)^{-0{,}054} \tag{3.71}$$

und die von *Jürges* [116] mitgeteilte Beziehung für den Wärmeübergang längs ebener Wände

$$\mathrm{Nu} = 0{,}057\ \mathrm{Re}^{0{,}78}\ \mathrm{Pr}^{0{,}78} \left(\frac{L}{d_{gl}}\right)^{-0{,}22} \tag{3.72}$$

in das Diagramm aufgenommen. Dabei sind zur Vereinheitlichung der Darstellung auch in (3.72) die Größen Re und Nu mit dem gleichwertigen Durchmesser als geometrische Bezugsgröße bestimmt worden, wodurch sich der Einfluß der Länge in der Größe für (L/d_{gl}) ausdrückt. Lediglich die Konstanten sind unterschiedlich.

Vergleicht man die einzelnen Abhängigkeiten des Wertes (αd_{gl}) von der Reynolds-Zahl Re, so ist man geneigt, unter Vernachlässigung des Einflusses von D_i/D_a die Gleichung (3.71) als die Beziehung anzugeben, die den Wärmeübergang bei der turbulenten Strömung im Ringquerschnitt hinreichend genau beschreibt. Damit könnte auch der Wärmeübergang bei ausgesprochener Rohrströmung in Kühlbohrungen und Kühlschlangen mit dem gleichen Ansatz behandelt werden. Es liegt dann nahe, diese Beziehung auch für die Beschreibung des Wärmeüberganges in den Kühlwasserräumen anderer Bauteile des Motors, z. B. des Zylinderkopfes, heranzuziehen. Allerdings ist es hier noch schwieriger, die Strömungsverhältnisse zu definieren, da sich die Querschnittsverhältnisse im Verlaufe des Strömungsweges ständig verändern. Auch können hier wegen der stark unterschiedlichen konstruktiven Ausführungen keine allgemein gültigen Angaben über Strömungsgeschwindigkeiten bzw. geometrische Verhältnisse gemacht werden.

Die für die Kühlwasserströmung im Bereich der Zylinderbuchse anzusetzende Reynolds-Zahl für übliche Bauformen wassergekühlter Motoren folgt aus dem gleichwertigen Durchmesser, für den je nach Motorbauart gilt:

$$d_{gl} = 0{,}01 \cdots 0{,}1 \text{ m}.$$

Dabei sind maximale Kühlwassergeschwindigkeiten von $w = 1{,}5$ m/s sicherlich nicht im Bereich großer Durchmesser anzutreffen. Andererseits können auch noch geringere Geschwindigkeiten als angegeben auftreten. Damit ergibt eine Abschätzung für die Reynolds-Zahl

$$\text{Re} = 2 \cdot 10^3 \cdots 4 \cdot 10^5,$$

wobei sicherlich die obere Grenze in der Praxis nicht erreicht wird, sofern keine ausgesprochene Bohrungskühlung vorliegt.

Die absoluten Werte des Wärmeübergangskoeffizienten betragen dann bei einem mittleren Wert des gleichwertigen Durchmessers von $d_{gl} = 0{,}05$ m an der Zylinderlaufbuchse für einen Bereich von $\text{Re} \approx 2 \cdot 10^3 \cdots 5 \cdot 10^4$

$$\alpha_k \approx 180 \cdots 2000 \text{ W/m}^2\text{ K}$$

und liegen für kleine Reynolds-Zahlen unter den erwähnten Erfahrungswerten von ca. 350 W/m² K. Allerdings befindet man sich bereits im laminaren Bereich bzw. im Übergangsbereich der Strömung, da noch kleinere Re-Werte als angegeben durchaus realistisch sind. In diesem Falle ist aber weniger der laminare Strömungszustand von Einfluß als die freie Konvektion.

Maßgebend für den Wärmeübergang bei *freier* Konvektion ist die Grashof-Zahl Gr nach Gl. (1.16.5) für die hier zu schreiben ist

$$\text{Gr} = \frac{L^3 g}{\nu^2} \beta (T_{wk} - T_k). \tag{3.73}$$

Für den Wärmeübergang an senkrechten Wänden wie auch an horizontalen Zylindern im Bereich $10^6 < \text{Gr Pr} < 10^{10}$ gilt nach [102] bei einer vorherrschend *laminaren* Strömung

$$\text{Nu} = 0{,}59 \sqrt[4]{\text{Gr} \cdot \text{Pr}}. \tag{3.74}$$

Hierbei ist in die Kenngröße nach Nußelt die Anströmlänge einzusetzen, die bei senkrechten Wänden und Rohren der Platten- bzw. Rohrlänge L entspricht. Bei Überschreiten des angegebenen Gültigkeitsbereiches ist mit einer turbulenten freien Strömung zu rechnen, wobei der Übergang bereits im Bereich $\text{Gr} \cdot \text{Pr} > 10^9$ erfolgt. Für den Wärmeaustausch bei *turbulenter freier* Konvektion ist nach [117] anzusetzen

$$\text{Nu} = 0{,}129 \sqrt[3]{\text{Gr} \cdot \text{Pr}}. \tag{3.75}$$

Von großem Einfluß auf die Grashof-Zahl ist die Anströmlänge L, gefolgt von der Temperaturdifferenz, die auch die Stoffwerte beeinflußt. Für die Stoffwerttemperatur T^* gilt

$$T^* = 0{,}5(T_{wk} + T_k) = 0{,}5 \Delta T_k. \tag{3.76}$$

Ausgehend von den Abmessungen eines großen Mittelschnelläufers, Abb. 3.29, kann bei den hier interessierenden Motoren für eine ungestörte Ausbildung der freien Konvektion mit einer Buchsenlänge von $L = 0{,}1 \cdots 1\,\mathrm{m}$ gerechnet werden. Mit einer mittleren Kühlwassertemperatur von 70 °C und einem mittleren Temperaturgefälle von 15 bis 50 Grad folgt dann für den Wert Gr Pr

$$\mathrm{Gr} \cdot \mathrm{Pr} \approx 1 \cdot 10^9 \cdots 5 \cdot 10^{12}.$$

Dabei befindet man sich bei kleinen Temperaturgefällen und Buchsenlängen im Übergangsbereich von der laminaren zur turbulenten Strömung. Es bleibt ungeklärt, ob die Buchse in voller Länge zur ungestörten Ausbildung der Auftriebsströmung beiträgt. Bei Auflösung von Gl. (3.75) nach dem Wärmeübergangskoeffizienten für freie Konvektion folgt, daß dieser unabhängig von der geometrischen Abmessung ist

$$\alpha_k = 0{,}129\lambda \sqrt[3]{\frac{g\beta\,\mathrm{Pr}}{\nu^2}}\sqrt[3]{\Delta T_k}. \tag{3.77}$$

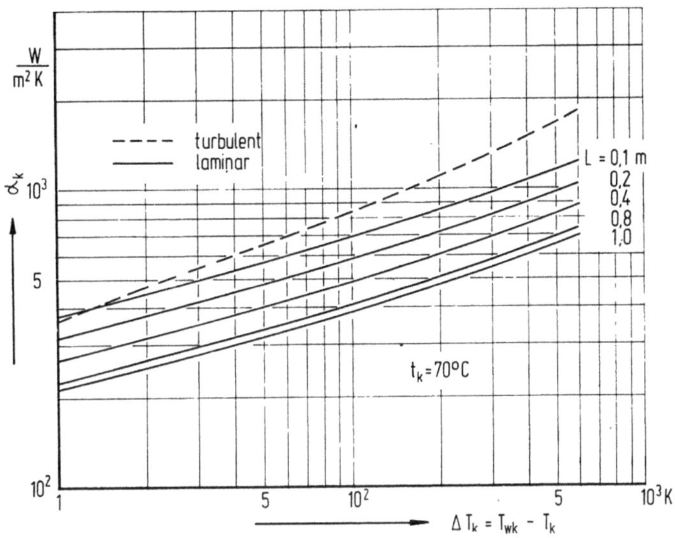

Abb. 3.31. Wärmeübergang an Wasser bei freier Konvektion

Wie der Verlauf von α_k über der Temperaturdifferenz in Abb. 3.31 zeigt, erreicht man bei der *turbulenten freien Konvektion* für den hier in Frage kommenden Bereich α-Werte zwischen 500 und 1 500 W/m² K. Bei der *laminaren freien Konvektion* ist nach Gl. (3.74) der Wärmeübergangskoeffizient nicht unabhängig von den geometrischen Abmessungen

$$\alpha_k = 0{,}59\lambda\, L^{-0{,}25} \sqrt[4]{\frac{g\beta\,\mathrm{Pr}}{\nu^2}}\sqrt[4]{\Delta T_k}. \tag{3.78}$$

Mit der Länge L als Parameter enthält Abb. 3.31 die Wärmeübergangskoeffizienten nach Gl. (3.78) für Werte $\mathrm{Gr} \cdot \mathrm{Pr} \leqq 10^{10}$, wonach bei normalem Motorbetrieb auch hier mit recht erheblichen Wärmeübergangskoeffizienten im Bereich $\alpha_k = 350 \cdots 1\,000\ \mathrm{W/m^2\,K}$ zu rechnen ist. Damit kann die freie Konvektion den Einfluß der erzwungenen bei geringer Kühlwassergeschwindigkeit übertreffen, wodurch die eingangs angegebenen Erfahrungswerte für den kühlseitigen Wärmeübergang bei geringen Wassergeschwindigkeiten bestätigt werden.

Zu einer gemeinsamen Betrachtung der beiden Formen des konvektiven Wärmeaustausches gelangt man, wenn man bedenkt, daß die Größe $gL\beta(T_{wk} - T_k)$ die spezifische

Auftriebsenergie darstellt [101]. Sie entspricht bei reibungsfreier Strömung einer maximalen kinetischen Energie von $w_{max}^2/2$. Führt man diesen Ausdruck für die kinetische Energie in die Grashof-Zahl ein, so erhält man

$$\mathrm{Gr} = \frac{w_{max}^2}{2} \frac{L^2}{\nu^2} = \frac{1}{2} \mathrm{Re}_{max}^2. \tag{3.79}$$

Damit ist die Grashof-Zahl halb so groß wie das Quadrat der Reynolds-Zahl für die angegebene maximale Geschwindigkeit. Für eine mittlere Geschwindigkeit $w = w_{max}/2$ gilt dann entsprechend

$$\mathrm{Gr} = 2\,\mathrm{Re}^2. \tag{3.80}$$

Ausgehend von dem für die Kühlwasserströmung geschätzten Bereich der Reynolds-Zahlen, erhält man mit Gl. (3.80) die diesem Strömungszustand entsprechende Grashof-Zahl bei Einführung der Länge L statt des gleichwertigen Durchmessers

$$\mathrm{Gr} = 2 \left(\mathrm{Re} \frac{L}{d_{gl}}\right)^2$$

$$\mathrm{Gr} \approx 2 \cdot 10^2 \, (1 \cdot 10^3 \cdots 1 \cdot 10^5)^2 = 2 \cdot 10^8 \cdots 2 \cdot 10^{12}$$

Damit wird deutlich, daß im Bereich der Laufbuchse die freie Konvektion zumindest im gleichen Maße wie die erzwungene Konvektion den Wärmeaustausch beeinflußt. Das bestätigen auch Messungen an der Zylinderbuchse eines doppeltwirkenden Zweitaktmotors ($s/D = 430/380$), bei denen sich ein mittlerer Wärmeübergangskoeffizient von 400 bis 1 000 W/m² K bezogen auf die ganze Buchsenlänge ergab [118], während mit einem Ansatz für erzwungene Rohrströmung bei der geringen Kühlwassergeschwindigkeit von $w = 0{,}16$ m/s, mit der der Zylindereinsatz umspült wurde, nur ein mittlerer Wert von $\alpha_k \approx 160$ W/m² K berechnet wurde. Geeignete Beobachtungseinrichtungen ermöglichten die visuelle Wahrnehmung einer der freien Konvektion zuzurechnenden Strömung an

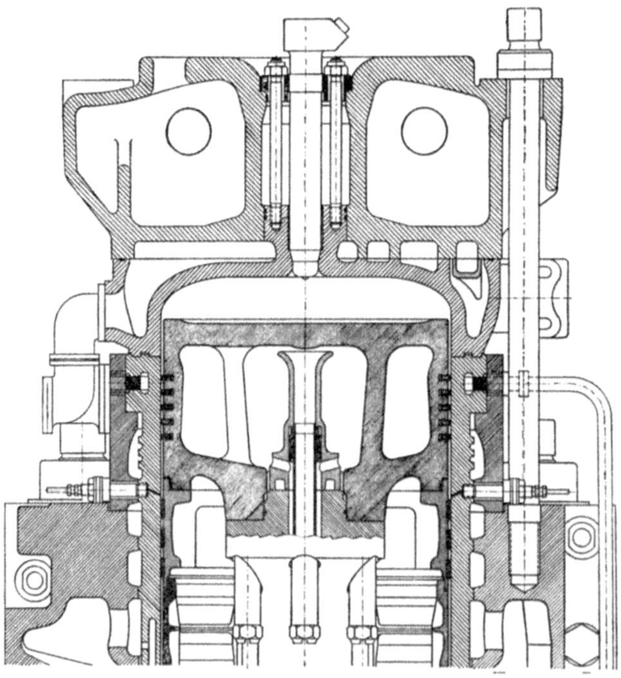

Abb. 3.32. Zylinderkopf und Zylinderbuchse eines großen Zweitakt-Motors ($s/D = 1800/1050$), Bauart M. A. N.

den Wänden der Laufbuchse. Somit stützen diese Angaben die Aussage, die auf Grund von Überlegungen hinsichtlich zu erwartender Reynolds- und Grashof-Zahlen bei der Motorkühlung getroffen wurde (s. a. Abschn. 3.3.5).

Hinsichtlich der Wärmeübergangsverhältnisse am Zylinderkopf ist auf Grund der Strömungsverhältnisse neben der erzwungenen Konvektion eine freie Konvektion nicht auszuschließen [118]. Für die freie Konvektion an horizontalen Platten entsprechend dem kühlwasserseitigen Wärmeübergang im Zylinderdeckel, ist nach *Ten Bosch* [119] für die charakteristische Länge bei Kreisplatten der Plattenradius, bei quadratischen Platten die halbe Kantenlänge, einzusetzen.

Abgesehen von dem geringen Einfluß der geometrischen Größe in der Grashof-Zahl bleibt fraglich, ob im Zylinderdeckel Gelegenheit zur Ausbildung einer ungestörten Auftriebsströmung besteht, so daß doch im Bereich des Zylinderdeckels die erzwungene Konvektion überwiegen wird. Sie ist nach dem Ansatz für durchströmte Kanäle zu behandeln, z. B. Gl. (3.71), wenn das Kühlwasser wie bei der in Abb. 3.32 gezeigten Konstruktion des Zylinderkopfes für einen Zweitakt-Großmotor entsprechend geführt wird. Das gleiche gilt hier auch für den oberen Bereich der Zylinderbuchse. Danach wird die Frage freie oder erzwungene Konvektion auch von den konstruktiven Gegebenheiten entschieden, wenn nicht der Wärmeaustausch durch das örtliche Auftreten einer Verdampfung bestimmt wird.

3.3.3 Wärmeübergang bei Verdampfung

Auf die Phasenänderungen des Kühlmittels Wasser wurde bereits hingewiesen. So muß ein Gefrieren des Wassers durch Zusatz von Gefrierschutzmitteln verhindert werden, um Motorschäden zu vermeiden. Die Verdampfung kann ebenfalls Anlaß für Störungen im Kühlsystem sein, wenn entstehende Dampfblasen bei ungünstiger Kühlwasserführung Dampfsäcke bilden und die Zirkulation des Kühlmittels behindern. Andererseits ist bekannt, daß die bei der Verdampfung auftretenden großen Wärmeübergangskoeffizienten gestatten, beachtliche Wärmemengen von kleinen Oberflächen an das Kühlmittel abzuführen. Die bei der Reaktor- und Raketentechnik auftauchenden Kühlprobleme gaben daher auch den Anstoß zu einer verstärkten Beschäftigung mit den Fragen des Wärmeüberganges bei Verdampfung. Zwar können die Zusammenhänge zwischen Verdampfung und Wärmeübergang als grundsätzlich bekannt angesehen werden, sie sind jedoch noch nicht rechnerisch mit allen Einflüssen erfaßbar, was auch zusammenfassende Darstellungen über den Wärmeübergang bei Verdampfung in der Literatur zeigen, s. z. B. [5], [71] oder [12], Abschn. M.

Zur näheren Erläuterung der Zusammenhänge zwischen Verdampfung und Wärmeübergang ist festzustellen, daß die Verdampfung stets an der Phasengrenzfläche zwischen flüssiger und dampfförmiger Phase erfolgt. Die Entstehung einer Blase in der Flüssigkeit setzt eine sehr große Überhitzung der umgebenden Flüssigkeit voraus. Es zeigt sich aber, daß an jeder Heizfläche an bestimmten Keimstellen bei relativ geringer Überhitzung gegenüber der Sattdampftemperatur Dampfblasen entstehen. Keimstellen bilden dabei in erster Linie an der Oberfläche haftende Lufteinschlüsse. Sie stecken in den Poren und Rauhigkeitsvertiefungen an den technischen Oberflächen, also im Bereich der Grenzschicht. Aus der zur Verdampfung erforderlichen Wärmezufuhr folgt eine Überhitzung der die Dampf- oder Luftblasen umgebenden Flüssigkeit und weiterhin eine noch höhere Oberflächentemperatur der Wand, da immer erst Wärme an das Wasser übergeht. Erst in einer zweiten Phase erfolgt der Wärmeaustausch zwischen dem überhitzten Wasser im Bereich der Grenzschicht und der Dampfblase, die eine der Sättigungstemperatur entsprechende Temperatur besitzt. Mit zunehmender Wärmezufuhr wachsen die Dampfblasen an, bis sie sich von der Oberfläche lösen. Die an einer Verdampfungsstelle entstehenden Dampfblasenbildung erfolgt mit gleichbleibender Frequenz, die sich umgekehrt proportional zur Quadratwurzel aus dem Blasendurchmesser verhält.

Beim Anwachsen der zunächst an der Wand haftenden Blase wird Flüssigkeit verdrängt. Nach jedem Abreißen strömt, wie im linken Teil der Abb. 3.33 [120] skizziert, wieder Flüssigkeit an die Oberfläche zurück. Die so entstehende Pulsationsströmung reißt die überhitzte Grenzfläche nahe der Heizfläche laufend auf und ist so heftig, daß der Einfluß einer Strömungsgeschwindigkeit längs der Heizfläche überspielt wird und unerheblich für den Wärmeaustausch wird. In der gleichen Weise wirken alle nicht existenzfähigen Dampfblasen, die infolge bestehenden Ungleichgewichtes zwischen Oberflächenspannungskräften an der Blasenhaut und Druckkräften in der Blase entweder implodieren oder explodieren. Bei einer Implosion wird die Flüssigkeit zum Zentrum der Implosion hin stark beschleunigt und es entstehen punktsymmetrische Druckwellen, die bei wandnaher Implosion zu Beschädigungen der Wand führen können. Dieser Vorgang ist als Kavitation bekannt (s. Abschn. 3.3.4). Wächst bei zunehmender Wärmestromdichte die Zahl der Verdampfungsstellen, indem auch kleinere Keimzellen an der Dampfblasenbildung teilnehmen, so kommt es zu Kollisionen der Blasen, die sich außerdem gegenseitig behindern. Schließlich entsteht durch das Zusammenwachsen der Blasen ein Dampffilm, der in seiner Endphase Wand und Flüssigkeit isolierend voneinander trennt, Abb. 3.33, rechts.

Diesen Vorgängen bei der Verdampfung entspricht die sogenannte Verdampfungskurve, bei der die Wärmestromdichte q über der Differenz aus Wand- und Flüssigkeitstemperatur aufgetragen wird. Geht man davon aus, daß die Flüssigkeit auf Siedetemperatur T_S erhitzt wurde, so erhält man den in Abb. 3.34 dargestellten allgemeinen Verlauf.

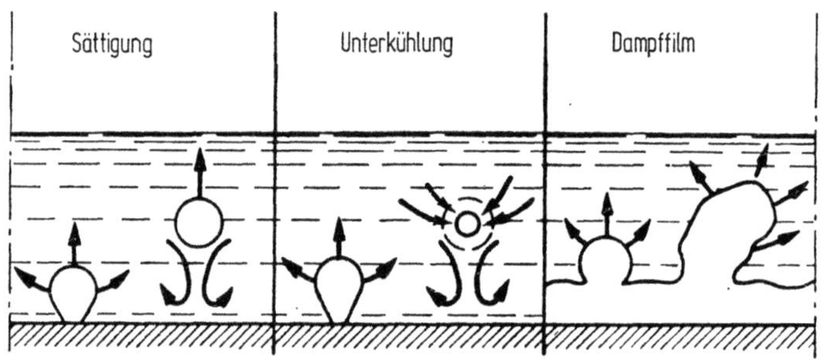

Abb. 3.33. Schematische Darstellung der Strömungsvorgänge bei der Dampfblasenbildung [120]

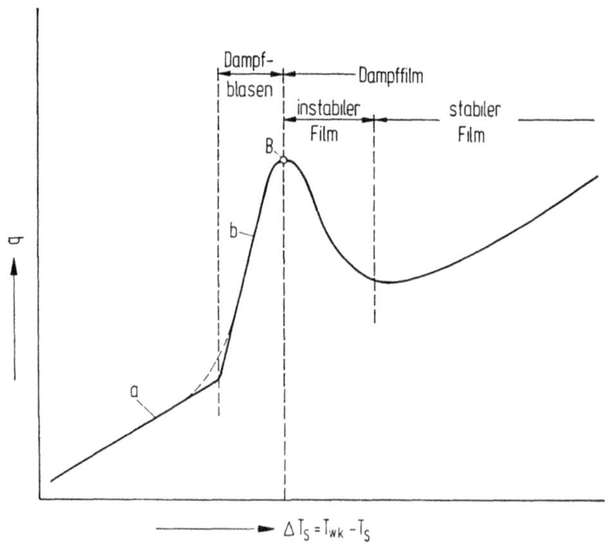

Abb. 3.34. Wärmestromdichte q in Abhängigkeit vom Siedepotential ΔT_S (Verdampfungskurve bei freier Konvektion)

Im Teil *a* der Kurve sind derart kleine Übertemperaturen vorhanden, daß keine Blasenbildung möglich ist und der Wärmeaustausch durch Konvektion erfolgt. Mit steigender Temperaturdifferenz bilden sich Dampfblasen, die den sehr steilen Anstieg des Kurvenverlaufes, Teil *b*, zur Folge haben. Diesem Bereich intensiver Dampfbildung mit starker Temperaturabhängigkeit geht ein mehr oder weniger stark ausgeprägter Übergangsbereich voraus. Gegen Ende des Teiles *b* ist die Fläche fast vollständig von Dampfblasen besetzt, was zu einer sehr heftigen Rührwirkung und entsprechend hohem Wärmeübergangskoeffizienten führt. Im Maximum der Verdampfungskurve beginnen die Dampfblasen zusammenzuwachsen, und man befindet sich im Bereich der gemischten Blasen- und Filmverdampfung mit stark verringerten Wärmeübergangskoeffizienten infolge der isolierend wirkenden Dampfschichten. Wird in Punkt *B* die kritische Wärmestromdichte q_{krit} erreicht, so ist keine zusätzliche Wärmemenge Δq mehr übertragbar. Sie muß in der Wand solange gespeichert werden, bis durch die zwangsläufige Steigerung der Wandtemperatur und der Temperaturdifferenz ΔT_k eine weitere Wärmeabfuhr möglich wird. Man befindet sich dann im Gebiet stabiler Filmverdampfung, wo die Wärmeübertragung durch Strahlung durch den Dampffilm hindurch an die Flüssigkeit erfolgt. Die über den Punkt *B* hinaus sich einstellende Wandtemperatur kann die zulässige Materialtemperatur hinsichtlich mechanischer und chemischer Widerstandsfähigkeit überschreiten, mitunter auch die Schmelztemperatur. Daher rührt auch die in der englischen Fachliteratur eingeführte Bezeichnung „burnout" für den Punkt der kritischen Wärmebelastung.

Die dargestellten Vorgänge der Verdampfung bei *siedenden* Flüssigkeiten entsprechen im Bereich intensiver Blasenverdampfung grundsätzlich auch dem Ablauf bei der Verdampfung *unterkühlter* Flüssigkeiten, wofür auch der Ausdruck Verdampfungskühlung gebräuchlich ist (subcooled boiling, local boiling). Wenn auch die Temperatur der nicht wandnahen Kühlwasserströmung unter der Sättigungstemperatur liegt, so muß sich die Grenzschicht des Kühlwassers an der Wand im überhitzten Zustand befinden. Soll die bei der Kondensation der Dampfblasen freiwerdende Wärme nicht zu einer Aufheizung der Flüssigkeit führen, so muß für den laufenden Zustrom frischen Kühlwassers gesorgt werden. Damit ist vor der Verdampfung im Bereich *a* mit einer erzwungenen Konvektion für den Wärmeaustausch zu rechnen, was eine Parallelverschiebung dieses Kurvenastes

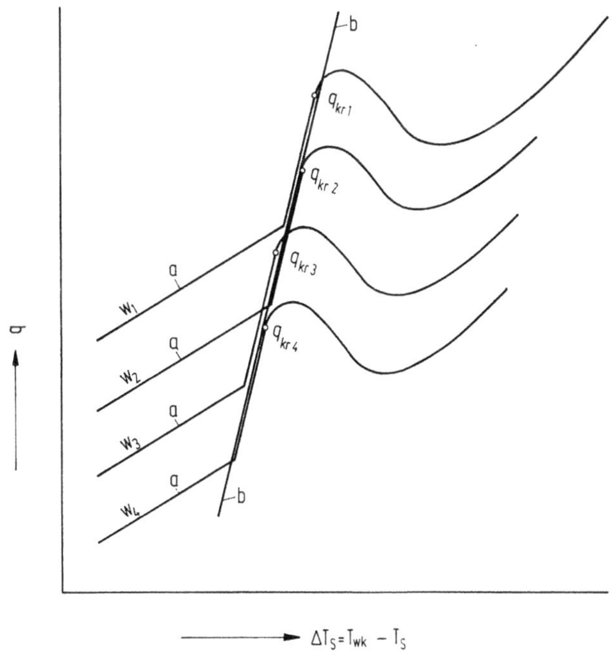

Abb. 3.35. Verdampfungskurven für verschiedene Strömungsgeschwindigkeiten

zur Folge hat. Der Übergang zur ausgebildeten Blasenverdampfung erfolgt dann bei größeren Wärmestromdichten, Abb. 3.35. Ferner ergeben sich höhere Werte für q_{max}, da die Strömung eine gegenseitige Behinderung der Blasen zunächst verhindert. Im Bereich der Blasenverdampfung dagegen verliert sich der Einfluß der Strömungsgeschwindigkeit, so daß bei Auftragung über dem sogenannten Siedepotential $\Delta T_S = T_{wk} - T_S$ mit hinreichender Genauigkeit ein gemeinsamer Verlauf angegeben werden kann. Das gilt auch für die sogenannte Verdampfungskühlung [71], da in der wandnahen Flüssigkeitsschicht, die für die Dampfblasenbildung entscheidend ist, gleiche Temperaturbedingungen wie bei gesättigten Flüssigkeiten herrschen.

Neben der Wärmebelastung der Heizwand ist ihre Rauhigkeit von entscheidendem Einfluß auf die Dampfblasenbildung, ferner Benetzbarkeit und das Haften der Flüssigkeit an der Wand. Gregorig [5] sieht auch in der Wärmeleitfähigkeit der Wand einen Einflußfaktor auf die Dampfblasenbildung, was den Vergleich von Versuchsergebnissen bei unterschiedlichen Voraussetzungen erschwert.

Die rechnerische Behandlung der mit der Blasenverdampfung zusammenhängenden Wärmeaustauschprobleme ermöglicht ein empirischer Ansatz, der den Zusammenhang zwischen Wärmestromdichte, Dampfdruck p und Wärmeübergangskoeffizientem beschreibt

$$\alpha = C q^n p^m. \tag{3.81}$$

Die Größen C, n und m sind Konstanten, wobei sich der Exponent n nach den vorliegenden Untersuchungen in den Grenzen $0{,}6 < n < 0{,}8$ bewegt. Während die Konstante C die Einflüsse der Heizwand beschreibt, ist von jeder Flüssigkeit der Exponent m für den Druckeinfluß festzustellen. Die von verschiedenen Autoren angegebenen Werte für den Exponenten m bewegen sich für Wasser in einem Bereich von $0{,}20 < m < 0{,}45$. Mit dem Ansatz nach Newton für den stationären Wärmeübergang erhält man daraus folgenden Zusammenhang zwischen einer noch zu definierenden Temperaturdifferenz ΔT und der Wärmestromdichte q bzw. dem Wärmeübergangskoeffizienten α

$$q = (C\,\Delta T\, p^m)^{1/1-n} \tag{3.82}$$

und

$$\alpha = (C\,\Delta T^n\, p^m)^{1/1-n}. \tag{3.83}$$

Die in die Gleichungen (3.82) und (3.83) einzusetzende Temperaturdifferenz kann auf die Temperatur T_k des Kühlmittels oder auf dessen Sättigungstemperatur T_S entsprechend dem herrschenden Flüssigkeitsdruck bezogen werden. Je nach Wahl der Temperaturdifferenz erhält man unterschiedliche Wärmeübergangskoeffizienten, wobei man bei Bezugnahme auf die Kühlmitteltemperatur T_k vom einem wahren α-Wert sprechen kann, wenn man an die übliche Bestimmung der zwischen Wand und Kühlmittel ausgetauschten Wärme denkt. Bezieht man sich dagegen auf das Siedepotential $\Delta T_S = T_{wk} - T_S$, so führt man damit die Temperaturdifferenz ein, die für die Blasenentstehung entscheidend ist und folglich auch für die Verbesserung des Wärmeaustausches, gleichgültig ob sich das Kühlmittel im Sättigungszustand befindet oder nicht.

Für das Gebiet der intensiven Blasenverdampfung bei siedendem Wasser gilt nach *Fritz* [120] für technische Heizflächen

$$\alpha = 1{,}95\, q^{0,72} p^{0,24} \ \mathrm{W/m^2\,K} \tag{3.84}$$

mit q in W/m² und p in bar. Entsprechend den angegebenen Beziehungen ergeben sich mit der Überhitzungstemperaturdifferenz dann die weiteren Zusammenhänge für

$$q = 10{,}86\, \Delta T_S^{3,57} p^{0,86} \tag{3.85}$$

und

$$\alpha = 10{,}86\, \Delta T_S^{2,57} p^{0,86}. \tag{3.86}$$

Die Auswertung dieser Gleichungen für beim Motorbetrieb auftretenden Bedingungen zeigt die Abb. 3.36. Hierbei nimmt das Siedepotential und damit die Wandtemperatur T_{wk} auf der Kühlmittelseite bei Steigerung der Wärmestromdichte nur wenig zu und dementsprechend sind hohe Wärmeübergangskoeffizienten zur Wärmeabfuhr notwendig.

Es hat auch nicht an Versuchen gefehlt, sich ein Modellbild vom Mechanismus des Wärmeübergangs bei Verdampfung zu verschaffen und daraus die entsprechenden Kenngrößen abzuleiten, um Gleichungen in der bekannten dimensionslosen Darstellung angeben zu können:

$$\mathrm{Nu} = C\,\mathrm{Re}^m\,\mathrm{Pr}^n. \tag{3.87}$$

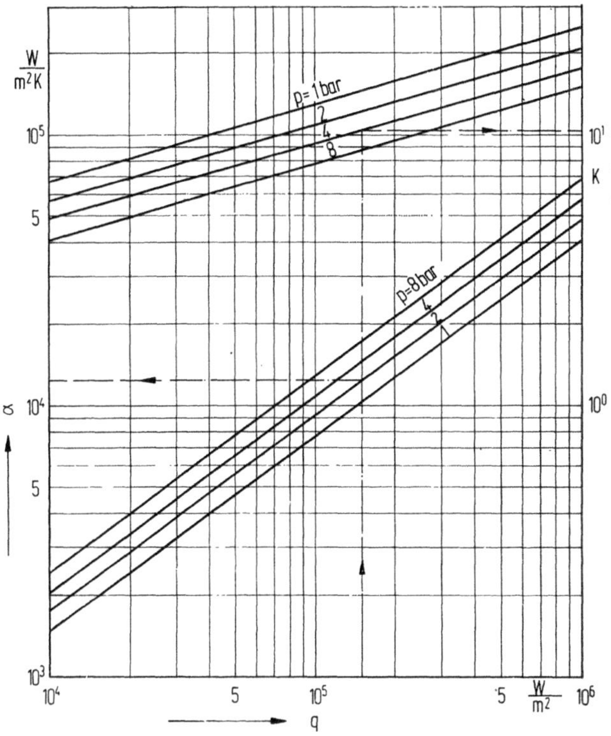

Abb. 3.36. Wärmeübergangskoeffizient α und Überhitzung ΔT_S als Funktion der Wärmestromdichte q nach Fritz [120]

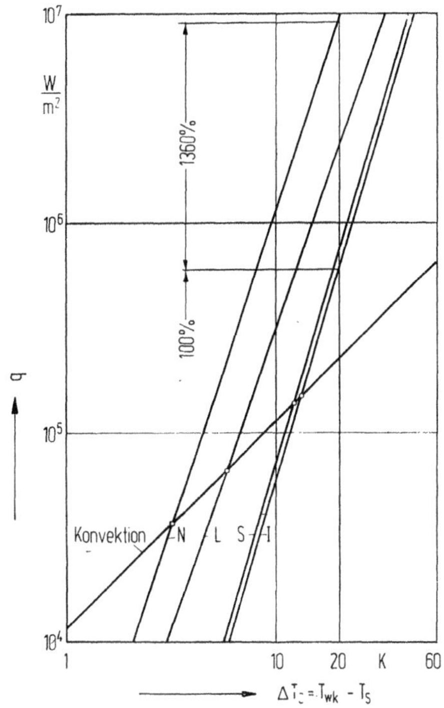

Abb. 3.37. Wärmestromdichte q in Abhängigkeit vom Siedepotential ΔT_S für Wasser, Vergleich von in der Literatur angegebenen Funktionen nach Brauer [122]

Allerdings sind die Kennzahlen Re und Nu von dem jeweiligen Modellbild abhängig. Für den Bereich der intensiven Blasenverdampfung existieren mehrere Ansätze der Form (3.87) von *Iwaschkewitsch* (I), *Labundzov* (L), *Nikishava* und *Yamagata* (N) sowie *Stephan* (S). Letzterer berücksichtigt als Einziger die Rauhigkeit der Oberfläche [121]. *Brauer* [122] hat sie auf eine gemeinsame Form entsprechend dem Ansatz von *Labundzov* [123] gebracht und gemeinsam dargestellt, indem bei gleichbleibenden Zuständen und Stoffwerten auf den Potenzansatz Gl. (3.85) zurückgegriffen wurde, Abb. 3.37 [122]. Hier zeigt sich ein erschreckend großer Streubereich, den Gregorig [5] auf unterschiedlich starke Keimdichten der für die einzelnen Untersuchungen benutzten Heizflächen zurückführt. Eine entsprechende Berücksichtigung ergibt weitaus geringere Abweichungen der Kurven untereinander [5].

Die von Stephan [121] angegebene Beziehung berücksichtigt mit der Rauheit in gewissem Umfang auch die Keimfreudigkeit der Oberfläche, so daß sie im Hinblick auf technische Oberflächen näher betrachtet werden soll. Für den Wärmeübergang bei intensiver

Blasenverdampfung an rauhen Oberflächen gilt danach für das horizontale Rohr

$$\mathrm{Nu} = 0{,}071\, K_1^{0,7} K_2^{0,3} K_3^{0,133} \tag{3.88}$$

mit

$$\begin{aligned} \mathrm{Nu} &= \frac{\alpha d}{\lambda}, \\ K_1 &= \frac{qd}{\lambda T_S}, \\ K_2 &= \frac{dT_S\lambda}{\nu\sigma}, \\ K_3 &= \frac{R_p\varrho'' r}{d\varrho'(fd)^2}. \end{aligned} \tag{3.89}$$

Die in den dimensionslosen Kennzahlen enthaltenen Stoffgrößen sind die Wärmeleitzahl λ, die kinematische Viskosität ν, die Verdampfungswärme r, die Oberflächenspannung σ [124] und die Dichten ϱ', ϱ'' von Flüssigkeit und Dampf im Sättigungszustand. Für die geometrische Größe d, den Durchmesser der Dampfblase im Abreißstadium, gilt nach [125]

$$d = 0{,}837\gamma \sqrt{\frac{2\sigma}{g(\varrho' - \varrho'')}}. \tag{3.90}$$

Der im Bogenmaß einzusetzende Randwinkel γ zwischen Oberfläche und aufsitzender Dampfblase beträgt bei Wasser näherungsweise 45°. Die Bildungsfrequenz f der Blasen folgt nach [126] aus

$$f^2 d = 3{,}06\ \mathrm{m/s^2}. \tag{3.91}$$

Die Rauhigkeit schließlich wird durch den Wert R_p, die sogenannte Glättungstiefe nach DIN 4762 beschrieben. Durch Umformen der Gleichung (3.88) folgt ein Ausdruck für den Wärmeübergangskoeffizienten α entsprechend dem Exponentialansatz nach Gl. (3.81)

$$\alpha = C q^{0,7} R_p^{0,133}. \tag{3.92}$$

Bei Berücksichtigung der im Motorbetrieb auftretenden Drücke im Kühlwassersystem von $1 < p < 4$ bar kann folgende Näherungsgleichung für die druckabhängige Größe C in Gl. (3.81) angegeben werden

$$C = 12{,}75 p^{0,21}, \tag{3.93}$$

so daß sich bei Angabe der Rauhigkeit in µm Gl. (3.88) vereinfacht zu

$$\alpha = 2{,}03\, q^{0,7} p^{0,21} R_p^{0,133}. \tag{3.94}$$

Für die Abhängigkeit der Wärmestromdichte vom Siedepotential folgt dann

$$q = 10{,}6\, \Delta T_S^{3,33} p^{0,7} R_p^{0,44}. \tag{3.95}$$

Ferner gilt für den Wärmeübergangskoeffizienten mit R_p im µm

$$\alpha = 10{,}6 \Delta T_S^{2,33} p^{0,7} R_p^{0,44}. \tag{3.96}$$

Da man es aber bei der Kühlung eines Motors auch mit ebenen Heizflächen zu tun hat, bleibt noch zu klären, ob ein Einfluß der Heizflächenlage besteht. In [121] gibt Stephan dazu unter Verwendung der gleichen Kennzahlen wie in Gl. (3.88) auch eine Beziehung für die ebene Platte an, für die analog zu Gl. (3.88) für $1 < p < 4$ bar vereinfacht geschrieben werden kann

$$\alpha = 0{,}66 q^{0,8} p^{0,24} R_p^{0,133}. \tag{3.97}$$

Der für $R_p = 1$ µm in Abb. 3.38 eingezeichnete Verlauf dieser Beziehung zeigt, daß im allgemeinen die Frage der Makrogestalt und Anordnung der Heizflächen in Anbetracht sonstiger nicht erfaßbarer Einflußgrößen unberücksichtigt bleiben kann. Auch die Gl. (3.84) liegt im Bereich der nach Gl. (3.94) berechneten Werte für horizontale Rohre, wenn man entsprechend der Parameterschar für R_p von einer Rauhigkeit $R_p \approx 5$ µm ausgeht.

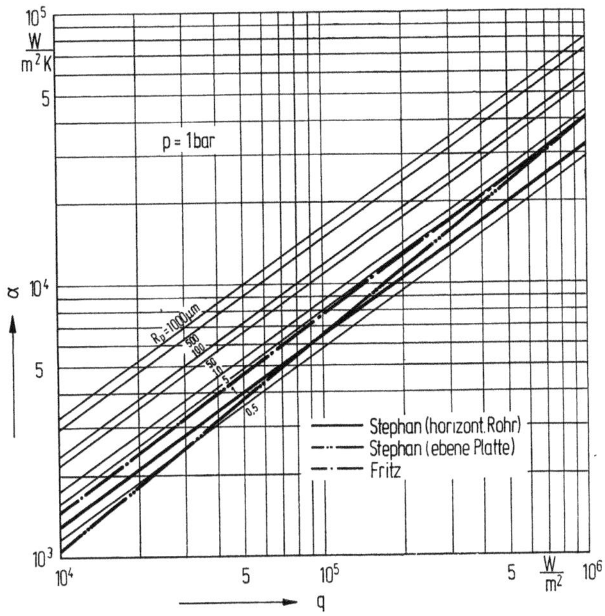

Abb. 3.38. Wärmeübergangskoeffizient α in Abhängigkeit von der Wärmestromdichte nach Gl. (3.84), Einfluß von Rauheit und Heizflächenanordnung nach Gl. (3.94) und (3.97)

Der von Stephan angegebene Einfluß der Rauhigkeit gilt für einen Bereich von $R_p = 0{,}15 \cdots 8$ µm. Die Wahl der Glättungstiefe R_p als Bezugswert wird damit begründet, daß sie entsprechend der Definition nach DIN 4762 in einem Zusammenhang mit den von den Vertiefungen der Oberfläche eingeschlossenen Gasmengen steht. Die in den technischen Handbüchern und entsprechenden DIN-Normen zu findenden Angaben über die Rauhigkeit beziehen sich auf die Rauhtiefe R_t, wobei es keine allgemein gültigen Umrechnungsbeziehungen zwischen den einzelnen Rauhigkeitsmaßen gibt. Sofern keine Werte für R_p vorliegen, gilt näherungsweise [109]

$$R_p \approx 0{,}66 R_t. \tag{3.98}$$

Damit ist in erster Näherung mit folgenden Werten für die mittlere Glättungstiefe zu rechnen:

Gezogenes Rohr, Ms, Cu	0,25···1 µm
gezogenes Rohr, St	5···20 µm
Grauguß, Sandformguß	40···170 µm
Graugußrohr, angerostet	bis 1000 µm
stärkere Rostnarben, Verkrustungen	bis 2000 µm.

Damit wird der Gültigkeitsbereich von Gl. (3.88) hinsichtlich des Rauhigkeitseinflusses weit überschritten. Außerdem erscheint es fraglich, ob das durch die äußere Hüllkurve und dem Istprofil der Oberfläche eingeschlossene Volumen bei großen Rauhtiefen wirklich noch charakteristisch für die Keimbildung ist, da die als Keimzelle dienenden Luftblasen auch nur bis zu einer bestimmten Größe an der Oberfläche in den feinstrukturierten Vertiefungen haften. Vorstellbar ist, daß beim Übergang vom gezogenen Rohr auf Oberflächen eines Gußkörpers trotz größerer Glättungstiefe die Keimfähigkeit nicht mehr hinreichend genau durch die Abhängigkeit $\alpha \sim R_p^{0,133}$ nach Gl. (3.92) beschrieben wird. Erst eine stark verrostete und verkrustete Gußoberfläche läßt auf Grund der feineren Strukturierung erwarten, daß die Keimbildung und damit die Dampfblasenbildung gegenüber einer neuwertigen Oberfläche wieder erheblich zunimmt. Der täglich zu beobachtende Kochvorgang an stark mit Wasserstein behafteten Heizflächen stützt diese Annahme. Gegenüber einem mittleren Wert von $R_p = 100\,\mu$m für eine neue Gußoberfläche würde eine stark verkrustete Oberfläche mit $R_p = 2\,000\,\mu$m den Wärmeübergangskoeffizienten um nur 50% erhöhen. Dagegen bedeutet ein Übergang von gezogenem Messingrohr mit $R_p \approx 0{,}333\,\mu$m, das vielfach bei Experimenten verwendet wurde [122], auf eine Gußoberfläche mit $R_p \approx 100\,\mu$m eine Steigerung um mehr als das Doppelte. Diese Überlegungen zeigen nur, daß es noch weiterer Untersuchungen über den Einfluß der Oberflächenstruktur auf die Dampfblasenbildung bedarf, wobei auch deren Keimfreudigkeit und Benetzbarkeit zu berücksichtigen sind. Für die angegebenen Beziehungen bedeutet das, daß sie auf ihre Verwendbarkeit bei der Motorkühlung zu überprüfen sind (s. Abschn. 3.3.5).

In diesem Zusammenhang ist darauf hinzuweisen, daß bei der Motorkühlung überwiegend unterkühlte Flüssigkeiten vorliegen. Wenn auch die Unterkühlung einen vernachlässigbaren Einfluß auf die Verdampfungsbedingungen hat, so wird man die Wärmeabfuhr am Motorbauteil doch wie üblich auf die volle Temperaturdifferenz ΔT_k beziehen, die sich zusammensetzt aus

$$\Delta T_k = T_{wk} - T_k = \Delta T_S + \Delta T_U. \tag{3.99}$$

Dabei gibt die Temperaturdifferenz ΔT_U als Temperaturdifferenz zwischen Sättigungstemperatur und Kühlmitteltemperatur die Unterkühlung an. Ausgehend von der Bedingung

$$q = \alpha\,\Delta T_S = \alpha_k\,\Delta T_k \tag{3.100}$$

gilt dann mit Gl. (3.95)

$$\alpha_k = 10{,}6\,\Delta T_S^{3,33} p^{0,7} R_p^{0,44}\,\Delta T_k^{-1}. \tag{3.101}$$

Für eine mittlere Rauhigkeit $R_p = 1\,\mu$m, einen Druck $p = 1{,}013$ bar und die Kühlmitteltemperatur als Parameter wurde Gl. (3.101) in Abb. 3.39 aufgetragen. In der gleichen Weise kann für eine konstante Kühlmitteltemperatur von 70 °C und dem Druck im Kühlwassersystem bzw. der Siedetemperatur T_S als Parameter der zugehörige Wert für α_k der Abb. 3.40 entnommen werden. Zusätzlich enthalten die Auftragungen jeweils die für freie Konvektion nach Gl. (3.78) ermittelten α-Werte für eine Länge von $L = 0{,}5$ m. Bei Vernachlässigung des Übergangsbereiches zu Beginn der intensiven Blasenverdampfung zeigen die Schnittpunkte der Linien den Beginn der Blasenverdampfung an, wobei der Wärmeübergangskoeffizient sprunghaft zunimmt. Somit tritt ein gewisser Selbstschutzeffekt ein, indem die verstärkte Wärmeabfuhr ein übermäßiges Ansteigen der Wandtemperatur verhindert. Für die Kühlung im Motor bedeutet das, daß trotz erhöhter Wärmebeaufschlagung die Wandtemperatur auf der Kühlwasserseite nahezu konstant bleibt.

Eine obere Grenze, über die hinaus der Wärmeübergangskoeffizient nicht ansteigen kann, ist gegeben durch q_{krit}, der maximalen Wärmestromdichte ohne Filmbildung. Dazu zeigt Abb. 3.41 [12] die Auswertung zahlreicher Versuche in einer Darstellung, die auf folgender Zahlenwertgleichung beruht [127]

$$\frac{q_{\max}}{r\varrho''} = f\left(\frac{\varrho'}{\varrho''} - 1\right). \tag{3.102}$$

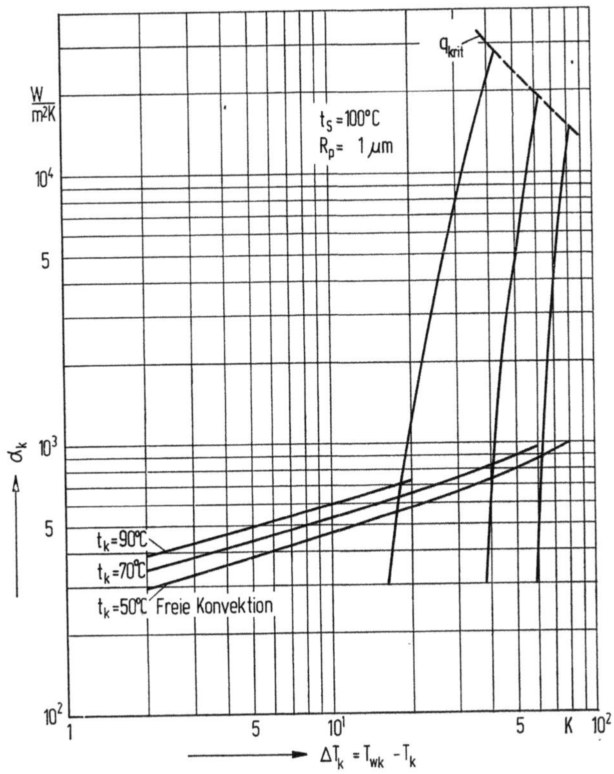

Abb. 3.39. Wärmeübergangskoeffizient α_k als Funktion der Temperaturdifferenz ΔT_k für Wasser bei $p = 1{,}013$ bar, Einfluß der Kühlwassertemperatur

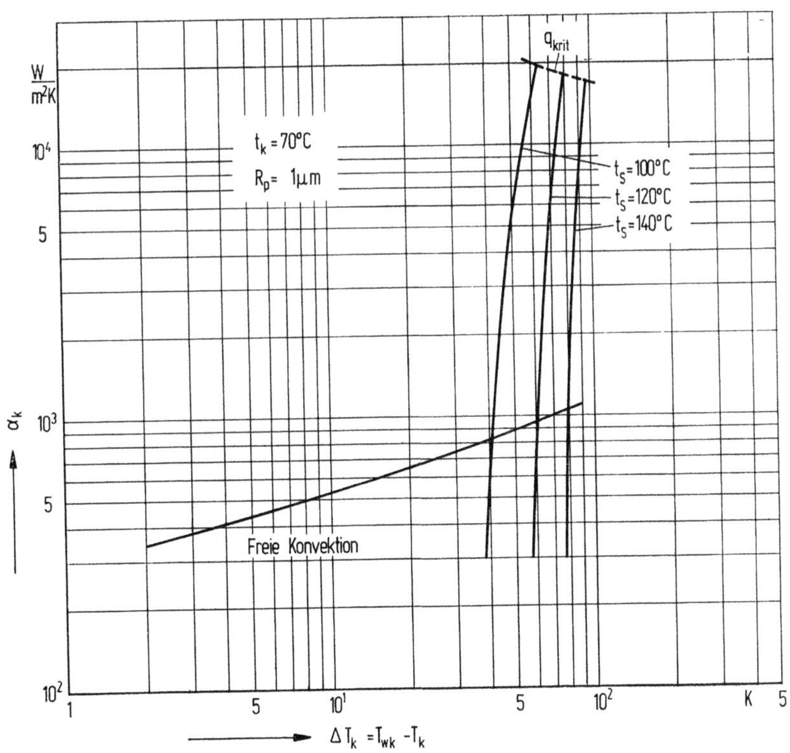

Abb. 3.40. Wärmeübergangskoeffizient α_k bei Wasserkühlung als Funktion der Temperaturdifferenz ΔT_k für Wasser von 70 °C, Einfluß der Siedetemperatur

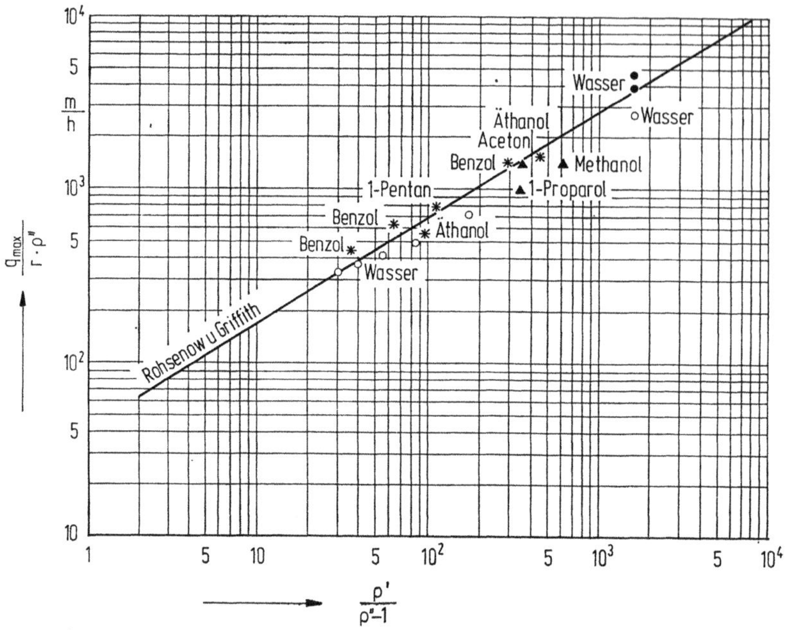

Abb. 3.41. Maximale Heizflächenbelastung für Wasser und organische Stoffe [127]

Die Werte für Wasser gelten dabei als am gesichertsten. Eine zahlenwertmäßige Auswertung des Diagrammes ergibt folgende vereinfachte Beziehung für Wasser

$$\frac{q_{max}}{r\varrho''} \approx 11\left(\frac{\varrho'}{\varrho''} - 1\right)^{0,6}. \tag{3.103}$$

Diese Beziehung liegt der Grenze für q_{krit} zugrunde, die in Abb. 3.39 und 3.40 die maximal erreichbaren Werte α_k angibt. Erwartungsgemäß verschiebt sich diese Grenze mit Zunahme von Druck bzw. Sättigungstemperatur zu höheren Werten. Für Wasser ergibt sich nach Gl. (3.103) bei einem Druckbereich von $p = 1 \cdots 4$ bar für die zulässige Heizflächenbelastung

$$q_{max} = (1{,}2 \cdots 1{,}9)\ 10^6\ \mathrm{W/m^2}.$$

Nach [120] gilt für Wasser von 1 bar Druck

$$q_{max} = (0{,}7 \cdots 1{,}4)\ 10^6\ \mathrm{W/m^2}.$$

Damit ist zur Beschreibung des Wärmeaustausches bei intensiver Blasenverdampfung außer der unteren Grenze, gegeben durch den konvektiven Wärmeübergang, auch die obere Grenze beim Erreichen der kritischen Wärmebelastung bekannt. Entsprechend der örtlichen Verteilung der Wärmebelastungen an der Zylinderbuchse ist im Bereich des oberen Totpunktes ebenso mit Sieden zu rechnen wie beim Zylinderkopf. Wie im folgenden Abschnitt gezeigt, können unter bestimmten Umständen auch im mittleren Bereich der Buchse erhebliche Werte für α_k erreicht werden, falls es dort zu Kavitation kommt.

3.3.4 Wärmeübergang bei Kavitation

Eine Besonderheit für den Wärmeübergang in der Verbrennungskraftmaschine ergibt sich durch die Tatsache, daß bei hochbeanspruchten wassergekühlten Maschinen in gewissen Bereichen an der Außenseite der Zylinderlaufbuchse Kavitation auftritt, wodurch die Wand angegriffen oder sogar bei entsprechender Betriebszeit völlig zerstört wird. Die

Kavitation wird durch den Kolbenschlag verursacht, der sich aus dem Kolbenspiel, den Massen- und Gaskräften und dem daraus folgenden Kolbenkippen ergibt [128]. Der Kolbenschlag entwickelt sich während eines Hin- und Hergangs des Kolbens je nach Arbeitsspiel (Vier- oder Zweitakt) mehrmals und verschieden heftig. Er versetzt die Zylinderlaufbuchse in Eigenschwingungen, wodurch ihre elastische Verformung in Richtung des Normaldruckes aus der Kolbenbewegung, also quer zur Motorachse, am stärksten ist. Obwohl die Eigenschwingung je nach Werkstoffart und Einbauverhältnis verschieden stark gedämpft ist, wird sie nach der jeweiligen Stärke des Kolbenschlages immer wieder erregt, so daß sich Schwingungskavitation mit dem umgebenden Kühlwasser einstellt. Man hat zwar gelernt, die Kavitation durch werkstofftechnische, konstruktive und betriebliche Maßnahmen zu vermeiden oder zu beherrschen [129, 110], ist aber vor allem bei Neuentwicklungen vor Überraschungen noch nicht sicher. Daher ist es nützlich, sich ein Bild darüber zu verschaffen, in welchem Umfang bei Kavitation der Wärmeübergang zunimmt, weil dadurch bei der arbeitenden Maschine die Temperaturdifferenz in der Zylinderwand wächst und in dieser zusätzliche Spannungen auftreten.

Es ist vorauszusehen, daß der Wärmeübergang bei Kavitation gegenüber einem normalen Betriebszustand um ein Mehrfaches wegen der in unmittelbarer Wandnähe stattfindenden und sich ständig wiederholenden Bläschenbildung im Kühlwasser zunimmt. Wenn sich auch ein Vergleich mit dem Sieden aufdrängt, so ist der Mechanismus bei der Kavitation wegen der zerstörenden Wirkung auf den angrenzenden Werkstoff doch ein ganz anderer. Hinweise darauf mit weiteren Schrifttumangaben findet man in [111]. Zahlenwerte für den Wärmeübergang bei Kavitation sind durch entsprechende Versuche gewonnen worden [130], deren entscheidenden Ergebnisse im folgenden wiedergegeben werden.

Die verwendete Versuchseinrichtung erlaubte es, die durch den motorischen Betrieb gegebenen Einflußgrößen in einem weiten Bereich zu verändern, damit eine allgemein gültige Aussage gefunden werden konnte. Es sind dies: Druck, Temperatur und Geschwindigkeit des Kühlwassers sowie Wärmestromdichte, Wandtemperatur, Schwingungsfrequenz und -amplitude einer beheizten schwingenden Platte. Die Eigenfrequenz von Zylinderlaufbuchsen liegt nach vorliegenden Messungen zwischen 1200 und 6000 Hz und die erzwungene Amplitude zwischen 0,07 bis 0,09 mm. Während unter bestimmten Betriebsbedingungen bereits ab 100 g (mit $g = 9{,}806\,65\ m/s^2$ = Erdbeschleunigung) Kavitation auftritt, sind im motorischen Betrieb bis zu 2800 g gemessen worden, die allerdings nur sehr kurzfristig — wenige Grad Kurbelwinkel — bestehen; in der Regel wird man im Falle von Kavitation bei Verbrennungsmotoren mit 250 g zu rechnen haben.

Der Kavitationsvorgang wird durch feine Dampf-Luftbläschen, die rasch entstehen und wieder durch Implosion verschwinden, sichtbar. In der Versuchseinrichtung wurde er durch eine Plexiglasscheibe beobachtet. Einige kennzeichnende Kavitationsbilder werden aus [111] mit den Abb. 3.42 bis 3.44 wiedergegeben und zugleich wird mit Abb. 3.45 ein kavitationsloser Zustand ($b = 0$ g) gezeigt. Bei letzterem, dem schwingungslosen Zustand entwickeln sich infolge der etwas über Siedetemperatur liegenden Wandtemperatur und der geringen Wassergeschwindigkeit von 0,1 m/s auf der Wand haftende Dampf-Luftbläschen. Bei der geringsten Beschleunigung der Wand werden sie sofort abgetrieben und die schwingende Wand ist solange klar, bis bei verstärkter Beschleunigung Kavitationsbläschen auftreten, die je nach den Betriebsbedingungen, Zahlentafel 3.1, die schwingende Fläche mehr oder weniger bedecken. In den weißen Feldern der Lichtbilder sind die Bläschen so zahlreich, daß sie durch Lichtreflexe bei der Beleuchtung hier optisch zusammenfließen.

Aber je heftiger die Kavitation auftritt und die Fläche bedeckt, umso größer muß natürlich neben der zerstörenden Wirkung der in unmittelbarer Wandnähe implodierenden Bläschen auch der Wärmeübergang werden. Der zahlenmäßige Einfluß der Kavitationsbläschen auf den Wärmeübergang wird am deutlichsten, wenn man den Vervielfältigungsfaktor des Wärmeübergangskoeffizienten gegenüber normalem Betriebszustand er-

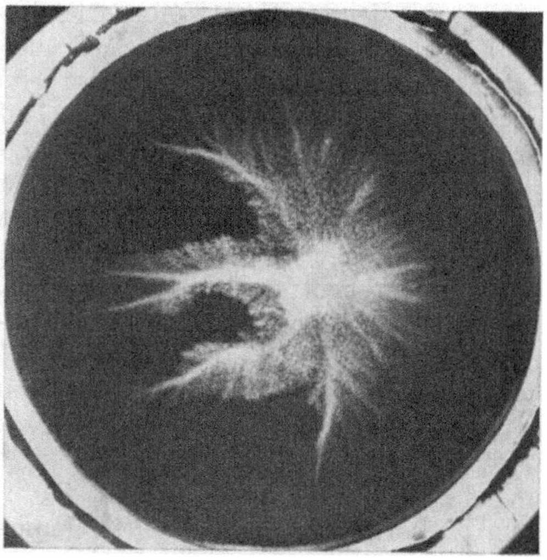

3.42

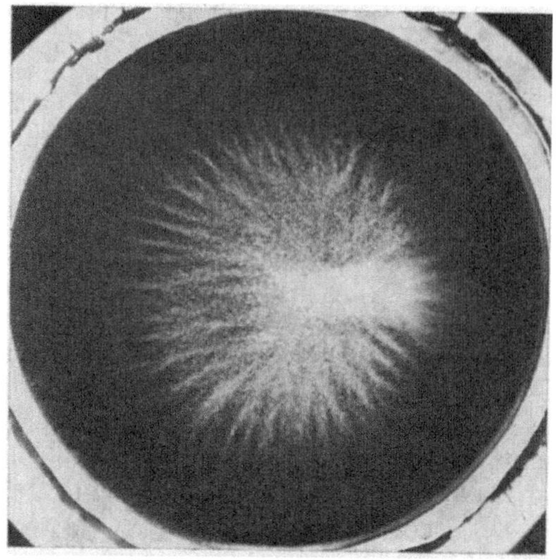

3.43

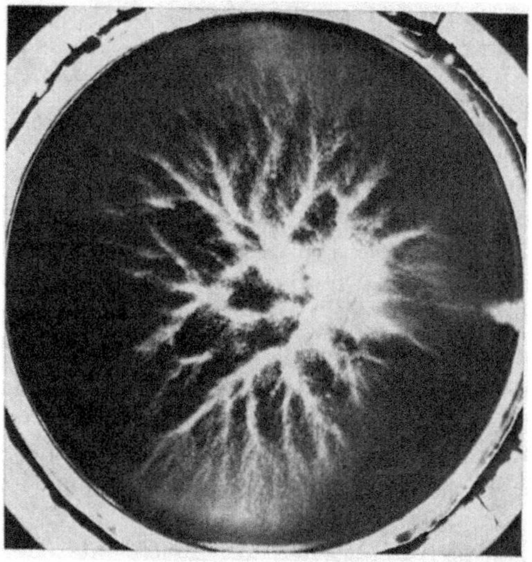

3.44

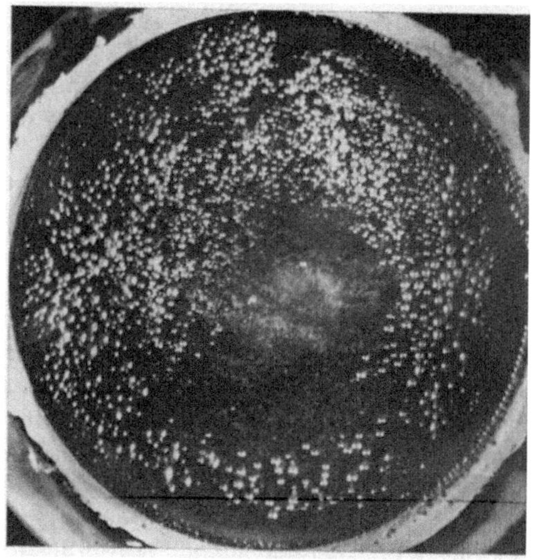

3.45

Abb. 3.42. bis 3.45. Aufnahmen der Blasenbildung bei Schwingungskavitation, Betriebswerte siehe Zahlentafel 3.1

Zahlentafel 3.1. *Betriebsdaten zu den Kavitationsbildern* 3.42 *bis* 3.45

Lfd. Nr.	Größe	Zeichen	Dim.	Lichtbild 3.42	3.43	3.44	3.45
1	Wasserdruck	p	bar	1	1	1	1
2	Wärmestromdichte	q	kW/m²	45	45	220	290
3	Wassergeschwindigkeit	w	m/s	0,2	0,2	0,2	0,1
4	Wassertemperatur	T_k	°C	12	12	53	65
5	Wandtemperatur	T_{wk}	°C	16	15,2	67,7	115
6	Reynolds-Zahl	Re	—	$1{,}07 \cdot 10^4$	$1{,}07 \cdot 10^4$	$2{,}5 \cdot 10^4$	$1{,}4 \cdot 10^4$
7	Prandtl-Zahl	Pr	—	8,6	8,6	3,5	2,8
8	Beschleunigung	b	m/s²	380 g	410 g	230 g	0

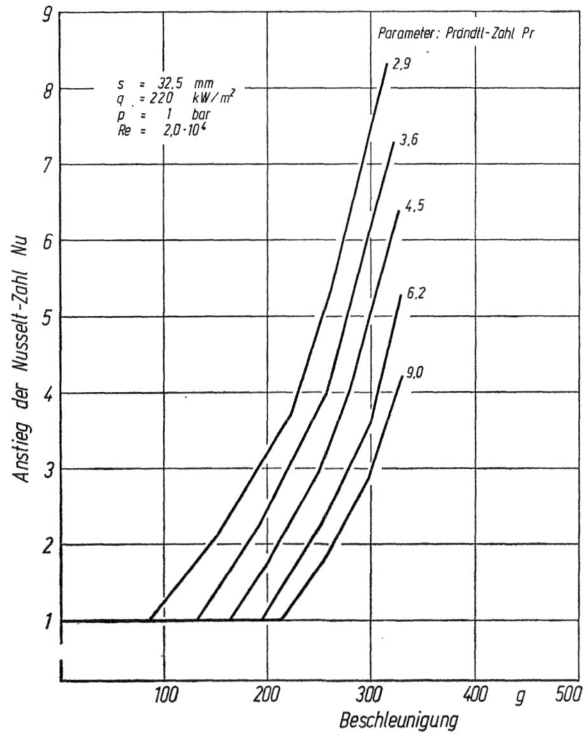

Abb. 3.46. Anstieg der Nußelt-Zahl in Abhängigkeit von der Beschleunigung bei verschiedenen Prandtl-Zahlen

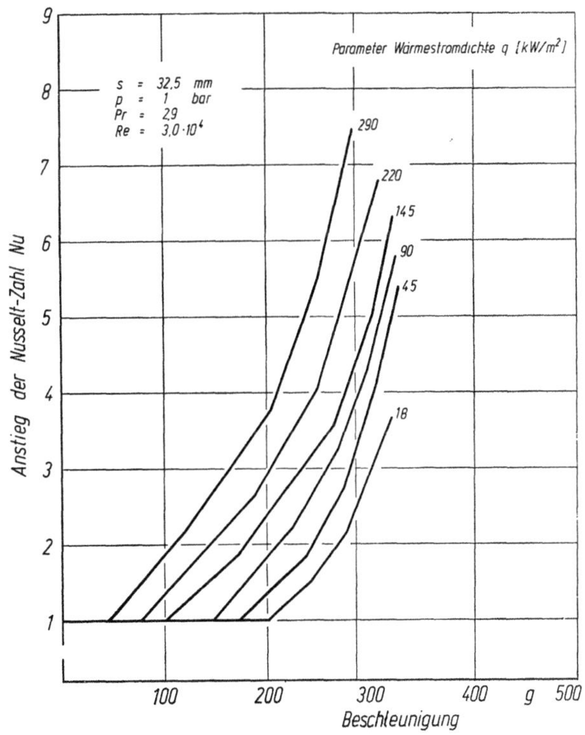

Abb. 3.47. Anstieg der Nußelt-Zahl in Abhängigkeit von der Beschleunigung bei verschiedenen Wärmestromdichten q

mittelt, der in den Abb. 3.46 und 3.47 in Form des Anstiegs der Nu-Zahl für die wichtigsten Parameter Pr und q wiedergegeben ist. Es ist festzustellen, daß der Wärmeübergangskoeffizient durch Kavitation bis zum 10fachen ansteigen kann! Der Parameter s kennzeichnet den erfaßten Kavitationsbereich, wobei der Wert $s = 32{,}5$ mm dem Zentrum der Kavitationsfläche entspricht. Die Prandtl-Zahl Pr $= 6{,}2$ bzw. $2{,}9$ gehört zu einer Kühlwassertemperatur von 25 bzw. 63 °C. Der Knick in der Linienführung entsteht durch die beginnende Kavitation, und zwar tritt sie um so eher auf, je höher die Kühlwassertemperatur und die Wärmestromdichte und je niedriger der Druck sind. Diese Diagramme schließen

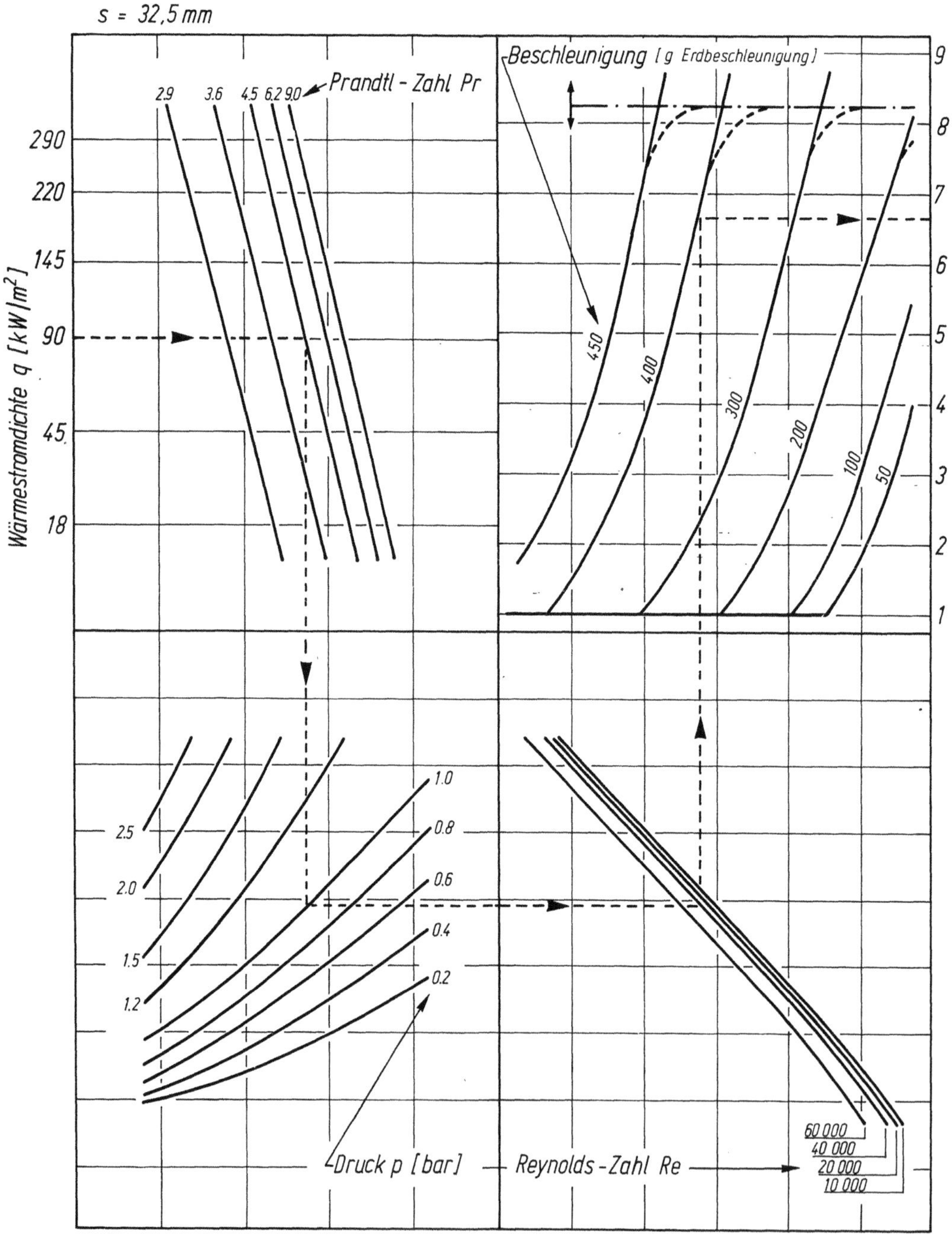

Abb. 3.48. Anstieg der Nußelt-Zahl bei Kavitation in Abhängigkeit von den Betriebsverhältnissen

auch die für bestimmte Betriebsdaten ausgewählten Lichtbilder, Abb. 3.42 bis 3.45 weitgehend ein.

Das Nomogramm Abb. 3.48 hilft für den praktischen Gebrauch die jeweils in Frage kommende Zunahme zu ermitteln. Die wichtigsten Betriebsdaten, nämlich die örtliche Wärmestromsichte sowie Druck, Temperatur und Geschwindigkeit des Wassers führen zur gesuchten Nu-Zahl. Dabei gehen unmittelbar die Wassergeschwindigkeit und mittelbar über die Stoffgrößen die Temperatur in die Re- und Pr-Zahl ein, vgl. Gl. (1.16.1) und (1.16.3). Für die in der Re- und Nu-Zahl noch enthaltene geometrische Größe d ist festzuhalten, daß hier für den Kanalquerschnitt entsprechend dem vom Kühlwasser durchströmten Motorenraum der gleichwertige Durchmesser, Gl. (3.68), einzusetzen ist. Da das Nomogramm den Anstieg der Nu-Zahl liefert, ist noch der Ausgangswert für den jeweiligen Wärmeübergangskoeffizienten *ohne* Kavitation nach Abschn. 3.3.2 zu ermitteln.

3.3.5 Wärmeübergang im Motorbetrieb

Betrachtet man die bei der Kavitation an Zylinderlaufbuchsen auftretenden Wärmeübergangskoeffizienten als nur lokal begrenzte Erscheinung, die sich abgesehen von der Schädigung der Laufbuchse auf den gesamten Wärmehaushalt nur geringfügig auswirkt, so können die Kühlverhältnisse im Motor mit den in Abschnitt 3.3.2 und 3.3.3 angegebenen Beziehungen rechnerisch erfaßt werden. Dabei ist neben der Blasenverdampfung die freie Konvektion von Einfluß für den Wärmeübergang an der Zylinderlaufbuchse. Um eine Entscheidung über die örtlich bestehenden Wärmeübergangsverhältnisse treffen zu können, sind zunächst die Kennzahlen nach Grashof, Reynolds und Prandtl zu bestimmen. Eine Auswertung der Wärmebilanzen verschiedener Motoren ergab für den unteren, durch Strömungseinbauten nicht beeinflußten Bereich der Laufbuchse Wassergeschwindigkeiten oft unter 0,1 m/s. Bei Wassergeschwindigkeiten $w < 0{,}5$ m/s überwiegt im allgemeinen die freie Konvektion, für die dann der Ansatz nach Gl. (3.74) gilt. Dabei ist zu beachten, daß man hierbei zunächst von der mittleren Laufbuchsentemperatur als der für den Auftrieb wirksamen Temperatur ausgeht, ohne die Änderung der Wandtemperatur T_{wk} über der Länge der Buchse zu berücksichtigen. Somit wird sich die freie Konvektion erst gegen Ende der Buchse nach oben hin voll ausbilden können, was bei einer Bestimmung der örtlichen Verteilung von α_k zu berücksichtigen ist. Im unteren Teil der Buchse sind nur geringe Wärmeübergangskoeffizienten zu erwarten, die bei der geringen Wärmebelastung in diesem Abschnitt der Laufbuchse zur Kühlung ausreichen. Systematische Untersuchungen über die örtliche Verteilung des kühlseitigen Wärmeübergangskoeffizienten liegen bisher nicht vor, dagegen häufiger Angaben über mittlere Wärmebelastungen und Wärmeübergangskoeffizienten. Einige werden herangezogen, um die angegebenen Wärmeübergangsbeziehungen zu überprüfen.

So ergab die dazu durchgeführte Auswertung zahlreicher Wärmebilanzen des hochaufgeladenen Viertakt-Vorkammerdieselmotors nach [47] die in Abb. 3.49 aufgetragenen Werte für den mittleren Wärmeübergangskoeffizienten, bezogen auf die gesamte vom Kühlwasser beaufschlagte Buchsenlänge. Dieser Abhängigkeit von der Reynolds-Zahl ist der Verlauf der nach Gl. (3.71) für erzwungene Konvektion berechneten Wärmeübergangskoeffizienten gegenübergestellt. Entsprechend dem Streuband der einzelnen Versuchsergebnisse ergeben sich abhängig von der Reynolds-Zahl mittlere Werte von 500 bis 1400 W/m² K für den α-Wert der Kühlseite, wogegen die Rechenwerte nur 100 bis 250 W/m² K betragen, was den Angaben in [118] entspricht.

Der Einfluß der freien Konvektion wird erfaßt, wenn man über der mittleren wirksamen Temperaturdifferenz $\Delta T_k = (T_{wk})_m - (T_k)_m$ die aus der Wärmebilanz bestimmten α_k-Werte aufträgt, Abb. 3.50. Die mittlere Wandtemperatur wurde dabei aus dem gasseitigen Temperaturverlauf an der Laufbuchse bestimmt. Ausgehend von der in Abb. 3.50 ebenfalls dargestellten Abhängigkeit des Wärmeübergangskoeffizienten α_k von der Tem-

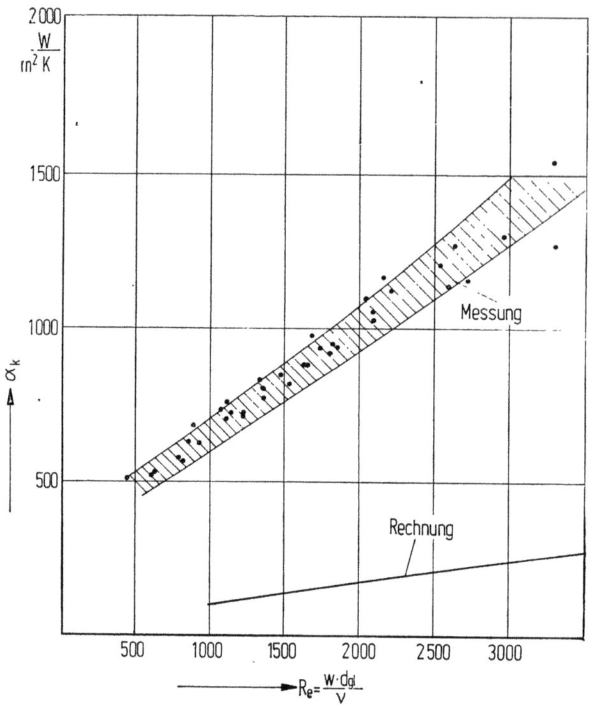

Abb. 3.49. Mittlerer Wärmeübergangskoeffizient α_k an der Zylinderbuchse in Abhängigkeit von der Reynolds-Zahl

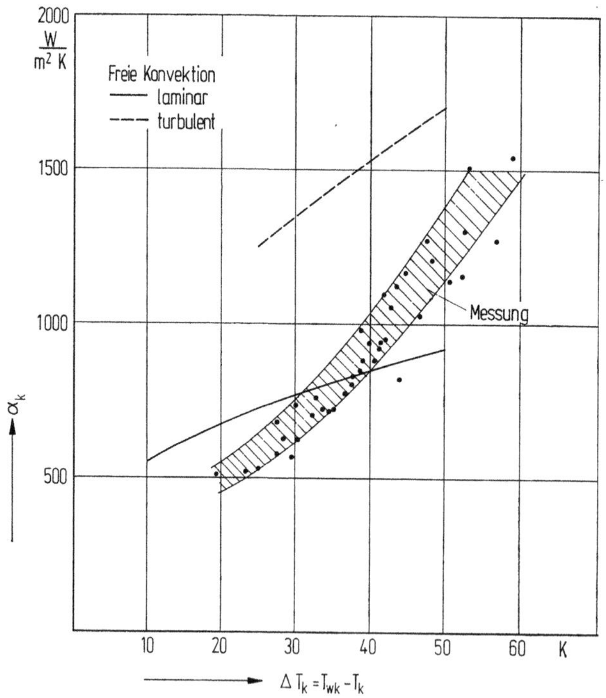

Abb. 3.50. Mittlerer Wärmeübergangskoeffizient α_k an der Zylinderbuchse bei freier Konvektion in Abhängigkeit von der Temperaturdifferenz ΔT_k

peraturdifferenz ΔT_k bei freier Konvektion, ergibt sich eine durchaus befriedigende Übereinstimmung der Meßwerte mit den Werten nach Gl. (3.78) bei laminarer Strömung. Da es sich bei dem Versuchsmotor um eine liegende Maschine handelt, war für die Länge L die Anströmlänge l' eines querumspülten Zylinders einzusetzen. Für große ΔT_k wird offensichtlich der Bereich der laminaren Strömung mit Pr Gr $> 1 \cdot 10^{10}$ überschritten, wenn man davon ausgeht, daß im Motor eine voll ausgebildete freie Strömung vorliegt, Gl.(3.77). Die Meßwerte bei großen Temperaturdifferenzen ΔT_k deuten an, daß man sich hier im Übergangsbereich zwischen laminarer und turbulenter Strömung befindet. Daneben ist nicht auszuschließen, daß bereits örtlich an der Laufbuchse Sieden auftritt. Letztlich darf nicht übersehen werden, daß der vorliegende Mittelwert keine differenzierteren Angaben über die wirklichen Verhältnisse zuläßt, als daß die freie Konvektion von überragendem Einfluß ist.

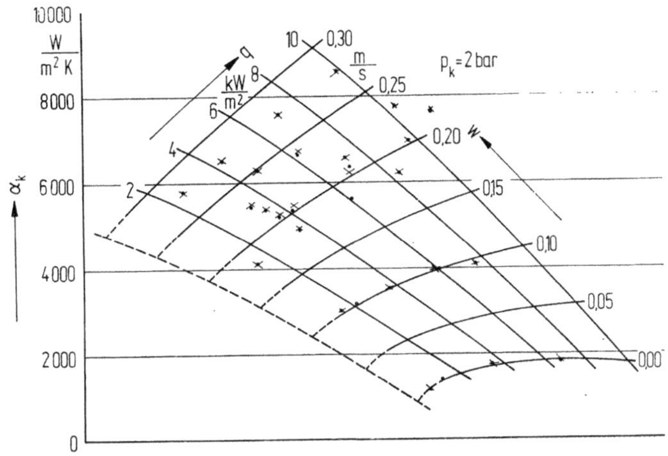

Abb. 3.51. Kühlseitiger Wärmeübergangskoeffizient α_k in Abhängigkeit von der Wärmestromdichte q und der Kühlwassergeschwindigkeit w [131]

Messungen an einer elektrisch aufgeheizten Zylinderlaufbuchse lieferten die mittleren Wärmeübergangskoeffizienten in Abhängigkeit von der mittleren Wärmestromdichte und der Kühlwassergeschwindigkeit [131]. Die Versuchsergebnisse enthält die dieser Arbeit entnommene Abb. 3.51. Auch hier ist festzustellen, daß der Ansatz für einen konvektiven Wärmeübergang gemäß Gl. (3.71) versagt: Einer Verdoppelung der Geschwindigkeit würde bei einem Exponenten von 0,8 für die Reynolds-Zahl eine Zunahme des Wärmeübergangskoeffizienten um ca. 75% entsprechen. Dagegen ergeben die eingezeichneten Kurvenverläufe nur eine Zunahme je nach Wärmebelastung von 46 bis 56%. Ist dabei der gewählte Geschwindigkeitsbereich durchaus realistisch, so gilt das nicht für die gewählten Wärmestromdichten, da die maximale mittlere Wärmestromdichte von $q = 1 \cdot 10^4$ W/m² in der Praxis nur bei kleinen Teillasten auftreten dürfte. An einer Zylinderlaufbuchse vergleichbarer Abmessungen wurden im Motorbetrieb Wärmestromdichten von $q = 4 \cdot 10^4$ bis $2 \cdot 10^5$ W/m² bei Zylinderleistungen von ca. 50 bis 150 kW gemessen [132]. Handelt es sich bei diesem Motor um einen ausgesprochenen Hochleistungs-Dieselmotor, so entsprechen die in Abb. 3.49 dargestellten Meßwerte des relativ langsamlaufenden Motors ($c_m \leqq 5$ m/s) bei Betrieb mit und ohne Aufladung mittleren Wärmestromdichten von $1 \cdot 10^4$ bis $8 \cdot 10^4$ W/m² an der Laufbuchse.

Auch bei dem Wärmeaustausch im Bereich des Zylinderkopfes kann die freie Konvektion die Wirkung der erzwungenen Strömung überspielen, wie entsprechende Versuche zeigen [118]. Hier liegt bei insgesamt sehr kleinen Strömungsgeschwindigkeiten bei Verdoppelung derselben die Zunahme für die Wärmeübergangskoeffizienten bei 10% und weicht somit noch stärker von der nach den Gesetzen der erzwungenen Konvektion zu erwartenden Steigerung um 75% ab. Dabei werden mit $\alpha_k = (3{,}5 \cdots 4) \cdot 10^3$ W/m² K recht beachtliche Werte für den Wärmeübergangskoeffizienten erreicht, die bei einsetzender Blasenverdampfung bei einer Heizflächenbelastung von ca. $3{,}3 \cdot 10^5$ W/m² bis auf Werte von $\alpha_k \approx 6000$ W/m² K ansteigen. Gemäß Beziehung Gl. (3.100) wurde letzterer Wert auf die gesamte Kühlwassertemperaturdifferenz ΔT_k bezogen.

Weitere Angaben über Wärmeübergangskoeffizienten auf der Kühlseite am Zylinderdeckel sind in [132] zu finden. Die dort beschriebenen Untersuchungen zur thermischen Belastung schnellaufender Hochleistungs-Dieselmotoren gehen auch auf Versuche mit einer Modellapparatur ein. Dazu wurde an einem von Wasser durchströmten und beheizten Graugußrohr der Wärmeübergangskoeffizient bei intensiver Blasenverdampfung in Ab-

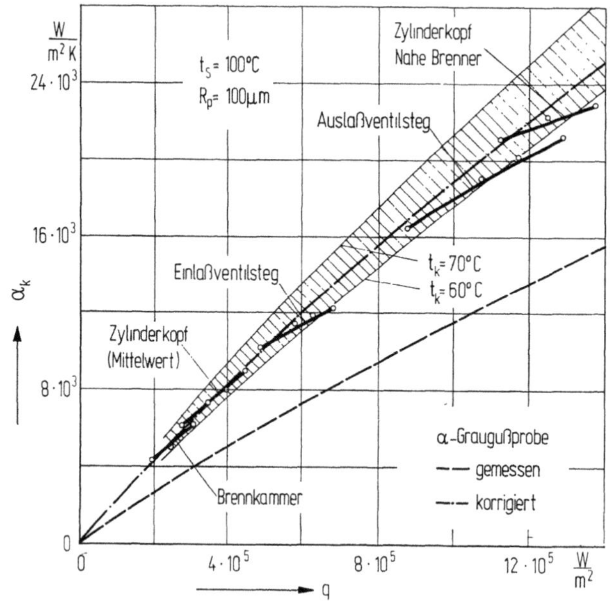

Abb. 3.52. Gemessene Wärmeübergangskoeffizienten α_k am Zylinderdeckel eines Hochleistungs-Dieselmotors und an einer Graugußprobe in Abhängigkeit von der Wärmestromdichte q nach [132], Vergleich mit Rechenwerten

hängigkeit von der Wärmestromdichte bestimmt, Abb. 3.52. Die Darstellung enthält auch die an verschiedenen Stellen des Zylinderdeckels gemessenen α_k-Werte. Die diesen Meßstellen zuzuordnenden Wärmestromdichten wurden aus dem Temperaturgefälle in der Wand des Zylinderdeckelbodens ermittelt, jeweils bei Steigerung der Zylinderleistung von 150 auf 225 PS. Der Unterschied zwischen den an der Probe und den am wirklichen Bauteil gemessenen Wärmeübergangskoeffizienten ist groß, berücksichtigt man die unterschiedliche Rauheit beider Oberflächen nicht.

Geht man bei der Probe von einer bearbeiteten Oberfläche mit einer Rauhtiefe von im Mittel $R_t = 4$ µm aus gegenüber einer mittleren Rauhigkeit der kühlwasserseitigen Oberfläche von 160 µm, so folgt daraus für ein entsprechend anzunehmendes Verhältnis der Glättungstiefen nach Gl. (3.94) eine Steigerung der Wärmeübergangskoeffizienten um das 1,63fache. Die mit diesem Faktor korrigierte Mittelkurve für die Werte der Versuchsapparatur bestätigt den von Stephan mitgeteilten Einfluß der Rauhigkeit, Abb. 3.52. Um die Abhängigkeit der Wärmeübergangskoeffizienten α_k von der Wärmebelastung q nach Gl. (3.94) zu überprüfen, ist durch Umformen von Gl. (3.95) zunächst das jeweilige Siedepotential unter der Annahme einer Glättungstiefe $R_p \approx 100$ µm entsprechend einer mittleren Rauhtiefe $R_t = 160$ µm für einen Siededruck $p = 1{,}0133$ bar zu bestimmen. Bei Vorgabe einer Unterkühlung ΔT_U ergibt sich der im Bild angegebene Bereich für den

Wärmeübergangskoeffizienten α_k innerhalb angenommener Grenzen für ΔT_U, denen hier Kühlwassertemperaturen von 60···70 °C entsprechen. Unter Berücksichtigung der getroffenen Annahmen besteht eine befriedigende Übereinstimmung zwischen Fremdversuch und Rechnung, deren Ergebnis trotz der erwähnten Unsicherheiten bei der Berechnung des Wärmeaustausches bei intensiver Blasenverdampfung und auch Konvektion recht ermutigend ist. Allerdings soll nicht unerwähnt bleiben, daß sich hinsichtlich des berechneten Siedepotentials und der gemessenen Wandtemperaturen Abweichungen ergeben, die auf fehlerhafte Annahmen, z. B. hinsichtlich Siededruck oder Rauheit hinweisen. Andererseits sind Meßungenauigkeiten, z. B. bei der Bestimmung der örtlichen Wärmestromdichte, nicht auszuschließen.

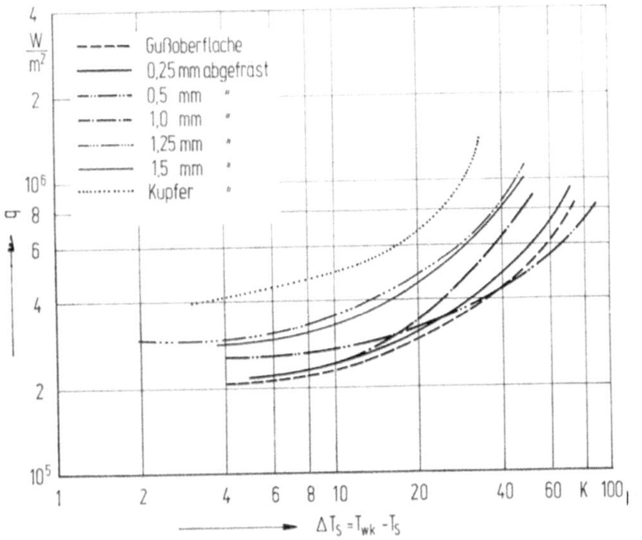

Abb. 3.53. Einfluß der Bearbeitung einer Gußoberfläche auf die Abhängigkeit der Wärmestromdichte vom Siedepotential nach [133] (Kühlmittel: Destilliertes Wasser, $t_k = 70$ °C, $w_k = 1$ m/s)

In diesem Zusammenhang soll das von *French* [133] an Graugußoberflächen beobachtete und beschriebene Phänomen der „heat barrier" oder „thermal barrier" erwähnt werden, wonach unter vergleichbaren Verhältnissen je nach Graugußsorte unterschiedlich hohe Siedepotentiale zur Wärmeabfuhr erforderlich sind. Zu den von French vermuteten Einflüssen des Gußgefüges auf die Blasenbildung ist auch auf den beschriebenen Einfluß der Oberflächenrauheit hinzuweisen und auf die Schwierigkeit, in dieser Hinsicht gleichbleibende Versuchsbedingungen herzustellen.

Außerdem wurden für die Randschichten gegenüber dem Grundmaterial unterschiedliche Wärmeleitfähigkeiten festgestellt [133]. Die Abb. 3.53 zeigt dazu das Ergebnis eines Experiments, bei dem die in eine Versuchsapparatur eingesetzte Graugußprobe in Schichten von 0,25 mm abgefräst wurde. Die erste Bearbeitungsstufe entfernte die Gußunebenheiten. Bei voller Bearbeitung von insgesamt 1,5 mm ergab sich gegenüber der Gußhaut eine Senkung der Wandtemperatur um 15 Grad, wodurch ein Wärmestau bei gleichbleibender Wärmestromdichte abgebaut wurde. Auch hier sind Nebeneinflüsse (Rauheit) nicht auszuschließen. Auf den Einfluß der Wärmeleitfähigkeit auf die Keimbildung bei der Blasenverdampfung weist auch Gregorig [5] hin, ohne jedoch nähere Angaben zu machen.

Da die Intensität der Blasenverdampfung und damit des Wärmeaustausches auch von der Benetzbarkeit und dem Haften der Flüssigkeit an der Wand beeinflußt wird [5], können sich beim Motorbetrieb auch durch das Kühlmedium Abweichungen gegenüber den im Abschnitt 3.3.3 angegebenen Wärmeübergangsgleichungen ergeben. Dazu gehört der Einfluß von Zusätzen zum Motorkühlwasser, wie z. B. von Frostschutzmitteln. Diese

Zusätze sind meist auf der Basis mehrwertiger Alkohole aufgebaut, wie das Äthylenglykol und das Glyzerin. Für wässrige Lösungen von Glyzerin wird dazu angegeben [13b], daß für gleiche Wärmebelastungen eine Verringerung des Wärmeübergangskoeffizienten eintritt. Sie beträgt bei einem Gehalt von 26% Glyzerin in Wasser 17% und bei einem Anteil von 55% Glyzerin 25%. Damit ergibt sich z. B. für die Konstante C in Gl. (3.84) ein Wert von

$$C = 1{,}62 \text{ (26\% Glyzerin) bzw.}$$
$$C = 1{,}46 \text{ (55\% Glyzerin).}$$

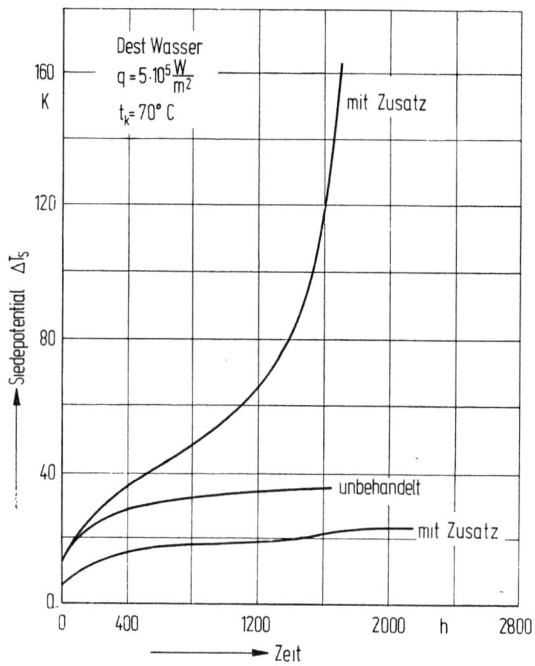

Abb. 3.54. Einfluß von Kühlwasserzusätzen auf das Siedepotential bei Verdampfung nach [133]

Diese Werte decken sich in ihrer Tendenz mit den von French [133] mitgeteilten Versuchsergebnissen über die Auswirkungen von Kühlwasserzusätzen als Korrosionsinhibitoren oder Frostschutzmittel auf den Wärmeübergang im Bereich der intensiven Blasenverdampfung. Die untersuchten Stoffe lassen sich danach einteilen in:

a) Wärmeübergang begünstigende
b) Wärmeübergang verschlechternde und
c) indifferente Zusätze.

Zur Gruppe a) gehören z. B. komplexe Silikate, Natriumtetraborat und Natriumnitrit, wogegen im Vergleich zu destilliertem Wasser ein amerikanisches Frostschutzmittel („one shot"), Leitungswasser, Triäthanol-Aminoorthophosphat und andere Zusätze unbekannter Zusammensetzung den Wärmeübergang negativ beeinflußten. Indifferent verhielten sich z. B. Zusätze von Kaliumbichromat, Tannin und wasserlösliches Öl. Diese Angaben sind von keinem direkten praktischen Nutzen, da höchst selten zuverlässige Angaben über die Zusammensetzung der verwendeten Zusätze vorliegen werden. Es ist jedoch die Tatsache im Auge zu behalten, daß sich ein Wechsel bei den Kühlwasserzusätzen für die Kühlung nachteilig auswirken und u. U. zu einer thermischen Überbeanspruchung von Bauteilen führen kann. Das zeigt die Darstellung des Siedepotentials ΔT_S

über der Zeit bei einer gleichbleibenden Wärmebelastung für verschiedene Kühlwasserzusätze, Abb. 3.54, wobei der in einer Versuchsapparatur bestimmte und durch einen Inhibitor der Gruppe b) verursachte starke Anstieg der Wandtemperatur bei längerer Betriebszeit auffällt.

Abgesehen von den erwähnten Zusätzen zum Wasser, beeinflußt auch der Gasgehalt des Kühlwassers stark die Dampfblasenbildung. Die den Gleichungen zugrunde liegenden Versuche wurden mit teilentgastem destillierten Wasser durchgeführt, was einem Luftgehalt von 0,06 ml/l entspricht. Mit zunehmendem Luftgehalt wird der Wärmeübergang begünstigt. Nach Untersuchungen von *McAdams u. a.* [134] nimmt bei Steigerung des Gasgehaltes von 0,06 ml/l auf 0,3 ml/l der Wärmeübergangskoeffizient bei der Blasenverdampfung um ca. 150% zu. Beim normalen Motorbetrieb kann bei längerer Betriebszeit angenommen werden, daß das Kühlwasser bei offenen Anlagen weitgehend entgast ist. Dagegen können bei geschlossenen Anlagen mit Heißkühlung und erhöhtem Druck Luftgehalte über 0,06 ml/l auftreten.

Zusammenfassend kann auf Grund der vergleichsweise durchgeführten Berechnungen festgestellt werden, daß die angegebenen Beziehungen für den Wärmeaustausch mit Wasser hinreichend genau die Verhältnisse bei einem wassergekühlten Motor beschreiben. Das zeigte auch die von *Knaack* [135] durchgeführte Untersuchung, bei der die Temperaturen der Zylinderlaufbuchse unter dem Einfluß einer Heißkühlung rechnerisch vorher bestimmt wurden. Über die betrieblichen Vorteile einer derartigen Kühlung wird u. a. in [136] berichtet. Andererseits ist auch darauf hinzuweisen, daß noch nicht alle Einflüsse auf den kühlmittelseitigen Wärmeübergang im Motorbetrieb rechnerisch erfaßbar sind, wie z. B. der Einfluß der Oberflächenbeschaffenheit.

4. Thermische Belastung und Beanspruchung von Motorbauteilen

4.1 Einführung und Begriffsbestimmung

Die technische Entwicklung im Motorenbau ist vor allem gekennzeichnet durch das Streben nach höherer Zylinderleistung. Das kann erreicht werden durch eine erhöhte Nutzarbeit und Drehzahl bei gleichbleibendem Zylindervolumen, aber auch durch größere Zylinderabmessungen. Deutlicher Ausdruck der letzteren Entwicklungsrichtung sind die heutigen Zweitakt-Großmotoren mit einem Kolbendurchmesser bis zu einem Meter und darüber. Der mittlere Nutzdruck wird durch Aufladung gesteigert, womit mit den höheren Drücken im Arbeitsraum auch die mechanische Belastung der Motorbauteile zunimmt und entsprechende Maßnahmen erfordert. Kritische Punkte sind dabei die Lagerstellen, z. B. das Kolbenbolzenlager beim Viertaktmotor und das Kreuzkopflager beim Zweitaktmotor. In zunehmendem Maße sind es aber die thermischen Probleme, die bei der Motorenentwicklung Schwierigkeiten bereiten. Sie sind zum einen eine Folge des gesteigerten Kraftstoffumsatzes pro Zeit- und Raumeinheit und zum anderen bedingt durch die Zunahme der konstruktiven Abmessungen als Folge erhöhter mechanischer Belastung oder vergrößerten Zylindervolumens.

Bei steigender thermischer Belastung sind dabei die Temperaturen des Bauteiles mit Rücksicht auf die Schmierung und die Werkstoffestigkeit ebenso zu beachten wie die Wärmedehnungen, die Verformungen von Gleitflächen und zusätzliche Spannungen zur Folge haben. Die technologischen Fortschritte bei der Entwicklung hochbelastbarer Werkstoffe, die Verbesserung der Gießtechniken sowie die in der Fügetechnik erreichten Erfolge kommen dabei dem Motorenkonstrukteur entgegen. Ebenso werden in zunehmendem Maße stark verfeinerte Methoden zur Berechnung der Verformungen und Spannungen auch bei komplizierteren Bauteilen eingesetzt, so daß sich die zulässige Belastung immer mehr der durch die Festigkeit des Werkstoffes gegebenen Belastungsgrenze nähern kann.

Bevor auf damit zusammenhängende Fragen näher eingegangen wird, scheint es aber notwendig zu sein, auf oft in sprachlicher Hinsicht bestehende Unklarheiten hinzuweisen, die u. a. auch von *Steiger* [137] erwähnt werden. Dabei geht es um die Verwendung der Begriffe Beanspruchung und Belastung, für die man Ausdrücke wie Wärmebeanspruchung, thermische Beanspruchung oder auch nur Wärmespannungen einerseits, Wärmebelastung, thermische Belastung und auch Wärmebeaufschlagung andererseits finden kann. Dazu wird in [137] vorgeschlagen, den Ausdruck „thermische Belastung" gleichbedeutend mit dem Begriff „thermische Beanspruchung" zu verwenden. Im Sinne einer klaren sprachlichen Trennung sollte man aber auf diese Doppeldeutigkeit verzichten und den Ausdruck „Belastung" nur im aktiven Sinn gebrauchen, während als Reaktion auf die Belastung sich im Bauteil Beanspruchungen in Form von Spannungen ergeben. Mit Abb. 4.1 wird versucht, die zwischen mechanischer und thermischer Belastung bestehenden Zusammenhänge zu verdeutlichen. Eine durch mechanische Belastung hervorgerufene Längenänderung Δl führt im Gültigkeitsbereich des Hookeschen Gesetzes zu inneren Spannungen σ nach

$$\sigma = E \frac{\Delta l}{l}. \tag{4.1}$$

Dabei ist der Elastizitätsmodul E als Proportionalitätsfaktor eine stoffspezifische Größe. Der Beaufschlagung durch einen Druck entspricht thermisch die Wärmestromdichte q in W/m², die das Bauteil aufheizt und die Ausbildung eines Temperaturfeldes bewirkt. Jede Temperaturänderung gegenüber dem Ausgangszustand führt aber zu Wärmedehnungen, die allgemein durch den stoffabhängigen linearen Ausdehnungskoeffizienten β ausgedrückt werden können

$$\Delta l = \beta l \, \Delta T. \tag{4.2}$$

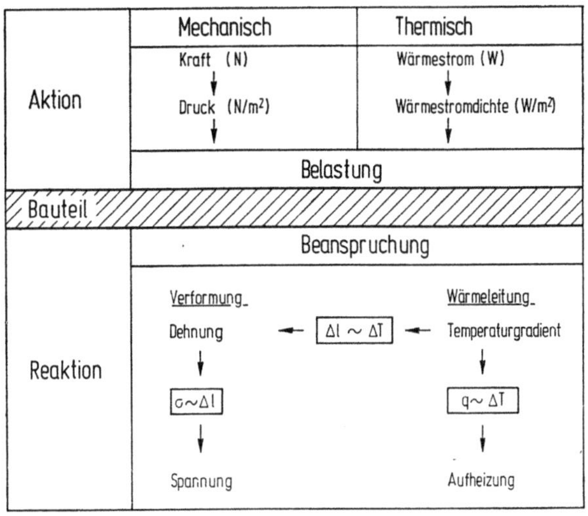

Abb. 4.1. Zur Definition von Belastung und Beanspruchung

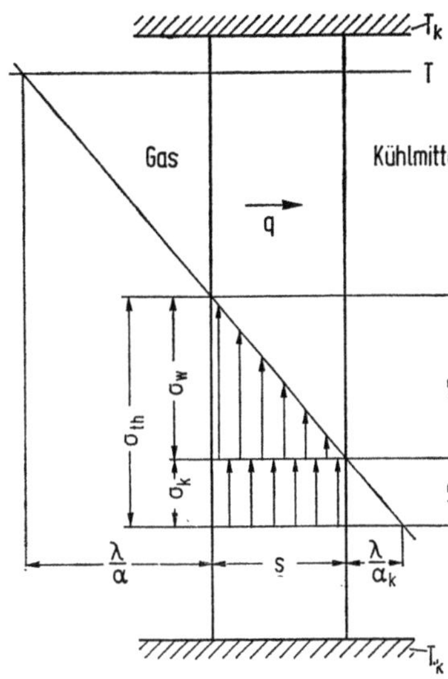

Abb. 4.2. Thermische Beanspruchung bei Erwärmung einer Wand

Letztlich ist diese Längenänderung die Ursache für das Entstehen von Spannungen, wenn diese Dehnung behindert wird

$$\sigma_{th} = E\beta \, \Delta T. \tag{4.3}$$

Entsprechend den Gegebenheiten beim Motor kann dabei eine allgemeine Erwärmung um ΔT_k gegenüber der Kühlmitteltemperatur eintreten und sich in der Wand ein Temperaturgefälle ΔT_w infolge des Wärmeleitvorganges einstellen. Dabei führen entsprechend der Skizze in Abb. 4.2 die beiden Wandoberflächen unterschiedliche Dehnungen nach Gl. (4.2) aus, was zu thermisch bedingten Spannungen in der Wand führen muß, hervorgerufen durch

a) die behinderte Ausdehnung bei Erwärmung gegenüber einem Ausgangszustand,

b) das Auftreten eines Temperaturfeldes bei stationärer Wärmeleitung im Bauteil.

Entsprechend gilt für die Temperaturänderung ΔT in Gl. (4.3) bei der vereinfachenden Annahme einer ebenen Wand unendlicher Ausdehnung mit Gl. (1.10)

$$\Delta T = \Delta T_k + \frac{qs}{\lambda}, \tag{4.4}$$

womit für die maximale Spannung σ_{th} mit Gl. (4.3) entsprechend den in Abb. 4.2 skizzierten Verhältnissen gilt

$$\sigma_{th} = \frac{E\beta}{\lambda} (\lambda \, \Delta T_k + qs) . \tag{4.5}$$

Natürlich gestalten sich die Verhältnisse bei wirklichen Bauteilen auf Grund des mehrdimensionalen Temperaturfeldes und Spannungszustandes weitaus komplizierter. Den thermischen Beanspruchungen infolge stationärer Belastung überlagern sich häufig Spannungen, die durch instationäre hoch- und niederfrequente Temperaturänderungen infolge der zyklischen Schwankungen der gasseitigen Oberflächentemperatur bzw. durch Belastungsänderungen des Motors bedingt sind.

Da nun die thermische Belastung in dem Wärmeaustausch zwischen Gas und Bauteil während des Arbeitsprozesses begründet ist, müssen für eine entsprechende Festigkeitsberechnung die jeweilige Wärmestromdichte bzw. die örtliche Verteilung des Wärmeübergangskoeffizienten bei gegebenem Temperaturgefälle zwischen Gas- und Wandtemperatur bekannt sein. Entsprechendes gilt für den Wärmeübergang an das Kühlmittel. Zwar wurden in Abschn. 2 und 3 die Gesetzmäßigkeiten des Wärmeaustausches auf der Gas- und Kühlungsseite behandelt, jedoch nur für örtlich mittlere Wärmeübergangskoeffizienten, wie sie für die Berechnung von realen Kreisprozessen notwendig und ausreichend sind. Bei der Bestimmung der thermischen Belastung stellen daher die unbekannten Randbedingungen oft ein Problem dar. Messungen am im Betrieb befindlichen Objekt können eigentlich nur noch den Nachweis einer ausreichenden Festigkeit oder allenfalls einer starken Gefährdung erbringen. Der Konstrukteur möchte aber schon beim Entwurf diese schwachen Stellen erkennen, um geeignete konstruktive Gegenmaßnahmen ergreifen zu können. Wenn auch z. B. häufig nach der Oberflächentemperatur-Methode der örtliche Wärmeübergangskoeffizient gemessen wird (siehe Abschn. 2.8.2), so können jedoch aus den bisher bekanntgewordenen Versuchsergebnissen keine allgemeingültigen Aussagen für die örtliche Verteilung der thermischen Belastung an Motorbauteilen hergeleitet werden. Ein Ansatz zu einer systematischen Untersuchung hinsichtlich der wichtigsten Parameter, welche die örtlichen Strömungsverhältnisse beeinflussen, wurde in diesem Zusammenhang z. B. von *Pischinger* [138a] unternommen, der die Einspritzdüse von Dieselmotoren als Wärmeübergangssonde verwendet und somit die thermische Belastung an der Düsenstirnfläche für verschiedene Brennräume in Abhängigkeit vom Arbeitsverfahren, von Motorbelastung und Drehzahl bestimmt. Jedoch lassen auch diese Versuche nur sehr bedingt allgemeingültige Schlußfolgerungen zu.

Aber auch der örtlich *mittlere* Wärmeübergangskoeffizient und die daraus resultierende thermische Belastung können dem Konstrukteur schon nützliche Hinweise auf die zu erwartende Beanspruchung geben und ermöglichen zumindest eine abschätzende Berechnung, wenn auch eine Übereinstimmung eines nach den α-Gleichungen berechneten Wärmeübergangskoeffizienten mit den in Wirklichkeit vorhandenen *örtlichen* Wärmeübergangsverhältnissen nur ein Zufall sein kann. Dazu kann durch Integration der schrittweise bestimmten örtlich mittleren Wärmestromdichte $q(\varphi)$ über ein Arbeitsspiel (AS) die zeitlich und örtlich mittlere thermische Belastung berechnet werden,

$$q_m = \int_{AS} \alpha(T - T_w) \, \mathrm{d}\varphi / \int_{AS} \mathrm{d}\varphi . \tag{4.6}$$

Hierbei wird angenommen, daß der sich dem stationären Wärmefluß überlagernde instationäre stark gedämpft wird und nur im Bereich der oberflächennahen Schichten spürbar ist.

Sieht man einmal von der behinderten Dehnung ab, so ist bei einer durch den Arbeitsprozeß vorgegebenen thermischen Belastung für das vereinfachte Modell die gasseitige Wandtemperatur T_w und das Temperaturgefälle ΔT_w in der Wand ausschlaggebend für die thermische Beanspruchung. Dabei ist die mittlere Wärmestromdichte über das wirksame

Temperaturgefälle abhängig von der Temperatur T_w, nach Gl. (3.5) von der Wandstärke, dem kühlmittelseitigen Wärmeübergang und der Wärmeleitfähigkeit der Wand. Ausgehend von einem mittleren Wärmeübergangskoeffizienten auf der Gasseite, ist in Abb. 4.3 und Abb. 4.4 der Einfluß dieser drei Größen auf die gasseitige Wandtemperatur und die Temperaturdifferenz ΔT_w dargestellt. Danach führt eine intensive Kühlung zwar

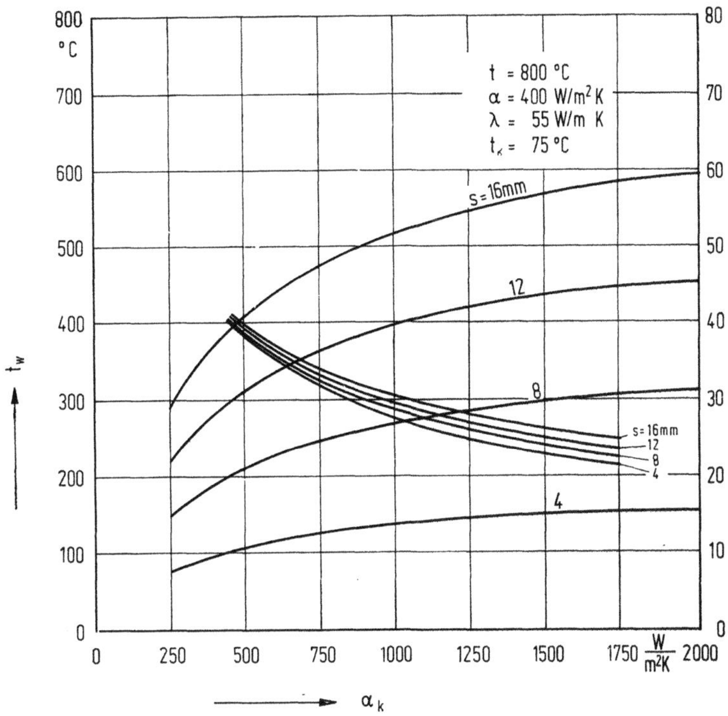

Abb. 4.3. Einfluß von Wandstärke und Kühlung auf die Erwärmung einer ebenen Wand

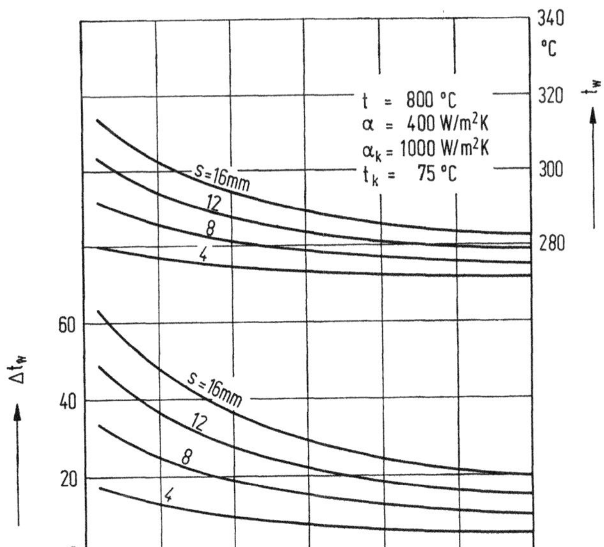

Abb. 4.4. Einfluß von Wandstärke und Wärmeleitfähigkeit auf die Erwärmung einer ebenen Wand

zur Senkung der maximalen Bauteiltemperatur, aber bei gleichbleibender Wandstärke auch zu einer Zunahme des Temperaturgefälles in der Wand. Der Übergang zu Werkstoffen mit größeren Wärmeleitfähigkeiten ergibt eine Senkung von T_w und der Temperaturdifferenz ΔT_w, ist aber aus Gründen der Festigkeit und auch der Fertigung nur beschränkt möglich. Dagegen ist die Verringerung der Wandstärken in jedem Falle wirksam, jedoch nicht zuletzt wegen zusätzlich vorhandener mechanischer Belastungen nur begrenzt durchführbar.

Neben der allgemeinen Regel einer ausdehnungsgerechten Konstruktion im thermischen Maschinenbau, um zusätzliche Spannungen infolge behinderter Dehnung möglichst zu vermeiden, dient auch ein weiteres Konstruktionsprinzip, die Aufgabenteilung bei der Aufnahme der thermischen und der mechanischen Belastung, zur Verringerung der Gesamtbeanspruchung. Damit können die hinsichtlich der thermischen Beanspruchung wünschenswerten geringen Wandstärken erreicht werden, indem eine relativ dünne innere Schale intensiv gekühlt und von einer steifen äußeren Konstruktion über einzelne Stützelemente abgefangen wird. Eine Ausführung, die auch als „strong back“-Konstruktion bezeichnet wird. Die Abstützung ist dabei nur mit einem Teil organisch verbunden und überträgt die mechanische Beanspruchung auf die äußere Stützkonstruktion, so daß die innere Schale nur auf Druck beansprucht wird. Dabei auftretende Verformungen, u. a. bedingt durch die nicht zu umgehende feste Einspannung der inneren Schale, führen infolge Wechselbeanspruchung zu Relativbewegungen zwischen Unterstützung und Auflage und geben dort Anlaß für das Auftreten von Reibkorrosion oder sogar Kavitation [139]. Um derartige Schäden zu vermeiden, sind die im kalten Zustand lose aufliegenden Platten so vorzuspannen, daß im Betrieb kein Abheben von den Abstützungen mehr auftritt. Eine weitere Möglichkeit, die Vereinigung beider Schalen, führt über die entsprechende Gestaltung einer Hohlwand zu konstruktiven Lösungen, bei denen durch eine Vielzahl von Kühlbohrungen im wandnahen Bereich zur Gasseite hin eine Art Hitzeschutzschild geschaffen wird. Die zahlreichen als Wärmesenken wirkenden Bohrungen verhindern weitgehend eine thermische Beanspruchung der innen liegenden Bereiche, während die gasseitigen sich über die Stege zwischen den Bohrungen abstützen. Diese beiden konstruktiven Lösungen werden bei den einzelnen Motorbauteilen in vielfältiger Form angewendet, wobei durch eine entsprechende Kühlung des Bauteils die Wärmeabfuhr zu gewährleisten ist. Eine andere Maßnahme zum Schutz vor thermischen Beanspruchungen besteht in dem Ausbringen von hochwarmfesten Schichten geringer Wärmeleitfähigkeit auf der Seite des Wärmeeinfalls (s. Abschn. 4.2.3).

Selbstverständlich ist bei einer thermisch hochbeanspruchten Konstruktion auch das temperatur- und zeitabhängige Verhalten der Werkstoffeigenschaften zu berücksichtigen und bei der Werkstoffauswahl z. B. das Kriech- und Relaxationsverhalten zu beachten, worüber in [140, 141] allgemeine Hinweise zu finden sind. Wird die für den mehrdimensionalen Spannungszustand noch zu berücksichtigende Querkontraktionszahl ν mangels besserer Kenntnis für Metalle als konstante Größe angesehen, so kann ausgehend von Gl. (4.5) die Eignung eines Werkstoffes gegenüber einer thermischen Beanspruchung mit folgender Größe beurteilt werden:

$$K_\sigma = \frac{\sigma_{\text{zul}}\lambda}{E\beta} \quad (\text{W/m}). \tag{4.7}$$

Der Wert entspricht einer maximalen Belastung bis zum Erreichen einer noch zu definierenden Festigkeitsgrenze σ_{zul} und wurde in modifizierter Form von *Eichelberg* [142] erstmals erwähnt.

Die Temperaturabhängigkeit dieser Kenngröße für einige charakteristische Werkstoffe zeigt Abb. 4.5, wobei für σ_{zul} die $\sigma_{0,2}$-Dehngrenze eingesetzt wurde. Die dimensionslose Auftragung soll darauf hinweisen, daß dem Wert keine Bedeutung hinsichtlich einer Berechnung zukommt, er aber wohl dazu dienen kann, Werkstoffe miteinander bezüglich des Verhaltens bei hohen thermischen Belastungen zu vergleichen.

Obgleich bei Raumtemperatur und rein mechanischer Beanspruchung die Festigkeitsgrenze von GGG 60 viermal so hoch liegt wie die des GG 15, ist danach Sphäroguß bei thermischer Belastung nicht einmal doppelt so hoch belastbar. Der Abstand zwischen beiden Werkstoffen verliert sich noch mit zunehmender Temperatur, bis sie bei 500 °C nahezu gleichwertig sind, solange nicht gleichzeitig mechanische Belastungen auftreten [143]. Die niedrigsten Werte für K_σ im betrachteten Temperaturbereich liefert erstaun-

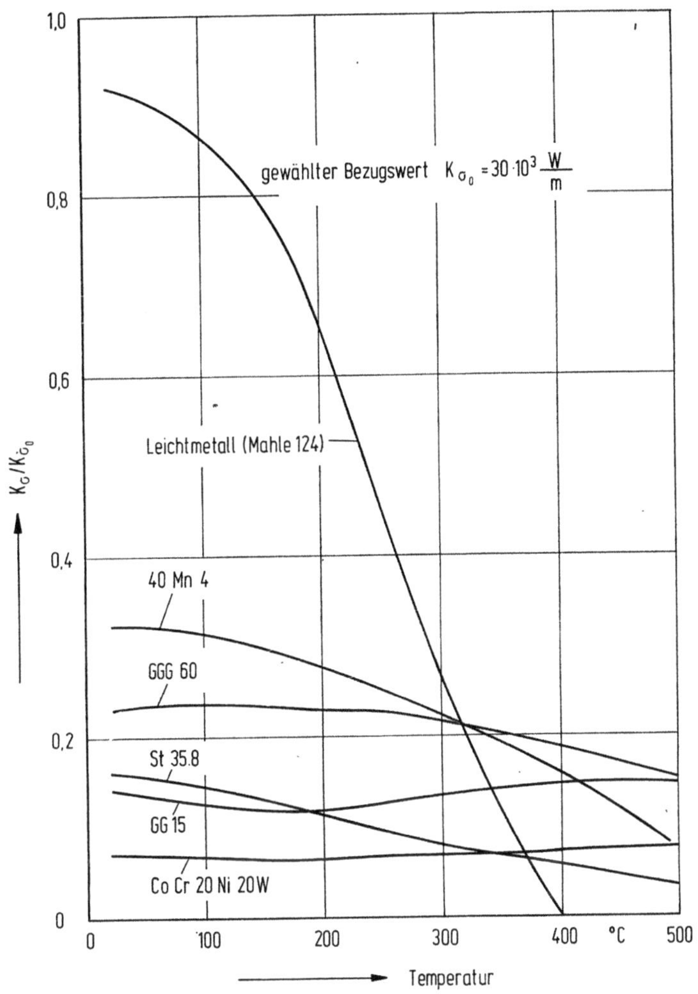

Abb. 4.5. Kenngröße K_σ für verschiedene Werkstoffe in Abhängigkeit von der Temperatur

licherweise die hochwarmfeste Legierung CoCr20Ni20W, die unter dem Namen ATS 113 bekannt ist und u. a. für Brennereinsätze bei Vorkammern verwendet wird. Hier macht sich die geringe Wärmeleitfähigkeit dieses Werkstoffes bemerkbar.

In diesem Zusammenhang ist zu erwähnen, daß die Stoffwerte für Gußwerkstoffe in Gl. (4.6) sehr stark von der Gefügeausbildung abhängen und Angaben über die Temperaturabhängigkeit nur sehr verstreut zu finden sind [144, 145, 146].

Abschließend soll noch bemerkt werden, daß neben den Spannungen durch die Betriebsbelastung, sei sie mechanisch oder thermisch, oft die Eigenspannungen des Werkstoffes zu beachten sind. So treten bei Gußstücken Spannungen infolge ungleicher Temperaturen im Werkstück beim Abkühlen nach dem Guß auf, die sich aber durch entsprechendes Glühen beseitigen lassen. Um Eigenspannungen zu vermeiden, müssen alle Wände möglichst gleichmäßig abkühlen. Deshalb sind bei entsprechender Konstruktion äußere Wandteile stärker auszuführen als innen liegende.

Daneben ist oft ein Wachsen von Grauguß bei Temperaturen von 300 bis 400 °C festzustellen, das in den äußeren Schichten durch Oxydation zu Silikatbildungen, in den tiefer gelegenen Schichten zum Zerfall des Eisenkarbids führt. Eine verstärkte Gefügeauflockerung an hocherhitzten Stellen unter der zusätzlichen Wirkung instationärer Temperaturänderungen ist nicht auszuschließen. In dieser Hinsicht sind die Zylinderköpfe von Viertaktmotoren im Bereich der Auslaßventilstege und der Übertritte von im Kopf befindlichen Nebenräumen besonders gefährdet [132]. Als Karbidstabilisatoren bezeichnete Legierungselemente (Chrom, Vanadium, Mangan, Wolfram) können ebenso wie ein niedriger Kohlenstoff- und Siliziumgehalt oder ein gasarmer Guß wachstumshindernd wirken. Über gußtechnische Maßnahmen gegen die Rißneigung von thermisch stark belasteten Zylinderköpfen aus legiertem Gußeisen mit Lamellengraphit wird u. a. in [147] berichtet.

4.2 Temperaturverlauf und Wärmespannungen

4.2.1 Temperaturverlauf und Temperaturfeld

Zur Bestimmung von thermischen Spannungen muß das Temperaturfeld innerhalb des Bauteils bekannt sein, das durch die Gesamtheit aller Temperaturwerte beschrieben wird. Ein derartiges Feld kann mathematisch durch

$$T_{wi} = T_{wi}(x, y, z, \tau) \tag{4.8}$$

ausgedrückt werden, wobei es im Falle eines achsensymmetrischen Körpers, z. B. bei einer Zylinderbuchse günstiger ist, Zylinderkoordinaten zu verwenden.

Bei der Fortbewegung von einem bestimmten Punkt des Feldes aus wird man normalerweise eine Änderung der Temperatur feststellen, in bestimmten Richtungen jedoch nicht. In diesem Falle befindet man sich auf einer Isothermenfläche. Voraussetzung dazu ist, daß das Feld stetig ist. Da nun an einer Stelle nicht zwei verschiedene Temperaturen gleichzeitig auftreten, können sich auch niemals zwei Isothermenflächen schneiden. Auch muß eine Fläche konstanter Temperatur stets an der Körperoberfläche enden oder innerhalb des Körpers in sich geschlossen sein, da eine Begrenzung im Bauteil selbst nicht möglich ist.

Gibt es nun eine Richtung, bei der ausgehend von einem Punkt des Temperaturfeldes keine Änderung der Temperatur erfolgt, so muß es auch eine ausgezeichnete Richtung geben, bei der sich eine maximale Temperaturänderung ergibt. Sie entspricht der kürzesten Verbindung zwischen der durch den Punkt laufenden und der benachbarten Isothermenfläche und wird folglich durch die Richtung des Lotes auf diese Fläche in ihrer Richtung bestimmt, während der Betrag durch die Temperaturänderung, den Temperaturgradienten, festgelegt ist. Handelt es sich beim Temperaturfeld um skalare Größen, so stellt der Gradient einen Vektor dar.

Da nun jeder Körper bestrebt ist, durch die Wärmeleitung zu einem Temperaturgleichgewicht zu gelangen, müssen bis zum vollständigen Temperaturausgleich Wärmeströmungen vorhanden sein, wobei hier die Wärmestromdichte q ein weiteres Vektorfeld darstellt. Die Wärmestromdichte gibt dann mit ihrer Intensität, d. h. mit der durch ein Flächenstück der Isothermenfläche von der Größe 1 hindurchströmenden Wärmemenge, den Betrag an. Nun ist die Intensität einer Strömung abhängig von der Größe des Temperaturgefälles, des Potentiales. Da andererseits festgestellt wurde, daß die Richtung der Normalen das größte Temperaturgefälle gibt, muß folglich auch bei dieser Richtung die Wärmestromdichte am größten sein. Hierbei ist Voraussetzung, daß es sich um einen völlig homogenen und isotropen Körper handelt. Damit haben der Vektor der größten Wärmeflußdichte und der Vektor des Temperaturgradienten entgegengesetzte Richtung, wobei zwischen beiden Proportionalität besteht, ausgedrückt durch das allgemeine Gesetz

$$q = \lambda \left(-\frac{\partial T_{wi}}{\partial n} \right). \tag{4.9}$$

Der Wert n bezeichnet die Normale zur Isothermenfläche.

Ausgehend von der Überlegung, daß eine das Volumenelement $\mathrm{d}V = \mathrm{d}x\,\mathrm{d}y\,\mathrm{d}z$ durchströmende Wärme zu einer Temperaturerhöhung entsprechend seiner spezifischen Wärmekapazität führt, gelangt man bei Berücksichtigung innerer Wärmequellen und -senken Φ' zu der allgemeinen Fourierschen Wärmeleitungsgleichung

$$\frac{\partial T_{wi}}{\partial \tau} = \frac{1}{c\varrho} \left[\frac{\partial}{\partial x} \left(\lambda \frac{\partial T_{wi}}{\partial x} \right) + \frac{\partial}{\partial y} \left(\lambda \frac{\partial T_{wi}}{\partial y} \right) + \frac{\partial}{\partial z} \left(\lambda \frac{\partial T_{wi}}{\partial z} \right) \right] + \frac{\Phi'}{c\varrho}. \tag{4.10}$$

Bei Einführung der Temperaturleitfähigkeit a unter der Voraussetzung konstanter Wärmeleitfähigkeit λ wird daraus

$$\frac{\partial T_{wi}}{\partial \tau} = a \left(\frac{\partial^2 T_{wi}}{\partial x^2} + \frac{\partial^2 T_{wi}}{\partial y^2} + \frac{\partial^2 T_{wi}}{\partial z^2} \right) + \frac{\Phi'}{c\varrho}. \tag{4.11}$$

Bei Abwesenheit von Wärmequellen und -senken im Bauteil geht Gl. (4.11) in die eingangs erwähnte Beziehung Gl. (1.13) über, die für stationäre Temperaturfelder die Form einer Laplaceschen Differentialgleichung annimmt.

Eine analytische Lösung, die das Temperaturfeld in seinem räumlichen und zeitlichen Verlauf wiedergeben soll, muß nicht nur den Differentialgleichungen genügen, sondern auch den Randbedingungen. Diese können folgendermaßen gegeben sein:

1. Die Temperaturverteilung an der Körperoberfläche ist örtlich und zeitlich bekannt.
2. Der Wärmestrom durch die Berandungsfläche ist abhängig von Ort und Zeit vorgegeben.
3. Es sind die Temperatur des umgebenden Mediums und die Form des Wärmeaustauschs mit der Wand bekannt.

Ist bei der Randbedingung nach 2. auch mit Gl. (4.9) der Temperaturgradient der Randtemperatur $(T_{wi})_{x=o} = T_{wo}$ angebbar, so gilt bei der dritten Art der Randbedingung für den örtlichen Wärmestrom an die Wand mit der zeitlich veränderlichen Oberflächentemperatur T_{wo}

$$q = \alpha (T - T_{wo}). \tag{4.12}$$

Da die von außen auf den Körper übertragene Wärmemenge durch Wärmeleitung in das Innere des Körpers transportiert werden muß, gilt dann entlang der Berandung

$$\alpha (T - T_{wo}) = -\lambda \frac{\partial T_{wo}}{\partial n}. \tag{4.13}$$

Eine allgemeine Lösung der Gleichung Gl. (4.11) läßt sich nur für spezielle Fälle in geschlossener Form angeben. Hinsichtlich der dazu erforderlichen Vereinfachungen und der anlytischen Lösungsmethoden muß auf das entsprechende Schrifttum, z. B. auf die Behandlung des Problems bei Gröber-Erk-Grigull [2] verwiesen werden.

Für viele Untersuchungen im Motorenbau genügt es vereinfachend von einer ebenen Wand unendlicher Ausdehnung auszugehen. Damit verlaufen Flächen gleicher Temperatur parallel zur äußeren Berandungsfläche, und die örtliche Änderung der Temperatur erfolgt nur in Abhängigkeit von x,

$$\frac{\partial T_{wi}}{\partial \tau} = a \frac{\partial^2 T_{wi}}{\partial x^2}. \tag{4.14}$$

Hierfür ist eine Lösung bei Verwendung von Fourierschen Integralen möglich. Die Gl. (4.14) ist auf die Verhältnisse bei Motoren anwendbar, wenn man von einer noch nachzuweisenden geringen Eindringtiefe der Oberflächentemperaturschwingungen auf der gasseitigen Brennraumwand ausgeht, so daß besondere räumliche Ausbildungen des Bauteiles nicht ins Gewicht fallen. Bei vorgegebener Randbedingung erster Art, der z.B. durch eine Messung bekannten Oberflächentemperaturschwingung, genügt folgende Funktion der Gl. (4.14)

$$T_{wi} = T_w - bx + \sum_{j=1}^{\infty} C_j \, e^{-x\sqrt{\frac{j\omega}{2a}}} \cos\left(j\omega\tau - x\sqrt{\frac{j\omega}{2a}} - \delta_j\right), \tag{4.15}$$

wobei T_w der bisher verwendeten Mitteltemperatur entspricht. Die Wandtemperatur T_{wi} im Innern des Bauteils hat danach einen linearen Verlauf, bestimmt durch den linearen Temperaturabfall b, dem eine sinusförmige Schwingung überlagert ist. Diese klingt nach einer e-Funktion ab und ist periodisch mit der Kreisfrequenz ω. Der Zähler j gibt die Ordnung der Harmonischen und δ_j die Phasenverschiebung an. Die Faktoren C_j entsprechen den Amplituden der Temperaturänderungen an der Wandoberfläche.

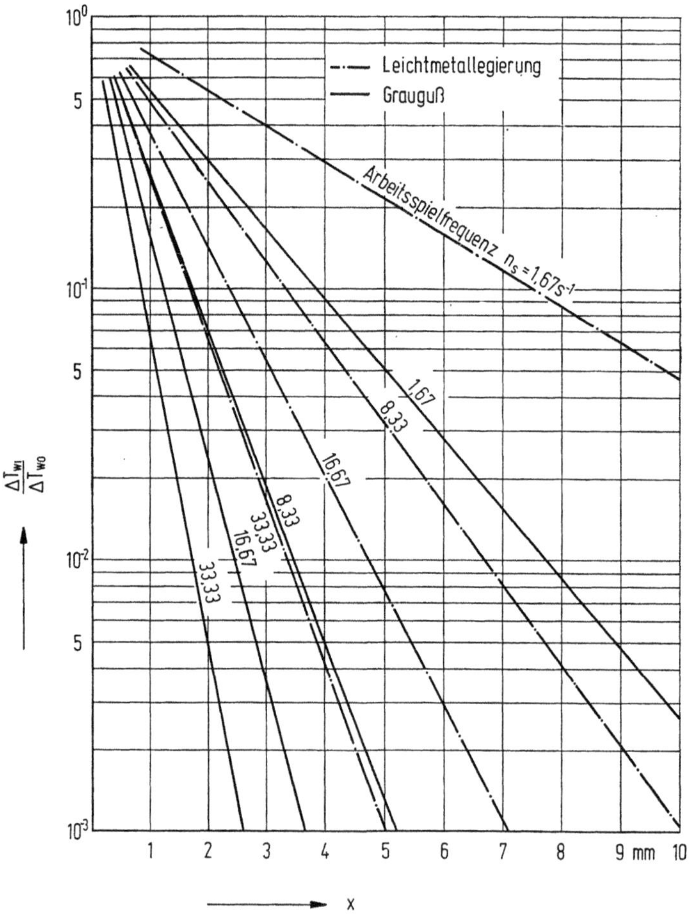

Abb. 4.6. Relative Dämpfung von Temperaturschwingungen in Abhängigkeit von Eindringtiefe und Motordrehzahl für verschiedene Werkstoffe

Mit der Abklingfunktion in Gl. (4.15) kann für die Amplitude der gasseitigen Oberflächentemperaturschwingung entsprechend der 1. Harmonischen C_j das Verhältnis der Temperaturschwankung ΔT_{wi} in der Wand zu der größten Temperaturänderung an der Oberfläche $(\Delta T_{wi})_{x=o} = \Delta T_{wo}$ bestimmt werden durch

$$\Delta T_{wi}/\Delta T_{wo} = e^{-x\sqrt{\frac{\omega}{2a}}}. \tag{4.16}$$

Aus der Auftragung dieses Wertes über der Wandtiefe x in Abb. 4.6 für Grauguß und eine Leichtmetallegierung ersieht man, daß die Temperaturschwingung sehr schnell abklingt, wobei sowohl eine kleine Temperaturleitfähigkeit wie auch eine hohe Arbeitsspielfrequenz die Dämpfung begünstigt. Mit der Arbeitsspielfrequenz wird das Diagramm gleicherweise für Vier- und Zweitaktmotoren verwendbar. Bei einem Großdieselmotor mit einer Arbeitsspielfrequenz von 1,67 Hz entsprechend einer Drehzahl von 100 U/min ist danach eine Temperaturschwingung in der Laufbuchse nach 4 mm auf ca. 10% des Eingangswertes abgefallen. Dagegen ist bei einem schnellaufenden Dieselmotor diese Abnahme schon nach einem Millimeter Eindringtiefe erreicht.

Demnach beschränkt sich die Temperaturschwingung an der Wandoberfläche wirklich nur auf die Randschicht, wie sich auch die bisherige Annahme einer konstanten Wandtemperatur T_{wk} auf der gekühlten Seite des Bauteiles unter Berücksichtigung der bei Verbrennungsmotoren üblichen Wandstärken und Arbeitsspielfrequenzen bestätigt. Aus Gl. (4.15) ergibt sich für eine Wandstärke $x = s$ somit

$$(T_{wi})_{x=s} = T_{wk} = T_w - bs. \tag{4.17}$$

Mit Gl. (4.12) und (4.13) folgt aus Gl. (4.15) für den Verlauf der Wärmestromdichte in der Wand durch Differentiation

$$q = \lambda b + \sum_{j=1}^{\infty} \lambda \sqrt{2}\, C_j \sqrt{\frac{j\omega}{2a}}\, e^{-x\sqrt{\frac{j\omega}{2a}}} \cos\left(j\omega\tau - x\sqrt{\frac{j\omega}{2a}} - \delta_j + \frac{\pi}{4}\right). \tag{4.18}$$

Entsprechend gilt für $x = s$ und damit für den aus der Wand austretenden Wärmefluß, der auf Grund der Abklingfunktion an dieser Stelle stationär ist,

$$q_{\text{stat}} = (q)_{x=s} = \lambda b, \tag{4.19}$$

wobei für die Wärmeabgabe an das Kühlmedium auch gelten muß

$$\lambda b = \alpha_k (T_{wk} - T_k). \tag{4.20}$$

Für die gasberührte Wandseite folgt dann für $x = o$ aus Gl. (4.15) und (4.18) die Änderung der Oberflächentemperatur zu

$$T_{wo} = T_w + \sum_{j=1}^{\infty} C_j \cos(j\omega\tau - \delta_j) \tag{4.21}$$

und ein Verlauf der Wärmestromdichte von

$$(q)_{x=0} = \lambda b + \sum_{j=1}^{\infty} \lambda \sqrt{2}\, C_j \sqrt{\frac{j\omega}{2a}} \cos\left(j\omega\tau - \delta_j + \frac{\pi}{4}\right). \tag{4.22}$$

Ausgehend von dem Newtonschen Ansatz gilt gleichzeitig bei bekannter Gastemperatur T

$$(q)_{x=0} = \alpha(T - T_{wo}) \approx \alpha(T - T_w). \tag{4.23}$$

Bei der Bestimmung der mittleren Oberflächentemperatur T_w auf der Gasseite kann bei bekannten Randbedingungen auf der Kühlseite auf Gl. (3.5) zurückgegriffen werden, wenn für das Temperaturgefälle auf der Gasseite der mittlere Wärmeübergangskoeffizient α_m und die sogenannte resultierende Gastemperatur T_{res} nach Eichelberg [142] verwendet werden. Es gilt bei Integration der zeitabhängigen Größen α und T über ein Arbeitsspiel (AS)

$$T_{res} = \frac{1}{\alpha_m} \int_{AS} \alpha T \, d\varphi \qquad (4.24)$$

und

$$\alpha_m = \int_{AS} \alpha \, d\varphi / \int_{AS} d\varphi. \qquad (4.25)$$

Anbetracht der im Verhältnis zur Änderung der Gastemperatur geringen Temperaturamplitude an der Oberfläche der Wand ist der Fehler in dem Näherungsansatz n. Gl. (4.23) als klein anzusehen.

Andererseits kann aus dem Arbeitsprozeß des Motors mit den in Abschn. 2 mitgeteilten Beziehungen für den gasseitigen Wärmeübergangskoeffizienten α der zeitliche Verlauf der Wärmestromdichte q an der Oberfläche bestimmt und durch eine Fouriersche Reihe dargestellt werden. Durch gliedweisen Vergleich der Fourier-Koeffizienten mit der Reihenentwicklung für den Wärmefluß nach Gl. (4.22) lassen sich die Amplituden C_j und die Phasenverschiebung δ_j bestimmen. Damit ist es möglich, aus dem Gastemperaturverlauf auf die Oberflächentemperaturschwingung zu schließen. Wie Abb. 4.7 zeigt, erfolgt hierbei

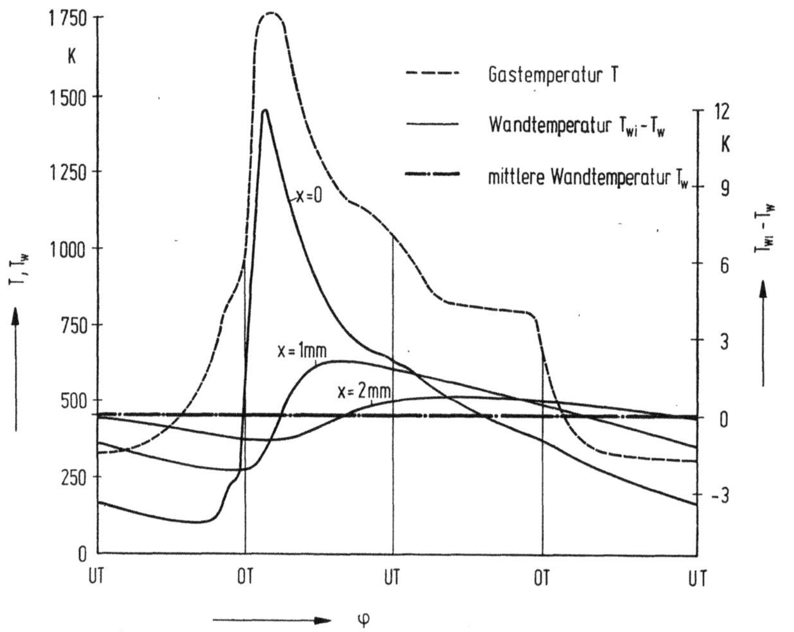

Abb. 4.7. Rechenwerte von Gastemperatur- und Wandtemperaturschwingung für einen mit Vollast bei 1000 U/min betriebenen Dieselmotor

eine starke Dämpfung der starken Temperaturschwankungen im Arbeitsraum von ca. 1500 auf etwa 15 K an der Wand. Damit ist es also möglich, mit einer Randbedingung dritter Art die thermische Beanspruchung des Bauteiles zu bestimmen wie auch umgekehrt bei bekannter Oberflächentemperaturschwingung auf die Randbedingung, nämlich auf den örtlichen Wärmeübergangskoeffizienten, geschlossen werden kann (s. dazu Abschn. 5.2.2.2 über die Oberflächentemperaturmethode).

Neben den Auswirkungen von Temperaturschwingungen interessiert auch die Wirkung plötzlicher Lastwechsel auf die thermische Beanspruchung von Motorbauteilen. Abhängig von der zeitlichen Änderung der Randbedingungen ändert sich das bestehende Temperaturfeld in der Wand bis ein neuer stationärer Zustand erreicht ist. Bei gleichbleibenden Wärmeübergangsbedingungen auf der Kühlseite ändert sich das stationäre Wärmeflußfeld prinzipiell nicht, da sich nach Ablauf eines zu bestimmenden Zeitraumes der neue Temperaturverlauf in der Wand affin zu dem vorher bestehenden entsprechend dem Verhältnis

$$\frac{(T_{\text{res}})_2 - T_k}{(T_{\text{res}})_1 - T_k} \tag{4.26}$$

verhält. Einen darauf aufbauenden Ansatz zur Bestimmung des Wandtemperaturverlaufs bei momentaner Lastübernahme beschreibt Eichelberg [142].

Neuere Untersuchungen an den Zylinderdeckeln von Großmotoren [148] ergaben, daß beim Hochfahren des Motors der Temperaturunterschied zwischen Mitteltemperatur und Maximaltemperatur zu keinem Zeitpunkt größer ist als bei der stationären Verteilung, so daß die auf thermische Belastung zurückzuführenden Spannungen beim Hochfahren nicht über die bei stationärem Betrieb sich einstellenden ansteigen. Eine Feststellung, die mit Rücksicht auf die in den letzten Jahren erfolgte Steigerung der absoluten Belastung für Motoren großer Abmessungen und ihren Einsatz von größter Bedeutung ist. Auch der Einfluß der beim Startvorgang u. U. noch nicht einregulierten Kühlwassertemperatur ist vernachlässigbar. Der in Abb. 4.8 aufgetragene Verlauf der Temperaturverteilung bei plötzlicher Inbetriebnahme eines kleinen Motors mit Vollast bestätigt die vorhergehende

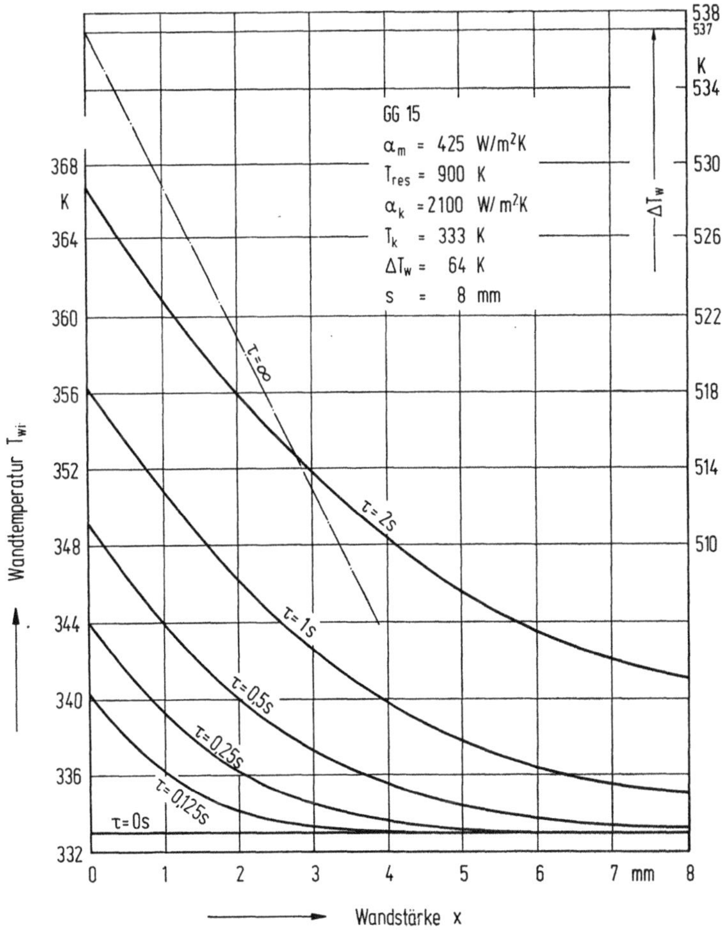

Abb. 4.8. Temperaturverlauf in einer ebenen Wand bei idealisiertem Anfahrvorgang

Aussage. Der eingetragene stationäre Temperaturverlauf für $\tau = \infty$ läßt erkennen, daß das Temperaturgefälle zu keinem Zeitpunkt unmittelbar nach dem Starten größere Werte annimmt, so daß selbst bei der durch eine Sprungfunktion vorgegebenen Änderung der Randbedingungen die sich einstellenden Ausgleichsspannungen ohne Bedeutung sind. Bei der Behandlung des linearisierten Problems wurde das in [149] dargestellte Differenzverfahren für Temperaturausgleichsvorgänge angewendet, das neben dem Relaxationsverfahren [236, 237] auch zur numerischen Lösung von zweidimensionalen stationären und instationären Temperaturfeldern verwendet wird. Bei ausgedehnten und komplizierter gestalteten Bauteilen wird aber oft auf experimentelle Methoden unter Ausnutzung der Analogie zwischen elektrischem Feld und Temperaturfeld zurückgegriffen, (s. Abschn. 5.4), wogegen graphische Methoden zur Darstellung ebener Temperaturfelder, s. z. B. [142], heute durch die elektronische Rechentechnik praktisch bedeutungslos geworden sind.

4.2.2 Wärmespannungen

Eine umfassende Darstellung der Theorie der durch instationäre und stationäre Temperaturfelder verursachten Wärmespannungen erfolgt durch *Melan* und *Parkus* [150, 151]. In dem hier gegebenen Rahmen soll in Ergänzung zu der vereinfachten Darstellung in Abschn. 4.1 auf den dreiachsigen Spannungszustand bei mechanischer und thermischer Belastung eingegangen werden, ebenso auf das prinzipielle Vorgehen bei der rechnerischen Behandlung von Wärmespannungen.

Ausgehend von einem stationären Temperaturfeld, wird ein homogener und isotroper Werkstoff vorausgesetzt, der dem Hookeschen Gesetz gehorcht. Auch seien die Stoffgrößen temperaturunabhängig. Eine weitere Vereinfachung sieht vor, daß das Temperaturfeld unabhängig von den durch ihn verursachten Formänderungen ist. Wird ein Körper einer Temperaturänderung um ΔT unterworfen, so wird ein Längenelement ds des Körpers die neue Länge $(1 + \beta\Delta T)\,ds$ annehmen, sofern die Ausdehnung nicht behindert wird, also keine Wärmespannungen hervorgerufen werden. Unter diesen Voraussetzungen bleibt ein ursprünglich rechtwinkliges Volumenelement $\mathrm{d}V = \mathrm{d}x\,\mathrm{d}y\,\mathrm{d}z$ trotz der Temperaturänderung rechtwinklig, und die Dehnungen sind nach allen Richtungen gleich groß. Somit gilt

$$\varepsilon = \varepsilon_x = \varepsilon_y = \varepsilon_z = \beta\,\Delta T \tag{4.27}$$

und für die Gleitungen

$$\gamma_{xy} = \gamma_{yz} = \gamma_{zx} = 0, \tag{4.28}$$

was nach

$$\gamma_{xy} = \frac{\tau_{xy}}{G} \text{ bzw. } \gamma_{yz} = \frac{\tau_{yz}}{G} \text{ bzw. } \gamma_{zx} = \frac{\tau_{zx}}{G} \tag{4.29}$$

Schubspannungsfreiheit bei freier Dehnung bedeutet.

In der Regel tritt aber eine gegenseitige Behinderung der einzelnen Elemente $\mathrm{d}V$ wegen unterschiedlicher Temperaturen ein, so daß Spannungen auftreten, die Dehnungen und Gleitungen zur Folge haben. Diese Dehnungen und die durch den Gleitwinkel ausgedrückten Gleitungen folgen dem klassischen Ansatz nach dem Hookeschen Gesetz, wobei für die Dehnungen gilt

$$\varepsilon'_x = \frac{1}{E}\,[\sigma_x - \nu(\sigma_y + \sigma_z)] \tag{4.30}$$

$$\varepsilon'_y = \frac{1}{E}\,[\sigma_y - \nu(\sigma_x + \sigma_z)] \tag{4.31}$$

$$\varepsilon'_z = \frac{1}{E}\,[\sigma_z - \nu(\sigma_x + \sigma_y)]. \tag{4.32}$$

Hierbei entspricht ν der Poissonschen Konstanten.

Die Gesamtdehnungen setzen sich dann aus den Wärmedehnungen nach (4.27) und Anteilen zusammen, die nach den Gl. (4.30) bis (4.32) durch die Spannungen verursacht werden. Es gilt

$$\frac{\partial u}{\partial x} = \varepsilon_x = \varepsilon_x' + \beta \Delta T \tag{4.33}$$

$$\frac{\partial v}{\partial y} = \varepsilon_y = \varepsilon_y' + \beta \Delta T \tag{4.34}$$

$$\frac{\partial w}{\partial z} = \varepsilon_z = \varepsilon_z' + \beta \Delta T, \tag{4.35}$$

wobei gleichzeitig auf den Zusammenhang zwischen der Verformung eines Körpers, ausgedrückt durch die den Koordinaten x, y, z zugeordneten Verschiebungen u, v, w und den Dehnungen hingewiesen sei. Für die Gleitungen gilt ausgedrückt durch die Verformungen

$$\gamma_{xy} = \frac{\partial u}{\partial y} + \frac{\partial v}{\partial x} \tag{4.36}$$

und entsprechend für γ_{yz} und γ_{zx} bei zyklischer Vertauschung der Verschiebungen und Koordinaten.

Bezeichnet man die Volumendilatation mit ε_v, d. h.

$$\varepsilon_v = \varepsilon_x + \varepsilon_y + \varepsilon_z, \tag{4.37}$$

so läßt sich für die Spannung in x-Richtung herleiten

$$\sigma_x = \frac{E}{1+\nu}\left(\varepsilon_x + \frac{\nu}{1-2\nu}\varepsilon_v\right) - \frac{E\beta\Delta T}{1-2\nu}. \tag{4.38}$$

Entsprechende Ausdrücke lassen sich für σ_y und σ_z angeben. Der beschriebene räumliche Spannungszustand vereinfacht sich bei Übergang auf einen ebenen, der dadurch gekennzeichnet ist, daß in sämtlichen zu einer bestimmten Ebene parallelen Schnittebenen im Körper Normal- und Schubspannungsfreiheit gegeben ist. Liegen diese Schnittebenen parallel zur x,y-Ebene, so sind

$$\sigma_z = 0 \quad \text{und} \quad \tau_{xy} = \tau_{yz} = 0, \tag{4.39}$$

und man erhält für die Spannungen aus den entsprechenden Dehnungen in den Koordinaten x und y nach Gl. (4.30) bis (4.34)

$$\sigma_x = \frac{E}{1-\nu^2}(\varepsilon_x + \nu\varepsilon_y) - \frac{E\beta\,\Delta T}{1-\nu} \tag{4.40}$$

$$\sigma_y = \frac{E}{1-\nu^2}(\varepsilon_y + \nu\varepsilon_x) - \frac{E\beta\,\Delta T}{1-\nu}. \tag{4.41}$$

Ein derartiger Spannungszustand gilt streng genommen nur für die unendlich dünne Platte.

Betrachtet man ein Volumenelement in der äußersten Randschicht eines Bauteiles, Abb. 4.9, so kann man annehmen, daß hier ein ebenes Problem besteht, da sich das Element in der angegebenen z-Richtung frei ausdehnen kann. Bei einer Änderung der Oberflächentemperatur um ΔT_{wo} wird wegen der geringen Eindringtiefe der Temperaturschwingung auch nur die Randschicht davon erfaßt. Unter dem Einfluß der Wärmedehnung erfährt das Randelement eine zusätzliche Druckbeanspruchung in x- und y-Richtung, wobei aus Symmetriegründen $\sigma_x = \sigma_y$ sein muß. Für diese thermische Spannung infolge der thermischen Dehnung des Elementes in x- und y-Richtung gilt dann

$$\sigma_{th} = \frac{E}{1-\nu}\,\beta\,\Delta T_{wo}. \tag{4.42}$$

Diese Beanspruchung entspricht der bei einem sogenannten idealen Thermoschock mit einer sprungartigen Temperaturänderung. Bisherige Untersuchungen über diese zusätzliche Beanspruchung durch instationäre Wandtemperaturen bei Verbrennungskraftmaschinen ergaben [142, 152], daß sie gegenüber den sonstigen Beanspruchungen nicht ins Gewicht fallen, wenn es nicht z. B. bei intensiver Korrosionsbeanspruchung zu Änderungen des Werkstoffgefüges kommt, die thermische Wechselbeanspruchung unterstützend auf den Korrosionsangriff wirkt und dadurch eine Überbeanspruchung des Bauteiles mitverursacht [153].

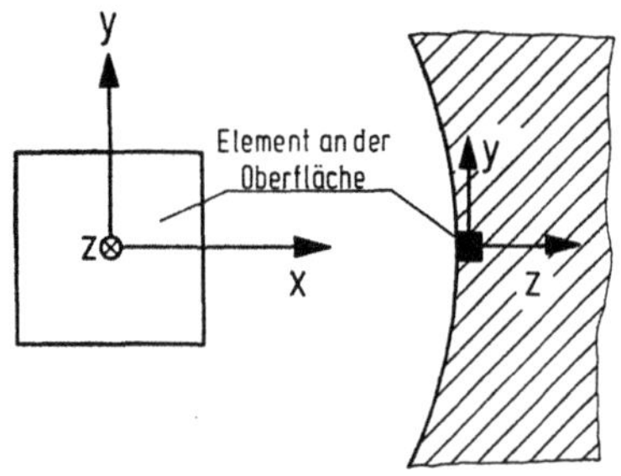

Abb. 4.9. Volumenelement an der Oberfläche eines Bauteiles

Für einfache Tragwerke, wie Scheiben, Platten oder Schalen, erlaubt die Elastizitätstheorie unter vereinfachenden Annahmen die Angabe von Lösungsgleichungen für den Spannungsverlauf bei mechanischer und thermischer Belastung, die sinngemäß auf Motorbauteile, insbesondere rotations- oder achsensymmetrisch gestaltete, wie z. B. die Zylinderbuchse, übertragen werden und für vergleichende Rechnungen von Vorteil sein können. So werden z. B. von *Deubel* [154] zur Berechnung der Wanddicke von Hohlzylindern Gleichungen angegeben, die ohne Einschränkungen im Durchmesserverhältnis $\delta = D_a/D_i = r_a/r_i$ gelten. Unter der Voraussetzung eines rotationssymmetrischen Temperaturfeldes und einer gleichartigen Belastung durch äußere Kräfte gilt danach für die Tangentialspannungen bei Druckbeanspruchung durch innere und äußere Drücke p_i bzw. p_a

$$(\sigma_t)_p = (p_i - p_a)\,\delta^2\,\frac{1+\left(\frac{r_i}{r}\right)^2}{\delta^2-1} - p_i \tag{4.42}$$

und für die aus der thermischen Belastung resultierenden Tangentialspannungen

$$(\sigma_t)_{th} = \pm w\left[1 + \ln\frac{r}{r_i} - \frac{1+\left(\frac{r_i}{r}\right)^2}{\delta^2-1}\,\delta^2\ln\delta\right]. \tag{4.43}$$

Den Wärmespannungen liegt dabei die Temperaturverteilung in einer Rohrwand zugrunde,

$$-\frac{\partial T}{\partial r} = \frac{\Phi}{2\pi\lambda L}\,\frac{1}{r}, \tag{4.44}$$

und für die Größe w ist einzusetzen

$$w = \frac{\beta E}{(1-\nu)}\,\frac{q}{2\lambda}\,r_i. \tag{4.45}$$

Das positive Vorzeichen vor w in Gl. (4.43) bedeutet dabei Wärmedurchgang von innen nach außen, negatives Vorzeichen von außen nach innen. Ebenso lassen sich entsprechende Beziehungen für die Radial- und die Axialspannungen angeben [154], wobei nur die radiale Wärmespannung innerhalb der Wandung ein Maximum aufweist, der Größtwert aller anderen Spannungen tritt an der inneren oder äußeren Oberfläche auf, so daß für die Ermittlung der maximalen Vergleichsspannung lediglich auf die Randwerte zurückgegriffen zu werden braucht. In Abb. 4.10 sind in Abhängigkeit vom Durchmesserverhältnis D_a/D_i die maximalen Tangentialspannungen an der Außenseite einer Laufbuchse nach Gl. (4.42) und (4.43) dargestellt mit der daraus resultierenden maximalen

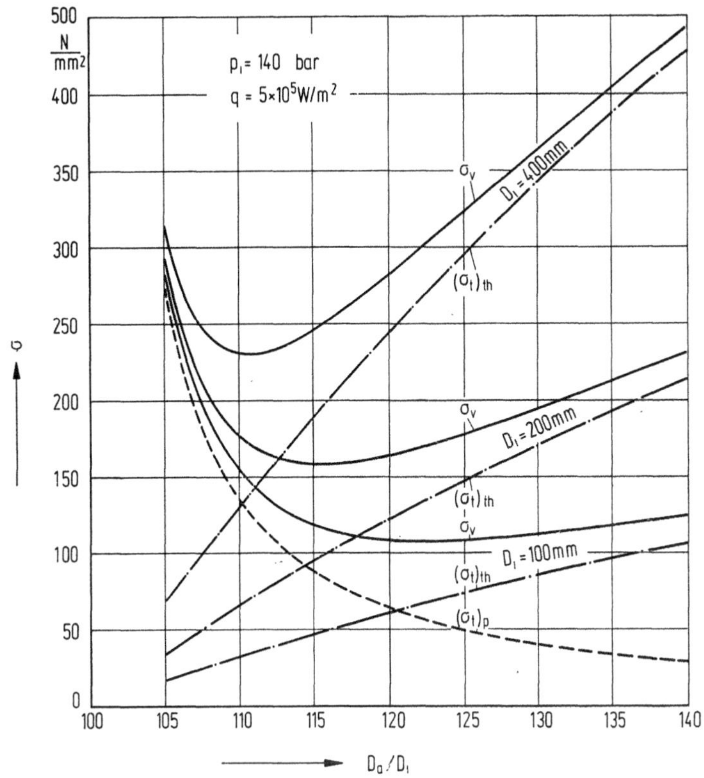

Abb. 4.10. Tangential- und Vergleichsspannungen für ein Kreisrohr in Abhängigkeit vom Durchmesserverhältnis

Vergleichsspannung σ_v nach der Hypothese der maximalen Gestaltänderung. Parameter ist dabei der Innendurchmesser. Dabei ergibt sich ein optimales Durchmesserverhältnis, das in Konstruktionsanleitungen zu findenden Erfahrungswerten von $s = (0{,}05 \cdots 0{,}07)\,D$ für die Ausbildung nasser Laufbuchsen entspricht. Entsprechend der Ausgangsgleichung sind bei konstantem Durchmesserverhältnis die Wärmespannungen von dem Bohrungsdurchmesser D abhängig, woraus sich Vorteile für die Leistungssteigerung kleinerer Motoren ableiten lassen [132].

Die für typische Elemente bei vereinfachenden Annahmen möglichen Lösungen zur Berechnung der thermischen Belastung von Bauteilen genügen heute oft nicht mehr den Anforderungen an eine Festigkeitsberechnung. Es sind daher in den letzten Jahren numerische Verfahren entwickelt worden, mit denen man unter Benutzung von Großrechnern die Dehnungen und Spannungen auch für kompliziert gestaltete Bauteile berechnen kann. Hier sind u. a. das Differentialverfahren [155], die dynamische Relaxation [156] und die Methode der finiten Elemente zu nennen. Gerade das letztgenannte Verfahren findet in zunehmendem Maße Eingang in die Motorenkonstruktion, so daß es angebracht erscheint, etwas näher auf die Rechenmethode einzugehen. Sie wurde schon im Jahre 1940 von *Hrennikoff* [157] vorgeschlagen und ist u. a. durch die mehr anwendungsorientierten Arbeiten von *Argyris* und *Zienkiewicz* bekannt geworden [158, 159].

Das Prinzip der finiten Elemente besteht darin, das Bauteil in ein mathematisch zu fassendes Netz von einzelnen Elementen aufzuteilen. Diese sind miteinander nur in ihren Knotenpunkten zu einem Ersatzsystem verbunden, wobei jeder Knoten bis zu sechs Freiheitsgraden besitzt, entsprechend den drei translatorischen und drei rotatorischen Bewegungsmöglichkeiten. Das Aussehen des Spannungsfeldes wird von den Verschiebungen des Knotens bestimmt, deren Ursache äußere Belastungen und Temperaturänderungen sein können. Diese Verschiebungen stellen die unbekannten Variablen dar.

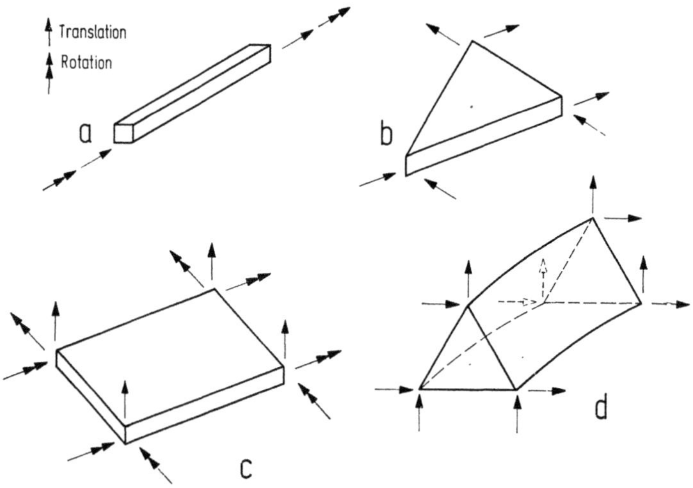

Abb. 4.11. Elementtypen für das Verfahren der finiten Elemente

Ein Modell kann sich aus verschiedenen Elementtypen zusammensetzen, Abb. 4.11, um so je nach Anforderung eine optimale Lösung angeben zu können. Jedem Element können auch die Werkstoffeigenschaften zugeteilt werden, die an der betreffenden Stelle des Bauteiles gegeben sind. Dadurch ist auch die Berechnung inhomogener Körper möglich. Die finiten Elemente bieten sich besonders für Scheibenelemente, also für ebene Strukturen an, aber es sind auch rotationssymmetrische und dreidimensionale Probleme erfaßbar. Allerdings kann das mathematische Modell niemals genau mit der Konstruktion übereinstimmen. So ergeben bei einer zweidimensionalen Spannungsanalyse Elemente mit konstanter Verformung und zwei Freiheitsgraden je Knotenpunkt konstante Spannungsverläufe in den Elementen, jedoch treten an den Grenzen zu den benachbarten Elementen Sprünge auf. Diese können durch ein möglichst engmaschiges Netz von Elementen klein gehalten werden. Dadurch gestalten sich aber die Vorbereitungsarbeiten sehr zeitraubend.

Erhöht man die Knotenzahl je Element oder die Zahl der Freiheitsgrade, so ergeben sich geringere Unstetigkeiten an den Nahtstellen. Allerdings erfordert ein derart verbessertes Element mehr Rechenaufwand. Andererseits kann das Netz relativ grob gestaltet sein, so daß dadurch eine Kompensation mit Gewinn im Zeitbedarf erfolgt. Als eine wirtschaftliche Lösung haben sich die von *Sarsten* [160] angegebenen Dreiecksringelemente, sogenannte Triax-Elemente mit 6 Knotenpunkten und insgesamt 12 Freiheitsgraden, erwiesen, s. Abb. 4.11d. Bei der Berechnung müssen meist große lineare Gleichungssysteme gelöst werden, wobei die Matrizendarstellung verwendet wird und nur große und sehr leistungsfähige EDV-Anlagen verwendet werden können. Die laufend vorgenommenen Verbesserungen an den einzelnen Rechenprogrammen, von denen in [29] eine Zusammenstellung mit Angaben über die notwendige Rechnerkapazität gegeben wird, führen zu einem Komfort, der es ermöglicht, sowohl Temperaturen wie auch Spannungen und Verformungen mit dem gleichen Netz von Elementen zu bestimmen. Dabei können auch instationäre Temperaturverteilungen berücksichtigt werden.

Im folgenden soll einführend der Rechengang etwas näher erläutert werden, wobei vereinfachend von einer ebenen Struktur ausgegangen wird, von einem dreieckigen Scheibenelement e konstanter Dicke s mit je zwei Freiheitsgraden für die Knoten i, j, k, Abb. 4.11b. Bei einem linearen Ansatz für die Verschiebungen u und v eines beliebigen Punktes mit den Koordinaten (x, y) erhält man mit den Angaben in Abb. 4.12

$$u = a_1 + a_2 x + a_3 y \tag{4.46}$$

$$v = a_4 + a_5 x + a_6 y . \tag{4.46a}$$

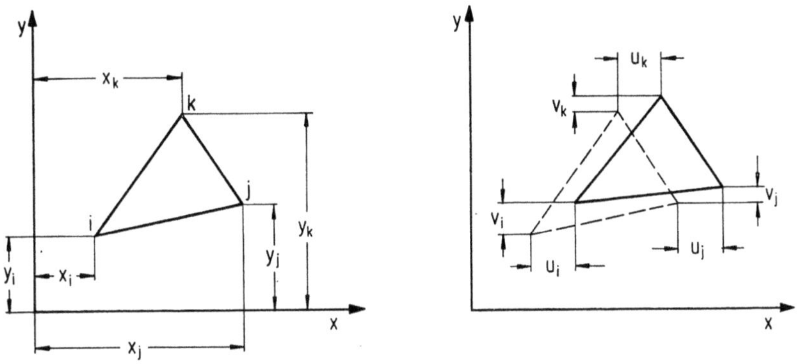

Abb. 4.12. Verschiebungen an einem dreieckigen Scheibenelement

In der Matrizendarstellung lautet dieses Gleichungssystem

$$\begin{Bmatrix} u \\ v \end{Bmatrix} = \begin{bmatrix} 1 & x & y & 0 & 0 & 0 \\ 0 & 0 & 0 & 1 & x & y \end{bmatrix} \begin{Bmatrix} a_1 \\ \vdots \\ a_6 \end{Bmatrix}. \tag{4.47}$$

Die Anzahl der als allgemeingültige Koordinaten bezeichneten Werte a entspricht dabei der Gesamtzahl der für das Element bestehenden Freiheitsgrade. Für die unbekannten Variablen, d. h. die jeweiligen Knotenpunktverschiebungen des in einem System eingelagerten Elementes erhält man unter Verwendung der allgemeingültigen Koordinaten die Verschiebungsmatrix $\{\delta\}$ des betreffenden Elementes

$$\{\delta\} = \begin{Bmatrix} u_i \\ v_i \\ u_j \\ v_j \\ u_k \\ v_k \end{Bmatrix}, \tag{4.48}$$

so daß in der vereinfachten Matrizendarstellung mit Gl. (4.47) geschrieben werden kann

$$\{\delta\} = [A]\,\{a\}. \tag{4.49}$$

Die unbekannten Koordinaten a kann man durch Einsetzen der Knotenverschiebungen und Knotenkoordinaten bestimmen und somit das Verschiebungsfeld definieren zu

$$\{a\} = [A]^{-1}\,\{\delta\}. \tag{4.50}$$

Bei als klein angenommenen Verformungen des Elementes besteht der in den Gln. (4.35), (4.36) angegebene Zusammenhang zwischen Verformungen und Dehnungen bzw. Gleitungen. Bei Berücksichtigung des linearen Ansatzes und geeigneter Differentiation erhält man in Form einer Matrix

$$\{\varepsilon\} = [B]\,\{\delta\}. \tag{4.51}$$

Damit ergibt der lineare Verschiebungsansatz konstante Dehnungen im Element. Für den Zusammenhang zwischen den Spannungen und Dehnungen gilt dann für einen ebenen Spannungszustand entsprechend den Gln. (4.29), (4.40) und (4.41) unter der Annahme, daß das Material des Elements linear elastisch, homogen und isotrop ist:

$$\begin{Bmatrix} \sigma_x \\ \sigma_y \\ \tau_{xy} \end{Bmatrix} = \frac{E}{1-\nu^2} \begin{bmatrix} 1 & \nu & 0 \\ \nu & 1 & 0 \\ 0 & 0 & \dfrac{1-\nu}{2} \end{bmatrix} \begin{Bmatrix} \varepsilon_x \\ \varepsilon_y \\ \gamma_{xy} \end{Bmatrix}, \tag{4.52}$$

in verkürzter Schreibweise

$$\{\sigma\} = [D]\,\{\varepsilon\}. \tag{4.53}$$

Da die Dehnungen im Element konstant sind, müssen nach Gl. (4.53) auch die Spannungen konstant sein. Diese Spannungen werden durch äquivalente Kräfte N in den Knoten ersetzt, wobei das Prinzip der virtuellen Arbeit angewendet wird. Danach muß die von den Kräften geleistete äußere Arbeit längs einer virtuellen Verschiebung $\{\delta'\}$ gleich der inneren Arbeit sein, wobei das Element entsprechenden Dehnungen $\{\varepsilon'\}$ ausgesetzt ist. Mit den Gln. (4.53) und (4.51) gilt dann

$$\{N\}\,\{\delta'\}^T = \int_A \{\varepsilon'\}^T \{\sigma\}\, s\, \mathrm{d}A = \{\delta'\}^T \int_A [B']^T [D]\,[B]\,\{\delta\}\, s\, \mathrm{d}A. \tag{4.54}$$

Dabei steht T für transponieren, während A die Oberfläche ist. Wird die sogenannte Steifheitsmatrix des Elementes

$$K = \int_A [B']^T [D]\,[B]\, s\, \mathrm{d}A \tag{4.55}$$

in Gl. (4.54) eingesetzt, so erhält man

$$\{N\} = [K]\,\{\delta\}. \tag{4.56}$$

Die Steifigkeitsmatrizen für die übrigen Elemente werden analog berechnet und miteinander verknüpft, indem für jeden gemeinsamen Knoten die Gleichgewichtsbedingungen zwischen inneren und äußeren Kräften, den äquivalenten Knotenkräften und äußeren Belastungen, erfüllt sein müssen. Die so erhaltene Steifigkeitsmatrix des *ganzen* Körpers dient dann zur Bestimmung der Verschiebungsmatrix $\{\delta\}_k$ der gesamten Struktur. Das Gleichungssystem für die äußeren Kräfte muß dazu die jeweiligen Randbedingungen erfüllen. Mit der Berechnung von $\{\delta\}_k$ ist der gesamte Verformungszustand des Bauteiles bekannt, und es können dann die Dehnungen bzw. die Spannungen für jedes Element berechnet werden.

Ein Übergang vom ebenen Fall auf den achsensymmetrischen Fall ist z. B. möglich, wenn man nur Verschiebungen in radialer Richtung und in Achsenrichtung, aber nicht in tangentialer Richtung zuläßt. Geht man von dem hier beschriebenen dreieckigen Scheibenelement aus und zerlegt die Fläche eines Körpers in ein Netz von Dreiecken, so kann man bei räumlichen achsensymmetrischen Körpern auch die radiale Fläche in entsprechender Weise aufteilen, wobei das Bauteil sich dann aus den bereits erwähnten ringförmigen

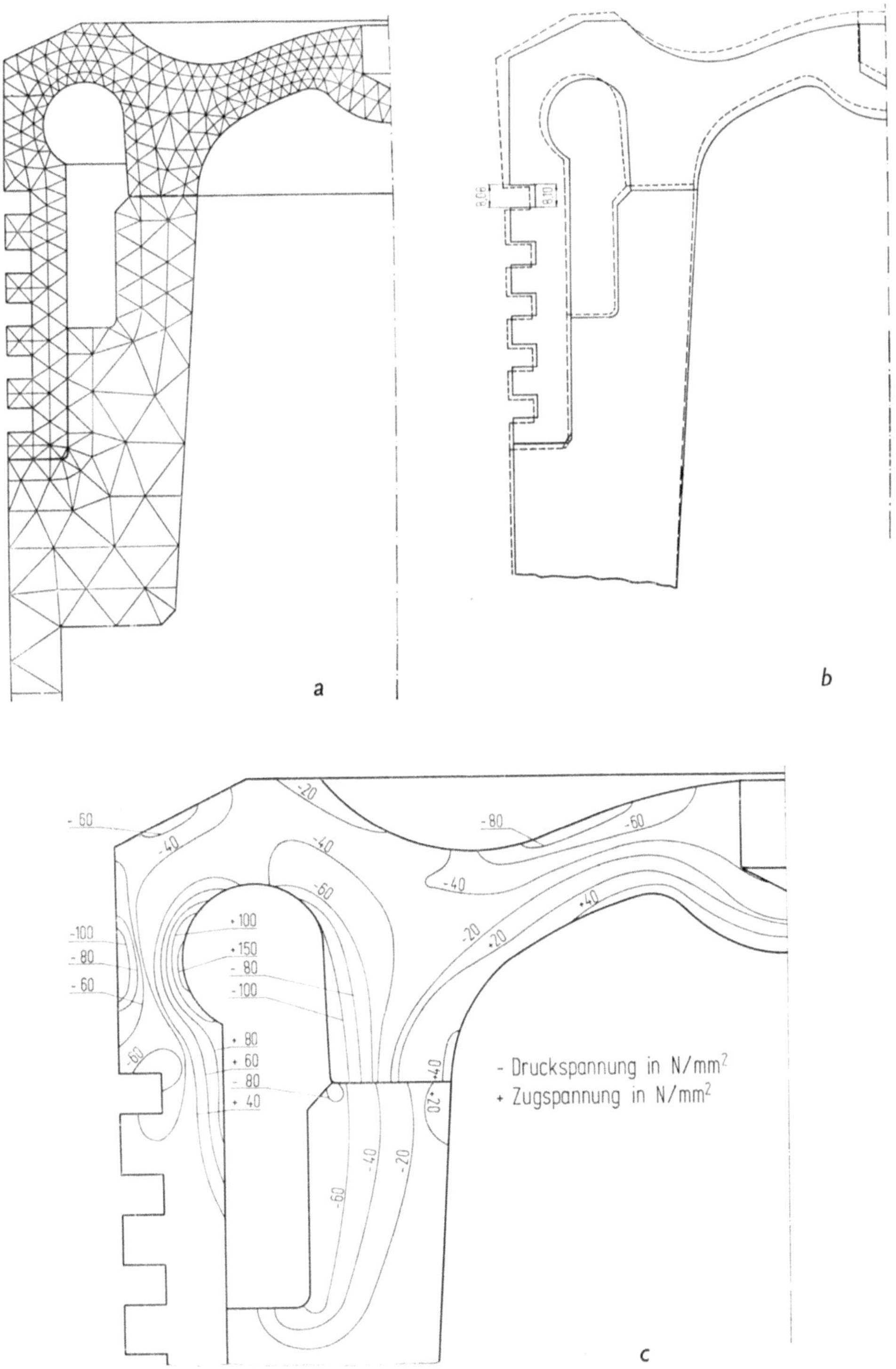

Abb. 4.13. Bestimmung von Verformungen und Beanspruchungen an einem gebauten Kolben mit Hilfe der finiten Elemente: a Aufteilung des Kolbens in Triax-Elemente, b Verformung des Kolbenoberteiles, c Darstellung der Beanspruchung durch Linien konstanter Hauptspannungen [160]

Körpern mit dreieckförmigem Querschnitt zusammensetzt [160]. Es besitzt mit je drei Eck- und Seitenknoten 12 Freiheitsgrade. Die Länge der Seitenlinie von Knoten zu Knoten entspricht dem Umfang von einem Radiant. Ein in [160] näher beschriebenes Rechenprogramm für derartige Elemente enthält auch die Berechnung der Wärmespannungen, wozu der Rechengang in zwei Schritte aufgeteilt wird. Zunächst wird unter der Annahme, daß die Knotenpunkte keiner Verschiebung unterliegen, also fest eingespannt sind, in allen Elementen die auf die Temperaturverteilung zurückzuführenden Spannungen mit dem entsprechenden Term beim dreiachsigen Spannungszustand, Gl. (4.38), berechnet:

$$\sigma_{th} = -\frac{E\beta}{1-2\nu}\,\Delta T\,. \tag{4.57}$$

Danach werden die an den Knotenpunkten angreifenden inneren Kräfte bestimmt, die den Spannungen äquivalent sind. Im zweiten Schritt des Rechenganges werden diese Kräfte wie die aus mechanischen Belastungen herrührenden behandelt und diesen überlagert. Bei allen Möglichkeiten, die das Verfahren der finiten Elemente bietet, darf doch nicht übersehen werden, daß nicht nur die Rechnung selbst hohe Anforderungen stellt, sondern auch die Organisation und Vorbereitung zur Programmeingabe des in Elementen unterteilten Bauteiles einen sehr hohen Zeitaufwand erfordert. Ein weiteres Problem ist die Festlegung der jeweiligen Randbedingungen, von deren Kenntnis z. T. die erreichbare Genauigkeit der Rechnung abhängt.

Dazu zeigt Abb. 4.13 [160] beispielhaft die mit dem a. a. O. beschriebenen Programm ermittelte Beanspruchung eines gebauten Kolbens, wobei neben dem Netzwerk der oberen Kolbenpartie (a) und deren Verformung in überhöhter Darstellung (b) auch das Spannungsfeld (c) dargestellt ist. Die Randbedingungen werden hierbei durch die Rotationssymmetrie des Kolbens bestimmt. So kann die Kolbenbodenmitte in axialer, aber nicht in radialer Richtung auslenken. Die Ruhelage bei axialer Ausdehnung ist durch die Kolbenbolzenoberkante gegeben. Der Spannungsberechnung voraus geht dabei die Bestimmung des Temperaturfeldes, das wiederum von den angenommenen örtlichen Wärmeübergangsbedingungen abhängt.

Hierzu werden in den folgenden Abschnitten für die dort besprochenen Motorbauteile einige Anhaltswerte gegeben, ebenso Hinweise auf konstruktive Möglichkeiten zur Minderung der thermischen Beanspruchung. Zunächst soll aber auf die Verwendung von wärmedämmenden Schutzschichten mit ihren Möglichkeiten und Problemen eingegangen werden.

4.2.3 Wärmedämmende Schutzschichten

Zur Abwehr einer starken thermischen Belastung von Bauteilen, die einem besonders intensiven Wärmeaustausch durch Konvektion, Flammenstrahlung oder direkter Flammenberührung mit dem Arbeitsgas unterliegen, liegt es nahe, den eigentlichen Werkstoff mit einem Material sehr geringer Wärmeleitfähigkeit zur Dämmung des Wärmeeinfalls zu beschichten. Zu diesen thermisch besonders gefährdeten Bauteilen gehören Kolben und Auslaßventile, von deren einwandfreier Funktion die Dichtheit des Arbeitsraumes und die Betriebsfähigkeit des Motors abhängt. Neben der möglichen thermischen Überbeanspruchung des Bauteils kommt bei Auslaßventilen von mit Schweröl betriebenen Motoren hinzu, daß hohe Temperaturen an der Dichtfläche das Auftreten von Heißkorrosion fördern.

Hier könnte eine auf dem Außenteller aufgebrachte Dämmschicht die thermische Belastung während des Arbeitsprozesses bei geschlossenen Ventilen so weit senken, daß die Temperatur an der Sitzfläche unterhalb der kritischen Temperatur liegt. Weitere Anwendungsmöglichkeiten derartiger Deckschichten sind in der Auskleidung von Motornebenbrennräumen zu sehen, ebenso in dem Schutz von Gasturbinenschaufeln.

Die Wirkung einer derartigen Deckschicht liegt in der herabgesetzten Temperatur des eigentlichen Bauteiles und damit in der verringerten Wärmedehnung und -beanspruchung, wobei die Temperatursenkung entsprechend Gl. (1.3) umgekehrt proportional mit der Wärmeleitfähigkeit λ der aufgetragenen Schicht erfolgt. Daneben werden aber auch die Temperaturschwingungen in der Wand sehr stark gedämpft, s. Gl. (4.16) bzw. Abb. 4.6. Geeignete Werkstoffe für die Herstellung von Wärmeschutzschichten sind überwiegend keramischer Art, wobei sich Aluminiumoxid als besonders wirksam erweist. Leider haben die keramischen Stoffe mit ihrem hohen Schmelzpunkt gegenüber den metallischen Bauelementen in den Motoren einen geringeren Ausdehnungskoeffizienten, wodurch sich die Frage nach der Haftfähigkeit der Schutzschicht auf dem Grundkörper ergibt. Man versucht, die Haftung durch eine besondere dünne metallische Zwischenschicht oder durch metallische Beimengungen in Verbindung mit mikroskopisch feiner Verklammerung in den Randschichten zu verbessern.

Je nachdem welche Bestandteile die wärmedämmende Schutzschicht besitzt und welche innere Struktur der Körper hat, schwankt die Wärmeleitfähigkeit erheblich; sie ist aber immer um ein mehrfaches geringer als bei den fraglichen metallischen Bauelementen, vgl. Zahlentafel 1.1, insbesondere lfd. Nr. 2 bis 6 und 11a/g. Den Einfluß der Porosität zeigen die drei Proben Nr. 11c, d und e, die als kompakte keramische Körper hergestellt, Unterschiede im λ-Wert bis zum 9fachen aufweisen. Für im Spritzverfahren erzeugte Schichten mit einem Gemenge aus 70% Aluminiumoxid und 30% Metallzusatz aus Nickelaluminid — Nr. 11a — besteht für λ ein Verhältnis von 1 : 2, wobei trotzdem die Wärmeleitfähigkeit an der unteren Grenze bleibt. Die aus mindestens technisch reinem Aluminiumoxid und nach verschiedenen Spritzverfahren hergestellten Schichten — Nr. 11b, f und g — liegen in den engen Grenzen zwischen $\lambda = 1{,}6$ und 2,8 W/mK. Der Unterschied ist weniger durch die angegebenen verschiedenen Spritzverfahren an sich als durch die Art der technischen Handhabung beim Auftragen der Schicht bedingt. Je nach den Arbeitstemperaturen, den Spritzdüsen und Abständen entsteht eine nach Körnung und Porosität voneinander abweichende Struktur, was noch weiter behandelt werden wird. Gegenüber den metallischen Werkstoffen, wie z. B. Aluminium, Grauguß und legierten Stählen, ergeben sich im Mittel und abgerundet Wärmeleitfähigkeiten im Verhältnis 1 : 100, 1 : 30 bzw. 1 : 15. Für den Fall einer ebenen Wand mit einer 1 mm starken Schutzschicht bedeutet dies bei einer Wärmeleitfähigkeit von 2 W/mK und einer Wärmestromdichte von $q = 100\,000$ W/m^2 eine Temperatursenkung um 50 Grad an der Trennfläche. Dieser hier beispielhaft ermittelte Temperaturabfall von 50 °C in der dünnen Schutz- oder Dämmschicht führt jedoch im Motorbetrieb u. U. aus mehreren Gründen nicht zu entsprechend verminderten Temperaturen in den tragenden Wänden.

Zwar stellt sich infolge der Dämmwirkung auf der inneren, den heißen Gasen zugekehrten Wandseite eine höhere Temperatur gegenüber dem Zustand ohne Dämmschicht ein und es verkleinert sich das Temperaturgefälle zwischen den heißen Verbrennungsgasen und der Wand, dagegen nimmt der Wärmeübergangskoeffizient an der rauhen Oberfläche der Dämmschicht gegenüber einer glatten metallischen Fläche zu. Es ergeben sich schließlich u. U. bei ungenügender Dicke der Dämmschicht in der tragenden Wand höhere Temperaturen als bisher. Außerdem kann sich das Temperaturfeld so ändern, daß die damit geänderte Verteilung des Wärmeflusses die Dämmwirkung unter Umständen mindert. Man hat z. B. festgestellt, daß im Kolbenboden die niedrigere Temperatur zwischen den unmittelbar von Flammenstrahlen getroffenen und aufgeheizten Flächen nach erfolgter Beschichtung vergleichsweise gestiegen ist.

Um die Wechselwirkung zwischen Dämmschicht, Wärmeübergang, Wandtemperaturen und dem Temperaturgefälle Gas-Wand sich nicht im negativen Sinn auswirken zu lassen, nämlich keine ausreichende Temperatursenkung an gewünschten Stellen, muß die Dämmschicht eine bestimmte Mindeststärke erhalten. Um diese zu ermitteln, muß der Wärmewiderstand zwischen Verbrennungsgas und beschichteter Wand gegenüber der unbeschichteten gleich groß gehalten werden. Diese Forderung wird erfüllt, wenn der Wärmedurchgangskoeffizient k entsprechend Gl. (1.12) konstant bleibt.

Für eine beschichtete Wand geht Gl. (1.12) über in

$$k = \frac{1}{\frac{1}{\alpha_{DS}} + \frac{s_{DS}}{\lambda_{DS}} + \frac{s}{\lambda} + \frac{1}{\alpha_k}}, \tag{4.58}$$

wonach für die gestellte Bedingung zu bedenken ist:

1. Es nimmt der Wärmeübergangskoeffizient α_{DS} für die Wand mit Dämmschicht zu, und zwar um das 1,3—1,9fache, u. U. auch noch mehr. Nach Untersuchungen von *Nunner* [161] kann sich in rauhen Rohren der Wert verdreifachen. Dagegen hat Jürges [116] an einer mittels Sandstrahl aufgerauhten gegenüber einer unpolierten Kupferwand nur das 1,07fache festgestellt. Es kommt also sehr auf die Art der Rauheit und den gesamten Versuchs- bzw. Bau- und Betriebszustand an (vgl. Abschn. 2.6.3.2).

2. Damit der erhöhte Wärmeübergang auf die Dämmwirkung gerade ausgeglichen wird und der Wärmedurchgangskoeffizient k konstant bleibt, ist eine entsprechende Mindeststärke $s_{DS\,\min}$ der Dämmschicht erforderlich. Dies ist der Fall, wenn entsprechend Gl. (4.58)

$$\frac{1}{\alpha} - \frac{1}{\alpha_{DS}} = \frac{s_{DS\,\min}}{\lambda_{DS}} \tag{4.59}$$

erfüllt ist. Daraus ergibt sich mit einer mittleren Zunahme $\alpha_{DS} = 1{,}6\,\alpha$ die Mindeststärke zu

$$s_{DS\,\min} = \frac{\lambda_{DS}}{\alpha}\left(1 - \frac{\alpha}{\alpha_{DS}}\right) = 0{,}375\,\frac{\lambda_{DS}}{\alpha}.$$

Je nachdem, in welchem Umfange die Wärmeleitfähigkeit oder der Wärmeübergangskoeffizient zu- oder abnehmen, ist die Mindestschichtdicke so anzupassen, daß die gewünschte Temperatursenkung im Bauteil erfolgt. Hierzu ist ausgehend von gleichbleibenden Wärmeübergangsbedingungen auf der Kühlseite und konstanter Gastemperatur der Einfluß eines erhöhten Wärmeübergangskoeffizienten α_{DS} und einer Änderung der Wärmeleitfähigkeit λ_{DS} auf die Temperatur an der Oberfläche der Deckschicht, t_{DS} in °C, und an der ursprünglichen Oberfläche des eigentlichen Bauteiles, t_w in °C, in Abb. 4.14 bzw. 4.15 dargestellt, wobei die Stärke s_{DS} der wärmedämmenden Schicht die unabhängige Variable ist. Um bei dem gewählten Beispiel zu bleiben, ist danach bei einem Verhältnis der gasseitigen Wärmeübergangskoeffizienten von $\alpha_{DS}/\alpha = 1{,}6$ eine Mindestschichtdicke von 1,25 mm erforderlich, damit die ursprüngliche gasseitige Wandtemperatur nicht infolge des verbesserten Wärmeübergangs über den Ausgangswert von $t_w = 300\,°\mathrm{C}$ ansteigt. Dieser Temperatur am ungeschützten Bauteil entspricht der Ordinatenwert für $s_{DS} = 0$ bei $\alpha_{DS}/\alpha = 1$. Die Temperatur an der Oberfläche der Deckschicht steigt mit zunehmender Schichtdicke und beträgt für die Mindestschichtdicke bei dem gewählten Beispiel 443 °C. Dabei bleibt die Wärmebelastung der Wand gleich, da die verringerte Temperaturdifferenz $T - T_{DS}$ durch den größeren Wärmeübergangskoeffizienten α_{DS} ausgeglichen wird.

3. Da im allgemeinen aus Gründen der Haftung mit einer dünnen metallischen Zwischenschicht oder mit Metallzusatz in der Spritzmasse und mit möglichst dünnen Dämmschichten gearbeitet wird, kann leicht der Fall eintreten, daß die Mindestschichtdicke unterschritten wird und damit die Wärmebelastung steigt, und zwar mit entsprechenden Zunahmen der Temperaturen T_{DS} und T_w. Die durch einen Metallzusatz sich erhöhende Wärmeleitfähigkeit einer Dämmschicht konstanter Dicke bedingt eine Abnahme der Temperatur T_{DS} bei zunehmender Bauteiltemperatur T_w, Abb. 4.15. Die eingangs errechnete Temperatursenkung durch die Dämmschicht um 50 Grad am Bauteil erfordert also entsprechend der Steigerung des α-Wertes um das 1,6fache für $\lambda_{DS} = 2$ W/mk eine Schichtdicke von 2,8 mm Stärke, vgl. Abb. 4.14. Die dabei stark angestiegene gasseitige Temperatur,

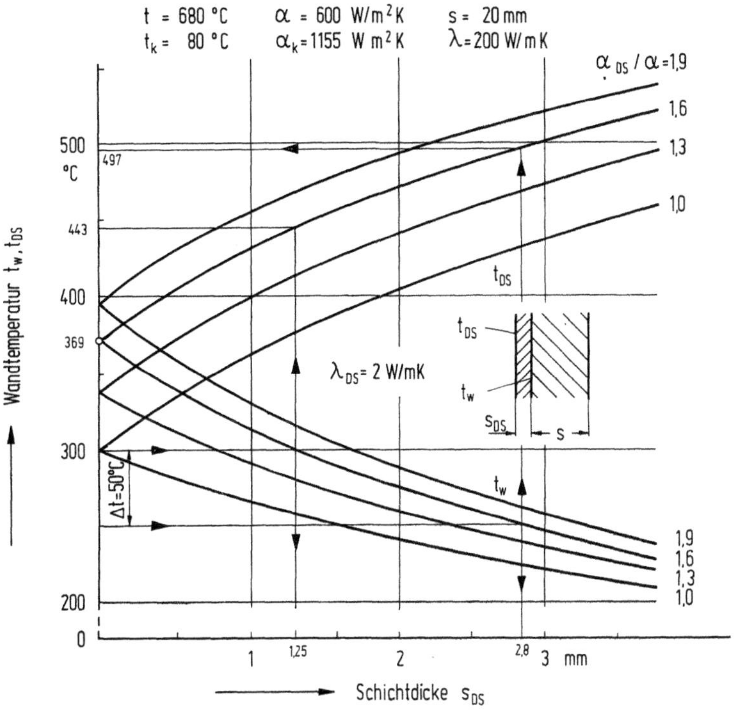

Abb. 4.14. Einfluß der Dicke von Wärmedämmschichten auf die Bauteil- und Oberflächentemperatur bei Änderung des gasseitigen Wärmeübergangskoeffizienten

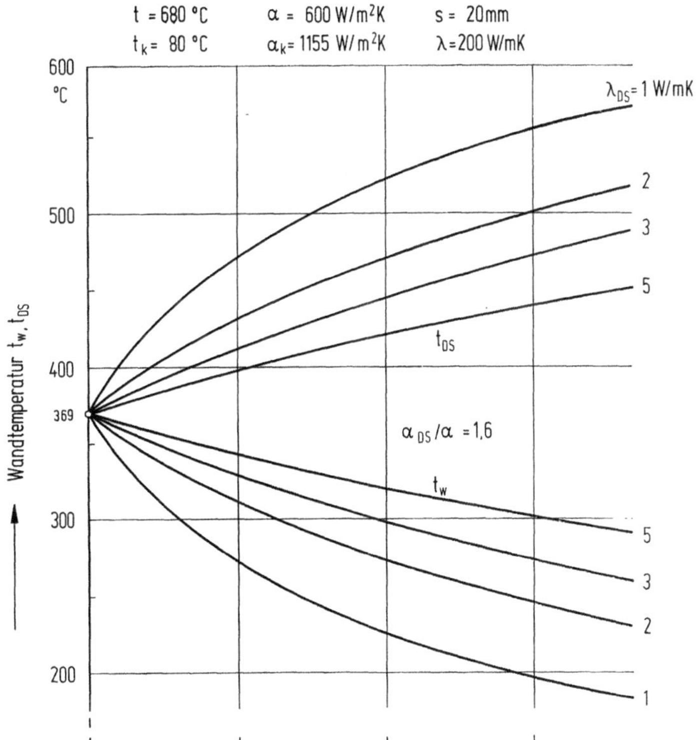

Abb. 4.15. Einfluß der Dicke und Wärmeleitfähigkeit von Wärmedämmschichten auf die Bauteil- und Oberflächentemperatur

$t_{DS} = 497\,°C$, verringert die wirksame Temperaturdifferenz $T - T_{DS}$ und damit die Wärmebelastung, wodurch sich auch im Bauteil ein um ca. 5 Grad geringeres Temperaturgefälle einstellt. In diesem Falle trägt also alles dazu bei, die thermische Beanspruchung der tragenden Wand zu vermindern. Wenn man weiter bedenkt, daß z. B. eine Temperaturabnahme von 10 Grad bereits genügt, um Verkokungen an Kolbenringen zu verhindern, so wird der Nutzen einer Dämmschicht erkennbar.

Die betriebstechnische Schwierigkeit liegt nach wie vor darin, bei einer genügend starken Dämmschicht das Abblättern oder Ausbrechen kleiner Teile infolge zu geringer Haft- und Verklammerungskräfte in Verbindung mit unterschiedlichen Ausdehnungskoeffizienten zu verhindern. Daher ist es nützlich, einen Einblick in die Struktur solcher Dämmschichten zu gewinnen. Die nachfolgende Darstellung soll dies ermöglichen*.

Bei dem früheren Hinweis auf die in Zahlentafel 1.1 unter lfd. Nr. 11 aufgeführten Metalloxide wurde festgestellt, daß die Wärmeleitfähigkeit des daraus hergestellten Körpers sehr stark von der jeweiligen Porosität abhängt. Durch das in den Poren eingeschlossene Gas wird je nach Größe, Form und Zahl der Poren die Wärmeleitfähigkeit außerordentlich beeinflußt. Die Dämmschicht selbst setzt sich aus einer Unzahl kleiner Teilchen zusammen, die während des Aufspritzens in flüssigen Zustand gebracht worden waren. (Die Schmelztemperatur des reinen Al_2O_3 beträgt 2043 °C.) Je nachdem, ob die Teilchen im Augenblick des Auftreffens leicht- oder zähflüssig sind und welche Geschwindigkeit sie besitzen, ändert sich die Art der Schicht. Die Teilchen backen mehr oder weniger in flachen Fladen oder in körniger Form zusammen und bilden dabei Zwischenräume (Poren). Für das unbewaffnete Auge und für den Finger hat die Schicht eine leicht rauhe, dichte Oberfläche, während das Elektronenmikroskop die einzelnen Teilchen, ihre Form und Verknüpfung untereinander sichtbar macht.

In den beiden Abb. 4.16a, b mit zwei verschiedenen Vergrößerungen 120- und 600fach ist in der *Oberfläche* die erwähnte Fladenform leicht erkennbar. Man beachte den hinweisenden Pfeil und kann bequem ausmachen, welchen mittleren Bildausschnitt die starke Vergrößerung aus der kleinen wiedergibt; es ist eine besonders rauhe Stelle. Die einzelnen

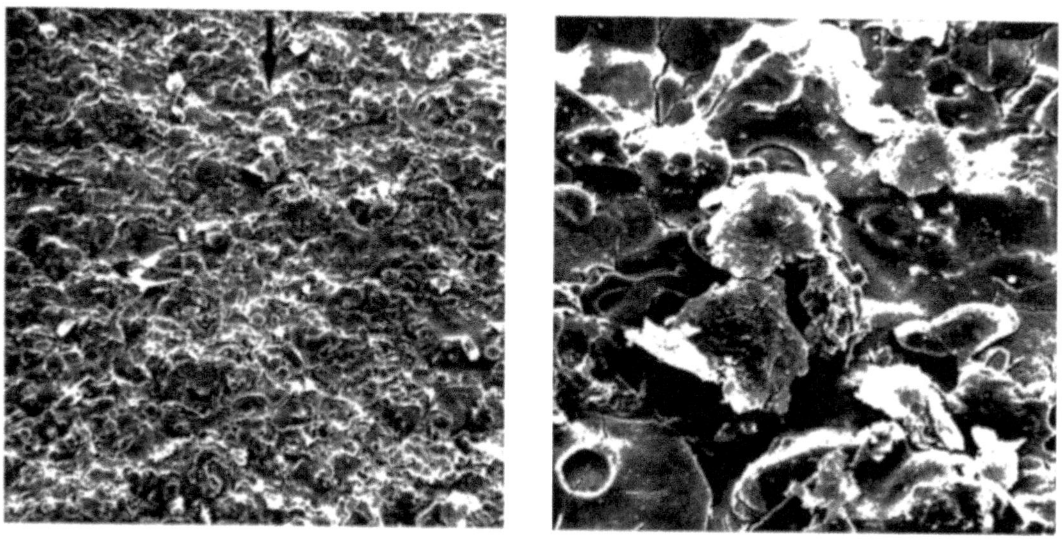

a b

Abb. 4.16. Rasterelektronenmikroskopische Aufnahme von der Oberfläche einer im Plasma-Verfahren aufgespritzten Wärmedämmschicht: a Vergrößerung 120:1; b Ausschnittvergrößerung 600:1

* Es wird hier dankbar vermerkt, daß die M. A. N., Werk Augsburg gestattet hat, die in ihrem Auftrage im Institut für angewandte Mikroskopie, Photographie und Kinematographie, Karlsruhe, gewonnenen elektronenmikroskopischen Aufnahmen in einem genügenden Auszug hier wiederzugeben.

Teilchen sind verschieden groß und miteinander verklammert, was der Festigkeit der Schicht dienlich ist. Bei der Abkühlung entstehen u. U. geringfügige Risse, die sich im Dauerbetrieb schädigend auswirken können, falls sie sich vertiefen und verlängern. Ob und in welchem Ausmaß dies während des motorischen Betriebes geschieht, hängt einerseits von den durch den Arbeitsprozeß bedingten Temperaturschwankungen und andererseits von der inneren Verklammerung der Teilchen ab, also davon, wie die Schicht hergestellt worden ist. Neben der Frage der mechanischen Festigkeit ist hier vor allem die Wärmeleitfähigkeit wichtig, die von den Poren abhängt. Man fragt sich, wie groß und zahlreich sie sind und ob sie untereinander verbunden sind. Bei Abb. 4.16b glaubt man, in die Tiefe blicken zu können. Wie weit sich solche Oberflächenvertiefungen ausdehnen, kann nur durch Flach- und Querschliff entschieden werden. So ist Abb. 4.17a, b der *Flachschliff* einer gleichartigen Schicht wie bei Abb. 4.16a, b in wiederum zwei verschieden

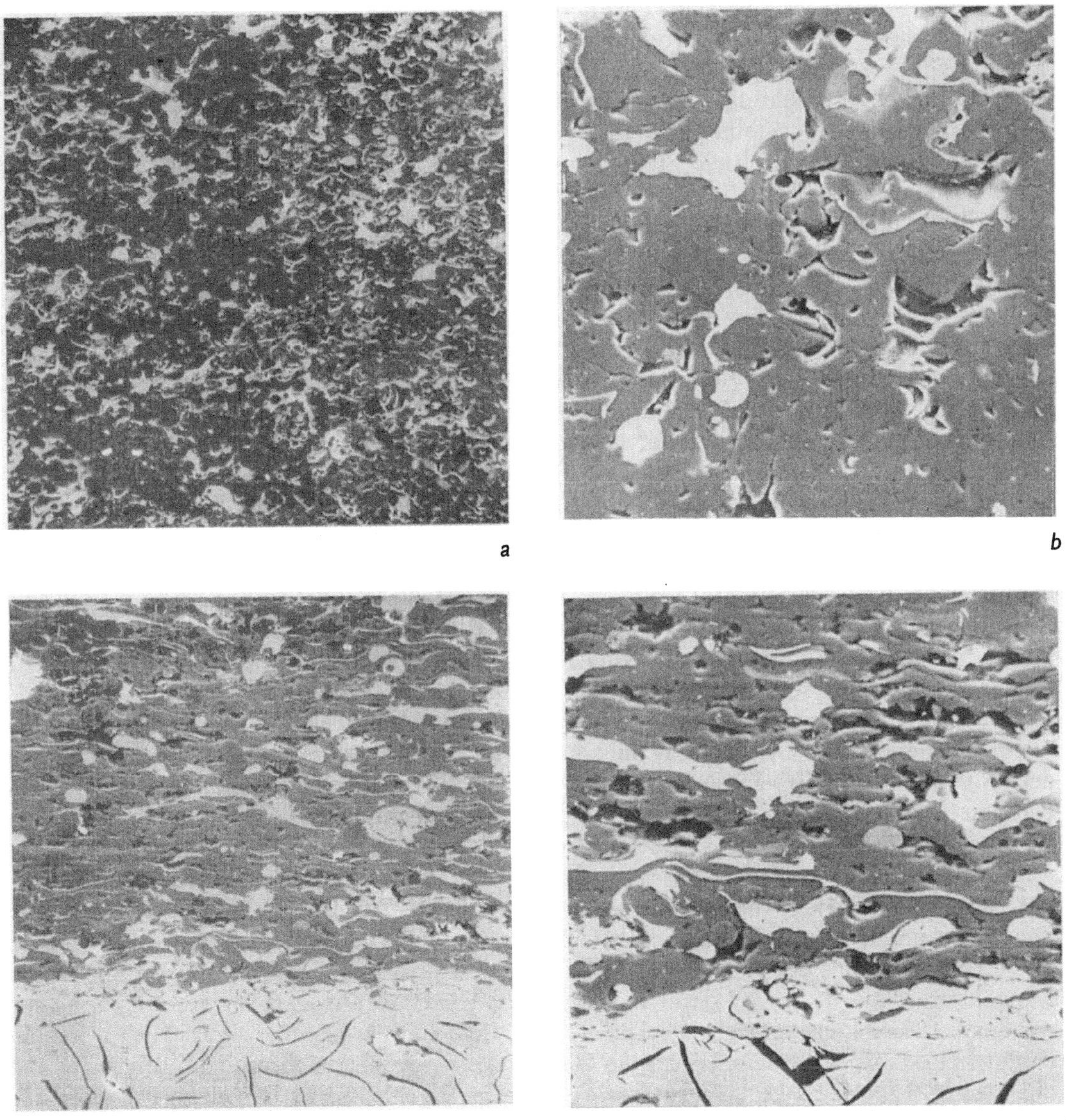

Abb. 4.17. Flach- und Querschliff der Wärmedämmschicht nach Abb. 4.16;
a Flachschliff, Vergrößerung 105 : 1; b Ausschnittvergrößerung 525 : 1 von a; c Querschliff, Vergrößerung 220 : 1; d Ausschnittvergrößerung 560 : 1 von c

starken Vergrößerungen. Durch die 525- gegenüber der 105fachen Vergrößerung wird deutlich, daß es sich mehr um flache als tiefe Poren handelt. Dies dürfte in der Hauptsache durch die Art des Auftragens der Schicht bedingt sein. Man erkennt ferner, daß die Poren in der Mehrzahl gar nicht oder sonst nur schwach miteinander verbunden sind.

Im Gegensatz zu dem vorhergehenden Oberflächenbild werden die beiden Bestandteile der hier aufgespritzten Masse durch ihren unterschiedlichen Helligkeitsgrad sichtbar. Die Spritzmasse besteht entsprechend Nr. 11a in Zahlentafel 1.1 zu 30% aus Nickelaluminid (helle Bestandteile). Das größte Teilchen in der 525fachen Vergrößerung mißt in seinem kompakten Teil rd. 26 mm und ist damit etwa 5/100 mm lang. Es gibt, wie man in dem oberen Bild mit der kleineren 105fachen Vergrößerung sieht, nur wenig größere Teilchen, die meisten sind kleiner und recht gleichmäßig verteilt. Dies ist eine günstige Voraussetzung für gutes Haften und eine möglichst geringe Wärmeleitfähigkeit. Denn es wurde schon bemerkt, daß die Metallbeigabe zu einem größeren Ausdehnungskoeffizienten führen soll, obwohl vorauszusehen war, daß dadurch die Wärmeleitfähigkeit zunehmen würde. Es liegen auch die λ-Werte für solche Schichten um 40···65% höher, wie Zahlentafel 1.1 für Nr. 11a und b ausweist. Die angegebenen Streubereiche zeigen für gleiche Werkstoffarten Abweichungen von rund 100%, was wiederum mit dem jeweiligen inneren Aufbau der Schicht zusammenhängt.

Einen *Querschliff* durch die Schicht und den Grundkörper zeigt Abb. 4.17c/d. Damit läßt sich der zweite Teil der Frage nach Lage und Art der Poren beantworten. Man erkennt, daß zunächst die Metallteilchen auch in der Tiefe recht gleichmäßig verteilt und die Poren verschieden groß sind, jedoch durch die Entstehungsart der Schicht bedingt, eine flache Form haben. Je gleichmäßiger sie verteilt und je flacher sie sind, desto geringer wird die Wärmeleitfähigkeit der Schicht sein. Dazu trägt außerdem bei, daß die Poren quer zur Schichtdicke und damit in Richtung des Wärmestromes in der Regel nicht miteinander verbunden sind; dadurch sind Wärmebrücken nur in geringem Umfange vorhanden. Die hier untersuchte 0,6 mm starke Schicht gibt auch dem pulsierenden heißen Arbeitsgas keine Möglichkeit, tiefer in die Schicht einzudringen und die Wärmeleitfähigkeit scheinbar zu vergrößern. Inwieweit aber die zerklüftete Oberfläche selbst einen Einfluß hat, wird nachstehend behandelt.

Die besprochene Schicht ist auf eine Graugußplatte aufgetragen, die durch den hellen Eisenkörper und die eingelagerten dunklen Graphitlamellen gekennzeichnet ist. Die Verklammerung mit der aufgetragenen Wärmedämmschicht über die metallreiche dünne Zwischenschicht — dies zur Überbrückung der verschiedenen Ausdehnungskoeffizienten — wirkt eng und zahlreich. Auch hier läßt sich in Abb. 4.17c leicht feststellen, welcher Ausschnitt etwa auf der halben Bildbreite in der Grenzschicht für die starke Vergrößerung gewählt wurde. Für die Wärmeübertragung ist es, wie bereits bemerkt, nicht unerheblich, welche Rauheit die Oberfläche hat. Je größer die Rauheit desto größer der Wärmeübergangskoeffizient, weil erstens die wärmeaufnehmende Fläche durch die Rauheit vergrößert und zweitens ein darüber hinströmendes Gas in der Grenzzone stärker verwirbelt wird.

Unter diesen Gesichtspunkten war zu ermitteln, um wieviel die rauhe Oberfläche einer aufgespritzten Wärmedämmschicht gegenüber der ebenen Fläche zunimmt. Zu diesem Zweck wurden Querschliffe hergestellt, die schartige Oberflächenkante über Photographie und Projektion im ganzen 100fach vergrößert und ihre Länge bestimmt. Die quadrierte Längenvergrößerung ergibt dann das Maß der Oberflächenvergrößerung. In Abb. 4.18 wird ein Beispiel von einer 0,65 mm starken Schicht der bisher besprochenen Art auf einem Grundkörper gezeigt. Die rauhe Oberfläche vergrößert sich um rd. 50% gegenüber der glatten Ebene. Es ist bemerkenswert, daß die Rauheit nicht nur einen unregelmäßig welligen Verlauf hat, sondern sogar Kavernen entstanden sind, wie man sie bereits in Abb. 4.16b erkennen konnte. Je nach Spritzmasse, Schichtdicke und Art des Aufbringens hat sich im vorliegenden Fall eine Zunahme der Oberfläche von 30···90% ergeben. Es ist wahrscheinlich, daß diese Größenordnung auch für andere Gebrauchsfälle zutrifft.

Diese Oberflächenvergrößerung ergibt zwar einen scheinbar höheren Wärmeübergangskoeffizienten, aber sie ist kein unmittelbares Maß für die Zunahme. Die Form der Rauheit und die damit zusammenhängende Geschwindigkeitsverteilung des darüber hinströmenden Gases, die Eindringtiefe des pulsierenden heißen Gases in die vorhandenen Poren sowie das sich einstellende Temperaturfeld in der Randzone der Schicht sind maßgebend.

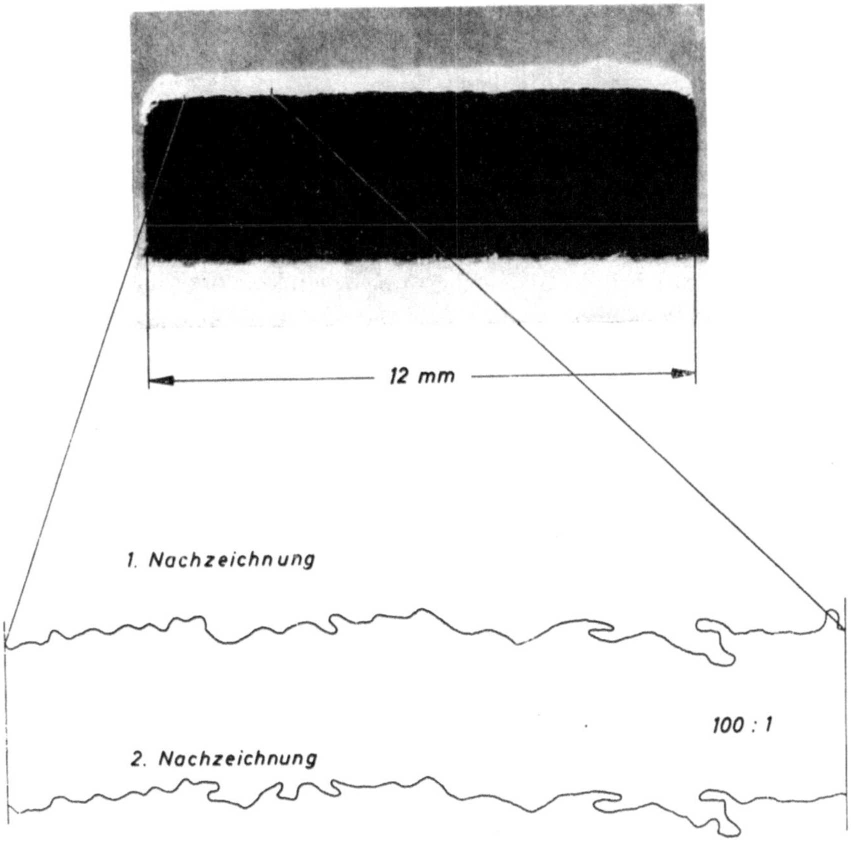

Abb. 4.18. Verlauf der Oberflächenkontur in 100facher Vergrößerung bei einem Querschnitt durch eine 0,65 mm starke Wärmedämmschicht auf einem Graugußkörper

Einen guten Anhalt für die zahlenmäßige Zunahme des Wärmeübergangskoeffizienten durch die Rauheit liefert die bereits genannte und dahingehend auch in Abschn. 2.6.3.2 verwendete Untersuchung von Nunner [161]. Als Ergebnis wird u. a. festgestellt, daß die Art der Rauheit keine Rolle spielt, sondern nur der durch sie erzeugte Widerstand. Denn auch die viel kleinere Rauheit und Widerstandszahl eines Gußrohrs ordnet sich in die für weitaus höhere Rauheiten gewonnenen Kurvenzüge gut ein (s. a. a. O. Abb. 19).

Aus diesen Darlegungen kann man unter Beachtung der Flächenverhältnisse für die untersuchten Rauheiten mit einer vergleichbaren „Korngröße" und der im motorischen Betrieb wesentlich höher liegenden Re-Zahlen folgern (vgl. Abb. 2.6/23, insbes. Z. T. 2.6/8), daß für die aufgespritzte Dämmschicht eine Zunahme des Wärmeübergangskoeffizienten um das 1,5- bis 1,7fache in Frage kommt. Dabei ist vorausgesetzt, daß nicht etwa Besonderheiten bei der Wärmedämmschicht höhere Werte im motorischen Betrieb erwarten lassen.

Die tatsächlich vorhandenen Besonderheiten liegen im folgenden: Erstens ist die von Nunner untersuchte Rauheit zwar verschieden in Art und Anordnung ihrer künstlichen Elemente, aber sie bilden vor allem eine geschlossene Oberfläche. Demgegenüber besitzt, wie gezeigt, die Wärmedämmschicht in ihrer Oberfläche zahlreiche Falten und Kavernen, die die wärmeübertragende Fläche vergrößern und zugleich eine höhere Widerstandszahl ergeben. Zweitens ändert sich durch den motorischen Arbeitsprozeß der Gasdruck fortdauernd periodisch, so daß auch in den Falten und Kavernen zusätzliche Gasbewegungen auftreten. Hinzu kommen je nach Verbrennungsverfahren mehr oder weniger stoßartig auftretende Gasbewegungen (vgl. Abschn. 2). Aus diesen Umständen und den Ergebnissen von Messungen am Motor mit beschichteten Meßsonden im Rahmen der oben behandelten Untersuchungen über den Aufbau solcher Schichten kann abschließend festgestellt werden, daß der Wärmeübergangskoeffizient bei Wärmedämmschichten der geschilderten Art bis auf das Doppelte ansteigen kann.

Es soll noch kurz erörtert werden, ob es sinnvoll wäre, durch Schleifen die Rauheit und damit ebenfalls den Wärmeübergangskoeffizienten herabzusetzen. Betrachtet man hierzu die Abb. 4.16 und 4.17 sowie 4.18, so erkennt man, daß sich zwar die vorstehenden Spitzen abtragen lassen, aber wegen der Kavernen und Poren behält die Oberfläche Vertiefungen. Es würde sich zwar der Wärmeübergangskoeffizient vermindern, ohne jedoch den Wert einer glatten Oberfläche zu erreichen. Mithin würde weiterhin eine Mindeststärke der Dämmschicht, wenn auch geringer als bei der unbearbeiteten Oberfläche, erforderlich sein. Zudem haben die betreffenden Maschinenteile selten eine größere ebene Grundform, so daß erhebliche Bearbeitungsschwierigkeiten auftreten würden. Es dürfte daher zweckmäßig sein, die Oberfläche einer Dämmschicht im allgemeinen unbearbeitet zu lassen.

4.3 Thermische Belastung und Beanspruchung von Kolben

4.3.1 Thermische Beanspruchung und Gestaltung

Der Kolben eines Verbrennungsmotors dient nicht nur der Umsetzung des Gasdruckes in Bewegungsenergie, sondern er hat neben Dichtungs- und Schmierfunktionen auch die Ausführung und u. U. die Steuerung des Ladungswechsels zu vollbringen. Bei der Bewältigung dieser vielseitigen Aufgaben sieht sich der Kolben zunehmend steigenden mechanischen und thermischen Belastungen ausgesetzt. Erfaßt die mechanische Beanspruchung fast den gesamten Kolben, so erstreckt sich die thermische Belastung hauptsächlich auf die den Brennraum des Motors mitbildenden und daran angrenzenden Bereiche.

So ist der Kolbenboden durch thermische Überhitzung und dadurch verringerte Festigkeit sowie durch Wärmeanrisse infolge Wärmespannungen gefährdet. Es wird das Kolbenmaterial an der Oberfläche stärker aufgeheizt als das wenige Millimeter darunter befindliche. Dabei herrschen in den oberen Materialschichten infolge der behinderten Dehnung hohe Druckspannungen, die mit den gleichzeitig gesteigerten Temperaturen bei Überschreiten des elastischen Bereiches zu Stauchungen während des Betriebes führen. Beim Abkühlen des Motors entstehen daraufhin Zugspannungen, die Anrisse ergeben können. Motoren mit geteilten Brennräumen sind durch den aus den Nebenräumen austretenden heißen Gasstrahl besonders gefährdet. So sollte er bei Vorkammermotoren möglichst, von Kolbendurchmessern von ca. 120 mm ab unbedingt, parallel zum Kolbenboden gerichtet sein.

Außerdem steigt bei größeren Motoren die Gefahr der Wärmerißchen aus folgenden Gründen: Mit dem Zylinderdurchmesser nehmen die Wärmefließwege zu und die Dämpfung der Oberflächentemperaturschwingung wird bei den zwangsläufig niedrigen Motorendrehzahlen gringer, s. Abb. 4.6. Die Ränder von Brennraummulden sind besonders stark anrißgefährdet, da auch hier die Entfernung zur Kühlseite größer ist und außerdem vorspringende Kanten bei konvektivem Wärmeübergang bekanntlich einer höheren thermischen Belastung ausgesetzt sind. Demzufolge sind auch scharfe Kanten im Bereich des Brennraumes möglichst zu vermeiden.

Die im Laufe der Entwicklungsarbeit an Kolben vorgenommenen Temperaturmessungen führten zu Erfahrungswerten für Grenztemperaturen, wie sie als Ergebnis in dem Diagramm, Abb. 4.19, [162] schematisch für Otto- und Dieselmotoren in Abhängigkeit von der Motorkühlung und dem verwendeten Kolbenwerkstoff dargestellt werden. Hierbei handelt es sich um ungekühlte Kolben bis ca. 140 mm Kolbendurchmesser, also vorzugsweise um Fahrzeugmotoren. Abgesehen von der Tatsache, daß in dieser Klasse heute fast nur Aluminiumkolben verwendet werden, besitzen derartige Angaben wie auch die vielfach in Veröffentlichungen mitgeteilten Kolbentemperaturen und ihre Abhängigkeit von Last und Drehzahl ebenso wie bei anderen Bauteilen keine allgemeingültige Aussagekraft. Es können hiermit nur Hinweise auf zulässige Grenzwerte gegeben werden.

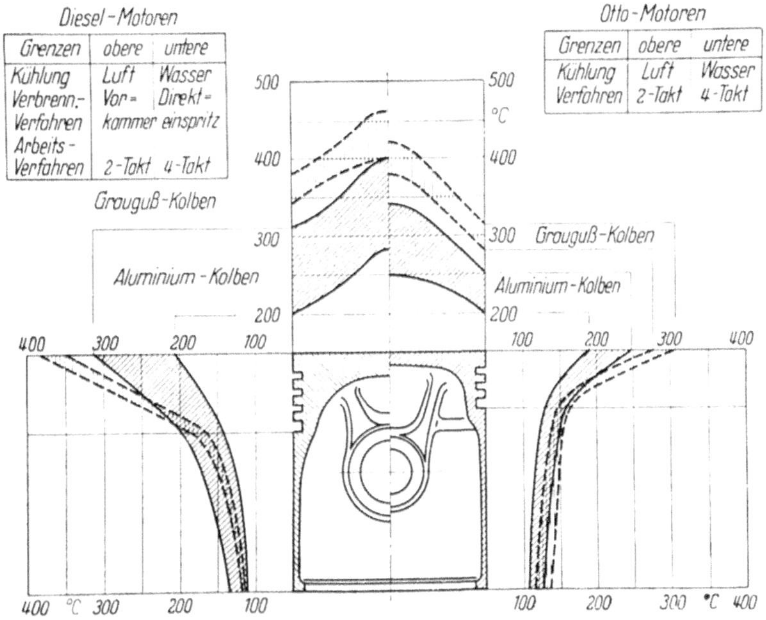

Abb. 4.19. Betriebstemperaturen an Kolben von Fahrzeugmotoren bei Vollast [162]

Als besonders kritisch ist in diesem Zusammenhang die Temperatur in der obersten Ringnut anzusehen. Bei zu hohen Temperaturen kommt es hier infolge der verringerten Härte zu starkem Verschleiß oder durch Verkoken von Schmieröl- und Kraftstoffrückständen zum gefürchteten „Ringstecken" und damit zur Beeinträchtigung der Dichtfunktion. Bei Motoren mit in den Kolbenboden verlagertem Brennraum, z. B. beim M-Verfahren, muß schon aus diesem Grunde bei Kolbendurchmessern unter 120 mm eine Kühlung, z. B. durch Anspritzen, vorgesehen werden. Für die maximal zulässige Nuttemperatur des ersten Kolbenringes können folgende Richtwerte angenommen werden:

Fahrzeugmotoren (Otto u. Diesel)

mit Doppeltrapezringen	···200 °C
und Schmieröladditiven gegen Rückstandsbildung	···220 °C

Dieselmotoren

im Dauer-Vollastbetrieb	···180 °C
und im Schwerölbetrieb	···160 °C.

Kolben mit Ringträgern aus Gußeisen, die nach dem Al-Fin-Verfahren eingegossen wurden, lassen etwas höhere Temperaturen zu. Die Einhaltung dieser Grenztemperaturen setzt die Beherrschung des Wärmehaushaltes voraus. Die während des Arbeitsprozesses als Anteil des Wärmeverlustes vom Kolben aufgenommene Wärme muß über den Wärmekontakt mit der Laufbuchse an das Kühlmittel sowie durch Konvektion entweder an die Gehäuseluft oder an ein dem Kolben zugeführtes Kühlmittel abgeleitet werden. Nur ein geringer Teil wird vom Frischgas während des Ladungswechseltaktes aufgenommen, es sei denn, man benutzt das Frischgas unter Anstieg des Füllungsverlustes bewußt zur Kühlung des Kolbens, wie es bei kleinen luftgekühlten Wankelmotoren der Fall ist. Untersuchungen über die dabei auftretenden Wärmeübergangskoeffizienten und Einflußgrößen wurden von *Preß* [163] durchgeführt.

Den Hauptteil der Wärmeableitung bei Hubkolbenmotoren übernimmt der obere Teil des Kolbens mit den Kolbenringen, bis zu 70%, sofern keine direkte Kühlung des Kolbens besteht. Es wird also bei diesen Kolben ein noch beträchtlicher Teil der Wärme zur inneren Kolbenoberfläche geleitet, wo neben der Gehäuseluft auch das vom Triebwerk abgeschleuderte Öl Wärme aufnimmt. Werden trotzdem im Betrieb am Kolben als kritisch erkannte Temperaturen erreicht, so bieten sich folgende Maßnahmen zur Erhaltung der Funktionstüchtigkeit an:

1. Übergang auf Werkstoffe höherer Wärmeleitfähigkeit,
2. Verwendung wärmedämmender Schutzschichten,
3. Kolbenkühlung.

Eine weitere Möglichkeit motortechnischer Art besteht in der Wahl eines anderen Verbrennungsverfahrens, da Verfahren mit unterteiltem Brennraum eine erhöhte thermische Belastung des Kolbens bewirken. Das zeigen beispielhaft die Ergebnisse einer vergleichenden Untersuchung mit unterschiedlichen Verbrennungsverfahren für einen ölgekühlten Leichtmetallkolben von 160 mm, Abb. 4.20 [164]. Deutlich zeigt sich hier die Wirkung des Blasstrahls der Vorkammer ab.

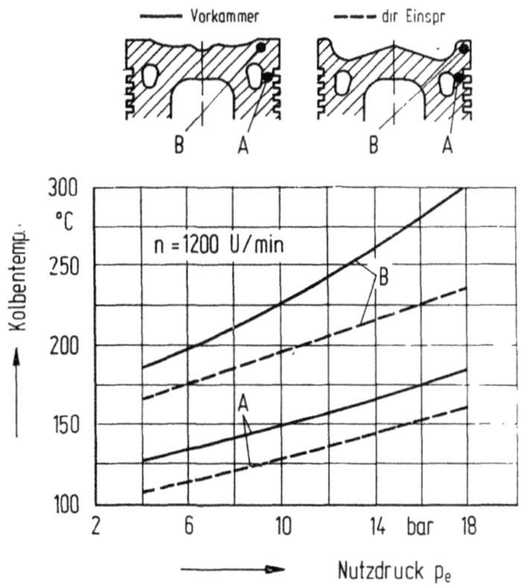

Abb. 4.20. Einfluß des Verbrennungsverfahrens auf die Kolbentemperatur eines hochaufgeladenen Dieselmotors [164]

In diesem Zusammenhang ist auch der Wechsel des Arbeitsverfahrens vom Zweitakt- zum Viertaktverfahren zu erwähnen. So hat die bei vergleichbaren Motorleistungen mit zunehmender Steigerung der spezifischen Leistung deutlich höhere thermische Belastung besonders von Kolben und Einspritzdüsen beim Zweitaktbetrieb [138a, 138b] dazu geführt, daß bei schnellaufenden Dieselmotoren der Zweitaktmotor durch das Viertaktverfahren praktisch völlig verdrängt wurde. Diese beiden Möglichkeiten zur Senkung der thermischen Belastung, Wahl von Verbrennungs- und Arbeitsverfahren, können eigentlich nur Entscheidungshilfen bei der Konzeptfindung geben und sind somit mit den in der Aufzählung angegebenen nicht vergleichbar.

Im Sinne der unter 1. erwähnten Maßnahme wurde der Graugußkolben bereits durch den Leichtmetallkolben abgelöst, bei dem sich die größere Wärmeleitfähigkeit mit einer geringeren spezifischen Dichte aufs vorteilhafteste verbindet. Nachteilig dagegen ist eine geringe Warmfestigkeit des Leichtmetallkolbens, so daß mit zunehmender Belastung Kolbenausführungen wieder interessant werden, die bei geringen Gewichtsnachteilen durch Ausnutzung der Leichtbauweise auf die bessere Wärmeleitfähigkeit von Leichtmetall zugunsten der höheren Warmfestigkeit von Sphäroguß verzichten. Dem unter 1. angegebenen Prinzip entsprechen auch Verbundgußkolben, bei denen ein Kolbenkörper aus der üblichen Kolbenlegierung mit einem Kolbenboden aus Reinaluminium versehen ist und so die größere Wärmeleitfähigkeit von Reinaluminium die Anrißgefahr herabsetzt. Bauteile können jedoch durch Verwendung von Werkstoffen hoher Wärmeleitfähigkeit oder von wärmeisolierenden Schutzschichten nur begrenzt thermisch entlastet werden, wirksamer ist eine Kühlung. Eine direkte Kühlung des Kolbens kann durch gezieltes Anspitzen der Kolbenunterseite mit einem Ölstrahl erreicht werden oder durch eine Zwangskühlung, bei der im Kolben angeordnete Hohlräume von Öl oder Wasser durchströmt werden.

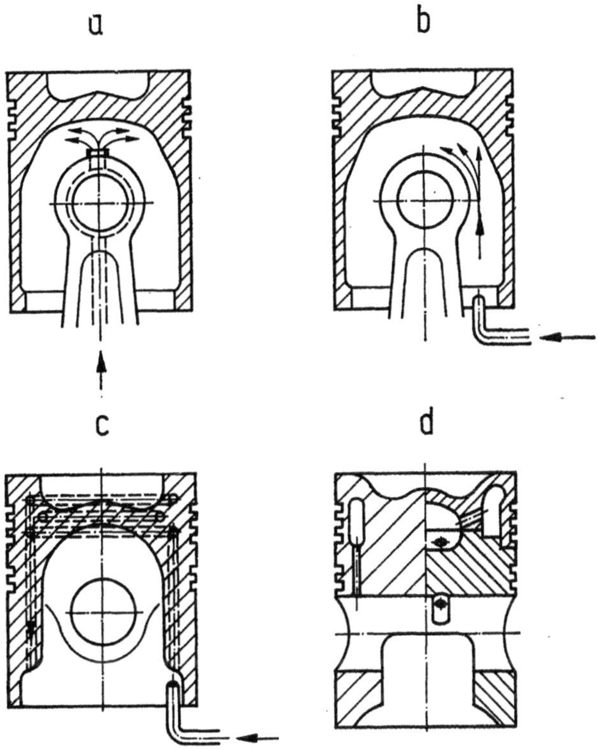

Abb. 4.21. Möglichkeiten der Kolbenkühlung in prinzipieller Darstellung: a, b Anspritzkühlung; c Zwangskühlung mit Rohrschlange; d Pendel- oder Shakerkühlung bei Kühlkanalkolben und gebauten Kolben

Das Anspritzen kann über das obere oder das untere Pleuelauge wie auch über feststehende Düsen erfolgen, Abb. 4.21a und b [165], wobei feste Düsen eine bessere Kühlwirkung ergeben, da die am Pleuel herrschenden Beschleunigungskräfte bei höheren Drehzahlen einer wünschenswerten Durchsatzerhöhung an Kühlöl entgegenstehen. Bei der vorwiegend bei Fahrzeugdieselmotoren angewendeten Anspritzkühlung wird eine maximale Temperaturerniedrigung von ca. 40K in der Bodenmitte und von 10⋯20K in der obersten Ringnut erzielt [162, 166]. Wirkungsvoller sind vollständig vom Kühlmittel durchströmte und in den Kolben eingegossene Rohrschlangen, Abb. 4.21c, wobei eine wirkungsvolle Kühlung hohe Strömungsgeschwindigkeiten erfordert. Wird statt der Rohrschlange ein Kühlkanal vorgesehen, Abb. 4.21d, so würde eine Vollfüllung bei normalem Öldurchsatz nur geringe Strömungsgeschwindigkeiten und damit verringerte Wärmeübergangskoeffizienten ergeben. Deshalb werden derartige Kühlkanäle nur mit einer Teilfüllung betrieben, wobei eine durch Massenkräfte hervorgerufene Relativbewegung des Kühlmittels zur Kanalwand einen Kühleffekt bedingt, der in seiner Wirksamkeit die beschränkt steigerungsfähige Rohrströmung übertrifft. Diese Kühlungsart wird allgemein als Pendel- oder Shakerkühlung bezeichnet. Dabei ist es prinzipiell gleichgültig, ob es sich um einen eingegossenen Kanal, linke Bildhälfte, oder um den Kühlraum bei einem gebauten Kolben handelt, rechte Bildhälfte in Abb. 4.21d, bei denen das meist aus Leichtmetall, seltener aus Grauguß bestehende Kolbenunterteil mit einem Kolbenoberteil aus Stahl versehen wird. Diese relativ teure Konstruktion ist größeren Kolbendurchmessern und meist hohen Nutzdrücken ab 18 bar vorbehalten. Hiermit ist auch die beste Kühlwirkung mit Temperaturen in der ersten Ringnut von wenig über 150 °C möglich. Die Anwendungsgrenzen der einzelnen Kolbenbauformen in Abhängigkeit von der Zylindergröße und der mittleren thermischen Belastung umreißt das Diagramm in Abb. 4.22 [165].

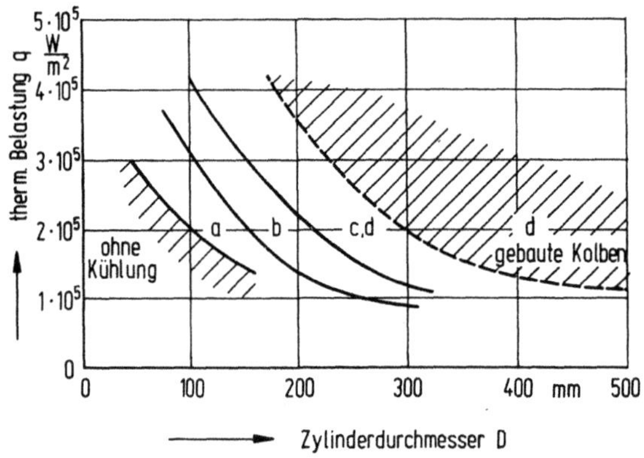

Abb. 4.22. Einsatz von gekühlten Kolben in Abhängigkeit von Größe und thermischer Belastung nach [165]

Die Kühlung beeinflußt natürlich das Temperaturfeld und damit die Aufteilung der Wärmeabfuhr vom Kolben. In Abb. 4.23 wird für einige Kolbenkonstruktionen schematisch der jeweilige Wärmehaushalt angegeben. Bei dem für den Kolben ohne Kühlung angegebenen Bereich wurden die rechtsstehenden Werte der schon älteren, aber immer noch wertvollen Arbeit von Salzmann [45] entnommen. Danach gehen ca. 90% der dem Kolben zugeführten Wärme über Kolbenringe oder den Kolbenschaft direkt an die Laufbuchse, nur ein geringer Anteil wird bei dem relativ langsamlaufenden Versuchsmotor an die Gehäuseluft übertragen. Nach neueren Untersuchungen kann dieser Anteil bis zu 24% der zugeführten Wärme betragen [29, 167]. Ein Betrag, der im Hinblick auf schnellaufende Motoren und den dabei verbesserten Wärmeaustausch mit der Gehäuseluft und dem abgeschleuderten Spritzöl durchaus gerechtfertigt ist. Folglich müssen dann auch bei Berücksichtigung der Wärmefließwege die von der Kolbenringpartie und dem Schaft abgeführten Wärmen abnehmen. Entsprechend der Wirksamkeit der dargestellten Kühlungsarten nimmt die Wärmeabfuhr über die Kolbenringpartie ab. Sind bei einem Rohrschlangenkolben die Ringe noch mit 36% daran beteiligt, bei einer Kühlmittelwärme von 50%, so sind es beim Kühlkanal ca. 20%, beim gebauten Kolben sogar nur noch 4% der zugeführten Wärme, die über die Ringpartie an die Buchse gelangen. Die Verbesserung des Wärmeüberganges zwischen Kolben und Kühlmittel entlastet danach den Wärmefluß über die Kolbenringe, besonders stark bei den gebauten Kolben, wo der Wärmeaustausch am gekühlten Kolbenoberteil dem an einer gekühlten ebenen Wand entspricht. Dabei wirkt ein Kühlkanal schon ohne Ölfüllung als eine thermische Abschirmung und trägt zur Temperatursenkung an der Nut bei, Abb. 4.24 [168]. Entsprechend wirkt auch das Eingießen einer ringförmigen Einlage aus Eisenwerkstoff, wie es in früheren Jahren vorgeschlagen wurde, Abb. 4.25.

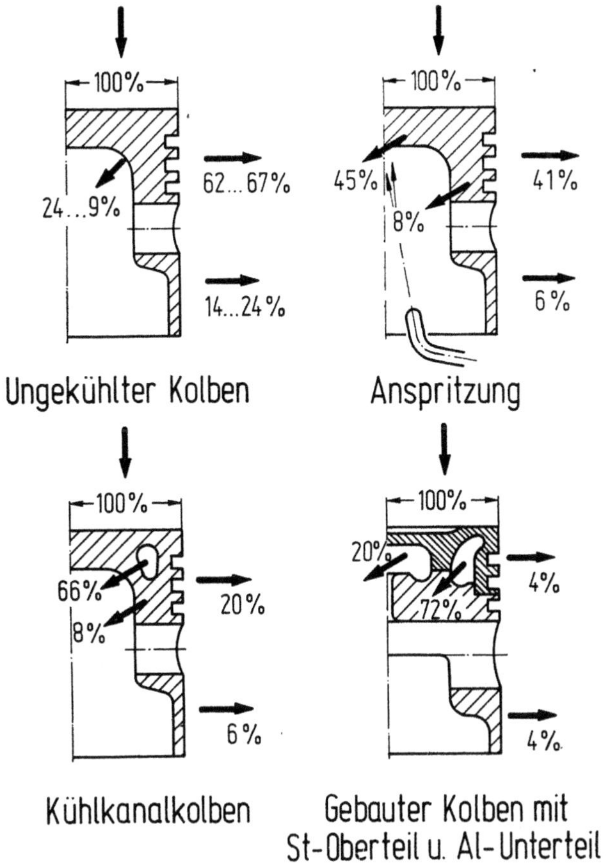

Abb. 4.23. Wärmehaushalt bei ungekühltem und gekühlten Kolben

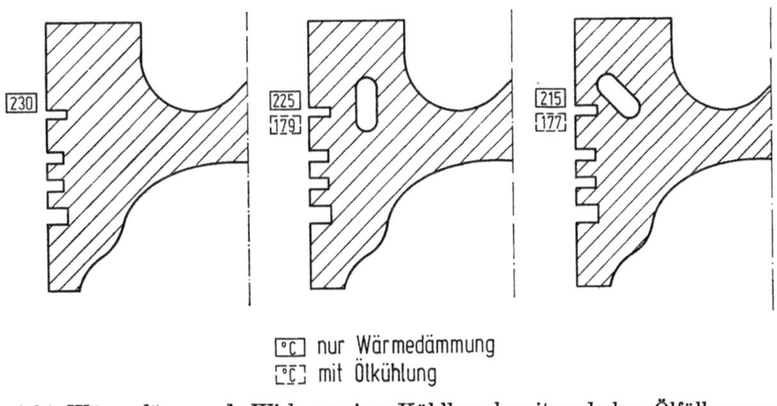

Abb. 4.24. Wärmedämmende Wirkung eines Kühlkanals mit und ohne Ölfüllung nach [168]

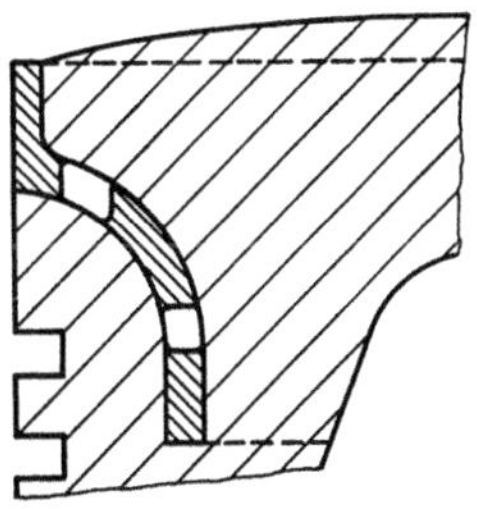

Abb. 4.25. Thermische Abschirmung der Ringzone nach DRP 630440 (1934)

Um nun die Wirksamkeit einer vorgesehenen Kühlung vor der Ausführung der Konstruktion beurteilen zu können, muß das im Betrieb zu erwartende Temperaturfeld bekannt sein. Gleichgültig, wie es bestimmt wird, müssen die Randbedingungen für den Kolben gegeben sein. Um ein möglichst wirklichkeitsgetreues Bild von der thermischen Beanspruchung des Kolbens zu erhalten, ist die örtliche Verteilung der Wärmeübergangskoeffizienten sowohl auf der Seite des Arbeitsgases wie auch auf der des Kühlmittels zu berücksichtigen, wozu in den folgenden Abschnitten einige Hinweise gegeben werden. Als Kühlung ist dabei auch der Wärmeaustausch mit der Gehäuseluft und der Wärmekontakt mit der Zylinderbuchse zu werten.

4.3.2 Wärmeübergang am Kolben

4.3.2.1 Wärmeaustausch zwischen Arbeitsgas und Kolben

Soweit es sich um den örtlich mittleren Wärmeübergang handelt, wurde er in Abschn. 2 eingehend behandelt. Bei der Bestimmung des stationären Temperaturfeldes kann somit zunächst von der mittleren Gastemperatur T_{res}, Gl. (4.24), und dem mittleren Wärmeübergangskoeffizienten, Gl. (4.25), ausgegangen werden, sofern die Prozeßdaten durch Messung oder Berechnung vorliegen. Als Anhaltswerte können bei Vollast eines Dieselmotors unabhängig vom Aufladegrad angesetzt werden $T_{res} = 1000$ K und $\alpha_m = 400$ W/m²K. Allerdings werden in den meisten Fällen die am wirklichen Motor zum Vergleich gemessenen Kolbentemperaturen nicht mit den Isothermen in dem so bestimmten Temperaturfeld übereinstimmen, da der durch den zeitlich und örtlich mittleren Wert α_m beschriebene Zustand zum Teil erheblich von den wirklichen Wärmeübergangsbedingungen am Kolben abweicht. Hier kann dann durch Anpassen der Wärmeübergangskoeffizienten das rechnerisch oder experimentell ermittelte Temperaturfeld zur Deckung mit den gemessenen Temperaturwerten gebracht werden.

Wurde dieser Anpassungsvorgang für einen bekannten Zustand 1 des Arbeitsgases vorgenommen, so kann bei Übergang auf einen neuen Belastungsfall 2, z. B. durch Änderung der Aufladeverhältnisse, mit Hilfe einer Kreisprozeßberechnung der neue zeitlich und örtlich mittlere Wärmeübergangskoeffizient α_{m2} bestimmt werden. Unter Annahme ähnlicher Strömungs- und Verbrennungsverhältnisse gegenüber dem Ausgangszustand 1 kann eine gleiche örtliche Verteilung der Wärmeübergangskoeffizienten $\alpha(r, \varphi)$ vorausgesetzt werden

$$\alpha_2(r, \varphi) = \alpha_1(r, \varphi) \frac{\alpha_{m2}}{\alpha_{m1}} . \tag{4.60}$$

Diese Methode, durch Berechnung von Temperaturfeldern und Vergleich mit gemessenen Temperaturen auf die örtliche Verteilung des Wärmeübergangskoeffizienten zu schließen, dienten umfangreiche Messungen an im Betrieb befindlichen Zweitakt-Schiffsdieselmotoren [169]. Zur Bestimmung der Temperaturfelder in der Kolbenkrone unter Verwendung eines Computer-Programms wurden bis zu 30 Temperaturen gemessen. Die dadurch fixierte Temperaturverteilung bedingt eine entsprechende Verteilung des örtlichen Wärmeübergangskoeffizienten, Abb. 4.26 [169], ausgedrückt durch das Verhältnis des örtlichen Wärmeübergangskoeffizienten α zum mittleren Wärmeübergangskoeffizienten $\bar{\alpha}$ bezogen auf die gesamte Kolbenfläche,

$$\bar{\alpha} = \frac{1}{A} \int_0^A \alpha \, \mathrm{d}A . \tag{4.61}$$

Das eingetragene Streuband umfaßt 8 Meßreihen, wobei in Anbetracht der Tatsache, daß die Versuche zum Teil in größeren zeitlichen Abständen an den im Schiffsbetrieb und nicht auf dem Prüfstand laufenden Motoren durchgeführt wurden, die Abweichungen nicht überraschen können, eher im positiven Sinne. Nach dem Kurvenverlauf ist der Wärmeübergang am Rand der Kolbenmulde am größten, was u. a. auf eine starke Strömung durch in die Mulde einfallendes Arbeitsgas hinweist.

Ein Vergleich des nach Gl. (4.61) berechneten mittleren örtlichen Wärmeübergangskoeffizienten $\bar{\alpha}$ mit dem nach Gl. (4.25) bestimmten ergab für die von Eichelberg angegebene Beziehung, Gl. (2.6), die beste Übereinstimmung entsprechend einem Verhältnis

$$(\alpha_m)_{Ei}/\bar{\alpha} = 1,09.$$

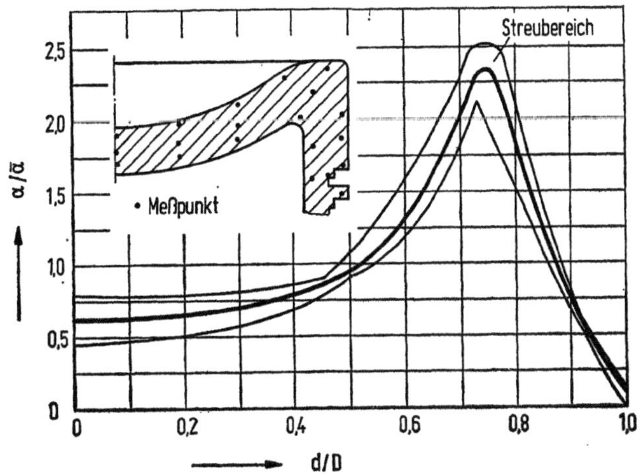

Abb. 4.26. Radiale Verteilung des Wärmeübergangskoeffizienten am Kolben eines Zweitakt-Schiffsmotors [169]

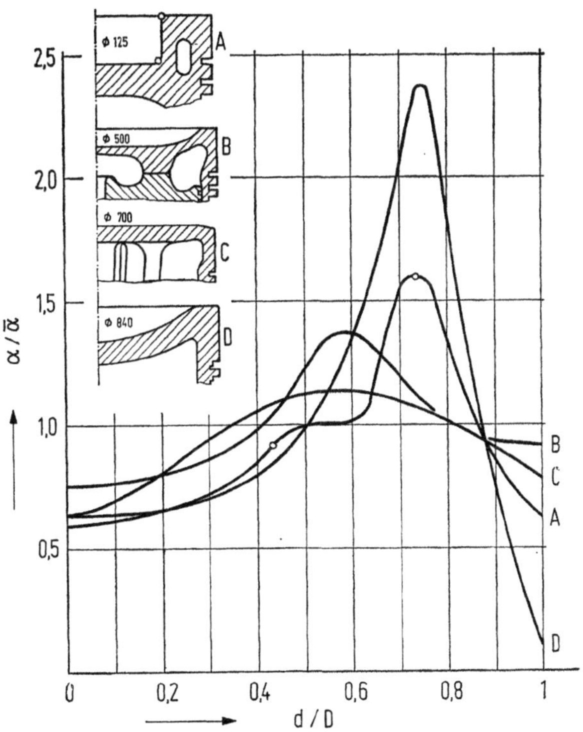

Abb. 4.27. Einfluß von Brennraumform und Motorgröße auf die radiale Verteilung des Wärmeübergangskoeffizienten am Kolben

Die Abb. 4.27 zeigt für weitere Kolbenformen in gleicher dimensionsloser Darstellung die jeweilige radiale α-Verteilung, die mit dem beschriebenen Verfahren der iterativen Temperaturfeldbestimmung z. T. unter Verwendung eines elektrolytischen Troges ermittelt wurde. Beim Muldenkolben A handelt es sich um einen Lkw-Motor mit direkter Einspritzung [170]. Bei dem α-Verlauf, der wiederum am Muldenrand eine deutliche Steigerung des Wärmeüberganges erkennen läßt, ist zu beachten, daß wegen der skizzierten Kolbenmulde mit einem Durchmesser von 71 mm und einer Tiefe von 25 mm die Auftragung über ein mit dem fiktiven Durchmesser $D' = 175$ mm gebildetes Durchmesserverhältnis erfolgte. Dabei entspricht dieser Wert D' der Abwicklung längs der gezeichneten Kontur. Der Muldendurchmesser ist im Kurvenverlauf durch zwei hohle Punkte markiert, so daß der Verlauf des Wärmeübergangskoeffizienten zwischen den Markierungen dem an der Muldenwand entspricht. Der gebaute Kolben B [29] wird in dieser Form bei mittelschnelllaufenden Motoren im Bereich $D = 400 \cdots 500$ mm verwendet. Der mit 700 mm Kolbendurchmesser angegebene Kolben C ist der eines großen Zweitaktmotors mit Umkehrspülung, wie auch der vergleichsweise eingetragene Verlauf für Kolben D nach Abb. 4.26 an einem Zweitaktmotor, allerdings mit Gleichstromspülung, bestimmt wurde. Die Verteilung mit den geringsten Abweichungen weist demnach der flach gestaltete Kolben C auf, die größten Überhöhungen Kolben D. Allerdings ist fraglich, ob die überaus starke Zunahme des α-Wertes nur auf erhöhte Konvektion oder auch auf direkte Flammenberührung zurückzuführen ist. Allgemein ist jedoch eine Abnahme des Wärmeübergangs zum Rand und zur Mitte des Kolbens hin festzustellen. Mit den angegebenen Kurven lassen sich bei vergleichbaren Kolben mit Hilfe eines nach Gl. (4.25) bestimmten mittleren Wärmeübergangskoeffizienten Anhaltswerte für die örtliche Verteilung der α-Werte gewinnen.

4.3.2.2 Wärmeaustausch zwischen Kolben und Laufbuchse

Auf dem Weg vom Kolben über die Kolbenringe oder über den Kolbenschaft an die Laufbuchse und schließlich an das Kühlwasser sind recht unterschiedliche und schwer erfaßbare Wärmeleitwiderstände zu überwinden, über die in der Literatur nur wenige Angaben zu finden sind. Grundlegende Werte lieferten die experimentellen Untersuchungen von Salzmann [45] über den Wärmefluß durch Kolben und Kolbenringe bei Dieselmotoren. Er bedient sich dabei der Oberflächentemperaturmethode und erfaßt damit den Wärmeleitwiderstand, der sich zwischen dem Kolbenring und der Zylinderbuchse befindenden Zwischenschicht, der unumgänglichen Ölschicht. Im Falle des Wärmeübergangs vom Kolbenschaft an die Buchsenwand wird man mit einem Schmierölfilm und einem Gaspolster wechselnder Stärke zu rechnen haben, also mit einer schlecht wärmeleitenden Schicht unbekannter Schichtdicke und Wärmeleitfähigkeit. Geht man von einem bekannten Temperaturgefälle zwischen den am Wärmeaustausch beteiligten Wandteilen aus, so kann dieser mit den in Zahlentafel 4.1 angegebenen Anhaltswerten für die scheinbaren Wärmeübergangskoeffizienten berechnet werden. Auffallend sind hierbei die hohen Werte für den Wärmeaustausch zwischen Kolbenring und Buchsenwand. Der maximale Wert von $\alpha = 74000$ W/m²K entspricht dabei dem Wärmeleitwiderstand einer Schmierölschicht von nur ca. 2 μm [45]. Entsprechend einer maximalen Wärmebelastung des Kolbenringes von ca. 40000 W/m² ergibt sich bei Berücksichtigung der beteiligten Flächen, daß für eine Berechnung des Wärmeflusses die Temperaturen an Kolbenring und Laufbuchse auf Bruchteile von Graden genau gemessen werden müssen.

Um diese Schwierigkeiten zu umgehen, kann der gesamte Ring mit seinen Grenzflächen gegenüber der Buchsenwand und dem Kolben als ein einheitlicher Wärmeleitwiderstand aufgefaßt werden. Für das wirksame Temperaturgefälle ist für die Kolbentemperatur dann die Temperatur so zu wählen, daß mit dem in der Zahlentafel unter Nr. 4 angegebenen scheinbaren Wärmeübergangskoeffizienten der Wärmeaustausch mit der Buchse bezogen auf die äußere Ringoberfläche bestimmt werden kann. Der Wärmeübergang zwischen den in der Ringzone verbleibenden eigentlichen Kolbenflächen und der Zylinderwand kann gegenüber dem Wärmefluß durch die Kolbenringe meist vernachlässigt oder entsprechend dem unteren Grenzwert für den Wärmeübergang zwischen dem Kolbenschaft und dem Zylindereinsatz gewählt werden. Dabei wird angenommen, daß im Bereich des Feuersteges auch mit einer Aufheizung durch das Arbeitsgas gerechnet werden kann, die die mögliche Wärmeabgabe kompensiert. In der gleichen Weise ist auch die am Kolben erzeugte Reibungswärme in den Werten mitenthalten.

Zahlentafel 4.1. *Wärmeaustausch zwischen Kolben und Laufbuchse*

Lfd. Nr.	Beteiligte Wandflächen	α in W/m² K
1	Kolben-Kolbenringoberseite	500···750
2	Kolben-Kolbenringunterseite	1400···2500
3	Kolbenring — Laufbuchse	25000···74000
4	Kolben über Ring an Buchse (bezogen auf berührende Ringfläche an der Buchse)	2500···4500
5	Gesamte Kolbenringzone — Buchse	800···1400
6	Kolbenschaft — Buchse	450···1000

4.3.2.3 Wärmeaustausch zwischen Kolben und Kühlmittel

Ohne zusätzliche Kühlung

Für die Wärmeabfuhr von der Kolbenunterseite an die im Kurbelgehäuse eingeschlossene Luft kann mit einem Mittelwert für den Wärmeübergangskoeffizienten von

$$\alpha_k = 60\cdots 90 \text{ W/m}^2\text{ K}$$

gerechnet werden. Insbesondere bei kleineren schnellaufenden Motoren ist der Einfluß des vom Triebwerk abgeschleuderten Öles zu berücksichtigen, wodurch sich der α-Wert bis auf 1000 W/m² K, im Übergang zum Kolbenschaft noch höher, steigern kann.

Spritzkühlung

Durch Anspritzen mit einem Ölstrahl ist eine meist nur örtlich beschränkte Wirkung zu erzielen, die den Wärmehaushalt des gesamten Kolbens nur unwesentlich beeinflußt,

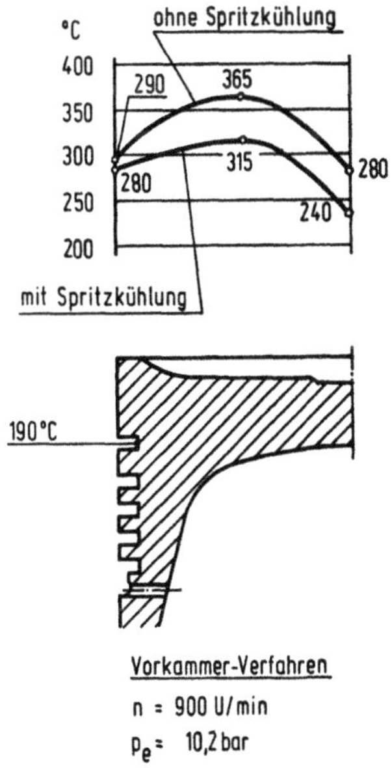

Abb. 4.28. Wirksamkeit der Anspritzkühlung beim Kolben eines Vorkammermotors [171]

da bedingt durch die Lage der Kühlfläche zu der beheizten Oberfläche zum Teil recht erhebliche Wärmefließwege bei insgesamt geringen Temperaturdifferenzen zwischen Wand und Kühlmittel bestehen. Erreichbare Ergebnisse hinsichtlich der kritischen Temperatur am obersten Kolbenring zeigt die Abb. 4.28 [171] für einen Motor mittlerer Größe, der versuchsweise mit zwei Verbrennungsverfahren betrieben wurde.

Systematische Messungen über die im Bereich eines Strahl-Auftreffpunktes zu erwartenden Wärmeübergangskoeffizienten erfolgten von *Vickers* [172] unter Verwendung von Luft als Kühlmittel. Dabei wurde eine lineare Abhängigkeit der Nußelt-Zahl von einer mit dem Durchmesser der Düsenöffnung gebildeten Reynolds-Zahl festgestellt. Dem Vorschlag, die gefundene Beziehung auch bei Flüssigkeitsstrahlen anzuwenden, kann nach vergleichenden Rechnungen nicht gefolgt werden, da die sich dabei ergebenden Wärmeübergangskoeffizienten wesentlich zu klein ausfallen. Von *Stotter* [173] mitgeteilte und an einer Modellapparatur gefundene Untersuchungsergebnisse zeigen bei einer Anspritzung vom oberen Pleuellager aus, daß die α-Werte bei Verwendung des linearen Ansatzes

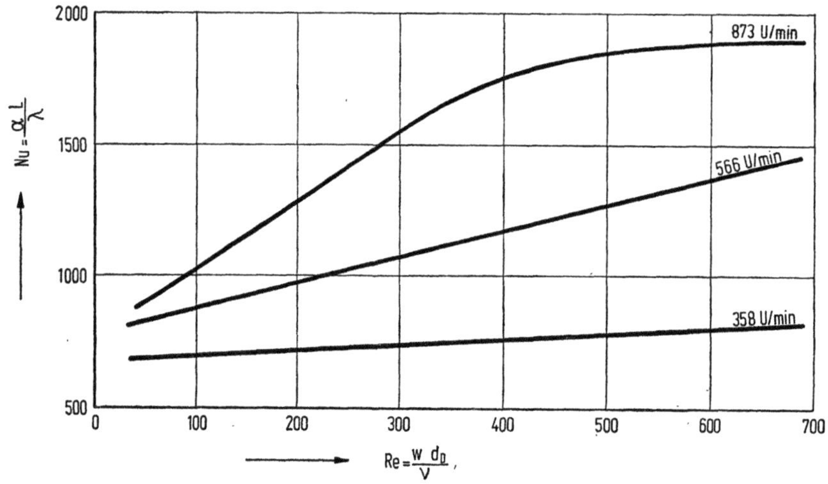

Abb. 4.29. Wärmeübergang bei Anspritzung vom oberen Pleuelauge aus [173]

Nu $\sim$ Re auch noch von der Drehzahl des Motors abhängig sind, Abb. 4.29, was sicherlich auf die Wirkung von Massenkräften zurückzuführen ist. Die Nußelt-Zahl ist dabei mit dem Abstand L der Spritzdüse zur Kolbenunterseite, die Reynolds-Zahl dagegen mit dem Bohrungsdurchmesser d_D der Düsenöffnung gebildet worden. Aus den Werten in Abb. 4.29 ergeben sich im Bereich des Strahles Wärmeübergangskoeffizienten von

$$\alpha_k \approx 3500\cdots8000 \text{ W/m}^2\text{ K}.$$

Hierzu sei noch auf die Probleme der Ölzufuhr hingewiesen. Bei einer Anspritzung durch eine auf dem oberen Pleuelauge angebrachte Spritzdüse ist der Kühlöldurchsatz durch die hohen Strömungswiderstände begrenzt. Gehäusefeste Düsen sind so anzuordnen, daß stets ausreichend Kühlöl an die Kolbenwand gelangt und keine Abdeckung durch das Pleuel erfolgt. Für kleinere Motoren im Lkw-Bereich, wo die Spritzkühlung hauptsächlich angewendet wird, kann dabei auch mit Temperatursenkungen bis zu 20 Grad in der obersten Kolbennut gerechnet werden, wobei örtlich α_k bis auf 2000 W/m² K ansteigen kann [241a]. Eine wirkungsvolle Kühlung bei freier Anspritzung verlangt, bezogen auf die Zylinderleistung, Ölmengen bis zu 11 l/kWh und darüber. Normalerweise liegen die Öldurchsätze bei 6 bis 9 l/kWh gegenüber 2,5 bis 4 l/kWh bei der Spritzkühlung vom oberen Pleuellager aus.

Zwangskühlung

Eine wirksamere Kühlung läßt sich durch eine öldurchströmte, in den Kolben eingebettete Rohrschlange erzielen, wobei man für eine Vollbeaufschlagung ungefähr 6 l/kWh ansetzen muß. Wird von einer turbulenten Rohrströmung ausgegangen, so kann auf die bekannten Wärmeübergangsgleichungen zurückgegriffen werden, z. B. auf die von Kraußold angegebene, Gl. (3.71). Für ein typisches Motorenöl SAE 30 mit einer kinematischen Viskosität von $12 \cdot 10^{-6}$ m²/s bei 100 °C und einem Viskositätsindex von VI = 100 enthält Abb. 4.30 in Abhängigkeit von der Reynolds-Zahl die erreichbaren Nußelt-Zahlen bei einem L/d-Verhältnis von 100 für verschiedene Öltemperaturen. Geht man von einem Wert

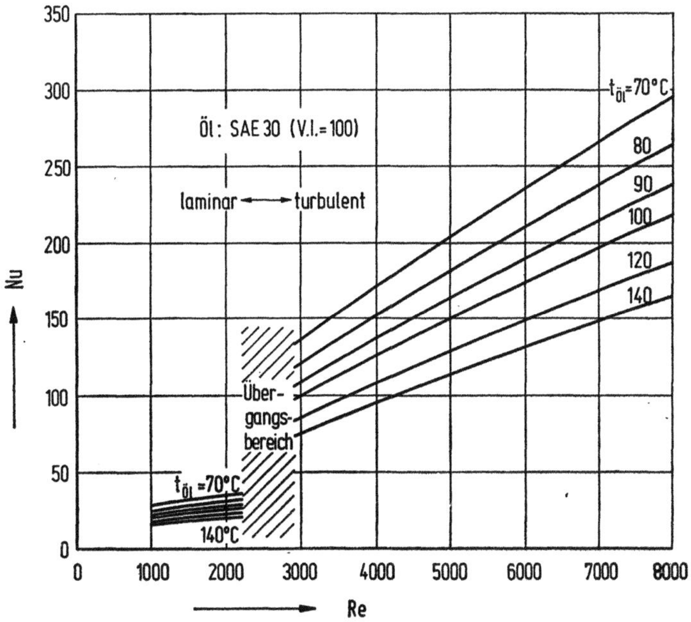

Abb. 4.30. Wärmeübergang bei laminarer und turbulenter Strömung von Motorenöl SAE 30

$Re_{krit} = 3000$ aus, um mit Sicherheit turbulente Strömung in der Rohrschlange voraussetzen zu können, so sind bei niedrigen Temperaturen erhebliche Öldurchsätze erforderlich. Bei einer Öltemperatur von 80 °C ergibt sich für einen lichten Rohrdurchmesser von 10 mm ein Mindest-Durchsatz von 30 l/min. Bezogen auf den Kolben eines Hochleistungsdieselmotors von ca. 150 kW Zylinderleistung ergibt das einen spezifischen Durchsatz von 12 l/kWh oder von knapp 9 l/PSh. Dieser Wert liegt an der Grenze der für diese Kühlungsart möglichen Durchsätze, so daß damit zu rechnen ist, daß ein Teil des Wärmeüberganges im laminaren oder im Übergangsbereich erfolgt. Unter Verwendung der von Hausen in [12] angegebenen Beziehungen für erzwungene laminare Strömung

$$\mathrm{Nu} = 3{,}65 + \frac{0{,}0668\,\mathrm{Re}\,\mathrm{Pr}\,(d/L)}{1 + 0{,}045\left(\mathrm{Re}\,\mathrm{Pr}\,\dfrac{d}{L}\right)^{2/3}} \tag{4.62}$$

ist die Nußelt-Zahl in Abhängigkeit von der Reynolds-Zahl ebenfalls in Abb. 4.30 angegeben. Für einen Rohrdurchmesser von $d = 10$ mm können in Abhängigkeit vom Durchsatz $\dot{V}_{Öl}$ in l/min die erreichbaren Wärmeübergangskoeffizienten aus Abb. 4.31 entnommen werden. Bei üblichen Durchsätzen im Bereich unter 10 l/min erfolgt je nach Temperaturzustand demnach ein großer Teil des Wärmeaustausches im Übergangsbereich zwischen laminarer und turbulenter Strömung.

Dabei ist aber zu beachten, daß erst ab ca. 4 l/min — meist darüber — mit einer voll beaufschlagten Rohrschlange zu rechnen ist. Bei nicht ausgefülltem Strömungsquerschnitt werden aber die Gesetzmäßigkeiten der Rohrströmung von den Vorgängen bei der Pendel- oder Shaker-Kühlung überlagert. Die Durchströmgeschwindigkeit tritt dabei hinter der durch die mittlere Kolbengeschwindigkeit zu beschreibenden Pendelströmung zurück, insbesondere bei Kolben mit Kühlkanälen und gebauten Kolben mit ihrer starken Erweiterung des Strömungsquerschnittes.

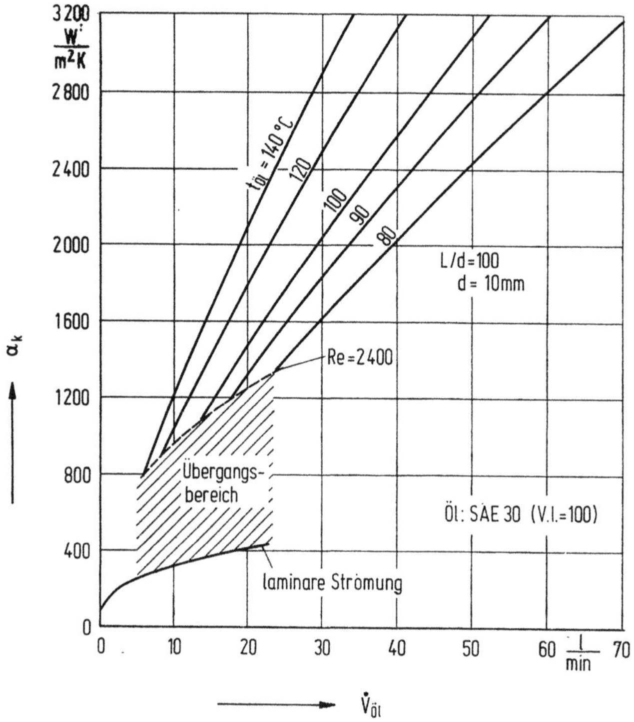

Abb. 4.31. Wärmeübergangskoeffizienten α_k für die Rohrströmung bei Verwendung von Motorenöl SAE 30

Die mit dieser Pendelströmung erreichbaren Wärmeübergangskoeffizienten können bei Ölkühlung Werte bis 2000 W/m² K annehmen. Eine systematische Untersuchung dieses Kühleffektes von *Bush* und *London* [174] unter Verwendung verschiedener Flüssigkeiten bis hin zum Quecksilber als flüssiges Metall ergab folgende Abhängigkeit der Nußelt-Zahl für Flüssigkeiten mit Pr > 0,5:

$$\mathrm{Nu} = 0{,}99\,\mathrm{Re}^{0,57}\,\mathrm{Pr}^{0,29}\left(\frac{d_{gl}}{h}\right)^{0,24}. \tag{4.63}$$

Als geometrische Bezugsgröße wird für die Nußelt-Zahl und die Reynolds-Zahl der wie folgt definierte Durchmesser d_{gl} verwendet

$$d_{gl} = \sqrt{\frac{4}{\pi}\,A_{KK}}, \tag{4.64}$$

wobei A_{KK} die Grundfläche des Kühlraumes senkrecht zur Richtung der Kolbenachse bezeichnet. Handelt es sich bei dem Kühlkanal um einen Kreiskanal der Breite b mit einem mittleren Durchmesser d_m, so entspricht dieser Fläche A_{KK} die Fläche eines Kreisringes und es gilt

$$d_{gl} = \sqrt{4bd_m}. \tag{4.65}$$

Mit der Drehzahlfrequenz n in Hz und der Kanalhöhe h lautet der Ausdruck für die in Gl. (4.63) einzusetzende Reynolds-Zahl

$$\mathrm{Re} = \frac{2hnd_{gl}}{\nu_{ö}}. \tag{4.66}$$

Durch Umformung ergibt sich dann für den Wärmeübergangskoeffizienten α_k in $\mathrm{W/m^2\,K}$

$$\alpha_k = 5{,}46\,\lambda_{ö}\nu_{ö}^{-0,57}\left(\frac{n}{n_o}\right)^{0,57} d_{gl}^{-0,19}h^{0,33}\,\mathrm{Pr}^{0,29}. \tag{4.67}$$

Hierbei ist $n_o = 10\,\mathrm{s}^{-1}$ entsprechend 600 U/min. Bush stellte im Bereich von 10 $\cdots$ 90% Füllung des Volumens keine Abhängigkeit vom Füllungsgrad fest. Allerdings wird eine Füllung von 20 bis 30% empfohlen.

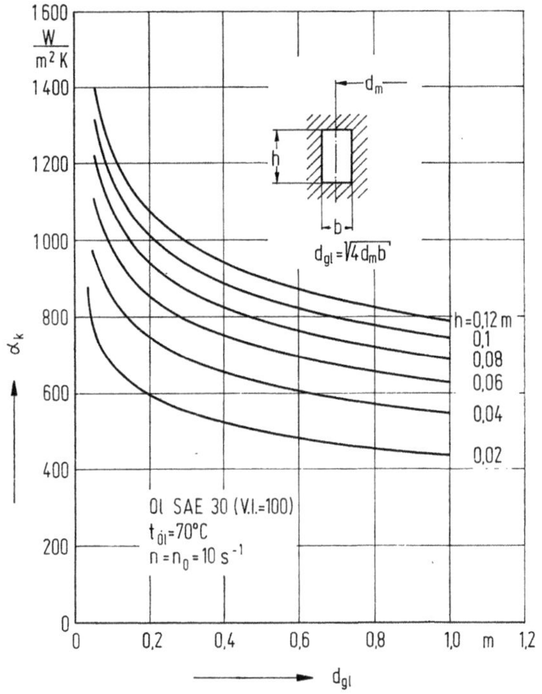

Abb. 4.32. Wärmeübergangskoeffizienten α_k bei Pendelkühlung mit Motorenöl n. Bush u. London [174]

Für ein Motorenöl SAE 30 zeigt Abb. 4.32 die Auswertung von Gl. (4.63) bzw. (4.67), Abb. 4.33 den Temperatureinfluß auf den Wärmeübergang. Die von Bush und London unter idealisierten Bedingungen gewonnenen Ergebnisse werden durch Versuche an Kolbenmodellen weitgehend bestätigt. Abb. 4.34 zeigt vergleichsweise Ergebnisse einer Untersuchung an einem Kolben-Prüfstand [170] und Rechenwerte nach Gl. (4.63). Die Abweichungen sind einerseits auf die geschätzten Stoffwerte zurückzuführen, andererseits liegt die im Versuch gefahrene mittlere Kolbengeschwindigkeit mit $c_m = 4{,}2$ m/s etwas oberhalb des für Gl. (4.63) mit $c_m = 2{,}7$ m/s angegebenen Gültigkeitsbereichs. Auch zeigt sich bei der höheren Drehzahl ein stärkerer Einfluß des Füllungsgrades, der stark von der Art der Ölzufuhr abhängt. Bei größeren Viertaktmotoren wird das Öl meist über Kurbelwelle, Pleuel und Bolzen dem Kolben zugeführt, wobei das Kühlöl auch die jeweiligen Lager versorgt. Dazu müssen die Durchflußquerschnitte im Grundlager, in der Kurbelwelle, im Pleuellager, in der Pleuelstange und im Kolbenbolzenlager entsprechend ausgelegt werden. Da das Öl auch der Kolbenbeschleunigung unterliegt, erfolgt der Zufluß nicht stetig und nähert sich mit zunehmender Drehzahl einem Grenzwert. Hinzu kommt, daß an den Lagerstellen erhebliche Verluste, bis zu 30% der Kühlölmenge, auftreten können und daher eine entsprechende Überdimensionierung bei der Auslegung vorgenommen werden muß. Demgegenüber ergeben sich bei einer Kühlölzufuhr über eine fest-

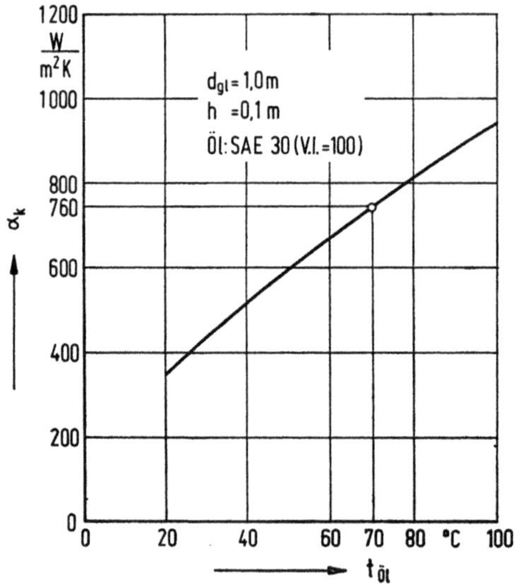

Abb. 4.33. Temperatureinfluß auf den Wärmeübergang bei Pendelkühlung für ein Motorenöl SAE 30

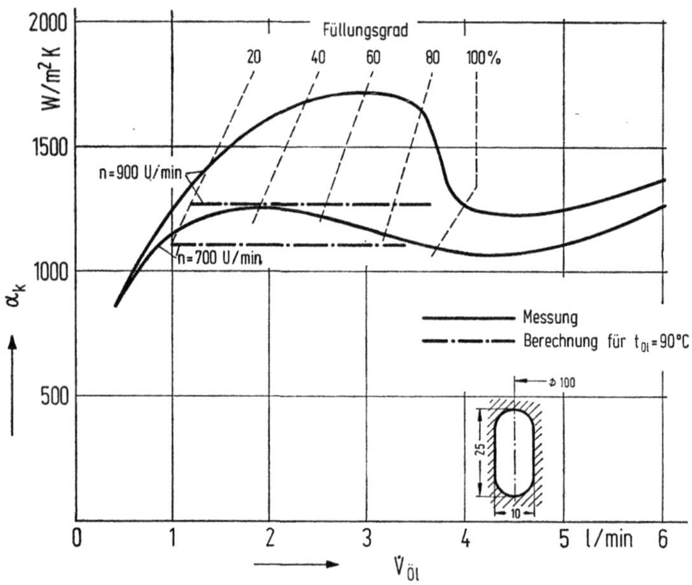

Abb. 4.34. Vergleich von an einem Prüfstand für Pendelkühlung gemessenen Wärmeübergangskoeffizienten [170] mit berechneten Werten

stehende Spritzdüse durch geringere Kühlölmengen und Pumpenleistungen wirtschaftliche Vorteile. Allerdings ist dabei eine Optimierung des aus Düsenhalter, Düse und Einlauftrichter im Kolben bestehenden Systems erforderlich [167, 175], um eine ausreichende Füllung des Kühlsystems zu erzielen, ausgedrückt durch den Fanggrad: Durchgesetzte Ölmenge zur angebotenen. Über Ausführungsformen der Kolben bei Zwangskühlung und der Kühlölzuführungen finden sich nähere Angaben u. a. in [176, 177].

Abschließend soll darauf hingewiesen werden, daß die Kühlwirkung durch Verwendung von Wasser anstelle von Öl noch gesteigert werden kann, wovon bei großen Zweitaktmotoren Gebrauch gemacht wird. Der Vorteil liegt begründet in der höheren Wärmekapazität des Wassers, der Verbesserung des Wärmeüberganges auf der Kühlseite und in der Möglichkeit, höhere Kühlmitteltemperaturen ohne Gefahr einer Ölverkokung zuzulassen.

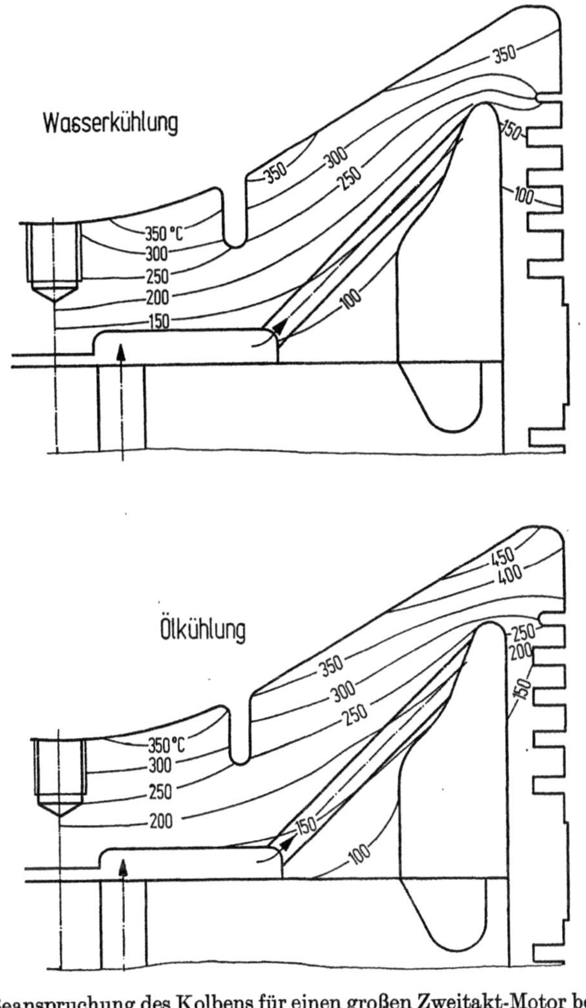

Abb. 4.35. Thermische Beanspruchung des Kolbens für einen großen Zweitakt-Motor bei Wasser- und Ölkühlung für $p_e = 8{,}4$ bar, $n = 112$ U/min [178]

Allerdings muß konstruktiv die Trennung des Kühlwasserkreislaufes vom Schmierölkreislauf beachtet werden, um nicht durch einen möglichen Wassereinbruch die Schmierung und somit den Motor zu gefährden. Zu den dabei erreichbaren Verbesserungen zeigt Abb. 4.35 für Wasser- und Ölkühlung die an dem Kolben eines Motors der Bauart Doxford gemessenen Temperaturen und die daraus bestimmten Temperaturfelder [178]. Der untere Bildteil weist für die Ölkühlung bis um 100 °C höhere Oberflächentemperaturen auf, die im Bereich des äußeren Kühlraumes zu Schwierigkeiten durch Bildung von Ölrückständen führen können und denen durch erhöhte Strömungsgeschwindigkeit zu begegnen ist. Damit ist der Kühlöldurchsatz, der von Haus aus schon etwa doppelt so groß ist wie bei Wasserkühlung, noch mehr zu steigern, was entsprechend hohe Pumpenleistung und Wärmetauscherflächen zur Rückkühlung erfordert.

4.4 Thermische Belastung und Beanspruchung von Zylinderköpfen

4.4.1 Thermische Beanspruchung und Gestaltung

Neben der Abdichtung des Verbrennungsraumes hat insbesondere bei Viertaktmotoren der Zylinderkopf noch Aufgaben zu erfüllen, die eine oft sehr komplizierte Gestaltung bedingen. Er enthält die Ein- und Auslaßkanäle mit ihren Ventilen und deren Betätigungsmechanismus und nimmt auch das Einspritzventil auf. Bei kleineren Dieselmotoren wird oft ein Teil des Verbrennungsraumes in den Zylinderkopf verlagert, was ebenso wie die Aufnahme von Bohrungen für das Anlaßventil, das Sicherheitsventil und den Indizieranschluß bei großen Motoren dazu beiträgt, die Konstruktion eines Zylinderkopfes zu den schwierigsten Aufgaben beim Entwurf eines Motors zu machen. Die zur Lösung der Aufgabe erforderliche komplizierte Formgebung erschwert aber wiederum die rechnerische Auslegung, zumal mechanische wie auch thermische Beanspruchungen hoch sind. Zur Gewährleistung der Dichtfunktion muß der Zylinderdeckel dabei steif genug sein, daß der durch die Zylinderkopfschrauben aufgebrachte Dichtdruck sich möglichst gleichmäßig verteilt. Auch hier ermöglicht erst die Verwendung von EDV-Anlagen eine Berechnung des Temperaturfeldes und genauere Festigkeitsberechnungen mit Hilfe der Methode der finiten Elemente.

Die thermische Belastung entspricht in ihrer Größenordnung weitgehend der des Kolbens, wobei die Zunahme der Zylinderbohrung auch bei gleichbleibender mechanischer und thermischer Belastung größere Wandstärken des Zylinderdeckelbodens erfordert mit den beschriebenen Folgen für die thermische Beanspruchung. Da Bohrungsdurchmesser und Verbrennungsverfahren auch nicht unabhängig voneinander gewählt werden können, tritt durch den Übergang zur direkten Einspritzung für Kolbendurchmesser über 200 mm eine gewisse Entlastung am Zylinderkopf hinsichtlich der thermischen Belastung ein, die bei Zylinderköpfen mit Nebenbrennräumen örtlich sehr hoch werden kann. Auch bei Motoren mit weitgehend in den Kolben verlagertem Brennraum und großer Kolbenüberdeckung führt die damit verbundene starke Quetsch- und Saugströmung zu einer hohen thermischen Belastung in der Mitte des Zylinderdeckels. Sichtbares Zeichen einer thermischen Überlastung ist das Auftreten von Stegrissen zwischen den Ventilen. Nach den Untersuchungen von *Irmler* [179] treten bei Ein- und Auslaßventilen sowohl an den Bohrungsrändern wie auch im Steg nur Druckspannungen auf als Folge der „Einspannung" durch die am Rande „kalte" Zylinderbodenplatte. Den Druckspannungen im Bereich hoher Temperaturen im Ventilsteg stehen Zugspannungen in den äußeren Zonen gegenüber, die infolge der größeren Querschnitte weitaus geringer sind und zudem bei geringeren Temperaturen auftreten. Durch Überschreiten der zulässigen Druckbeanspruchung erfährt der Steg eine merkliche Stauchung, die beim Abkühlen des Zylinderkopfes zu Zugspannungen führen muß. Gefügeänderungen des Graugusses während des Motorlaufs können außerdem die Zugfestigkeit vermindern. Hierbei spielt die Ausbildungsform des Graphits eine Rolle. Auftretende feine Haarrisse begünstigen unter der Einwirkung hoher Temperaturen ein Vergasen des Graphits, aber auch den Korrosionsangriff durch die sauren Verbrennungsgase. Die dadurch zusätzlich beeinträchtigte Materialfestigkeit führt dann gegebenenfalls zu einem Reißen des Ventilsteges. Maßnahmen zum Vermeiden von Stegrissen müssen also auf den Abbau der hohen Temperaturen und Spannungen gerichtet sein.

Eine weitere Beeinflussung der thermischen Belastung erfolgt durch die Anzahl der Ventile. Die Verwendung von nur je einem Auslaß- und Einlaßventil ist zwar die billigere Lösung, bedingt aber eine außermittige Lage von Einspritzventil und auch Nebenbrennräumen, wodurch einer asymmetrischen thermischen Belastung des Zylinderkopfes Vorschub geleistet wird. Bei Zylinderabmessungen über 130 mm Durchmesser, insbesondere bei Auflademotoren, ist es daher angebracht, vier Ventile vorzusehen. Dadurch werden nicht nur größere Ventilquerschnitte ermöglicht, sondern der Zylinderkopf auch thermisch entlastet. Auch eine entsprechende Führung der Kanäle kann die thermische Belastung senken. Auslaßkanäle sind so kurz wie möglich zu halten, besonders bei hohen Aufladegraden, da die beim Auslaßvorgang vom Verbrennungsgas abgegebene Wärme 20% und mehr der vom Zylinderkopf insgesamt aufgenommenen ausmachen kann.

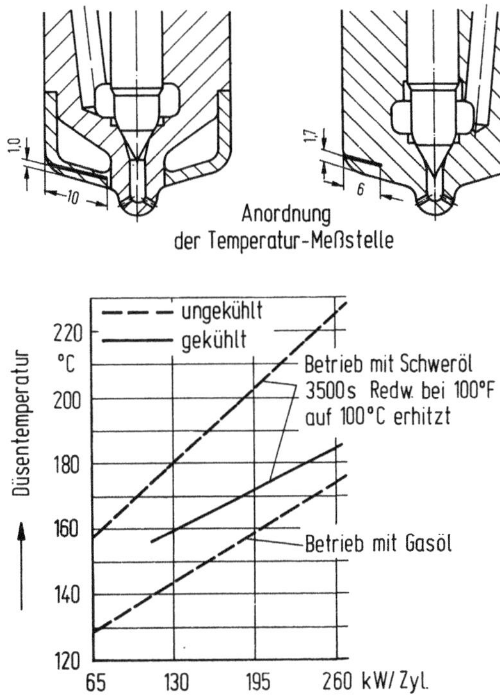

Abb. 4.36. Vergleich der Betriebstemperaturen von gekühlten und ungekühlten Düsen eines mittelschnellaufenden Dieselmotors im Schwerölbetrieb [180]

Die Erfahrung zeigt, daß bei Motoren mit direkter und zentraler Einspritzung in der Mitte des Zylinderdeckels eine hohe thermische Belastung herrscht. Das ist u. a. bei Betrieb mit Schweröl zu beachten, da zu hohe Temperaturen an der Einspritzdüse zu Ölkohleablagerungen an den Mündungen der Spritzbohrungen und in den Bohrungen führen, die das Spritzbild beeinflussen und damit Verbrauch und Abgastrübung. Um eine Düsenverkokung zu vermeiden, sollte die Düsenkappentemperatur nicht über 180 °C ansteigen, so daß gegebenenfalls die Einspritzdüse zu kühlen ist, Abb. 4.36, [180]. Aber nicht nur beim Schwerölbetrieb ist die Einspritzdüse vor zu hoher thermischer Belastung zu schützen. Das kann konstruktiv durch eine Abschirmung der Düsenstirnfläche zum Brennraum hin [138b] oder durch eine Verbesserung der Wärmeabfuhr im Bereich der Düsenbohrung erfolgen. Durch eine Zwangsführung im Bereich der Einspritzdüse, Abb. 4.37 [165], kann z. B. der Wasserstrom auf die Stege zwischen den Ventilen und der Düsenbohrung gerichtet werden. Die Wirkung einer derartigen Strahlkühlung zeigt Abb. 4.38 [166], bei der das gesamte Kühlwasser bei insgesamt höherem Wasserpumpendruck (2,5···3 bar) über die kritische Stelle geleitet wird. Dadurch können auch entstehende Dampfblasen weggespült und bei längerer Laufzeit eine Wassersteinbildung verhindert werden.

Ebenfalls zu den Stellen hoher thermischer Belastung gehören bei kleineren Motoren mit indirekter Einspritzung die Stege zwischen den Ventilen und der Mündung des Nebenbrennraumes in den Hauptbrennraum. Gute Ergebnisse werden mit Kühlbohrungen in diesen Stegen erzielt, wie Abb. 4.39, [143] für den Zylinderkopf eines Wirbelkammermotors zeigt, der im Versuchsbetrieb mit einem Mitteldruck von 22 bar betrieben wurde.

Die Bohrungskühlung wird in zunehmendem Maße auch bei den Zylinderdeckeln von Großmotoren, den Zweitakt-Schiffsdieselmotoren, angewendet, Abb. 4.40, [148]. Der aus einem Stück bestehende Deckel aus Stahl- oder Grauguß gewährleistet Steifheit und

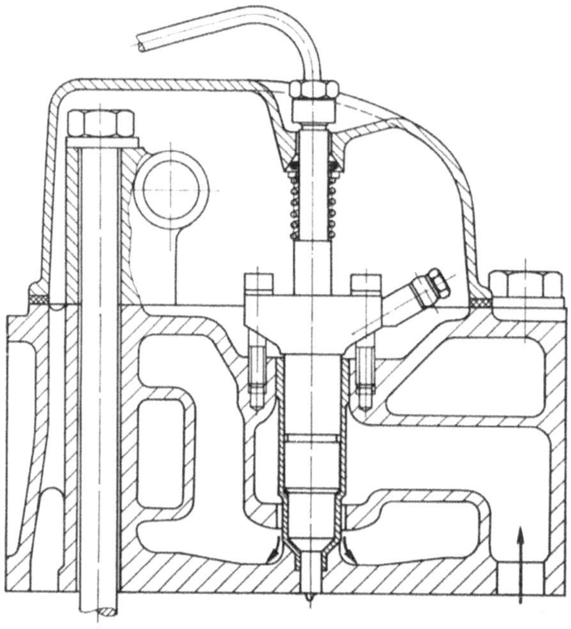

Abb. 4.37. Zylinderkopf eines schnellaufenden Dieselmotors mit gerichteter Kühlwasserströmung im Bereich der Einspritzdüse [165]

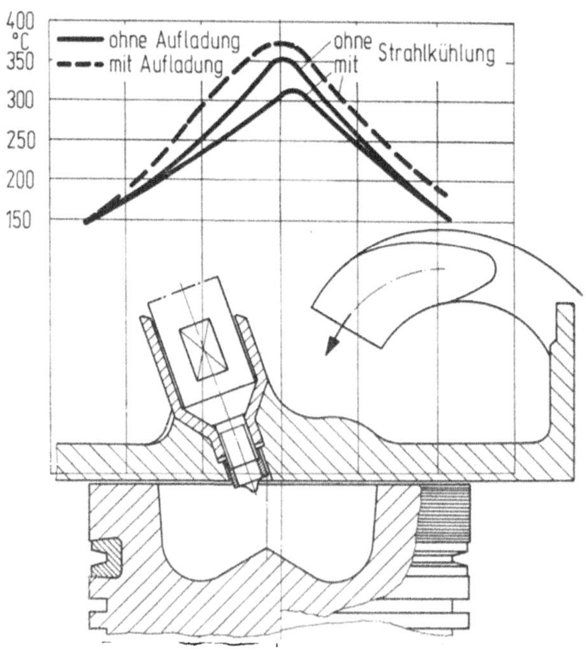

Abb. 4.38. Einfluß einer gerichteten Kühlwasserströmung auf die Temperatur am Zylinderkopf [166]

Festigkeit hinsichtlich der mechanischen Beanspruchung, wobei erhöhte thermische Beanspruchungen vermieden werden. Durch in der Nähe der gasseitigen Oberfläche radial verlaufende Kühlbohrungen wird das Temperaturgefälle in der Wand auf den Bereich zwischen der Wärmeeinfallfläche und dem Kühlkanal reduziert, während der anschließende Bereich bis zur Außenkontur des Deckels nahezu gleichbleibende Temperatur aufweist. Da am Zylinderdeckel bedingt durch die mechanische Beanspruchung infolge Dichtkraft

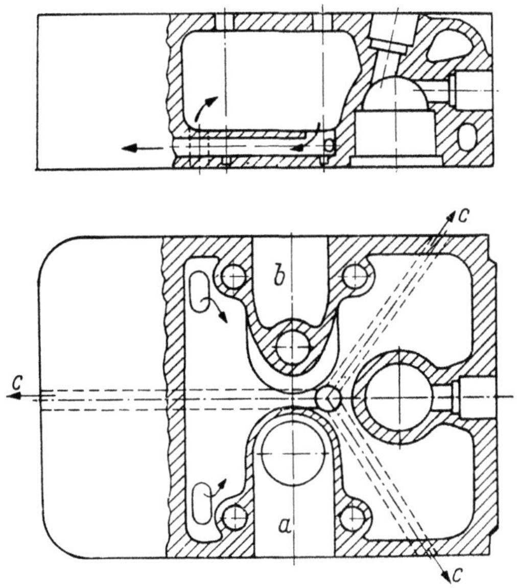

Abb. 4.39. Anordnung von gebohrten Kühlmittelkanälen im Zylinderkopf eines hochbelasteten Wirbelkammermotors [143]

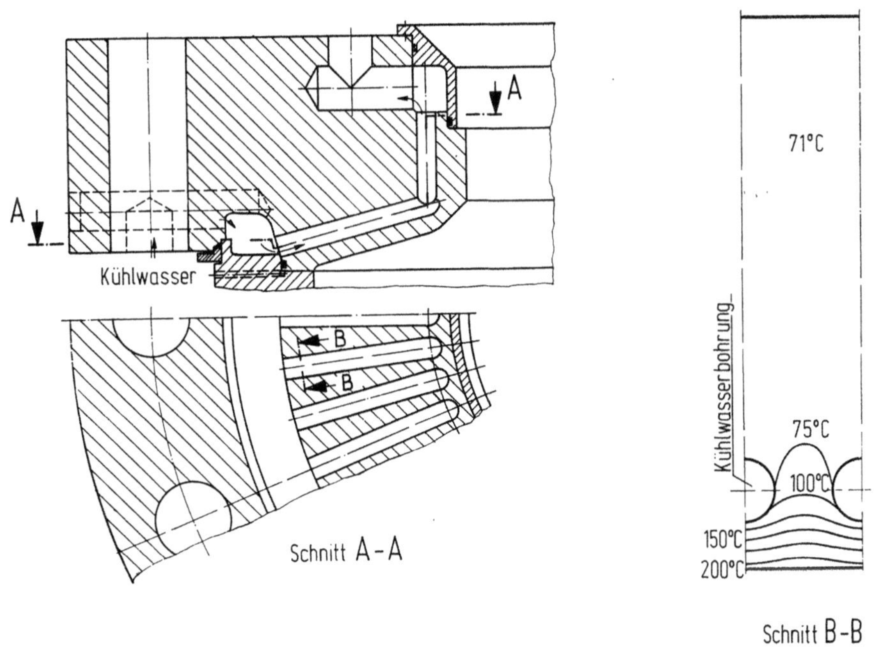

Abb. 4.40. Zylinderdeckel eines Zweitakt-Großmotors, Bauart Burmeister & Wain, mit Bohrungskühlung Führung der radialen Kühlbohrungen und Isothermen im Zylinderkopf bei einer Belastung von $p_i = 11,8$ bar [148]

und Gaskräften gasseitig Druckspannungen vorhanden sind, während an der Außenseite Zugspannungen auftreten, ergibt sich bei Überlagerung mit der thermischen Beanspruchung, daß die Zugbeanspruchung im Bereich der Kühlbohrung klein wird und die Gefahr einer Rißbildung auf der Kühlwasserseite nicht besteht.

Außer durch Bohrungskühlung kann die thermische Beanspruchung auch durch Verminderung der Wandstärke gesenkt werden (vgl. Abschn. 4.1), was zwangsläufig zu einer Trennung der thermischen von der mechanischen Beanspruchung in einer geteilten Konstruktion führt. Diese Bauart, wie sie z. B. von der M. A. N. bei den Zweitakt-Großmotoren angewendet wird, vgl. Abb. 3.32, besteht aus dem Zylinderdeckelboden und der darüber angeordneten Haube. Der von den Verbrennungsgasen beaufschlagte Zylinderdeckelboden stützt sich über konzentrischen Rippen an der Haube ab, die praktisch nur einer mechanischen Belastung ausgesetzt ist. Man erhält durch die geteilte Konstruktion auch die Möglichkeit einer Bearbeitung der gekühlten Oberfläche

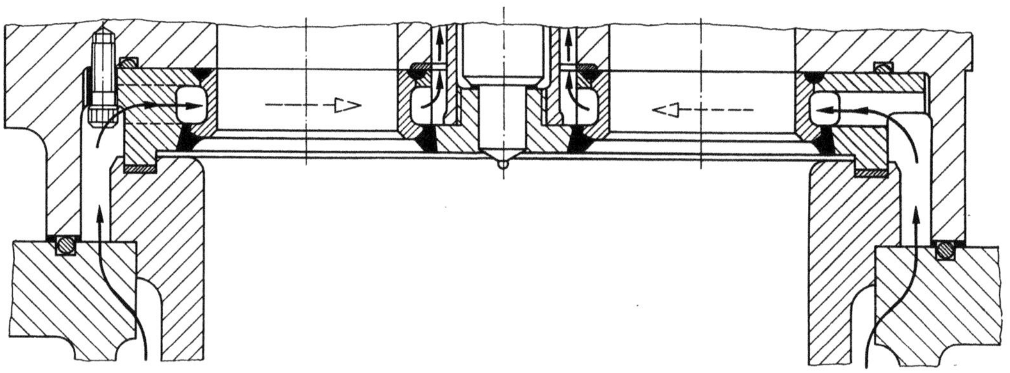

Abb. 4.41. Zylinderkopf mit Hitzeschild (flame-plate), Bauart Ruston & Hornsby [143]

und kann somit den kühlwasserseitigen Wärmeübergang verbessern. Probleme bei dieser Konstruktion können sich aus der möglichen Wärmedeformation des Bodens und dem Auftreten von Reibkorrosion infolge von Relativbewegungen zwischen Boden und Unterstützung ergeben. Eine Abhilfe ist möglich, indem die abstützenden Elemente organisch mit beiden Schalen verbunden werden und der relativ dünne Boden in einen einteiligen Zylinderkopf integriert wird. Das Prinzip der Aufgabenteilung findet sich auch bei den früher häufiger, jetzt kaum noch verwendeten Hitzeschildkonstruktionen, Abb. 4.41, [143]. Eine Stahlplatte mit eingearbeiteten Kühlkanälen ermöglicht eine intensive Kühlung der Ventilsitze und verhindert weitgehend eine thermische Belastung des eigentlichen Zylinderkopfes.

Die Verwendung von Werkstoffen mit höherer Wärmeleitfähigkeit, wie es bei den Kolben so erfolgreich praktiziert wird, führt nicht unbedingt zu der gewünschten Minderung der Wärmebeanspruchung, da mit der Wärmeleitfähigkeit auch die Wärmeausdehnung steigt, und somit besonders auf eine dehnungsgerechte Konstruktion geachtet werden muß. Das führt insbesondere bei luftgekühlten Motoren zu Problemen, wo die Verwendung von Leichtmetall zur notwendigen Verbesserung des Rippenwirkungsgrades, aber auch aus fertigungstechnischen Gründen geboten ist. Hinzu kommt die bei Leichtmetall stark abnehmende Werkstoffestigkeit mit der Temperatur. Der auch hier bestehenden Gefahr von Stegrissen kann man einmal durch das Anbringen großflächiger Rippen im Bereich des Ventilsteges begegnen, zum anderen verhilft ein entsprechend starker Zylinderkopfboden zu einem weitgehenden Temperaturausgleich. Allerdings ist es günstig, im unmittelbaren Bereich des Ventilsteges örtlich die Wandstärke des Zylinderkopfbodens zu verringern. Eine interessante Lösung des Problems wird bei Zylinderköpfen der Klöckner-Humboldt-Deutz AG verwendet. Durch das Eingießen von im Querschnitt regenschirmförmiger Stegbleche aus Stahl kann sich nach Eintreten der Verformung durch behinderte Dehnung das Material der unteren Zylinderbodenschicht beim Erkalten zusammenziehen, ohne daß die gefürchteten Zugspannungen auftreten, Abb. 4.42.

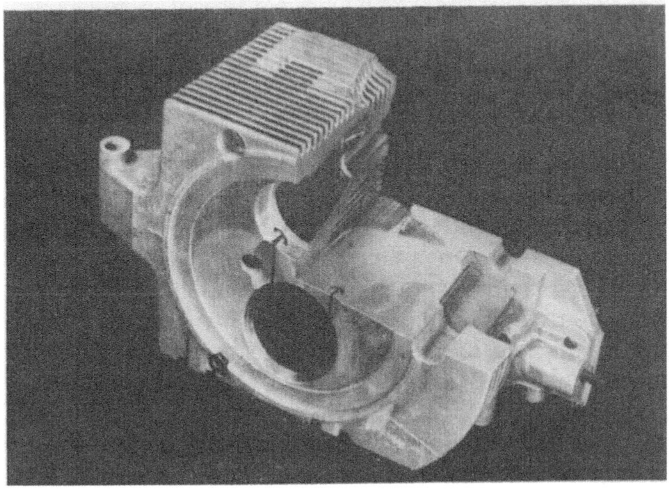

Abb. 4.42. Eingegossenes Stegblech am Leichtmetallzylinderkopf eines luftgekühlten Fahrzeugmotors, Fa. Klöckner-Humboldt-Deutz AG, zur Vermeidung durchgehender Stegrisse

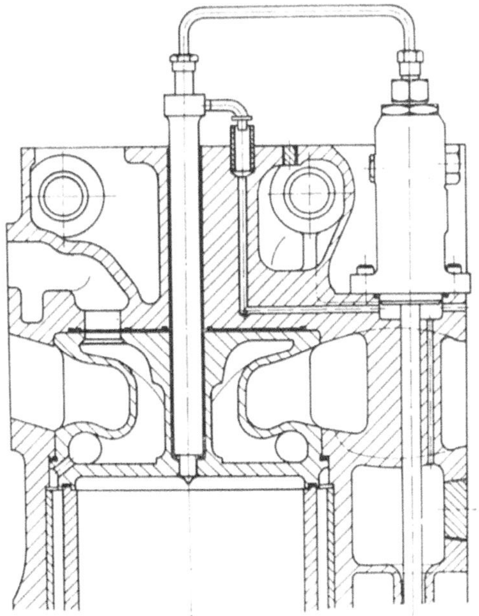

Abb. 4.43. Zylinderkopf aus Stahlguß für einen hochbelasteten Zweitakt-Lokomotivmotor, Bauart General Motors [165]

Auch bei dem in Abb. 4.43 dargestellten Zylinderkopf aus Stahlguß für einen Lokomotivmotor hoher spezifischer Leistung wird auf geringe Behinderung der unumgänglichen Wärmedehnung geachtet. Dazu ist die untere Umfassung des Innenteiles am Boden relativ schwach ausgeführt worden, so daß sich das Einsatzteil ausdehnen kann, ohne daß überhöhte Druckbeanspruchungen auftreten.

Wenn auch durch eine entsprechende Konstruktion der Bauteilbeanspruchung infolge der unvermeidlichen thermischen Belastung begegnet werden kann, so ist doch besonders für Hochleistungsmotoren eine genaue Erfassung der Spannungsverhältnisse, z. B. nach der Methode der finiten Elemente in Verbindung mit experimentellen Untersuchungen notwendig, wobei die Formulierung der Randbedingungen und die oft komplizierte Form des Bauteiles die Rechnung erschweren.

4.4.2 Der Wärmeübergang am Zylinderkopf

4.4.2.1 Der Wärmeübergang auf der Gasseite

Während die Randbedingungen auf der Kühlseite bei Berücksichtigung der jeweiligen örtlichen Gegebenheiten mit den in Abschn. 3 mitgeteilten Überlegungen erfaßt werden können, ergeben sich für die Gasseite wieder Schwierigkeiten. Nur für den örtlich mittleren Wärmeübergangskoeffizienten können hinreichend genaue Werte mit den in Abschn. 2 mitgeteilten Beziehungen bestimmt werden. Zahlreiche Temperaturmessungen sind in den Entwicklungsabteilungen der Motorenhersteller an den verschiedensten Zylinderköpfen durchgeführt worden und zeigen für einen symmetrischen Aufbau des Kopfes prinzipiell die höchste thermische Belastung in der Mitte des Zylinderkopfes bei Abnahme des Wärmeübergangskoeffizienten mit dem Radius. Eingehende Untersuchungen über die örtliche Verteilung sind in der Literatur nur vereinzelt auffindbar. So haben *Alcock* und *French* [181, 143] bei kleineren Motoren für einige ausgewählte Meßpunkte am Boden des Kopfes den Wärmefluß ermittelt und geben dafür Linien gleichen Wärmeflusses zur Kennzeichnung der örtlichen Verteilung an. Es ergeben sich dabei örtlich Unterschiede im Verhältnis von 2 : 1 bis 3 : 1, wobei die höchsten Werte an einem Wirbelkammermotor gemessen wurden. Sie werden bestätigt durch die in [132] für einen Vorkammermotor mitgeteilten Untersuchungsergebnisse, wo gegenüber der mittleren Belastung örtlich Überhöhungen um das Dreifache auftreten und die Stelle der höchsten Belastung in der Nähe des Brenners liegt. Demgegenüber weist die für einen im Gleichstrom gespülten Großmotor ermittelte Abhängigkeit des örtlichen Wärmeübergangskoeffizienten nur Differenzen von maximal 1,5 : 1 auf, Abb. 4.44, [148], allerdings wird der mittlere Teil des Zylinderkopfes mit dem Einsatz für

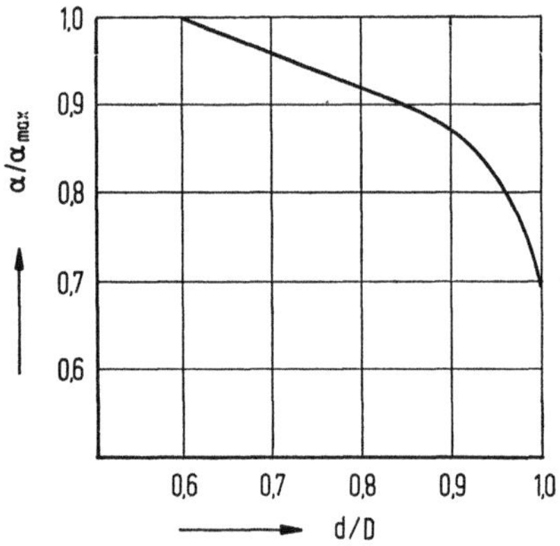

Abb. 4.44. Verteilung des Wärmeübergangskoeffizienten am Zylinderkopf eines Großmotors mit zentralem Auslaßventil [148]

das Auslaßventil nicht berücksichtigt. Dazu ergeben vergleichende Untersuchungen an den Zylinderköpfen mehrerer schnellaufender Viertakt-Motoren eine Abhängigkeit der örtlichen Verteilung der Wärmestromdichte von der Lage des Einlaßventiles und des Auslaßventiles [182]. Das bedeutet, daß der von den Ventilen herrührende Einfluß ebenso wie der von den Übertritten aus Verbrennungsnebenräumen bei der Bestimmung der örtlichen Verteilung des gasseitigen Wärmeübergangskoeffizienten zu berücksichtigen sind (s. auch Abschn. 2.8.2 und [169, 83, 84]).

Hohe thermische Belastungen treten auch an den zu Nebenräumen gehörenden Brennraumteilen auf, z. B. in den Schußkanälen der Brennereinsätze bei Vorkammermotoren infolge hoher Gasgeschwindigkeiten. Nach Messungen mit Oberflächentemperatursonden und vergleichenden Berechnungen können die Wärmeübergangskoeffizienten zeitweise Werte bis zu 16000 W/m^2 K und mehr betragen, wobei der Wärmeübergang im Bereich der Schußkanäle weitgehend den Gesetzmäßigkeiten einer turbulenten Rohrströmung folgt [183].

4.4.2.2 Der Wärmeübergang an den Ventilen

Zu den Bauteilen höchster thermischer Belastung gehören die Auslaßventile von Viertaktmotoren, wobei Wärmeaufnahme wie -abgabe bei unterschiedlichen Bedingungen erfolgt. Während einer Phase von ca. 75% des gesamten Arbeitsspieles findet die Wärmeaufnahme der Ventile als Teil der gasseitigen Fläche des Zylinderkopfes statt, Φ_1, Abb. 4.45. Bei geöffnetem Ventil erfolgt eine zusätzliche Aufheizung der Auslaßventile

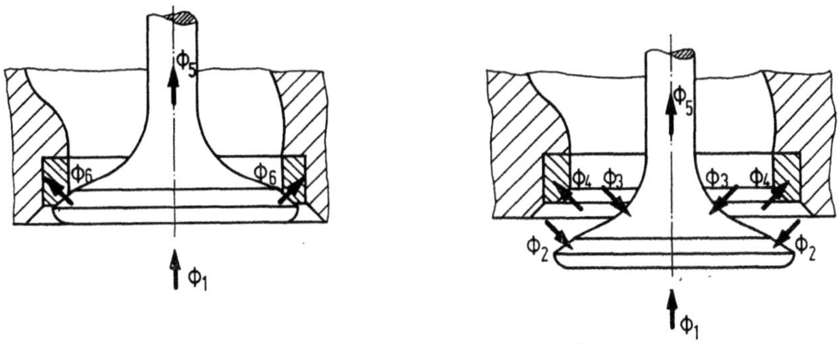

Abb. 4.45. Wärmebilanz an einem Auslaßventil

durch konvektiven Wärmeübergang vom Abgasstrom an die Innenseite des Ventiltellers, Φ_3, und Ventilsitzfläche, Φ_2. Unter günstigen Umständen kann insbesondere in der Spülphase auch eine Wärmeabfuhr vom Ventil auftreten. Auch die Sitzfläche nimmt beim Auslaßvorgang Wärme auf, Φ_4. Der größte Teil der abzuführenden Wärme fließt aber über den Ventilsitz, Φ_6, ein kleinerer Anteil über den Ventilschaft und die Ventilführung an den Zylinderkopf bzw. an das Kühlmittel, Φ_5. Für die Ventilsitzfläche ergeben sich also für ein Auslaßventil unterschiedliche Wärmeflußrichtungen, je nachdem, ob der Wärmekontakt vom Ventil zum Zylinderkopf unterbrochen ist oder nicht, während die über den Ventilschaft abgeführte Wärme als zeitlich gleichbleibend angesehen werden kann. Ähnlich liegen die Verhältnisse beim Einlaßventil, wobei allerdings in der Regel das einströmende Medium die Kühlung des Ventiles unterstützt.

In dem Auslaßventil muß sich ein Temperaturfeld derart einstellen, daß zu- und abgeführte Wärmeströme im Gleichgewicht sind:

$$\Phi_1 + \Phi_2 + \Phi_3 + \Phi_4 + \Phi_5 + \Phi_6 = 0. \tag{4.68}$$

Dazu kann mit Hilfe einer realen Kreisprozeßberechnung, geschätzten Wandtemperaturen und den α-Gleichungen einerseits der Wärmeaustausch zwischen Arbeitsgas und Brennraumoberfläche bestimmt werden, wie andererseits der Wärmeübergang an der Hohlkehle mit den Wärmeübergangskoeffizienten zwischen strömendem Arbeitsgas und Kanalwand (s. Abschn. 4.4.2.3) erfaßt werden kann. Für die Wärmeströme Φ_2 und Φ_4 an den Sitzen ist die Anlaufströmung zu berücksichtigen, z. B. nach dem Ansatz von *Latzko* in [2]*. Die Wärmeabfuhr über den Ventilsitz folgt aus Gl. (4.68), wobei der Wärmestrom Φ_5 geschätzt werden kann. Er beträgt abnehmend mit der Motorgröße ca. 2···6%.

* a. a. O., 1963, S. 233.

Während sich für die Wärmen Φ_1 bis Φ_4 bedingt durch den Arbeitsprozeß ein instationärer Verlauf ergibt, kann zunächst für die Summe von Φ_5 und Φ_6 nur ein stationärer Wert angegeben werden. Die Annahme eines zeitlich unveränderlichen Wärmestromes ist für die Wärmeabfuhr über den Ventilschaft sicherlich gerechtfertigt. Dagegen haben die Untersuchungen von *Drolshammer* [184] ergeben, daß der Wärmekontakt am Ventilsitz durch den Anpreßdruck, also durch den Zylinderdruck, beeinflußt wird. Messungen des Wärmeübergangskoeffizienten nach der Oberflächentemperaturmethode an den Sitzflächen zeigen einen synchronen Verlauf der zeitlichen Änderung mit dem Druckverlauf

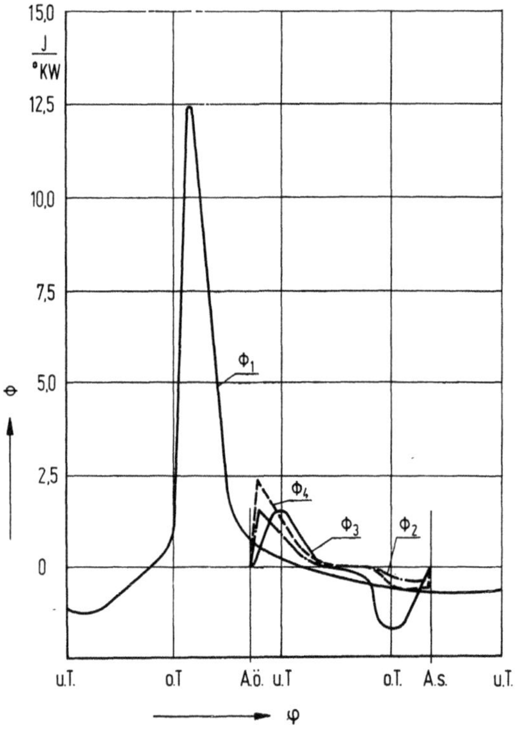

Abb. 4.46. Wärmehaushalt eines Auslaßventiles in Abhängigkeit von der Zeit [185]

im Motor. Die vom gleichen Verfasser mitgeteilten Ergebnisse von Wärmeflußberechnungen auf Grund eingehender Temperaturmessungen zeigen auch, daß der Hauptanteil der Wärmeabfuhr über den Ventilsitz und nur ein geringer Anteil von 2% über den Ventilschaft erfolgt. Überraschenderweise wird im Bereich der Hohlkehle mehr Wärme vom Ventil an das Auspuffgas abgegeben als aufgenommen, so daß dieser Bereich des Ventiles mit mindestens 20% bis zu 40% an der Wärmeabfuhr beteiligt ist.

Neuere Untersuchungen an hochaufgeladenen Motoren, die von *Zinner* [185] mitgeteilt werden, ergeben nur einen geringen Anteil der Wärme Φ_3 an der Wärmeabfuhr, Abb. 4.46. Ausgehend von den an einigen Stellen eines Ventils gemessenen Temperaturen wird mit Hilfe einer Kreisprozeßrechnung die zeitliche Abhängigkeit des jeweiligen Wärmeflusses bestimmt. Danach wird während des Auslaßvorganges vom Ventilsitz im Zylinderkopf mehr Wärme aufgenommen als von der Sitzfläche des Ventiles selbst, was in Widerspruch zu den Meßergebnissen von Drolshammer steht. Dort beträgt der Wärmefluß Φ_2 ein Vielfaches des Wertes Φ_4, obwohl die Temperaturdifferenz Abgastemperatur — Sitzringtemperatur größer als die zwischen Abgas und Ventil ermittelte ist. Als Erklärung für diesen Widerspruch werden Ablösungen der Strömung am Sitz des Sitzringes vermutet [184]. Hierbei werden Meßungenauigkeiten zunächst ausgeschlossen, wobei allerdings zu bedenken ist, daß Drolshammer sich noch im Vergleich zu den heutigen Möglichkeiten mit einer wenig entwickelten Meßtechnik begnügen mußte.

Trotz dieser widrigen Umstände sind die erreichten Ergebnisse bemerkenswert. Für eine rechnerische Ermittlung von Φ_1 ist aber auch die örtliche Verteilung des Wärmeübergangskoeffizienten am Ventilteller von Interesse. In der gleichen Weise wie beim Kolben, Abschn. 4.3.2.1, beschrieben, sind auch für das Auslaßventil eines Zweitaktgroßmotors örtliche α-Werte ermittelt worden, Abb. 4.47, [169]. Auch hier ergibt sich für den Mittelwert $\bar{\alpha}$ nach Gl. (4.61) eine Abweichung von ca. 10% gegenüber dem mit der α-Gleichung

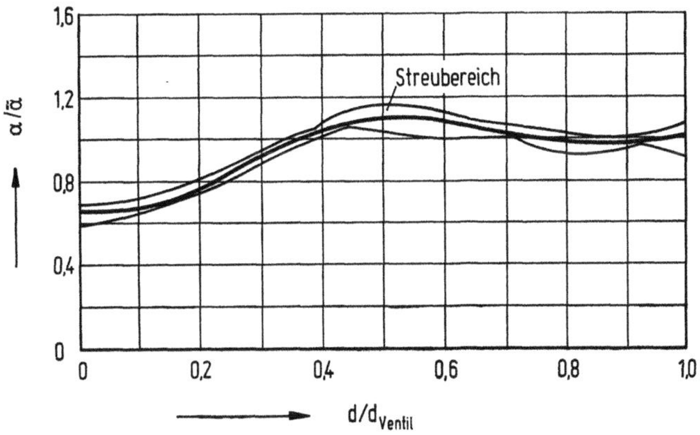

Abb. 4.47. Örtliche Verteilung des Wärmeübergangskoeffizienten am Teller eines großen Auslaßventiles [169]

von Eichelberg, Gl. (2.6), bestimmten mittleren Wärmeübergangskoeffizienten α_m nach Gl. (4.25). Insgesamt zeigt die örtliche Verteilung hier erwartungsgemäß geringere Unterschiede.

Zur Ermittlung des Wärmeflusses Φ_6 gibt Drolshammer für den dazu benötigten Wärmeleitwiderstand am Ventilsitz scheinbare mittlere Wärmeübergangskoeffizienten im Bereich von $\alpha_m = (2{,}4\cdots4) \cdot 10^4$ W/m² K an, wobei der untere Wert für einen schmalen, der obere für einen breiten Sitz gilt. Der mögliche Fehler beträgt dabei 50% (!) und ist bedingt durch die kleinen Temperaturdifferenzen an den Sitzflächen bzw. die unsicheren Angaben hinsichtlich der Lage der Temperaturmeßstellen. Ein Problem, das auch beim Wärmeübergang zwischen Kolbenringen und Laufbuchse auftritt und hohe Anforderungen an die Meßtechnik stellt. Durch isolierend wirkende Ablagerungen kann der fiktive α-Wert im Betrieb um Größenordnungen kleiner werden. So ist nach neueren Messungen an einem schnellaufenden Dieselmotor α_m $(5{,}5\cdots9)$ 10^3 W/m² K, wobei wider Erwarten keine Abhängigkeit von Drehzahl, Anpreßdruck und gasseitigem Wärmeeinfall festgestellt wird [241c].

Bei Betrachtung des zeitlichen Verlaufes ergeben sich in Abhängigkeit von der Größe der Sitzfläche unterschiedliche Verhältnisse Größtwert zu Mittelwert des scheinbaren α-Wertes. Für einen schmalen Sitz wurde ein Verhältnis $\alpha_{\max}/\alpha_m$ von 2,7 gegenüber einem Wert von 1,3 bei einem breiten Sitz als Folge des sich mit dem Gasdruck ändernden Anpreßdruckes festgestellt [184]. Diesen Einfluß des Druckes bestätigen auch die in Abb. 4.48 [185] wiedergegebenen Versuchsergebnisse für zwei Stellen am Sitz des Ventiles. Der an den Meßstellen A und B unterschiedlich große Temperaturabfall weist auf eine asymmetrische Temperaturverteilung am Ventilteller hin.

So zeigen die aufgrund von Temperaturmessungen im Motorbetrieb mit einem elektrolytischen Trog ermittelten Isothermen eines nicht drehenden Auslaßventiles deutliche Unterschiede zwischen Düsen- und Buchsenseite, Abb. 4.49, [185]. Hier führt eine Ventildrehvorrichtung zu einer gleichmäßigen Temperaturverteilung und zum Abbau der Spannungsspitzen bei insgesamt verringerter thermischer Beanspruchung. In der gleichen Weise wirken sich ein stärkerer Ventilschaft und eine weit heruntergezogene Ventilführung aus.

Da der größte Teil der Wärme, 90% und mehr, über den Ventilsitz an den Zylinderkopf und damit an das Kühlmedium gelangen, ergibt sich in der Mitte des Ventilkegels eine starke Temperaturerhöhung gegenüber dem relativen kalten Außenrand des Ventiltellers. Dadurch unterliegt dieser Rand starken Zugbeanspruchungen, die bei zu dünnem

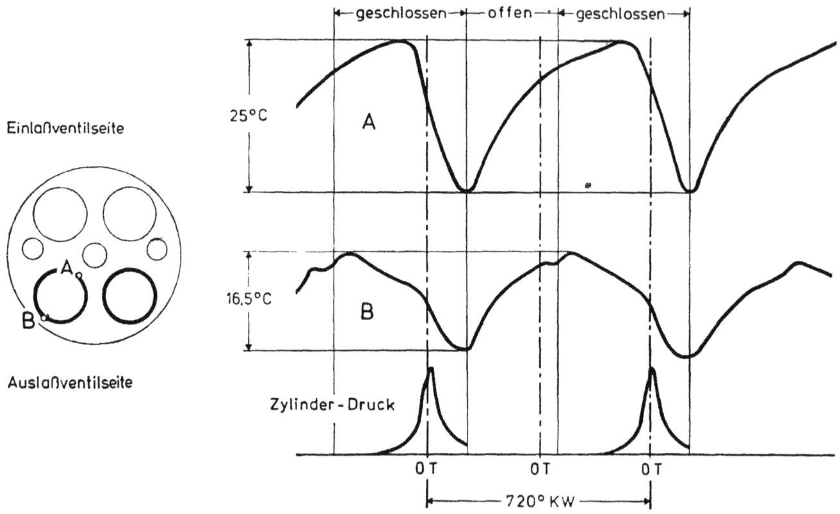

Abb. 4.48. Temperaturverlauf am Ventilkegel eines nichtdrehenden Auslaßventiles in einem mittelschnelllaufenden Dieselmotor mit 400 mm Kolbendurchmesser [185]

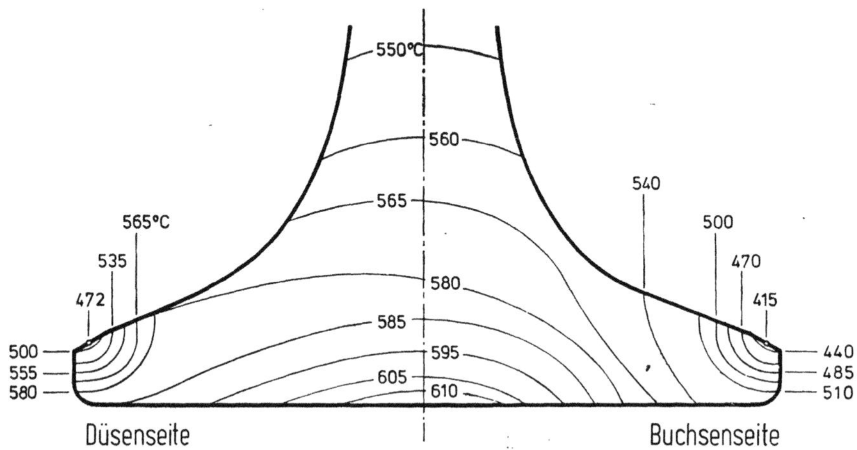

Abb. 4.49. Isothermen eines nichtdrehenden Auslaßventiles bei einem mittelschnellaufenden Dieselmotor im Vollastbetrieb, $p_e = 17{,}7$ bar [189]

Tellerrand zu Radialrissen verbunden mit Ausbrüchen führen können. Hierbei zeigt sich das Einlaßventil wegen größerer Temperaturdifferenzen zwischen Ventilkegelmitte und Außenrand mitunter stärker gefährdet als das Auslaßventil, trotz des insgesamt geringeren Temperaturniveaus. Abhilfe kann ein stärkerer Ventilteller schaffen, wobei austenitische Werkstoffe für das Einlaßventil nicht geeignet sind. Deren geringere Wärmeleitfähigkeit und größere Wärmedehnung erhöhen die Spannungen (vgl. Abb. 4.5), ohne daß die höhere Warmfestigkeit gegenüber normalen Ventilstählen hier bereits zum Tragen kommt.

Reichen rein konstruktive Maßnahmen nicht mehr aus, das Ventil thermisch zu entlasten, so kann bereits durch eine Erhöhung des Spülluftanteiles das Temperaturniveau erheblich gesenkt werden, wie es Abb. 4.50 [186] für das Auslaßventil eines schnelllaufenden Hochleistungsdieselmotors zeigt. Hierbei kommt es weniger auf die Ventilüberschneidung als auf die Form des Nockens an.

Mindestens ebenso wirkungsvoll ist natürlich eine direkte Kühlung des Ventils. Indem man den Schaft des Ventiles hohl ausführt und ihn teilweise mit Natrium füllt, Abb. 4.51, wird die über den Ventilschaft abgeführte Wärme erhöht und damit der Ventilsitz entlastet. Die dabei erreichbaren Temperatursenkungen betragen 50 bis 100 °C, wobei sich ein derartiges Ventil etwa doppelt so teuer stellt wie ein normales. Der kleinstmögliche

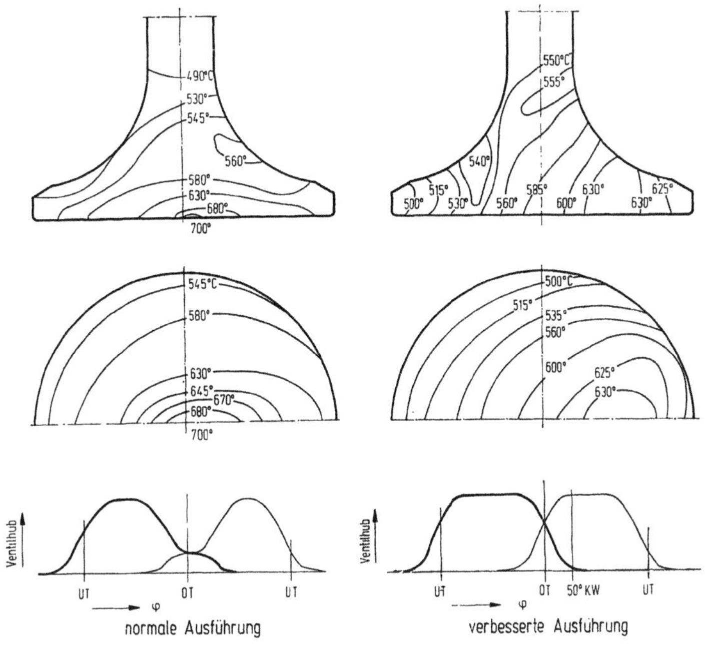

Abb. 4.50. Einfluß des Spülluftanteiles auf die thermische Beanspruchung des Auslaßventiles bei einem schnellaufenden Hochleistungs-Dieselmotor [186]

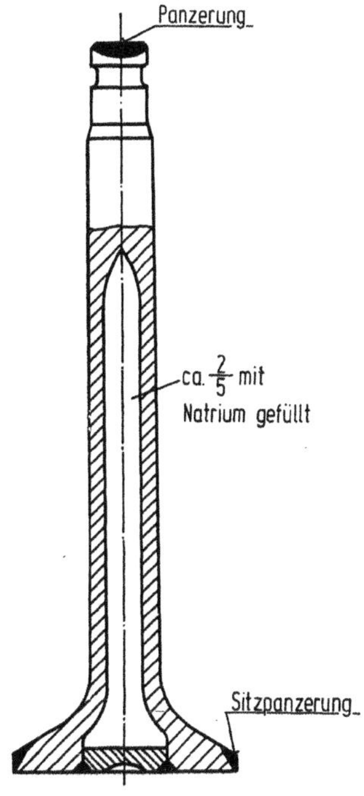

Abb. 4.51. Natriumgekühltes Auslaßventil

Schaftdurchmesser für derartige Hohlventile beträgt dabei 10 mm. Der Wärmeaustausch zwischen Ventil und dem bei Betriebstemperatur geschmolzenen Natrium entspricht der bereits beim Kolben beschriebenen Pendel-Kühlung, wobei für den mittleren Wärmeübergangskoeffizienten für flüssige Metalle ($Pr \ll 1$) nach [174] gilt:

$$Nu = 1{,}28\, Re^{0,5}\, Pr^{0,5} \left(\frac{d_{gl}}{h}\right)^{0,24}. \tag{4.69}$$

Nußelt-Zahl und Reynolds-Zahl sind analog zur Gl. (4.63) mit dem gleichwertigen Durchmesser d_{gl} nach Gl. (4.64) entsprechend der mittleren Hohlraumbohrung zu bilden, wobei der Wert h die Höhe des Kühlraumes angibt. Die Kühlwirkung wird in jedem Fall beschränkt durch den Wärmeleitwiderstand Ventilschaft-Führung mit einem fiktiven Wärmeübergangskoeffizienten $\alpha_m \leqq 400\ W/m^2 K$.

Bei großen Viertaktmotoren mit Kolbendurchmessern über 600 mm findet man auch eine direkte Ölkühlung der Auslaßventile, Abb. 4.52 [187], wobei jedoch die große Gefahr einer Rückstandsbildung infolge Ölverkokungen im Ventil besteht. Dieser ist durch Vollbeaufschlagung bei möglichst hohen Strömungsgeschwindigkeiten zu begegnen. Bisher gelingt es allerdings über eine Ventilsitzkühlung die Wärmeabfuhr meist so zu verstärken, daß sich eine beherrschbare Wärmebeanspruchung ergibt. Dabei ist zu berücksichtigen, daß größere Temperaturgradienten im Ventilteller erhöhte Zugspannungen zur Folge haben, wenn nicht für einen Temperaturausgleich durch entsprechende Wärmefließwege gesorgt wird. Abb. 4.53 [188] zeigt dazu die Wirkung einer tiefgezogenen Sitzkühlung, (linke Bildhälfte), wie es z. B. ein gemeinsamer Ventilkorb für Ventilsitz und Ventil ermöglicht. Neben einer vereinfachten Wartung übertragen sich bei genügend steifer Konstruktion Deformationen des Zylinderkopfbodens nicht auf die Dichtfläche und beeinträchtigen nicht mehr Dichtfunktion und Wärmeabfuhr.

Geringe Ventiltemperaturen sind nicht nur eine Frage der zulässigen thermischen Beanspruchung, sondern verhindern bei mit Schweröl betriebenen Motoren die Ablage-

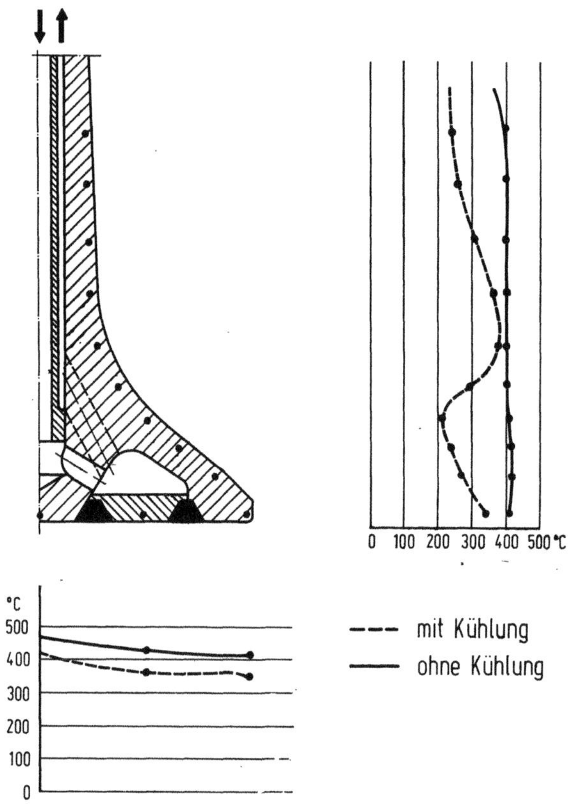

Abb. 4.52. Direkt gekühltes Auslaßventil eines großen Viertaktmotors [187]

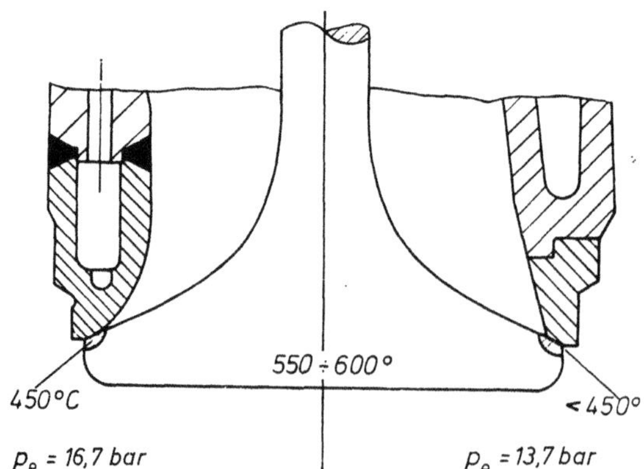

Abb. 4.53. Einfluß einer Ventilsitzkühlung auf die Temperatur des Auslaßventiles [188]

rung korrosiv wirkender Schmelzen aus Vanadium-Natrium-Aschen mit Hafttemperaturen zwischen 500 und 600 °C. Zur Erhöhung der Standzeiten wird eine Panzerung der Ventilsitzflächen vorgenommen, ähnlich wie in Abb. 4.51 angedeutet, wobei es vorteilhaft sein kann, auch die Einlaßventile zu panzern. Da die als Schutzschicht verwendeten Hartlegierungen, auch als Stellite bekannt, höhere Wärmeausdehnungskoeffizienten als das Grundmaterial aufweisen, können in der Panzerschicht bei gleicher Temperaturverteilung wie beim ungepanzerten Ventil so hohe tangentiale Druckspannungen auftreten, daß die Gefahr der Rißbildung durch Wärmestauchung besteht. Oft spielen aber auch fertigungsbedingte Eigenspannungen in der Panzerschicht eine Rolle, so daß Aussagen über Ausmaß und Ursache einer Gefährdung wegen der Vielzahl der Einflußgrößen nicht möglich sind.

4.4.2.3 Der Wärmeübergang in den Aus- und Einlaßkanälen des Zylinderkopfes

Bei der Aufstellung einer Wärmebilanz für den Zylinderdeckel ist der Wärmeaustausch in den vom Abgas bzw. von der Luft durchströmten Kanälen zu berücksichtigen. Spezielle Untersuchungen wurden dazu von Zapf [58a, 58b] am Zylinderkopf eines Viertaktmotors während der Ladungswechselperiode durchgeführt. Zu den in Abb. 4.54 aufgetragenen Versuchsergebnissen nach [58a] gibt die Gerade a die Abhängigkeit der Nußelt-Zahl für eine turbulente Rohrströmung nach der von Hausen mitgeteilten Beziehung,

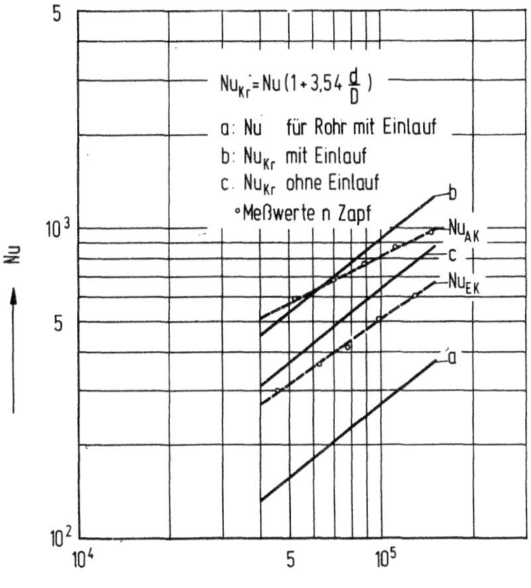

Abb. 4.54. Vergleich von Rechen- und Versuchsergebnissen für den Wärmeübergang in den Ein- und Auslaßkanälen eines Zylinderdeckels nach Zapf [58]

Gl. (3.31), an. Berücksichtigt man den Einfluß der Kanalkrümmung nach Gl. (3.35), so zeigt die Gerade b eine überraschend gute Übereinstimmung mit den für den Auslaßkanal ermittelten Versuchswerten. Die unterschiedlichen Krümmungsradien für den Ein- und Auslaßkanal, die mit $d/D = 0{,}74$ bzw. 0,68 angegeben werden, erklären aber nicht die großen Unterschiede zwischen den Werten der Nußelt-Zahlen bei gleichen Reynolds-Zahlen für die beiden Kanäle. Im Auslaßkanal befindet sich die Strömung im Anlaufzustand, der von der Ventilstellung wesentlich beeinflußt wird. Entsprechend der von Zapf gewählten Versuchsanordnung, bei der sich der Einlaßkanal am Ende einer längeren Zulaufstrecke befindet, ist anzunehmen, daß hier bereits eine thermisch und hydrodynamisch ausgebildete Strömung vorliegt. Danach ist zwar für den Einlaßkanal der Einfluß der Krümmung, jedoch nicht der der Anlaufströmung zu berücksichtigen, Gerade c. Die hinreichend gute Übereinstimmung zwischen Versuch und Rechnung bestätigt somit die Annahme einer ausgebildeten Rohrströmung.

Die dargestellten Versuchsergebnisse wurden bei stationärer Durchströmung der Zylinderkopfkanäle und jeweils konstantem Ventilhub ermittelt. Der Einfluß des Ventilhubs h_v auf den Wärmeübergangskoeffizienten wird durch folgende lineare Abhängigkeit beschrieben:

$$\mathrm{Nu} = K_1 \left(1 - C \frac{h_v}{d_i}\right) \mathrm{Re}^m. \tag{4.70}$$

Hierbei ist h_v der Ventilhub und d_i der innere Ventilsitzdurchmesser. Die Konstante C lautet für den Einlaßkanal bzw. für den Auslaßkanal $C_{EK} = 0{,}765$ bzw. $C_{AK} = 0{,}797$. Setzt man

$$K = K_1 \left(1 - C \frac{h_v}{d_i}\right), \tag{4.71}$$

so gilt, daß bei endlichem Ventilhub stets $K < K_1$ ist. Aus den in [58a] mitgeteilten Versuchsergebnissen und den daraus sich ergebenden Werten für die Konstanten K und die Exponenten m folgt für den Einlaßkanal

$$\mathrm{Nu}_{EK} = 0{,}227 \left(1 - 0{,}765 \frac{h_v}{d_i}\right) \mathrm{Re}^{0{,}675} \tag{4.72}$$

und für den Auslaßkanal

$$\mathrm{Nu}_{AK} = 3{,}27 \left(1 - 0{,}797 \frac{h_v}{d_i}\right) \mathrm{Re}^{0{,}50}. \tag{4.73}$$

Die nach diesen Beziehungen* bestimmten Abhängigkeiten entsprechen den gestrichelten Geraden in Abb. 4.55. Geht man bei bekanntem Kanalquerschnitt A_K von dem jeweiligen Massenstrom $\dot{m}$ aus, so sind unter Verwendung der im Abschnitt 1 angegebenen Näherungsgleichungen für die Wärmeleitfähigkeit λ, Gl. (1.18) bzw. (1.19), und die dynamische Viskosität η, Gl. (1.21) bzw. (1.22), Beziehungen für den jeweiligen mittleren örtlichen Wärmeübergangskoeffizienten in den Ein- und Auslaßkanälen angebbar:

$$\alpha_{EK} = 0{,}227 \left(1 - 0{,}765 \frac{h_v}{d_i}\right) d_E^{-1{,}675} T^{0{,}362} \dot{m}_{EK}^{0{,}675}, \tag{4.74}$$

$$\alpha_{AK} = 3{,}27 \left(1 - 0{,}797 \frac{h_v}{d_i}\right) d_A^{-1{,}5} T^{0{,}517} \dot{m}_{AK}^{0{,}5}. \tag{4.75}$$

Dabei wurden die unterschiedlichen Medien in den Ein- und Auslaßkanälen (Luft bzw. Verbrennungsgas) berücksichtigt. Der mittlere Kanaldurchmesser d_E bzw. d_A entspricht dabei einem aus Ventilsitzquerschnitten und den jeweiligen Kanalaustritts- bzw. -eintrittsquerschnitten zu bestimmenden mittleren arithmetischen Kanalquerschnitt.

Die den Wärmeübergang bestimmende momentane Stofftemperatur T kann ebenso wie der Massenstromverlauf $\dot{m}(\tau)$ nur mit Hilfe einer Realkreisprozeßberechnung unter Einbeziehung der Ladungswechselvorgänge bestimmt werden. Soll für eine Näherungsrechnung der Gesamtdurchsatz $\dot{m}_L$ bzw. $\dot{m}_A$ verwendet werden, so ist er auf den Öffnungszeitraum des jeweiligen Ventils zu beziehen. Für den Einlaßkanal eines Viertakt-Diesel-

* Die hier mitgeteilten Werte für die Konstanten weichen von den in [58b] zu findenden ab, da nach Meinung der Verfasser dort K und K_1 irrtümlich vertauscht wurden, so daß für K_1 zu kleine Werte angegeben werden.

motors gilt demnach beispielsweise

$$\dot{m}_{EK} = \dot{m}_L \frac{720}{\varphi_{E\ddot{o}} - \varphi_{Es}} \approx 4 m_L\,, \tag{4.76}$$

wobei hier für den Ventilhub der Wert 0,5 $h_{v\,\max}$ in Gl. (4.74) eingesetzt werden kann.

4.5 Thermische Belastung und Beanspruchung von Zylinderbuchsen sowie deren konstruktive Gestaltung

Bedingt durch die Abschirmwirkung des Kolbens ergeben sich bei der Laufbuchse extreme Unterschiede in der thermischen Belastung, die sich durch die Temperaturverteilung längs der Zylinderachse ausdrücken. Danach unterliegt der Flansch der Buchse der größten thermischen Belastung und folglich entsprechenden Wärmedehnungen. Sie führen zu radialen Verschiebungen und zu einer Verdrehung, so daß am Übergang vom Flansch zum Kreisrohrteil ein Biegemoment und entsprechende Querkräfte wirken. Auch die mechanische Belastung durch den Zylinderdruck wirkt aufweitend. Daneben unterliegt der äußere Ringflansch noch einer axialen Belastung durch die Dichtkraft. Das Ergebnis einer unter vereinfachenden Annahmen erfolgten Berechnung der Zylinderbuchsenverformung und der Biegespannung zeigt die einer Arbeit von Eichelberg entnommene Abb. 1.18. Der dabei vorausgesetzte axiale Temperaturverlauf ist aber in der Praxis auch abhängig von der Winkelkoordinate, wodurch eine Ovalverformung des Zylinders eintreten kann. Eine einwandfreie Dichtung ist ebenso wie die wichtige Beherrschung des Ölhaushaltes aber nur gewährleistet, wenn Zylinderbuchse wie Kolben ihre zylindrische Form bewahren. Ein Problem, das besonders die luftgekühlten Motoren wegen der am Umfang stark unterschiedlichen Kühlbedingungen betrifft [189]. Die allgemeine Abhängigkeit der thermischen Beanspruchung von der Baugröße macht für größere Motoren mit Zylinderdurchmessern ab 400 mm besondere konstruktive Maßnahmen erforderlich, um die unerwünschte Ovalisierung der Zylinderbuchse möglichst zu vermeiden.

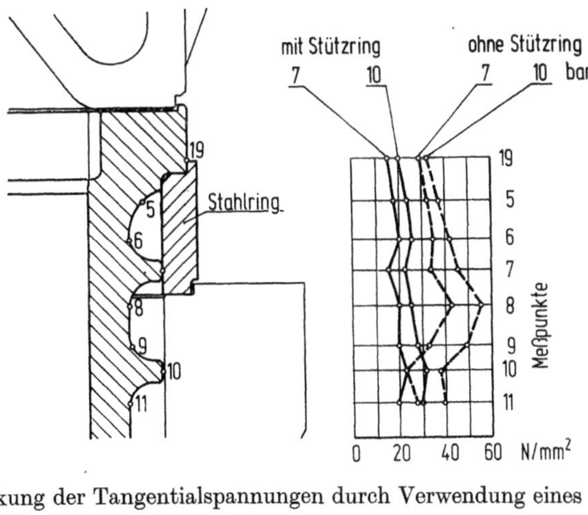

Abb. 4.55. Senkung der Tangentialspannungen durch Verwendung eines Stützringes [190]

Die notwendige Verstärkung des Buchsenkragens kann dadurch erzielt werden, daß man zur Aufnahme der Radialverformung einen Stützring verwendet, Abb. 4.55 [190], womit eine günstigere Kühlwasserführung möglich ist und das Gehäuse auf Grund des hochgezogenen Flansches frei von radialen Einspannkräften ist. Es besteht somit auch die Gewähr einer guten Wärmeabfuhr in der oberen Totpunktlage über dem obersten Kolbenring, wobei nach einer allgemeinen Konstruktionsregel in dieser Lage der erste Kolbenring immer im gekühlten Bereich der Zylinderbuchse liegen soll. Wie zu erkennen, werden die tangentialen Spannungen jeweils um ca. 50% verringert. Dabei ist der äußere Stützring nicht aufgeschrumpft, sondern besitzt nur ein so geringes Spiel gegenüber dem Zylindereinsatz, daß er sich erst im Betrieb wie eine Schrumpfverbindung verhält. Natürlich läßt sich die hier dargestellte Wirkung durch eine bereits im kalten Zustand bestehende Vorspannung verstärken. Allerdings birgt dieses Aufschrumpfen die Gefahr, daß eine nicht reproduzierbare und nicht gleichmäßige Anlage am gesamten Umfang erfolgt.

Die Wirkung eines Stützringes entspricht im wesentlichen einer Stützkonstruktion mit der bereits besprochenen Aufteilung der thermischen und mechanischen Beanspruchung. Eine derartige Konstruktion stellt auch die Ausführung der Zylinderbuchsenabstützung bei einem modernen mittelschnellaufenden Motor dar, Abb. 4.56 [191]. Der stark dimensionierte Stützring weist ein großes radiales Widerstandsmoment auf und verhindert Verformungen der Laufbuchse bei ausreichender Kühlung der Buchse im Umkehrpunkt des obersten Kolbenringes. Aber auch hier wird dieses Konstruktionsprinzip

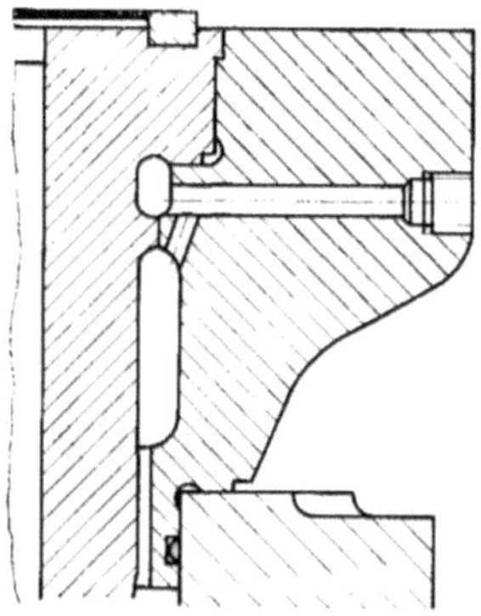

Abb. 4.56. Laufbuchsenkragen bei einem mittelschnellaufenden Viertaktmotor Bauart M. A. N., Werk Augsburg mit 550 mm Kolbendurchmesser [191]

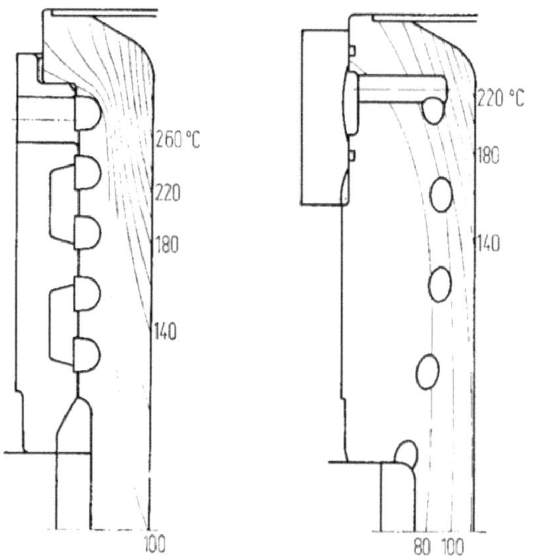

Abb. 4.57. Betriebstemperaturen der Laufbuchse eines Zweitakt-Großmotors, Bauart Gebrüder Sulzer AG, bei gleicher Zylinderleistung von 4000 PS in Abhängigkeit von der konstruktiven Ausführung [192]

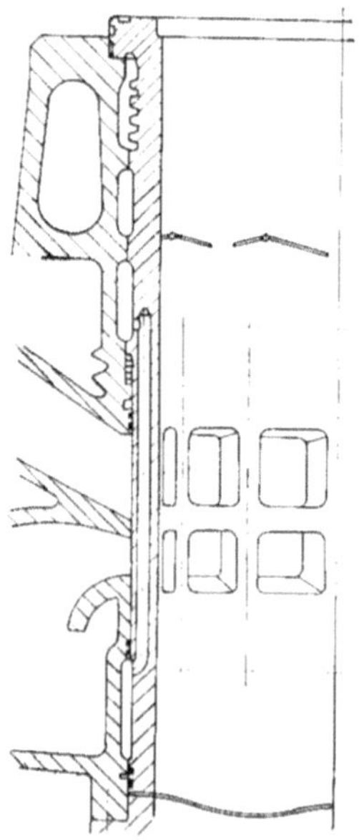

Abb. 4.58. Innenkühlung der Stege von Auslaßschlitzen eines umkehrgespülten Zweitaktmotors [193]

mit zunehmender spezifischer Motorbelastung immer mehr durch die in der Fertigung aufwendigere Bohrungskühlung ersetzt. Das trifft für die großen mittelschnellaufenden Viertaktmotoren in der Größtausführung ebenso zu wie für die Zweitakt-Großmotoren hoher Zylinderleistungen. Dazu zeigt vergleichsweise die Abb. 4.57 [192] die Wirksamkeit der Kühlung für eine Stützkonstruktion und eine Bohrungskühlung. Bei gleicher Zylinderleistung von 4000 PS kann durch die Innenkühlung die maximale Wandtemperatur von 290 auf 230 °C gesenkt werden. Insbesondere weist auch die axiale Temperaturverteilung entsprechend den eingezeichneten Isothermen geringere Überhöhungen im oberen Teil der Buchse auf. Wesentlich ist bei dieser konstruktiven Ausführung, daß die einzelnen Kühlbohrungen gleichmäßig beaufschlagt werden, wozu entsprechende Wasserleiteinrichtungen vorzusehen sind.

Bei den Zylinderbuchsen der Zweitakt-Großmotoren ist auch auf die hohen thermischen Belastungen hinzuweisen, die bei schlitzgespülten Motoren an den Auslaßöffnungen und den dazwischen liegenden Stegen auftreten. Um Überhitzungen zu verhindern, werden diese Stege auch mit einer inneren Kühlung versehen, wie in Abb. 4.58 [193] durch in die Stege eingegossene Rohre. Das Kühlwasser tritt in den Zylindermantel über den Schlitzen ein, der Hauptteil strömt nach oben zum Zylinderdeckel, während ein Teil durch die Rohre in einen Sammelraum unterhalb der Schlitze und von dort nach außen gelangt.

Neben der hohen thermischen und mechanischen Belastung im Bereich des Buchsenbundes und der Verschleißbeanspruchung ist vor allem bei schnellaufenden Hochleistungsmotoren der Klasse der Lokomotivmotoren mit Kavitation auf der Kühlwasserseite zu rechnen (vgl. Abschn. 3.3.4). Darauf hat eine optimale Konstruktion ebenfalls Rücksicht zu nehmen. Das Ergebnis einer Studie zur Optimierung nasser Zylinderbuchsen hoher thermischer Belastung zeigt Abb. 4.59 für Kolbendurchmesser von 180 bis 500 mm [194]. Aus dem Vergleich von Laufbuchsen ohne und mit radialer Vorspannung wird abgeleitet, daß für nicht vorgespannte Laufbuchsen die äußeren tangentialen Spannungen hinsichtlich der Dauerwechselfestigkeit, die inneren hinsichtlich der Kriechfestigkeit kritisch sind. Eine optimale Konstruktion sollte daher gleiche Sicherheit für beide Fälle aufweisen.

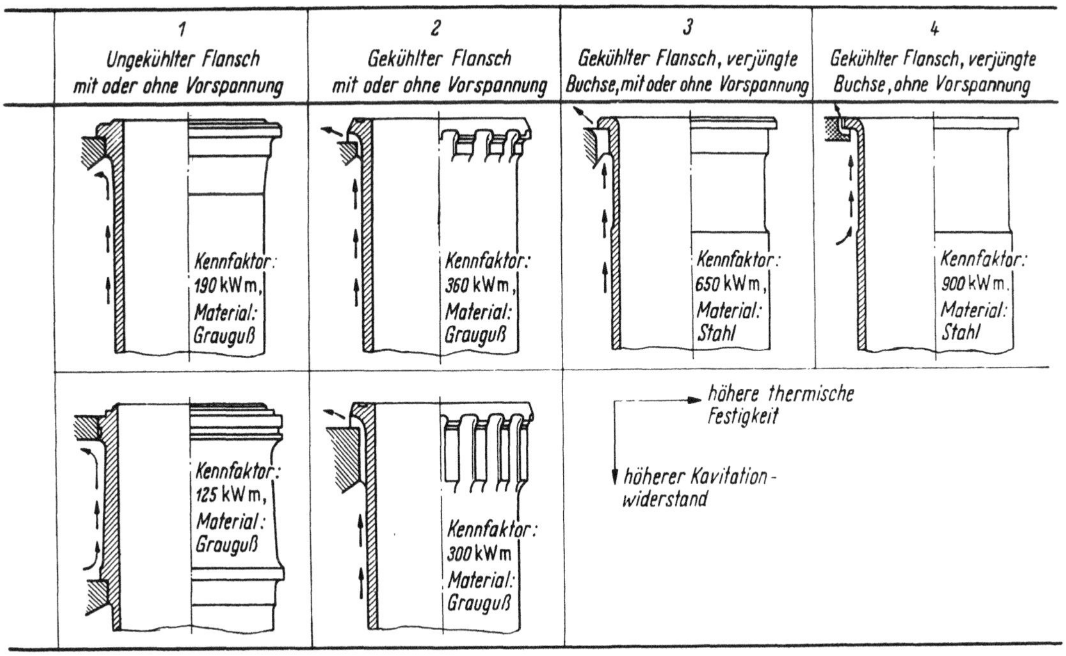

Abb. 4.59. Entwicklungsstufen von Laufbuchsen für Kolbendurchmesser im Bereich von 180 bis 500 mm bei thermischer Belastung und Kavitationsgefährdung [194]

Für vorgespannte Laufbuchsen sinken die äußeren bei Anstieg der inneren Tangentialspannungen. Daher muß zusätzlich zu der vorgenannten Bedingung auch die Sicherheit gegen Überlastung durch die inneren Spannungen gewährleistet werden. Da die Anwendung vorgespannter Buchsen höhere Druckspannungen zur Folge hat, ist die Verwendung von Werkstoffen wie Stahl ohne größeren Vorteil im Vergleich zu Grauguß. In Abb. 4.59 nehmen von links nach rechts die zulässigen thermischen Belastungen zu, was eine intensivere Kühlung und dünnere Wandstärken bedingt. Die mit geringeren Wandstärken erforderlichen höheren Festigkeitswerte bedingen legierte Stähle. Abgesehen von den schlechten Laufeigenschaften sinkt damit wegen geringerer Materialdämpfung auch der Kavitationswiderstand. Der angegebene Kennwert für die thermische Belastung entspricht dem Produkt aus Leistung mal Bohrungsdurchmesser.

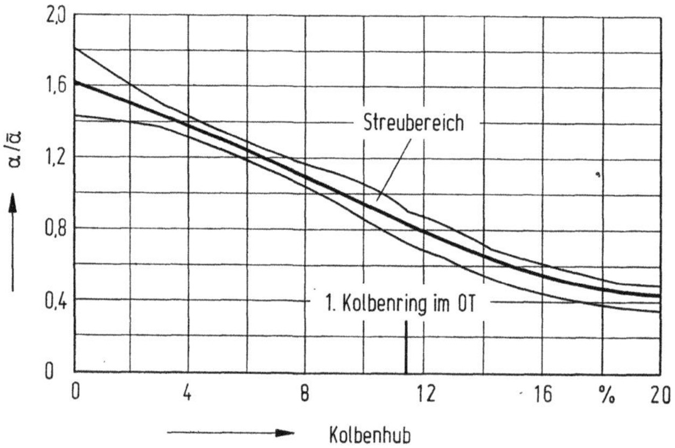

Abb. 4.60. Örtliche Verteilung des zeitlich mittleren Wärmeübergangskoeffizienten im oberen Bereich der Laufbuchse bei einem Großmotor [169]

Hinsichtlich der örtlichen Wärmebelastung ergibt sich bereits bei Verwendung des örtlich mittleren Wärmeübergangskoeffizienten eine örtliche Abhängigkeit auf Grund der zeitlichen Abhängigkeit der wärmeübertragenden Fläche an der Laufbuchse. Nach der bereits für den Kolben vorgestellten Methode der iterativen Temperaturfeldbestimmung [169] wurde für den gleichen Großmotor die in Abb. 4.60 dargestellte axiale Verteilung des α-Wertes im oberen Bereich der Zylinderbuchse, gerechnet von der Stellung der oberen Kolbenkante im oberen Totpunkt aus, bestimmt. Hierbei findet man allerdings gegenüber der wiederum zum Vergleich herangezogenen Beziehung von Eichelberg für den örtlich mittleren Wärmeübergangskoeffizienten mit einem Wert von $(\alpha_m)_{\mathrm{Ei}}/\bar{\alpha} = 2{,}43$ recht erhebliche Unterschiede. Daß die nach der Gl. (2.6) berechneten Werte um mehr als das Doppelte zu hoch liegen, ist sicherlich eine Folge der Abdeckung durch den Kolben zum Zeitpunkt des intensiven Wärmeeinfalles während der Verbrennungsphase.

Hier erweisen sich also hinsichtlich der örtlichen Belastungsverteilung durch den Wärmestrom vom Gas zur Wand die Gleichungen für den örtlich mittleren Wärmeübergangskoeffizienten als unzureichende Hilfsmittel, denen aber zur Zeit keine besseren entgegenzusetzen sind. Es bedarf noch weiterer Untersuchungen, z. B. nach dem Prinzip der iterativen Temperaturfeldbestimmung und einer zusammenfassenden Wertung der einzelnen Versuchsergebnisse, um die Frage nach der örtlichen Verteilung des Wärmeübergangskoeffizienten mit mehr Sicherheit beantworten zu können.

5. Versuchs- und Meßtechnik

5.1 Vorbemerkungen

Bei Untersuchungen über die thermische Beanspruchung von Motoren gibt die Temperatur eines Bauteiles auf Grund von Erfahrungswerten oftmals Auskunft über die Zulässigkeit der thermischen Belastung. Diese wiederum erfordert zu ihrer Bestimmung neben der Wandtemperatur die Gastemperatur und den Wärmeübergangskoeffizienten. Damit sind die Wärmegrößen beschrieben, die bei einer experimentellen Untersuchung des gasseitigen Wärmeübergangs in der Verbrennungskraftmaschine von Interesse sind. In den folgenden Abschnitten sollen dazu einige Hinweise über Meßmethoden und Untersuchungsverfahren gegeben werden, ohne dabei alle Fragen vollständig behandeln und für jede sich stellende Meßaufgabe eine perfekte Lösung bieten zu können. Hinsichtlich des Wärmeübergangskoeffizienten auf der Gasseite wurde bereits in Abschnitt 4 mehrmals auf die Möglichkeit hingewiesen, die örtliche Verteilung der Randbedingungen mit Hilfe einer iterativen Anpassung an ein durch Temperaturmessungen bekanntes Temperaturfeld zu bestimmen. Deswegen ist es angemessen, auch auf das Vorgehen bei der experimentellen Bestimmung von Temperaturfeldern einzugehen. Damit ist dieses Verfahren zur Bestimmung von α-Werten in dem hier gebotenen Rahmen ausreichend behandelt, wenn man die numerische Berechnung von Temperaturfeldern ausklammert.

Die bisherigen Methoden zur Ermittlung von Wärmeübergangskoeffizienten laufen zunächst darauf hinaus, die Wärmestromdichte zu ermitteln, um dann über den Newtonschen Ansatz für den stationären Wärmeübergang den gesuchten Wert zu erhalten. So kann entweder durch Aufstellen einer Wärmebilanz die vom Arbeitsgas abgegebene Wärme bzw. die vom Kühlmittel aufgenommene bestimmt werden, oder man schließt aus dem Temperaturgradienten in der Arbeitsraumwand auf ihre Wärmebelastung. Hierbei ist wiederum zwischen einem stationären und einem instationären Verlauf der Wärmestromdichte zu unterscheiden. Neben diesen angedeuteten Möglichkeiten bestehen Ansätze zu einer rechnerischen Bestimmung der α-Werte, die das Problem des instationären Verhaltens des Wärmeübergangskoeffizienten berühren. Vollständigkeitshalber soll deshalb kurz darauf eingegangen werden.

5.2 Verfahren zur Bestimmung des Wärmeübergangskoeffizienten

5.2.1 Analytische Verfahren

Da die im Arbeitsraum eines Motors eingeschlossene Gasmenge einer aufgezwungenen Strömung unterliegt, die durch die Kolbenbewegung, den Ansaugvorgang und durch den Verbrennungsvorgang beeinflußt wird, ist der Wärmeübergang abgesehen vom Strahlungseinfluß eng mit den Strömungsverhältnissen verknüpft, und es liegt nahe, die Gesetzmäßigkeiten der Grenzschichttheorie auf die Vorgänge im Motor anzuwenden. Danach muß in unmittelbarer Wandnähe die Geschwindigkeit gegen Null gehen. Andererseits steigt die Geschwindigkeit vom Wert Null an der Wand nicht sprunghaft auf die Geschwindigkeit im Freistrom an, so daß in unmittelbarer Nähe der Wand eine laminare Grenzschicht existieren muß, die mit zunehmendem Wandabstand in eine turbulente übergeht (vgl. Abschn. 3.2 und Abb. 3.8). In unmittelbarer Wandnähe, in der verbleibenden laminaren Randschicht, erfolgt ein Wärmeaustausch mit der Wand dann nur durch reine Wärmeleitung, so daß sich bei Anwendung des Fourierschen Gesetzes der Wärmeleitung in der wandnahen Grenzschicht normal zur Wandoberfläche für den zunächst als empirischen Wert eingeführten Wärmeübergangskoeffizienten ergibt

$$\alpha = -\lambda_{la} \frac{\left(\frac{\partial T}{\partial n}\right)_w}{T - T_w}. \tag{5.1}$$

Damit ist der Koeffizient α nicht nur von der Wärmeleitzahl λ_{la} der wandnahen Randschicht des Mediums und den Wand- und Gastemperaturen abhängig, sondern auch von der Grenzschichtdicke und damit von den Strömungsverhältnissen. Während man den Zusammenhang zwischen Wärmeübergang und Strömungsvorgang mit Hilfe der Ähnlichkeitstheorie und ihrer in Abschn. 1 beschriebenen Kenngrößen darstellen und experimentell bestimmen kann, läuft eine rechnerische Bestimmung des Wärmeübergangskoeffizienten nach Gl. (5.1) auf die Berechnung des Temperaturprofils in der Grenzschicht hinaus. Für einfache Fälle mit übersichtlichen Randbedingungen ist es auf diesem Wege möglich, den Wärmeübergangskoeffizienten mit genügender Genauigkeit zu berechnen. Gegenüber einem stationär durchströmten Rohr besteht aber beim Verbrennungsmotor eine derartige Komplexität hinsichtlich der Einflußgrößen auf den Wärmeübergang, daß der Versuch einer analytischen Bestimmung des Wärmeübergangskoeffizienten grobe Vereinfachungen erfordert. So sind von der Gasgeschwindigkeit im Arbeitsraum eines Motors weder Größe und Richtung noch ihre zeitliche und örtliche Änderung bekannt.

In der von *Mader* [195] angestellten Betrachtung wird daher bei bewußter Vernachlässigung der turbulenten Strömung im Zylinder eines Motors und des Strahlungseinflusses nur auf die Änderung der laminaren Grenzschicht unter Einfluß der periodischen Druck- und Temperaturänderungen und die damit bedingten Änderungen der Wärmebeaufschlagung hingewiesen. Dagegen bezieht *Herzfeld* [196] auch die instationäre Strömungsgeschwindigkeit in Form der momentanen Kolbengeschwindigkeit in die Betrachtung über die Änderung der laminaren Grenzschicht ein.

Die Arbeiten von *Pfriem* [197] über die Teilchenbewegung in der Grenzschicht infolge Druckänderung und Wandabkühlung zeigen dazu eine weitere Berechnungsmöglichkeit für die zeitliche Änderung der Grenzschichtdicke auf. Eine Übertragung dieser theoretischen Überlegung über den Wärmeübergang bei Kolbenmaschinen auf die Verhältnisse bei ausgeführten Motoren unternimmt u. a. *Eberle* [198]. Auch Elser [50] greift diese Überlegung hinsichtlich der Vorgänge in der Grenzschicht auf und entwickelt einen Gleichungsansatz für den instationären Wärmeübergang infolge der sich periodisch ändernden Gastemperaturen im Zylinder und der damit verbundenen Änderung des Temperaturgradienten an der Brennraumwand. Diesem Vorgang überlagert sich dann der Einfluß der Konvektion und der Wärmeübergang durch Strahlung. Dabei zeigt sich als wesentliches Ergebnis, daß bei dem instationären Temperaturverhalten in der Grenzschicht und der damit verbundenen Änderung des Temperaturgradienten der Wärmeübergangskoeffizient negative Werte bzw. unendlich große Werte annehmen kann.

Zur näheren Erläuterung ist dazu in Abb. 5.1a der Verlauf der Gastemperatur T in einem Viertakt-Motor zusammen mit einer mittleren Wandtemperatur T_w dargestellt. Führt man für die Gastemperatur T eine Fourier-Analyse durch, so erhält man für den Verlauf des ersten Gliedes der Reihenentwicklung den in Bildteil b gezeigten Verlauf mit der Annahme, daß die Gastemperatur um die zeitlich betrachtet konstante Wandtemperatur T_w schwingt,

$$T = T_w + \Theta \sin(\omega\tau + \pi). \tag{5.2}$$

Nach Elser wird nun angenommen, daß die Wärmezu- und -abfuhr im Gaskörper durch homogen verteilte Wärmequellen erfolgt, womit eine Lösung des exakten Grundfalles für den Verlauf der Temperaturschwingung im Gaskörper unendlicher Ausdehnung

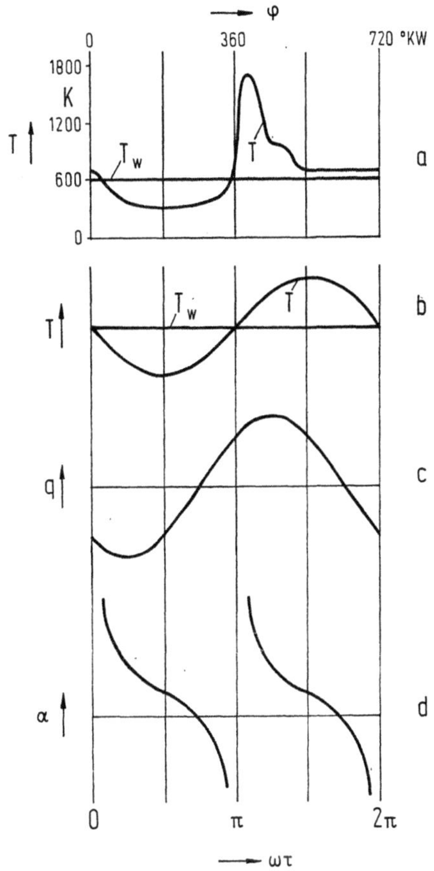

Abb. 5.1. Verlauf von Wärmegrößen für das Arbeitsspiel eines Motors

möglich wird. Danach sind Wandtemperatur und Gastemperatur in genügend großem Abstand von der Wand phasengleich. Die Ergiebigkeit der als homogen verteilt angenommenen und damit auch in unmittelbarer Wandnähe und den dort benachbarten Schichten wirkenden Wärmequellen eilt dagegen gegenüber der Gastemperatur um $\pi/2$ vor. Die Änderung der Gastemperatur im Wandbereich zeigt dazu in zeitlicher Auflösung die Abb. 5.2, die auch der Erläuterung des in Abb. 5.1c und 5.1d angegebenen Verlaufes des Wärmeübergangskoeffizienten α bzw. der Wärmestromdichte q dient. Zum Zeitpunkt $\omega\tau = \pi/2$ ist die Temperaturdifferenz $T - T_w$ negativ und es besteht ein voll ausgebildetes Temperaturprofil mit dem Anstieg der Gastemperatur auf die Wandtemperatur, wobei an der Oberfläche der Temperaturgradient $(\partial T/\partial n)_w$ und damit der übertragene Wärmestrom negativ werden. Mit dem Ansteigen der Gastemperatur durch die zunehmende Verdichtung wird Energie bis in die Grenzschicht hinein zugeführt, wodurch auch in diesem Bereich die Temperatur ansteigt und somit der Temperaturgradient in der Grenzschicht für $\omega\tau > 3\pi/4$ positive Werte annehmen kann, obwohl die ungestörte Gastemperatur noch kleiner als die mittlere Wandtemperatur ist. Damit kehrt sich aber der Wärmestrom an der Wandoberfläche um: Es wird Wärme der Wand zugeführt, wie es der Verlauf des Wand-Wärmestromes in Abb. 5.1c zeigt. Nach dem Newtonschen Ansatz ergibt das einen negativen Wert für den Wärmeübergangskoeffizienten. Nähert sich der Gastemperaturverlauf im Innern des Gaskörpers weiterhin der mittleren Wandtemperatur, so erhalten wir schließlich für den Fall, daß $T = T_w$ ist, eine Unstetigkeitsstelle, wie es Abb. 5.1d für $\omega\tau = \pi$ entsprechend dem in Abb. 5.1c dargestellten Temperaturverlauf zeigt. Die folgenden Darstellungen für den Verlauf der Gastemperatur für $\pi < \omega\tau < 3\pi/2$ in Abb. 5.2 lassen

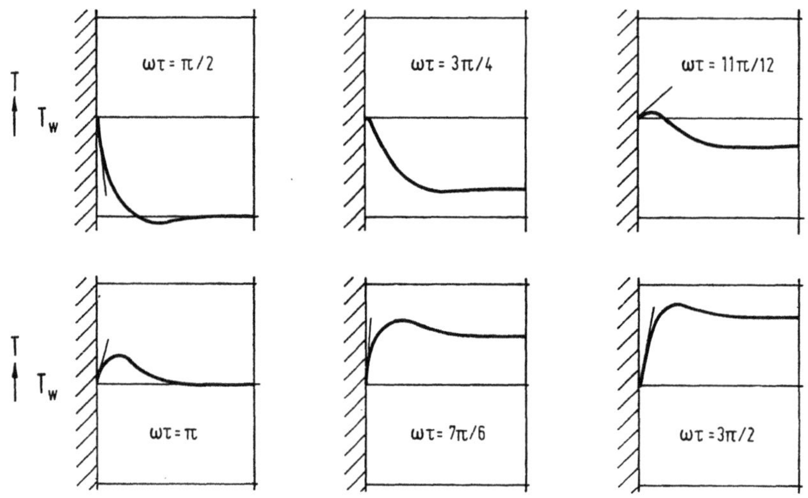

Abb. 5.2. Instationäres Verhalten der Gastemperatur in der wandnahen Randschicht

einen weiteren Anstieg des Temperaturgradienten und damit auch der an die Oberfläche übertragenen Wärme in positiver Richtung erkennen. Damit wird auch der Wärmeübergangskoeffizient α positiv, um dann jedoch nach Überschreiten der maximalen Temperaturdifferenz wieder abzunehmen. Das bedeutet für den Motor, daß im Verlauf der Verdichtung der Wärmeübergangskoeffizient größer und während der Expansionsphase kleiner wird als nach stationärer Betrachtung auf Grund der wirksamen Temperaturdifferenz zu erwarten ist. Daraus wird mitunter gefolgert, daß die Definition des Wärmeübergangskoeffizienten nach dem Newtonschen Ansatz für die Vorgänge im Verbrennungsmotor unzulässig ist. Dem ist entgegenzuhalten, daß die Turbulenz der Gasströmung im Motor derartig hoch ist, daß durch die sich daraus ergebende geringe Dicke der Grenzschicht auf einen vernachlässigbar kleinen Einfluß der instationären Temperaturänderung in der Grenzschicht gegenüber dem konvektiven Anteil und dem der Wärmestrahlung an der Wärmeübertragung geschlossen werden kann. Es ist auch bis heute noch keine Messung bekannt, die diesen zwar theoretisch begründbaren Vorgang eindeutig nachgewiesen hat, so daß nach den bisherigen Erfahrungen nichts dagegen spricht, auch bei den instationären Vorgängen im Motor den Newtonschen Ansatz zu verwenden. Somit können die rein analytischen Verfahren nur qualitative Hinweise geben, und es bleibt bis heute dem Versuch an einem laufenden Motor vorbehalten, eine praxisgerechte Aussage über die Wärmeübergangsverhältnisse zu treffen.

5.2.2 Experimentelle Verfahren

5.2.2.1 Wärmebilanzmethode

Üblicherweise dient bei Maschinenuntersuchungen eine Wärmebilanz der Analyse des Wärmehaushalts. Dabei werden bei einer äußeren Wärmebilanz die von außen an die Maschine herangeführten den abgegebenen Energiebeträgen gegenübergestellt; d. h. bei einem Verbrennungsmotor die zugeführte Energie der erzeugten Arbeit und den Verlustwärmen. Damit gilt

$$\Phi_{zu} = P_e + \Phi_k + \Phi_{\ddot{o}} + \Phi_A + \Phi_{\text{Rest}}. \tag{5.3}$$

Die Glieder dieser Bilanzgleichung sind die effektive Leistung P_e, die im Kühlmittel und Schmieröl pro Zeiteinheit abgeführten Wärme Φ_k und $\Phi_{\ddot{o}}$, der im Abgas enthaltene Wärmestrom Φ_A und das Restglied Φ_{Rest}, das neben den Meßungenauigkeiten auch den Wärmeverlust an die Umgebung durch Konvektion und Strahlung enthält. Stellt man eine Wärmebilanz für die innerhalb der durch den veränderlichen Arbeitsraum des Motors gebildeten Systemgrenze auf, so lautet die innere Bilanzgleichung für einen im Beharrungszustand befindlichen Motor

$$\Phi_{zu} = P_i + \Phi_w + \Phi_A. \tag{5.4}$$

Dabei setzt sich die zugeführte Energie Φ_{zu} aus der mit der Brennstoffmenge $\dot{m}_B$ je Zeiteinheit zugeführte Wärmemenge

$$\Phi_B = \dot{m}_B Hu \tag{5.5}$$

und dem mit der Ladeluft zugeführten Anteil

$$\Phi_L = \dot{m}_L h_L \tag{5.6}$$

zusammen. Entsprechend kann mit der jeweiligen Enthalpie h_A des Arbeitsgases bei bekanntem zeitlichen Verlauf der während des Auslaßvorganges ausströmenden Abgasmenge $\dot{m}_A$ die auf die Zeiteinheit bezogene dem System verlorengehende Energie

$$\Phi_A = \int_{A\ddot{o}}^{As} \dot{m}_A h_A \, d\varphi \Big/ \int_{As} d\varphi \tag{5.7}$$

bestimmt werden und damit der Wandverlust Φ_w, wenn gleichzeitig die indizierte Arbeit aus dem Indikatordiagramm ermittelt wird. Eine derartige Auswertung gemessener Druckverläufe, um den Wandwärmeverlust mit Hilfe der inneren Wärmebilanz zu bestimmen, wurde u. a. von *Zinner* [199] und *List* [200] vorgenommen. Ungenauigkeiten werden sich beim Auswerten des Druckverlaufes nicht vermeiden lassen, auch wenn nicht der zeitliche Verlauf der Wandwärme ermittelt werden soll. Über die meßtechnischen Schwierigkeiten bei der exakten Bestimmung der indizierten Arbeit ist in der Literatur häufig berichtet worden, z. B. in [201]. Dazu sei nur auf den Einfluß der zeitlichen Zuordnung von Druck und Kolbenstellung hingewiesen.

Günstig ist es daher, zur Bestimmung der Wandwärme auch eine kühlmittelseitige Wärmebilanz aufzustellen, wobei sich durch Gleichsetzen von Gl. (5.3) und (5.4) für Φ_w ergibt:

$$\Phi_w = \Phi_k + \Phi_{\ddot{o}} + \Phi_{\text{Rest}} - (P_i - P_e). \tag{5.8}$$

Betrachtet man dazu in Abb. 5.3, wie sich die einzelnen Wärmeströme in einem hochaufgeladenen Dieselmotor darstellen, so wird ersichtlich, daß einige Korrekturen erforderlich sind. Insbesondere dann, wenn beabsichtigt wird, die Wandwärme auf Zylinderkopf, Kolben und Laufbuchse aufzuteilen. So enthält der Kühlwärmestrom Φ_k u. a. auch Wärmen, die über den Auslaßkanal während des Auslaßtaktes an das Kühlmittel gelangen. Andere Anteile rühren von der Kolbenreibung an der Laufbuchse her. Demgegenüber gibt der Zylinderkopf im Bereich des Einlaßkanals Wärme an die einströmende Ladeluft ab, wie insgesamt der Wärmeverlust an die Umgebung zum Großteil der Kühlwärme entzogen wird. Auch die im Schmieröl anfallende Wärme hat zum überwiegenden Teil ihren Ursprung im Wandverlust und nicht in der Reibungsarbeit. Ansätze für eine Berücksichtigung dieser Nebeneinflüsse finden sich in Abschnitt 4, wo auf den Wärmehaushalt der einzelnen Bauteile eingegangen wird, während die Reibungsarbeit wieder ein Indikatordiagramm erfordert. Der die Kühlwärme beeinflussende Anteil ist dabei zu schätzen, wobei erfahrungsgemäß die Kolbenreibung mit ca. 50···70% den Hauptanteil des Reibungsverlustes ausmacht, wenn man die für den Antrieb von Nebenaggregaten benötigte Leistung eliminiert. Hier muß von Fall zu Fall entschieden werden, mit welchen Ansätzen die Korrektur durchzuführen ist. Bei der Bestimmung des Wandverlustes ist auch das Restglied zu analysieren, das besonders bei Einzylindermotoren einen erheblichen Anteil von 5 bis 10% der zugeführten Wärme ausmachen kann. Hierin sind neben den erwähnten Verlusten durch Konvektion und Strahlung auch die Meß- und Auswerteungenauigkeiten enthalten, die durch eine rechnerische Bestimmung des Umgebungsverlustes soweit eliminiert werden können, daß man den in Frage kommenden Fehler abschätzen kann.

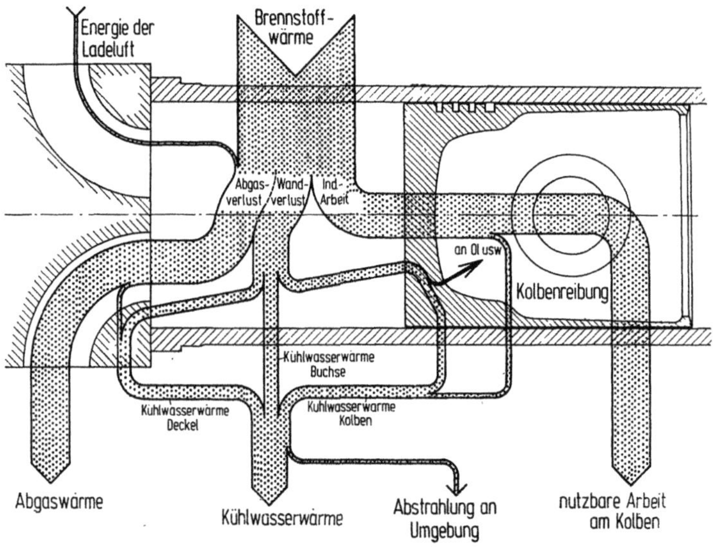

Abb. 5.3. Wärmeströme in einem aufgeladenen Dieselmotor

Der so mit entsprechenden Korrekturen nach Gl. (5.8) bestimmbare Wandwärmeverlust stellt einen zeitlich und örtlichen Mittelwert dar, ebenso der daraus zu bestimmende α-Wert. Um die zeitliche Abhängigkeit des Wärmeübergangskoeffizienten zu erhalten, ist zunächst ein sinnvoller Ansatz zu wählen. Dabei kann man wie von Woschni in [55] angegeben, von dem durch Ähnlichkeitsbeziehungen beschriebenen Zusammenhang zwischen der stationären Rohrströmung und dem Wärmeübergang ausgehen oder sich auf durch weiterführende Experimente gewonnene Erkenntnisse stützen. Dann kann mit diesem Ansatz $\alpha(\varphi)$ und mit einer Kreisprozeßberechnung der im Verlaufe eines Arbeitsspieles an die Wände übergehende Wärmestrom durch Integration über ein Arbeitsspiel,

$$\Phi_w' = \int_{AS} \alpha A(T - T_w)\,\mathrm{d}\varphi \Big/ \int_{AS} \mathrm{d}\varphi, \tag{5.9}$$

bestimmt werden. Ein Vergleich mit dem gemessenen Wandwärmestrom Φ_w gibt Auskunft über die Richtigkeit des gewählten Ansatzes, der gebenenfalls zu korrigieren ist. Durch sinnvoll gewählte Meßreihen kann auch der Einfluß einzelner Parameter, von denen jeweils nur einer während der Versuche geändert wird, bestimmt werden. Festzuhalten ist, daß es sich bei der so ermittelten und kontrollierten Abhängigkeit des Wärmeübergangskoeffizienten um einen örtlich mittleren Wert handelt, der keine Aussage über die wirkliche örtliche Wärmebelastung eines Bauteiles erlaubt. Außerdem darf nicht verkannt werden, daß auch bei einer Übereinstimmung zwischen dem Mittelwert nach Gl. (5.9) und dem auf Meßwerten der Wärmebilanz beruhenden Wert Φ_w nach Gl. (5.8) keine

Gewähr für die Richtigkeit der vorausgesetzten zeitlichen Abhängigkeit des Wärmeübergangskoeffizienten besteht. Soll eine gewisse örtliche Differenzierung vorgenommen werden, so ist eine getrennte Erfassung der an die einzelnen Bauteile abgeführten Wandwärmen durch entsprechende Aufteilung des Kühlmittelkreislaufes erforderlich, wie es durch Pflaum [47] vorgenommen wurde. Eine zeitliche Differenzierung des Wandwärmeverlustes hinsichtlich der einzelnen Arbeitstakte beim Viertaktmotor erfolgte durch Woschni [55].

Wie die in Abschnitt 2 angestellten Betrachtungen zeigen, kann mit den nach der Wärmebilanzmethode ermittelten Gleichungen für den örtlich mittleren Wärmeübergangskoeffizienten hinreichend genau der Wandwärmeverlust der Motoren bestimmt werden. Aussagen über die wirkliche örtliche Wärmebelastung kann nur eine Methode liefern, die versucht, den örtlichen Wärmefluß lokal zu messen.

5.2.2.2. Die Oberflächentemperaturmethode

Diese Methode beruht auf der Auswertung einer gemessenen Oberflächentemperaturschwingung zur Bestimmung der zeitlich veränderlichen örtlichen Wärmestromdichte. Bei quasistationärer Betrachtungsweise kann dann mit dem Newtonschen Ansatz der Verlauf des lokalen Wärmeübergangskoeffizienten bestimmt werden aus

$$\alpha(\tau) = \frac{q}{T - T_{wo}}. \qquad (5.10)$$

Hierbei sind sowohl die Wärmestromdichte q wie auch die wirksame Temperaturdifferenz aus Gastemperatur T und gasseitiger Oberflächentemperatur $(T_{wi})_{x=0} = T_{wo}$ der Wand zeitabhängige Größen. Wegen der absolut betrachtet kleinen Temperaturschwankungen kann ohne größere Einbußen an Genauigkeit die veränderliche Wandtemperatur $T_{wo}(\tau)$ durch die mittlere Oberflächentemperatur T_w ersetzt werden, so daß zunächst nicht die Notwendigkeit besteht, die Temperaturschwankungen an der Oberfläche zu messen. Sie müssen aber bekannt sein, wenn der instationäre Wärmefluß aus dem zeitlich veränderlichen Temperaturfeld in der Wand bestimmt werden soll.

Ausgehend von der Annahme eines eindimensionalen instationären Temperaturfeldes, das durch eine Differentialgleichung, Gl. (4.14), beschrieben wird, besteht für das sich in der Wand des Motors einstellende Temperaturfeld eine geschlossene Lösung, Gl. (4.15). Daraus läßt sich für die gasseitige Oberfläche, $x = 0$, unter Verwendung der Beziehung

$$q = -\lambda \left(\frac{\partial T_{wi}}{\partial x}\right)_{x=0} \qquad (5.11)$$

durch Differentiation die örtliche Wärmestromdichte bestimmen, Gl. (4.22), die hier in anderer Form wiedergegeben wird:

$$q(\tau)_{x=0} = q_{\text{stat}} + \lambda \sum_j \sqrt{\frac{j\omega}{2a}} \left[(A_j + B_j) \cos j\omega\tau + (B_j - A_j) \sin j\omega\tau\right]. \qquad (5.12)$$

Dabei gilt

$$C_j = \sqrt{A_j^2 + B_j^2} \qquad (5.13)$$

und

$$\tan \delta_j = \frac{B_j}{A_j}. \qquad (5.14)$$

Setzt man zunächst den stationären Wärmestrom q_{stat} als bekannt voraus, so kann der Wärmeübergangskoeffizient nach Gl. (5.10) bestimmt werden, sofern durch eine harmonische Analyse des gemessenen Verlaufes der Oberflächentemperatur T_{wo} die

Fourier-Koeffizienten A_j, B_j bestimmt werden. Die Berechnung der Fourier-Koeffizienten erfolgt nach folgenden Beziehungen:

$$A_j = \frac{1}{\pi} \int_0^{2\pi} T_{wo}(\tau) \cos j\omega\tau \, d\tau, \tag{5.15}$$

$$B_j = \frac{1}{\pi} \int_0^{2\pi} T_{wo}(\tau) \sin j\omega\tau \, d\tau. \tag{5.16}$$

Die Höhe der Ordnungszahl j bestimmt die Genauigkeit in der Annäherung der Lösungsfunktion nach (4.15) an dem gemessenen Temperaturverlauf. Eine Auswertung bis zu $j = 25$ ist als ausreichend anzusehen; eine Erhöhung der Zahl der Harmonischen auf das Doppelte jedoch anzustreben. Die Auflösung der Temperaturkurve wird dabei recht hoch getrieben, und zwar bis zu Temperaturwerten für jedes Grad Kurbelwinkel. Der damit verbundene Aufwand läßt sich allerdings nur noch mit einer entsprechenden Datenerfassungs- und -verarbeitungsanlage mit Analog-Digital-Umwandlung durchführen. Bei manueller Tätigkeit wird man sich unter Verzicht auf Genauigkeit auf wenige Ordinatenwerte beschränken. Jedoch sollten mindestens 24 bzw. 48 Werte pro Vorgang herangezogen werden, je nachdem, ob es sich um einen Zweitakt- oder Viertaktmotor handelt. Entsprechend ist auch bei der Bildung der Periode zu verfahren, so daß der Wert ω der Vorgangsfrequenz entspricht und damit bei einem Viertaktmotor der halben Drehzahlfrequenz. Eine engere Unterteilung der Abszisse ist besonders im Bereich großer Temperaturanstiege erwünscht. Hierbei kann auch eine Fourier-Analyse mit variablen Abszissenabschnitten durchgeführt werden [83], um so die Rechenzeit zu beschränken.

Nachteilig und dadurch erschwerend für die Auswertung ist, daß von Arbeitstakt zu Arbeitstakt erhebliche Unterschiede bei den Temperaturverläufen auftreten. Deshalb ist für eine allgemeingültige Aussage eine geeignete Mittelwertbildung erforderlich. Normalerweise wird aus den gemessenen Temperaturschwingungen aufeinanderfolgender Zyklen zunächst eine mittlere Temperaturkurve bestimmt, aus der dann ein mittlerer Wärmeübergangskoeffizient berechnet wird. Dieses Vorgehen ist zulässig, da die zugrunde gelegte Differentialgleichung linear und homogen ist und somit eine Superposition erlaubt. In [83] wurden dazu die Temperaturwerte von 50 Arbeitszyklen zur arithmetischen Mittelwertbildung herangezogen, so daß pro Rechengang 50mal 720 Meßdaten gespeichert und verarbeitet wurden. Ein einfacheres Verfahren zur Mittelwertbildung ohne Verwendung einer Meßdatenerfassungsanlage wird in [59] beschrieben.

Der bisher ausgeklammerte stationäre Wärmefluß, der zur Berechnung des Wärmeflußverlaufes nach Gl. (5.12) erforderlich ist, kann aus dem stationären Temperaturgefälle in der Wand ermittel werden,

$$q_{\text{stat}} = \lambda \frac{T_{w2} - T_{w1}}{x_2 - x_1}, \tag{5.17}$$

wenn sichergestellt ist, daß es sich um ein ebenes Temperaturfeld handelt. Dazu sind die Temperaturen in der Wand an genau zu definierenden Stellen $x = x_1$ bzw. x_2 zu messen, ohne daß dadurch das Temperaturfeld gestört wird. Zur Vereinfachung kann auch die mittlere Oberflächentemperatur an der Stelle $x = 0$ durch entsprechende Mittelwertbildung der gemessenen Oberflächentemperatur T_{wo} herangezogen werden, so daß nur noch eine stationäre Temperaturmessung erforderlich ist.

Ohne bereits hier auf die eigentliche Temperaturmeßtechnik einzugehen (s. Abschn. 5.3.4), ist noch auf die Probleme hinzuweisen, die bei der Bestimmung des Wärmeübergangskoeffizienten nach Gl. (5.10) auftreten. Zeigt sich nämlich bei der Messung eine Phasenverschiebung zwischen der wirksamen Temperaturdifferenz und dem nach Gl. (5.12) berechneten Wärmefluß durch die Oberfläche, so treten negative Werte für den Wärmeübergangskoeffizienten und Unstetigkeitsstellen im Verlauf von $\alpha(\tau)$ beim Vorzeichenwechsel der wirksamen Temperaturdifferenz auf, Abb. 5.4 [59]. Vielfach wird diese zeitliche Verschiebung in den Nulldurchgängen von Wärmestromdichte und Temperaturdifferenz mit dem Einfluß der Grenzschicht erklärt. Overbye und Mitverfasser [52] verzichten daher darauf, eine Beziehung für den Wärmeübergangskoeffizienten aufzustellen. Andererseits sind Meßfehler nicht auszuschließen, die diese Phasenverschiebung vortäuschen oder zumindest beeinflussen. Hinzu kommt, daß im Bereich der Unstetigkeitsstelle im Verlauf von α die Wärmestromdichte $q(\tau)$ sich als Differenz zweier nahezu gleichgroßer Größen ergibt, als Summe des instationären und des stationären Anteils. Die

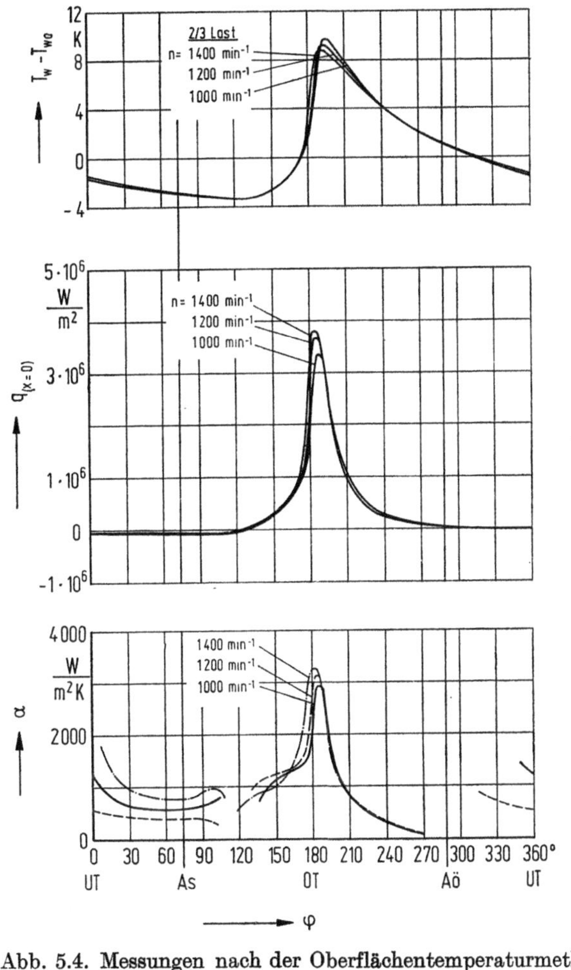

Abb. 5.4. Messungen nach der Oberflächentemperaturmethode an einen schnellaufenden Zweitaktmotor [59]

Berücksichtigung von Wärmeleitvorgängen in der wandnahen Grenzschicht beim instationären Wärmeübergang (vgl. Abschn. 5.2.1) ist außerdem unvereinbar mit der Newtonschen Definition nach Gl. (5.10) für den stationären Wärmeübergang und den bisher nur physikalisch zu begründenden Vorgängen bei instationärer Betrachtung.

Vernachlässigt man den Einfluß der Grenzschicht mit der begründeten Annahme, daß bei der hohen Turbulenz im Verbrennungsmotor die Grenzschicht nur sehr dünn ist, so muß nach dem quasistationären Ansatz der Wärmeübergangskoeffizient α ein endlicher Wert sein, der dann gegen Null geht, wenn keine Temperaturdifferenz besteht. Da für eine Temperaturdifferenz $T - T_{wo} = 0$ zum Zeitpunkt $\tau = \tau_0$ auch die Wärmestromdichte den Wert Null annimmt, muß der stationäre Anteil der Wärmestromdichte nach

Gl. (5.12) dem Betrage nach dem instationären Anteil entsprechen:

$$q_{\text{stat}} = -\lambda \sum_{j} \sqrt{\frac{j\omega}{2a}} \left[(A_j + B_j) \cos j\omega\tau_0 + (B_j - A_j) \sin j\omega\tau_0\right]. \tag{5.18}$$

Damit wäre aber zur Bestimmung von q_{stat} die Messung des Wandtemperaturgefälles nicht mehr erforderlich, jedoch zu Kontrollzwecken wünschenswert. Da jedoch die Gastemperatur T mindestens zweimal den Verlauf der Oberflächentemperatur kreuzt, s. Abb. 5.1, ist zu entscheiden, für welchen Überschneidungszeitpunkt $\tau = \tau_0$ zu wählen ist, falls sich stark unterschiedliche Werte für q_{stat} ergeben. Unter Berücksichtigung der jeweiligen Bedingungen beim Wärmeübergang ist jedoch der Zeitpunkt des Temperaturwechsels im Verdichtungstakt vorzuziehen, wobei Unstetigkeitsstellen im Ladungswechseltakt gegebenenfalls durch eine geeignete Interpolation zu umgehen sind.

Dieses Vorgehen zur Vermeidung der Unstetigkeitsstellen ist berechtigt, wenn man an die Bedingungen denkt, die an die Messung der stationären Wärmestromdichte entsprechend dem Ansatz nach Gl. (5.17) geknüpft sind. Fehler bei der Ermittlung der Temperaturdifferenz $T - T_w$ fallen weniger ins Gewicht, da man einerseits stets auf eine rechnerisch ermittelte Gastemperatur T angewiesen ist (vgl. Abschn. 5.3.1), also auch bei der Verwendung eines mit Hilfe der Korrektur bestimmten α-Wertes für weitere Berechnungen, andererseits die Wandtemperatur den Ausgangswert für alle Berechnungen darstellt. Die Frage bleibt, ob nicht Nebeneinflüsse, wie z. B. Ablagerungen auf dem Meßfühler, die Oberflächentemperaturschwingung so beeinflussen, daß die daraus bestimmte Wärmestromdichte nicht mehr dem wahren Wärmeeinfall vom Gas her entspricht.

Daher zeigt es sich bei der Anwendung der Oberflächentemperaturmethode immer wieder, daß die Meßergebnisse oft von der allgemeinen Vorstellung beim Wärmeübergang im Motor abweichen und sehr widersprüchlich sind. Das ergeben z. B. auch die Versuche von Le Feuvre [83], die hinsichtlich Umfang der Messungen und der verwendeten Meßtechnik aus den bekanntgewordenen Arbeiten herausragen, sowohl hinsichtlich der Zahl der Meßstellen wie auch hinsichtlich der untersuchten Einflüsse.

Die dieser Arbeit entnommene Abb. 5.5 gibt die Anordnung der Meßstellen im Zylinderkopf und an der Laufbuchse des Versuchsmotors, eines Viertakt-Einzylinder-Dieselmotors mit direkter Einspritzung, wieder. Eine Auswahl der gemessenen mittleren Temperaturschwingungen mit daraus berechneten Wärmestromdichten ist für einige Meßstellen in Abb. 5.6 dargestellt. Dabei ist auffallend, daß die Wärmebelastung am Zylinderkopf im Gegensatz zu den Beobachtungen an der Buchse nie den Wert Null erreicht bzw. negative Werte annimmt, obgleich die wirksame Temperaturdifferenz zwischen Gastemperatur und Wandtemperatur einen Vorzeichenwechsel erleidet.

Als Erklärung für diesen Widerspruch wird angegeben, daß sich auf Grund der höheren Temperaturen der Ventiloberflächen im Vergleich zu denen des Zylinderdeckels während des Einlaßvorganges eine relativ heiße Grenzschicht ausbildet, welche die Oberfläche des Deckelbodens von der übrigen Zylinderladung isoliert und zu der nur positiven Wärmebeaufschlagung führt. Diese Erklärung kann nicht überzeugen, da auch am Zylinderkopf einer anderen Versuchsmaschine beim reinen Kompressionsvorgang die Wärmebeaufschlagung nur in der Richtung vom Arbeitsgas zur Wand [202] erfolgt, wogegen weitere Messungen an einem geschleppten Motor zeigen [203], daß im Verbrennungsraum dieses Motors eine Umkehr des Wärmestroms stattfindet. Erwartungsgemäß erfolgt hier entsprechend dem reinen Verdichtungsvorgang über weite Teile der Ausschub- und auch Kompressionsphase eine Wärmeabgabe der Wand an das Arbeitsgas.

Betrachtet man nun einmal den Einfluß der mittleren Kolbengeschwindigkeit auf die örtliche Wärmestromdichte, so zeigt eine Auswertung der von Le Feuvre angegebenen Versuchsergebnisse für die Meßstelle TE1 eine unterschiedliche Abhängigkeit, je nachdem ob Schlepp- oder Motorbetrieb vorliegt, Abb. 5.7. Das widerspricht jedoch dem Ansatz nach der Ähnlichkeitstheorie. Nach Sichtung der in der Literatur mitgeteilten Meßergebnisse und eigenen Erfahrungen ist zu erkennen, daß das vom Ansatz her sehr elegant wirkende Verfahren doch oft zu nicht zu klärenden Widersprüchen und Ungereimtheiten führt. Deren Ursachen sind u. a. darin zu suchen, daß die theoretischen Voraussetzungen des Verfahrens bei der Messung nur unvollkommen erfüllt werden.

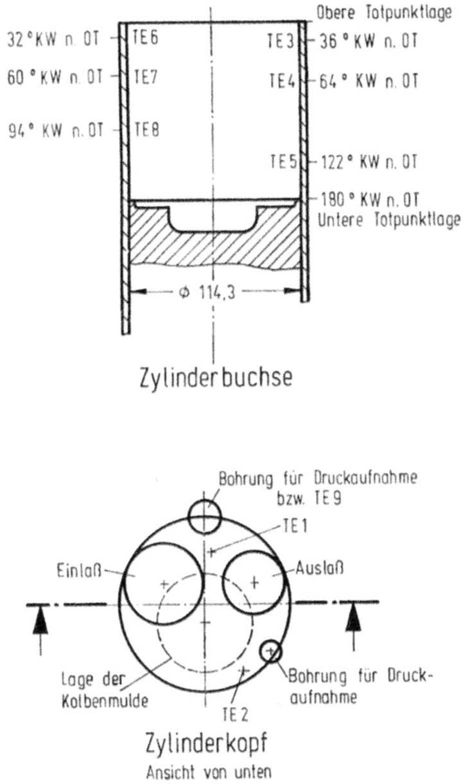

Abb. 5.5. Anordnung der Meßstellen zur Messung der Oberflächentemperatur bei einem kleinen Viertaktmotor [83]

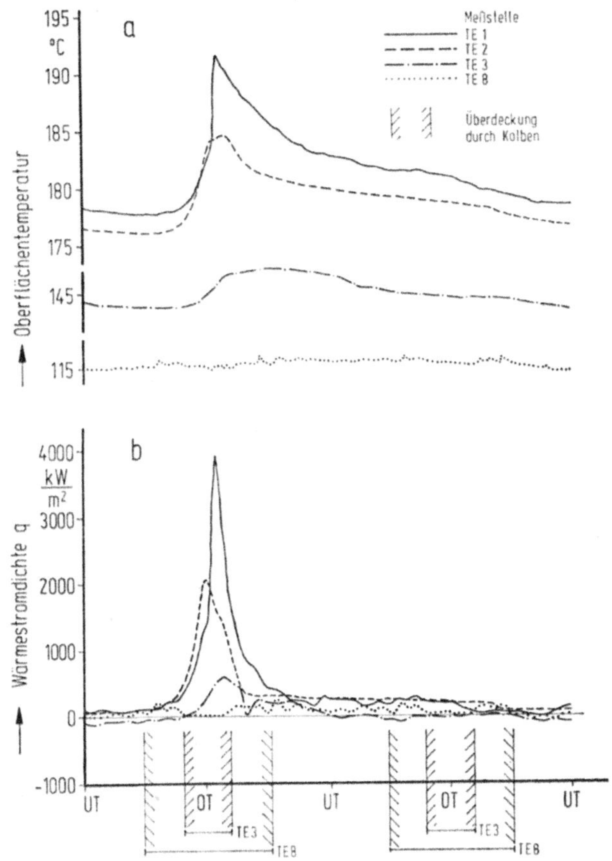

Abb. 5.6. Verlauf von Oberflächentemperatur (a) und Wärmestromdichte (b) für die Meßstellen in Abb. 5.5 [83]

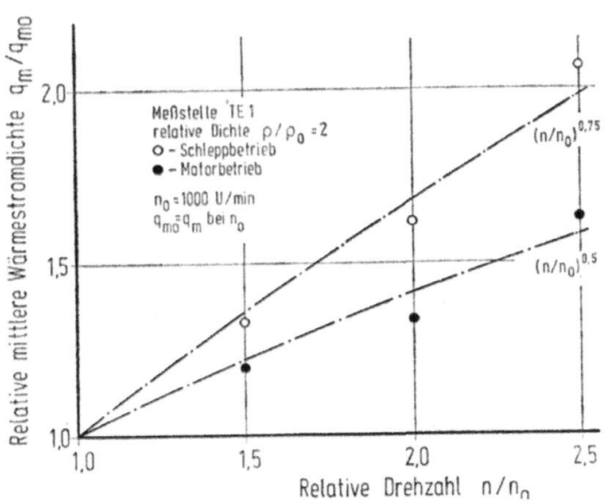

Abb. 5.7. Einfluß der Drehzahl auf den Wärmeübergang bei Schlepp- und Motorbetrieb nach Meßwerten von Le Feuvre [83]

Abgesehen von den Unsicherheiten bei der Anwendung des Verfahrens ist noch auf folgendes hinzuweisen: In der Literatur wird oft der Versuch unternommen, die in Abschnitt 2 angegebenen Gleichungen für den örtlich mittleren Wärmeübergangskoeffizienten hinsichtlich ihrer zeitlichen Abhängigkeit und Maximalwerte mit Hilfe der Oberflächentemperaturmethode zu kontrollieren und wertend zu beurteilen. Eine sich dabei eventuell ergebende Übereinstimmung zu einer der α-Gleichungen kann jedoch nur als ein Zufallsergebnis angesehen werden. Da der örtliche Wärmeübergang von vielerlei lokal bedingten Einflußgrößen abhängt, kann ein örtlich gemessener Wärmeübergangskoeffizient auch keine Aussagekraft bezüglich Wert oder Unwert einer Gleichung besitzen, die den örtlich mittleren Wärmeübergangskoeffizienten beschreibt.

5.2.2.3 Wärmeübergangssonden

Unter dem Begriff Wärmeübergangssonden soll hier auf Meßverfahren eingegangen werden, die durch Bestimmung der Temperaturfallgeraden in einer Wand bekannter und konstanter Temperaturleitfähigkeit versuchen, den Wärmeübergang an die Wand zu erfassen. Wie bei der Bilanzmethode kann dabei nur eine zeitlich mittlere Wärmestromdichte bestimmt werden, jedoch für einen örtlich festgelegten Teil der Wandoberfläche. Aus den Beziehungen für die Wärmeleitung in einer ebenen Wand bei einem linearen und stationärem Wärmefluß, Gl. (1.10), folgt z. B. für den Wärmeübergangskoeffizienten auf der Kühlseite

$$\alpha_k = \lambda \frac{T_{w2} - T_{w1}}{x_2 - x_1} \frac{1}{T_{wk} - T_k}, \tag{5.19}$$

wobei für die Oberflächentemperatur T_{wk} bei Zählung der x-Koordinate von der Kühlwasserseite aus gilt

$$T_{wk} = T_{w2} - x_2 \frac{T_{w2} - T_{w1}}{x_2 - x_1}. \tag{5.20}$$

Die Schwierigkeiten bei diesem zunächst einfach erscheinenden Verfahren liegen in der Sicherstellung eines linearen Wärmeflusses, einer genauen Bestimmung der Abstandsmaße x_1 und x_2 und, wie bei allen Messungen von Wandtemperaturen, in der möglichen Störung des Temperaturfeldes. Wie Gl. (5.19) zeigt, ist zur Bestimmung des α-Wertes neben den Wandtemperaturen auch die Temperatur des Fluids erforderlich, was bei Untersuchungen auf der Kühlseite keine oder vergleichsweise geringe Schwierigkeiten bereitet. Anders sieht es allerdings auf der Arbeitsgasseite aus; hier kann diese Methode zunächst wegen der unbekannten Gastemperatur nur den örtlichen, stationären Wärmefluß liefern, wie vereinzelt z. B. in [138a] praktiziert wurde. Auf Vorschlag von Eichelberg wurden Wärmeübergangssonden auch zur Bestimmung des örtlichen zeitlich mittleren Wärmeübergangskoeffizienten α_m, Gl. (4.25), und der sogenannten resultierenden Gastemperatur T_{res}, Gl. (4.24), verwendet. Die dazu notwendige zweite Bestimmungsgleichung kann man entweder durch Änderung der Kühlbedingungen oder der Wärmeleitbedingungen erhalten. Zur Variation der Kühlung stehen zwei Variablen zur Verfügung, die einzeln oder gemeinsam variiert werden können: Kühlmitteltemperatur und kühlseitiger Wärmeübergangskoeffizient. Eine nach diesem Prinzip entwickelte Sonde wird in [204] beschrieben. Dabei wird zur Erzielung eines größeren Temperaturgefälles die ebene Wandfläche zu einem zylindrischen Stab ausgebildet mit über der Länge verteilten mehreren Temperaturmeßstellen zur Kontrolle der Linearität des Temperaturverlaufs. Große Schwierigkeiten bereitet es jedoch, auch hier den vorausgesetzten eindimensionalen Wärmefluß zu erreichen, da schon beim Einbau in die Arbeitsraumwand des Motors zwangsläufig Wärmebrücken entstehen. Ein System von Schutzheizungen soll daher einen Wärmefluß in eine nicht erwünschte Richtung verhindern helfen, wozu auch die Formgebung der Sonde, bestehend aus einer der Gasseite zugewandten dünnen Platte mit anschließend isoliert geführtem zylindrischen Stab, der „Wand", beitragen soll. Die Kühlung auf der Gegenseite erfolgte mit unterschiedlichen Kühlmitteln. Bei gleichbleibenden Versuchsbedingungen und damit unveränderten Werten für T_{res} und α_m müssen sich die Temperaturfallgeraden, vgl. Abb. 1.1, in einem Punkt schneiden, der auf der Temperaturskala der resultierenden Gastemperatur entspricht. Die Auswertung der durchgeführten Versuche ergab erwartungsgemäß derartig unterschiedliche Werte, daß das Meßverfahren nicht nur im Hinblick auf das erreichbare Meßergebnis uninteressant ist. An dieser Beurteilung können auch spätere Versuche zur Verbesserung derartiger Sonden [205] nichts ändern. Sie trifft aber letztlich auch auf die Bestimmung des stationären Wärmeflusses nach Gl. (5.17) bei der Oberflächentemperaturmethode zu. Eine Messung der Wärmestromdichte auf der Grundlage linearer Wärmeleitung ist von den Voraussetzungen her bei Motoruntersuchungen oft mit so großen Fehlern verknüpft, daß das Ergebnis mitunter nur geringe Aussagekraft besitzt.

5.3 Bestimmung von Temperaturen

5.3.1 Temperatur des Arbeitsgases

Gegenüber einer Temperaturmessung in Flüssigkeiten und an festen Körpern erweist sich eine Bestimmung von Temperaturen an oder in Gasen als weitaus schwieriger. Insbesondere stellen schnellveränderliche Temperaturen, wie sie nun einmal bei den Motoren auftreten, heute immer noch ein großes meßtechnisches Problem dar. Übliche auf den Kontakt des Meßwertaufnehmers mit dem Medium beruhende Meßverfahren scheiden aus vielerlei Gründen aus. Einerseits handelt es sich verfahrensbedingt um eine Punktmessung, so daß bei den zu erwartenden Temperaturgradienten im Arbeitsraum eines Motors nur bedingt eine Aussage über die wahre Temperatur möglich ist. Andererseits verlangt eine trägheitslose Anzeige der zeitlichen Temperaturänderung eine geringe Masse des Temperaturfühlers, woraus sich rein mechanische Probleme ergeben. Bei dem versuchsweise durchgeführten Einsatz von Thermoelementen und elektrischen Widerstandsthermometern ergibt sich für die dabei verwendeten dünnen Drähtchen immer die Gefahr einer Zerstörung durch die hohen Temperaturen, die Strömungsbeanspruchung und die in der Strömung mitgeführte Partikelchen, seien es Rußteilchen, Kraftstofftröpfchen oder sonstige Fremdkörper. Hinzu kommen bei hohen Temperaturen katalytische Effekte an den Sondenoberflächen, die wie die Verluste durch Wärmeleitung und Strahlung zu Temperaturfehlmessungen führen, ebenso wie z. B. die Änderung der Thermospannung infolge chemischer Einflüsse durch das Verbrennungsgas. Mit einigem Erfolg konnten daher Berührungsthermometer nur im Bereich der relativ niedrigen Abgastemperatur eingesetzt werden [206, 207], wobei bei Verwendung von Thermoelementen eine von *Pfriem* [208] vorgeschlagene Methode mit unterschiedlich trägen Thermoelementen angewendet wird.

Die angeführten Schwierigkeiten lassen sich bei berührungslosen Temperaturmeßverfahren vermeiden, wobei man sich allerdings des Vorteiles einer relativ leichten Handhabung und eines geringen apparativen Aufwandes begibt. Damit tritt eine Verlagerung der Probleme bei der Temperaturmessung ein, die dadurch nicht kleiner werden, eher größer. Von den berührungslosen Meßverfahren wurden bei Motorversuchen bisher

1. pyrometrische oder spektroskopische Verfahren und
2. akustische Verfahren

eingesetzt. Zu der Frage nach Vor- und Nachteilen der beiden Methoden ist zunächst auf Folgendes hinzuweisen: Während der Kompression, der Expansion nach Abschluß der Verbrennung und der Ausschubphase ist abgesehen von den engeren Randzonen mit einer gleichmäßigen Temperaturverteilung im Arbeitsraum bei Temperaturen unter 1600 K zu rechnen. Dagegen bestehen während der Verbrennung örtlich starke Unterschiede, sei es bei ottomotorischer Verbrennung bedingt durch die Ausbreitung der Flammenfront oder beim Dieselmotor durch die heterogene Gemischbildung, wobei die Temperaturen bis zu 2800 K und auch mehr betragen können. Von den erwähnten Verfahren ist nun leider keines in der Lage, beide Temperaturbereiche abzudecken, woraus sich für die Zwecke einer Wärmeübergangsuntersuchung ein schwerwiegender Nachteil ergibt, abgesehen von den meßtechnischen Problemen und dem hohen apparativen Aufwand. Das akustische Verfahren, das die Temperaturabhängigkeit der Schallgeschwindigkeit zur Messung verwendet, versagt im Bereich der Verbrennung, während die pyrometrischen und spektroskopischen Methoden im unteren Temperaturbereich keine brauchbaren Meßwerte liefern.

Üblicherweise weicht man daher bei Motoruntersuchungen auf die Messung des Druckverlaufes aus und bestimmt bei bekannter Zuordnung der Kolbenstellung rechnerisch mit Hilfe der allgemeinen Gasgleichung die Temperatur der im Zylinder eingeschlossenen Gasmasse,

$$T = \frac{pV_z}{m_z R_z}. \tag{5.21}$$

Neben dem zeitlich veränderlichen Druck p ist auch das aus der Motorgeometrie berechenbare Zylindervolumen V_z abhängig vom Kurbeldrehwinkel φ bzw. von der Zeit, ebenso die im Zylinder befindliche Gasmasse m_z. Nur während der Verdichtungs- sowie der Verbrennungs- und Expansionsphase ist sie bei Ottomotoren konstant. Dagegen muß bei Dieselmotoren die eingespritzte Brennstoffmenge gemäß dem Brennverlauf berücksichtigt werden. Für die Ladungswechselphase kann die Gasmasse nur über eine schrittweise Ladungswechselberechnung bestimmt werden, die auch die Gasmasse bei Verdichtungsbeginn liefert. Näherungsweise kann aber auch diese Masse zum Zeitpunkt „Einlaß schließt" nach Gl. (5.21) bestimmt werden, wenn man die Temperatur des Arbeitsgases am Ende der Ladungswechselphase nach den von Zapf [81] angegebenen Gleichungen bestimmt.

Eine nach Gl. (5.21) bestimmte Temperatur stellt dann einen Mittelwert über die im Arbeitsraum eingeschlossene Gasmasse dar und setzt voraus, daß sich das Arbeitsgas im thermodynamischen Gleichgewicht befindet. Diese Temperatur kann auch als Massenmitteltemperatur definiert werden durch die Beziehung

$$T_{MM} = \frac{\int\limits_V \mathrm{d}H}{\int\limits_V c_p\,\mathrm{d}m}, \tag{5.22}$$

wobei die Enthalpie H des Massenelementes $\mathrm{d}m$ wie letzteres jeweils über das Volumen V zu integrieren ist. Die Massenmitteltemperatur ist für thermodynamische Berechnungen die wichtigste Temperatur und daher auch für die Fälle, wo es auf die Bestimmung der örtlich mittleren Wärmeübergangsverhältnisse ankommt. Auch genügt sie den Anforderungen hinsichtlich der örtlichen Wärmestromdichte, wogegen bei Untersuchungen über den Einfluß von Gas- und Flammenstrahlung auf den Wandungsverlust oder über den Temperatureinfluß auf die Schadstoffentstehung bei der Verbrennung dieser Temperaturwert als zumindest problematisch, wenn nicht als unbrauchbar anzusehen ist (s. Abschn. 2.6).

In diesem Zusammenhang sei noch auf weitere mögliche Definitionen für eine Mitteltemperatur hingewiesen. Betrachtet man dazu des in Abb. 5.8 schematisch dargestellte Temperaturprofil zwischen zwei Wänden im Abstand $2l$ mit einer Idealtemperatur T_∞ und einer Wandtemperatur T_w, so kann neben der Massenmitteltemperatur eine mittlere Querschnittstemperatur T_{FM}

$$T_{FM} = \frac{1}{F}\int\limits_F T\,\mathrm{d}F \tag{5.23}$$

und eine arithmetische Mitteltemperatur

$$T_{AM} = \frac{1}{2} (T_\infty + T_w) \quad (5.24)$$

angegeben werden.

Wird z. B. eine Idealtemperatur $T_\infty = 778$ K und eine Wandtemperatur von $T_w = 500$ K bei einem Verhältnis der Grenzschichtdicke zum Wandabstand 2l von $\delta/l = 1/3$ angenommen, so ergeben sich für die einzelnen Mitteltemperaturen folgende Werte:

Idealtemperatur	$T_\infty = 778$ K,
Massenmitteltemperatur	$T_{MM} = 723$ K,
mittlere Querschnittstemperatur	$T_{FM} = 733$ K,
arithmetische Mitteltemperatur	$T_{AM} = 639$ K.

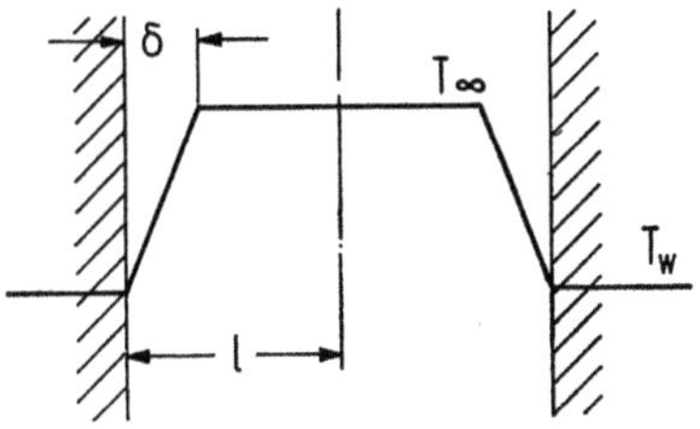

Abb. 5.8. Idealisiertes Temperaturprofil

Bei der Messung mit Thermoelementen oder allgemein mit Berührungsthermometern ist es nur möglich, im Idealfall einen Punkt der Temperaturkurve zu messen. Der Idealfall setzt dabei voraus: Unendlich großer Wärmeübergang an einem Temperaturfühler unendlich kleiner Wärmekapazität. Ist die Temperaturverteilung nicht bekannt, kann man mit diesem Meßwert keine der angegebenen Vergleichstemperaturen berechnen.

Dagegen ergaben für berührungslose Meßverfahren angestellte Berechnungen [209] einen Temperaturwert von $T = 726$ K für die akustische Methode und von $T = 747$ K für ein spektroskopisches Verfahren, das im infraroten Bereich arbeitet. Andere Strahlungsmeßverfahren lieferten theoretisch noch höhere Werte. Die Zusammenstellung zeigt, daß man mit spektroskopischen Meßverfahren Werte erhält, die in der Nähe der Temperaturspitzenwerte liegen. Daher haben auch im Hinblick auf die Untersuchung von reaktionskinetischen Vorgängen in den Verbrennungsmotoren im Zusammenhang mit der Schadstoffentstehung verstärkte Bemühungen um die Verwendung dieser Meßverfahren eingesetzt [210, 211]. Bereits in den Jahren vor dem letzten Weltkrieg wurden u. a. in Deutschland und später mit größerem Einsatz in den USA Untersuchungen an Motoren durchgeführt [212], worüber z. B. in [213] ein zusammenfassender Überblick gegeben wird. Die akustische Methode, die zwar mit ihrem Meßwert dem gewünschten Wert der mittleren Mengentemperatur am nächsten kommen würde, scheidet für Verbrennungsvorgänge bisher aus, läßt sich dagegen mit Erfolg bei der Untersuchung von Gemischbildungsvorgängen verwenden [214, 215].

Für den örtlich mittleren Wärmeübergang im Verbrennungsmotor verbleibt also als einzige brauchbare Möglichkeit die Berechnung der Gastemperatur nach Gl. (5.21). Durch den Einsatz von Rechenanlagen macht es heute keine Schwierigkeiten mehr, die entsprechenden Differentialgleichungen, die die Zustandsänderungen des Arbeitsgases in Abhängigkeit vom Kurbelwinkel beschreiben, zu lösen und damit auch die Massenmitteltemperatur aus dem gemessenen Druckverlauf vorherzubestimmen [73, 216]. Sollen Einflüsse der Gas- und Flammenstrahlung auf den Wärmeübergang gesondert erfaßt werden, muß allerdings auf spektroskopische Verfahren zurückgegriffen werden, wie z. B. in [63···70] dargestellt.

5.3.2 Messung stationärer Wandtemperaturen

Um die thermische Belastung eines Bauteiles erfassen zu können, genügen zur Messung der gasseitigen Wandtemperatur im allgemeinen träge Temperaturfühler. Von Ausnahmen abgesehen, werden dabei Thermoelemente eingesetzt. Damit ist die Messung selbst recht problemlos, wogegen das Anbringen der Meßstellen und der erforderlichen Meßleitungen und Anschlüsse mitunter mit Schwierigkeiten verbunden ist, die das ganze Geschick der Meßabteilung beanspruchen.

Grundsätzlich sind bei der Verwendung von Thermoelementen folgende in Abb. 5.9 skizzierte Anordnungen zu unterscheiden: Bei der Ausführung A werden die beiden Drähte der Thermopaarungen thermisch und elektrisch isoliert bis zum Grund einer Bohrung geführt, wo die Schweißperle aufsitzt und die heiße Lötstelle des Meßkreises darstellt. Eine weitere Möglichkeit zur Wandtemperaturmessung bietet die Ausführung B: Hier wird das Thermopaar durch den Werkstoff der Wand selbst und einen mittels einer elektrischen Entladungsschweißung daran befestigten Draht gebildet. Der Vorteil liegt dabei

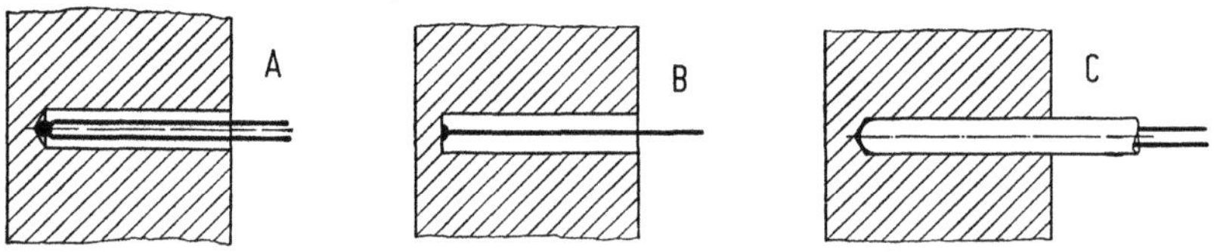

Abb. 5.9. Möglichkeiten zur Messung von Wandtemperaturen mittels Thermoelementen

in der eindeutigen Lage der Meßstelle, wogegen bei der Ausführung A durch die räumliche Ausdehnung der Schweißperle die Lage der Meßstelle nicht eindeutig angebbar ist. Dagegen verlangt eine 1-Draht-Messung eine Eichung der Thermokette mit dem gesamten Bauteil als zweites Element der Thermopaarung [137]. Häufig werden heute die Ausführungen A und B durch sogenannte Mantelthermoelemente (C) abgelöst, was die praktische Handhabung sehr erleichtert. Diese von verschiedenen Firmen angebotenen Thermoelemente (z. B. Fa. Degussa, Hanau, und Fa. Philips) bestehen aus dem Thermopaar und einem Metallmantel, der als Schutz dient. Untereinander und gegenüber dem Mantel werden beide Drähte durch ein hochtemperaturfestes Pulver isoliert. Die verschiedenen Ausführungen unterscheiden sich durch die Thermopaarung, den Mantelwerkstoff und das verwendete Isoliermaterial. Bei den Thermopaarungen werden alle gebräuchlichen Kombinationen angeboten, wobei bei den hier in Frage kommenden Temperaturen üblicherweise die Paarungen Eisen-Konstantan oder Nickelchrom-Nickel bevorzugt werden. Stellt das erste Paar das billigste dar, so ist das zweite als das genaueste der „unedlen" Thermoelemente zu bezeichnen. Es wird nach seinem Erfinder auch „Hopkins-Element" genannt und ist in den USA als „Chromel-Alumel" gebräuchlich, wobei die Temperatur-Spannungskurve praktisch mit der von Nickelchrom-Nickel übereinstimmt. Für das Mantelmaterial werden verschiedene Qualitäten von rostfreien und austenitischen Stählen bis zu hochtemperaturfesten verwendet.

Das Anbringen der Mantel-Thermoelemente am Bauteil wird durch deren hohe Flexibilität erleichtert. So ist der zulässige Biegeradius gleich dem doppelten Außendurchmesser. Entscheidend für die Anwendung ist aber auch, daß die erforderlichen Meßstellenbohrungen sehr klein ausgeführt werden können: Die Außenmantelstärke kann zwischen 0,25 und 3 mm gewählt werden. Außerdem kann der Mantel durch Löten mit den Verbindungselementen oder Bauteilen fest verbunden werden, wie z. B. bei der Durchführung an einer Behälterwand mit Hilfe einer stützenden Hülse, Abb. 5.10 [217]. Da grundsätzlich die gemessene Thermospannung nur der Temperatur des Meßfühlers und nicht unbedingt der des Meßobjektes entspricht, verlangt eine einwandfreie Messung einen guten thermischen Kontakt mit dem Bauteil. Dazu sind Durchmesser und Grund des Bohrloches dem Fühler anzupassen. Außerdem muß das Thermoelement genügend tief eingelassen werden. Bei Chromel-Alumel-Elementen mit einem Schutzmantel aus rostfreiem Stahl soll die Eintauchtiefe mindestens dem dreifachen Außendurchmesser entsprechen, günstiger ist der zehnfache Wert. Allerdings hängt das von den vorgegebenen Einbaubedingungen ab, wobei es z. B. bei der überwiegenden Anzahl der Anwendungsfälle nicht möglich sein wird, wie in den Regeln für die Temperaturmeßtechnik gefordert [218], das Thermoelement möglichst längs der zu messenden Isotherme in die Wand zu verlegen. Meist ist man gezwungen, das Thermoelement in Richtung des größten Temperaturgradienten zu führen.

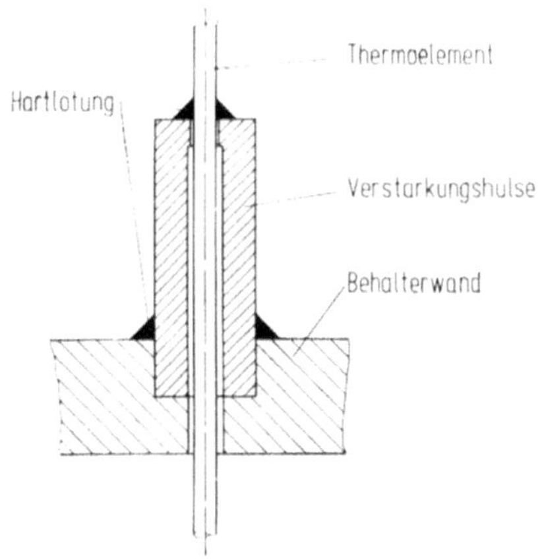

Abb. 5.10. Einbau eines Mantelthermoelementes unter Verwendung einer Verstärkungshülse [217]

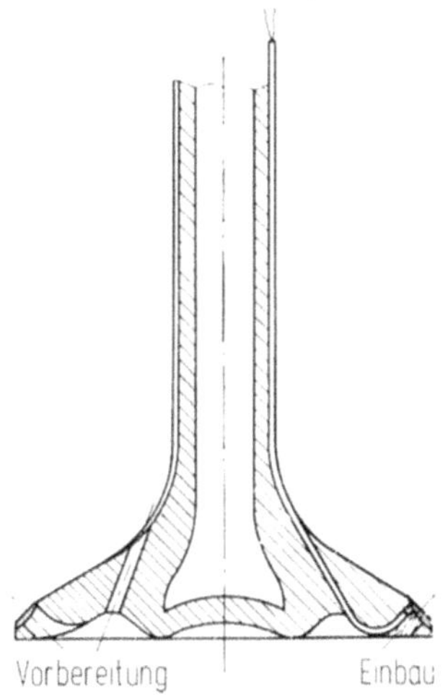

Abb. 5.11. Ventil mit eingebautem Mantelthermoelement [220]

Eine weitere Fehlerquelle besteht auch in der Störung des Temperaturfeldes durch die eingebrachte Bohrung [219]. Jedoch kann der Meßfehler gering gehalten werden, wenn man die Masse und die äußeren Dimensionen des Meßfühlers so klein wie möglich hält. Außerdem soll der Wärmeleitwiderstand des Thermomaterials möglichst nicht zu stark von der des Grundmaterials abweichen.

Sollen oberflächennahe Wandtemperaturen gemessen werden, so wird durch den festigkeitsbedingten Abstand von der Oberfläche gegenüber der wahren Wandtemperatur eine zu geringe Temperatur gemessen. Bei bekanntem Abstandsmaß und gegebener Wärmestromdichte kann dieser Fehler mit Gl. (1.10) abgeschätzt werden. Läßt man einen maximalen Fehler von ± 2 Grad zu, so ergibt sich bei einer Graugußwand ein maximales Abstandsmaß zur Oberfläche von $s_0 \approx 1$ mm für eine Wärmebelastung von $2{,}4 \cdot 10^5$ W/m^2. Bei höheren Wärmestromdichten verringert sich entsprechend der zulässige Abstand, während bei höherer Wärmeleitfähigkeit des Wandmaterials die Bohrung nicht so weit an die Oberfläche herangeführt werden muß. Im allgemeinen wird man aber einen größeren Fehler in Kauf nehmen müssen, um das Bauteil nicht zu gefährden. Das Problem der Fixierung von Thermoelementen in der Bohrung, vgl. Abb. 5.9, läßt sich umgehen, wenn man die Meßstelle des Thermoelements zunächst in der gewünschten Tiefe in einen konischen Zapfen einlötet. Dieser Zapfen, der aus dem gleichen Werkstoff wie das Bauteil besteht, wird dann in eine entsprechende Bohrung von der Brennraumseite her in die Wand eingesetzt und durch Verschweißen gesichert. Dabei kann die Meßstelle praktisch mit der Oberfläche abschließen. Ein Einbaubeispiel, stellvertretend für die vielfachen Möglichkeiten, zeigt Abb. 5.11, [220]. Die Schweißperle des Thermoelementes wurde hierbei mit dem Ventilmaterial verschweißt und mißt an der Stelle hoher thermischer Belastung. Die Leitung wird von der Meßstelle aus in eine Nut verlegt, die längs des

Ventilschaftes verläuft und in Tiefe und Breite dem Außendurchmesser entspricht. Nach dem Einlegen wird das Thermoelement durch Verstemmen der Nut befestigt.

Neben der zeitlich mittleren Wandtemperatur interessiert für Zwecke einer Realkreisprozeß-Berechnung die örtlich mittlere Temperatur der gesamten Arbeitsraumwandung oder von Teilflächen derselben. Dabei ist an möglichst vielen Stellen die örtliche Wandtemperatur zu messen, wie z. B. Abb. 5.12 für einen kleineren Motor mit einer

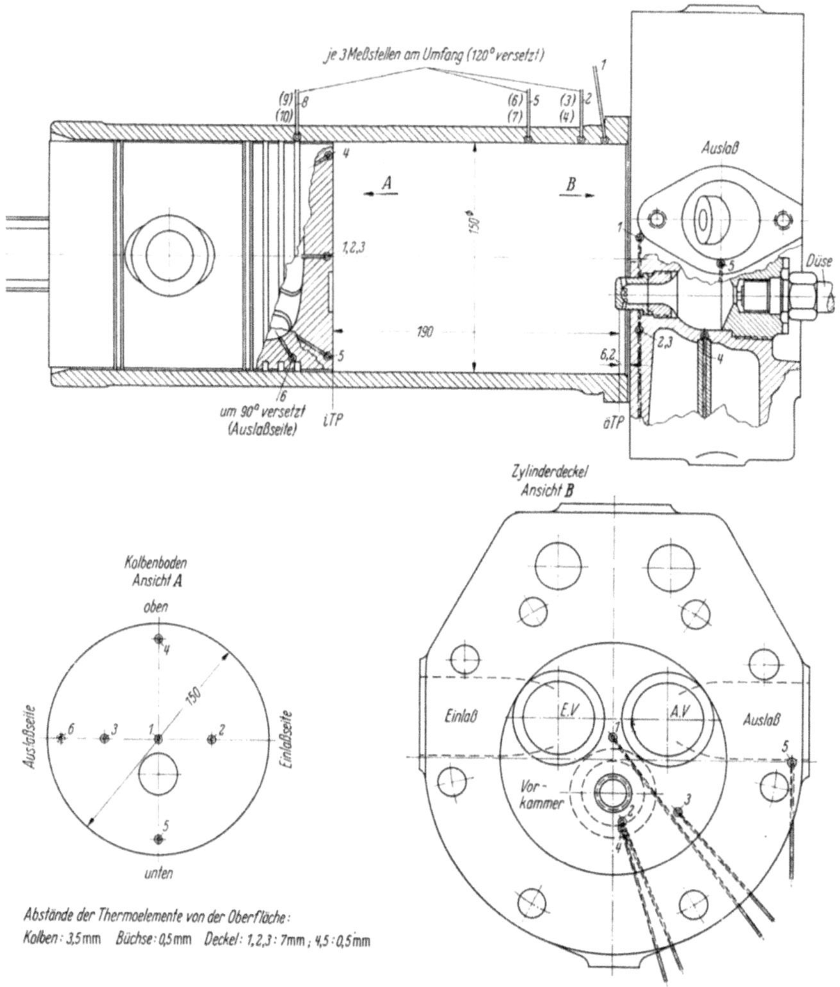

Abb. 5.12. Anordnung von Temperaturmeßstellen zur Bestimmung der gasseitigen Wandtemperaturen [47]

Zylinderbohrung von 150 mm zeigt [47]. Bei Großmotoren wurden bei derartigen Messungen über 200 Temperaturmeßstellen zur Erfassung der Temperaturbelastung vorgesehen [221]. Der allgemeine Ansatz für die mittlere Bauteiltemperatur T_{wm} lautet

$$T_{wm} = \frac{\int\limits_A T_w \, \mathrm{d}A}{\int\limits_A \mathrm{d}A}, \tag{5.25}$$

bzw. als Summenformel ausgedrückt

$$T_{wm} = \frac{\sum\limits_n T_{wn} A_n}{\sum\limits_n A_n}. \tag{5.25a}$$

Es wird also eine Gewichtung der einzelnen Temperaturwerte mit entsprechenden Teilflächen A_n der Wandoberfläche vorgenommen. Hierbei wird vorausgesetzt, daß die am Wärmeübergang beteiligte Fläche stets dem Arbeitsgas ausgesetzt und somit zeitlich betrachtet konstant ist. Bei der Zylinderbuchse ist dagegen die Wandfläche abhängig von der Kolbenstellung und damit von der Zeit. Die Messung liefert dazu zunächst eine Temperaturverteilung, die sich über der Buchsenlänge y darstellen läßt: $T_B = T_B(y)$. Außerdem ist die Kolbenstellung und damit die jeweils vom Kolben freigegebene Buchsenfläche über die Kolbenwegfunktion abhängig von der Zeit. Der zeitliche und örtliche Mittelwert der Buchsenoberflächentemperatur $\overline{T}_{Bm}$ folgt dann aus der Beziehung

$$\overline{T}_{Bm} = \frac{\frac{1}{\pi}\int\limits_0^{\pi}\int\limits_0^{L} T_B \, dy \, d\varphi}{L} \tag{5.26}$$

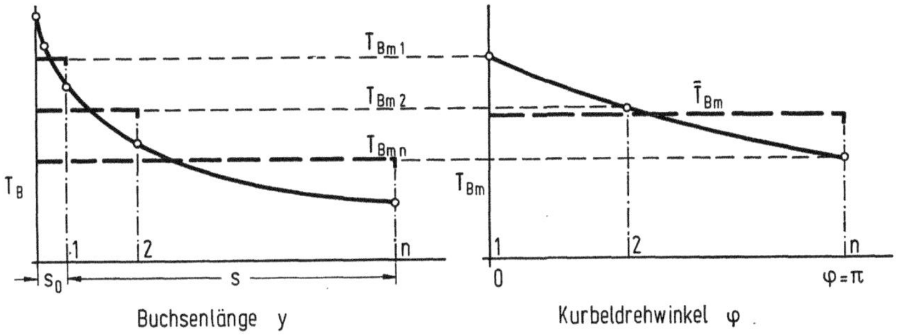

Abb. 5.13. Bildung der zeitlichen und örtlichen Mittelwerttemperaturen an der Laufbuchse

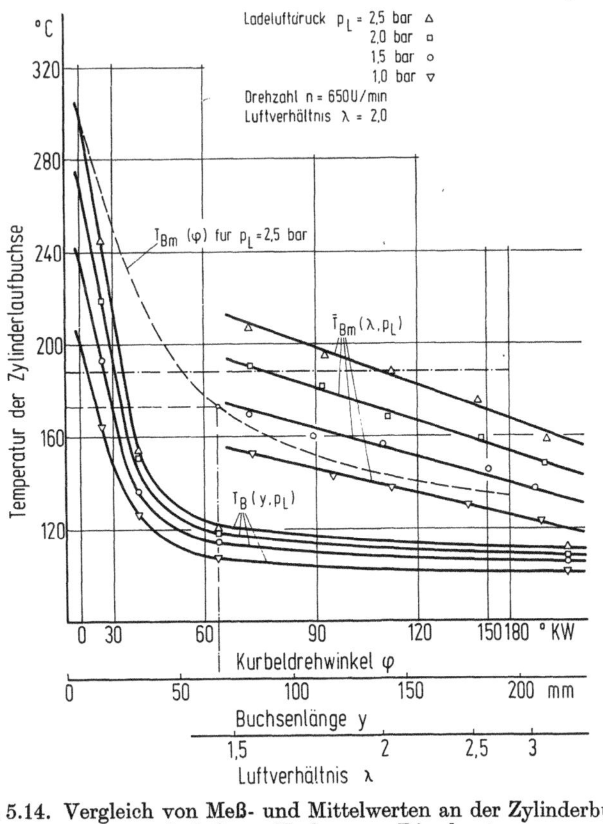

Abb. 5.14. Vergleich von Meß- und Mittelwerten an der Zylinderbuchse eines aufgeladenen Vorkammer-Dieselmotors

mit

$$L = s_0 + s \tag{5.27}$$

und der örtlich mittleren Temperatur

$$T_{Bm} = \frac{1}{y} \int_0^y T_B \, dy . \tag{5.28}$$

Die graphische Darstellung in Abb. 5.13 erläutert das Vorgehen zur Mittelwertbildung nach Gl. (5.28) bzw. (5.26). Danach ist zunächst aus den gemessenen Temperaturverläufen längs der Zylinderlaufbuchse $T_B = T_B(y)$ für jeden Teilhub in Abhängigkeit vom Kurbelwinkel φ die örtlich mittlere Buchsentemperatur $T_{Bm} = T_{Bm}(\varphi)$ zu entwickeln. Mit diesen Temperaturwerten sind die Wärmeübergangsverluste für die Buchse in Abhängigkeit von der Kolbenstellung und damit von der Zeit zu berechnen. Die zeitlich und örtlich mittlere Wandtemperatur $\overline{T}_{Bm}$ der Buchse folgt schließlich aus dem Mittelwert für den gesamten Hub. Dieser Wert ist größer als eine aus dem gemessenen Temperaturverlauf $T_B(y)$ gebildete örtliche Mitteltemperatur. Das zeigt die Gegenüberstellung von gemessenen Temperaturen und den daraus berechneten Mittelwerten abhängig von der Belastung für einen aufgeladenen Vorkammermotor, Abb. 5.14 [47].

5.3.3 Messung von Kolbentemperaturen

5.3.3.1 Kontinuierliche Messungen

Die Messung an bewegten Bauteilen nimmt, bedingt durch die Schwierigkeiten bei der Meßwertübertragung, eine gewisse Sonderstellung ein. Außerdem sind Aufnehmer und Zuleitungen auch Massenkräften ausgesetzt und müssen entsprechend am Kolben befestigt werden. Auch hier bieten sich als Meßwertfühler wegen ihrer Genauigkeit und leichten Handhabung zunächst Thermoelemente an. Eine kontinuierliche Messung der Temperatur wie an anderen Brennraumwänden bereitet am laufenden Motor aber besondere Schwierigkeiten, da die Zuleitungen zur kalten Lötstelle und zum Meßgerät mitbewegt werden müssen. Ohne allzu großen Aufwand ist das nur bei langsamlaufenden Motoren möglich. Hier ist es gelungen, durch Verlegen der Zuleitungen für die Thermopaare auf ein Stahl-

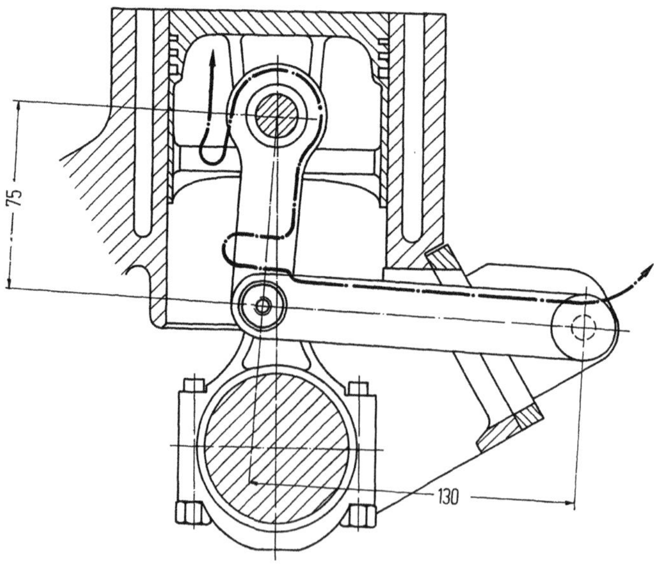

Abb. 5.15. Übertragungssystem zur kontinuierlichen Messung von an Kolben gemessenen Größen [222]

band, das mit einem entsprechend großen Krümmungsradius fest mit dem Kolben und dem Gehäuse verbunden war, ihre Flexibilität und Biegewechselfestigkeit so zu steigern, daß zumindest für einen gewissen Zeitraum eine Messung erfolgen konnte [45]. Aufwendiger ist die Verwendung eines mechanischen Übertragungssystems mit mehreren Gelenkgliedern. Die Abb. 5.15 zeigt dazu eine Anordnung, wie sie mit Erfolg bei der Untersuchung der Bewegungsverhältnisse am Kolben verwendet wurde [222]. Die am Kolbenbolzen angelenkte Koppel und die Schwinge bestehen aus 4 mm starken Aluminiumprofilen (AlMg 5 F 22) und lassen eine Drehzahl bis zu 6000 U/min zu, wobei die Glieder gegeneinander sehr geringe Schwenkbewegungen ausführen, und die als Zuleitung verwendeten Flachleiter wenig beansprucht werden. Es ist aber auch erkennbar, daß die Befestigung der Koppel am Motorgehäuse einen erheblichen Bauaufwand erfordert. Die bei Maschinenuntersuchungen oftmals benutzten sogenannten Drehübertrager, bei denen zwischen den an der Welle und dem stehenden Gehäuseteilen befestigten Abnehmern ein dauernder elektrischer Kontakt besteht, ermöglichen zwar grundsätzlich ebenfalls eine kontinuierliche Messung, scheiden bei Motoren aus baulichen Gründen meist aus. Ein entsprechendes Verfahren: Verlegung von Gleitbahnen und Kontakten in die Hubbewegung durch Befestigung am Gehäuse und Kolben ist grundsätzlich möglich und erlaubt eine kontinuierliche Messung. Da jedoch die Gleitbahnlänge mindestens dem Kolbenhub entsprechen muß, ergeben sich auch hier oft unüberwindliche Einbauprobleme neben der Frage nach einer geeigneten Werkstoffpaarung für die Kontakte.

5.3.3.2 Diskontinuierliche Messungen

Aus den geschilderten Gründen wird daher bei Temperaturmessungen am Kolben mittels Thermoelementen häufig die diskontinuierlich arbeitende Kontaktmethode angewendet. Auch hier müssen nach Einbringen der Temperaturmeßstelle in den Kolben zunächst die Thermoleitungen bis zu einem Kontaktelement geführt werden, wobei dann die in Abb. 5.9 unter B skizzierte Eindrahtmethode nur einen Kontakt je Meßstelle er-

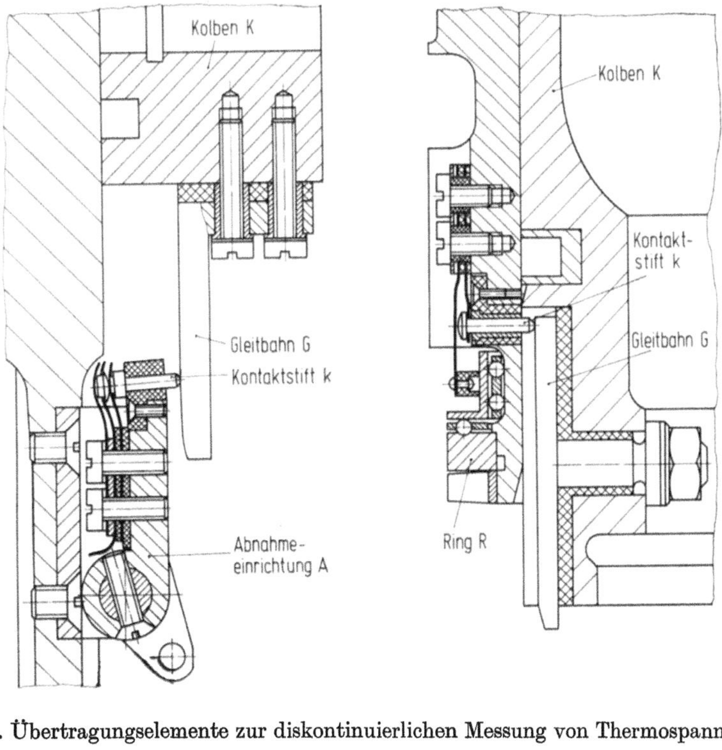

Abb. 5.16. Übertragungselemente zur diskontinuierlichen Messung von Thermospannungen [223]

fordert. Der Gegenkontakt wird nun so angeordnet, daß er nur im Bereich des unteren Totpunktes mit dem Kolbenkontakt in Berührung kommt. Meist genügt schon eine Berührungszeit entsprechend ± 25 °KW. Dabei können, wie in Abb. 5.16 [223] dargestellt, die Gleitbahnen entweder am Gehäuse oder am Kolben angebracht werden. Zur Minderung des Kontaktverschleißes ist es günstig, wie im linken Bildteil erkennbar, eine Abnahmeeinrichtung vorzusehen.

Eine weitere Möglichkeit zeigt die Abb. 5.17 [47], bei der die am unteren Rand des Kolbenhemdes an einer Brücke angebrachten Kontaktstifte (*s*) mit den als Blattfedern (*f*) ausgeführten Gegenkontakten den elektrischen Schaltkreis schließen. Die Blattfedern selbst sind wieder in einer gemeinsamen Halterung (*k*) zusammengefaßt, wobei diese drehbar gelagert ist und über einen Torsionsfederstab, im Bild nicht sichtbar, von außen in

Abb. 5.17. Einbau von Kolben- und Gegenkontakten bei einem Vorkammermotor für 6 Temperaturmeßstellen [47]

die Arbeitslage gedreht werden kann. Ein an der gegenüberliegenden Seite angebrachter Schwingungsdämpfer (*d*) soll ein Springen der Federn beim Auftreffen der Kontaktstifte verhindern. Bei kreisförmiger Anordnung der Kontaktstifte am Kolbenrand und entsprechender Befestigung der Federkontakte können relativ viele Meßstellen am Kolben untergebracht werden [176].

Unabhängig von der jeweiligen Konstruktion hat man jedoch bei der Kontaktmethode zunächst immer mit Schwierigkeiten durch das Prellen der Kontakte und das Flattern der Kontaktfedern zu rechnen, so daß bei jeder Neuentwicklung immer erst die günstigste Konstruktion an einer Versuchseinrichtung erprobt werden muß. Als allgemeine Regel kann gelten, daß Prellschläge durch kleine bewegte und angeregte Massen sowie durch möglichst kurze Wege und große Federkräfte vermieden werden können [223]. Hinzu kommt die Verschleißbeanspruchung, die eng mit der Meßgenauigkeit bei dem Kontaktverfahren verknüpft ist. Entsprechend den gewählten Thermoelementen sind auch die jeweiligen Kontaktelemente aus denselben Werkstoffen herzustellen, um an der Kontaktstelle keine zusätzlichen Thermospannungen und damit eine Verfälschung der Messung zu erhalten. Leider ist die Verschleißfestigkeit der in Frage kommenden Metalle sehr gering. Damit wird eine die Lebensdauer erhöhende Auflage auf den Kontaktflächen erforderlich. Nach [223] haben sich dabei für Eisen-Konstantan-Elemente Paarungen von Silber-Eisen und Kobalt-Konstantan bewährt, während sich bei Nickelchrom-Nickel Auflagen von Kobalt auf Nickel und Eisen auf Nickelchrom als genügend fest erwiesen. Der durch die Paarung der Auflage mit dem Thermoelementwerkstoff bedingte Meßfehler liegt bei den zu erwartenden Temperaturunterschieden zwischen Kontaktstift und Gegenkontakt für Nickelchrom-Nickel bei —4 °C, bei Eisen-Konstantan etwa doppelt so hoch. Werden andere Kontaktwerkstoffe verwendet, so ist z. B. durch Anspritzen mit Öl dafür zu sorgen, daß die jeweiligen Anschlußstellen der Thermoleitungen wie auch die Kontakte selbst die gleiche Temperatur besitzen. Eine andere Möglichkeit ist die, die Temperaturdifferenz an der Meßstelle selbst zu messen [223].

Die Messung der Thermospannung muß bei dem intermittierenden Betrieb stromlos durch ein Kompensationsverfahren erfolgen. Durch eine zum Meßgerät parallel geschaltete Kapazität kann auch ein Kompensations-Mehrfachpunktdrucker verwendet werden. Ein

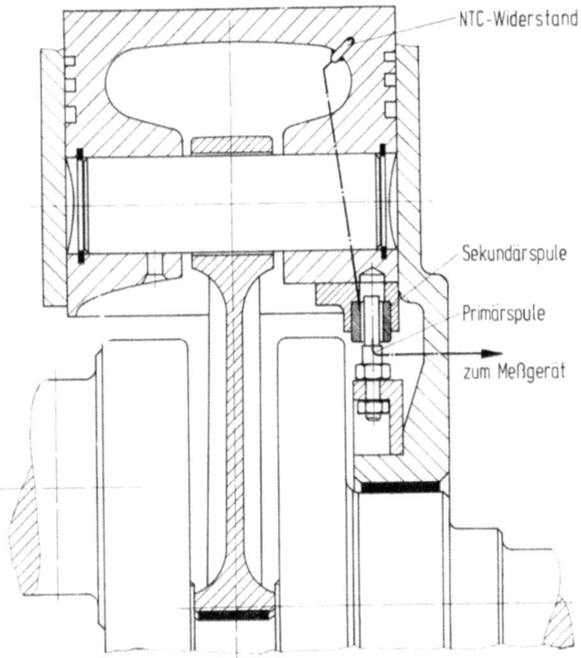

Abb. 5.18. Anordnung von NTC-Widerstand und Übertragungssystem für die kontaktlose Messung von Kolbentemperaturen [225]

zwischengeschaltetes RC-Glied ermöglicht die Messung der Thermospannung mit anderen hochohmigen Meßgeräten. Sofern das in den Kolben eingebaute Thermoelement Masseverbindung hat, ist erdfrei zu arbeiten.

Die mit der Kontaktmethode verbundenen Schwierigkeiten können mit einem berührungslosen Verfahren vermieden werden, das auf der Grundlage von Halbleitern und der induktiven Übertragung der Meßwerte vom Kolben auf das unbewegte System arbeitet [224, 225]. Auf Grund der verschleißfreien Übertragungselemente ist es gleichermaßen für Forschung und betriebliche Überwachung verwendbar. Der als Temperaturgeber wirkende Halbleiter ist ein NTC-Widerstand (Thermistor). Er verringert mit zunehmender Temperatur sehr stark seinen Widerstand und ist bis zu einer Temperatur von 300 °C einsetzbar. Diese Temperatur genügt den üblichen Meßanforderungen, eine Ausdehnung des Meßbereiches auf 1000 °C ist mit der weiteren Entwicklung der NTC-Widerstände zu erwarten. Der Meßfühler ist glasumhüllt und besitzt einen Durchmesser von wenigen Millimetern; zum Einsatz gelangen meist Größen von 2—3 mm.

Wie Abb. 5.18 zeigt, wird der Halbleiter in eine vorbereitete Bohrung in den Kolben eingeklebt, wobei man zwischen die Bohrung und die die Meßstelle darstellende NTC-Spitze zweckmäßigerweise eine Wärmeleitpaste einbringt. Die Zuleitungen werden dann bis zu einer am Kolbenhemd angebrachten Luftspule geführt. In diese Spule taucht bei

Annäherung an den unteren Totpunkt eine am Kurbelgehäuse befindliche Tauchspule ein und stellt eine transformatorische Kopplung her. An die stiftförmige Festspule wird die hochfrequente Trägerspannung eines Meßsenders über einen Reihenwiderstand angelegt und bildet mit dem Anzeige- oder Registriergerät den Primärkreis, Abb. 5.19. Durch Verwendung von Doppelspulen können dabei je Koppelstelle auch zwei Meßwerte zur Anzeige gebracht werden. Der sich bei Kopplung der Spulen als Belastung auswirkende Sekundärkreis hängt über den NTC-Widerstand von der Temperatur ab. Damit ist die am Anzeigeinstrument angezeigte Spannung ein Maß für die Kolbentemperatur. Die zu jedem NTC-Widerstand existierende Eichkurve zu dem Widerstands-Temperaturverlauf erlaubt dann die Zuordnung von Anzeige zur am Meßfühler herrschenden Temperatur. Dabei ist darauf zu achten, daß der NTC-Widerstand durch den Meßstrom keiner

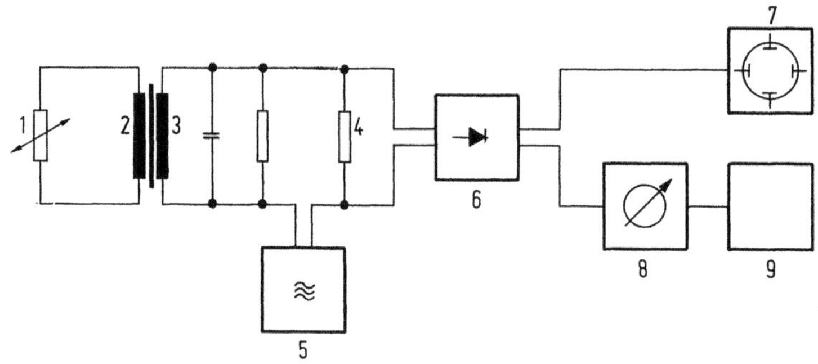

1 NTC-Widerstand
2 Kolbenspule
3 Festspule
4 Reihenwiderstand
5 HF-Generator 465 kHz
6 Gleichrichter
7 Oszilloskop
8 Spitzenwertanzeige
9 Schreiber

Abb. 5.19. Blockschaltbild zur kontaktlosen Messung von Kolbentemperaturen

Eigenerwärmung unterliegt und diese den Meßwert verfälscht. Das zusätzlich angeschlossene Oszilloskop dient weniger der Messung als der Funktionskontrolle des Übertragungssystems.

Die Anwendung des NTC-Widerstands wird begrenzt durch die zusätzlich Dauertemperatur bei einer bestimmten zulässigen Alterung. Es wird dabei die zulässige Änderung des Kaltwiderstandes bei 25 °C in Abhängigkeit von der Betriebszeit als Bezugsgröße gewählt. Bei sorgfältiger Voralterung des Halbleiters beim Hersteller betragen die Werte für die Betriebsalterung je Betriebsjahr etwa 0,5 bis 1,5% des Kaltwiderstandes, so daß auch über längere Zeiten ohne merkliche Einbußen an Genauigkeit gemessen werden kann. Die im Laufe der Jahre erreichten Verbesserungen hinsichtlich Lebensdauer und Haftfähigkeit der Klebeverbindung zwischen Meßwertaufnehmer und Kolben ließen bei Messungen an Dieselmotoren schon Laufzeiten bis zu 5000 Stunden zu.

5.3.3.3 Telemetrische Messungen

Eine ebenfalls kontaktlose Meßmethode stellt die auch bei Motoruntersuchungen eingesetzte telemetrische Meßwertübertragung dar, bei der über einen ortsbeweglichen Sender das Meßsignal auf den außerhalb des Motors befindlichen Empfänger übertragen wird. Die fortschreitende Miniaturisierung der elektronischen Bauelemente ermöglichte Sender und Meßwertwandler mit so geringen Abmessungen herzustellen, daß auch bei kleineren Motoren das Verfahren zum Einsatz kommen kann. Außerdem bietet sich beim Einbau des Übertragungssystems in den Motor neben dem Kolben auch die Pleuelstange zur

Befestigung des Senders und des Meßwertwandlers an. Im Hinblick auf die noch zu erwartende Entwicklung in der Elektronik läßt sich vorhersagen, daß in Zukunft diese Methode verstärkt Eingang in die Motorenforschung bis hin zu der Betriebsmeßtechnik finden wird. Für Überwachungsaufgaben wäre im allgemeinen eine drahtlose Energieversorgung für den Sender vorzusehen, wie auch Platzgründe bei kleineren Motoren eine derartige Energiezufuhr erzwingen können [222]. Das Problem der zulässigen mechanischen und thermischen Beanspruchungen der elektronischen Bauteile im Motorbetrieb kann als soweit gelöst angesehen werden, daß Temperaturen bis zu 150 °C und Beschleunigungen von 200 g anstandslos ertragen werden. Über einen erfolgreichen Einsatz bei Fahrzeugmotoren mit 3000 U/min über Zeiträume bis zu 50 Stunden wird in der Literatur berichtet [226]. Die verwendeten Sender arbeiten mit einer Frequenz-Modulation, die durch die vom Meßwertwandler abgegebene Spannung bewirkt wird. Der Meßwertaufnehmer ist wiederum ein NTC-Widerstand, auf den ein Spannungs-Frequenzwandler und der im UKW-Bereich arbeitende Sender folgen, Abb. 5.20, [226]. Durch ein Sampling-

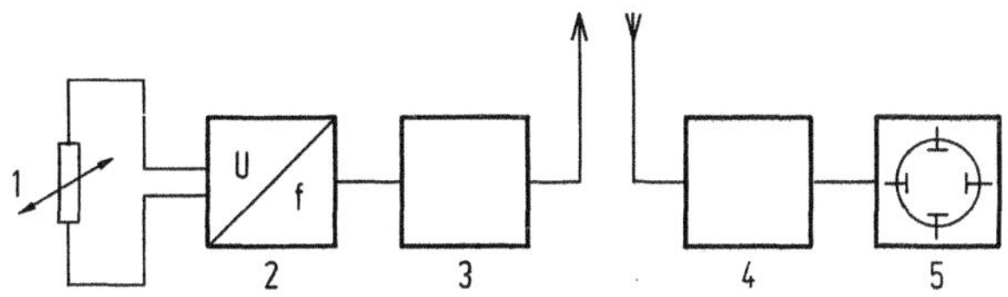

1 NTC-Widerstand
2 Spannung/Frequenzwandler
3 Frequenzmodulierter Sender 86 MHz (UKW)
4 Empfangsteil, Demodulation
5 Oszilloskop

Abb. 5.20. Blockschaltbild einer Telemetrie-Anlage zur Kolbentemperatur-Messung

Verfahren der Amplituden-Spitzenwerte ist es möglich, bei einem Sender zwei Meßstellen unabhängig voneinander zu verwenden. Die erreichbare Genauigkeit dieser Meßanordnung beträgt im Bereich von 300 °C etwa $\pm 3\%$. Die normalerweise nichtlineare Charakteristik des Meßfühlers wird dabei durch einen geeigneten Widerstand linearisiert. Zu den baulichen Maßnahmen am Motor gehört auch das Anbringen der Empfangsantenne innerhalb des Kurbelgehäuses. Das Empfangsteil mit seinen einzelnen Stufen und die Registriereinrichtung können dann an einem geeigneten Ort in Motornähe aufgestellt werden. Durch eine automatische Frequenzregelung (AFC) folgt der Empfänger einer Drift der Senderfrequenz.

Grundsätzlich ist das Meßverfahren sogar beim Wankelmotor mit den hier sehr beengten Platzverhältnissen anwendbar. Für die Unterbringung von Sender, Meßwertwandler und der Stromversorgung bieten sich die drei Eckpunkte des dreieckförmigen Läufers an. Um bei der geringen Übertragungsleistung einen sicheren Empfang zu gewährleisten, kann die Senderantenne isoliert in einer Nut am Kolben verlegt werden. Dabei sollte die Form der Einfräsung einer Bahnkurve entsprechen, die eine an der angrenzenden Seitenscheibe angebrachte Empfangsantenne relativ zum Kolben beschreibt. In der in Abb. 5.21 gezeigten Anordnung für Bewegungsmessungen der Dichtleiste an einem kleinen Wankelmotor von 250 cm³ Kammervolumen wird die Senderantenne auch zur Stromversorgung benutzt*.

Die Telemetrie hat bei aller Eleganz auch ihre Grenzen, da die Messung mehrerer Temperaturen am Kolben entsprechend viele Sende- und Empfangskanäle erfordert, was

* Das vorgestellte Anwendungsbeispiel der Telemetrie wurde im Institut für Motorenbau, Prof. Huber e. V., München, entwickelt, wobei wir für die Überlassung des Bildes und das Einverständnis zur Veröffentlichung zu danken haben.

mitunter eine Platzfrage ist und nicht zuletzt auch einen erheblichen apparativen Aufwand mit sich bringt. Die neben den NTC-Widerständen grundsätzlich ebenfalls verwendbaren Platin-Widerstandsthermometer besitzen bis zu Temperaturen von 700 °C einen linearen Temperatur-Widerstandsverlauf bei einer Genauigkeit von ca. 1%. Sie haben zwar mit Thermistoren vergleichbare äußere Abmessungen, eine Punktmessung ist damit aber nicht möglich, da die Widerstandswicklung im Gegensatz zu dem Halbleiterelement nahezu den gesamten Fühler einnimmt. Die Verwendung von Thermoelementen, die hinsichtlich Einbaumaß und Genauigkeit alle gewünschten Voraussetzungen weitgehend erfüllen, scheitert daran, daß eine Vergleichsstelle innerhalb des bewegten Systems nicht zu verwirklichen ist. Weitere technische Hinweise zur Telemetrie finden sich u. a. in [227, 228].

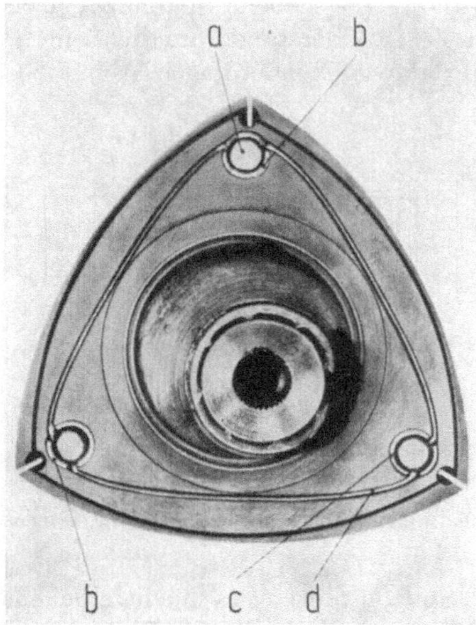

Abb. 5.21. Einbau einer Telemetrieanlage in den Kolben eines kleinen Wankelmotors: a Abdeckplättchen, dienen der Batterienachladung von außen; b Batteriehülsen; c Hülse für Sender und Meßwertwandler; d Senderantenne, gleichzeitig Stromversorgungsleitung

Abschließend sei noch auf die Möglichkeit einer Temperaturmessung mit Schmelzstiften und den von der Fa. Shell entwickelten Härtestiften oder „templugs" [229] hingewiesen. Dabei handelt es sich einmal um Stifte von eutektischen Metallegierungen, die durch ihren Schmelzpunkt auf die mindestens erreichte Temperatur hinweisen und zum anderen um Gewindestifte, bei denen man nach dem Motorlauf eine Temperaturmessung über eine Härtemessung an diesem Stift vornimmt. In der gleichen Weise ist auch versucht worden, sich aus der Härteänderung des Kolbenwerkstoffes am geschnittenen Kolben ein Bild vom Temperaturverlauf im Motorbetrieb zu verschaffen. Alle diese Verfahren, zu denen auch die Temperaturfarben hinzu zu rechnen sind, scheiden für Messungen in Zusammenhang mit dem Wärmeübergang an Motoren aus, da die Meßergebnisse zu ungenau sind.

5.3.4 Messung schnellveränderlicher Oberflächentemperaturen

Bereits in den dreißiger Jahren wurde von Eichelberg und seinen Schülern die Oberflächentemperaturmethode zur Bestimmung des örtlichen Wärmeübergangskoeffizienten angewendet [44, 45, 46, 50, 184]. Die meßtechnischen Möglichkeiten erlaubten es aber seinerzeit noch nicht, die wahre Oberflächentemperaturschwingung zu messen, sondern es wurde nur die Temperaturänderung in einer randnahen Schicht erfaßt. Die damit notwendige rechnerische Korrektur zur Ermittlung der Temperatur an der Oberfläche macht grundsätzlich keine Schwierigkeiten, wenn man den genauen Abstand der punktuell anzunehmenden Meßstelle zur Oberfläche kennt. Bei den als Meßfühler verwendeten Thermoelementen war aber oft die Lage der Meßstelle wegen ihrer räumlichen Ausdehnung nicht genau zu bestimmen, so daß infolge der starken Dämpfung von Temperaturschwingungen in der Wand, vgl. Gl. (4.16), erhebliche Meßfehler in Kauf genommen werden mußten. Diese sind zu vermeiden, wenn von dem Thermoelement folgende Forderungen erfüllt werden: 1. Möglichst geringe Wärmekapazität des Thermoelementes, das bei flächenhafter Ausdehnung als Teil der Wandoberfläche planparallel dazu verläuft, 2. keine Störung des Temperaturfeldes durch den Einbau des Fühlers.

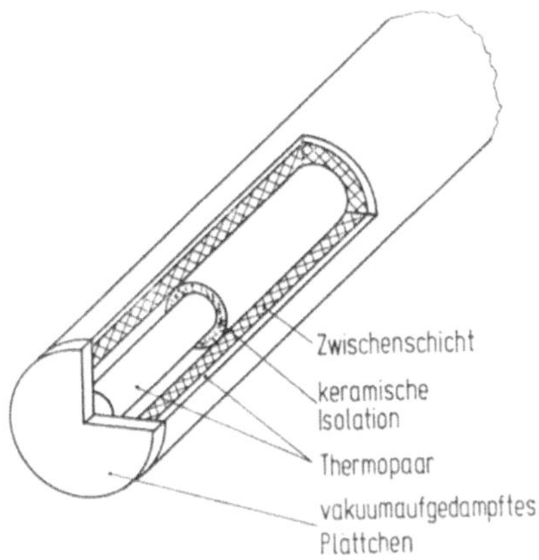

Abb. 5.22. Aufbau eines Oberflächenthermoelementes [232]

Die letztere Bedingung erfordert, daß Temperaturfühler und die eventuell zur Montage erforderliche Aufnahme aus einem Werkstoff mit gleichen thermischen Eigenschaften wie das Wandmaterial zu fertigen sind. Auch dann wird sich die zweite Forderung nur sehr bedingt erfüllen lassen. Dagegen entsprechen die heute kommerziell erhältlichen Oberflächenthermoelemente weitgehend der ersten Forderung. Diese Temperaturfühler gehen auf eine Entwicklung zurück, die im zweiten Weltkrieg in Deutschland bei Untersuchungen an Geschützrohren begann [230]. Durch eine Veröffentlichung von *Bendersky* [231] wurden Untersuchungen an Verbrennungsmotoren mit derartigen Temperaturfühlern angeregt und fanden Eingang in die Motorenforschung [51, 52].

Die Skizze in Abb. 5.22 zeigt den Aufbau eines heute im Handel befindlichen Meßfühlers. Hierbei handelt es sich um eine koaxiale Anordnung der beiden Schenkel des Thermoelements. Der innere dünne Draht besitzt eine nur ca. 10 μm starke keramische Isolierschicht. Das äußere, dünne Röhrchen bildet den zweiten Schenkel des Thermoelementes. Die Verbindung zwischen dem Außenmantel und dem inneren Draht stellt ein im Vakuum aufgedampftes dünnes Plättchen mit einer Stärke von 1 bis 2 μm her und bildet somit die Lötstelle. Eine Stärke des Deckplättchens von 1 μm ergibt rein rechnerisch eine Zeitkonstante von einer Mikrosekunde. Dieser Wert steigt mit zunehmender Plattendicke stark an. Die äußeren Abmessungen des Meßfühlers können bei einem Durchmesser zwischen ca. 0,3 und 2,8 mm sehr klein gehalten werden. Die zulässige Druckbelastung reicht für Motorverhältnisse bei weitem aus [232]. Damit sind Oberflächentemperaturmessungen heute auch an schwer zugänglichen Stellen im Motor, wie z. B. in den Schußkanälen von Brennereinsätzen bei Vorkammermotoren möglich, um dort die Thermoschockbeanspruchung zu erfassen [183].

Die Messung der Spannungsausschläge entsprechend der Temperaturänderung an der Oberfläche erfordert eine trägheitslose Anzeige, z. B. durch ein Oszilloskop, und gleichzeitige Zuordnung der Kolbenstellung. Eine in Differenz geschaltete einstellbare Gleichspannung, die der mittleren Wandtemperatur entspricht, ermöglicht eine Kompensation des Gleichspannungsanteiles an der gemessenen Wechselspannung und damit die für eine Auswertung notwendige Auflösung des Meßsignals, Abb. 5.23a und b. Da das Thermoelement durch den Einbau Masseschluß zum Motor aufweist, bereiten die in die Zuleitungen des Thermoelements und in den Motorblock induzierten Störspannungen mitunter Schwierigkeiten bei den Messungen. Die in Abb. 5.23c angegebene Schaltung hat sich in diesem Fall bewährt [183]. In einer zusätzlich ausgelegten Leiterschleife L werden bei gleicher Leitungsführung identische Störspannungen induziert. Durch Differenzschaltung dieser Schleife zu der des Thermoelementes können die Störungen bis auf einen unbedeutenden Rest von ca. 20 μV eleminiert werden. Die Ausgleichsschleife ist dabei über eine Kapazität und den Motor M geerdet, wodurch einerseits die in dem Motorblock induzierten Störspannungen erfaßt werden, andererseits ein Kurzschließen der Vergleichsstelle vermieden wird.

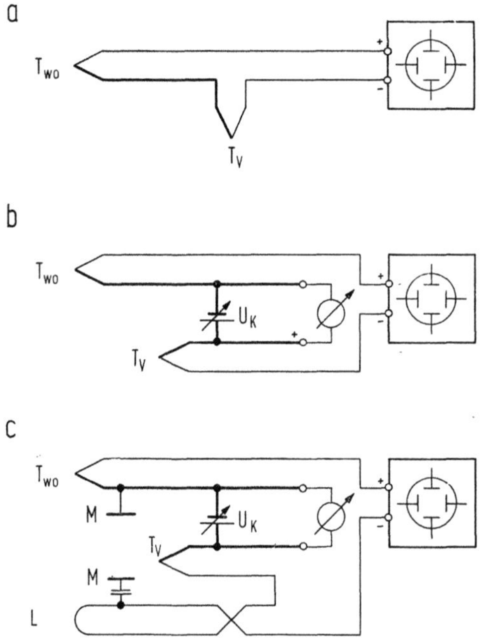

T_{wo} Oberflächentemperatur
T_V Vergleichstemperatur
U_K Kompensationsspannung (T_{Stat})
L Leiterschleife
M Motorgehäuse

Abb. 5.23. Prinzip der Oberflächentemperaturmessung:
a Grundschaltung zur Temperaturmessung; b Kompensation des stationären Temperaturanteiles; c Kompensation von Störspannung und Gleichspannungsanteil

5.4 Die elektro-thermische Analogie

Sieht man einmal von dem stationären und eindimensionalen Wärmefluß durch eine ebene Wand ab, so ist die Berechnung der Wärmeleitung und des Temperaturfeldes bei etwas komplizierter gestalteten Bauteilen zwar möglich, jedoch mit einem hohen rechnerischen Aufwand und großem Zeitbedarf verbunden. Es ist daher oftmals einfacher, durch ein Experiment mit Hilfe der elektrischen Analogie zu einer Lösung zu kommen, wenn damit auch üblicherweise eine Beschränkung auf zweidimensionale Wärmeleitprobleme verbunden ist.

Um das Meßverfahren zu erläutern, wird angenommen, es existiere ein homogener und isotroper Körper mit unendlicher Ausdehnung in z-Richtung, der am gesamten Umfang bis auf die Flächenteile A_1 und A_2 vollkommen wärmeisoliert ist, linker Bildteil in Abb. 5.24. Besitzen diese beiden ausgenommenen Flächen A_1 und A_2 jeweils eine gleichbleibende Temperatur T_{w1} und T_{w2}, wobei $T_{w1} > T_{w2}$ ist, und nimmt man ferner an, daß ein stationäres sowie quellen- und senkenfreies Temperaturfeld vorliegt, so kann das Temperaturfeld durch die Laplacesche Differentialgleichung, Gl. (1.13) beschrieben werden. Es ergibt sich für das Temperaturfeld $T_{wi}(x, y)$ innerhalb des Körpers die Beziehung

$$\frac{\partial^2 T_{wi}}{\partial x^2} + \frac{\partial^2 T_{wi}}{\partial y^2} = 0. \tag{5.29}$$

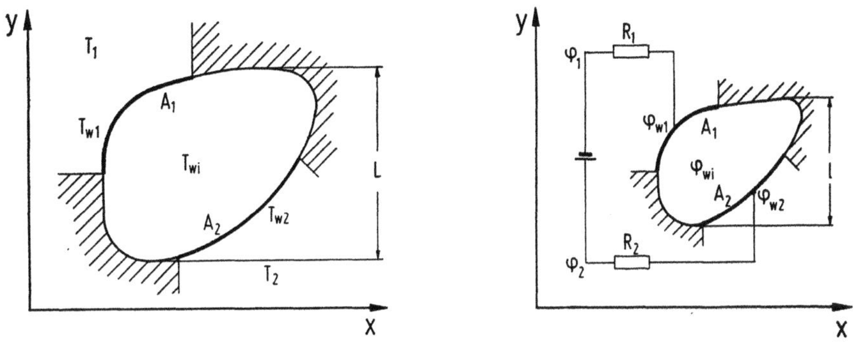

Abb. 5.24. Zur Analogie zwischen elektrischem Potential und Temperaturfeld

Für den Temperaturgradienten in Normalrichtung an der Wandoberfläche folgt aus Gl. (4.13)

$$\frac{\partial T_w}{\partial n} = -\frac{\alpha}{\lambda}(T - T_w). \tag{5.30}$$

Betrachtet man nun eine dünne Platte aus einem stromleitenden Material, so beschreibt die Laplacesche Differentialgleichung auch die Verteilung des elektrischen Potentials φ_{wi} in der Platte

$$\frac{\partial^2 \varphi_{wi}}{\partial x^2} + \frac{\partial^2 \varphi_{wi}}{\partial y^2} = 0. \tag{5.31}$$

An einem dem Bauteil entsprechenden Modell, s. Abb. 5.24, ist außer an den Flächen A_1 und A_2 der Leiter an seinem Umfang elektrisch zu isolieren. Dabei gelten dann analog zu der Wärmeleitung am Umfang folgende Randbedingungen:

Für den Teil A_1: $\varphi_w = \varphi_{w1} = \text{konst.}$,

für den Teil A_2: $\varphi_w = \varphi_{w2} = \text{konst.}$,

am Rest des Umfanges: $\frac{\partial \varphi_w}{\partial n} = 0.$

Wird die leitende Oberfläche des Modells an ein Potential φ außerhalb des Leiters gelegt, so fließt durch die Fläche A_1 bzw. A_2 ein Strom, für den gilt

$$I = \frac{\varphi - \varphi_w}{R} = -\frac{A}{\varrho}\left(\frac{\partial \varphi_w}{\partial n}\right), \tag{5.32}$$

wobei R dem elektrischen Widerstand längs des Potentialgefälles $\varphi - \varphi_w$ und ϱ dem spezifischen Widerstand des Modells entspricht.

Bezieht man nun die geometrischen Koordinaten von Modell (b) und Körper (a) auf eine Bezugslänge, so erhält man folgende dimensionslose Koordinaten:

$$\frac{x_a}{L} = \frac{x_b}{l} = X \quad \text{und} \quad \frac{y_a}{L} = \frac{y_b}{l} = Y. \tag{5.33}$$

Entsprechend können auch die Temperaturen und die Potentiale dimensionslos angegeben werden, wenn man sie z. B. auf die entsprechenden Werte an den Flächen A_2 bezieht:

$$\Theta_{wi} = \frac{T_{wi} - T_{w2}}{T_{w1} - T_{w2}} \quad \text{bzw.} \quad \Phi_{wi} = \frac{\varphi_{wi} - \varphi_{w2}}{\varphi_{w1} - \varphi_{w2}}. \tag{5.34}$$

Damit lauten die entsprechenden Differentialgleichungen für die Verteilung von Temperatur und elektrischem Potential

$$\frac{\partial^2 \Theta_{wi}}{\partial x^2} + \frac{\partial^2 \Theta_{wi}}{\partial y^2} = 0 \quad \text{bzw.} \quad \frac{\partial^2 \Phi_{wi}}{\partial X^2} + \frac{\partial^2 \Phi_{wi}}{\partial Y^2} = 0, \tag{5.35}$$

mit den jeweiligen Randbedingungen an den Flächen A_1 und A_2

$$\Theta_{w1} = 1 \quad \text{und} \quad \Phi_{w1} = 1,$$
$$\text{bzw.} \quad \Theta_{w2} = 0 \quad \text{und} \quad \Phi_{w2} = 0.$$

Entsprechend ist am Restumfang

$$\frac{\partial \Theta_w}{\partial N} = 0 \quad \text{bzw.} \quad \frac{\partial \Phi_w}{\partial N} = 0.$$

Es beschreiben also zwei gleichartige Differentialgleichungen bei zahlenwertmäßig gleichen Randbedingungen die Vorgänge im Körper und im Modell, so daß auch für die Lösungen dieser Gleichungen eine identische Abhängigkeit von den Veränderlichen vorausgesetzt werden kann durch

$$\Theta_{wi} = \Phi_{wi} = F(X, Y).$$

Um diese Analogie herstellen zu können, müssen folgende Voraussetzungen erfüllt sein:

1. Geometrische Ähnlichkeit von Bauteil und Modell,
2. Gleichheit der dimensionslosen Faktoren.

Die erste Bedingung ist durch den Maßstabsfaktor μ

$$\mu = \frac{l}{L} = \text{konst.} \tag{5.36}$$

zu erfüllen, während für die zweite Bedingung aus Gl. (5.30) und Gl. (5.32) bei dimensionsloser Darstellung mit

$$\frac{\partial \Theta_w}{\partial N} = -\frac{\alpha L}{\lambda}(\Theta - \Theta_w) \quad \text{bzw.} \quad \frac{\partial \Phi_w}{\partial N} = -\frac{\varrho l}{AR}(\Phi - \Phi_w)$$

folgt, daß

$$\frac{\alpha L}{\lambda} = \frac{\varrho l}{AR} \tag{5.37}$$

ist.

Die Größe $\frac{\alpha L}{\lambda}$ entspricht dem Aufbau nach der Nußelt-Zahl und wird mit Biot-Zahl B bezeichnet, wobei für λ allerdings die Wärmeleitfähigkeit der Wand einzusetzen ist. Sind die Wärmeleitfähigkeit λ im Bauteil und der spezifische Widerstand ϱ des elektrisch leitenden Modells gegeben, so kann der Widerstand R ermittelt werden aus

$$R = \frac{\lambda \varrho}{\alpha A} \mu . \tag{5.38}$$

Er bestimmt die Spannung, die dem wirksamen Temperaturgefälle beim Wärmeübergang an das Bauteil entspricht, womit der Einfluß sich ändernder Wärmeübergangskoeffizienten auf das Temperaturfeld in die Untersuchung mit einbezogen werden kann.

Der elektrisch leitende Modellkörper läßt sich durch folgende Verfahren darstellen:

a) Nachbildung mit einem Elektrolyten,

b) Nachbildung mit elektrisch leitendem Papier,

c) Nachbildung durch ein aus Einzelwiderständen aufgebautes Netzwerk.

Am häufigsten werden die beiden zuerst genannten Möglichkeiten verwendet. Mit beiden Verfahren können ohne allzu großen Aufwand auch dreidimensionale Wärmeleitvorgänge untersucht werden, sofern es sich um rotationssymmetrische Felder handelt. Für einen Sektor des rotationssymmetrischen Körpers gilt dann, daß die Wärmeleitfläche proportional mit dem Radius zunimmt und sich damit der örtliche Wärmeleitwiderstand umgekehrt proportional zum Radius verhält. Diese Abhängigkeit ist bei der Modellherstellung entsprechend zu berücksichtigen.

Verwendet man einen sogenannten „elektrolytischen Trog", so bilden die Trogwände die Körpergrenzen, wobei die Flächen A durch bis zum Schalenboden reichende Elektroden dargestellt werden. Diese vom Elektrolyten benetzten Randflächen sind dann wiederum über einen äquivalenten Wärmeübergangswiderstand mit einer Spannungsquelle zu verbinden. Das Elektrodenmaterial soll dabei eine gute elektrische Leitfähigkeit und geringen Übergangswiderstand besitzen sowie widerstandsfähig gegen Korrosion sein. Sehr gut haben sich silberne Elektroden bewährt. Als Elektrolyt genügt gewöhnliches Leitungswasser, wobei die Temperaturabhängigkeit der spezifischen Leitfähigkeit zu beachten ist und außerdem dürfen sich die Eigenschaften unter Stromeinwirkung nicht verändern [233]. Die Änderung des Leitwiderstandes mit dem Radius bei rotationssymmetrischen Körpern läßt sich sehr einfach durch eine Schrägstellung des Trogbodens erreichen. Dabei genügt eine Neigung von 10° gegenüber der waagerechten Flüssigkeitsoberfläche.

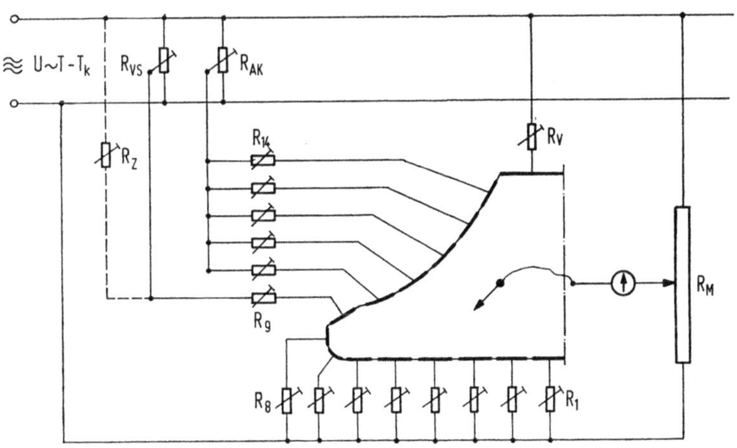

Abb. 5.25. Untersuchung des Temperaturfeldes an einem Auslaßventilkegel mit Hilfe des elektrolytischen Troges

Im Vergleich zu der Skizze in Abb. 5.24 werden bei der praktischen Anwendung zur Erhöhung der Genauigkeit die Elektrodenflächen in einzelne Teilflächen aufgeteilt, die untereinander isoliert am Behälterrand angebracht werden. Das in Abb. 5.25 angegebene Schaltschema zeigt die Aufteilung der äußeren Kontur für das Modell eines Auslaßventiles. Entsprechend dem Wärmehaushalt am Ventil (vgl. Abschn. 4.4.2.2) sind die Randbedingungen für das elektrische Feld im elektrolytischen Trog vorzugeben. Die Speisung des Modells erfolgt durch Wechselspannung im Tonfrequenzbereich zur Vermeidung störender Polarisierungseffekte an den Elektroden. Die angelegte Spannung entspricht dem größten Temperaturgefälle, das in diesem Falle der Differenz zwischen der mittleren wirksamen Gastemperatur T und der Kühlwassertemperatur T_k entspricht. Die Wärmeübergangsvorgänge am Ventilteller (R_1 bis R_8), Ventilsitz (R_9) und im Bereich von Hohlkehle und Ventilschaft (R_{10} bis R_{14}) werden durch entsprechende Widerstände dargestellt, wobei sich für das geöffnete Ventil (ausgezogene Linie) die von der mittleren Gastemperatur abweichende Temperatur des Arbeitsgases im Bereich des Auslaßkanals und der Ventilsitzfläche über die Widerstände R_{AK} und R_{VS} einstellen läßt. Wie in Abb. 5.25 durch eine unterbrochene Linie angedeutet, wird bei geschlossenem Ventil über einen Widerstand R_Z entsprechend dem Wärmeleitweg im Zylinderkopf die Verbindung zur Sitzflächen-Elektrode hergestellt. Schließlich erlaubt ein veränderlicher Widerstand R_V die Einstellung des Wärmeleitwiderstandes im Ventilschaft. Die Verwendung von Potentiometern gestattet ein schnelles Anpassen der Modellbedingungen an die vom Betriebszustand des Motors abhängigen Randbedingungen.

Die Bestimmung der Linien gleichen Potentials erfolgt über den Meßwiderstand R_M mit einem Nullinstrument, wobei die Verwendung eines Oszilloskops wegen seiner trägheitslosen Einstellung und der hohen Empfindlichkeit von Vorteil ist. Wesentliche Arbeitserleichterungen bieten ferner Vorrichtungen, die eine einfache Zuordnung der Sondenposition im Modell zum gemessenen Wert φ_{wi} im Zusammenwirken mit Meßdatenerfassungsanlagen ermöglichen.

Verwendet man an Stelle eines Elektrolyten elektrisch leitendes Graphit-Papier, bekannt als Teledeltos-Papier, so wird hier statt des spezifischen Widerstandes mit dem sogenannten Quadratwiderstand gerechnet, der dem Widerstand eines Quadrates mit beliebiger Seitenlänge entspricht, bei dem zwei gegenüberliegende Seiten als Elektroden ausgebildet sind. Vorteilhaft in der Handhabung ist nicht nur die einfache Darstellung des Modellquerschnittes, sondern auch die Möglichkeit, die den Wärmeübergangswiderständen entsprechenden Widerstände R ebenfalls aus dem Graphitpapier herstellen zu können. Dazu läßt man um die Modellkontur noch genügend Papier stehen, das man zur Aufteilung der Wärmeübergangsfläche durch Schlitze in einzelne Papierstreifen aufteilt. Die Breite b eines einzelnen Streifens entspricht dann der Elektrodenfläche A des Modells in Gl. (5.38), während die Länge h des Streifens bestimmend für den Widerstand entsprechend dem Wärmeübergang ist. Bei gleichem Quadratwiderstand für das Modell und die Wärmeübergangswiderstände bestimmt sich die Streifenlänge zu

$$h = \frac{\lambda}{\alpha} \mu . \qquad (5.39)$$

Bei der Behandlung rotationssymmetrischer Bauteile mit Hilfe des Graphitpapiers muß sich der Quadratwiderstand umgekehrt proportional zum Radius des Modells ändern. Dies kann annähernd erreicht werden, indem man Löcher in einem regelmäßigen Netz in das Papier stanzt. Dadurch wird die leitende Papierfläche verkleinert und somit der spezifische Widerstand erhöht, wobei man mit abnehmendem Radius die Löcher vergrößert. Die Widerstandsverteilung wird natürlich lokal inhomogen, dies kann jedoch bei genügend feiner Teilung des Netzes vernachlässigt werden. In jedem Falle ist die Widerstandserhöhung durch eine Eichung vor dem Versuch zu ermitteln [234]. Es ist aber auch möglich, instationäre Temperaturfelder bei Aufheizvorgängen mit dem Papier-Verfahren zu behandeln. Der Einfluß der Wärmekapazität des Bauteils bei der instationären

Wärmeleitung ist dazu im Modell durch eine entsprechende elektrische Kapazität zur Ladungsspeicherung zu ersetzen. Über die dazu notwendige Versuchstechnik wird in [234] berichtet, eine Anwendung im Bereich der Verbrennungsmotoren steht noch aus. Abschließend soll erwähnt werden, daß auch dreidimensionale Probleme mit Papiermodellen dargestellt werden können. Hierbei werden zunächst einzelne Schichten des Körpers nachgebildet, die wiederum durch Metallstifte oder Widerstandspapier miteinander verbunden sind. Damit kann die dritte Dimension nur diskretisiert dargestellt werden [235]. Der Bauaufwand steigt dabei stark an, so daß eine breitere Anwendung bisher nicht erfolgte. Das gleiche gilt für die unter c) erwähnte Methode.

Will man Vor- und Nachteile bei der Verwendung von Elektrolyten und elektrisch leitendem Papier miteinander vergleichen, so erschwert die bei rotationssymmetrischen Bauteilen erforderliche Anpassung des Papierwiderstandes stark die sonst einfache Handhabung des Graphit-Papiers. Es ist auch darauf hinzuweisen, daß man konstruktive Änderungen innerhalb des Modells beim elektrolytischen Trog ohne Änderung der Modellkontur vornehmen kann, während bei Graphit-Papier die Anfertigung eines neuen Modells erforderlich wird. Letztlich wird die Entscheidung für das eine oder andere Verfahren von den jeweiligen Gegebenheiten abhängen, wobei die elektrothermische Analogie bei der Untersuchung der thermischen Beanspruchung von Motorbauteilen zunehmend mit rein rechnerischen Methoden konkurrieren muß, von denen in [149] eine Zusammenstellung gegeben wird. Von den dort erwähnten Möglichkeiten wird die Relaxationsmethode als ein mathematisches Verfahren zur Verbesserung von Näherungslösungen in großem Umfange bei Wärmeleitungsproblemen angewendet, nachdem es durch *Emmons* [236] bei der Lösung der Wärmeleitungsgleichung eingesetzt wurde. Eine erweiterte Darstellung zu diesen Problemen wird von *Dusinberre* [237] gegeben, während z. B. in [160, 238, 239, 240] über den Einsatz in der Praxis unter Verwendung von elektronischen Rechenanlagen berichtet wird.

6. Anhang

6.1 Die Wärmeübergangsgleichungen in Originalform

Die im Abschnitt 2 behandelten Wärmeübergangsgleichungen sind nachstehend in ihrer ursprünglichen Form und dem dabei verwendeten Maßsystem zusammengestellt.

6.1.1 Wärmeübergangsgleichungen der Nußeltart (Gruppe I)

Nr. I, 1: Gleichung von *Nußelt* (1923), [31, 32] a. a. O., S. 711

$$Q = 0{,}362 F \left[\left(\frac{T}{100}\right)^4 - \left(\frac{T_w}{100}\right)^4\right] + 0{,}99 \sqrt[3]{p^2 T}(1 + 1{,}24 w)\,(T - T_w)\,F\,. \qquad (6.1\,\text{a})$$

Darin sind:

Q Wärmestrom in kcal/h
F Wärme aufnehmende Wandfläche in m²
T Gastemperatur in K
T_w Wandtemperatur in K
p Gasdruck in at abs.
w mittlere Kolbengeschwindigkeit in m/s

In der Form mit den Wärmeübergangskoeffizienten für Strahlung und Konvektion lautet die Gleichung:

$$\alpha = \alpha_{\text{str}} + \alpha_{\text{konv}}$$

$$\alpha = \frac{0{,}362}{T - T_w}\left[\left(\frac{T}{100}\right)^4 - \left(\frac{T_w}{100}\right)^4\right] + 0{,}99 \sqrt[3]{p^2 T}(1 + 1{,}24 w)\ \text{kcal/m}^2\text{h K}\,. \qquad (6.1\,\text{b})$$

Nr. I, 2: Gleichung von *Briling* (1931), [36] a. a. O., S. 188

Briling übernimmt bis auf das Geschwindigkeitsglied die Gleichung von Nußelt. Für das Geschwindigkeitsglied setzt er

$$f(w) = 1 + d + 0{,}185 w \qquad (6.2)$$

mit

$$d = 0 \text{ bei Otto-Motoren} \qquad (6.2\,\text{a})$$

und

$$d = 1{,}45 \text{ bei Dieselmotoren} \qquad (6.2\,\text{b})$$

Die Dimensionen sind unverändert wie bei der Gleichung von Nußelt.

Nr. I, 3: Gleichung von *Brysgow* (1937), [40] a. a. O., S. 192 und 195

Brysgow übernimmt ebenfalls die Gleichung von Nußelt und setzt wie Briling für das Geschwindigkeitsglied

$$f(w) = 1 + d + 0{,}185w, \qquad (6.3) = (6.2)$$

jedoch mit

$$d = 3{,}5 \text{ für einen Dieselmotor mit mittiger Vorkammer}$$

und

$$d = 4{,}2 \text{ für einen Dieselmotor mit Acro-Luftspeicher im Kolben.}$$

Die Dimensionen sind unverändert wie bei der Gleichung von Nußelt.

Mithin lautet in zusammengezogener Form das Geschwindigkeitsglied von Brysgow

$$f(w) = 4{,}5 + 0{,}185w \text{ beim Dieselmotor mit Vorkammer} \qquad (6.3\,a)$$

bzw.

$$f(w) = 5{,}2 + 0{,}185w \text{ beim Dieselmotor mit Luftspeicher} \qquad (6.3\,b)$$

Nr. I, 4: Gleichung von *van Tyen* (1959/1962), [41, 42], a. a. O., S. 423 bzw. 440

Unter Zugrundelegung der p,T-Funktion von Nußelt, s. Gl. (6.1), ermittelte van Tyen für die w-Funktion

$$f(w)_{\mathrm{vTI}} = 3{,}19 + 0{,}885w. \qquad (6.4)$$

Damit sind wie bei Briling und Brysgow alle Unterschiede in den jeweiligen Meßergebnissen in die w-Funktion einbezogen worden.

Einen bemerkenswerten Zusammenhang zwischen den p,T-Funktionen von Nußelt und Eichelberg, s. Gln. (6.1) und (6.6), stellt ferner van Tyen fest. Er vergleicht diese beiden Funktionen für den Zweitakt-Arbeitsprozeß, bildet für verschiedene Belastungen — dem Luftverhältnis λ^* entsprechend — den Quotienten

$$\frac{\int_0^{360} f(p, T)_{\mathrm{Ei}}\, d\varphi}{\int_0^{360} f(p, T)_{\mathrm{Nu}}\, d\varphi}$$

und erhält für den Belastungsbereich Vollast bis rund Drittellast — dem Luftverhältnis $\lambda^* = 1 \cdots 2{,}8$ entsprechend — den gemittelten Zahlenwert 1,95; dieser schwankt nur in den Grenzen $\pm 2{,}5\%$. Van Tyen bleibt bei der $f(p, T)_{\mathrm{Nu}}$ und wandelt deren w-Funktion mit der bevorzugten Form von Eichelberg um in

$$f(w)_{\mathrm{vTII}} = 1{,}95 \cdot 2{,}1 \sqrt[3]{c_m} = 4{,}1 \sqrt[3]{c_m}. \qquad (6.5)$$

Daher lautet die α-Gleichung nach van Tyen unter Vernachlässigung des Strahlungsgliedes bei Nußelt

$$\alpha_{\mathrm{vTII}} = \sqrt[3]{p^2 T} \cdot 4{,}1 \sqrt[3]{c_m} \quad \mathrm{kcal/m^2h\,^\circ C}$$

für einen bestimmten Anwendungsbereich.

Nr. I, 5: Gleichung von *Eichelberg* (1939), [43] a. a. O., S. 548

Die von Eichelberg angegebene α-Gleichung stützt sich auf eigene Untersuchungen und auf die seiner Mitarbeiter an größeren und großen Dieselmotoren mit unmittelbarer Strahleinspritzung und lautet

$$\alpha = 2{,}1\,\sqrt[3]{c}\cdot\sqrt{pT}\quad \text{kcal/m}^2\text{h °C}. \tag{6.6}$$

Darin sind:

c mittlere Kolbengeschwindigkeit in m/s

p Gasdruck in at abs.

T Gastemperatur in K

Ein besonderes Strahlungsglied wie bei der α-Gleichung von Nußelt fehlt. Das bedeutet, daß dieser Anteil an der übertragenen Wärme in die kurzgefaßte α-Gleichung von Eichelberg mit einbezogen ist.

Nr. I, 6: Gleichung von *Pflaum* (1960/1963), [47, 48, 49]

Die allgemeine Form der α-Gleichung von Pflaum lautet:

$$\alpha = f_1(p, T)\cdot f_2(c_m)\cdot f_3(p_L)\cdot f_4(d)\quad \text{kcal/m}^2\text{h °C}. \tag{6.7a}$$

Während die Druck-Temperatur Funktion $f_1(p, T)$ von Eichelberg, s. Gl. (6.6), übernommen worden ist, wurden für die Gasgeschwindigkeit (mittlere Kolbengeschwindigkeit c_m), für den Druck vor der aufgeladenen Maschine (Ladedruck p_L) und für den geometrischen Größeneinfluß (Zylinderdurchmesser d) eigenständige Ausdrücke entwickelt. Durch fortgeführte Versuche und Untersuchungen wurden die Einzelfunktionen in den Jahren 1960 bis 1963 verbessert und vereinfacht. Da die verschiedenen Formen teilweise im Schrifttum angegeben und in der Praxis verwendet worden sind, seien die drei veröffentlichten Gleichungen nachstehend vollständig aufgeführt, um Mißverständnissen zu begegnen.

1. Form 1960 (STG-Form), [47] a. a. O., S. 64

$$\alpha = f_1(p, T)\cdot f_2(c_m)\cdot f_3(p_L)\quad \text{kcal/m}^2\text{h °C}.$$

Darin sind:

$$f_1(p, T) = \sqrt{pT},$$

$$f_2(c_m) = 3 \pm 2{,}57\,[1 - e^{\pm(1{,}5 - 0{,}416 c_m)}]$$

mit Pluszeichen für $c_m \geqq 3{,}6$ m/s

und mit Minuszeichen für $c_m \leqq 3{,}6$ m/s,

$$f_3(p_L)_{D,K} = 1{,}10 + 0{,}366\,\frac{p_L - p_0}{p_0}$$ für die gasberührten *D*eckel- und *K*olbenbodenflächen,

$$f_3(p_L)_B = 0{,}36 + 0{,}12\,\frac{p_L - p_0}{p_0}$$ für die zeitlich mittlere Fläche der Zylinderlauf*b*uchse.

Diese Form wurde ausdrücklich als vorläufig bezeichnet, weil sie einem vorgezogenen Vortrag anläßlich der Jahrhundertfeier der Abteilung für Schiffstechnik an der ehem. Technischen Hochschule Charlottenburg und der jetzigen Technischen Universität Berlin diente.

2. Form 1962 (Cimac-Form), [48] a. a. O., S. 542

Gegenüber der 1. Form sind die Funktionen f_2 und f_3 vereinfachend geändert in:

$$f_2(c_m) = 6{,}9 - 5{,}9 \cdot 4{,}5^{-(0{,}098 c_m)^{1,8}}$$

$$f_3(p_L)_{D,K} = 2{,}3 p_L^{1/4}$$

$$f_3(p_L)_B = 0{,}8 p_L^{2/3}.$$

3. Form 1962/63 (Mailand-Form), [49] a. a. O., S. 245/46

Mit einer weiter vereinfachten Funktion $f_2(c_m)$, abgerundeten Zahlenwerten und der später zugefügten Funktion $f_4(d)$ für die Zylindergröße lautet die Gleichung in ihrer endgültigen Form mit den vier Funktionen:

$$\begin{aligned} f_1(p, T) &= \sqrt{pT} \\ f_2(c_m) &= 6{,}2 - 5{,}2 \cdot 5{,}7^{-(0{,}1 c_m)^2} + 0{,}025 c_m \\ f_3(p_L)_{D,K} &= 2{,}3 p_L^{0,25} \\ f_3(p_L)_B &= 0{,}8 p_L^{0,66} \\ f_4(d) &= \left(\frac{d_0}{d}\right)^{0,25} \quad \text{mit } d_0 = 150\,\text{mm}. \end{aligned} \tag{6.7b}$$

Für die Größen in den Funktionen gelten die Einheiten:

p Gasdruck in at abs.

T Gastemperatur in K

c_m mittlere Kolbengeschwindigkeit in m/s

p_L Ladedruck bei aufgeladener Maschine bzw. Ansaugdruck bei unaufgeladener Maschine } in at abs.

d Durchmesser des Arbeitszylinders in mm

6.1.2 Wärmeübergangsgleichungen nach der Ähnlichkeitstheorie (Gruppe II)

Nr. II, 1: Gleichung von *Elser* (1954), [50] a. a. O., S. 69

Mit seiner Gleichung unternimmt es Elser erstmalig, Beziehungen nach der Ähnlichkeitstheorie auf die gasseitige Wärmeübertragung in der Verbrennungskraftmaschine der Kolbenbauart anzuwenden. Seine Gleichung lautet in der dimensionslosen Form mit dem Kenngrößen Nu und Pe

$$\mathrm{Nu} = 6{,}5 \sqrt{\mathrm{Pe}} \left(1 + 0{,}5 \frac{\Delta s}{c_p}\right). \tag{6.8a}$$

In der Form einer α-Gleichung mit den Größen in der Nußelt- und Péclet-Zahl lautet die Gleichung von Elser (a. a. O., S. 74):

$$\alpha = 6{,}5 \sqrt{\frac{c_m \lambda c_p \varrho}{h}} \left(1 + 0{,}5 \frac{\Delta s}{c_p}\right) \text{ kcal/m}^2\text{h °C}. \tag{6.8b}$$

Darin sind:

h Kolbenhub in m

c_m mittlere Kolbengeschwindigkeit in m/h

λ Wärmeleitfähigkeit der reinen Luft in kcal/m h K bei T^* und p mit $T^* = \frac{T_w + T_g}{2}$,

T_w = Wandtemperatur, T_g = Gastemperatur in K und p = Gasdruck in kp/cm²

c_p spezifische Wärmekapazität der reinen Luft in kcal/kg °C bei T^* und p

ϱ Dichte der reinen Luft in kg/m³ bei T^* und p, sowie

$$\frac{\Delta s}{c_p} = \ln\left(\frac{T}{T_a}\right) - \frac{\varkappa - 1}{\varkappa} \ln\left(\frac{p}{p_a}\right)$$

als besondere Kennzahl, d. h. dimensionsloses Verhältnis von der spez. Entropieänderung Δs zur spez. Wärmekapazität c_p beim Arbeitsprozeß mit T, p als Zustandswerte des Arbeitsgases und T_a, p_a als Zustandswerte bei Beginn der Verdichtung, jedoch $\varkappa$ bezogen auf die höhere Temperatur T von reiner Luft anstatt auf T^*, um einen Ausgleich gegenüber dem $\varkappa$-Wert des Verbrennungsgases zu erzielen.

Nr. II, 2: Gleichung von *Oguri* (1960), [51] a. a. O., S. 368

Die Grundform seiner Gleichung hat Oguri von Elser, s. Gl. (6.8a), übernommen und außer den abgeänderten festen Zahlenwerten die Funktion mit dem Kurbelwinkel Θ hinzugefügt. Damit lautet die Gleichung:

$$\frac{\mathrm{Nu}}{\sqrt{\mathrm{Pe}}} = 1{,}75\left(1 + \frac{\Delta s}{c_p}\right)[2 + \cos(\Theta - 20°)]. \tag{6.9}$$

Die Bedeutung der Größen und ihre zahlenmäßige Berechnung über die betreffenden p- und T-Prozeßwerte ist der Erläuterung bei der Elser-Gleichung zu entnehmen. Darüber hinaus ist

Θ der Kurbelwinkel ab oberem Totpunkt oT beim Verbrennungs- und Ausdehnungshub.

Nr. II, 3: Gleichung von *Overbye* u. a. (1960/61), [52] a. a. O., S. 472

Overbye, Bennethum, Uyehara und Myers äußern sich abschließend sehr kritisch zu ihrer 10jährigen Beschäftigung mit dem Wärmeübergang in Verbrennungskraftmaschinen. Sie sehen sich nicht in der Lage, eine zuverlässige Gleichung explizit für den Wärmeübergangskoeffizienten anzugeben und wählen eine dimensionslose Darstellung der entscheidenden Einflußgrößen. Die Beziehung läßt sich lediglich nach der Wärmestromdichte auflösen. Die Gleichung lautet:

$$\frac{1}{3600} N_0^* = \mathrm{Pe} \cdot 10^{-4}(0{,}26P^* - 0{,}035) + 0{,}1P^* - 0{,}02. \tag{6.10}$$

Die Größen N_0^* und P^* sind wegen der Péclet-Zahl Pe ebenfalls dimensionslos gemacht, um eine durchgehend dimensionslose Darstellung der Versuchsergebnisse zu erhalten. Es sind:

$N_0^* = \frac{L_0 q_0}{k_g T_0}$ „dimensionsloser Wärmeübergang von Gas- an Wand“

$\mathrm{Pé} = \frac{L_0 V_0 \varrho_0 c_g}{k_g}$ Péclet-Zahl

$P^* = \frac{P}{P_0 \cdot \varepsilon}$ reduzierter „dimensionsloser“ Gasdruck

Es bedeuten:

L_0 Kolbenhub in ft
ε Verdichtungsverhältnis
V_0 mittlere Kolbengeschwindigkeit in ft/s $\triangleq$ 3600 ft/hr
q_0 Wärmestromdichte in der Wandfläche in Btu/ft² hr
k_g Wärmeleitfähigkeit des Gases* in Btu/ft hr F
ϱ_0 Gasdichte* in lb/ft³
c_p Spezifische Wärmekapazität* in Btu/lb R
P_0 Druck des Arbeitsgases* in lb/sq in
P Druck des Arbeitsgases* beim Arbeitsprozeß in lb/sq in
T_0 Gastemperatur* in R

Nr. II, 4: Gleichung von *Sitkei* (1962), [53] a. a. O., S. 68 u. 69

Sitkei behandelt in seiner Veröffentlichung nacheinander den Wärmeübergang durch Konvektion, Gasstrahlung und Flammenstrahlung. Er macht abschließend deutlich, daß die Flammenstrahlung nur beim Dieselmotor auftritt und den anderen übertragenen Wärmen zuzuzählen ist. Eine zusammenfassende α-Gleichung wird nicht angegeben. Als Teilgleichungen werden mitgeteilt:

a) Konvektion

Für den Wärmeübergangskoeffizienten bei Konvektion soll gelten

$$\alpha_k = 0{,}033(1 + b)\frac{p^{0,7} \cdot \overline{w}^{0,7}}{T_g^{0,2} \cdot d_g^{0,3}} \text{ kcal/m}^2\,\text{h°C}. \qquad (6.11)$$

Darin sind:

p absoluter Gasdruck in kg/cm²
T_g absolute Gastemperatur in °K
$\overline{w}$ mittlere Kolbengeschwindigkeit in m/s
$d_e \;= 4\,\dfrac{V}{F} = 2Dh(D + 2h)$
mit D Durchmesser des Zylinders
und h Höhe des Zylinderraumes über dem Kolben

Außerdem wird für den *Diesel*motor als angenähert angegeben:

$b = 0{,}00\cdots0{,}015$ bei unmittelbarer Strahleinspritzung
$b = 0{,}15\cdots0{,}30$ bei Wirbelkammer
$b = 0{,}25\cdots0{,}40$ bei Vorkammer

Zahlenwerte für den *Otto*motor fehlen, sie müssen jedoch wie beim Dieselmotor „der Konstruktion des Brennraumes entsprechend gewählt werden".

b) Strahlung

b.1) *Gasstrahlung*, zutreffend für Otto- und Dieselmotor

Der Berechnung wird ein Verbrennungsgas entsprechend einem Luftverhältnis $\lambda^* = 1{,}35$ zugrunde gelegt mit

$$10{,}1\%\ CO_2;\ 9{,}3\%\ H_2O;\ 80{,}6\%\ (N_2 + O_2).$$

* Zahlenwerte für Luft beim Ansaug- bzw. Ladezustand

Für die gleichwertige Schichtdicke der Strahlung im Zylinderraum wird unter Hinweis auf E. Semenow* gesetzt

$$l = 3{,}6 \frac{V}{F}$$

und für den Schwärzegrad des Gases (Emissionsverhältnis) unter Hinweis auf M. Mihejew**

$$\varepsilon_g = \varepsilon_{CO_2} + \beta \varepsilon_{H_2O} - \Delta \varepsilon_g .$$

Zahlenwerte von ε_g, ε_{CO_2} u. β_{H_2O} werden durch Abb. 7 a. a. O. mitgeteilt, jedoch fehlen solche für $\Delta \varepsilon_g$.

Nunmehr wird für den Wärmeübergangskoeffizienten bei Gasstrahlung angegeben:

$$\alpha_g = \frac{\varepsilon_g \cdot C_0}{T_g - T_w} \left[\left(\frac{T_g}{100} \right)^4 - \left(\frac{T_w}{100} \right)^4 \right] \text{ kcal/m}^2\text{h °C}. \qquad (6.12)$$

Außer den bereits genannten Größen müssen hierin sein:

$C_0 = 4{,}96$ Strahlungskonstante des absolut schwarzen Körpers in kcal/m²h °K⁴

T_w absolute Wandtemperatur in °K

b.2) *Flammenstrahlung*, zutreffend für Dieselmotor

Im Gegensatz zur Wärmeübertragung durch Konvektion und Gasstrahlung wird ausschließlich „die durch Flammenstrahlung übertragene Wärmemenge" angegeben durch

$$Q_F = \Sigma \varepsilon_F' C_0 \left[\left(\frac{T_F}{100} \right)^4 - \left(\frac{T_w}{100} \right)^4 \right] F \, \Delta t \text{ kcal/h}. \qquad (6.13)$$

Darin sind ferner

ε_F' „virtueller Schwärzegrad" der Flamme

T_F absolute Flammentemperatur in °K

$\Delta_T = T_F - T_w$

F bestrahlte Fläche

Für den virtuellen Schwärzegrad wird nach L. Belinskij*** gesetzt

$$\varepsilon_F' = \frac{0{,}18}{1 + \frac{1 - \varepsilon_F}{\varepsilon_F} \cdot 0{,}9}$$

mit

$$\varepsilon_F = \varepsilon_{F0} \left(1 - e^{-1{,}3\, pl}\right),$$

worin „bei den in Dieselmotoren vorkommenden Temperaturen (> 2000 °C) $\varepsilon_{F0} \approx 1$ ist."

Nr. II, 5: Gleichung von *Annand* (1963), [54] a. a. O., S. 988

In seiner Gleichung zerlegt Annand wie Nußelt die insgesamt übertragene Wärme in die beiden aus Konvektion und Strahlung stammenden Teile. Bei der Konvektion verwendete er jedoch bereits die aus der Ähnlichkeitstheorie gewonnenen Beziehungen, die durch die Nußelt- und Reynoldszahl gekennzeichnet sind. Bei dem Strahlungsglied

* Z. für Techn. Physik, Moskau 1958, No. 8
** Grundlagen der Wärmeübertragung, Moskau: 1958.
*** Trudi NILD No. 1, Moskau: 1955.

unterscheidet er die Strahlung im Otto- und Dieselmotor durch entsprechende Beiwerte. Die Gleichung lautet:

$$\frac{q}{A} = \frac{ak}{D} (\mathrm{Re})^b (T - T_w) + c(T^4 + T_w^4). \tag{6.14}$$

Darin sind:

q Wärmestrom in C. h. u./sec

k Wärmeleitfähigkeit in C. h. u./ft sec (deg C)

A wärmeaufnehmende Wand in ft^2

D Zylinderdurchmesser in ft

Re Reynolds-Zahl

T Gastemperatur beim Arbeitsprozeß in K (fern der Wand)

T_w Wandtemperatur in K (an der Oberfläche gasseitig)

$a = 0{,}35 \cdots 0{,}8$ dimensionsloser Faktor für die konvektive Wärme je nach Motorart

$b = 0{,}7$ Exponent der Reynolds-Zahl

c Faktor für die Strahlungswärme in C. h. u./ft^2 sec (deg C)^4

$c = 1{,}6 \cdot 10^{-12}$ für Dieselmotoren

$c = 2{,}1 \cdot 10^{-13}$ für Ottomotoren

Die Zahlenwerte der Wärmeleitfähigkeit und der in der Re-Zahl enthaltenen kinematischen Zähigkeit sind auf Druck und Temperatur des Arbeitsgases zu beziehen.

Nr. II, 6: Gleichung von *Woschni* (1965/1970), [55, 56, 57]

Die von Woschni entwickelten und in den Jahren 1965 bis 1970 mitgeteilten drei Gleichungen blieben in ihrer Grundform bestehen. Er ging dabei systematisch von den Beziehungen der Ähnlichkeitstheorie aus, die für den Wärmeübergang in einem turbulent durchströmten Rohr von Nußelt [18] gefunden wurde und die seitdem mit den drei Kenngrößen von Reynolds, Prandtl und Nußelt sowie den geometrischen Größen Rohrdurchmesser d und Rohrlänge l ausgedrückt werden durch

$$\mathrm{Nu} = f(\mathrm{Re}, \mathrm{Pr}, d/l).$$

In den Kenngrößen sind bekanntlich die Stoffgrößen Wärmeleitfähigkeit λ, dynamische Zähigkeit η, spezifische Wärmekapazität c und Dichte ϱ enthalten, die in bestimmte Funktionen von Druck p und Temperatur T gebracht werden können; setzt man noch die Geschwindigkeit proportional der mittleren Kolbengeschwindigkeit c_m, so erhält Woschni:

1. Form 1965 [55] a. a. O., S. 129 u. 132

a) in allgemeiner Form mit der effektiven Gasgeschwindigkeit w

$$\alpha = 110 d^{-0{,}214} w^{0{,}786} p^{0{,}786} T^{-0{,}525} \quad \mathrm{kcal/m^2h\ ^\circ C},$$

b) in der speziellen Form der Proportionalität zwischen der effektiven Gasgeschwindigkeit w und mittleren Kolbengeschwindigkeit c_m

$$\alpha = C \cdot d^{-0{,}214} (c_m p)^{0{,}786} T^{-0{,}525} \quad \mathrm{kcal/m^2h\ ^\circ C}.$$

Darin ist für Dieselmotoren mit unmittelbarer Einspritzung

$C = 265$ bei Viertaktmotoren

$C = 390$ bei Zweitaktmotoren.

2. Form 1967 [56] a. a. O., S. 3073—3074

Bei dieser Form ist der c_m-Funktion ein sogenanntes Verbrennungsglied für den Verbrennungsvorgang und dem Ausdehnungshub mit der Konstanten C_2 hinzugefügt und gleichzeitig sind die Exponenten mit Rücksicht auf die allgemeine Genauigkeit der α-Gleichung gegenüber der 1. Form abgerundet. Sie lautet:

$$\alpha = 110 d^{-0,2} p^{0,8} T^{-0,53} \left[C_1 c_m + C_2 \frac{V_s T_1}{p_1 V_1} (p - p_0) \right]^{0,8} \text{ kcal/m}^2\text{h °C}.$$

Hierin sind für die Konstanten zu setzen:

$C_1 = 6{,}18$ für den Ladungswechsel

$C_1 = 2{,}28$ für den Verdichtungs- und Ausdehnungshub

$C_2 = 3{,}24 \cdot 10^{-3}$ in m/sec deg C (während des Ausdehnungshubes ist $p > p_0$, sonst $p \approx p_0$)

3. Form 1970 [57] a. a. O., S. 496

Gegenüber der 2. Form sind auf Grund weiterer Versuche und Betrachtungen die Zahlenwerte der Konstanten C_1 und C_2 auf die verschiedenen Verbrennungsverfahren abgestimmt worden. Diese 3. und „endgültige Gleichung für die örtliche Wärmeübergangszahl im Zylinder" lautet:

$$\alpha = 110 d^{-0,2} p^{0,8} T^{-0,53} \left[C_1 c_m + C_2 \frac{V_H T_1}{p_1 V_1} (p - p_0) \right]^{0,8} \text{ kcal/m}^2\text{h °K}. \tag{6.15}$$

Hierin sind für die Konstanten zu setzen:

$C_1 = 6{,}18 + 0{,}417 c_u/c_m$ für den Ladungswechsel

$C_1 = 2{,}28 + 0{,}308 c_u/c_m$ für den Verdichtungs- und Ausdehnungshub

„Das zweite Glied berücksichtigt dabei jeweils den Einfluß des Eintrittsdralls, wobei $c_u = d\,\pi n_D$ die Umfangsgeschwindigkeit der Luft mit der im Stationärversuch bestimmten Drehzahl n_D eines Flügelradanemometers von $0{,}7d$ Durchmesser bedeutet".

$C_2 = 3{,}24 \cdot 10^{-3}$ in m/s °K für unmittelbare Einspritzung und M-Verfahren

$C_2 = 6{,}22 \cdot 10^{-3}$ in m/s °K für Vorkammermotoren („ein Unterschied zwischen dem Gaszustand in Vorkammer und Hauptbrennraum wird nicht getroffen").

Die übrigen Größen der Gleichung sind:

p Druck des Arbeitsgases *mit* Verbrennung in kp/cm²
T Temperatur des Arbeitsgases mit Verbrennung in °K
p_1 Druck des Arbeitsgases in kp/cm² bei Beginn der Verdichtung
T_1 Temperatur des Arbeitsgases in °K bei Beginn der Verdichtung
V_1 Volumen des Arbeitsgases in m³ bei Beginn der Verdichtung
V_H Hubvolumen des Arbeitszylinders in m³
d Durchmesser des Arbeitszylinders in m
c_m mittlere Kolbengeschwindigkeit in m/s
p_0 Druck des Arbeitsgases *ohne* Verbrennung in kp/cm².

6.2 Stoffwerte einiger fester Stoffe, Flüssigkeiten und Gase für den Bereich der Verbrennungskraftmaschine: Zahlentafeln 1.1–1.7

Zahlentafel 1.1. *Wärmeleitfähigkeit einiger fester Stoffe (Werkstoffe) und Flüssigkeiten*

Nr.	Stoff	t °C	λ W/mK
1*	Kupfer		
	sehr rein	20	395
	Handelsware	20	372
2	Aluminium 99,75 Al	20	229
3	Duraluminium	20	165
	94—96 Al; 3—5 Cu; 0,5 Mg	100	181
		200	194
4	Schmiedeeisen, rein	0	59
		200	52
		400	44
		600	37
		800	29
5	Gußeisen	20	58
6a	Stahl 0,8 Cr; 0,2 C	20	40
6b	Stahl 17—19 Cr; 8 Ni; 0,1—2 C	20	14,5
		200	17,2
		500	21
7	Graphit fest	20	10—150
8	Silikatsteine	100	0,8—1,34
		500	1,1—1,4
		1000	1,4—1,9
9	Schamottesteine	100	0,5—1,2
		1000	0,7—1,4
10	Gips (Stuck-) $CaSO_4$	20	0,42
11	Aluminiumoxide		
	a) 70 Al_2O_3 + 30Ni_nAl_m	20	2,2—4,6[1]
	b) Al_2O_3 chem. rein	20	1,6—2,8[1]
	c) $Al_2O_3 \cdot SiO_2$ mit 80% Al_2O_3	20	2,4[2]
	d) 99,7 Al_2O_3	20	13,5[2]
	e) 99,7 Al_2O_3	20—100	21[2]
	f) Al_2O_3 chem. rein	540—1100	2,7[3]
	g) 99 Al_2O_3	90	2,1[4]
		260	1,6
12	Hochtemperaturkoks		
	$\varrho = 900—1000$ kg/m³	20—30	0,7—1,5
13	Schwelkoks		
	$\varrho = 650—800$ kg/m³	20—30	0,13—0,18
14	Ruß		
	$\varrho = 99—750$ kg/m³	20—30	0,03—0,1

Zahlentafel 1.1 (*Fortsetzung*)

Nr.	Stoff	t °C	λ W/mK
15	Wasser H_2O		
	beim Sättigungsdruck $p_s = 0{,}006108$ bar	0	0,563
	$p_s = 0{,}12348$ bar	50	0,642
	$p_s = 1{,}01325$ bar	100	0,681
	$p_s = 1{,}9855$ bar	120	0,687
	$p_s = 2{,}702$ bar	130	0,688 } max
	$p_s = 3{,}614$ bar	140	0,688 } max
	$p_s = 4{,}760$ bar	150	0,687
	$p_s = 7{,}920$ bar	170	0,681
16	Äthylenglykol $C_2H_6O_2$		
	bei $p = 0{,}99592 \approx 1$ bar (= 747 mm Hg)		
	mit 0%[5] H_2O $t_s = 196{,}7$ (196,7)[6] °C	40	0,258[7]
		80	0,266
	mit 20% H_2O $t_s = 147{,}6$ (124,0) °C	40	0,303
		80	0,312
	mit 40% H_2O $t_s = 128{,}5$ (111,3) °C	40	0,366
		80	0,385
	mit 80% H_2O $t_s = 107{,}0$ (101,5) °C	40	0,529
		80	0,566
17	Glycerin $C_3H_8O_3$		
	bei $p = 1{,}01325$ bar (= 760 mm Hg)		
	mit 0%[5] H_2O $t_s = 290{,}0$ (290,0)[6] °C	40	0,289[7]
		80	0,294
	mit 20% H_2O $t_s =$ (121,0) °C	40	0,335
		80	0,350
	mit 40% H_2O $t_s =$ (109,0) °C	40	0,397
		80	0,423
	mit 80% H_2O $t_s =$ (101,8) °C	40	0,546
		80	0,585

* Nr. 1—9 nach E. Schmidt [1]

Nr. 10—11 a/d nach Messungen im IVKM-TUB
e nach Haldenwanger-Prospekt
f nach Metro-Prospekt
g nach Union-Carbide-Prospekt

Nr. 12—17 Landolt-Börnstein [13b], Bandteile a u. b, 4. Teil, soweit nicht nach Fußnote 6 aus anderer Quelle.

[1] Schichten hergestellt im Plasma-Verfahren
[2] Körper der Fa. Haldenwanger, Berlin
[3] Schicht hergestellt im Thermo-Spray-Verfahren
[4] Schicht hergestellt im Flammenspritz-Verfahren (flame-plating)
[5] Gewichts-Prozente
[6] Timmermans, J.: The Physico-chemical Constants of Binary Systems in Concentrated Solutions. New York: Interscience 1960
[7] Werte beim Sättigungsdruck der Lösung

Zahlentafel 1.2. *Wärmeleitfähigkeit von Luft*

$\lambda \cdot 10^4 \rightarrow$ / $t \downarrow$	λ_1	λ_2	λ_3	λ_4	λ_5 [1]	λ_{Lu} [2]
°C	W/mK					
0	242	240,7	244,2	243	263	240,9
100	310	305,9	323,3	314	336	306,6
200	367	369,8	395,4	386	404	368,3
300	429	431,5	465,2	453	466	427,0
400	485	488,5	523,4	515	523	483,5
500	—	546,6	581,5	569	578	538,0
600	581	602,4	628,0	622	628	590,9
700	—	648,9	668,7	666	676	642,6
800	669	699,0	709,4	705	—	692,9
900	—	743,1	744,3	741	763	742,3
1000	762	787,4	779,2	770	—	790,7
1100	—	829,2			844	838,2
1200	846				—	885,0
1300	—				894	931,0
1400	930				—	976,4
1500	—				996	1021,1
1600	1012				—	1065,3
1700					1059	1108,9
1800					—	1152,1
1900					1118	1194,8
2000						1237,0

[1] bei Eckert bezieht sich der Zahlenwert auf eine um 27 °C erhöhte Temperatur wegen der Quelle (Hilsenrath u. a.) mit Kelvin-Scala

[2] nach Gl. (1.18): $\lambda_{Lu} = 3{,}17 \cdot 10^{-4} \cdot T^{0{,}772}$ W/mK

Es sind entnommen:

λ_1 aus E. Schmidt [1] a. a. O., S. 394, Tab. 49
λ_2 aus Geier und Schäfer [8] a. a. O., Tab. 1
λ_3 aus Boie [9] a. a. O., Tafel 13 nach Vargaftik
λ_4 aus VDI-Wärmeatlas [12] a. a. O., Abschn. Db 4
λ_5 aus Eckert [3] a. a. O., Anhang S. 302

Zahlentafel 1.3. *Wärmeleitfähigkeit von einzelnen Gasen und einem stöchiometrischen Verbrennungsgas*

$\lambda \cdot 10^4 \rightarrow$ t ↓	λ_{CO_2}	λ_{N_2}	λ_{H_2O}	λ_{Gem} [1]	λ_{VG} [2]
°C	W/mK				
0	148,9[3]	239,6[3]	(162,0)[3]	217,1	221,1
100	231,4	303,5	246,5	286,2	287,0
200	315,1	365,2	334,9	354,2	350,2
300	394,3	423,3	433,8	420,2	411,2
400	464,0	474,5	528,0	479,2	470,4
500	530,3	525,7	659,4	541,9	528,2
600	589,6	567,5	746,6	591,6	584,8
700	647,8	610,6	862,9	645,4	640,4
800	703,6	648,9	963,0	693,6	695,0
900	753,6	686,2	1075,7	741,5	748,9
1000	803,6	719,9	1188,6	786,8	801,9
1100	849,0	749,0			854,3
1200					906,1
1300					957,3
1400					1000,0
1500					1058,1
1600					1107,9
1700					1157,2
1800					1206,1
1900					1254,6
2000					1302,7

[1] nach Gl. (1.17) für ein stöchiometrisches Verbrennungsgas mit $CO_2 = 12{,}77$; $H_2O = 13{,}51$ und $N_2 = 73{,}72$ Vol.-%

[2] nach Gl. (1.19): $\lambda_{VG} = 2{,}02 \cdot 10^{-4} \cdot T^{0{,}837}$ W/mK

[3] Die Zahlenwerte für CO_2, H_2O und N_2 sind entnommen aus Geier und Schäfer [8] a. a. O., Tab. 1

Zahlentafel 1.4. *Dynamische Viskosität einiger Flüssigkeiten*

Nr.	Stoff	t °C	$\eta \cdot 10^3$ Ns/m²
1	Wasser H_2O		
	beim Sättigungsdruck	0	1,757[1]
		20	1,002
		40	0,651
		60	0,4624
		80	0,3502
		100	0,2782
		120	0,2290
		140	0,1940
		160	0,168
	bei p = 0,980665 bar (= 735,559 mm Hg = 1 at)	0	1,792[1]
		20	1,002
		40	0,653
		60	0,466
		80	0,355
	Siedetemperatur t_s	99,1	0,282
2	Benzol C_6H_6		
	beim Sättigungsdruck	0	0,912[1]
		20	0,652
		40	0,495
		60	0,392
		70	0,351
	bei p = 1,01325 bar: Siedetemperatur t_s (= 760 mm Hg = 1 atm)	80,2	—
3	Äthylenglykol $C_2H_6O_2$		
	beim Sättigungsdruck mit 0% H_2O	20	19,9[2] (21,4)[3]
		40	9,13
		60	4,95
		80	3,02
		100	1,99
	bei p = 1 bar: Siedetemperatur t_s (= 750,062 mm Hg)	196,7	—
	beim Sättigungsdruck mit 10% H_2O[4]	20	13,7[3]
	mit 20% H_2O	20	9,70
	mit 40% H_2O	20	5,25
	mit 80% H_2O	20	1,72
4	Glycerin $C_3H_8O_3$		
	beim Sättigungsdruck mit 0% H_2O	0	12070[1]
		20	1412
		40	284
		60	81,3
		80	31,9
		100	14,8
	bei p = 1,01325 bar: Siedetemperatur t_s (= 760 mm Hg = 1 atm)	290,5	—
	beim Sättigingsdruck mit 10% H_2O[4]	20	234,6[1]
		30	115,3
	mit 20% H_2O	20	62,0
		30	34,9
	mit 40% H_2O	20	10,96
		30	7,31
	mit 80% H_2O	20	1,77
		30	1,36

Zahlentafel 1.4 (*Fortsetzung*)

Nr.	Stoff	t °C	$\eta \cdot 10^3$ Ns/m²
5	Schmieröl Motorenöl SAE 40 (Sommeröl)	0	2714[5]
		20	472,7
		40	131,0
		60	49,82
		80	23,31
		100	12,83
		120	7,87
6	Schmieröl Motorenöl SAE 10 W (Winteröl)	0	398,6[5]
		20	97,75
		40	34,40
		60	15,93
		80	8,675
		100	5,322
		120	3,557
7	Schmieröl Motorenöl SAE 10 W—50 (Mehrbereichsöl)	0	671,8[5]
		20	220,7
		40	92,22
		60	45,44
		80	25,59
		100	16,22
		120	10,81

[1] Landolt-Börnstein [13a] 5. Teil
[2] Hütte (Stoffhütte), 4. Aufl. Verlag von Wilhelm Ernst & Sohn, Berlin—München: 1967.
[3] Timmermans (s. Fußn. 6 bei Zahlentafel 1.1)
[4] Gewichts-Prozente
[5] Nach Angaben der Fa. BP, Hamburg

Zahlentafel 1.5. *Dynamische Viskosität von Luft*

$\eta \cdot 10^6 \rightarrow$ t ↓	η_1	η_2	η_3	η_4	η_5[1]	η_6	η_{Lu}[2]
°C	Ns/m²						
0	17,06	17,191	16,965	17,200	18,479	17,18	18,6
100	21,77	21,868	21,309	21,810	22,869	21,64	22,5
200	25,89	25,918	25,252	25,840	26,719	25,63	26,0
300	29,62	29,439	28,674	29,469	30,223	29,24	29,3
400	32,95	32,871	31,969	32,754	33,349	32,52	32,3
500	—	36,088	34,960	35,794	36,294	35,55	35,1
600	38,54	39,089	37,657	38,638	39,025	38,29	37,8
700	—	41,933	40,207	41,188	41,536	40,86	40,4
800	44,42	44,581	42,511	43,639	—	43,23	42,9
900	—	47,111	44,718	45,895	46,315	45,50	45,3
1000	49,33	49,484	46,875	47,954	—	47,66	47,6
1100	—	—			50,652	49,74	49,9
1200	53,74	53,681			—	51,76	52,0
1300	—	—			54,587	53,75	54,1
1400	57,86	57,349			—	55,73	56,2
1500	—				58,312	57,72	58,2
1600	61,58				—	59,74	60,2
1700					61,952		62,1
1800					—		64,0
1900					65,440		65,9
2000							67,7

[1] bei Eckert bezieht sich der Zahlenwert auf eine um 27 °C erhöhte Temperatur wegen der Quelle (Hilsenrath u. a.) mit Kelvin-Scala

[2] nach Gl. (1.21): $\eta_{Lu} = 0{,}612 \cdot 10^{-6} \cdot T^{0{,}609}$ Ns/m²

Es sind entnommen:

η_1 aus Schmidt [1] a. a. O., S. 394, Tabelle 49
η_2 aus Rammler [10] a. a. O., S. 622, Tafel 3
η_3 aus Boie [9] a. a. O., Tafel 17
η_4 aus VDI-Wärmeatlas [12] a. a. O., Abschn. Db 4
η_5 aus E. Eckert [3] a. a. O., Anhang S. 302
η_6 aus Landolt-Börnstein [13a] 5. Teil, a. a. O., Abschn. 25, S. 7

Zahlentafel 1.6. *Dynamische Viskosität von einzelnen Gasen und einem stöchiometrischen Verbrennungsgas*

$t \downarrow$ / $\eta \cdot 10^6 \rightarrow$	η_{CO_2}	η_{H_2O}	η_{N_2}	η_{Gem} [1]	η_{VG} [2]
°C	Ns/m²				
0	13,7[3]	8,9[3]	16,6[3]	15,3	16,0
100	18,2	12,5	20,9	19,6	19,8
200	22,4	16,1	24,8	23,4	23,3
300	26,2	19,8	28,3	27,0	26,5
400	29,9	23,4	31,5	30,3	29,5
500	32,8	27,1	34,4	33,3	32,5
600	36,1	30,8	37,0	36,2	35,3
700	38,8	34,5	39,5	38,8	37,9
800	41,4	38,1	41,9	41,3	40,5
900	43,5	41,8	44,0	43,7	43,1
1000	45,9	45,4	46,1	46,0	45,5
1100	48,0	48,9	48,1	48,2	47,9
1200	50,0	52,5	50,1	50,4	50,3
1300	52,0	56,0	52,0	52,5	52,6
1400	53,9	59,5	54,0	54,7	54,8
1500	55,9	62,9	55,9	56,7	57,0
1600	57,8	66,3	57,8	58,8	59,2
1700					61,3
1800					63,4
1900					65,5
2000					67,5

[1] nach Gl. (1.20) für ein stöchiometrisches Verbrennungsgas mit $CO_2 = 12{,}77$; $H_2O = 13{,}51$ und $N_2 = 73{,}72$ Vol.-%

[2] nach Gl. (1.22): $\eta_{VG} = 0{,}355 \cdot 10^{-6} \cdot T^{0{,}679}$ Ns/m²

[3] Die Zahlenwerte für CO_2, H_2O und N_2 sind entnommen aus Landolt-Börnstein [13a] 5. Teil, a. a. O. Abschn. 25, S. 7

Zahlentafel 1.7. *Spezifische Wärmekapazität einiger fester Stoffe (Werkstoffe), Flüssigkeiten und Luft im Kühlbereich der Verbrennungskraftmaschine*

Nr.	Stoff	t °C	c_p kJ/kg K
1a*	Kupfer, rein	25 127 227 327	0,386 0,396 0,406 0,415
1b	Kupfer, Handelsware	20	0,419
2	Aluminium, rein	25 127 227 327	0,903 0,949 0,995 1,042
3	Duraluminium 94—96 Al; 3—5 Cu; 0,5 Mg	20	0,913
4	Schmiedeeisen, rein	0 50 100 300 500	0,444 0,452 0,479 0,565 0,657
5	Gußeisen 3 C	20	0,540
6a	Stahl (V2A-vergütet)	20	0,477
6b	Stahl 17—19 Cr; 8 Ni; 0,1—0,2 C	20 500	0,477 0,607
7	Wasser H_2O	20 40 60 80 100	4,182 4,178 4,184 4,196 4,216
8	Äthylenglykol $C_2H_6O_2$	0 20 50 100	2,26 2,36 2,50 2,85
9	Glycerin $C_3H_8O_3$	−50 0 50 100	2,03 2,26 2,51 2,80
10	Luft	0 100 200 300 500	1,006 1,012 1,026 1,046 1,093

* Nr. 1b, 3, 5, 6a/b nach E. Schmidt [1]
Nr. 1a, 2 Landolt-Börnstein [13a] 4. Teil
Nr. 4 Landolt-Börnstein [13b] 2. Teil
Nr. 7 Landolt-Börnstein [13b] 4. Teil, Bandteil a
Nr. 8, 9 VDI-Wärmeatlas [12] Blatt Dc 12
Nr. 10 VDI-Wärmeatlas [12] Blatt Db 9

Schrifttum

[1] *Schmidt, E.:* Einführung in die Technische Thermodynamik, 10. Aufl. Berlin—Göttingen—Heidelberg: Springer 1963.

[2] *Gröber, H., Erk, S., Grigull, W.:* Die Grundgesetze der Wärmeübertragung, 3. Aufl. Berlin—Göttingen—Heidelberg: Springer 1955; 3. Neudruck: 1963.

[3] *Eckert, E.:* Einführung in den Wärme- und Stoffaustausch, 3. Aufl. Berlin—Heidelberg—New York: Springer 1966.

[4] *Schack, A.:* Der industrielle Wärmeübergang, 5. Aufl. Düsseldorf: Verlag Stahleisen 1957; 7. Aufl. 1969.

[5] *Gregorig, R.:* Wärmeaustausch und Wärmeaustauscher, 2. Aufl. Aarau—Frankfurt/Main: Verlag Sauerländer 1973.

[6] *Zinzen, A.:* Dampfkessel und Feuerungen, 2. Aufl. Berlin—Göttingen—Heidelberg: Springer 1957.

[7] *Rietschel, H., Raiß, W.:* Heiz- und Klimatechnik, 15. Aufl., Bd. 2. Berlin—Heidelberg—New York: Springer 1970.

[8] *Geier, H., Schäfer, K.:* Wärmeleitfähigkeit von reinen Gasen und Gasgemischen zwischen 0 °C und 1200 °C. Allg. Wärmetechnik **10**, 70—75 (1963).

[9] *Boie, W.:* Vom Brennstoff zum Rauchgas. Leipzig: Teubner Verlag 1957.

[10] *Rammler, E.:* Über die Zähigkeit von Gasen und Gasgemischen sowie ihre Abhängigkeit von der Temperatur. Die Wärme **60**, 620—624, 636—640 (1937).

[11] *Pflaum, W.:* IS-Diagramme für Verbrennungsgase, 2. Aufl.
Teil I: Die Diagramme. (Unter Mitarbeit von H.-E. Peterek.) VDI-Verlag 1960.
Teil II: Anwendungen und Vorausberechnungen bei dem Kolbenmotor und der Gasturbine. (Unter Mitarbeit von F. Zacharias.) VDI-Verlag 1974.

[12] VDI-Wärmeatlas, VDI-Verlag 1963; 2. Aufl. 1974

[13] *Landolt-Börnstein:* Zahlenwerte und Funktionen. Berlin—Heidelberg—New York: Springer.
a) II. Bd. Eigenschaften der Materie ..., 4. Teil: Kalorische Zustandsgrößen, 6. Aufl. 1961; 5. Teil: Transportphänomene, Bandteil a, 6. Aufl. 1969.
b) IV. Bd. Technik, 2. Teil: Stoffwerte und Verhalten von metallischen Werkstoffen, Bandteil a, 6. Aufl. 1963; 4. Teil: Wärmetechnik, Bandteil a, 6. Aufl. 1967, und Bandteil b, 6. Aufl. 1972.

[14] *Reynolds, O.:* On the Motion of Water. Philos. Trans. **174**, 935 (1884).

[15] *Weber, M.:* Das allgemeine Ähnlichkeitspirnzip der Physik und sein Zusammenhang mit der Dimensionslehre und der Modellwissenschaft. Jb. d. Schiffbautechn. Ges. (STG) **1930**, 274 ff.

[16] *Nußelt, W.:* Der Wärmeübergang in Rohrleitungen. Forschungsarbeiten a. d. Geb. d. Ingenieurwesens herausgeg. v. VDI **89**, 1—38 (1910), (Habilitationsschrift); s. auch Z. VDI **53**, 1750 (1909) und Z. VDI **54**, 1154—1158 (1910).

[17] *Nußelt, W.:* Das Grundgesetz des Wärmeüberganges. Z. Gesundheits-Ing. **38**, 477—482, 490—496 (1915).

[18] *Nußelt, W.:* Der Wärmeübergang im Rohr. Z. VDI **61**, 685—689 (1917).

[19] *Prandtl, L.:* Eine Beziehung zwischen Wärmeaustausch und Strömungswiderstand der Flüssigkeiten. Phys. Z. **11**, 1072—1078 (1910).

[20] *Hausen, H.:* Wärmeübertragung im Gegenstrom, Gleichstrom und Kreuzstrom. Berlin—Göttingen—Heidelberg: Springer 1950.

[21] a) *Taylor, Ch. Fa.:* The Internal Combustion Engine in Theory and Practice. New York—London: MIT and J. Wiley 1960.
b) *Taylor and Taylor:* Internal Combustion Engine, S. 182 ff. Scranton, Penn.: International Textbook Company 1961. (S. die Literaturrecherche „Wärmeübergang in hochbelasteten Dieselmotoren" von Woschni u. Wu-jen Chen, Forschungsberichte H. 135 (1972) der Forschungsvereinigung Verbrennungskraftmaschinen e. V., Frankfurt/Main.)

[22] *Taylor, C. F., Toong, Tau-Yi:* Heat Transfer in Internal Combustion Engines. ASME—AIChE Heat Transfer Conference paper No. 57-HT-17 (1957).

[23] *Pflaum, W., Haase, W.:* Allgemeine Verfahren zur Vorausberechnung von Auflademaschinen mit Abgasturbolader. MTZ **25**, 5—12 (1964).

[24] *Pflaum, W.:* Steigerung von Leistung und Brennstoffausnutzung durch hochaufgeladene Dieselmotoren. MTZ **13**, 29—35 (1952).

[25] *Zinner, K.*: Einige Ergebnisse realer Kreisprozeßrechnungen über die Beeinflußmöglichkeit des Wirkungsgrades von Dieselmotoren. MTZ **31**, 243–254 (1970).

[26] *Zapf, H.*: Einfluß der Kühlmittel- und Zylinderraumoberflächentemperatur auf die Leistung und den Wirkungsgrad von Dieselmotoren. MTZ **31**, 499–505 (1970).

[27] *Pflaum, W.*: Von der Idee zur Wirklichkeit — Der Weg des Dieselmotors in seinen ersten 50 Jahren. Festvortrag auf der VDI-Tagung „75 Jahre Dieselmotor" in Augsburg am 16. 3. 1972, s. MTZ **33**, 227–237 (1972).

[28] *Eichelberg, G.*: Temperaturverlauf und Wärmespannungen in Verbrennungsmaschinen. Z. VDI **70**, 429–436 (1926). (S. dazu die spätere Abhandlung „Zeitlicher Verlauf der Wärmeübertragung im Dieselmotor" in VDI-Forschungsheft **300** (1927).)

[29] a) *Wacker, E., Strecker, E., Sarsten, A., Haaland, E.*: Finite Element-Programme zur Berechnung von Brennraum-Bauteilen. MTZ **32**, 267–279 (1971) mit ausführlicher Schrifttumsangabe zur Entwicklung des Verfahrens.
b) *Wacker, E., Strecker, E., Sarsten, A., Haaland, E.*: Temperatur-, Spannungs- und Verformungsberechnung mit Finite Element-Programmen. MTZ **34**, 57–58 (1973).

[30] *Svoboda, M., van Winsen, F.*: Einfluß einer Verrippung auf die Wandtemperatur und abgegebene Wärmemenge. MTZ **33**, 15–17 (1972).

[31] *Nußelt, W.*: Der Wärmeübergang in der Verbrennungskraftmaschine Z. VDI **67**, 692–695, 708–711 (1923); (Vgl. den späteren ausführlichen Bericht in VDI-Forschungsheft **264** (1923).)

[32] *Nußelt, W.*: Der Wärmeübergang in der Dieselmaschine. Z. VDI **70**, 468–470 (1926).

[33] *Nußelt, W., Jürges, W.*: Die Kühlung einer ebenen Wand durch einen Luftstrom. Z. Gesundheits-Ing. **45**, 641 (1922).

[34] *Clerk*: On the Specific Heat of, Heat flow from and other Phenomena of, the Working Fluid in the Cylinder of the Internal Combustion Engine. Proceedings Roy. Soc. **A 77**, 500 (London) (1906).

[35] *Nägel, A.*: Die Dieselmaschine der Gegenwart: Anwendung des Zweitaktverfahrens. Z. VDI **67**, 725 ff., insbes. 730–731 (1923).

[36] *Briling, N. R.*: Untersuchung des Arbeits- und Wärmeübergangsvorgangs in Dieselmotoren (russ.). Moskau: M.-L., ONTI 1931.

[37] *Walker, G.*: Heat Transfer in a Gasoline Engine. The Engineer **24**, 690–695 (1967).

[38] *Mackerle, J.*: Luftgekühlte Fahrzeugmotoren (aus der tschechischen Originalausgabe von 1960 übersetzt und bearbeitet von P. Jehlicka und H. Moebius). Stuttgart: Franckh'sche Verlagshandlung 1964.

[39] *Wanscheidt, W. A.*: Theorie der Dieselmotoren, Berlin: Verlag Technik 1955; 2. Aufl.: 1968.

[40] *Librowitsch, B. G., Brysgow, N. N.*: Untersuchung eines Vorkammermotors (russ.). Moskau: ONTI 1937.

[41] *Tijen, H. W., Visser, H., de Mooy, A.*: Cylinder Wall Temperatures in Four-Cycle and in Two-Cycle Diesel-Engines, as dependent on mean indicated pressure, piston speed and bore. Cimac, 1959 (Wiesbaden), Bericht **A 12**, 405–425.

[42] *van Tyen, H. W.*: Method for Calculation of Cylinder Liner Temperatures in Diesel-Engines. Diss., TH Delft, 1962. (Verfasser ist dieselbe Person wie der erstgenannte Verfasser bei [41].).

[43] *Eichelberg, G.*: Some new investigations on old combustion-engine problems. Engineering **1939**, 463–466, 547–550.

[44] *Eichelberg, G.*: Zeitlicher Verlauf der Wärmeübertragung im Dieselmotor. Z. VDI **72**, 463 (1928).

[45] *Salzmann, Fr.*: Wärmefluß durch Kolben und Kolbenring. Diss., E. T. H. Zürich (1932).

[46] *Hug, K.*: Messung und Berechnung von Kolbentemperaturen in Dieselmotoren. Mittlgn. a. d. Inst. f. Thermodynamik und Verbrennungsmotorenbau a. d. E. T. H. Zürich Nr. 1 (1937).

[47] *Pflaum, W.*: Der Wärmeübergang bei Dieselmaschinen mit und ohne Aufladung. Jb. der Schiffbautechn. Gesellschaft (STG) **1960**, 39–64. (Auszug s. MTZ **22**, 70–74 (1961) und Engrs' Digest (New York) **22**, 86 ff. (1961).)

[48] *Pflaum, W.*: Diskussionsbeitrag zum Bericht A 11 Fritz Schmidt: New investigations and experiences relating to the tubocharging of large two-stroke engines. Cimac, 17.–22. Juni 1962 (Kopenhagen), 541–544.

[49] *Pflaum, W.*: Heat Transfer in internal combustion engines. Vortrag auf der I[a] Conferenza Internazionale di Termotecnica, 22.–27. November 1962 (Mailand), Wiedergabe in La Termotecnica **1963**, 235–246.

[50] *Elser, K.*: Der instationäre Wärmeübergang in Dieselmotoren (Theoretische und experimentelle Untersuchungen). Mittlgn. a. d. Inst. f. Thermodynamik und Verbrennungsmotorenbau a. d. E. T. H. Zürich Nr. 15 (1954).

[51] *Oguri, T.*: On the Coefficient of Heat Transfer between Gases and Cylinder Walls of the Spark-Ignition Engine. Bulletin of ISME **3** (1960).

[51a] *Hara, M., Oguri, T.*: Measurement of Piston Temperature of Spark-Ignition Engine. Bulletin of ISME (Japan Society of Mech. Engs.) **2**, 382–389 (1959).

[52] *Overbye, V. D., Bennethum, J. E., Uyehara, O. A., Myers, P. S.*: Unsteady Heat Transfer in Engines. SAE-Paper 201 C Trans. **69**, 461–493 (1961), (Summer meeting 1960.).

[53] *Sitkei, G.*: Beitrag zur Theorie des Wärmeübergangs im Motor. Konstruktion **14**, 67–71 (1962).

[53a] *Sitkei, G., Ramanaiah, G. V.*: A Rational Approach for Calculation of Heat Transfer in Diesel Engines. SAE Paper 720027, 165–174 (1972).

[54] *Annand, W. J. D.*: Heat Transfer in the Cylinders of Reciprocating Internal Combustion Engines. Proc. Inst. Mech. Engrs. **177**, 973—990 (1963).

[54a] *Annand, W. J. D., Ma, T. H.*: Instaneous Heat Transfer Rates to the Cylinder Head Surface of a Small Compression-Ignition Engine. Proc. Inst. Mech. Engrs. **185**, 976—987 (1970/71).

[55] *Woschni, G.*: Beitrag zum Problem des Wärmeüberganges im Verbrennungsmotor. MTZ **26**, 128—133 (1965).

[56] *Woschni, G.*: A Universally Applicable Equation for the Instantaneous Heat Transfer Coefficient in the Internal Combustion Engine. SAE-Transactions Nr. 670931, 3065—3077 (1967).

[57] *Woschni, G.*: Die Berechnung der Wandverluste und der thermischen Belastung der Bauteile von Dieselmotoren. MTZ **31**, 491—499 (1970).

[58] *Zapf, H.*: a) Untersuchung des Wärmeübergangs in einem Viertakt-Dieselmotor während der Ansaug- und Ausschubperiode. M. A. N.-Forschungsheft Nr. 14 (1968/69); b) MTZ **30**, 461—465 (1969): Beitrag zur Untersuchung des Wärmeübergangs während des Ladungswechsels im Viertakt-Dieselmotor.

[59] *Kind, R.*: Messung des instationären Wärmeüberganges in einem Zweitakt-Dieselmotor hoher Drehzahl. Diss., E. T. H. Zürich, (1962).

[60] *List, H.*: Thermodynamik der Verbrennungskraftmaschine (Die Verbrennungskraftmaschine, Bd. 2). (List, H. Hrsg.) Wien: Springer **1939**.

[61] *Eichelberg, G., Pflaum, W.*: Untersuchung eines hochaufgeladenen Dieselmotors. Z. VDI **93**, 1113—1123 (1951).

[62] *Meurer, S.*: Der neue M. A. N. — Größtmotor mit 4000-PS-Zylinderleistung. MTZ **28**, 415—423 (1967).

[63] *Uyehara, O. A., Myers, P. S.*: Diesel Combustion Temperatures-Influence of Fuels of Selected Composition. SAE Quarterly Transactions **3**, 178—199 (1949).

[64] *Myers, P. S., Uyehara, O. A.*: Radiant Heat Transfer in Internal Combustion Engines. JSME Semi — International Symposium, Tokio, 1967.

[65] *Uyehara, O. A., Myers, P. S., u. a.*: Flame-Temperature Measurements in Internal-Combustion Engines. Trans. A. S. M. E. **1946**, 17—28.

[66] *Lyn, W. T.*: Diesel Combustion Study by Infra-Red Emission Spectroscopy. Journal of the Institute of Petroleum **43**, 25—42 (1957).

[67] *Ebersole, G. D., Myers, P. S., Uyehara, O. A.*: The Radiant and Convective Components of Diesel Engine Heat Transfer. SAE 701 C (1963).

[68] *Flynn, P., u. a.*: An Experimental Determination of the Instantaneous Potential Radiant Heat Transfer within an Operating Diesel Engine. SAE-Paper 720022, 1—31 (1972).

[69] *Oguri, T., Inaba, Sh.*: Radiant Heat Transfer in Diesel Engines. SAE Transactions, Paper 720023, 127—142 (1972).

[70] *Aepler, E., Baturin, C. N.*: Optische Methode zur Untersuchung der Rußkonzentration im Brennraum von Dieselmotoren. Maschinenbautechnik **24**, 103—108 (1975).

[71] *McAdams, W. H.*: Heat Transmission. New York: McGraw-Hill 1954. (Insbes. Chapter 4 von Hottel, H. C.: Radiant Heat Transfer, 55—139.).

[72] *Schmidt, E.*: Wärmestrahlung techn. Oberflächen bei gewöhnlicher Temperatur. Z. Gesundheits-Ing. **50** (1927), Beiheft 20 der Reihe 1, S. 18—19.

[73] *McAulay, K. J., u. a.*: Development and Evaluation of the Simulation of the Compression-Ignition-Engine. SAE-Trans. **73**, 560—589 (1965).

[74] *Hottel, H. C., Egbert, R. B.*: a) The Radiation of Furnace Gases. A. S. M. E. Trans. **63**, 297—307 (1941). b) Radiant Heat Transmission from Water Vapor. Trans. Americ. Inst. Chem. Engs. **38**, 531—565 (1942).

[75] *Hottel, H. C., Sarofim, A. F.*: Radiative Transfer. New York: McGraw-Hill 1967.

[76] *Schack, K.*: Berechnung der Strahlung von Wasserdampf und Kohlendioxid. Chemie Ing. Technik **42**, 53—58 (1970).

[77] *Elgeti, K.*: Ein neues Verfahren zur Berechnung des Strahlungsaustausches zwischen einem Gas und einer grauen Wand. BWK **14**, 1—6 (1962).

[78] *Hering, S.*: Berechnung des Wärmeaustausches in einer mit nichtleuchtender Flamme beheizten Feuerung. Diss., TH Karlsruhe, D 90 (1967).

[79] *Tietze, H.*: Berechnung des Strahlungsaustausches zwischen Flammen und Brennräumen. BWK **25**, 383—388 (1973).

[80] *Klette, G.-R.*: Kritische Betrachtung von Gleichungen für den Wärmeübergang im Kolbenmotor. Diss., TU Berlin, D 83 (1976).

[81] *Zapf, H.*: Untersuchungen zur Vorausberechnung der Ladungsendtemperatur in Viertakt-Dieselmotoren. MTZ **31**, 342—348 (1970).

[82] *Henein, N. A.*: Instantaneous Heat Transfer Rates and Coefficients between the Gas and Combustion Chamber of a Diesel Engine. Intern. Automotive Engg.-Congress; Detroit, Jan. 1965, Paper 969 B.

[83] *Le Feuvre, T., Myers P. S., Uyehara, O. A.*: Experimental Instantaneous Heat Fluxes in a Diesel Engine and their Correlation. SAE-Trans. Nr. 690464, **1969**, 1717—1738. (S. die ausführliche Darstellung in Le Feuvre: Instantaneous Metal Temperatures and Heat Fluxes in a Diesel Engine. PhD Thesis, Mech. Engr. Dept., University of Wisconsin (1968).).

[84] *Whitehouse, N. D., Annand, W. J. D., Ma, T. H.:* Heat Transfer in Compression-Ignition Engines. The Inst. of Mech. Engrs. Proceedings Vol. **185** 72/71 (1970–71).
a) First Paper by Whitehouse: Heat Transfer in a Quiescent Chamber Diesel Engine.
b) Second Paper by Annand and Ma: Instantaneons Heat Transfer Rates to the Cylinder Head Surface of a Small Compression-Ignition Engine.

[85] *Colebrook, C. F.:* Turbulent flow in pipes, with particular reference to the transition region between the smooth and rough pipe laws. Inst. Civ. Engrs. (London) **11**, 153–156 (1938–39).

[86] *Großmann, D.:* Beitrag zum instationären Wärmeübergang in einem Viertakt-Ottomotor. Diss., TU Braunschweig, D 84 (1969).

[87] *Weidenmüller, M.:* Zum Entwicklungsstand luftgekühlter Dieselmotoren. MTZ **34**, 115–121 (1973).

[88] *Scheiterlein, A.:* Der Aufbau der raschlaufenden Verbrennungskraftmaschine. Wien–New York: Springer 1964.

[89] *Bachle, C. F.:* Advantages of aircooling for vehicle engines. SAE-Journal **57**, Sept., 18–22 (1949).

[90] *Augustin, U.:* Luft- oder wassergekühlte Motoren. ATZ **46**, 447–454 (1943).

[91] *Bensinger, W. D.:* Die Flüssigkeitskühlung bei neuzeitlichen Kraftfahrzeugen, Vergleiche mit der Luftkühlung. ATZ **55**, 233–239 (1953).

[92] *Schmidt, E.:* Die Wärmeübertragung durch Rippen. Z. VDI **70**, 885–888, 947–951 (1926).

[93] *Schmidt, Th. E.:* Die Wärmeleitung von berippten Oberflächen. Abhandlg. d. deutschen Kältetechnischen Vereins, Heft 4, Karlsruhe 1950. (S. a. [12] Abschn. M.).

[94] *Helmbold, Th.:* Entwicklungsarbeiten an luftgekühlten Zylindern. Jahrbuch d. deutschen Luftfahrtforschung 1942, 11. Lieferung, S. II1–II9.

[95] *Kast, W., Krischer, O., Reinicke, H., Wintermantel, K.:* Konvektive Wärme- und Stoffübertragung. Berlin–Heidelberg–New York: Springer 1974.

[96] *Kraußold, H.:* Die Wärmeübertragung an Flüssigkeiten in Rohren bei turbulenter Strömung. Forschung Ing.-Wes. **4**, 39–44 (1933).

[97] *Hausen, H.:* Darstellung des Wärmeübergangs in Rohren. Z. VDI, Beiheft Verfahrenstechnik **1943**, 91–98.

[98] *Jeschke, H.:* Wärmeübergang und Druckverlust in Rohrschlangen. Techn. Mech. Ergänzungsheft zur Z. VDI **69**, 24–28 (1925).

[99] *Löhner, K.:* Leistungsaufwand zur Kühlung von Rippenzylindern bei geführtem Luftstrom. Diss., TH Berlin (1932). (S. a.: Löhner, K.: Die Entwicklung luftgekühlter Motoren mit Gebläsekühlung. ATZ **36**, 351–358 (1933).).

[100] *Müller, R.:* Luftkühlung. In: Bussien, R.: Automobiltechnisches Handbuch, 18. Aufl., Berlin: Technischer Verlag Herbert Cram 1965, Bd. I, 550–645.

[101] *Krischer, O., Kast, W.:* Wärmeübertragung und Wärmespannungen bei Rippenrohren. VDI-Forschungsheft **474** (1959).

[102] *Krischer, O.:* Die wissenschaftlichen Grundlagen der Trocknungstechnik, 1. Aufl. Berlin–Göttingen–Heidelberg: Springer 1956.

[103] *Berndorfer, H.:* Die Beeinflussung der Kühlverhältnisse an luftgekühlten Motorzylindern durch die Gestaltung der Luftführung. MTZ **15**, 291–298 (1954).

[104] *Lemmon, A. W., Colburn, A. P., Nottage, H. B.:* Heat transfer from a baffled-finned cylinder to air. Transact. ASME **67**, 601–612 (1945).

[105] *Berndorfer, H., Keidel, W.:* Luftkühlungsuntersuchungen an geheizten Rippenzylinder, Deutsche Luftfahrtforschung FB 981 (1938).

[106] *Löhner, K., Chonè, G.:* Wärmeübertragung an Rippen und Rippenzylindern. MTZ 18, 373–377 (1957). (S. a. Löhner, K.: Grundlagen der Luftkühlung der Brennkraftmaschine. MTZ **12**, 53–62 (1951).).

[107] *Berndorfer, H.:* Vorausberechnung des Kühlungsaufwandes von Motoren mit luftgekühlten Zylindern bei gegebener Verrippung und Luftführung. MTZ **14**, 57–59 (1953). (S. a. Diss., TH Stuttgart, D 93 (1948).)

[108] *Fritsche, O., Richter, H.:* Beitrag zur Kenntnis des Strömungswiderstandes gekrümmter rauher Leitungen Forschung Ing.-Wes. **4**, 307–314 (1933).

[109] Hütte II A, 28. Aufl. Berlin: Verlag Wilhelm Ernst & Sohn 1954.

[110] *Pflaum, W., Tandara, V.:* Zur Kavitation an Zylinderlaufbüchsen von Dieselmotoren. MTZ **30**, 82–91 (1969). (S. a. Dissertation Tandara, TU Berlin, D 83 (1968).).

[111] *Haselmann, L.:* Beitrag zum Wärmeübergang bei Kavitation, insbesondere in Verbrennungskraftmaschinen. Diss., TU Berlin, D 83 (1973). (S. a. [130]).

[112] *Streit, E.:* Mathematical simulation of a large turbocharged two stroke Diesel engine. SAE-Paper 710176 (1971).

[113] *Walger, O.:* Wärmeübergang in ringförmigen Strömungsquerschnitten. Chem. Ing. Tech. **25**, 474–476 (1953).

[114] *Hausen, H.:* Neue Gleichungen für die Wärmeübertragung bei freier und erzwungener Strömung. Allgem. Wärmetechnik **9**, 75–79 (1959).

[115] *Stephan, K.:* Wärmeübergang bei turbulenter und bei laminarer Strömung in Ringspalten. Chem. Ing. Techn. **34**, 207–212 (1962). (S. a. [12] Abschn. G.).

[116] *Jürges, W.*: Der Wärmeübergang an einer ebenen Wand. Beih. z. Z. Gesundh.-Ing., Reihe 1, Nr. 19 (1924). (S. a. Gesundh.-Ing. **1922**, 641 (Vorbericht s. [33])).

[117] *Jakob, M.*: Heat Transfer, Vol. I. New York—London: John Wiley & Sons — Chapman & Hall 1949.

[118] *Dimopoulos, N.*: Der kühlseitige Wärmeübergang in einem Zweitakt-Dieselmotor, Einfluß der Verdampfung. Mitt. Inst. Thermodynamik u. Verbrennungsmotorenbau, ETH Zürich, Nr. 18 (1955).

[119] *Ten Bosch, M.*: Die Wärmeübertragung, 3. Aufl., berichtigter Neudruck, Berlin—Göttingen—Heidelberg: Springer 1953.

[120] *Fritz, W.*: Grundlagen der Wärmeübertragung beim Verdampfen von Flüssigkeiten. Chem. Ing. Techn. **35**, 753—764 (1963).

[121] *Stephan, K.*: Mechanismus und Modellgesetz des Wärmeübergangs bei der Blasenverdampfung. Chem. Ing. Techn. **35**, 775—784 (1963).

[122] *Brauer, H.*: Berechnung des Wärmeübergangs bei ausgebildeter Verdampfung. Chem. Ing. Techn. **35**, 764—774 (1963).

[123] *Labundzow, D. A.*: Verallgemeinerte Beziehung für den Wärmeaustausch bei der Blasenverdampfung von Flüssigkeiten (russ.). Teploenergetika **7**, 76—81 (1960).

[124] *Grigull, U , Bach, I* : Die Oberflächenspannung und verwandte Zustandsgrößen des Wassers. BWK **18**, 73—75 (1966).

[125] *Fritz, W.*: Berechnung des Maximalvolumens von Dampfblasen. Phys. Z. **36**, 379—384 (1935).

[126] *Mc Fadden, P. W., Grassmann, P.*: The relation between bubble frequency and diameter during nucleate pool boiling. Intern. J. Heat Mass Transfer **5**, 169—173 (1962).

[127] *Rohsenow, W., Griffith, P.*: Correlation of maximum heat-flux data for boiling of saturated liquids. Chem. Engng. Progr. Sympos. Ser. **52**, 47—49 (1956).

[128] *Hempel, W.*: Beitrag zur Kenntnis der Seitenbewegung des Tauchkolbens. MTZ **27**, 5—10 (1966). (S. a. Dissertation Hempel, TU Berlin, D 83 (1965)).

[129] *Bullnheimer, H.*: Kühlwasserseitige Anfressungen an Zylinderlaufbuchsen und Gestellen schnellaufender Dieselmotoren. M. A. N.-Forschungsheft **9**, 20—32 (1960).

[130] *Pflaum, W., Haselmann, L.*: Wärmeübergang bei Kavitation MTZ **38**, 25—30 (1977). (S. a. Einfluß der Kavitation auf den Wärmeübergang, insbesondere bei den Zylinderlaufbuchsen von Verbrennungskraftmaschinen. DFG-Forschungsbericht „Kavitation" **1974**, 189—203, im Harald Boldt Verlag, Boppard).

[131] *Leistra, G. F.*: Der kühlseitige Wärmeübergang an einer Zylinderlaufbuchse eines Viertaktmotors. MTZ **29**, 103—104 (1968).

[132] *Kienlin, M. v.*: Maßnahmen zur Leistungssteigerung eines schnellaufenden Dieselmotors über 3000 PS. MTZ **23**, 192—199 (1962).

[133] *French, C. C. J.*: Problems arising from the water cooling of enginge components. Inst. Mech. Engrs., Proc. **184**, Part 1, No. 29 (1969—70).

[134] *McAdams, W. H., McAdams, A.*: Heat transfer at high rates for water with surface boiling. Ind. Engng. Chem. **41**, 1945—1953 (1949).

[135] *Knaack, K.*: Zur Berechnung der Wärmeübertragung in heißgekühlten Schiffsdieselmotoren. MTZ **35**, 147—154 (1974).

[136] *Klaunig, W., Bullinger, R.*: Heißkühlung, ein Verfahren zur Steigerung der Wirtschaftlichkeit von Verbrennungsmotorenanlagen. MTZ **29**, 15—19 (1968).

[137] *Steiger, A.*: Die Bedeutung der thermischen Belastung bei aufgeladenen Zweitakt-Dieselmotoren. Techn. Rundschau Sulzer **51**, 141—159 (1969).

[138] a) *Pischinger, A.*: Zur Frage der Wärmebelastung in Dieselmotoren. MTZ **16**, 181—186 (1955).
b) *Pischinger, A.*: Betriebstemperaturen an Einspritzventilen von Zweitaktdieselmotoren MTZ **14**, 317 bis 323 (1953).

[139] *Alcock, J. F.*: Thermal loading of Diesel Engines. Trans. of the Institute of Marine Engineers **77**, 279 bis 292 (1965).

[140] *Pahl, G* : Konstruktionstechnik im thermischen Maschinenbau. Konstruktion **15**, 91—98 (1963).

[141] *Beelich, K. H.*: Kriech- und relaxationsgerecht. Konstruktion **25**, 416—421 (1973).

[142] *Eichelberg, G.*: Temperaturverlauf und Wärmespannungen in Verbrennungsmotoren. VDI-Forschungsheft **263** (1923).

[143] *French, C. C. J.*: Taking the heat off the highly boosted Diesel. SAE-Paper 690463 (1969).

[144] *Nejmark, B. E. et. al.*: Thermophysical properties of east iron. Russian Castings Production **1967**, 435 bis 438.

[145] Festigkeitseigenschaften unlegierter oder niedriglegierter Gußeisensorten bei hohen Temperaturen (franz.). In: Fonderie **185**, 229—237 (1961).

[146] *Bolchewitinow, N. F., Landa, A. F.*: Gußeisen-Handbuch für Gußerzeuger und Gußverbraucher. Leipzig: VEB Deutscher Verlag für Grundstoffindustrie 1963.

[147] *Iljinski, V. A.*: The stability of cast iron to resist the development of thermal fatigue cracks. Russian Castings Production **1971**, 39—40.

[148] *Dragsted, I.*: Untersuchung von Zylinderdeckeln für Schiffs-Zweitakt-Dieselmotoren. MTZ **31**, 457—460 (1970).

[149] *Köhne, H.:* Digitale und analoge Lösungsmethoden der Wärmeleitungsgleichung. Forschungsbericht des Landes NRW. Nr. 2120. Köln—Opladen: Westdeutscher Verlag 1970.

[150] *Melan, E., Parkus, H.:* Wärmespannungen infolge stationärer Temperaturfelder. Wien: Springer 1953.

[151] *Parkus, H.:* Instationäre Wärmespannungen. Wien: Springer 1959.

[152] *Löhner, K., Döhring, E., Chonè, G.:* Temperaturschwingungen an der Innenwand von Verbrennungskraftmaschinen. MTZ **17**, 413—418 (1956).

[153] *Mollenhauer, K., Pütter, R. G.:* Einfluß von Korrosion und thermischer Belastung auf den Verschleiß der Brenner bei Vorkammermotoren. MTZ **37**, 499—503 (1976).

[154] *Deubel, K. L.:* Zur Berechnung der Wanddicke von Rohren und Hohlzylindern. Konstruktion **20**, 94—98 (1968).

[155] *Collatz, L.:* The numerical treatment of differential equations, 3. Aufl. Berlin—Göttingen—Heidelberg: Springer 1960.

[156] *Zerna, W., Schellenbach, G.:* Zur Berechnung von Spannbeton-Reaktordruckbehältern. Beton- und Stahlbetonbau **65**, 255—261 (1970).

[157] *Hrennikoff, A. P.:* Plane stress and bending of plates by method of articulated frame works. Diss., MIT, 1940.

[158] *Agyris, I. H.:* Energy theorems and structural analysis, Teil 1: General theory. Aircraft Engg. **26** (1954), **27** (1955); Teil 2: Applications. Aircraft Engg. **26** (1954).

[159] *Zienkiewicz, O. L.:* Methode der finiten Elemente. München: Carl Hanser Verlag 1975. Übersetzung von: Zienkiewicz, O. L.: The finite element method in engineering science. London:Mc Graw-Hill 1971.

[160] *Fiskaa, G., Iversen, P. A., Sarsten, A.:* Computer calculation of stresses in axi-symmetric thermally loaded components. Proc. Instn. Mech. Engrs. **182**, Part 3 L. 152—168 (1967—68).

[161] *Nunner, W.:* Wärmeübertragung und Druckabfall in rauhen Rohren. VDI-Forschungsheft **455** (1956).

[162] *Kohl, E.:* Grundsätzliche Überlegungen zur Kühlung von Kolben. MTZ **31**, 53—57 (1970).

[163] *Preß, H.:* Experimentelle Untersuchung des Liefergrades bei luft- und gemischgekühlten Wankelmotoren unter besonderer Berücksichtigung des Wärmeübergangs im Exzenterraum. Diss., TU Berlin, D 83 (1971).

[164] *Eiichi Motoyoshi, Mayusmi Yamada:* Vergleich zwischen Vorkammerbauart und direkter Einspritzung bei mittelschnellaufenden hochaufgeladenen Dieselmotoren. MTZ **35**, 22—25 (1974).

[165] *List, H.:* Die Behandlung konstruktiver Probleme neuzeitlicher Dieselmotoren. MTZ **33**, 100—108 (1972).

[166] *Scheiterlein, A.:* Die Entwicklung raschlaufender Verbrennungsmotoren unter Berücksichtigung der Anforderungen an die Konstruktion. Vortrag an der TU Berlin, 1970.

[167] *Buchta, R., Deicke, K., Wacker, E.:* Kolbenkühlung. MTZ **36**, 200—205 (1975).

[168] *Hummel, H.:* Temperaturfeldbestimmung im Elektrolyttrog. Mahle-Kolloquium 1973, 90—93. Stuttgart—Bad Cannstatt: Mahle GmbH 1973.

[169] *Hansen, A., Rasmussen, M., Sarsten, A.:* Thermal loading of Diesel Engine components and its prediction. Beitrag A 30, CIMAC 1971 (Stockholm).

[170] *Wiemann:* Wärmefluß am Kolben. Mahle-Kolloquium 1973, 83—89. Stuttgart—Bad Cannstatt: Mahle GmbH 1973.

[171] *Zinner, K.:* Einfluß der Zylindergröße auf die Wahl des Verbrennungsverfahrens. M. A. N.-Dieselmotoren-Nachrichten, Heft **50**, 26—42 (1972).

[172] *Vickers, I. M. F.:* Heat transfer coefficients between fluid jets and normal surfaces. Industrial and Engineering Chemistry, Vol. **51**, 967—972 (1959).

[173] *Stotter, A.:* Der Wärmefluß am Kolben der Verbrennungskraftmaschine. Diss., TH Aachen, D 82 (1963).

[174] *Bush, I. E., London, A. L.:* Design date for „Cocktail Shaker" cooled pistons and valves. SAE Paper 650727 (1965).

[175] *Schelling, H.:* Temperatur- und Öldurchflußmessungen am Motor. Mahle-Kolloquium 1973, 94—101. Stuttgart—Bad Cannstatt: Mahle GmbH 1973.

[176] *Naumann, H.:* Kolben für Dieselmotoren — ein- oder mehrteilige Ausführung. MTZ **31**, 73—75 (1970).

[177] *Röhrle, M.:* Zwangsölgekühlte Kolben für Dieselmotoren. Mahle, Techn. Informat. Folge **14**, 3—11 (1975).

[178] *Butler, I. F.:* Water cooled pistons: Construction and heat transfer. Proc. Instn. Mech. Engrs. **179**, Part 3 C, 168—176 (1964—65).

[179] *Irmler, C.:* Wärmespannungen in Zylinderköpfen von Viertakt-Dieselmotoren. VDI-Forschungsheft **495** (1963).

[180] *Gallois, J.:* Schnellaufende Viertakt-Dieselmotoren, Brennräume und Betrieb mit Schweröl. MTZ **34**, 225—232 (1973).

[181] *Alcock, J. F., Ribson, J. V. B., Mash, C.:* Distribution of heat flow in high duty internal combustion engines. Beitrag G, CIMAC 1957 (Zürich).

[182] *Pattas, K.:* Thermische Belastung des Zylinderkopfes von Hochleistungsdieselmotoren. MTZ **35**, 314—318 (1974).

[183] *Pütter, R. G.:* Brennereinsätze von Vorkammer—Dieselmotoren, ihre korrosive und thermische Beanspruchung. Diss., TU Berlin, D 83 (1977).

[184] *Drolshammer, I.:* Temperaturen und Wärmefluß in Auspuffventilen von Dieselmotoren. Mitt. Inst. Thermodynamik u. Verbrennungsmotorenbau, ETH Zürich, Nr. 3 (1943).
[185] *Zinner, K.:* Untersuchungen an Ventilen hochaufgeladener Viertakt-Dieselmotoren. M. A. N.-Dieselmotoren-Nachrichten, Heft **49**, 3—15 (1970).
[186] *Delesalle, I. A.:* A new generation of AGO engines. Diesel & Gas Turbine Progress, worldwide, **7**, No. 4 63—65. (1975).
[187] *Maciotta, R.:* Einige Forschungsergebnisse bei Entwicklung und Konstruktion eines mittelschnellen Dieselmotors, Beitrag A 4, CIMAC 1971 (Stockholm).
[188] *Gogarten, F.:* Betriebserfahrungen mit Tauchkolbenmotoren in der Schiffahrt. Schiff u. Hafen **22**, 582 bis 585 (1970).
[189] *Löhner, K., Kruggel, O.:* Verformungsmessungen am Zylinder eines laufenden luftgekühlten Viertakt-Dieselmotors. MTZ **31**, 93—101 (1970).
[190] *Steiger, H. A., Aue, G. K.:* Influence of thermal loading criterion on design of thurbo-charged two-stroke Diesel engines. Paper 5, Symp. on thermal loading of Diesel-Eng., Birmingham, 1964.
[191] *Luther, K., Syassen, O.:* Neue Entwicklungen bei mittelschnellaufenden Dieselmotoren zur Steigerung der Betriebssicherheit, Wirtschaftlichkeit und Leistung, Teil I. Schiff u. Hafen **25**, 507—510 (1973).
[192] *Wolf, G.:* Large Diesel engines development problems of cylinder covers, pistons and liners. Beitrag A 1, CIMAC 1971 (Stockholm).
[193] *Zinner, K.:* Die Weiterentwicklung der MAN-Zweitakt-Dieselmotoren der KZ-Baureihe zu höherer Leistung. M. A. N.-Dieselmotoren-Nachrichten, Heft **45** (1965).
[194] *Bertodo, R., Razdan, D.:* Optimization of wet cylinder linier designs for high thermal loadings. Mech. Engrs. **186** (1972). (S. a.: Konstruktion **25**, 327—329 (1973).).
[195] *Mader, O.:* Betrachtungen über den Wärmeübergang in der Verbrennungskraftmaschine. Beiträge zur technischen Mechanik und technischen Physik (Föppl-Festschrift), 37—41. Berlin: Springer 1924.
[196] *Herzfeld, K.:* Über den Wärmeübergang im Zylinder von Kolbenmaschinen. Z. A. M. M. **4**, 405—411 (1924).
[197] *Pfriem, H.:* Nichtstationäre Wärmeübertragung in Gasen, insbesondere in Kolbenmaschinen. VDI-Forschungsheft **413** (1942).
[198] *Eberle, F.:* Der Wärmeübergang im Verbrennungsmotor unter dem Einfluß des zeitlichen Verlaufes von Druck und Temperatur des Arbeitsgases. Diss., TH Stuttgart, D 93 (1950).
[199] *Zinner, K.:* Gemischbildung und Verbrennungsablauf beim Dieselmotor. VDI-Z. **82**, 9—14 (1938).
[200] *List, H.:* Untersuchungen an einem Wirbelkammermotor. MTZ **4**, 75—84 (1942).
[201] *Polzin, H.:* Beitrag zur Messung des mittleren indizierten Druckes bei Kolbenmaschinen, insbesondere bei schnellaufenden Verbrennungsmotoren. Diss., TU Berlin, D 83 (1972).
[202] *Wendland, D. W.:* The effect of pressure and temperature fluctuations on unsteady heat transfer in a closed system. PhD Thesis, Univ. of Wisconsin, 1968.
[203] *Hassan, H.:* Unsteady heat transfer in a motored internal combustion engine cylinder. Instn. Mech. Engrs. **185**, 1139—1148 (1970—71).
[204] *Ibrahim, A.:* Stationäre Messung des Wärmeüberganges in einem Verbrennungsmotor. Mitt. Inst. Thermodynamik u. Verbrennungsmotorenbau, ETH Zürich, Nr. 5 (1945).
[205] *Kocak, H.:* Entwicklung einer Wärmeübergangs-Sonde für Verbrennungsmotoren. Mitt. Inst. Thermodynamik u. Verbrennungsmotorenbau, ETH Zürich, Nr. 9 (1950).
[206] *Mollenhauer, K.:* Untersuchung über die Abgasenergie eines hochaufgeladenen Dieselmotors auf der Grundlage instationärer Druck- und Temperaturmessungen. Diss., TU Berlin, D 83 (1967).
[207] *Benson, R. S., Brundett, G. W.:* Development of a resistance wire thermometer for measuring transient temperature in exhaust systems of internal combustion engines. Temperature, its measurement and control in science and industry, Vol. II, Part 2, 631—653. New York: Reinhold Publishing Corporation 1968. (Kurzfassung in: The Engineer **1964**, 377—383).
[208] *Pfriem, H.:* Zur Messung veränderlicher Temperaturen von Gasen und Flüssigkeiten. Forschung Ing.-Wesen **7**, 85—92 (1936).
[209] *Burrows, M. C., Shimizer, S., Myers, P. S., Uyehara, O. A.:* The measurement of unburned gas temperatures in an engine by an infrared radiation pyrometer. SAE Paper 201 E (1960).
[210] *May, H.:* Anwendungsmöglichkeiten spektroskopischer Temperatur- und Konzentrationsmessungen zur Untersuchung reaktionskinetischer Vorgänge. MTZ **33**, 214—219 (1972).
[211] *Staudinger, B.:* Spektroskopisches Temperaturmeßverfahren für Flammen und motorische Verbrennungsvorgänge im Bereich von 1800 bis 3000 K. Automobil-Industrie **1974**, Heft 2, 31—33.
[212] *Millar, G. H., Uyehara, O. A., Myers, P. S.:* Practical application of engine flame temperature measurements. SAE-Transactions **62**, 514—530 (1954).
[213] *Heinrich, W., Peschke, F.:* Meßmethoden schnellveränderlicher Temperaturen. Technik **12**, 532—540 (1957).
[214] *Hohenberg, G.:* Gastemperatur-Meßverfahren durch Laufzeitmessung von Ultraschallimpulsen — ein neuer Weg zur Erfassung innermotorischer Vorgänge. Automobil-Industrie **1975**, Heft 2, 25—38.
[215] *Livengood, I. C., Taylor, D. F., Wu, P. C.:* Measurement of gas temperature in an engine by the velocity of sound method. SAE-Transactions **66**, 683—699 (1958).

[216] *Woschni, G.:* Elektronische Berechnung von Verbrennungsmotor-Kreisprozessen. M. A. N.-Forschungsheft **12**, 1—16 (1965).

[217] Temperaturmessungen mit Philips-Miniatur-Mantel-Thermoelementen, Firmenschrift der Philips Elektronik Industrie GmbH, Hamburg.

[218] VDE/VDI-Richtlinien 3511: Technische Temperaturmessungen, 1967.

[219] *Kindler, K.:* Beeinflussung des Temperaturfeldes in festen Wänden durch den Einbau von Thermoelementen. Vortrag bei der DGLR-Fachausschußsitzung „Versuchswesen in der Strömungsmechanik", Göttingen, 1975.

[220] *Steinbrenner, H., Pöll, W.:* Bestimmung von Temperaturen an Ventilen. MTZ **22**, 47—50 (1961).

[221] *Hellingmann, G. J.:* Temperaturmessungen am Sulzer-8RND105-Großmotor. Sulzer-Forschungsheft **1970**, 59—64.

[222] *Röhrle, M.:* Kontinuierliche Übertragung von Meßwerten. Mahle-Kolloquium 1973, 57—64. Stuttgart—Bad Cannstatt: Mahle GmbH 1973.

[223] *Steinbrenner, H., Däuble, G.:* Entwicklungsstand der Kolbentemperatur-Meßeinrichtung mit der Kontakt-Methode. MTZ **26**, 304—309 (1965).

[224] *Essers, M., Essers, G., Heyer, E.:* Über das Messen von Kolbentemperaturen. MTZ **27**, 260—263 (1966).

[225] *Strasser, E.:* KS mißt Kolbentemperaturen kontaktlos. KS-Dienst Nr. 13 (1967), Neckarsulm: Karl Schmidt GmbH.

[226] *Westbrook, M. N., Munro, R.:* The telemetring of information from a working internal-combustion engine. Transactions ASME **89**, 247—254 (1967).

[227] *Young, R. E.:* Piston engine telemtery. Industrial Electronics **3**, 131—133 (1965).

[228] *Elliot, L.:* Handbook of telemetry control. New York: McGraw-Hill 1967.

[229] *Sentance, W. T. W.:* The application of the metallurgical methods of temperature measurement. Firmenschrift M 214 der Shell Research Limited, 1961.

[230] *Moeller, C. E.:* Thermocouples for the measurement of transient surface temperatures. Temperature, its measurement and control in science and industry, Vol. III, Part 2, 617—623. New York: Reinhold Publishing Corporation 1962.

[231] *Bendersky, D.:* A thermocouple for measuring transient temperatures. Mechanical Engineering **75**, 117—121 (1953).

[232] Measure surface temperature with a response time as little as 1 mikrosecond. Bulletin 500 der Fa. Medtherm Corporation, Huntsville U. S. A.

[233] *Schrötter, A.:* Die Ausmessung elektrischer Felder im elektrolytischen Trog. ATM, V 312-6 (1962).

[234] *Fischer, P., Rieß, W.:* Einfaches Analogieverfahren für technische Wärmeleitprobleme. Konstruktion **12**, 285—291 (1960).

[235] *Hackeschmidt, M.:* Elektrisch leitendes Papier für Potentialfeld-Aufmessungen. Elektrotechnik **46**, 92—97 (1968).

[236] *Emmons, H. W.:* The numerical solution of heat-conduction problems. Transactions ASME **65**, 607—612 (1943).

[237] *Dusinberre, G. M.:* Numerical analysis of heat flow. New York—Toronto—London: McGraw-Hill 1949.

[238] *Bremi, P.:* Berechnung stationärer und instationärer Temperaturfelder mit Hilfe elektronischer Rechenautomaten. Sulzer-Forschungsheft **1970**, 85—90.

[239] *Marchal, M.:* Berechnung von Wärmeleitvorgängen mittels elektronischer Rechenautomaten. Techn. Rdsch. Sulzer **3**, 155—158 (1964).

[240] *Ionota, M. S., Hallam, A. I., Brock, E. K., Dexter, S. G.:* The prediction of Diesel-engine performance an combustion chamber component temperature using digital computers. Proc. Instn. Mech. Engrs. **182**, Part 3 L, 58—70 (1967—68).

[241] *Woschni, G.:* Wärmeübergang-Bestimmung der örtlichen gas- und kühlmittelseitigen Wärmeübergangszahlen als Randbedingungen zur Vorausberechnung der thermischen Beaufschlagung von hochbelasteten Verbrennungsmotoren. Heft R 309, Frankfurt/Main: Forschungsvereinigung Verbrennungskraftmaschinen e. V. 1977. Siehe auch:

a) *Chen, W.-J.:* Experimentelle Bestimmung des Wärmeübergangs am Kolben eines schnellaufenden Dieselmotors. Diss., TU Braunschweig, D 84 (1976).

b) *Sihling, K.:* Beitrag zur experimentellen Bestimmung des instationären gasseitigen Wärmeübergangskoeffizienten in Dieselmotoren. Diss., TU Braunschweig, D 84 (1976).

c) *Link, M.:* Untersuchungen zum Wärmeübergang an den Auslaßventilen von Verbrennungsmotoren. Diss., TU Braunschweig, D 84 (1976).

GPSR Compliance

The European Union's (EU) General Product Safety Regulation (GPSR) is a set of rules that requires consumer products to be safe and our obligations to ensure this.

If you have any concerns about our products, you can contact us on ProductSafety@springernature.com

In case Publisher is established outside the EU, the EU authorized representative is:

Springer Nature Customer Service Center GmbH
Europaplatz 3
69115 Heidelberg, Germany

Batch number: 10578403

Printed by Printforce, the Netherlands